AF640314

Holzfrei

Nr. 49 S. 11321—11484

1955 7. Dezember

Chemisches Zentralblatt

Vollständiges Repertorium für alle Zweige der reinen und angewandten Chemie

1830 gegründet. 1897—1945 von der Deutschen Chemischen Gesellschaft fortgeführt.
Im Auftrage der Deutschen Akademie der Wissenschaften zu Berlin, der Chemischen Gesellschaft in der Deutschen Demokratischen Republik, der Akademie der Wissenschaften zu Göttingen und der Gesellschaft Deutscher Chemiker

herausgegeben von Prof. Dr. **Maximilian Pflücke**

126. Jahrgang

1955

Chefredakteure: Dr. Eugen Klever und Prof. Dr. Maximilian Pflücke

Akademie-Verlag GmbH., Berlin — Verlag Chemie, GmbH., Weinheim/Bergstr.

Inhalt

Ein vollständiger oder gekürzter Abdruck der Referate ist ohne Genehmigung der Redaktion und des Verlages verboten!

Namenregister

Prof. N. S. DROSDOW

Praktischer Leitfaden durch die Biochemie des Fleisches

(Übersetzung aus dem Russischen)

Das Buch gibt eine praktische Einführung in die Biochemie des Fleisches und ist darüber hinaus als ein Leitfaden durch die angewandte organische Chemie und Biochemie zu werten, wobei als Material für die zahlreichen, instruktiven Übungsbeispiele tierisches Fett, Eiweiß usw. dient. Jedem Kapitel der qualitativen und quantitativen Untersuchungsmethoden geht eine kurze, aber ausreichende theoretische Einführung in das betreffende Stoffgebiet voraus. Fermente, Vitamine, Kohlenhydrate, Fette, Eiweißstoffe werden gleichmäßig berücksichtigt und behandelt. Ihre präparative Aufarbeitung sowie die chemischen und biochemischen Nachweis- und Bestimmungsmethoden sind ausführlich geschildert. Das Werk ist jedem Mediziner, Biologen und Chemiker zu empfehlen, auch wenn seine Interessen nicht speziell auf dem Fachgebiet der Biochemie und des Fleisches liegen.

XVI und 296 Seiten · 29 Abbildungen im Text · 25 Tabellen · Gr. 8° · 1954
Ganzleinen 28,50 DM

Bestellungen durch eine Buchhandlung erbeten

AKADEMIE-VERLAG · BERLIN

WILHELM OSTWALD

Julius Robert Mayer über Auslösung

Herausgegeben von Alwin Mittasch

56 Seiten mit 2 Bildtafeln

Kart. DM 2,50

„... In diesem Büchlein setzt sich Wilhelm Ostwald mit dem Begriff der ‚Auslösung', den Julius Robert Mayer im Jahre 1876 erörtert hat, produktiv auseinander. Es ist ein besonderer Genuß mitzuerleben, wie sich hier über die Zeiten hinweg zwei große Geister in dem zentralen Begriff der Energie finden und ihre Gedanken schöpferisch miteinander austauschen ..."

Hessischer Rundfunk

„... Jeder Freund der Entwicklungsgeschichte der naturwissenschaftlichen Leitideen wird für diese anregende und inhaltsreiche Schrift dankbar sein, die einen bislang unbekannt gebliebenen Schatz aus dem Nachlaß des großen Wissenschaftlers und Organisators Wilhelm Ostwald hebt ..."

Österr. Chemiker-Zeitung

VERLAG CHEMIE, GMBH.
WEINHEIM / BERGSTRASSE

Chemisches Zentralblatt

1955 Nr. 49 7. Dezember

Geschichte. Unterricht.

Wilhelm Franke, *Zu Hans von Eulers 80. Geburtstag.* Würdigung von Persönlichkeit u. Leistungen des Biochemikers H. VON EULER (geb. in Augsburg, seit 1899 in Stockholm). Umfassende experimentelle u. schriftsteller. Tätigkeit mit dem Schwerpunkt auf enzymchem. Gebiet. (Naturwissenschaften **40.** 177—80. 2. März-H. 1953.) W. KUNTZ. 1

Georg Edmund Dann, *Josef Anton Häfligers Werk. Zum 80. Geburtstag des Schweizer Pharmaziehistorikers am 29. Mai 1953.* Würdigung des Baseler Professors J. A. HÄFLIGER, Gründer des „Schweizer. Pharmaziehistor. Museums". Verzeichnis seiner wichtigsten geschichtlichen Veröffentlichungen. — Bild. (Pharmaz. Ztg.-Nachr. **89.** 363—65. 25/5. 1953.) W. KUNTZ. 1.

Hermann Gittner, *Fritz Hofmann 85 Jahre.* Abb. der F. HOFMANN 1951 zum 85. Geburtstag von der Sektion Pharmazie der Medizin. Wissenschaftlichen Gesellschaft für theoret. Medizin in Sachsen-Anhalt überreichten Medaille u. Abdruck der latein. Widmung. (Dtsch. Apotheker-Ztg. **91.** 815. 2/11. 1951.) W. KUNTZ. 1

Franz Gittner, *Professor Dr. Oskar Keller 75 Jahre.* Lebenslauf u. Würdigung der Persönlichkeit von O. KELLER (geb. 14/8. 1877 in Stockach/Baden), seit 1918 Direktor des Inst. für Pharmazie u. Nahrungsmittelchemie in Jena. — Bild. (Pharmaz. Ztg.-Nachr. **88.** 595—96. 15/8. 1952.) W. KUNTZ. 1

Ralph E. Oesper, *Georg-Maria Schwab.* Lebensgang u. Würdigung der Arbeiten, bes. über Katalyse, von G.-M. SCHWAB (geb. 3/2. 1899 in Berlin). (J. chem. Educat. **29.** 247. Mai 1952. Cincinnati, O., Univ.) W. KUNTZ. 1

—, *Professor Dr. Kurt Brand, Marburg.* Nachruf auf den Professor der pharmazeut. Chemie u. Direktor des pharmazeut.-chem. Inst. der Univ. Marburg, K. BRAND (geb. 19/3. 1877 in Lützen, gest. 3/6. 1952). — Bild. (Dtsch. Apotheker-Ztg. **92.** 462. 20/6. 1952.) W. KUNTZ. 1

E. Bartholomé, *Arnold Eucken.* Nachruf auf A. EUCKEN, geb. 3/7. 1884 in Jena als ältester Sohn des Philosophen RUDOLF EUCKEN, gest. 16/6. 1950, Professor der physikal. Chemie in Breslau u. Göttingen. Würdigung seiner Persönlichkeit als Wissenschaftler, bes. auf dem Gebiet der Molekularphysik, als Lehrer u. Vf. wissenschaftlicher Lehrbücher. — Bild. (Naturwissenschaften **37.** 481—83. 1. Nov.-H. 1950.) W. KUNTZ. 1

—, *L. van Itallie.* Nachruf auf den Professor für pharmazeut. Chemie u. Toxikologie an der Univ. Leyden, L. VAN ITALLIE (gest. 2/5. 1952 in Heelsum/Holland im Alter von 86 Jahren). — Bild. (Schweiz. Apotheker-Ztg. **90.** 472—73. 28/6. 1952.) W. KUNTZ. 1

—, *In memoriam Dr. Dr. h. c. Albert Knoll.* Nachruf auf den Mitbegründer der chem.-pharmazeut. Firma KNOLL, Ludwigshafen, Dr. A. KNOLL (geb. 4/6. 1858, gest. 1/5. 1952), zuerst bekannt durch ein Verf. zur rationellen Darst. von Codein aus Morphin. — Bild. (Pharmaz. Ind. **14.** 134—35. Mai 1952.) W. KUNTZ. 1

H. Mark, *Professor K. H. Meyer.* Nachruf auf K. H. MEYER (geb. 1883 in Dorpat, gest. April 1952 in Mentone). 1920 Leiter des Forschungslabor. der I. G. FARBEN, Ludwigshafen, 1932 Direktor des organ.-chem. Inst. der Univ. Genf. Anwendung physikal.-chem. Methoden auf organ.-chem. Substanzen. 1930 Monographie „Aufbau der hochmol. Naturstoffe". — Bild. (J. Polymer Sci. **9.** 193—94. Sept. 1952.) W. KUNTZ. 1

R. Suhrmann, *Walther A. Roth 1873—1950.* Nachruf auf den Thermochemiker W. A. ROTH, geb. 30/12. 1873 in Berlin, Professor der physikal. Chemie in Braunschweig, gest. 30/3. 1948 in Braunschweig. Verzeichnis seiner Veröffentlichungen (144). — Bild. (Abh. braunschweig. wiss. Ges. **2.** 141—48. 1950.) W. KUNTZ. 1

—, *Professor Tomíček †.* Nachruf auf den am 21/10. 1953 verstorbenen Professor der analyt. Chemie an der Karls-Univ. Prag, OLDŘICH TOMÍČEK, der Mitarbeiter des „Handbuchs der analyt. Chemie" (SPRINGER-VERLAG) war. (Československ. Farmac. **2.** 333—34. 397—402. 1953.) K. STEINER. 1

A. de Waart, *Wilbur Olin Atwater. 1844—1907.* ATWATER (geb. in Johnsburg, N. Y., gest. in Middletown, O.) lehrte Chemie an der Univ. von Middletown u. arbeitete hauptsächlich über Chemie, Physik, Physiologie u. Pathologie der Ernährung. (Voeding **16.** 125—31. 15/2. 1955.) W. WESLY. 1

O. Nowotny, *Die Alchimie. Ein kurzer Überblick über ihr Wesen und über ihre Bedeutung für die Pharmazie.* Der Überblick reicht vom hellenist. Ursprung bis ins 18. nachchristliche Jahrhundert. (Österr. Apotheker-Ztg. **6.** 257—61. 19/4. 1952.) R. ZAUNICK. 2

Duane H. D. Roller, *Thilorier und die erste Verfestigung (Erstarrung) eines „permanenten" Gases (1835). Mit einer Faksimile-Wiedergabe (Nr. XXII) von Thiloriers Mitteilung über die Erstarrung der Kohlensäure (Comptes Rendus 1835, Vol. 1, pp. 194 bis 196).* Faksimile des Abdrucks von THILORIERs Brief an die Akademie mit geschichtlichen u. biograph. Erläuterungen. (Isis **43.** 109—13. Juli 1952. Cambridge, Mass., Harvard Univ.) W. KUNTZ. 2

M. Schofield, *Titan und eine glänzende Reihe von Chemikern.* Die Entdeckung des Ti durch den Geistlichen W. GREGOR in Cornwall 1791, seine Benennung durch M. H. KLAPROTH, die Bemühungen um die reine Darst. des Metalls durch bedeutende Chemiker, bis kürzlich in USA 2 Verff. entwickelt wurden, die eine weitgehende Verwendung für Maschinen u. Rüstungsbedarf ermöglichen. (Pharmac. J. **169** ([4] **115**). 99—100. 9/8. 1952.) W. KUNTZ. 2

F. W. Gibbs, *Ein Merkbuch von William Lewis und Alexander Chisholm.* Angaben über Aufzeichnungen des Beraters in chem. Angelegenheiten W. LEWIS bzw. seines Assistenten A. CHISHOLM aus der 2. Hälfte des 18. Jahrhunderts, vor allem über metallurg. u. mineralog. Fragen. 2 Dokumente von 1772 u. 1768 im Wortlaut, Faksimile-Reproduktion einer Tabelle über spezif. Gewichte. (Ann. of Sci. **8.** 202—20. 30/9. 1952.) W. KUNTZ. 2

M. Schofield, *Pharmazeuten und Phosphor.* Übersicht über frühe Darst. u. Gebrauch von P seit dem 17. Jahrhundert, anfangs aus Urin (BRAND), später aus Knochen (SCHEELE) bis etwa zur Mitte des 19. Jahrhunderts. (Pharmac. J. **168** ([4] **114**). 446—47. 21/6. 1952.) W. KUNTZ. 2

Gustavo A. Fester, *Die Geschichte des Gegenstromkühlers.* Als Vorläufer des LIEBIG-Kühlers werden Vorschläge für Kühler von WEIGEL (1771), POISONNIER (1763) u. LAVOISIER (1773—1775) besprochen. (Rev. Fac. Ing. Quím. **21/22.** 259—66. 2 Tafeln. 1952/1953.) R. K. MÜLLER. 2

H. Zierfuss, *Die Vorführung von Diffusions-, Membran- und Strömungspotentialen.* Geräte u. Schaltungen zur Messung von Diffusions-, Membran- u. Strömungspotentialen werden beschrieben. (Chem. Weekbl. **50.** 663—64. 25/9. 1954. Amsterdam, Koninklijke Shell-Labor.) W. WESLY. 6

B. A. Fiekers, *Die Gesetze der bestimmten Zusammensetzung und der multiplen Proportionen. Eine graphische Einführung.* Einander entsprechende Gewichte der Elemente von Reihen bin. Verbb. (z. B. N_2O, NO, N_2O_3, NO_2, N_2O_5) werden als Ordinaten eines rechtwinkligen Diagramms aufgetragen. Die sich für jede Verb. ergebenden Geraden bedeuten konstante Zus., während die ganzzahligen Verhältnisse der Werte für das variierende Element (O) bei konstantem Wert für das andere (N) die vielfachen Gewichtsverhältnisse in der Reihe aufzeigen. (J. chem. Educat. **32.** 89—90. Febr. 1955. Worcester, Mass., Coll. of Holy Cross.) K. BLUMRICH. 6

Beulah F. Decker und **E. T. Asp,** *Eine Vorrichtung zum Anfertigen von Atommodellen.* Die Vorr. ermöglicht, Atome vorstellende Korkkugeln für das Anbringen von Drähten (Länge den Atomabständen entsprechend) in berechneten Winkeln (Einstellung an 2 aufeinander senkrechten Kreisteilungen) anzubohren. (J. chem. Educat. **32.** 75—77. Febr. 1955. Schenectady, N. Y., Gen. Electric Res. Labor.) K. BLUMRICH. 6

L. I. Schiff, *Papierdarstellungen der nichtkubischen Kristallklassen.* Vf. zeigt, daß man die vollen Symmetrien von 27 der 32 Kristallklassen mit Ausnahme der 5 kub. Klassen durch geeignet markierte Stücke von Papier oder Karton darstellen kann. Es ist hierbei nötig, beide Papierseiten zu benutzen u. ihre endliche Dicke auszunutzen. (Amer. J. Physics **22.** 621—22. Dez. 1954. Stanford, Calif., Univ.) C. GOTTFRIED. 6

Kurt C. Schreiber, *Einführen der Stereoisomerie.* Vf. empfiehlt, die Stereoisomerie schon bei Rkk. der Alkylhalogenide zu behandeln, deren Mechanismus die Bindungen so invertiert, daß z. B. aus sek. Butylbromid beim Austausch von Br gegen Br^- spiegelbildliche Moll. entstehen. (J. chem. Educat. **32.** 83. Febr. 1955. Pittsburgh, Pa., Duquesne Univ.) K. BLUMRICH, 6

A. M. Butlerow, Werke. Band I. Theoretische und experimentelle Arbeiten über die Chemie. Moskau: Verlag der Akad. der Wiss. der UdSSR. 1953. (639 S. u. 3 Beilagen.) 35 Rbl. [russ.]

A. M. Butlerow, Werke. Band II. Einführung zum vollständigen Studium der organischen Chemie. Moskau: Verlag der Akad. der Wiss. der UdSSR. 1953. (623 S. u. 5 Beilagen.) 35 Rbl. [russ.]

—, Geschichte der Naturwissenschaften. Bibliographisches Handbuch über die in der UdSSR 1948 bis 1850 erschienene Literatur. Moskau: Verlag der Akad. der Wiss. der UdSSR. 1955. 32 Rbl. [russ.]

A. Allgemeine und physikalische Chemie.

Juan G. Knie, *Chemie und Quantentheorie.* Überblick über die Deutung der Absorptionsspektren mit Hilfe der Quantentheorie u. deren Anteil an der Entdeckung der RAMAN-Spektren u. der Erklärung der homöopolaren Bindung. (Rev. Fac. Ing. Quím. **21/22.** 159—64. 1952/1953.) R. K. MÜLLER. 10

Enzo Butta, Guida ai calcoli di chimica fisica. Pisa: Ed. tip. Libreria goliardica. 1955. (200 S.) 8°. L. 1300,—.

G. J. van Meurs en H. Ph. Baudet, Inleiding tot de scheikunde. 12e herz. dr. 's-Gravenhage: Nijgh & Van Ditmar. (120 S. m. Abb.) fl. 1,95.

—, Appunti di chimica generale. II parte. Atomica, legame chimico, cristallografia, inorganica. Genova: Ed. tip. Fabiobooks. 1953. (315 S. m. Abb.) 8°. L. 2300,—.

A_1. Kernphysik und Kernchemie.

B. Ferretti, *Über die Feldmessungen und die Zustandsdefinition in der Quantenelektrodynamik.* Definition der Zustände des elektromagnet. Feldes durch Messungen der Feldquantitäten. (Nuovo Cimento [9] **12.** 558—60. 1/10. 1954. Roma, Univ., Ist. di Fis. e Scuola di Perfezion. in Fis. Nucl., Ist. Naz. di Fis. Nucl.) M. WIEDEMANN. 80

Behram Kurşunoğlu, *Erwartungen von einer vereinheitlichten Feldtheorie* Erörterungen über universelle Konstanten, die sich aus den Gleichungen einer zukünftigen Feldtheorie ergeben müssen. (Physic. Rev. [2] **92.** 506—07. 15/10. 1953. Ithaca, N. Y., Cornell Univ.) G. KIRSCHSTEIN. 80

Ryôyû Utiyama, *Über die Konvergenz der Störungsmethode in der Quantenfeldtheorie.* (Vgl. C. **1955.** 10181.) Theoret. Modifizierung der Γ-Gleichungen, um konvergente Ergebnisse in der Störungsmeth., bes. einen endlichen Ausdruck der GREEN-Funktionen für das Einkörperproblem, zu erhalten. (Progr. theoret. Physics [Kyoto] **9.** 593—606. Juni 1953. Osaka, Osaka Univ., Dep. of Phys. [Orig.: engl.]) GERHARD SCHMIDT. 80

John Firor, *Zeitliche Änderungen der Höhenstrahlintensität und ihr Ursprung. 4. Mitt. Zunahmen in Verbindung mit Sonnenflecken.* (2. vgl. FONGER, C. **1955.** 269.) Vf. untersucht den Zusammenhang zwischen 4 Perioden großer Sonnenflecken (1942—1949) u. der Zunahme der Höhenstrahlintensität. Diese kann mit Ausnahme der Beobachtungen auf sehr hohen Breiten durch die Annahme gedeutet werden, daß positiv geladene Teilchen der Steife 1—10 GeV die Sonne verlassen u. nur unter dem Einfl. des magnet. Dipolfeldes der Erde sich auf diese zubewegen. Die Auftreffzonen auf der Erde u. die entsprechenden lokalen Zeiten werden ermittelt. Ferner werden die Zunahmen im Neutronendetektor auf 48° N in Verbindung mit kleinen Sonnenflecken diskutiert. (Physic. Rev. [2] **94.** 1017—28. 15/5. 1954. Chicago, Ill., Univ. of Chicago, Inst. for Nucl. Stud. and Dep. of Phys.) M. WIEDEMANN. 85

Yoshio Kitamura und **Osamu Minakawa,** *Die absolute Intensität der Höhenstrahlung bei 25° N geomagnetischer Breite.* Mit einem Teleskop aus 6 GEIGER-MÜLLER-Zählern, die entweder in 6facher oder 2facher Koinzidenz mit oder ohne Pb-Absorber benutzt wurden, wurden die Intensitäten der harten u. weichen Komponente der Höhenstrahlung gemessen. Die Abhängigkeit der harten u. der weichen Komponente von $\cos\theta$ erfolgt mit den Exponenten 2,1 bzw. 2,8. Mit 18,8 cm als effektive Länge der Zähler folgt $I(\theta) = 1/2{,}66 \cdot N(\theta)$. Die absol. Intensität der harten Komponente wird zu $(0{,}72 \pm 0{,}01) \cdot 10^{-2}$ cm^2/sec/Raumwinkel berechnet. (Progr. theoret. Physics [Kyoto] **10.** 239—40. Aug. 1953. Kobe Univ., Dep. of Phys. [Orig.: engl.]) H. LIEPACK. 85

I. F. Quercia und **B. Rispoli,** *Geomagnetische Effekte der μ-Mesonenkomponente der Höhenstrahlung auf Seehöhe.* Messungen des Absorptionsspektr. der durchdringenden Komponente unter Wasser u. in Luft mit Zählerteleskopen ergeben, daß 1. die Zenitverteilungen nur unter 20 m W. nicht mit den berechneten übereinstimmen, 2. der negative Überschuß auf den Einfl. des Magnetfeldes der Erde auf die Mesonenbahnen zurückzuführen ist, 3. der positive Überschuß vom Zenitwinkel nahezu unabhängig entsprechend der Theorie von HEITLER ist, 4. die Ost-West-Asymmetrie durch die Abschneideenergie der Primärteilchen u. die Krümmung der Mesonenbahnen bedingt ist, 5. der Breiteneffekt in der Vertikalen für Mesonen von mehr als 0,5 GeV $\sim$15% beträgt.

(Nuovo Cimento [9] **12.** 490—518. 1/10. 1954. Roma, Univ., Ist. di Fis., Ist. Naz. di Fis. Nucl.) M. Wiedemann. 85

A. Lovati, A. Mura, C. Succi und **G. Tagliaferri,** *Weitere Ergebnisse über die Wechselwirkung der Höhenstrahlung unter der Erde.* (Vgl. hierzu C. **1955.** 4507.) Mittels einer zählrohrgesteuerten Nebelkammer, die 8 Pb-Platten enthielt u. von einer Al-Platte von 175 g/cm^2 abgeschirmt war, wurden unter 55 m Wasseräquivalent an Granit die Höhenstrahlschauer untersucht. Auf 1100 Photographien wurden 625 einzelne durchdringende Teilchen festgestellt, 18 Fälle mit zwei oder mehreren durchdringenden Teilchen u. eine Kernzertrümmerung. Die Einzelteilchen, vermutlich μ-Mesonen, erzeugten in zwei Fällen ein durchdringendes Teilchen u. in drei Fällen Kernzertrümmerungen. Der Wirkungsquerschnitt für die Erzeugung von durchdringenden Sekundärteilchen (eins auf 600 m Pb) ist nicht wesentlich höher als der für Kernzertrümmerungen (eine auf 1200 m Pb). Weiterhin wurde die Existenz einer energiereichen Kernkomponente u. Emission von π^0-Mesonen festgestellt. (Nuovo Cimento [9] **10.** 1201—04. 1/8. 1953. Milano, Univ., Ist. di Sci. Fis., Ist. Naz. di Fis. Nucl.) M. Wiedemann. 85

Tchang-Fong Hoang, *Interpretation der Ergebnisse über Mesonenstrahlen (jets).* Unter 400 auf Ilford G5-Emulsionen in 30 km Höhe u. auf 51° N registrierten Schauern mit mindestens 5 Teilchen mit minimaler Ionisation u. weniger als 4 grauen u. schwarzen Zacken wurden 54 Strahlen, die durch prim. Protonen oder Neutronen ausgelöst wurden, analysiert. Es kann angenommen werden, daß es sich um multiple Mesonenerzeugung in einem einzigen Nucleon–Nucleon-Zusammenstoß handelt. Es lassen sich die Strahlen mit geringer Multiplizität, bei denen der Koeff. der Inelastizität des Zusammenstoßes im Mittel 0,41 beträgt, u. die mit hoher Multiplizität, bei denen der Zusammenstoß fast völlig unelast. erfolgt, unterscheiden. Die Sekundärteilchen haben in der Emulsion eine mittlere freie Weglänge von 23 (+20, —10) cm. Das Spektr. der prim. Protonen wurde zu $N\,(>E) \approx E^{1,1\pm0,2}$ ermittelt. (J. Physique Radium **15.** 337—44. Mai 1954. Paris, École Polytechn., Labor. de Phys.) M. Wiedemann. 85

L. Bertanza und **G. Martelli,** *Schwankungen in den Übergangskurven der Höhenstrahlelektronen.* Auf Seehöhe wurden die Übergangskurven für durch Elektronen erzeugte Schauer, die mindestens 1, 2, 3 oder 4 Elektronen enthalten, mit einer Koinzidenzapp. unter Verwendung verschied. Pb-Dicken mit großer Genauigkeit aufgenommen. Die Ergebnisse werden mit den theoret. nach dem Arley-Modell verglichen. Es zeigt sich, daß die Schwankung besser durch die Pólya- als durch die Poisson-Verteilung beschrieben wird. (Nuovo Cimento [9] **11.** 217—30. 1/3. 1954. Pisa, Univ., Ist. di Fis., Ist. Naz. di Fis. Nucl.) M. Wiedemann. 85

G. Szamosi, *Über die Quantenstatistik von Nucleonen.* Vf. modifiziert das Fermi-Modell des Atomkerns durch Annahme von Abstoßungskräften kurzer Reichweite zwischen den Nucleonen, wodurch jedem Nucleon ein gewisses Eigenvol. zugeschrieben wird. Es zeigt sich, daß damit der mittlere Termabstand angeregter Zustände besser als bisher wiedergegeben werden kann. (Acta physica Acad. Sci. hung. **4.** 155—61. 1954. Budapest, Central Res. Inst. for Phys.) D. Geissler. 90

S. N. Biswas, *Fredholmsche Theorie der Heitlerschen Integralgleichung.* (Vgl. C. **1955.** 10428.) Anwendung der Fredholmschen Theorie nichthomogener Integralgleichungen auf die Heitlersche Integralgleichung für Strahlungsdämpfung bei Streuprozessen. Die Fredholmsche Lösung wird für verschied. Meson–Nucleon-Streuprozesse erhalten. Die Ergebnisse stimmen mit den nach dem Variationsverf. erhaltenen überein. (Acta physica Acad. Sci. hung. **4.** 49—56. 1954. Calcutta, Ind. Assoc. for Cultivat. of Sci., Dep. of theoret. Phys.) Gerhard Schmidt. 90

Gyo Takeda, *Anwendung der Theorie der mittleren Kopplung auf die Streuung pseudoskalarer Mesonen an einem Nucleon.* Vf. wendet die Tomonaga-Meth. mittlerer Kopplung auf die Streuung von Mesonen an Nucleonen an, wobei eine symm. pseudoskalare Theorie mit pseudovektorieller Kopplung benutzt wird. Die Wellenfunktion des Mesonenfeldes um das Nucleon wird für einige Werte des Kopplungsparameters numer. berechnet. (Physic. Rev. [2] **95.** 1078—84. 15/8. 1954. Madison, Wis., Univ., Dep. of Phys.) D. Geissler. 90

Louis Michel, *Anwendungen der Erhaltung der Parität in der Quantenmechanik. 1. Mitt. Zerfall in zwei oder drei Bosonen mit von Null verschiedenen Massen.* Vf. leitet eine Reihe von Auswahlregeln für den Zerfall eines Bosons in Bosonen mit von Null verschied. M. ab. Die Kriterien für die verbotenen Übergänge werden aufgestellt. Beim Zerfall $\tau^\pm \rightarrow 2\,\pi^\pm + \pi^\pm$ kann τ nicht skalar sein, wenn π pseudoskalar ist. (C. R. hebd. Séances Acad. Sci. **234.** 703—05. 11/2. 1952.) M. Wiedemann. 90

H. Bridge, H. Courant, B. Dayton, H. C. DeStaebler jr., B. Rossi, R. Safford und **D. Willard,** *Neue Ergebnisse über S-Teilchen.* Ergänzend zu der C. **1954.** 11352 referierten Arbeit wird festgestellt, daß bei 40 Aufnahmen von S-Ereignissen in der Vielplattennebelkammer in 3 Fällen die geladenen Sekundärteilchen Reichweiten von ~ 100 g/cm² besitzen, in weiteren 3 Fällen sind es 70 g/cm². Neunmal treten gekoppelte Elektronenkaskaden auf. (Nuovo Cimento [9] **12.** 81—89. 1/7. 1954. Cambridge, Mass., MIT, Dep. of Phys. and Labor. for Nucl. Sci.) M. Pollermann. 90

Ken-ichi Ono, *Theorie der V-Teilchen.* (Vgl. C. **1955.** 6903.) Zur Erklärung des Widerspruchs zwischen Erzeugung u. Zerfallswahrscheinlichkeit von V^0 wird für V^0 die Annahme einer unbekannten Entartung vorgeschlagen. Die Größenordnung der Zustandsdichte von V^0 wird auf ca. $10^{10}/m_\pi c^2$ u. die der Zahl der inneren Zustände auf ca. 10^{10} abgeschätzt. Ist P_2 der Impuls des gebildeten V^0, so ist der Querschnitt der V^0-Bldg. $\sigma \sim (m_\pi c^2/E_0)^2 \cdot 10^{-27}$ cm² für $P_2 \gg m_\pi c$ u. $\sim (\varepsilon/m_\pi c^2)^{1/2} \cdot 10^{-27}$ cm² für $P_2 \ll m_\pi c$ (E_0 = Gesamtenergie, ε = Überschuß von E_0 über die Schwellenenergie der Rk.). (Progr. theoret. Physics [Kyoto] **9.** 524—28. Mai 1953. Tokyo, Univ., Coll. of Gen. Educat., Dep. of Phys. [Orig.: engl.]) H. Liepack. 90

Leon N. Cooper und **James Rainwater,** *Die Theorie der Coulomb-Mehrfachstreuung an ausgedehnten Kernen.* (Vgl. George u. Mitarbeiter, C. **1954.** 7108.) Im Anschluß an die l. c. referierten Verss. wurde eine Verteilung für Coulomb-Mehrfachstreuung berechnet, bei der die endliche Ausdehnung des Kerns berücksichtigt wird. (Physic. Rev. [2] **95.** 1107—09. 15/8. 1954. New York, N. Y., Columbia Univ.) M. Pollermann. 90

George H. Vineyard, *Vielfachstreuung von Neutronen.* Vf. gibt eine Analyse der Vielfachstreuung von Neutronen bei Beugungsversuchen. Die in der allg. Theorie auftretenden Integrale werden für einige einfache Fälle der Streuung an planparallelen Platten bis zur Doppelstreuung berechnet. (Physic. Rev. [2] **96.** 93—98. 1/10. 1954. Columbia, Mo., Univ. of Missouri, Dep. of Phys., u. Upton, N. Y., Brookhaven Nat. Labor.) D. Geissler. 90

R. S. Carter, J. A. Harvey, D. J. Hughes und **V. E. Pilcher,** *Das Verhältnis* $\overline{\Gamma_n{}^0}/\overline{D}$ *für Resonanzen langsamer Neutronen.* Vff. vergleichen die experimentellen Werte des Verhältnisses der mittleren Niveaubreite $\overline{\Gamma_n{}^0}$ für Neutronen zum mittleren Niveauabstand $\overline{D}$ für Spinzustände mit den theoret. Voraussagen neuerer Kernmodelle. Die Übereinstimmung ist befriedigend. (Physic. Rev. [2] **96.** 113—14. 1/10. 1954. Upton, N. Y., Brookhaven Nat. Labor.) D. Geissler. 90

Gérard Petiau, *Über die Quantentheorie der Bremsstrahlung.* Vf. leitet einen allg. Ausdruck für den Wirkungsquerschnitt der Bremsstrahlung unter der Annahme ab, daß zwischen zwei Teilchen vom Spin $\hbar/2$ ein Quant des Feldes C u. des Spins 0 ausgetauscht wird, wodurch eine Coulomb-Kopplung entsteht, gleichzeitig wird ein Quant eines Feldes C_0 vom Spin 0 oder $\hbar$ emittiert. Der Fall, daß C_0 u. C beide pseudoskalar sind, wird vollständig durchgerechnet. (C. R. hebd. Séances Acad. Sci. **231.** 1038—40. 13/11. 1950.) M. Wiedemann. 90

Gérard Petiau, *Über die Berechnung des Emissionsquerschnittes der elektromagnetischen Bremsstrahlung.* (Vgl. C. **1955.** 9245.) Mathemat. Untersuchung. (C. R. hebd. Séances Acad. Sci. **233.** 1581—83. 19/12. 1951.) C. Gottfried. 90

Osamu Hara und **Hisaichiro Okonogi,** *Über die Eichinvarianz in der Elektrodynamik und das Selbstenergieproblem des Photons.* Klärung der physikal. Bedeutung der Eichinvarianz in der Elektrodynamik mit Hilfe des Hamilton-Formalismus u. Berechnung der Selbstenergie des Photons für verschwindende Ruhmasse aus der Selbstenergie eines neutralen Vektorquants mit kleiner Ruhmasse. (Progr. theoret. Physics [Kyoto] **10.** 191—98. Aug. 1953. Nagoya Univ., Inst. of Theoret. Phys. [Orig.: engl.]) K.-H. Biller. 90

L. Jánossy, *Untersuchungen über die Kaskadentheorie.* 1. Mitt. Inhaltlich ident. mit der C. **1955.** 5231 referierten Arbeit. Vgl. auch C. **1955.** 6902. (Журнал Экспериментальной и Теоретической Физики [J. exp. theoret. Physik] **26.** 386—404. April 1954. Budapest, Zentrales physikal. Forschungsinst.) M. Wiedemann. 90

P. Gombás, *Erweiterung der Hartree-Fockschen Gleichungen durch die Korrelation der Elektronen.* Vf. berechnet mit Hilfe einer Reihenentw. das Korrelationspotential für Atome mit einem Elektron außerhalb abgeschlossener Schalen u. die daraus sich ergebende Korrektur der Hartree-Fockschen Energieterme. Für Alkaliatome stimmen die numer. Ergebnisse größenordnungsmäßig mit dem Experiment überein. (Acta physica Acad. Sci. hung. **4.** 187—88. 1954. Budapest, Univ. für techn. Wiss., Physikal. Inst.) D. Geissler. 95

D. R. Inglis, *Dynamik der Kerndeformation.* (Vgl. C. **1955.** 9953.) In ähnlicher Weise wie l. c. wird das Vibrationsproblem behandelt, wobei sich zeigt, daß im Gegensatz zum Fall der Rotation die Vibrationsdistorsion eines Kerns mit abgeschlossener Schale so schnell ist, daß die adiabat. Behandlung hier nicht gilt. Die potentielle Energie der mit phänomenolog. Kernkräften berechneten Distorsion unterscheidet sich nicht wesentlich von derjenigen, die unter Verwendung des deformierten dreidimensionalen Oscillatorpotentials berechnet worden ist. (Physic. Rev. [2] **97.** 701—06. 1/2. 1955. Lemont, Ill., Argonne Nat. Labor.) GERHARD SCHMIDT. 95

Quirino Majorana, *Bemerkungen über die Kernkräfte.* Auf Grund einer Unters. der Kernkräfte des Deuterons als einfachste Vereinigung eines Protons mit einem Neutron wird für eine Funktion der Distanz zwischen Materieteilchen m_1 u. m_2, die sowohl die NEWTONschen als auch die Kernkräfte ausdrückt, die Formulierung gegeben: $f(r) = 6{,}68 \cdot 10^{-8}\, m_1\, m_2\, [(1/r^2) + (4{,}450 \cdot 10^{-175}/r^{18,95})]$. Es wird folgende Hypothese aufgestellt: Die M. von Nucleonen wird bei äußerster Annäherung gegenüber derjenigen bei größeren Abständen geschwächt. Bei Kernen, die aus mehr als 2 Nucleonen bestehen, ist die gesamte Schwächung nicht deren Zahl proportional. Auf die Einheit der M. bezogen, nimmt diese Abweichung von der Proportionalität bis zu Massen von ca. 50 Einheiten zu, dann ab. Der Schwächung liegt eine Art von Absättigung der Anziehungskräfte der Materie zugrunde. Entsprechend ist auch eine proportionale Schwächung der Trägheit anzunehmen. Bei großen Abständen ist das zweite Glied in f (r) zu vernachlässigen. Auf Widersprüche zur EINSTEINschen Relativitätstheorie wird hingewiesen. (Atti Accad. naz. Lincei, Rend., Cl. Sci. fisiche, mat. natur. [8] **13.** 97—103. Sept./Okt. 1952.) R. K. MÜLLER. 95

E. J. Hellund und **J. M. Jauch,** *Die γ-Emissionsfolge bei Dreifachkorrelationen.* Vff. führen den Beweis, daß bei einer γ-Kaskade die Reihenfolge der Emission der beiden letzten γ-Strahlen nicht durch die Korrelationsfunktion bestimmt ist. (Physic. Rev. [2] **92.** 203. 1/10. 1953. Lemont, Ill., Argonne Nat. Labor.) J. VOITLÄNDER. 103

Janet B. Guernsey und **Clark Goodman,** *Beobachtung von tiefliegenden Zuständen in Kernen aus (n, n' γ)-Wechselwirkungen.* (Vgl. KIEHN u. GOODMAN, C. **1954.** 10635.) (Sitzungsbericht.) (Physic. Rev. [2] **95.** 297. 1/7. 1954. MIT.) GERHARD SCHMIDT. 103

D. de Jong, P. M. Endt und **L. J. G. Simons,** *Winkelabhängigkeit und Ausbeute der Reaktionen* $^9Be(d,p)^{10}Be$ *und* $^9Be(d,t)^8Be$. (Vgl. C. **1954.** 3857.) Mit der l. c. beschriebenen Versuchsanordnung werden die differentiellen Wirkungsquerschnitte der Rkk. $^9Be(d,p)^{10}Be$ (I) u. $^9Be(d,t)^8Be$ (II) im Grundzustand bei 5 Deuteronenenergien im Bereich von 0,30—0,62 MeV gemessen. Die Winkelverteilung der Protonen aus I läßt sich in eine Reihe von LEGENDRE-Kugelfunktionen entwickeln, die nach dem 4. Term abgebrochen werden kann; die Tritonenverteilung aus II läßt sich in gleicher Weise darstellen, jedoch werden in der Reihenentw. oberhalb $E_d = 0{,}45$ MeV noch der 5. u. 6. Term benötigt. Die Gesamtquerschnitte beider Rkk. sind unterhalb $E_d = 0{,}45$ MeV für I u. II gleich; oberhalb dieser Energie herrscht I vor. (Physica **18.** 676—82. Okt. 1952. Utrecht, Rijksuniv., Phys. Labor.) F. WEIGEL. 103

T. W. Bonner und **C. F. Cook,** *Angeregte Zustände in* ^{10}B *und* ^8Be. Vff. messen Neutronenschwellen bei der Rk. $^7Li(d,n)^8Be^*$ für Deuteronenenergien zwischen 0,4 u. 4,7 MeV u. finden angeregte Niveaus in ^8Be bei 16,06, 16,72, 17,65, 17,8 u. 18,19 MeV. Auf die gleiche Weise werden aus der Rk. $^9Be(d,n)^{10}B^*$ angeregte Zustände in ^{10}B bei 4,78, 5,11, 5,17, 5,93, 6,06, 6,16, 6,43 u. 6,57 MeV bestimmt. (Physic. Rev. [2] **96.** 122—25. 1/10. 1954. Houston, Tex., Rice Inst.) D. GEISSLER. 103

R. L. Wolfgang und **G. Friedlander,** *Anregungsfunktion der Reaktion* $^{12}C\,(p, pn)\,^{11}C$ *im* 10^9 *eV-Gebiet.* Vff. messen das Verhältnis des Wirkungsquerschnitts der Rk. $^{12}C(p,pn)^{11}C$ zu dem der Rk. $^{27}Al(p,3pn)^{24}Na$ zwischen 400 u. 3000 MeV u. erhalten mit dem anderweitig bestimmten Wirkungsquerschnitt für letztere Rk. die Anregungsfunktion für die erste Reaktion. Die Abhängigkeit dieser Funktion von der Energie wird diskutiert. (Physic. Rev. [2] **96.** 190—91. 1/10. 1954. Upton, N. Y., Brookhaven Nat. Labor., Chem. Dep.) D. GEISSLER. 103

G. Harries, *Eine Nebelkammeruntersuchung der intern gebildeten Paare aus* $^{12}C^*$. Die Polarität der 4,45 MeV-γ-Strahlung aus $^{12}C^*$ wurde aus der Winkelverteilung der Positronen u. Elektronen von intern gebildeten Paaren bestimmt. Sie weist auf eine Quadrupolstrahlung hin. Vf. berechnet eine Beziehung zwischen der räumlichen Winkelverteilung von Paarbahnspuren u. der Winkelverteilung in der Projektion. (Proc. physic. Soc., Sect. A **67.** 153—57. 1/2. 1954. Oxford, Clarendon Labor.) M. POLLERMANN. 103

B. P. Foster, G. S. Stanford und **L. L. Lee,** *γ-Strahlen aus* ^{22}Ne. (Vgl. C. **1955.** 8777.) (Sitzungsbericht.) Ergänzend zu l. c. wird die Anregungsenergie des zweiten u. dritten angeregten Zustandes neu bestimmt u. zu 3,3 bzw. 4,9 MeV gefunden. Die Ergebnisse werfen Zweifel an der Existenz des Niveaus bei ~0,6 MeV Anregung auf. Für den 1,28 MeV angeregten Zustand wird ein einfacher Übergang direkt zum Grundzustand identifiziert. Der zweite angeregte Zustand zerfällt hauptsächlich durch Kaskadenübergang über den ersten angeregten Zustand mit einem schwächeren cross-over-Übergang zum Grundzustand. (Physic. Rev. [2] **94.** 804. 1/5. 1954. Yale Univ.)

GERHARD SCHMIDT. 103

Fritz D. Schupp und **Don S. Martin jr.**, *Die durch 70 MeV-Bremsstrahlung induzierte Reaktion* $^{24}Mg(\gamma, 3p\ 3n)^{18}F$. Relative Ausbeute u. Ausbeute pro Atom werden unter Berücksichtigung sämtlicher Korrekturen für verschied. Targets angegeben. (Physic. Rev. [2] **94.** 80. 1/4. 1954. Ames, Io., Iowa State Coll., Inst. for Atom. Res. and Dep. of Chem.) K.-H. BILLER. 103

Harvey Casson, *γ-Strahlen aus Na, Mg und Al bei Beschuß durch 200—420 keV-Protonen.* (Sitzungsbericht.) Vf. untersucht die schwachen Resonanzen für γ-Erzeugung in Na, Mg u. Al unterhalb 420 keV-Protonenenergie mit einem NaJ(Tl)-Kristallspektrometer. Bei Al zeigen die 404 u. 325 keV-Resonanzen beide einen 7,18 ± 0,07 u. 1,80 ± 0,02 MeV-γ-Strahl. (Physic. Rev. [2] **87.** 215. 1/7. 1952. Univ. of Chicago.) W. GANS. 103

James R. Simanton, Robert A. Rightmire, Alton L. Long und **Truman P. Kohman**, *Langlebiges radioaktives Aluminium 26.* Vff. suchen nach dem Grundzustand von ^{26}Al. Mg wird mit 15 MeV-Deuteronen (400 μA·Std.) beschossen u. Al durch mehrfache NH_3-Fällungen, $Fe(OH)_3$-Fällungen mit NaOH u. zwei Oxinatfällungen abgetrennt u. gereinigt (Al 1). Das Al_2O_3 wird mit Borat geschmolzen u. durchläuft folgenden Cyclus: NH_3-Fällung bei p_H 6 neben Zn, CuS-Fällung aus verd. HCl, $BaSO_4$-Fällung aus verd. HCl, Oxinatfällung bei p_H 5 neben Be u. PO_4^{3-}, $Fe(OH)_3$-Fällung in 0,1 n NaOH, NH_3-Fällung bei p_H 6 (Al 2). Der Cyclus wird wiederholt u. eine LaF_3-Fällung aus verd. HCl zugefügt (Al 3). Die Aktivität der 3 Präpp. wird mit β-GEIGER-Zählrohr (10—26 Impulse/Min.) u. NaJ-Scintillationszähler (oberhalb 0,25 MeV 5—15 Impulse/Min.) gemessen. Die spezif. Aktivität aller 3 Präpp. ist gleich. Gefunden wird $E_\beta \sim 1$, $E_\gamma \sim 1,9$ (1,83 MeV-Zustand des ^{26}Mg) u. ∼ 0,5 MeV (Vernichtungsstrahlung?). Wenn für die Rk. $^{25}Mg(d,n)^{26}Al$ u. $^{26}Mg(d,2n)^{26}Al$ derselbe Querschnitt wie für $^{24}Mg(d,\alpha)^{22}Na$ angenommen wird, folgt aus der Ausbeute eine Halbwertszeit von $\sim 10^6$ Jahren, die auf Grund der vermutlichen Spinzuordnungen vernünftig erscheint. (Physic. Rev. [2] **96.** 1711—12. 15/12. 1954. Pittsburgh, Pa., Carnegie Inst. of Technol., Dep. of Chem.)

G. HERRMANN. 103

Cornelius P. Browne, *Energieniveaus von* ^{26}Al. Vf. bestimmt mit Hilfe der Rk. $^{28}Si(d,\alpha)^{26}Al$ die ersten angeregten Zustände mit dem Isotopenspin T = 0 von ^{26}Al zu 0,418, 1,052, 1,750, 1,846 u. 2,064 MeV. Durch Vgl. mit anderen Messungen ergibt sich, daß ∼200 keV über dem Grundzustand ein Zustand von kurzer Lebensdauer mit T = 1 liegt. (Physic. Rev. [2] **95.** 860—61. 1/8. 1954. Cambridge, Mass., MIT., Phys. Dep. and Labor. for Nucl. Sci.) D. GEISSLER. 103

M. M. Bretscher, J. O. Alderman, A. Elwyn und **F. B. Shull**, *Winkelverteilungen von Protonen aus* $^{23}Na(d,p)^{24}Na$, $^{47}Ti(d,p)^{48}Ti$ *und* $^{48}Ti(d,p)^{49}Ti$. Vff. bestrahlen Na- u. Ti-Targets mit 10 MeV-Deuteronen u. bestimmen mit halbkreisförmig um das Target angeordneten Kernphotoplatten die Winkelverteilung der abgestreiften Protonen. Vor jeder Kernphotoplatte ist ein Absorbersatz derart aufgestellt, daß in einem vorgegebenen begrenzten Energiebereich der gesamte Protonenstrom bestimmt werden kann. Bei der Rk. $^{23}Na(d,p)^{24}Na$ sind die Q-Werte für die 4 energiereichsten Protonengruppen 4,731 (Grundzustand), 4,259, 4,167 u. 3,390 MeV. Diese Ergebnisse werden mit der Theorie von BUTLER verglichen. Damit Messung u. Theorie übereinstimmen, muß der Schalendrehimpuls *ln*-Werte von 2, 2, 0 bzw. 0 haben. Den Q-Werten für die 4 energiereichsten Protonengruppen aus $^{47}Ti(d,p)^{48}Ti$ von 8,14, 6,81, 5,83 u. 4,83 MeV entsprechen *ln*-Werte von 3, 1, 1 bzw. 1. Bei der Rk. $^{48}Ti(d,p)^{49}Ti$ entsprechen den Q-Werten von 5,81 (Grundzustand), 4,46, 4,11 u. 3,40 MeV *ln*-Werte von 3, 1, 1 bzw. 1 oder 2. Aus diesen Ergebnissen werden Parität u. wahrscheinlicher Spin für die verschied. Zustände der ^{24}Na-, ^{48}Ti- u. ^{49}Ti-Kerne abgeleitet. (Physic. Rev. [2] **96.** 103—09. 1/10. 1954. St. Louis, Mo., Washington Univ., Dep. of Phys.) J. ROESMER. 103

William W. Pratt, *Energie- und Winkelverteilung der Protonen aus dem Deuteronenbeschuß von Nickel.* Targets aus natürlichem Ni sowie aus Isotopengemischen von 98,4% ^{58}Ni, 1,5% ^{60}Ni u. 12,5% ^{58}Ni, 87% ^{60}Ni wurden mit 3,03 MeV-Deuteronen eines elektrostat. Generators beschossen, um die Energiespektren u. Winkelverteilungen der aus den Rkk. $^{58}Ni(d,p)^{59}Ni$ u. $^{60}Ni(d,p)^{61}Ni$ stammenden Protonen zu untersuchen. Zum Nachw. der Streuprotonen dienten 100 μ dicke EASTMAN NTA-Kernphotoplatten unter einem Winkel von 5° zur Streuebene. Es wurden 3 neue Energieniveaus in ^{59}Ni, entsprechend Q-Werten von 5,08 ± 0,1, 5,55 ± 0,1 u. 5,96 ± 0,1 MeV, gefunden. Die Winkelverteilungen der Protonen ergaben, daß die Rk. hauptsächlich von einer Compoundkernbldg. herrührt, während GOVE (C. **1951.** II. 2833) für die Rk. mit 14 MeV-Deuteronen einen Abstreifprozeß zugrunde legt. (Physic. Rev. [2] **95.** 1517—23. 15/9. 1954. Iowa City, Io., State Univ. of Iowa, Dep. of Phys.) G. TÖLG. 103

C. F. Cook und **T. W. Bonner,** *Die Neutronenschwellen von* $^{65}Cu(p,n)^{65}Zn$, $^{63}Cu(p,n)^{63}Zn$ *und* $^{7}Li(p,n)^{7}Be$. (Sitzungsbericht.) Eine Meth. zur Best. von Neutronenschwellen unter Verwendung eines Zählers für langsame Neutronen u. eines der üblichen Langzähler wird beschrieben. Das Verf. wird auf den Protonenbeschuß von Cu angewendet. Gefunden werden eine Reihe von Resonanzen der Neutronenemission sowie Neutronenquerschnitte bei 2,15, 3,03 u. 4,28 MeV. Die beiden ersten rühren von ^{65}Cu her u. deuten auf einen ^{65}Zn-Anregungszustand bei 0,86 MeV. Die dritte Schwelle stammt von ^{63}Cu. (Physic. Rev. [2] **94.** 807. 1/5. 1954. Rice Inst.) F. WEIGEL. 103

J. B. Marion, C. F. Cook und **T. W. Bonner,** *Neutronen aus dem Protonenbeschuß von* ^{9}Be *und* ^{3}H. (Vgl. vorst. Ref.) (Sitzungsbericht.) Die l. c. beschriebene 2-Zählertechnik wird zur Unters. der Neutronen aus dem Protonenbeschuß von ^{9}Be u. ^{3}H verwendet. Durch Messung der Neutronenschwelle ($Q = -4{,}21$ MeV) wird ein schmales Niveau in ^{9}Be bei 2,36 MeV gefunden, das einem 2,43 MeV-Niveau in dem korrespondierenden Spiegelkern ^{9}Be entspricht. Ferner werden Schwellenneutronen beobachtet, die vermutlich einem ^{9}B-Niveau bei $\sim$1,4 MeV mit einer Halbwertsbreite von $\sim$1 MeV entsprechen. Die Rk. ^{3}H(p, n)^{3}He zeigt nur den bekannten Schwellenwert bei $E_p =$ 1020 keV. (Physic. Rev. [2] **94.** 807. 1/5. 1954.) F. WEIGEL. 103

J. H. Carver und **E. Kondaiah,** *Die absolute Photoneutronenausbeute aus Kupfer für die Lithium-γ-Strahlen.* Vff. überprüften die Photoneutronenausbeute aus natürlichem Cu unter Anwendung der SZILARD-CHALMERS-Methode. Als Neutronendetektor dienten 130 Liter einer wss. $KMnO_4$-Lsg. in einem Perspexbehälter, in dessen Mitte sich die Cu-Probe in einem dünnwandigen Perspexkasten am Ende der Targetröhre des Beschleunigers befand. Unter Verwendung von **440** keV-Protonen lieferte die Rk. ^{7}Li(p,γ) eine γ-Strahlung von 14,8 u. 17,6 MeV im Verhältnis 1,7 : 1. Nach der Bestrahlung wurde das durch Neutroneneinfang in der Lsg. entstandene akt. ^{56}Mn als MnO_2 abfiltriert u. die Aktivität des Filtrates mit einem β-empfindlichen GEIGER-Zähler gemessen. Es ergab sich ein Querschnitt der Photoneutronenerzeugung in Cu zu $(85 \pm 15) \cdot 10^{-27}$ cm^2. Dieses Ergebnis deckt sich nur teilweise mit den Daten verschied. anderer Autoren. (Philos. Mag. [7] **45.** 988—90. Sept. 1954. Canberra, Austral. Nat. Univ., Res. School of Phys. Sci.) G. TÖLG. 103

André Berthelot, Robert Chaminade, Christiane Levi und **Lily Papineau,** *Untersuchung eines doppelten K-Einfangs in Zink 64.* Zum Nachw. der Strahlung einer Probe aus natürlichem Zn (48,87 % ^{64}Zn) wird ein Proportionalzähler mit zylindr. Geometrie benutzt. Der durch Verdampfung erhaltene Zn-Nd. bedeckt die Innenfläche eines Messingzylinders, der in den Zähler eingebracht wird. Zur Vermeidung störender Strahlungen, wie z. B. Höhenstrahlung, wird unter 20 cm Pb u. im Innern einer Antikoinzidenzanordnung von Höhenstrahlzählern gearbeitet. Aus den Verss. wird geschlossen, daß im Falle eines Überganges von ^{64}Zn $\rightarrow$ ^{64}Ni durch doppelten K-Einfang eine Halbwertszeit $>0{,}8 \cdot 10^{16}$ Jahre vorhanden sein muß. (C. R. hebd. Séances Acad. Sci. **236.** 1769—70. 4/5. 1953.) GERHARD SCHMIDT. 103

Pierre Radvanyi, *Messung des Verzweigungsverhältnisses K-Einfang/β⁺-Emission von* ^{79}Kr. Mittels einer WILSON-Kammer, die sich in einem Magnetfeld von 450 Gauß befand u. mit ^{79}Kr (34$^1/_2$ Std.) vom Druck 38 cm Hg gefüllt war, wurde das Verzweigungsverhältnis bestimmt. Es wurden die AUGER-K-Elektronen mit $\sim$5 mm Reichweite u. die Positronen gemessen, die ihren Ursprung in einem bestimmten Bereich der beleuchteten Zone haben. K-Einfang/β^+-Zerfall ergab sich zu 1,41 $\pm$ 4,0. Um diesen Wert theoret. zu deuten, muß angenommen werden, daß die β^+-Strahlung überwiegend zum Grundzustand von ^{79}Br führt (595 keV), der K-Einfang jedoch zum Teil zu einem 263 keV-Niveau, von dem aus γ-Strahlung zum Grundzustand führt. (C. R. hebd. Séances Acad. Sci. **235.** 289—91. 28/7. 1952.) M. WIEDEMANN. 103

Charles H. Pruett und **Roger G. Wilkinson,** *Der Zerfall von* ^{139}Ce. (Vgl. C. **1955.** 3303.) ^{139}Ce wird aus La mit 11 MeV-Deuteronen dargestellt u. durch Extraktion von Ce^{4+} mit Tributylphosphat aus HNO_3 nahezu trägerfrei isoliert. Die Strahlungen werden mit einem magnet. Spektrometer u. einem Scintillationskoinzidenzspektrometer untersucht. ^{139}Ce zerfällt ausschließlich durch Elektroneneinfang mit einer γ-Linie von 166 keV, einem M 1-Übergang mit $<10^{-8}$ Sek. Lebensdauer. Folgende Konversionskoeffizienten werden gefunden: $K/L = 8{,}20 \pm 0{,}40$, $K/(L + M) = 6{,}60 \pm 0{,}30$, $\alpha_K =$ $0{,}20 \pm 0{,}05$. Als obere Grenze der gesamten Zerfallsenergie werden 315 keV angegeben, Elektroneneinfang zum Grundzustand kann nur in geringem Maße vorliegen. Die K-Fluorescenzausbeute für $Z = 57$ beträgt $0{,}94 \pm 0{,}02$. (Physic. Rev. [2] **96.** 1340—43. 1/12. 1954. Bloomington, Ind., Indiana Univ.) G. HERRMANN. 103

A. E. Taylor und **E. Wood**, *Neutronengesamtquerschnitt für Blei zwischen 37 und 156 MeV.* (Vgl. C. **1953.** 964.) Vff. untersuchen den Gesamtquerschnitt von Pb für Neutronen im Energiebereich 30 MeV $< E_n <$ 160 MeV. Die gefundene Querschnittskurve als Funktion der Energie wird angegeben; sie zeigt ein flaches Maximum zwischen 70 u. 100 MeV u. ein ausgeprägtes Minimum bei 61 MeV. (Physic. Rev. [2] **87.** 907—08. 1/9. 1952. Harwell, Didcot, Berks., AERE.) F. Weigel. 103

W. Jentschke, A. C. Juveland und **G. H. Kinsey**, *Das α-strahlende Isomer Polonium 211.* Vff. erzeugen ^{211}Po durch Beschuß einer dünnen *Pb*-Folie mit α-Teilchen u. stellen das Zerfallsschema des Syst. ^{211}Po → ^{207}Pb auf Grund folgender Unterss. auf: 1. Messung der α-Energien in der Ionisationskammer mit Impulsanalysator, 2. Messung der Abklingzeit der auftretenden α-Gruppen, 3. Messung der Intensitätsverhältnisse der α-Gruppen als Funktion der Beschußenergien, 4. Messung der auftretenden γ-Strahlen im NaJ–Tl-Scintillationszähler u. 5. Messung der α—γ-Koinzidenzen. Folgende Ergebnisse werden erhalten: Das 25 Sek.-Isomer von ^{211}Po emittiert 3 α-Teilchen mit E_α = 8,70 (7%), 7,85 (2,5%) u. 7,14 MeV (90,5%), die zu den ^{207}Pb-Zuständen bei 1,634 ($i^{13/2}$), 0,87 MeV ($p^{3/2}$) u. dem Grundzustand ($p^{1/2}$) führen. Das 0,52 Sek.-Isomer emittiert ebenfalls 3 α-Teilchen mit den Energien 7,43 (98,97%), 6,88 (0,50%) u. 6,56 MeV (0,53%), die zu den ^{207}Pb-Zuständen bei 0,87, 0,57 MeV ($f^{5/2}$) u. zum Grundzustand führen. Aus den α—γ-Koinzidenzmessungen ergibt sich, daß die Halbwertszeit für den γ-Übergang 25 Sek.-Isomer → 0,52 Sek.-Isomer mindestens 100mal größer ist als diejenige für den α-Zerfall des 25 Sek.-Isomers, was auf $L \geq 5$ schließen läßt. Hierdurch u. unter Heranziehung des Schalenmodells läßt sich der Spin für die beiden ^{211}Po-Zustände zu 19/2 (25 Sek.-Isomer) u. 9/2 (0,52 Sek.-Isomer) festlegen. (Physic. Rev. [2] **96.** 231—32. 1/10. 1954. Urbana, Ill., Univ. of Illinois.) F. Weigel. 103

Earl K. Hyde, *Strahlungen des AcK.* Vf. untersucht mittels eines NaJ(Tl)-Scintillationszählrohres in Verbindung mit einem 50 Kanal-Impulsanalysator die γ-Strahlungen von AcK (^{223}*Fr*). Auf 40 ± 10% aller β^--Zerfälle werden γ-Strahlen einer Energie von 49,8 keV u. auf 24 ± 6% aller β^--Zerfälle werden γ-Strahlen von 80 keV emittiert. Weitere schwache γ-Strahlen haben Energien von 215 u. 310 keV. Die Energie einer L-Röntgenstrahlung wird zu 49,8 keV bestimmt. Durch γ—γ-Koinzidenzmessungen wird nachgewiesen, daß sowohl die 49,8 als auch die 50 keV-γ-Strahlen nicht in Koinzidenz emittiert werden. Die L-Röntgenstrahlung erweist sich als L-Strahlung von Ra. Da ^{227}Th zum gleichen Folgeprod. zerfällt wie AcK, wird das γ-Spektr. von ^{227}Th vermessen. Auffallende γ-Spitzen werden bei Energien von 49,8, 87 u. 235 keV beobachtet, von denen die 49,8 u. 235 keV-γ-Strahlen in Koinzidenz emittiert werden. (Physic. Rev. [2] **94.** 1221—26. 1/6. 1954. Berkeley, Calif., Univ. of California, Radiat. Labor.) J. Roesmer. 103

E. C. Freiling, L. R. Bunney und **N. E. Ballou**, *Identifizierung von Gadolinium- und Terbiumradioisotopen als Spaltprodukte von ^{235}U.* Bei der Spaltung von ^{235}U mit therm. Neutronen entstehen als Spaltprodd. u. a. ^{159}Gd u. ^{161}Tb mit Spaltausbeuten von $1{,}1 \cdot 10^{-3}$ bzw. $8 \cdot 10^{-5}$%, bezogen auf eine Ausbeute von 6,2% bei ^{99}Mo. Der Fehler in der Best. der Spaltausbeuten beträgt ~30%. (Physic. Rev. [2] **96.** 102. 1/10. 1954. San Francisco, Calif., U. S. Naval Radiol. Defense Labor.) J. Roesmer. 103

Jacques Bernot und **Victor Raievski**, *Messungen der Reaktivitäten in einem Reaktor.* Aufstellung einer Vergleichsmeth., um den Einfl. der verschied. Parameter auf die Reaktivität eines Reaktors zu bestimmen. (J. Physique Radium **15.** 359—65. Mai 1954. Saclay, Serv. de la Pile, Commiss. à l'Énergie atom.) K.-H. Biller. 110

L. R. McCreight, *Anwendungen keramischer Stoffe in Reaktoren.* Vf. beschreibt Möglichkeiten u. Vorteile der Verwendung keram. Stoffe beim Bau von Reaktoren. Beispiele für Anwendungsmöglichkeiten werden angegeben sowohl innerhalb des Reaktors als auch bes. bei der Anlage zum Wärmeabtransport. (Ind. Engng. Chem. **46.** 185—88. Jan. 1954. Schenectady, N. Y., Gen. Electric Co., Knolls Atom. Power Labor.) Max Schmidt. 110

L. N. Howell, A. M. Tripp und **D. T. Jones**, *Eine Anordnung zum Auseinandernehmen von Reaktorzirkulationen.* Zur Prüfung von Werkstoffen, die für den Bau von mit fl. Füllmaterialien betriebenen Reaktoren geeignet sind, werden in Reaktoren an Stellen großer Neutronendichte Zirkulationsanordnungen eingeführt. In diesen strömen ~20 Liter/Min. fl. Füllmaterial u. sind Stäbe der zu prüfenden Stoffe an verschied. Stellen angebracht. Nach der Bestrahlung werden die Anordnungen in heiße Zellen übergeführt u. dort zerschnitten, gereinigt u. die Proben entnommen. (Nucleonics **12.** Nr. 11. 76—77. Nov. 1954. Oak Ridge, Tenn., ORNL, Engng. Dep.) G. Herrmann. 110

G. Marguin und **M. Maitrot**, *Über die Verbesserung der Kernemulsionstechnik.* (Vgl. C. **1954.** 8507.) Mitt. von Erfahrungen bei Verss. zur Entfernung des Untergrundes bei nichtexponierten ILFORD G 5-Emulsionen durch Einw. einer Atmosphäre von gesätt. Wasserdampf bei verschied. Tempp., bes. hinsichtlich der Veränderung der Empfindlichkeit in verschied. Plattenbezirken, sowie bei der Behandlung verarbeiteter Emulsionen mit Glycerin zur Behebung der Schrumpfung. (J. Physique Radium **15.** 123—24. Febr. 1954. Lyon, Inst. de Phys. Atom.) H.-J. EICHHOFF. 112

Bertram Stiller, Maurice M. Shapiro und **Francis W. O'Dell,** *Verfahren zur Verarbeitung dicker Kernemulsionen.* Zusammenstellung erprobter Verff. für die Auslöschung von latenten Bildern in Kernemulsionen vor Exposition, Entw., Fixierung, Wässerung u. Trocknung von dicken (400 u. 600 μ) Kernplatten u. für die Verarbeitung von Stapeln aus Emulsionsschichten ohne Glasunterlage. (Rev. sci. Instruments **25.** 340—48. April 1954. Washington, D. C., Nucl. Div., Naval Res. Labor.) H.-J. EICHHOFF. 112

M. Della Corte, *Die Korndichte und der Prozeß der Bahnspurbildung in Kernemulsionen.* 3. Mitt. *Experimentelle Bestimmung der Wahrscheinlichkeit, daß ein Korn entwickelbar gemacht wird.* (2. vgl. C. **1954.** 2329.) Diskussion der experimentellen Technik zur Best. der Wahrscheinlichkeit, ein Korn entwickelbar zu machen (π), u. der erforderlichen Korrekturen im Falle von Bahnspuren, die einen Winkel mit der Emulsionsebene bilden. Erläuterung der Lückenverteilungsfunktion, aus welcher π gewonnen wird, die in Verbindung mit einer Messung des durchschnittlichen Streuwinkels zur Identifizierung der verschied. Teilchen dient. Diese Meth. ist unabhängig von dem Grad der Entw. u. einer Korn- oder Flecken(blob)-Zählung überlegen. Angabe eines Beispiels zur Massenbest. von Teilchen aus Rkk. von künstlichen π^+-Mesonen von $\sim$70 MeV mit 400 u. 600 μ dicken ILFORD G 5-Platten. (Nuovo Cimento [9] **12.** 28—36. 1/7. 1954. Firenze, Univ., Ist. di Fis.) H.-J. EICHHOFF. 112

Martin Caulton, *Die Messung der Verzerrung in Kernemulsionen.* Unter Benutzung von Höhenstrahlbahnspuren als Verzerrungsindicator wird die horizontale Verzerrung von ILFORD G 5-Emulsionen in Abhängigkeit von den Verarbeitungsbedingungen untersucht. Nach der Meth. der kleinsten Quadrate wird die Größe u. Richtung des Verzerrungsfaktors berechnet. Ein Zusatz von 7% Na_2SO_4 zum Fixierbad (30% $Na_2S_2O_3$) bewirkt einen Rückgang der Verzerrung auf $^1/_2$—$^1/_3$. Verhinderung der vertikalen Schrumpfung durch Imprägnieren mit Glycerin u. die Verwendung dicker Emulsionen scheinen ebenfalls die horizontale Verzerrung herabzusetzen. (Rev. sci. Instruments **24.** 569—72. Aug. 1953. Troy, N. Y., Rensselaer Polytechn. Inst.) H.-J. EICHHOFF. 112

William L. McLaughlin und **Margarete Ehrlich,** *Filmstreifendosimetrie: Wie stark tritt Schwund auf?* Die für Kernemulsionen abgeleiteten halbempir. Gleichungen für die Zunahme des Schwundes mit der Aufbewahrungszeit sind auch für andere Emulsionstypen gültig. (Nucleonics **12.** Nr. 10. 34—36. Okt. 1954. Washington, D. C., U. S. Dep. of Commerce, Nat. Bur. of Stand.) G. HERRMANN. 112

J. S. Cheka, *Die Instabilität von Kernemulsionen.* Der Schwund des latenten Bildes in Kernemulsionen (KODAK NTA), die mit γ-Strahlen bestrahlt werden, ist beträchtlich, so daß bei der Verwendung von Kernemulsionen in der Dosimetrie eine Korrektur durch Eichkurven notwendig ist. (Nucleonics **12.** Nr. 10. 58. Okt. 1954. Oak Ridge, Tenn., ORNL, Health Phys. Div.) G. HERRMANN. 112

A. Herpin und **C. Mercier,** *Korrekturformel für die Zählung von Bahnspuren in Kernemulsionen.* (J. Physique Radium **15.** 21—26. Jan. 1954. Saclay, Centre d'Études nucl., Serv. de Phys. mathémat.) H.-J. EICHHOFF. 112

Joseph S. Cheka, *Neuere Entwicklungen beim Nachweis schneller Neutronen mit Filmen.* Zur exakten Dosimetrie von Neutronen bis 14 MeV wird ein Filmpaket mit KODAK NTA-Emulsion u. Cellulose- (Papier-) Radiatoren vorgeschlagen. Gemessen wird die Zahl der Rückstoßprotonenbahnen, prim. Protonen werden durch Al-Bleche ausgeschaltet. Durch sorgfältige Dimensionierung der verschied. Schichten des Pakets wird eine genaue Wiedergabe der Neutronendosen im ganzen Energiebereich bis 14 MeV erreicht. Durch Bedeckung einer Filmhälfte mit einem Cd-Blech kann zwischen therm. u. schnellen Neutronen unterschieden werden. Trocknung des Films u. Verwendung versiegelter Behälter bewahrt das latente Bild über einen größeren Zeitraum ohne wesentliche Verluste. Die Auswertung erfolgt durch Auszählung der Protonenbahnen in einem Filmstreifen von 0,019 × 1,51 cm. Die pro Woche erlaubte Maximaldosis schneller Neutronen (je nach Energie $4-8 \cdot 10^6$ Neutronen/cm^2) ergibt in diesem Streifen ca. 72 Bahnen. (Nucleonics **12.** Nr. 6. 40—43. Juni 1954. Oak Ridge, Tenn., ORNL, Health Phys. Div.) G. HERRMANN. 112

S. C. Snowdon, M. A. Rothman, D. W. Kent jr. und **W. D. Whitehead,** *Kernemulsionsmethode zur Energiemessung unelastisch gestreuter Neutronen.* Angabe der geometr. Anordnung zur Messung der unelast. gestreuten Neutronen mit Kernemulsionen, bei welcher sich die Emulsion im Inneren eines ringförmigen Streukörpers mit ihrer Ebene in der Mittelebene des Ringes u. senkrecht zu dem einfallenden Neutronenstrom befindet. Wiedergabe eines mit Fe gewonnenen Streuspektrums. (Rev. sci. Instruments **24.** 876—77. Sept. 1953. Swarthmore, Pa., Bartol Res. Found. of the Franklin Inst.) H.-J. EICHHOFF. 112

Louis Rosen, *Kernemulsionsverfahren zur Messung von Neutronenenergiespektren.* 1. Mitt. Zusammenfassende Darst. der Methoden zur Messung der Energiespektren von Neutronen mit Kernemulsionen bei ausgedehnten, anisotropen Quellen (Reaktoren) u. Punktquellen. Behandlung der apparativen Hilfsmittel. — 80 Literaturzitate. (Nucleonics **11.** Nr. 7. 32—38. Juli 1953. Los Alamos, N. Mex., Univ. of California, Los Alamos Sci. Labor.) H.-J. EICHHOFF. 112

Louis Rosen, *Kernemulsionsverfahren zur Messung von Neutronenenergiespektren.* 2. Mitt. (1. vgl. vorst. Ref.) Beschreibung des Verf., bei welchem die Kernemulsion für die Messung geringer Neutronenenergien u. -intensitäten sowohl als Strahlungsquelle als auch als Detektor benutzt wird, der Messung von Energiespektr. u. Q-Wert der Rk. $T(d,n)^4He$ sowie der Energieverteilung von Neutronen aus der unelast. Wechselwrkg. von 14 MeV-Neutronen mit verschied. Elementen. (Nucleonics **11.** Nr. 8. 38—44. Aug. 1953.) H.-J. EICHHOFF. 112

Concèle Gimenez und **Jacques Labeyrie,** *Abschätzung des Flusses thermischer Neutronen mit lithiumimprägnierten photographischen Kernemulsionen.* Li-imprägnierte 50 μ dicke ILFORD C 2-Kernplatten eignen sich zur Messung eines Flusses therm. Neutronen zwischen 1 u. $500 \cdot 10^6$ Neutronen/cm². Die der Rk. $^6Li(n, \alpha)\,^3H$ entstammenden α—t-Bahnspuren von 43 μ Länge lassen sich leicht von anderen, in sehr geringer Zahl auftretenden Bahnspuren unterscheiden. Die Meth. wird zur Überwachung der Neutronen ausgesetzten Personen benutzt u. gestattet, $^1/_{200}$ der wöchentlichen Toleranzdosis auf $\pm 20\%$ zu bestimmen. (J. Physique Radium **15.** Nr. 1. Suppl. 38 A—44 A. Jan. 1954. Saclay, Seine-et-Oise, Commiss. à l'Énergie atom., Centre d'Étud. nucl., Serv. des Construct. électr.) H.-J. EICHHOFF. 112

Isadore B. Berlman, *Bestimmung der Filmexposition durch Aktivierung von ^{109}Ag.* Durch Neutronenaktivierung von ^{109}Ag in entwickelten u. fixierten Filmen kann die Exposition bestimmt werden. Verss. mit der DU PONT-Emulsion Nr. 510 ergeben einen ausnutzbaren Expositionsbereich von 0,3—300 r. (Nucleonics **11.** Nr. 2. 70. Febr. 1953. Chicago, Ill., Argonne Nat. Labor., Radiol. Phys. Div.) H.-J. EICHHOFF. 112

I. B. Berlman, H. F. Lucas und **H. A. May,** *Die Bestimmung der photographischen Filmexposition durch Neutronenaktivierung von ^{107}Ag.* (Vgl. vorst. Ref.) Durch Beschuß eines entwickelten u. fixierten Films mit therm. Neutronen wird ^{108}Ag mit großem Wirkungsquerschnitt gebildet, dessen β-Aktivität ein Maß für die Exposition ist. Mit diesem Verf. sind Expositionen bis zu 1000 r meßbar. (Rev. sci. Instruments **24.** 396—97. Mai 1953.) H.-J. EICHHOFF. 112

E. Tochilin und **R. Golden,** *Messung der β-Tiefendosis mit Filmen.* Wiedergabe der Schwärzungs- u. Absorptionskurven für 7 Filmtypen unter Benutzung von β-Strahlern mit Energien von 0,5—3,5 MeV, die Messungen im Bereich von 0,1—20000 r ermöglichen. Vergleichende Extrapolationskammermessungen zeigen die Zuverlässigkeit der Filmmethode. (Nucleonics **11.** Nr. 8. 26—29. Aug. 1953. San Francisco, Calif., U. S. Naval Radiol. Defense Labor.) H.-J. EICHHOFF. 112

Georges Kayas, *Über die Identifizierung geladener Höhenstrahlteilchen, die in elektronenempfindlichen photographischen Emulsionen enden.* 1. Mitt. *Einfach geladene Teilchen.* Methoden zur Identifizierung einfach geladener Höhenstrahlteilchen durch Auszählung der Lücken oder der δ-Strahlen an Bahnspuren, die in der Emulsion enden. (J. Physique Radium **15.** 34—38. Jan. 1954. Paris, École Polytechn., Labor. de Phys.) H.-J. EICHHOFF. 112

D. A. Tidman, E. P. George und **A. J. Herz,** *Die Erzeugung von δ-Strahlen in Kernemulsionen.* Ableitung theoret. Formeln für die Abhängigkeit der δ-Strahldichte von Geschwindigkeit u. Ladung des Primärteilchens unter Berücksichtigung der Tatsache der Ggw. von gebundenen u. freien Elektronen in der Emulsion. Die Unters. erstreckt sich auf die beiden wesentlichen Konventionen für eine Entscheidung, welche Körner δ-Strahlen zugeordnet werden können. Vgl. der Theorie mit δ-Strahlzählungen an Bahnspuren einfach geladener Teilchen bekannter Geschwindigkeit. (Proc. physic. Soc., Sect. A **66.** 1019—31. 1/11. 1953. London, Imp. Coll.) H.-J. EICHHOFF. 112

L. S. Bartell und **L. O. Brockway,** *Die Eichung photographischer Emulsionen für Elektronenbeugungsuntersuchungen.* Bei dem vorgeschlagenen Verf. zur Eichung photograph. Emulsionen wird für die Kurve, welche die Abhängigkeit von Elektronenexposition u. Schwärzung darstellt, die Abweichung von der Linearität gemessen. Das

Verf. liefert Resultate, die mit einem einfachen Modell des Expositionsprozesses verträglich sind. Die Empfindlichkeit (E') von Photoplatten steigt mit zunehmendem Abstand vom Mittelpunkt (r) im Vgl. zur Empfindlichkeit im Mittelpunkt (E_0) gemäß $E'/E_0 = 1 + 0{,}004\,r^2$ an (für $r < 3{,}5$ cm). Für $r > 3{,}5$ cm steigt E'/E_0 stärker an bei größerer Streuung der Meßpunkte. (J. appl. Physics **24.** 656—57. Mai 1953. Ann Arbor, Mich., Univ. of Michigan, Dep. of Chem.) H.-J. EICHHOFF. 112

Enis Erdik, *Untersuchung der α-Radioaktivität einer Laboratoriumsatmosphäre mit Kernemulsionen.* Die zu untersuchende Luft wird durch einen lichtdichten Metallkasten, in welchem sich ein Ventilator u. ein Träger für die Kernplatte befinden, gesaugt, wobei sich die Aerosolteilchen auf der Platte niederschlagen. (J. Physique Radium **15.** 445—51. Juni 1954. Lyon, Inst. de Phys. atom.) H.-J. EICHHOFF. 112

René Coppens, *Anwendung der photographischen Kernplatte zur Messung der Radioaktivität von Flüssigkeiten.* Die Kernplatte wird zur Vermeidung der Quellung u. des „fading" mit einer dünnen Celluloidschicht überzogen u. zur Exposition in die zu untersuchende Lsg. gelegt oder es werden einige Tropfen dieser Lsg. in einer bedeckten Küvette auf die Schutzschicht gegeben. Der Einfl. auf die Reichweite der α-Strahlung wird aus der Dicke der vor der Entw. abgezogenen Schutzschicht berechnet. (J. Physique Radium **15.** 588—89. Juli/Sept. 1954.) H.-J. EICHHOFF. 112

B. S. Thornton, *Mikrointerferometrische Prüfung von Kernemulsionsplatten.* Mitt. einiger interferometr. Beobachtungen (mit Abbildungen) an Kernplatten mit Protonen- u. α-Bahnspuren sowie künstlich angebrachten Furchen, die eine genaue Best. des Schrumpffaktors ermöglichen. (Austral. J. Physics **7.** 652—54. Dez. 1954. Sydney, Univ. Grounds, Div. of Metrol., CSIRO.) H.-J. EICHHOFF. 112

G. W. Anderson, E. P. Ney und **R. B. Thorness,** *Ein Plattentransporteur für Kernemulsionen.* Beschreibung einer Kassette zur Exposition von Plattenstapeln bis zu 27 Stück 400 μ dicker Kernemulsionen auf 1,35 mm Glasunterlage (Format 10 × 25 cm) bei Ballonaufstiegen unter Festlegung der Entstehungszeit einer Bahnspur. Durch einen eingebauten Motor werden in der Mg-Kassette auf der Ober- u. Unterseite eines festliegenden Stapels von 25 Platten je eine Platte nach Ablauf von 2 Std. gegenläufig um 5 mm verschoben. (Rev. sci. Instruments **24.** 997—98. Okt. 1953. Minneapolis, Minn., Univ. of Minnesota.) H.-J. EICHHOFF. 112

Frank E. Hoecker, Paul N. Wilkinson und **Jack E. Kellison,** *Eine anpassungsfähige Methode zur Mikroautoradiographie.* Die zu autoradiographierenden Proben (Dünnschliffe oder Mikrotomschnitte) werden auf eine transparente flexible Folie von 0,25 mm Dicke montiert, welche auf eine Seite der Kernplatte aufgekittet wird. Zur photograph. Verarbeitung wird die flexible Folie mit den Proben von der Kernplatte abgehoben. Die Proben können nachträglich gefärbt werden, ohne daß die Färbelsgg. mit der photograph. Emulsion in Kontakt kommen oder die Verteilung des radioakt. Materials in den Proben verändern können. (Nucleonics **11.** Nr. 12. 60—64. Dez. 1953. Lawrence, Kans., Univ. of Kansas, Radioact. Isotopes Res. Labor.) H.-J. EICHHOFF. 112

Abraham A. Sherman und **Leonard J. Essman,** *Eine neue Methode zur Herstellung von Autoradiogrammen.* Ausarbeitung eines Verf. zur Anfertigung einer großen Anzahl von Autoradiogrammen von histolog. Schnitten innerhalb kürzester Zeit durch ungeschultes Personal. (Science [Washington] **119.** 659. 7/5. 1954. Bronx, N. Y.) MAX SCHMIDT. 112

William W. Wainwright, Ernest C. Anderson, Preston C. Hammer und **Charles A. Lehman,** *Vereinfachte Expositionsberechnung für Autoradiographien.* Diskussion der Eignung von Isotopen verschied. Halbwertszeit u. Teilchenenergie für autoradiograph. Zwecke. Zur Ermittlung der richtigen Expositionszeit bei Autoradiographien wird ein Nomogramm wiedergegeben, welches die Kenntnis der Halbwertszeit u. der Aktivität der Probe (in Teilchen/Min.) voraussetzt. (Nucleonics **12.** Nr. 1. 19—21. Jan. 1954. Los Alamos, N. Mex., Univ. of California, Los Alamos Sci. Labor., Radiobiol. Sect. and Theoret. Div.) H.-J. EICHHOFF. 112

L. E. Preuss, *Autoradiographische Studien von Oberflächenstrukturen mit Chrom 51.* Die Meth. gleicht der „Schatten"-Technik der Elektronenmikroskopie. Die Aktivität — hier ^{51}Cr — wird unter einem spitzen Winkel auf die Oberfläche aufgedampft. Strukturen, die im „Schatten" des Aktivitätsstrahls liegen, bleiben inakt., solche, die im „Licht" liegen, werden je nach ihrer Neigung zum Strahl mehr oder weniger stark aktiv. Die Oberflächen werden anschließend 1—2 Monate auf eine Kernemulsion gelegt. Die Schwärzung der Radiographie gibt die Struktur der Oberfläche wieder. Das Auflösungsvermögen beträgt ~40 μ, 25 μ tiefe Strukturen geben guten Kontrast. Mit anderen Isotopen scheint es möglich, ein Auflösungsvermögen von 5 μ zu erreichen. (Nucleonics **12.** Nr. 8. 30—32. Aug. 1954. Detroit, Mich., Edsel B. Ford Inst. for Med. Res.) G. HERRMANN. 112

J. C. Austin und **P. Richards,** *Radiographie als Hilfsmittel für heiße Laboratorien.* Zur zerstörungsfreien γ-radiograph. Prüfung von Werkstücken usw. werden ^{60}Co für 2—30 cm Stahl, ^{192}Ir bis 7 cm Stahl u. ^{170}Tm für dünne Objekte verwendet. (Nucleonics **12.** Nr. 11. 78—79. Nov. **1954.** Upton, N. Y., Brookhaven Nat. Labor.) G. HERRMANN. 112

A. N. Davenport und **G. W. W. Stevens,** *Vergleich von Radioaktivitäten mit Hilfe von Röntgenfilmen.* Vff. vergleichen die Aktivitäten von verschied. $Ag^{131}J$-Proben 1. durch direkte chem. Analyse, 2. mit einem GEIGER-MÜLLER-Zähler u. 3. durch Autoradiogramme, wobei 3a) die Schwärzungsdichte gegen den Logarithmus der genau bestimmten Belichtungszeit aufgetragen wird u. 3b) visuell die Belichtungszeiten abgeschätzt werden, welche bei den verschied. Proben die gleiche Standarddichte bewirken. Die Ergebnisse zeigen, daß die Meth. 3a) genau so exakte Werte liefert wie 2. u. daß 3b) für halbquantitative Arbeiten ausreicht. Die Vorteile der autoradiograph. Meth. werden zitiert. (Nature [London] **174.** 178—79. 24/7. 1954. Harrow, Middlesex, Kodak Ltd., Res. Labors.) MAX SCHMIDT. 112

Čestmír Jech, *Radioaktive Aerosole.* Der Sammelbericht berührt außer der Entstehung, Aktivitätsmessung u. biol. Wrkg. der radioakt. Aerosole auch Fragen, welche mit Sicherheits- u. Vorbeugungsmaßregeln gegen radioakt. Aerosole, ferner mit ihrer Entstehung u. Fortpflanzung bei Atomexplosionen zusammenhängen. — 88 Literaturangaben. (Chem. Listy **49.** 577—614. April 1955. Praha, Českoslov. akad. věd, Ústav fys. chemie. [Orig.: tschech.]) V. KAČENA/Prag. 112

A_2. Optisches Verhalten der Materie.

Alfred H. Joy, *Spektroskopische Beobachtungen von AE Aquarii.* Über 100 von 1943—53 erhaltene Spektrogramme von AE Aquarii zeigen folgende Merkmale: Typus ist dKO. Starke Emissionslinien von *H*, *He* u. *Ca II* von 20 Å Breite sind vorhanden, teilweise von Kontinuum begleitet, das Quelle hoher Temp. anzeigt. Aus den Geschwindigkeiten der dunklen u. hellen Linien wurden die Bahnelemente der beiden Komponenten des Doppelsterns ermittelt. (Astrophysic. J. **120.** 377—83. Nov. 1954. Mount Wilson and Palomar Observatories.) H. PREUSS. 113

Lawrence H. Aller, *Die Zusammensetzung des planetarischen Nebels NGC 7027.* Neue spektrophotometr. Daten des hellen planetar. Nebels NGC 7027 werden diskutiert. Es werden die Ionenüberschüsse berechnet u. die wahrscheinliche Faserstruktur des Nebels diskutiert. Die Elektronentemp. wird auf 15000° K u. die Elektronendichte in den Filamenten auf $7 \cdot 10^4$ Ionen/cm^3 geschätzt. Die Hauptschwierigkeit der chem. Analyse liegt darin, daß man die Verteilung der Atome eines bestimmten Elementes über die verschied. Ionisationszustände beachten muß. (Astrophysic. J. **120.** 401—12. Nov. 1954. Univ. of Michigan, Observatory.) H. PREUSS. 113

Joseph W. Chamberlain, *Über die Erzeugung von Nordlichtbögen durch einfallende Protonen.* (Vgl. C. **1955.** 8783.) Die Theorie der Erzeugung von Nordlichtbögen wird durch Beachtung einer Dispersion in den Richtungen der einfallenden Protonen erweitert. Frühere Berechnungen des H α-Profils u. der Helligkeitsverteilung für den Fall, daß die Protonen nur in einer Richtung einfallen, waren beträchtlich von den Beobachtungskurven verschieden. Die Winkelverteilung der einfallenden Protonen wird hier durch Vgl. des berechneten Profils u. der Helligkeitskurve mit den Beobachtungsdaten gewonnen. Einunddieselbe Winkelverteilung liefert befriedigende Darstellungen sowohl des Profils als auch der Helligkeit, was nahelegt, daß die Winkeldispersion ein wichtiger Effekt ist. (Astrophysic. J. **120.** 566—71. Nov. 1954. Yerkes Observatory.) H. PREUSS. 113

J. W. Chamberlain, C. Y. Fan und **A. B. Meinel,** *Eine neues O_2-Band im infraroten Nordlichtspektrum.* Es ist eine starke, aber bisher unentdeckte Nordlichtemission als das 1—1-Band des verbotenen atmosphär. Syst. von O_2 identifiziert worden. Der Anregungsgrad in den Rotations- u. Vibrationsniveaus des oberen Elektronenzustandes wird diskutiert. (Astrophysic. J. **120.** 560—62. Nov. 1954. Yerkes Observ.) H. PREUSS. 113

C. Y. Fan und **D. H. Schulte,** *Variationen im Nordlichtspektrum.* Eine Unters. von Nordlichtemissionen mit einem Spektrographen von 400 Å/mm Dispersion zeigte, daß alle ruhigen Bögen eine sehr intensive Hα-Linie zeigen, während doch sonst Strahlungsmerkmale nie Hα zeigen. Das MEINEL-Syst. von $N_2{}^+$ unterliegt geringen Variationen bzgl. des ersten positiven Syst. von N_2. Die Folgerungen dieser Entdeckungen werden diskutiert. (Astrophysic. J. **120.** 563—65. Nov. 1954. Yerkes Observ.) H. PREUSS. 113

Charlotte Pecker, Donald E. Billings und **Walter Orr Roberts,** *Identifikation der gelben Coronalinie.* Es wird die Bestätigung von EDLÉNs versuchsweiser Identifikation angegeben, daß *Ca XV* das für die gelbe Coronaemissionslinie $\lambda = 5694$ verantwortliche Atom ist. Aus der Linien-Profil-Analyse ergibt sich das Atomgewicht des verantwortlichen Atoms zu ca. 40. Es wird die Existenz einer zusätzlichen Emissionslinie um $\lambda = 5446$ verifiziert, die theoret. gefordert u. kürzlich durch WALDMEISTER aufgefunden wurde. Das Intensitätsverhältnis λ 5694/λ 5446 wird in Übereinstimmung mit den theoret. Werten der Ca XV-Emission gefunden. (Astrophysic. J. **120.** 509—20. Nov. 1954. Boulder, Colo., High Altitude Observ.) H. PREUSS. 113

Je. M. Feigelsson, *Über die Absorptionseigenschaften von Wasserdampf und Kohlensäuregas in der Atmosphäre.* Unter Verwendung des wichtigsten vorhandenen experimentellen Materials über die Absorptionseigg. von Wasserdampf u. CO_2 im Wellenlängenbereich 5—17 μ werden mit Hilfe einer von KUSNEZOW vorgeschlagenen Interpolationsformel die Durchlässigkeitsfunktionen aufgestellt u. daraus die mittleren Absorptionskoeffizienten ermittelt. Die erhaltenen Werte werden benutzt, um den auf Strahlung beruhenden Wärmeaustausch in der Atmosphäre zu untersuchen. Durch Linearisierung des Problems wird in grober Näherung die integrale Infrarotemission der Atmosphäre in Abhängigkeit von der Temp. (200—300°) unter Berücksichtigung des selektiven Charakters des Wasserdampf-Absorptionsspektr. angegeben. (Известия Академии Наук СССР, Серия Геофизическая [Nachr. Akad. Wiss. UdSSR, geophysik. Ser.] **1955.** 69—79. Jan./Febr. Akad. der Wiss. der UdSSR, Geophysikal. Inst.) J. GEIGER. 113

Hermann Haken, *Über das Problem der strahlungslosen Übergänge.* Ein strahlungsloser Elektronenübergang ist mit einem Vielfach-Phononenprozeß verbunden. Vf. verwendet zur Behandlung dieses Problems ein Oscillatormodell, welches eine Lösung der SCHRÖDINGER-Gleichung erlaubt u. welches die BORN-OPPENHEIMERsche Näherungslösung in geschlossener Form darzustellen gestattet. (Physica **20.** 1013—16. Nov. 1954. Erlangen, Univ., Inst. für Theoret. Phys.) D. HAHN. 114

Serge Nikitine, Lucienne Couture, Manuel Sieskind und **Guy Perny,** *Untersuchung der Absorptionslinien an Cu_2O- und HgJ_2-Platten bei sehr tiefen Temperaturen.* (Vgl. C. **1954.** 9223.) Unterss. bei Tempp. des sd. He u. H_2. Bzgl. Cu_2O vgl. nachst. Referat. An HgJ_2 wird bei H_2-Temp. eine intensive Linie bei 5298 Å beobachtet u. eine kontinuierliche Absorption bei kleineren Wellenlängen, deren Grenze auch schwache Linien zu enthalten scheint. (C. R. hebd. Séances Acad. Sci. **238.** 1786—88. 3/5. 1954.) H.-J. EICHHOFF. 118

Serge Nikitine, Manuel Sieskind und **Guy Perny,** *Verschiebung des Absorptionsspektrums von Kupferoxydul in Abhängigkeit von der Temperatur.* Unters. der Verschiebung der „gelben Linie", n = 2, u. der Grenze der „roten Serie" des Excitons in Cu_2O in Abhängigkeit von der Temp. zwischen 4,2 u. 273,2° K. Die Verschiebung ist beträchtlich u. zeigt den gleichen Verlauf für die gelbe Linie u. die Grenze der roten Serie, deren Wellenlängen mit der Temp. zunehmen. (C. R. hebd. Séances Acad. Sci. **238.** 1987—89. 17/5. 1954.) H.-J. EICHHOFF. 118

P. P. Feofilow, *Anisotrope photochemische Umwandlungen der Farbzentren in Ionenkristallen.* Da die Farbzentren anisotrope Gebilde darstellen, die im Kristall (*CaF_2*, *NaF*) bzgl. der Symmetrieachsen orientiert sind, muß man annehmen, daß eine photochem. Umwandlung der Zentren durch Bestrahlung des Kristalls mit linear polarisiertem Licht aus dem Bereich der kurzwelligen Absorptionsbande dazu führt, daß die unverändert gebliebenen Zentren nicht mehr gleichmäßig nach allen Richtungen verteilt sind, wie das bei Kristallen der Fall ist, die keiner photochem. Einw. unterworfen sind. Es entsteht also eine Anisotropie in der Farbzentrenverteilung, die mittels der spontanen Polarisation — die Polarisation der Luminescenz bei Anregung mit natürlichem Licht u. Beobachtung längs des anregenden Strahles — beobachtet werden kann. Wird vorausgesetzt, daß die Prodd. der photochem. Umwandlung nicht luminescieren u. daß bei geringer Konz. der Farbzentren u. in dünnen Schichten ihre Zahl nach einem Exponentialgesetz abnimmt, so läßt sich die azimutale Abhängigkeit des Polarisationsgrades für verschied. Stadien des photochem. Prozesses errechnen. Die angestellten Verss. (Anstieg der spontanen Polarisation mit der Dauer der photochem. Einw., azimutale Abhängigkeit des Polarisationsgrades der Luminescenz) über die Umwandlung der Farbzentren in CaF_2 [1 0 0] u. NaF [1 0 0] stehen in qualitativer Übereinstimmung mit der Rechnung, die spontane Polarisation wächst mit der Zeit, erreicht jedoch nicht den theoret. geforderten Grenzwert; sogar bei sehr langer Beleuchtung gelingt es nicht, die Luminescenz völlig zum Verschwinden zu bringen. (Доклады Академии Наук СССР [Ber. Akad. Wiss. UdSSR] [N. S.] **98.** 949—52. 21/10. 1954.) J. GEIGER. 119

I. L. Mador, R. F. Wallis, M. C. Williams und **R. C. Herman,** *Erzeugung von Farbzentren in Alkalihalogenidkristallen durch Röntgenbestrahlung und ihre Entfärbung.*

Die Bldg. von Farbzentren in *NaCl* u. *LiF* durch Röntgenbestrahlung u. ihre opt. u. therm. Entfärbung wurden mit Hilfe von Absorptionsmessungen quantitativ untersucht. Dabei wurde die Absorption im Kristall in Richtung senkrecht zu der des einfallenden Röntgenstrahls gemessen. Bei Raumtemp. u. kurzen Bestrahlungszeiten ist die Entstehungsgeschwindigkeit der F-Zentren proportional dem Absorptionsvermögen des Halogenids gegenüber Röntgenstrahlen. Bei langen Belichtungszeiten nimmt die Geschwindigkeit der Entstehung von F-Zentren nahe der bestrahlten Oberfläche stark zu; gleichzeitig wird die beschleunigte Entstehung von M-Zentren beobachtet. Der experimentell festgestellte Verlauf der opt. Ausbleichung von F-Zentren bei niederen Konzz. kann mit Hilfe eines Syst. nichtlinearer Differentialgleichungen dargestellt werden, die die Anhebung der F-Zentrenelektronen in das Leitfähigkeitsband u. das Einfangen von Leitungselektronen durch Löcher u. Leerstellen beschreiben. Die Beobachtungen, die bei der Unters. der Entfärbung der F-Zentren durch Wärme gemacht wurden (Temp. $> 150^0$) können nicht in der gleichen Weise interpretiert werden. (Physic. Rev. [2] **96**. 617—28. 1/11. 1954. Silver Spring, Md., Johns Hopkins Univ., Appl. Phys. Labor.) J. Schleede-Glassner. 119

Tadao Horie, Kazuo Kawabe und **Shozo Sawada,** *Das optische Verhalten von $BaTiO_3$-Einkristallen mit Vieldomänenstruktur in Abhängigkeit von der Temperatur.* Es wurden die scheinbare Absorptionskante, die Durchlässigkeit u. die wahre charakterist. Absorptionskante von $BaTiO_3$-Einkristallen mit Vieldomänenstruktur in einem Temperaturbereich untersucht, der die drei Umwandlungspunkte —70, 5 u. 120^0 enthält. Die wahre Absorptionskante verschiebt sich mit steigender Temp. linear zu größeren Wellenlängen (von ca. 3800 Å bei -100^0 bis ca. 4200 Å bei 300^0). Die scheinbare Absorptionskante u. die Durchlässigkeit zeigen in der Nähe von -70^0 eine steile Hysteresisschleife, während die anderen Umwandlungspunkte sich kaum bemerkbar machen. Dieses Verh. kann vermutlich der Domänenstruktur zugeschrieben werden, deren Entstehung beim Übergang vom orthoromb. zum rhomboedr. Gitter erwartet wird. (J. physic. Soc. Japan **9**. 823—25. Sept./Okt. 1954. Osaka, Univ., Inst. of Sci. [Orig.: engl.]) H. Lindberg. 119

Jacqueline Ramadier-Delbès, *Die anomale Dispersion des Schwefelkohlenstoffs beiderseits der Infrarotgrundfrequenz von 1523 cm^{-1}.* Vf. untersucht den Brechungsindex des CS_2 mittels einer interferometr. Meth. im Bereich der Wellenlängen $\lambda = 5-15\,\mu$. Neben dem sehr starken anomalen Dispersionsbereich beiderseits der Bande bei 1523 cm^{-1}, den schon Pfund [1935.] aufgefunden hat, wird bei ca. 12 μ eine schwache Anomalie festgestellt, die wahrscheinlich durch die in diesem Gebiet auftretende Bande bei 878 cm^{-1} verursacht wird. (C. R. hebd. Séances Acad. Sci. **232**. 1920—22. 21/5. 1951.) K. Frenkler. 119

Rolf B. Johannesen, Charles L. Gordon, James E. Stewart und **Raleigh Gilchrist,** *Anwendung der Infrarotspektroskopie zur Bestimmung von Verunreinigungen in Titantetrachlorid.* Beschreibung von zwei Küvetten für das Perkin-Elmer-Spektrometer Mod. 21 mit kleiner u. großer Schichtdicke für $TiCl_4$ sowie einer Einrichtung zum Füllen dieser Küvetten unter Ausschluß von Luftfeuchtigkeit oder durch Hineindestillieren unter vermindertem Druck. Wiedergabe des Infrarotspektr. von $TiCl_4$ im Gebiet von 2—15 μ, welches 6 Banden bei 6,76; 7,35; 7,94; 9,00; 10,20 u. 11,44 μ u. eine Schulter bei 11,16 μ aufweist u. die hauptsächlichen Verunreinigungen: HCl, CO_2, $VOCl_3$, $COCl_2$, Monochlor-, Dichlor- u. Trichloracetylchlorid, $SiCl_4$ u. Hydrolysenprodd. empfindlich nachzuweisen gestattet. Der Reinigungsprozeß des Tetrachlorids läßt sich mit dem Infrarotspektr. empfindlich verfolgen. Zuordnung der Schwingungsbanden unter Benutzung der bekannten Raman-Frequenzen. (J. Res. nat. Bur. Standards **53**. 197—200. Okt. 1954. Washington, D. C., Nat. Bur. of Stand.) H.-J. Eichhoff. 120

R. D. Cowan, G. Herzberg und **S. P. Sinha,** *Rotationsschwingungsspektren zweiatomiger und einfacher mehratomiger Moleküle bei langen Absorptionswegen.* 4. Mitt. *Das Spektrum von Methylfluoroform (CH_3CF_3) von 19 bis 0,7 μ.* (3. vgl. Sinha, C. **1953**. 7500.) Das Absorptionsspektr. von CH_3CF_3-Dampf von 19—0,7 μ wird mit Prismen- u. Gitterspektrographen bei Schichtdicken bis 30 m aufgenommen. Abb. des Spektr. u. Tabelle mit Zuordnung aller beobachteten Frequenzen einschließlich Kombinationsbanden. Die Zuordnung der Grundschwingungen, die bei 3 Banden von der Arbeit von Thompson u. Temple (J. chem. Soc. [London] **1948**. 1428) differiert, wird ausführlich diskutiert. Die Auflösung der Rotationsstruktur der Banden reicht zur Berechnung von Trägheitsmomenten u. Atomabständen nicht aus. (J. chem. Physics **18**. 1538—44. Dez. 1950. Erratum: **19**. 794. Juni 1951. Chicago, Ill., Univ., u. Ottawa, Can., Nat. Res. Council.) A. Reuter. 120

C. Reid, *Rotationsschwingungsspektren zweiatomiger und einfacher mehratomiger Moleküle bei langen Absorptionswegen.* 5. Mitt. *Das Spektrum der Isocyansäure.* (4. vgl. vorst. Ref.) Das Spektr. von HNCO wird von 25—1,2 μ mit Prismen- u. bis 0,7 μ mit einem 6,4 m Gitterspektrographen bei Schichtdicken bis 500 m aufgenommen. Die Analyse der Rotationsstruktur von 4 Banden, die mit Tabellen aller Rotationslinien gebracht wird, ergibt die Trägheitsmomente, aus denen bei C=N u. C=O-Abständen von 1,19 Å (nach Elektronenbeugungsaufnahmen) sich ein N—H-Abstand von 1,000 Å u. ein H—N—C-Winkel von 125,5° errechnet. (J. chem. Physics **18.** 1544—50. Dez. 1950. Ottawa, Can., Nat. Res. Council.) A. REUTER. 120

G. Herzberg und **L. Herzberg**, *Rotationsschwingungsspektren zweiatomiger und einfacher mehratomiger Moleküle bei langen Absorptionswegen.* 6. Mitt. *Das Spektrum von Stickoxydul (N_2O) unterhalb 1,2 μ.* (5. vgl. vorst. Ref.) Mit einem 6,4 m Gitterspektrographen wird das Absorptionsspektr. von N_2O bei 4500 m Schichtdicke von 0,7—1,2 μ photographiert. Die Rotationslinien von 23 Banden werden in Tabellen angegeben. Die Analyse der Rotationsstruktur ermöglicht die Berechnung der Rotationskonstante B für jedes einzelne Schwingungsniveau ($B_{000} = 0{,}4191_{25}$ cm^{-1}) u. der Rotationskonstante $D_{000} = 0{,}193 \cdot 10^{-6}$ cm^{-1}. Das Trägheitsmoment in Gleichgewichtslage wird zu $66{,}397 \cdot 10^{-40}$ g·cm^2 errechnet. Die Ergebnisse werden mit denen der Mikrowellenspektroskopie verglichen (vgl. hierzu C. **1953.** 8034). (J. chem. Physics **18.** 1551—61. Dez. 1950.) A. REUTER. 120

A. H. McKeag und **E. G. Steward**, *Die Luminescenzeigenschaften und die Kristallstruktur einiger neuer Phosphorsysteme.* Es wird die Präparation von *Sr-* u. *Ba-Pyro-* u. *Tetraphosphaten*, aktiviert mit *Sn*, sowie von Komplexen von *Zn-*, *Cd-*, *Sr-* u. *Ba-Silicaten*, kombiniert mit *Li* u. aktiviert mit *Mn* oder *Ce* u. Mn beschrieben. Die spektralen Energieverteilungen der Phosphore sowie ihr Erregungsspektr. werden angegeben. Zur Identifizierung der für die Phosphoreigg. verantwortlichen Phasen werden Röntgenstrukturunterss. durchgeführt. Die Phosphore eignen sich zur Farbkorrektur von Hg-Hochdruckleuchtstofflampen. (Brit. J. appl. Physics, Suppl. **1955.** Nr. 4. S 26—S 31. Wembley, Middlesex, Gen. Electric Comp. Ltd., Res. Labors.) D. HAHN. 125

Leonard I. Grossweiner und **Max S. Matheson**, *Fluorescenz und Thermoluminescenz von Eis.* (Vgl. C. **1955.** 2833.) Die Fluorescenzhelligkeit von Eis bei Anregung mit Röntgenstrahlen hängt linear von der Intensität der anregenden Strahlung ab. Mit steigender Temp. nimmt die Helligkeit ab. Das Anklingen des Leuchtens ist von der erregenden Intensität unabhängig u. verläuft als Prozeß 1. Ordnung mit Anklingkonstanten von 0,086 min^{-1} bei —195° u. 0,31 min^{-1} bei —145°. Die Emission besteht aus einer einzigen Bande mit einem Maximum bei 385 nm bei einer Breite von 80 nm. Durch ionogene Zusätze (Alkali- oder Erdalkalihalogenide) wird die Luminescenzhelligkeit gesteigert u. die Lage der Emission verschoben. Die Thermoluminescenzunters. des reinen Eises ergibt ein Maximum bei ca. —117° entsprechend einer Haftstellentiefe von 0,32 eV. Fluorescenz u. Thermoluminescenz werden durch H_2O_2 unterdrückt, O_2 unterdrückt nur die Thermoluminescenz. Fremdionen, die die Fluorescenz verstärken, vernichten die Thermoluminescenz. Auf Grund ihrer Beobachtungen entwickeln Vff. theoret. Vorstellungen für den Leuchtmechanismus. (J. chem. Physics **22.** 1514—26. Sept. 1954. Lemont, Ill., Argonne Nat. Labor., Chem. Div.) J. SCHLEEDE-GLASSNER. 125

S. Rothschild, *Einige ungewöhnliche Phosphore.* Es wird die Präparation von *$BPO_4 \cdot Tl$*, einigen Arsenaten (z. B. die des *Ca* u. *Mn*), die den Halogenphosphaten analog sind, sowie von Vanadaten beschrieben, die durch UV anregbar sind. Die Emissionsspektren von $Ba_3(VO_4)_2$, $Sr_3(VO_4)_2$, $Zn_3(VO_4)_2$, $Cd_3(VO_4)_2$ u. $Mg_3(VO_4)_2$ werden angegeben; die Lage des Maximums der Emission hängt vom Kation ab. (Brit. J. appl. Physics, Suppl. **4.** S 32—S 33. 1955. Redhill, Surrey, Mullard Res. Labors.) D. HAHN. 125

A_3. Elektrizität. Magnetismus. Elektrochemie.

Ju. M. Kagan und **W. I. Perel**, *Zur Theorie des Ionenstroms an der Sonde bei niedrigen Drucken.* Aus einer theoret. Betrachtung wird gefolgert, daß im Gegensatz zu der nach der Theorie von LANGMUIR vorausgesetzten Oberflächenladungsschicht, durch die Ansammlung von Ionen eine größere Oberfläche erscheint von Radius r_0 u. die Energie der Ionen nach der Beziehung kT_e abgegeben wird. Experimentelle Ergebnisse aus einer Hg-Entladung mit sphär. u. zylindr. Sonde werden angegeben. (Доклады Академии Наук СССР [Ber. Akad. Wiss. UdSSR] [N. S.] **91.** 1321—24. 21/8. 1953. Karel.-finn. staatl. Univ.) A. KUNZE. 131

G. M. Malyschew und **W. L. Fedorow**, *Anwendung eines Schmalbandverstärkers zur oscillographischen Untersuchung der Elektronenverteilungsfunktionen nach ihren Geschwindigkeiten in elektrischen Entladungen.* Aus den Oscillogrammen ist erkennbar, daß die Schicht im Anfang eine Gruppe schneller Elektronen enthält, die sich nach dem Durchgang des Potentialsprungs verringert. Die Abnahme der schnellen ergibt gleichzeitig eine Zunahme der langsamen Elektronen, wodurch zugleich die außerordentlich seltene Vereinigung der Elektronen mit den Gasatomen erkennbar ist. (Доклады Академии Наук СССР [Ber. Akad. Wiss. UdSSR] [N. S.] **92.** 269—71. 11/9. 1953. Leningrad, A. A. Shdanow-Univ.) A. KUNZE. 131

Georges J. Béné, *Theorie der Dipolrelaxation, Grundlegender Formalismus.* Theoret. Betrachtungen über die in einem polaren Medium auftretenden elektr. Relaxationserscheinungen. Vf. geht davon aus, daß außer der Relaxationszeit auch die Relaxationskraft eine Rolle spielt. Für die dielektr. Verschiebung D(t) bei Einw. der elektr. Feldstärke E wird so die grundlegende Beziehung erhalten: $D(t)/E = \varepsilon(t) = \varepsilon_\infty + (\varepsilon_0 - \varepsilon_\infty)(1 - e^{-t/\tau})$. Daraus werden Gleichungen für die Größe der dielektr. Absorption u. für das Auftreten von Hysteresevorgängen abgeleitet. Weiter wird (zum Teil auf Grund von Literaturdaten) auf die nur teilweise Gültigkeit der obigen Gleichung u. die deshalb vorzunehmenden Änderungen eingegangen. (Arch. des Sci. **5** (**157**). 229—53. 1952.) O. FUCHS. 132

Colin S. E. Phillips, *Die dielektrischen Eigenschaften des festen HCl und DCl.* Vf. untersucht die dielektr. Eigg. des festen HCl u. DCl im Frequenzbereich von 80 Hz bis 6 MHz. HCl u. DCl haben einen Umwandlungspunkt bei $100 \pm 0,5$ bzw. $104,7 \pm 0,5^0$ K. Dieser zeigt sich durch einen scharfen Anstieg des reellen Teils ε' der DK. an, die innerhalb von $1,5^0$ von 4 auf 18 ansteigt. Entsprechend ändert sich die Konstante ε'' u. zeigt ein spitzes Maximum, das mit dem von ε' zusammenfällt. Beim Wiedererstarren zeigen ε' u. ε'' eine therm. Hysteresis von ca. $1,5^0$. Der Wert von ε'' ist frequenzabhängig u. hat ein Minimum bei 50 Hz. Unterhalb des Umwandlungspunktes erscheinen 2 Dispersionsbereiche. Der 1. hat eine krit. Frequenz von 1 MHz (für DCl entsprechend einer Aktivierungsenergie von 2,6 kcal/Mol) bei 83^0 K. Für den 2. liegt die krit. Frequenz unterhalb von 80 Hz. (C. R. hebd. Séances Acad. Sci. **232.** 1924—27. 21/5. 1951.) K. FRENKLER. 132

C. J. F. Böttcher, *Symposium über Dielektrika. Zeitnahe Fragen im Zusammenhang mit der dielektrischen Untersuchung der Materie.* Übersicht über geschichtliche Entw. u. heutigen Stand. (Chem. Weekbl. **51.** 13—15. 8/1. 1955.) W. WESLY. 132

Y. Haven, *Dielektrische Verluste von Kristallen.* Die Unters. der dielektr. Verluste läßt sich zur Prüfung von Gitterfehlern in Kristallen verwenden, woraus Konz. u. Sprungfrequenz der Dipole abgeleitet u. Schlüsse über Beweglichkeit u. Konz. freier Ladungsträger geschlossen werden können, vorausgesetzt, daß die Dipole im Vgl. zu den freien Ladungsträgern einen genügenden Beitrag zu den dielektr. Verlusten leisten. Konz. u. Sprungfrequenz müssen hinreichend groß sein. Diese beiden Faktoren sind für NaCl günstig. Da das aber nicht immer der Fall zu sein braucht, kann man nicht von vornherein sagen, ob das Verf. allg. zur Best. des Assoziationsgrades von Ladungsträgern angewandt werden kann. (Chem. Weekbl. **51.** 15—20. 8/1. 1955. Eindhoven, Niederlande, N. V. Philips' Gloeilampenfabrieken, Natuurk. Labor.) W. WESLY. 132

F. C. de Vos, *Gerät zur Messung von dielektrischen Konstanten und Verlusten.* Übersicht über die für jedes Frequenzgebiet geeigneten Verff. zur Ausführung von dielektr. Messungen u. Beschreibung eines hierzu dienenden Gerätes. — 37 Schrifttumshinweise. (Chem. Weekbl. **51.** 20—24. 8/1. 1955. Leiden, Rijksuniv., Labor. voor Anorgan. en Phys. Chem.) W. WESLY. 132

Th. G. Scholte, *Reaktionsfeld und Energie polarer Flüssigkeiten.* Ein Teilchen mit bestimmter elektr. Ladungsverteilung übt auf seine Umgebung eine induzierende Wrkg. aus. Die induzierten Ladungen verursachen am Orte des Teilchens ein Reaktionsfeld. Das Reaktionsfeld eines kugelförmigen, in einem homogenen Medium befindlichen Teilchens mit willkürlicher Ladungsverteilung u. seine elektr. Energie werden berechnet. (Chem. Weekbl. **51.** 24—27. 8/1. 1955.) W. WESLY. 132

H. Kniepkamp und **W. Heywang,** *Depolarisationseffekte in polykristallin gesintertem $BaTiO_3$.* Durch Hemmung des Kristallitenwachstums von polykristallinem, dicht gesintertem $BaTiO_3$ beim Sintern u. Begrenzen der mittleren Kristallitengröße auf weniger als 1 μ konnte die DK. im tetragonalen Bereich ohne Verschiebung des CURIE-Punktes auf über 3000 reproduzierbar heraufgesetzt werden. Mit wachsender Kristallitgröße sinkt sie jedoch wieder auf 1300—1800 zurück. Diese Erscheinung wird im Zusammenhang mit der Ausbldg. der permanenten Polarisation gedeutet. Es wird vermutet, daß an den Grenzflächen der in willkürlicher gegenseitiger Orientierung ihrer Domänen miteinander versinterten Kristallite Flächenladungen u. elast. Verspannungen der nicht frei wachsenden Kristallite mit polarisationserniedrigender Wrkg. auftreten. (Naturwissenschaften **41.** 61. 1. Febr.-H. 1954. Karlsruhe, Siemens u. Halske A. G., Werkstoff-Hauptlabor.) H. JACOB. 132

Heinrich Kniepkamp und **Walter Heywang,** *Über Depolarisationseffekte in polykristallinem $BaTiO_3$.* Ausführliche Darst. der vorst. referierten Arbeit. (Z. angew. Physik. **6.** 385—91. Sept. 1954.) D. HAHN. 132

I. A. Mjassnikow und **Ss. Ja. Pscheshetzki,** *Desorption von Sauerstoff von ZnO unter Lichteinwirkung und ihr Einfluß auf seine Photoleitfähigkeit.* Die Leitfähigkeitsänderung durch Lichteinw. von dünnen ZnO-Schichten auf Quarzunterlage, 1—2 Std. im Vakuum bei 360—400° bis zur konstanten Leitfähigkeit (20 kΩ^{-1}) vorbehandelt, ist bei Anwesenheit von O_2 reversibel. Reversibilität u. das gleiche Geschwindigkeitsverhältnis von Anstieg bei Beleuchtung (λ = 435 mμ) im Bereich der Eigenabsorption u. Abfall der Leitfähigkeit beim Ausschalten des Lichts werden auch im Vakuum beobachtet. Wenn jedoch am ZnO vorher O_2 adsorbiert war, steigt im Vakuum unter der Lichteinw. die Photoleitfähigkeit irreversibel an. Diese Änderung der Photoleitfähigkeit führen Vff. auf die Desorption des chem. am ZnO adsorbierten O_2 zurück, womit eine Vermehrung der Elektronen im Leitungsband durch die Elektronen, die früher von dem adsorbierten O_2 gebunden waren, gekoppelt ist. Die durch die Bestrahlung verursachte Temperaturerhöhung der ZnO-Schicht beläuft sich auf nur 0,5—1°. Vorherige Erwärmung des ZnO in O_2 (P = 1 at) auf 360° verringert die Dunkel- u. Photoleitfähigkeit, das Maximum der spektralen Charakteristik der Photoleitfähigkeit verschiebt sich dabei in Richtung längerer Wellen. Unters. der so vorbehandelten ZnO-Schicht bei 200° ergibt eine negative Photoleitfähigkeit, das heißt, unter Lichteinw. nimmt die Leitfähigkeit ab. (Доклады Академии Наук СССР [Ber. Akad. Wiss. UdSSR] [N. S.] **99.** 125—28. 1/11. 1954. Karpow-Forschungsinst. für Physikal. Chem.) J. Geiger. 134

D. C. Reynolds, G. Leies, L. L. Antes und **R. E. Marburger,** *Photovoltaeffekt in Cadmiumsulfid.* (Vgl. Czyzak, Craig, McCain u. Reynolds, C. **1955.** 994.) Der nach der l. c. angegebenen Meth. aus dem Dampfzustand hergestellte CdS-Kristall von 3 mm Dicke befand sich zwischen einer Grundelektrode aus In u. einer Gegenelektrode aus Ag, Au, Cu oder Pt. Beim Auftreffen von direktem Sonnenlicht tritt eine Photospannung von 0,4 V u. von fokussiertem Sonnenlicht von 0,6 V auf. Der Photostrom i geht in Abhängigkeit von der einfallenden Wellenlänge (Messungen zwischen 4800 u. 9200 Å) bei ca. 5000 u. 7000 Å durch je ein Maximum u. bei ca. 5400 Å durch ein Minimum. Bei Verwendung von Licht, dessen Intensität zehnmal größer als die des Sonnenlichtes ist, tritt noch kein Sättigungseffekt in i auf. Beim Übergang von 20 auf 150° fällt i — unter sonst gleichen Bedingungen — um 20% ab. (Physic. Rev. [2] **96.** 533—34. 15/10. 1954. Ohio, Wright-Patterson Air Force Base, U. S. Air Force, Aeronautical Res. Labor., Wright Air Developm. Center, Air Res. and Developm. Command.) O. Fuchs. 134

E. Schwarz, *Photoleitende Zellen aus Cadmiumselenid.* Eine verbesserte Photoleitzelle mit polykristalliner CdSe-Schicht (Fläche 9,8×0,185 mm) hatte folgende Eigg.: Dunkelwiderstand $1{,}7 \cdot 10^9$ bzw. $8{,}2 \cdot 10^8$ Ω bei angelegter Spannung von 6 bzw. 24 V, Empfindlichkeitsbereich vom Röntgenstrahlgebiet bis zum Infrarot (1,4 μ); kleinste nachweisbare Energie für Lichtimpulse von λ = 0,7 μ bei Raumtemp. $2 \cdot 10^{-12}$ Watt; zulässige Strombelastung ohne Ermüdungseffekte 20—30 mA. Der Photostrom hängt in komplizierter Weise von der Lichtintensität u. der angelegten Spannung ab u. ist nur innerhalb bestimmter Grenzen linear. (Proc. physic. Soc., Sect. B **64.** 821—22. 1/9. 1951. London, Hilger and Watts Ltd., Hilger Div.) J. Rudolph. 134

W. Ehrenberg und **Chi Shi Lang,** *Die Untersuchung von Sperrschichten mit einem Elektronenstrahl.* Bei den Unterss. des äußeren Photoeffektes an Se u. anderen Photoelementen infolge von Elektronenbeschuß variiert die Elektronenenergie, bei welcher der maximale Photostrom auftritt, bei den verschied. Zellen. Unter Berücksichtigung der Unsicherheit der Dickenangabe einer solchen Sperrschicht (einige Zehntel μ) wird zur Erklärung angenommen, daß entweder die zum Maximum gehörende Tiefe, in welcher die maximale Dissipation stattfindet, eine Verteilung besitzt oder daß sich die Sperrschicht erst in einer beträchtlichen Tiefe unter der Oberfläche befindet. (Physica **20.** 1137—38. Nov. 1954. London, Univ., Dep. of Phys., Birkbeck Coll.) D. Hahn. 134

Wolfgang-Hermann Isay, *Beitrag zur Leitfähigkeitstheorie der Halbleiter.* Eine exakte Berechnung der Parameter in den Differentialgleichungen des Bändermodelles auf Grund von experimentell erhaltenen An- u. Abklingkurven führt zu großen Schwierigkeiten. Vf. entwickelt eine Näherungsmeth., die, wie an Hand einiger Beispiele gezeigt wird, die Durchführung der Berechnung erlaubt. Diese Lösungsmeth. läßt sich auch auf Probleme der Luminescenz anwenden. (Ann. Physik [6] **13.** 327—48. 1953. Berlin-Buch, Dtsch. Akad. der Wiss., Inst. für Festkörperforsch.) O. Fuchs. 135

R. K. Willardson, A. C. Beer und **A. E. Middleton,** *Elektrische Eigenschaften von halbleitendem AlSb.* Ausführliche Darst. des C. **1954.** 6172 referierten Sitzungsberichts. (J. electrochem. Soc. **101.** 354—58. Juli 1954. Columbus, O., Batelle Mem. Inst.)
J. v. Harlem. 135

Masahiro Kuwagata, Eizo Otsuka und **Masao Tomura,** *Elektrischer Widerstand von polykristallinem Selen bei höheren Feldern.* Der elektr. Widerstand einer Se-Probe wird als Funktion der Quadratwurzel aus der Feldstärke E bis zu 22 kV/cm gemessen; um JOULEsche Wärme zu vermeiden, werden nur ganz kurzzeitige (ca. 7 μsec) Spannungsstöße verwandt. Es zeigt sich eine lineare Abnahme des Widerstandes mit $\sqrt{E}$. Der SCHOTTKY-Effekt scheint für das nichtohmige Verh. des Widerstandes von Se verantwortlich zu sein. (J. physic. Soc. Japan **9.** 300—01. März/April. 442. Mai/Juni 1954. Osaka, Osaka City Univ., Inst. of Polytechn. [Orig.: engl.]) H. FALKENHAGEN. 135

P. Aigrain, *Lichtemission aus injizierenden Kontakten auf Germanium im 2 μ- bis 6 μ-Band.* Wenn positive Löcher in n-leitende Ge-Kristallle geeigneter Formgebung (z. B. WEIERSTRASSsche Kugel) injiziert werden, wird eine Strahlung im 2 μ- bis 6 μ-Band emittiert. Es werden keine scharfen Linien beobachtet, auch nicht bei der Temp. des fl. N_2. Eine Temperaturstrahlung kann daher ausgeschlossen werden. Ein großer Teil der potentiellen Energie des Elektron–Loch-Paares wird in Form von Photonen abgestrahlt; ob außerdem auch Phononen emittiert werden, kann nicht sicher behauptet werden. (Physica **20.** 1010—13. Nov. 1954. Paris, École Normale Sup., Labor. de Phys.) D. HAHN. 135

F. van der Maesen und **J. A. Brenkman,** *Acceptoraktivität von Kupfer in n- und p-Typ Germanium mit verschiedenem Widerstand.* Ge-Kristalle werden mit Cu bedeckt u. bei 750° sowie 810° erhitzt. Die Cu-Atome rufen Acceptorniveaus in n- u. p-leitendem Ge hervor, deren Zunahme als Funktion der Temp., der Acceptorenergie u. der Lage der FERMI-Kante angegeben wird. (Physica **20.** 1005—07. Nov. 1954. Eindhoven, N. V. Philips' Gloeilampenfabrieken, Philips Res. Labor.) D. HAHN. 135

I. K. Kikoin, I. Ch. Ganew und **A. I. Kartschewski,** *Über die Ursache der Entstehung einer elektromotorischen Kraft bei Bestrahlung von Halbleitern in einem inhomogenen Magnetfeld.* Die EMK., die bei Lichteinw. auf Ge u. a. Stoffe in einem inhomogenen Magnetfeld entsteht, ist auf den therm. Einfl. des Lichts zurückzuführen. Alleinige Erwärmung des Halbleiters ergibt denselben Effekt. Durch das inhomogene Magnetfeld kommt das Gas oder die Fl. in seiner Umgebung in Bewegung, es erfolgt eine ungleichmäßige Erwärmung des Halbleiters, u. eine Thermokraft wird erzeugt. Diese EMK. muß durch die ponderomotor. Kräfte bestimmt sein, die sich auf das Medium, in dem sich das Versuchsobjekt befindet, auswirken. Tatsächlich ist das beobachtete elektr. Feld proportional dem Prod. $H(\partial H/\partial x)$. Es hängt z. B. das Vorzeichen der EMK. unter sonst gleichen Bedingungen davon ab, ob sich der Halbleiter in Luft oder reinem Ar befindet. Ar ist nämlich diamagnet., während die Luft wegen des in ihr enthaltenen O_2 paramagnet. ist. (Доклады Академии Наук СССР [Ber. Akad. Wiss. UdSSR] [N. S.] **99.** 51. 1/11. 1954.) J. GEIGER. 137

R. B. Dingle, *Einige magnetische Eigenschaften von Metallen.* 6. Mitt. *Oberflächenkorrekturen zum Landau-Diamagnetismus und de Haas-van Alphen-Effekt.* (5. vgl. C. **1955.** 1205.) In früheren Arbeiten wurde eine Berechnung der magnet. Eigg. von Metallen vorgenommen, die jetzt durch Berücksichtigung der Oberflächenstörungen der Elektronen erweitert wird. Der DE HAAS-VAN ALPHEN-Effekt wird dadurch höchstens bei sehr reinen Metallen merkbar beeinflußt. Dem LANDAUschen Volumendiamagnetismus überlagert sich ein Oberflächenparamagnetismus der Elektronen. (Proc. Roy. Soc. [London], Ser. A **219.** 463—77. 7/10. 1953. Delft, Holland, Techn. Hogeschool, Labor. voor Techn. Physica.) H. FAHLENBRACH. 137

T. Nagamiya, K. Yosida und **R. Kubo,** *Antiferromagnetismus.* Zusammenfassender Bericht über den derzeitigen Stand unserer Erkenntnisse auf dem Gebiete des Antiferromagnetismus. Obwohl die einfache Spinwellentheorie ihre Schwierigkeiten besitzt, hat sie uns doch einen physikal. Einblick in die Grundlagen des Antiferromagnetismus verschafft. Sie ist in der Lage, Vorhersagen über die freie Energie, die Entropie, die Magnetisierungen in den Teilgittern u. die magnet. Susceptibilitäten bei tiefen Tempp. zu geben. Die Spinwellentheorie hat den Vorteil, leicht verallgemeinert werden zu können. Es wird ein Verständnis für die Ursache der Austauschwechselwrkg. u. den Ursprung der Anisotropieenergie gegeben. (Advances Physics **4.** 1—112. Jan. 1955. Osaka, Univ., Dep. of Phys.; Tokio, Univ., Dep. of Phys.) H. FAHLENBRACH. 137

A. B. Lidiard, *Antiferromagnetismus in Metallen.* (Vgl. C. **1954.** 6888.) Es wird eine Theorie des Antiferromagnetismus von Metallen auf der Grundlage des Bändermodells entwickelt, die annimmt, daß die magnet. wirksamen Elektronen sich in nicht lokalisierten Zuständen befinden, während bei den Verbb. die erwähnten Elektronen in lokalisierten Zuständen vorhanden sind. Auf dieser Grundlage wird ein Verständnis für die Unterschiede des Antiferromagnetismus von Metallen u. Verbb. geschaffen. Es folgt bes. daraus eine Erklärungsmöglichkeit für das Nichtvorhandensein einer Anomalie von spezif. Wärme u. Susceptibilität von *Mn* u. *Cr* am NÉEL-Punkt. Für *Pd* wird gezeigt, daß der Antiferromagnetismus die Ursache für das Susceptibilitätsmaximum bei 80° K ist. (Proc. Roy. Soc. [London], Ser. A **224.** 161—76. 22/6. 1954. Berkeley, Calif., Univ. Dep. of Phys.) H. FAHLENBRACH. 137

N. Menyuk und **J. B. Goodenough,** *Magnetische Stoffe für Bestandteile von Ziffernrechenmaschinen* 1. Mitt. *Eine Theorie der Flußumpolung in polykristallinen Ferromagnetika.* Es wird vorausgesetzt, daß die Umkehr der Magnetisierung in polykristallinen ferro- u. ferrimagnet. Stoffen prim. hervorgerufen wird durch die Bldg. u. das Anwachsen von 180°-BLOCH-Bereichen. Der Ursprung für Elementarbereiche mit umgepolter Magnetisierung wird diskutiert. Die Geschwindigkeit des Anwachsens dieser Bereiche wird bestimmt durch die Unterss. der elast. u. Reibungskräfte, die die Bewegung ihrer 180°-Wände verzögern. Dieses theoret. Modell erklärt genügend genau die Wellenform der Ausgangsspannung bei polykristallinen Stoffen. Als Kennzeichen für die Umpolung der Magnetisierung wird definiert $S_w = (H_m - H_0)\,\tau$, wo τ die Zeit, die für die Umpolung der Magnetisierung erforderlich, H_m das angelegte Magnetfeld u. H_0 der Schwellenfeldwert ist, bis zu dem die mittlere Geschwindigkeit der Elementarbereichswand Null ist. S_w setzt sich zusammen aus einem Beitrag S_w^e infolge Wirbelströme u. aus einem Beitrag S_w^r infolge Spinrelaxation. Es wird gezeigt, daß in Ferriten u. außerordentlich dünnen Metallblechen $S_w^e \ll S_w^r$. Theoret. Beziehungen, die die Beiträge von Spinrelaxation, Wirbelströmen u. Hysteresiseffekten darstellen, werden auf Grund dieses Modells abgeleitet. (J. appl. Physics **26.** 8—18. Jan. 1955. Cambridge, Mass., MIT, Lincoln Labor.) J. v. HARLEM. 137

Tadami Taoka und **Taiichiro Ohtsuka,** *Die magnetischen Eigenschaften und ihre Temperaturabhängigkeiten von ferromagnetischen Legierungen mit einer Ordnungs-Unordnungs-Umwandlung.* 1. Mitt. *Ni_3Fe.* Beim Permalloy Ni_3Fe wird in der Umgebung der Überstrukturbldg. bei 490° die Temperaturabhängigkeit der Magnetisierung u. der Magnetostriktion gemessen. Die Änderungen der magnet. Eigg. bei der Überstrukturbldg. zeigen sich an in einer Erhöhung der CURIE-Temp., der Sättigungsmagnetisierung u. auch der Sättigungsmagnetostriktion λ_s. λ_s steigt von einem Wert unter $2 \cdot 10^{-6}$ für den ungeordneten Zustand auf $5{,}8 \cdot 10^{-6}$ für den geordneten Zustand an. Für einen festen Ordnungszustand nimmt λ_s mit wachsender Temp. eindeutig ab. (J. physic. Soc. Japan **9.** 712—22. Sept./Okt. 1954. Tokyo, Univ., Inst. of Sci. and Technol. [Orig.: engl.]) H. FAHLENBRACH. 137

Tadami Taoka und **Taiichiro Ohtsuka,** *Die magnetischen Eigenschaften und ihre Temperaturabhängigkeiten von ferromagnetischen Legierungen mit einer Ordnungs-Unordnungs-Umwandlung.* 2. Mitt. *Ni_3Mn.* (1. vgl. vorst. Ref.) Für die Überstrukturbldg. von Ni_3Mn zwischen 300 u. 600° werden die Änderungen der magnet. Eigg. bestimmt. Außerdem wird die Temperaturabhängigkeit für einen festen Ordnungszustand ermittelt. Dabei zeigen sich charakterist. Unterschiede gegenüber der A_3B-Überstrukturbldg. des Permalloy. Die CURIE-Temp. nimmt von unter Raumtemp. für den ungeordneten Zustand auf eine Temp. oberhalb 490° für vollkommene Ordnung zu. Die Sättigungsmagnetostriktion ist sehr klein u. ihre Temperaturabhängigkeit sehr verwickelt. Bes. auffallend sind die für den Zwischenzustand zwischen Ordnung u. Unordnung gefundenen starken u. langzeitigen magnet. Nachwirkungserscheinungen. (J. physic. Soc. Japan **9.** 723—29. Sept./Okt. 1954. [Orig.: engl.]) H. FAHLENBRACH. 137

Takeo Nagamiya, *Versuch einer Erklärung der Beobachtung von Bickford über die Resonanzabsorption in Magnetit unterhalb des Umwandlungspunktes.* Es wird eine Erklärung gegeben für die zweispitzige Resonanzabsorptionslinie, wie sie von BICKFORD an Magnetit unterhalb des Umwandlungspunktes von —160° beobachtet wurde. Es wird. für diesen Fall eine Anisotropieenergie mit tetragonaler Symmetrie angenommen u. für kleinere Felder eine magnet. Struktur aus parallelen platten Elementarbereichen. Wenn die Magnetisierungsvektoren an den beiden Seiten jeder Wand in einer bestimmten Art oscillieren, so wird an der Wand eine magnet. Oberflächenladung erzeugt; diese wiederum ruft ein oscillierendes Magnetfeld in jedem Elementarbereich hervor. Die Frequenz der Oscillation nimmt daher zu. (Progr. theoret. Physics [Kyoto] **10.** 72—82. Juli 1953. Osaka, Univ., Dep. of Phys. [Orig.: engl.]) J. v. HARLEM. 137

Jean Ploquin und **Christiane Vergneau,** *Magnetische Untersuchung der Kupfer- und Nickelsalze der normalen Dicarbonsäuren.* Vff. berichten über magnet. Messungen an Cu- u. Ni-Salzen n. gesätt. Dicarbonsäuren $CO_2H-(CH_2)_n-CO_2H$ im Bereich $n = 0$ bis $n = 8$. Die Ergebnisse entsprechen den theoret. Erwartungen. (C. R. hebd. Séances Acad. Sci. **232.** 2439—40. 25/6. 1951.) J. v. HARLEM. 137

Georges J. Béné und **R. C. Extermann,** *Paramagnetische Resonanz in kleinen Feldern.* (Vgl. C. **1955.** 985.) Vff. weisen darauf hin, daß die Theorie von GARSTENS (C. **1955.** 520) über die paramagnet. Resonanz in schwachen Feldern zu einem Gesetz für die Frequenzabhängigkeit der maximalen Absorption führt, wie es schon früher von den

Vff. (Arch. Sci. Genève **4.** [1951.] 436) abgeleitet worden ist. (Physic. Rev. [2] **97.** 238. 1/1. 1955. Genf, Univ., Phys. Inst.) J. v. HARLEM. 137

Billy B. Hibbard und **Frederic C. Schmidt**, *Physikalisch-chemische Untersuchungen an Lösungen in wasserfreiem Äthylendiamin. 1. Mitt. Leitfähigkeitsmessungen an Lösungen von Natrium-, Silber- und Tetra-n-butylammoniumnitrat und -jodid.* Es wird über die Ergebnisse von Leitfähigkeitsmessungen von in wasserfreiem *Äthylendiamin* (I) (DK. 12,9) gelösten Salzen ($AgNO_3$, AgJ, $NaNO_3$, NaJ, Tetra-n-butylammonium (II)-Nitrat u. II-Jodid bei 25° in verschied. Konzz. berichtet. Die Ergebnisse werden diskutiert u. für alle untersuchten Salze die FUOSS-Kurven berechnet. Die sich daraus ergebenden Dissoziationskonstanten K_1 ($\cdot 10^{-4}$) u. die Äquivalentleitfähigkeiten Λ_0 betragen für: $AgNO_3$ 5,740 u. 63,5; AgJ 0,168 u. 72,7; $NaNO_3$ 1,120 u. 75,1; NaJ 6,860 u. 61,4; II-Nitrat 5,110 u. 59,3; II-Jodid 5,320 u. 57,3. Die Ergebnisse bestätigen die Erfahrung, daß starke Elektrolyte, die in Lösungsmitteln niedriger DK. gelöst werden, oft die Eigg. schwacher Elektrolyte annehmen. Im Fall des I wird es für unwahrscheinlich gehalten, sich als starke Elektrolyte verhaltende gelöste Stoffe zu finden. (J. Amer. chem. Soc. **77.** 225—27. 5/1. 1955. Bloomington, Ind., Univ., Chem. Labor.) W. NIEMITZ. 138

B. H. van Ruyven, *Einiges über Ionenhydratation, ihre Geschichte, Bestimmung und Bedeutung.* Übersicht. — 28 Schrifttumshinweise. (Chem. Weekbl. **50.** 517—22. 24/7. 1954.) W. WESLY. 139

Je. I. Achumow und **N. Ss. Spiro**, *Berechnung der Aktivitätskoeffizienten des Wassers in zweikomponentigen Lösungen.* Es wird gezeigt, daß der Aktivitätskoeff. von H_2O u. die Zus. der isoakt. Punkte von wss. zweikomponentigen Lsgg. mit Hilfe der von Vff. früher (C. **1954.** 11137) vorgeschlagenen Gleichung ermittelt werden können. Die Gültigkeit der abgeleiteten Formeln wird an zweikomponentigen wss. Lsgg. von Alkali- u. Erdalkalichloriden gezeigt. (Журнал Прикладной Химии [J. angew. Chem.] **28.** 205—08. Febr. 1955.) O. LEBTAG. 139

V. Gold, *Die Formulierung der Säurefunktion J_0.* Es wird eine exakte Beziehung zwischen den Säurefunktionen H_0 u. J_0 definiert u. die Anwendbarkeit mehrerer Näherungsberechnungen für J_0 mit Hilfe verschied. neuerer photometr. Versuchsergebnisse über die Ionisation von Alkoholen in H_2SO_4 geprüft. Die Differenz zwischen den berechneten Näherungsfunktionen J_0 u. den experimentellen Daten wird zurückgeführt auf die Abhängigkeit der Änderung der Säurekoeffiziententerme von der Zus. der wss. Säure. Auf dieser Grundlage wird die Abhängigkeit von der Zus. für einige Kombinationen von Aktivitätskoeffizienten in wss. H_2SO_4 im Konzentrationsbereich von 0—90% bestimmt. (J. chem. Soc. [London] **1955.** 1263—68. April. London, King's Coll.) W. NIEMITZ. 139

A. A. Woolf, *Fluorsulfonsäure. 2. Mitt. Ionisation in dem wasserfreien Lösungsmittel und Bildung von komplexen Fluoriden.* (1. vgl. C. **1955.** 8334.) Die Leitfähigkeit von wasserfreier HSO_3F (Kp. 163°) beträgt bei 25° $2{,}20\cdot 10^{-4}$ Ohm^{-1}; sie liegt also zwischen derjenigen von H_2SO_4 u. der von HF. Die Leitfähigkeit erklärt sich durch eine Eigendissoziation zu einem solvatisierten Proton u. einem Fluorsulfonation gemäß $HSO_3F \rightleftharpoons H^+ + SO_3F^-$. In geringem Maße sind auch die Gleichgewichte $HSO_3F \rightleftharpoons HSO_3^+ + F^-$ u. $2\,HSO_3F \rightleftharpoons H_2F^+ + S_2O_6F^-$ möglich. Bei der Elektrolyse von wasserfreier HSO_3F entsteht an der Kathode nur H_2. Durch in HSO_3F lösl. Fluoride wird die Leitfähigkeit erhöht. Gut lösl. sind *KF, AgF, AuF_3, AsF_3, SbF_5, TaF_5, BrF_3, JF_5*, wenig lösl. *BF_3, SnF_4, SbF_3, PtF_4*, unlösl. *BiF_3* u. *TlF_3*. Die Alkalifluoride lösen sich unter Wärmeentw. in HSO_3F unter Abgabe von HF u. Bldg. von Fluorsulfonaten; sie fungieren in dem Syst. als Basen. SbF_5 löst sich unter Freiwerden von SO_3 gemäß $SbF_5 + HSO_3F \rightleftharpoons H^+ + SbF_6^- + SO_3$; es ist als Säure anzusehen u. kann mit *KSO_3F* oder *Pyridin* in HSO_3F-Lsg. konduktometr. titriert werden. Umgekehrt lassen sich *Nitrobenzol*, Pyridin, AsF_3 u. JF_5 mit SbF_5 in HSO_3F titrieren. Diese Titrationen können als Neutralisations-Rkk. $R^+SO_3F^- + H^+SbF_6^- \rightarrow R^+SbF_6^- + HSO_3F$ aufgefaßt werden. Entsprechend können auch die anderen Fluoride auf Grund ihres Verh. gegenüber KSO_3F oder SbF_3 als Säuren oder Basen klassifiziert werden. AsF_3, SbF_3, BrF_3 u. JF_5 sind in HSO_3F-Lsg. Basen; AuF_3, TaF_5 u. PtF_4 sind Säuren. (J. chem. Soc. [London] **1955.** 433—43. Febr. Manchester, Univ., Chem. Dep.) E. FORCHE. 139

M. H. Lietzke, *Das System Wasserstoffelektrode–Silberchloridelektrode bei hohen Temperaturen und Drucken.* Mittels p_H-Messungen gleicher Lsgg. über 100° wird das Verh. der H-Elektrode bei hohen Drucken u. Tempp. untersucht. Es wird gezeigt, wie berechnete Kurven Aufschlüsse über das Verh. des Syst. H-Elektrode–AgCl-Elektrode bis zu Tempp. von 250° u. Drucken von 40 at geben können. Die Übereinstimmung zwischen den berechneten Potentialen wird diskutiert. Sie beruht auf der Extrapolation der bei niedrigen Tempp. erzielten Werte u. auf direkt erhaltenen Werten bei höheren Temperaturen. Es wird ein Mechanismus vorgeschlagen, der die Abweichungen zwischen berechneten u. experimentell bestimmten Daten bei höheren Tempp. u. Drucken erklären soll: 1. H-Red. eines Teiles AgCl der Ag–AgCl-Elektrode, Erhöhung der Säurekonz. u. damit Erniedrigung des Potentials. Gegebenenfalls Vergiftung der Pt-Elektrodenoberfläche durch Ag. 2. Erniedrigung des AgCl-Elektrodenpotentials durch H. (J. Amer. chem. Soc. **77.** 1344—46. 5/3. 1955. Oak Ridge, Tenn., ORNL, Chem. Div.) A.-F. BOGENSCHÜTZ. 140

G. W. Forsblom und **W. P. Maschowetz,** *Über die Bedingungen für eine Modelldarstellung des elektrischen Feldes von elektrolytischen Systemen.* Es werden die Schwierigkeiten einer Nachbldg. theoret. behandelt. Für einige prakt. wichtige Aufgaben sind Modelle hergestellt worden, die den wirklichen Feldverlauf genügend genau dargestellt haben. (Доклады Академии Наук СССР [Ber. Akad. Wiss. UdSSR] [N. S.] **91.** 593—95. 21/7. 1953. Allunions Aluminium-Magnesium-Inst.) A. KUNZE. 141

Ss. F. Palgujew und **M. W. Smirnow,** *Kathodische Fällung von Nickel aus geschmolzenen Chloridbädern.* 2. Mitt. (1. vgl. C. **1954.** 6813.) Die vorherige Durchströmung von HCl ergibt einen Einfl. auf den Charakter des Ni-Nd. nur im Falle der Verwendung chlor- u. phosphathaltiger Bäder, nicht aber bei Fluoridbädern. Der spezif. Einfl. von F^- auf die Qualität des Kathoden-Nd. von Ni bei der Elektrolyse aus geschmolzenen Elektrolyten kann mit der schlechten Benetzbarkeit der Metalle durch die geschmolzenen Fluoride erklärt werden. (Журнал Прикладной Химии [J. angew. Chem.] **26.** 1166—75. Nov. 1953. Inst. für Chem. u. Metallurg. der Uralischen Filiale der Akad. der Wiss. der UdSSR.) A. KUNZE. 141

Carl Wagner, *Beitrag zur Theorie des elektrolytischen Polierens.* Der ideale elektrolyt. Poliervorgang ist gek. durch ein horizontales Stück in der Stromdichte–Potential-Auftragung, was bedeutet, daß die Zu- oder Fortdiffusion eines der Reaktionsteilnehmer die Geschwindigkeit des Elektrodenvorganges bestimmt. Die Zudiffusion des Komplexbildners muß geschwindigkeitsbestimmend sein. Ein sinusförmiges Profil der Metallelektrode wird vorausgesetzt. Die Amplitude u. die vergleichsweise größere Wellenlänge der Sinusform werden viel kleiner als die hydrodynam. Grenzschicht angenommen, man kann dann mit den FICKschen Gesetzen in Elektrodennähe rechnen. Die mathemat. Analyse zeigt, daß unter diesen Bedingungen die Einebnung um so schneller erfolgt, je kleiner die Wellenlänge; die Mikrorauhigkeit verschwindet eher als die Makrorauhigkeit, was auch beobachtet wird. Ein wirkliches Profil kann als Überlagerung von Sinuswellen verschied. Wellenlänge betrachtet werden. Durch den Poliervorgang wird das Profil die Form derjenigen Sinuswelle annehmen, deren Wellenlänge von den ursprünglich vorhandenen am größten ist. Eine hohe Viscosität des Elektrolyten ist insofern vorteilhaft als sie eine dickere hydrodynam. Grenzschicht bedeutet. Abschließend wird gezeigt, inwieweit die dargestellten Überlegungen auf den Ätzvorgang übertragbar sind. (J. electrochem. Soc. **101.** 225—28. Mai 1954. Cambridge, Mass., MIT, Dep. of Metallurgy.) R. LANDSBERG. 141

S. E. S. El Wakkad und **A. Hickling,** *Das anodische Verhalten von Metallen.* 6. Mitt. *Kobalt.* (5. vgl. C. **1949.** I. 1164.) Die auf der Co-Anode während der anod. Polarisation gebildeten Schichten werden mit Hilfe des Kathodenstrahloscillographen untersucht. In alkal. Lsgg. müssen drei Oxydationsstufen unterschieden werden: *CoO*, Co_2O_3 u. CoO_2. Prim. scheint CoO gebildet zu werden. In heißen konz. alkal. Lsgg. erfolgt Lösen des CoO zu Co^{2+}-Ion. Im passiven Zustand der Co-Anode bildet Co_2O_3 eine einmol. Schicht. Sie wird weiteroxydiert zu CoO_2, bevor die O_2-Entw. einsetzt. Die Anfangspotentiale sind für Co zu $Co(OH)_2$ $-0{,}70$ V, $Co(OH)_2$ zu $Co(OH)_3$ $+\ 0{,}20$ u. $Co(OH)_3$ zu CoO_2 $+\ 0{,}58$ V. (Trans. Faraday Soc. **46.** 820—24. Okt. 1950. Liverpool, Univ., Inst. of anorgan. and phys. Chem.) J. FISCHER. 142

J. Ross Macdonald und **Malcolm K. Brachman,** *Exakte Lösung der Debye-Hückelschen Gleichungen für eine polarisierte Elektrode.* Vff. stellen eine Gleichung für das Potential σ in Abhängigkeit vom Abstand x von der polarisierten Elektrode auf u. erhalten ausgehend von den DEBYE-HÜCKELschen Differentialgleichungen für die polarisierte Anode $\psi = (2k \cdot T/e)\ \ln\ \{\mathfrak{Ctg}[\tfrac{1}{2}\{x/L_D + \mathfrak{ArSin}\ \{\mathfrak{Sin}^{-1}\ (eV_0/2kT)\}]\}$. Für die elektr. Feldstärke gilt $\mathfrak{E} = (kT/eL_D) \cdot 2 \cdot \mathfrak{Sin}^{-1}\ \{x/L_D + \mathfrak{ArSin}^{-}\ [\mathfrak{Sin}^{1}\ (V_0 \cdot e/2 \cdot kT)]\}$ u. die DEBYE-Länge $L_D = [\varepsilon \cdot \mathfrak{E} \cdot T/8\ \pi e^2 C_0]^{1/2}$. Das Ergebnis stimmt mit dem auf anderem Wege von MÜLLER u. GRAHAME (vgl. GRAHAME, C. **1948.** I. 978) gefundenem überein. Das Ergebnis von BREYER u. GUTMANN (vgl. C. **1955.** 3074) wird diskutiert. (J. chem. Physics **22.** 1314—16. Aug. 1954. Dallas, Tex., Texas Instruments Inc.) R. LACMANN. 142

J. Ross Macdonald, *Die stationären Raumladungseffekte in der Diffusionsdoppelschicht.* Vf. geht von den von JAFFÉ (vgl. Ann. Physik **16.** [1933.] 217) aufgestellten Gleichungen für das Potential (ψ), die elektr. Feldstärke ($\mathfrak{E}$) u. die Konz. der Ladungsträger (n bzw. p) zwischen zwei planparallelen polarisierten Elektroden im stationären

Zustand aus. Die ellipt. Funktionen nach JACOBI werden näherungsweise durch Hyperbelfunktionen dargestellt. Vf. berechnet außerdem die Kapazität u. vergleicht die Funktionen mit den Ergebnissen bei einer Elektrode (vgl. vorst. Ref.). Die nichtlineare Abhängigkeit von n, ψ u. $\mathfrak{E}$ direkt an der Elektrode (x = 0) von der angelegten Spannung ist in beiden Fällen gleich. Der Verlauf von n, ψ u. $\mathfrak{E}$ in der Nähe der Elektroden ist in beiden Fällen ähnlich. Die mathemat. Ergebnisse werden unter Berücksichtigung der physikal. Gegebenheiten diskutiert. (J. chem. Physics **22.** 1317—22. Aug. 1954.) R. LACMANN. 142

D. J. Ferrett und **C. S. G. Phillips**, *Polarographische Untersuchungen.* 1. Mitt. *Die rotierende Platinelektrode.* In Anlehnung an die Versuchsanordnung von LAITENEN u. KOLTHOFF wurden Unterss. an der rotierenden Pt-Elektrode angestellt. Es wurden die Beziehungen zwischen den Diffusionsströmen u. dem Rotationswert der Elektroden (von i_d = k 0,64 für Cu^{2+} bis 0,51 für Pb^{2+}) u. die Umkehrbarkeit der Elektroden-Rkk. für die Metalle Hg, Au, Ag, Cu, Pb, Th, Cd u. für O_2 erforscht. Als Grundlsg. fand 0,1 mol. KNO_3 Verwendung. Die Lsgg. der Metallionen waren ca. 10^{-5} molar. Man erzielte bei Verwendung einer Pt-Anode, kathod. Vorpolarisation u. nur der leitenden Seite Kathode klar definierte u. einwandfrei reproduzierbare Polarogramme. (Trans. Faraday Soc. **51.** 390—99. März. 1955. Oxford, Inorg. Chem. Labor.) A.-F. BOGENSCHÜTZ. 142

Antonín A. Vlček, *Beziehungen zwischen der Elektronenstruktur und dem polarographischen Verhalten der anorganischen Depolarisatoren.* 1. Mitt. *Grundregeln.* Zwischen dem Elektrodenmechanismus u. der Elektronenstruktur anorgan. Verbb. bestehen Beziehungen. Es wurden folgende Postulate ausgesprochen: Bei den Ionen der Übergangsmetalle mit einer freien stabilen (n — 1) d-Schale wird das Elektron direkt in die Elektronenhülle aufgenommen. Die Koordinationssphäre u. die besetzten Molekülschalen beeinflussen die Aufnahme des Elektrons in die Atomschale nicht. Die besetzten Atomschalen schirmen die unteren freien Atomschalen ab, so daß die Elektronenübertragung in oder aus diesen Schalen eine Aktivierungsenergie benötigt. Die Aufnahme des Elektrons in eine (n — 2) f-Schale verläuft in zwei Stufen. Wenn die Atomschalen besetzt sind, wird das Elektron in die äußere Schale aufgenommen, wo es ziemlich labil ist. Wenn die Konfigurationsänderung nach der Aufnahme des Elektrons in eine äußere Schale langsam verläuft, reduzieren sich solche Verbb. mit großer Überspannung: Schwer reduzierbar sind Komplexverbb., welche die Elektronenstruktur eines inerten Gases besitzen. Ein Teilchen mit einem Elektron in der äußeren Schale unterliegt keiner weiteren Reduktion. Nach Dissoziation kann das Elektron in die durch Hybridisierung frei gewordene Schale aufgenommen werden. Ein Elektrodenvorgang, bei welchem eine Abänderung der Zahl der kovalenten Bindungen vorkommt, verläuft irreversibel. Die Irreversibilität dieses Prozesses scheint durch langsame Bldg. der kovalenten Bindung verursacht zu sein. (Chem. Listy **49.** 478—84. April 1955. [Orig.: tschech.]; Collect czechoslov. chem. Commun. **20.** Nr. 4. 894—901. Aug. 1955. Praha, Českoslov. akad. věd., Polarograf. ústav.) P. ZUMAN/Prag. 142

A. A. Vlček, *Polarographische Reversibilität des Systems* Eu^{2+}—Eu^{3+}. Vorl. Mitt. In Lsgg. von ClO_4^-, SO_4^{2-}, F^-, Acetaten, Citraten sowie Tartraten ist das Syst. Eu^{2+}–Eu^{3+} irreversibel, was sich durch eine gedehnte anod. Stufe äußert. In Ggw. von Cl^-, Br^- oder J^- verschiebt sich zwar die anod. Stufe zu negativeren Potentialen, in keinem Fall ist aber der Vorgang reversibel. Ein reversibles Redoxsyst. wurde nur in Lsgg. von Äthylendiamintetraessigsäure beobachtet. (Chem. Listy **49.** 565—66. April 1955. Praha, Českoslov. akad. věd., Polarograf. ústav. [Orig.: tschech.]) P. ZUMAN/Prag. 142

A₄. Thermodynamik. Thermochemie.

Johan van Dranen, *Die Eigenschaften von Substanzen am kritischen Punkt.* Mit Hilfe einer für den krit. Punkt aufgestellten Hypothese (vgl. C. **1955.** 5727) berechnet Vf. die kinet. Energie für eine gestörte Rotation von CO_2 am krit. Punkt. Hierbei stellt Vf. fest, daß nur ein Teil der Moll. frei rotiert, die Energie beträgt ca. 40% des n. Wertes. Unter Benutzung der thermodynam. Werte, die von MICHELS u. Mitarbeiter erhalten wurden (Physica **12.** [1946.] 105), berechnet Vf. auf die gleiche Weise, daß der Wert 73% für *Äthan* u. 69% für *Propan* ist. Während eines Zusammenstoßes wird die Rotationsenergie der frei rotierenden Moll. teilweise in positive Potentialenergie umgeformt. Vf. berechnet die Dauer eines Zusammenstoßes für das CO_2-Mol. zu 0,7·10^{-12} sec. (J. chem. Physics **23.** 218. Jan. 1955. Amsterdam, Koninklijke Shell Labor.) V. BUTSCHAK. 149

Ralph G. Beaman, *Beziehung zwischen (scheinbarer) Umwandlungstemperatur 2. Ordnung und Schmelzpunkt.* Nach Unterss. des Vf. gilt der Befund von KAUZMANN (Chem. Reviews **43.** [1948.] 219), daß der Umwandlungspunkt unterkühlter Fll. (in °K) annähernd $^2/_3$ des n. F. beträgt, für eine Reihe organ. u. anorgan. einfacher u. linearpolymerer Prodd. (untersucht wurden: A., n-Propylalkohol, Glycerin, dl-Milchsäure, Glucose, Phenolphthalein, $Na_2S_2O_3$, Se, P, S, B_2O_3, Naturkautschuk, Polydimethylsiloxan, Polyäthylenadipat, -tetramethylensebacat, Poly-ε-capronamid, Polyhexamethylenadipinamid, Polyäthylenterephthalat u. Polypiperazinsebacinamid). Für amorphe, nichtkrist. Polymere, Mischpolymerisate u. bestimmte Polymere mit symm. Struktur (Polyäthylen, Polyvinylidenchlorid) gilt diese Regel nicht. (J. Polymer Sci. **9.** 470—72. Nov. 1952. Wilmington, Del., E. I. du Pont de Nemours & Co., Textile Fibers Dep., Pioneer. Res. Labor.) R. SCHÄFF. 150

A. J. F. Siegert, *Bemerkungen zur Theorie der Kondensation.* (Sitzungsbericht.) Inhaltlich ident. mit der C. **1955.** 9504 referierten Arbeit. (Physic. Rev. [2] **90.** 344. 15/4. 1953.) H.-J. HEINRICH. 150

C. P. Yang und **Matthew van Winkle,** *Dampf–Flüssigkeits-Gleichgewichte bei subatmosphärischen Drucken: System n-Octan–Äthylbenzol.* Das Dampf–Fl.-Gleichgewicht des bin. Syst. n-Octan–Äthylbenzol wird bei Drucken von 760, 400, 200, 100 u. 50 mm Hg gemessen. Die erhaltenen Werte stimmen mit den aus VAN LAAR-Gleichungen berechneten überein. Die Werte sind von Wichtigkeit bei der Berechnung von Fraktionierkolonnen. (Ind. Engng. Chem. **47.** 293—96. Febr. 1955. Austin, Tex., Univ. of Texas.) K. O. MÜLLER. 150

Mary Foulks Gourley und **W. D. Crozier,** *Die Verdampfung submikroskopischer Eiskristalle.* Im Hinblick auf meteorolog. Vorgänge untersuchten Vff. die Verdampfungsgeschwindigkeit sehr kleiner Eiskriställchen. Die durch spontane Kondensation in von Kristallisationskeimen freier Luft erzeugten Eisteilchen wurden in eine stark untersätt. Atmosphäre gebracht. Es konnte festgestellt werden, daß die Eiskriställchen eine weitaus geringere Verdampfungsgeschwindigkeit hatten, als auf Grund des Dampfdrucks von makroskop. Eis zu erwarten gewesen wäre. Die Größe der Kriställchen nahm zwar so weit ab, daß sie mkr. nicht mehr zu beobachten waren, ihre Anwesenheit konnte jedoch dadurch nachgewiesen werden, daß sie in einer übersätt. Atmosphäre als Keime für sichtbare Teilchen dienten. Vff. versuchen, ihre Ergebnisse mit mol. Verunreinigungen zu erklären. (J. chem. Physics **23.** 1298—1301. Juli 1955. Socorro, N. Mex., New Mexico Inst. of Mining and Technol.; Res. and Developm. Div.) I. KARUTZ. 150

R. J. Thorn und **G. H. Winslow,** *Die Verdampfungsgeschwindigkeit von Graphit.* Vff. vergleichen die Verdampfungsgeschwindigkeiten von Graphit aus einer KNUDSENschen Zelle u. von einer freien Oberfläche. Dabei wurde für die freie Oberfläche eine etwas geringere Verdampfungsgeschwindigkeit als für die Zelle gefunden. Dies ist aber möglicherweise auf Unsicherheiten in der Best. der Oberflächentemp. zurückzuführen. (J. chem. Physics **23.** 1369. Juli 1955. Lemont, Ill., Argonne Nat. Labor., Chem. Div.) I. KARUTZ. 150

R. Berman und **Francis Simon,** *Über das Graphit–Diamant-Gleichgewicht.* Einige Beiträge anderer Autoren zum Graphit–Diamant-Gleichgewicht werden diskutiert u. eine Gleichgewichtskurve bis 1200° K auf Grund neuerer thermodynam. Untersuchungsergebnisse verschied. Autoren berechnet. Die Berechtigung zur Extrapolation dieser Kurve auf höhere Tempp. wird begründet. Die Gleichgewichtsdrucke unter 1200° K sind in einer Tabelle wiedergegeben. Über 1200° K genügt die Gleichgewichtsdruckkurve der Gleichung $P_{at} = 7000 + 27\,T\,(^{\circ}K)$ mit einer Genauigkeit von ca. $\pm 5\%$. (Z. Elektrochem. Ber. Bunsenges. physik. Chem. **59.** 333—38. Juli 1955. Oxford, Clarendon Labor.) H. HOFMANN. 155

W. Fickett und **R. D. Cowan,** *Werte der thermodynamischen Funktionen bis 12000° K für mehrere Substanzen.* Vff. berechneten u. tabellierten die thermodynam. Funktionen $(H^0 - H^0_0)/RT$ u. S^0/R für Tempp. von 3000—12000° K für H_2, CO, N_2, NO, O_2, C_2, CO_2, H_2O u. C (Graphit). (J. chem. Physics **23.** 1349—50. Juli 1955. Los Alamos, N. Mex., Univ. of California, Los Alamos Sci. Labor.) I. KARUTZ. 155

E. J. Wellman und **W. L. Sibbitt,** *Übersicht über einige thermodynamische und physikalische Eigenschaften von Wasser.* Auf 4 Tafeln werden für fl. W. bei Tempp. von 0—365° u. Drucken von 1000, 2000 usw. bis 6000 atü die spezif. Wärme bei konstantem Druck, die Wärmeleitfähigkeit, die dynam. Viscosität u. der PRANDTL-Modul zusammengestellt u. für jede von ihnen die Genauigkeitsgrenzen erörtert. (Combustion [New York] **26.** Nr. 10. 51—56. April 1955. Purdue Univ.) H. MÜHLMEISTER. 155

Philip F. Kurz, *Der Einfluß von Hydriden der Elemente der sechsten Gruppe des Periodischen Systems auf die Flammengeschwindigkeit von Kohlenwasserstoffen.* Aufbauend auf seine früheren Arbeiten (vgl. C. **1954.** 8984, 9698) stellt Vf. fest, daß H_2S die Flammengeschwindigkeit von C_4-Alkanen u. -Alkenen stärker hemmt, als man von der geringen Menge des anwesenden H_2S erwartet hätte. Durchführung genauer Messungen im Original. Die Zugabe einer kleinen Menge H_2Se zu einem Propan–Luft-

Gemisch verursacht eine deutlichere Herabsetzung der Flammengeschwindigkeit von Propan als H_2S. Der Wirkungsmechanismus von H_2S beruht nach Ansicht des Vf. darauf, daß der elementare S sich mit KW-stoffbruchstücken oder H-Atomen verbindet u. so die Auswrkg. dieser akt. Zwischenprodd. bei der n. Verbrennung von KW-stoffen verhindert. H_2Se wirkt ähnlich: Das in der Flamme freiwerdende elementare Se fängt ebenfalls die den n. Verbrennungsablauf aktivierenden Zwischenprodd. wie KW-stoffbruchstücke u. H-Atome ab. (Ind. Engng. Chem. **47.** 297—302. Febr. 1955. Columbus, O., Battelle Mem. Inst.) K. O. MÜLLER. 157

Mario Baccaredda und **Enzo Butta,** *Die Geschwindigkeit des Ultraschalls im geschmolzenen Schwefel.* Die Ultraschallgeschwindigkeit nimmt in geschmolzenem S (Temp. 120—143°) linear nach der Gleichung $u = 1571 - 1{,}85\,t \pm 2$ [sec^{-1}] ab. Die mol. Ultraschallgeschwindigkeit $R = \sqrt[3]{u} \cdot M/\varrho$ (M = Mol.-Gew., ϱ = D.) wurde zu 195 u. temperaturunabhängig gefunden. Gleiches gilt für den Parachor P von S. Das Verhältnis $P/R = 0{,}252$ ist größer, als es sich bei anderen Fll. berechnet (0,21). Dies wird einer teilweisen Bldg. anderer S-Moll. aus S_8 zugeschrieben. Die Konstanz von R u. P spricht aber für eine große Stabilität des S_8-Ringes im untersuchten Temperaturbereich. Die adiabat. Kompression des geschmolzenen S ist größer als die geschmolzener Metalle. Die Kompressibilität des S bei 20° ergibt sich zu $= 17 \cdot 10^{-12}$ [$cm^2\,dyn^{-1}$]. (Ann. Chimica **45.** 50—53. Jan. 1955. Pisa, Univ., Ist. di Chim. appl. ed industr.) H. NÖTH. 159

Norbert Ségard und **Etienne Besème,** *Verwendung von piezoelektrischem Quarz zur Erzeugung des Doppler-Effektes.* Unters. über die günstigsten Dimensionen u. Schnittführungen zur Herst. von Schwingquarzen zur Erzeugung einer sinusförmigen Schwingung ohne Deformation der schwingenden Oberfläche u. Berechnung der Bruchgeschwindigkeit für einen solchen Quarz. Unabhängig von der Frequenz darf die Geschwindigkeit von ~7 m/sec nicht überschritten werden. Da die Geschwindigkeit zur Erzeugung des DOPPLER-Effektes bei einer Reflexion an einem sinusförmig bewegten Spiegel 60 m/sec betragen muß, ist für die Erzeugung des Effektes eine mehrfache Reflexion an der schwingenden Oberfläche nötig, welche wenigstens 1 cm^2 groß sein muß. (Ann. Soc. sci, Bruxelles, Sér. I **68.** 185—92. 31/12. 1954. Lille, Fac. libre des Sci.) H.-J. EICHHOFF. 159

A₅. Kolloidchemie. Grenzschichtforschung.

P. Mazur, *Anwendung in der Kolloidchemie.* Im Zusammenhang mit der Tatsache, daß der gebräuchliche Formalismus der Thermodynamik irreversibler Vorgänge nur für Systeme mit 3 Freiheitsgraden entwickelt worden ist, sind die spezif. Anwendungen auf die Kolloidchemie begrenzt. Hier sind zu nennen: 1. Die Behandlung der elektrokinet. Effekte, bei denen die Anwendung der ONSAGERschen Beziehungen zu der experimentellen SAXEN-Beziehung zwischen Elektroosmose u. Strömungspotential u. zu einer entsprechenden Beziehung zwischen Elektrophorese u. Sedimentationspotential führt. 2. Die Theorie der Messungen des osmot. Druckes an nicht idealen semipermeablen Membranen. Andererseits ist es möglich, den Formalismus der Thermodynamik irreversibler Vorgänge auf Systeme mit inneren Freiheitsgraden (Rotation) auszudehnen. Durch Einführung eines Raumes für die inneren Koordinaten kann man mit einigen Beschränkungen dem 2. Hauptsatz eine neue Form geben: Die Entropieerzeugung je Volumeneinheit der inneren Koordinaten hat einen positiven, definitiven Charakter. Das so erhaltene Schema kann auf irreversible Orientierung u. Deformationserscheinungen angewandt werden u. führt zu der bekannten Rotations–Diffusions-Gleichung. (Chem. Weekbl. **50.** 324—27. 1/5. 1954. Bruxelles, Univ. libre, Fac. des Sci.) W. WESLY. 160

M. van der Waarden, *Stabilisierung von Rußdispersionen in Kohlenwasserstoffen.* Rußdispersionen in Paraffinöl (0,1%) lassen sich durch Zugabe gewisser KW-stoffe stabilisieren. Der Grad der Stabilisierung wird auf Grund von Mikrophotographien der Rußflöckchen bestimmt, wobei 6 Klassen unterschieden werden. Einfache aromat. KW-stoffe, wie Bzl., wirken nicht als Stabilisatoren, sondern nur solche mit 1 oder 2 aliphat. Seitenketten, deren Länge bis zu C = 16 verfolgt wurde. Je größer die Zahl der C-Atome der Seitenkette, um so besser ist die stabilisierende Wirkung. Vorbehandlung der Rußproben zeigt, daß durch Entfernung flüchtiger Beimengungen (W.) die Beständigkeit verbessert, durch Entfernung des chem. gebundenen O dagegen verschlechtert wird. Zur Erklärung der Befunde wird angenommen, daß adsorbierte Moll. nur dann einen stabilisierenden Einfl. ausüben können, wenn sie verhindern, daß sich die Rußteilchen bis auf ihre Anziehungssphäre einander nähern können. (J. Colloid Sci. **5.** 317—25. Aug. 1950. Amsterdam, Koninklijke Shell Labor.) W. HENTSCHEL. 161

A. J. Staverman, *Die Thermodynamik bei visco-elastischem Verhalten.* Visco-elast. Stoffe sind dad. gek., daß eine konstante Deformation durch eine mit der Zeit abnehmende Kraft (Relaxation) zustande kommt u. daß eine konstante Kraft eine mit der Zeit zunehmende Deformation verursacht. Es werden isotherm. Relaxationen betrachtet. Die Tatsache, daß die Kraft sich mit der Zeit ändert, beweist, daß sich in dem Stoff irreversible Vorgänge abspielen. Die Überlegungen beziehen sich auf kleine, lineare Verformungen. Das visco-elast. Verh. unterscheidet sich von anderen thermodynam. Vorgängen dadurch, daß es hier nicht möglich ist, die Entropie der Nichtgleichgewichtszustände anzugeben. Man kann wichtige Schlüsse aus der Annahme ziehen, daß es „Ströme" u. „Kräfte" gibt, die das visco-elast. Verh. bestimmen. Auf Grund der ONSAGERschen Beziehungen kann man diese Parameter auf Hauptachsen auftragen u. erhält eine Reihe innerer Parameter, die bei Relaxationsverss. unabhängig voneinander exponentiell abnehmen. Daraus läßt sich die Abhängigkeit der Entropie von der Zeit während des Relaxationsvers. ableiten, wenn die Relaxationsfunktion, das heißt die Abhängigkeit der Kraft von der Zeit, gegeben ist. (Chem. Weekbl. **50.** 321—23. 1/5. 1954.) W. WESLY. 173

E. B. Butler und **W. H. Johnston,** *Retention von Chrom an Glas nach Behandlung mit Reinigungslösung.* Die Retention von Chrom an Quarz-, Pyrex- u. Natron-Kalk-Glas wird radiochem. bestimmt. Scheiben der verschied. Gläser werden 24 Std. einseitig mit den üblichen Reinigungslsgg. aus $K_2Cr_2O_7$, H_2SO_4 u. W. bzw. Chromchlorid u. H_2SO_4, die eine bekannte spezif. Aktivität an ^{51}Cr (γ-Strahler) besitzen, benetzt, 1 Min. in fließendem W. gespült, getrocknet u. die Restaktivität sowohl mit dem Scintillationsspektrometer als auch dem GEIGER-Zähler gemessen. Die höchste Retention an ^{51}Cr wurde beim Pyrexglas festgestellt. Weiteres Waschen oder starkes Reiben mit Kleenex veränderte die Retention nicht. Pyrexglas, auf dem vor der Behandlung mit den Reinigungslsgg. ein Fettfilm (durch Berühren mit Händen oder Gesicht) erzeugt wurde, weist sehr starke Retention an ^{51}Cr auf. Es scheint eher eine prim. Retention von Cr^{3+} als von $Cr_2O_7^{2-}$ stattzufinden. Die hohe Retention an fettigem Pyrexglas kann entweder durch bessere Adsorption der beiden Ionen auf dem Fettfilm oder durch starke Adsorption von Cr^{3+} (entstanden durch partielle Oxydation des Fettfilms) an den nichtoxydierten Stellen des Films erklärt werden. Die Größe der adsorbierten Schicht wird auf Grund der Meßergebnisse zu 3% einer einatomigen Schicht berechnet. Bei unvollständiger Reinigung bzw. Entfernung der das Glas bedeckenden Fettschicht kann dagegen die Retention bis zu 50% einer einatomigen Schicht betragen. (Science [Washington] **120.** 543—44. 1/10. 1954. Toledo, O., Libbey-Owens-Ford Glass Co.; Lafayette, Ind., Purdue Univ., Dep. of Chem.) E. UMLAUF. 176

H. Balduin und **H. Nowotny,** *Sorptionsuntersuchungen an Bauxiten von Unterlaussa.* Um die Eignung von aktivierten Bauxiten aus Unterlaussa als Trockenmittel zu prüfen, werden die Bauxite mit prim. Butylalkohol zuerst entwässert u. dann mit Wasserdampf beladen. Vergleichende Unterss. über Bleichwrkg. werden beschrieben. Diese sind negativ verlaufen. Als Trockenmittel im Bereich kleiner Wasser- bzw. Wasserdampfgehh. sind die Bauxite geeignet. (Österr. Chemiker-Ztg. **56.** 33—36. Febr. 1955. Wien, TH, Inst. für Physikal. Chem.) K. O. MÜLLER. 176

O. D. Bonner, G. D. Easterling, D. L. West und **V. F. Holland,** *Osmotische und Aktivitätskoeffizienten von p-Toluolsulfonsäure und p-Äthylbenzolsulfonsäure und ihr Verhältnis zu Ionenaustauschgleichgewichten.* Zur Best. der Aktivitätskoeffizienten von mit Divinylbenzol vernetzten Kationenaustauschern werden p-Toluolsulfonsäure (I) u. p-Äthylbenzolsulfonsäure als Modellsubstanzen verwendet. Die osmot. u. Aktivitätskoeffizienten werden durch isoosmot. Messungen gegenüber LiCl-Lsgg. als Standard bestimmt. Durch Vgl. der Aktivitätskoeffizienten von I u. der Li^+-, Na^+- u. K^+-Salze von I kann die Selektivitätsskala an Austauschern $K^+ > Na^+ > H^+ > Li^+$ bestätigt werden. (J. Amer. chem. Soc. **77.** 242—44. 5/1. 1955. Columbia, S. C., Univ. of South Carolina, Dep. of Chem.) GÜNTER LANGE. 177

A_6. Strukturforschung.

Howard H. Pattee jr., *Das Röntgenstrahl-Abtastmikroskop.* Es wird über eine Anordnung als Röntgenstrahlmikroskop berichtet, bei der ein Mikroobjekt punktweise durch Röntgenstrahlen abgetastet u. über Leuchtschirm, Photozelle mit Verstärker, Fernsehbildröhre auf deren Leuchtschirm vergrößert abgebildet wird. Wesentliches Kennzeichen der Anordnung ist, daß das Objekt direkt auf der als Röntgenstrahlquelle dienenden Metallfolie aufliegt. Durch ein elektronenopt. Syst. mit zeitlich period. Auslenkung wird ein sehr feiner Elektronenstrahlfleck u. eine entsprechend feine Röntgenstrahlquelle auf der Metallfolie erzeugt. Die zeitliche Auslenkung in der Bildröhre geht synchron mit derjenigen in der Röntgenröhre. Das Auflösungsvermögen wird nur durch die Größe des Elektronenstrahlflecks begrenzt. Vergrößerung u. Bildkontrast in der

Bildröhre sind kontinuierlich steuerbar. (Vgl. C. **1953.** 1448.) (J. opt. Soc. America **43.** 61—62. Jan. 1953. Stanford, Calif., Stanford Univ., Phys. Dep.) H. NIEHRS. 181

Marc Montel, *Sphärisches Spiegelsystem zur Herstellung vergrößerter Röntgenstrahlungsbilder.* Beschreibung eines opt. Syst., bestehend aus zwei Spiegeln mit 20 m Krümmungsradius in einer als Dachprisma wirkenden Anordnung bei streifendem Einfall, welches bei Vermeidung der Abbildungsfehler früherer Anordnungen von genügend absorbierenden Objekten 100fach vergrößerte Bilder mit einer Auflösung von 1 μ liefert. (C. R. hebd. Séances Acad. Sci. **239.** 39—41. 5/7. 1954.) H.-J. EICHHOFF. 181

E. J. W. Whittaker, *Die Beugung von Röntgenstrahlen an einem zylindrischen Gitter.* 1. Mitt. Es wird ein Modell für ein zylindr. Gitter entworfen u. gezeigt, daß man eine Reihe von Reflexen erhält, die in die gleiche Richtung wie ein Teil der Reflexe eines sich drehenden Kristalls fallen. Die Reflexe haben ähnliche Form wie bei n. Kristallen; ihre integrale Breite wird als Funktion der Anzahl von zusammenwirkenden zylindr. Schichten berechnet. Bei Definition einer geeigneten Projektion läßt sich eine Beziehung zwischen den Amplituden der Reflexe u. den FOURIER-Koeffizienten der Elektronendichteverteilung auf eine radiale Fläche herleiten. (Acta crystallogr. [Copenhagen] **7.** 827—32. 10/12. 1954. Stockport, England, Ferodo Ltd., Chapel-en-le-Frith.) W. KRÖNERT. 181

Harald Sørum, *Bemerkungen über die Technik der Verfeinerung nach der Methode der kleinsten Quadrate bei der Röntgenstrukturanalyse.* Vf. beschreibt eine vereinfachte Form der Verfeinerung mit Hilfe der kleinsten Quadrate. (Kgl. norske Vidensk. Selsk., Forh. **25.** 107—11. 1953.) C. GOTTFRIED. 181

F. R. L. Schoening, J. N. van Niekerk und **R. A. W. Haul,** *Einfluß der Apparatefunktion auf die Kristallitgrößenbestimmungen mit Geiger-Zählerspektrometern.* Nach einem Überblick über die verschied. Methoden zur Best. der Kristallgröße aus der Verbreiterung der Röntgenbeugungslinien zeigen Vff., daß sich die mit einem GEIGER-Zählerröntgenspektrometer bestimmten Beugungsprofile durch Funktionen vom Typ $y = c/(1 + K^2x^2)^2$ wiedergeben lassen, wo x die vom Profilmaximum gemessene Abszisse u. c u. K Konstanten bedeuten. Unter Benutzung dieser Funktionen wurde eine Korrekturkurve für den Einfl. des Instruments auf die Linienbreitenmessungen durch Lösen der von JONES (vgl. Proc. Roy. Soc. [London], Ser. A **166.** [1938.] 161) angegebenen Integralgleichung festgelegt. Durch Verwendung einer Standardsubstanz wurde die Apparatefunktion bestimmt. Von einer Reihe von Substanzen wurden die integralen Linienbreiten vor u. nach der Korrektur sowie die mittleren integralen Linienbreiten bestimmt. Die Unterss. wurden durchgeführt an *MgO*, *LiF*, SiO_2, *NaCl*, CaF_2, *KJ*, *Ag* u. *W*; die Ergebnisse sind tabellar. zusammengestellt. (Proc. physic. Soc., Sect. B **65.** 528—35. 1/7. 1952. Pretoria, Council for Sci. and Ind. Res., Nat. Phys. Labor. and Nat. Chem. Res. Labor.) C. GOTTFRIED. 181

E. Heilbronner und **Hs. H. Günthard,** *Molekeleigenfunktionen bestimmter Symmetrie: Linearkombinationen von P-Funktionen.* 1. Mitt. *Problemstellung, Definitionen und Methode.* Die Linearkombinationen nullter Näherung für P-A.O. kann man aus dem Zeilenvektor der A.O. durch Multiplikation mit einer Matrix **W** erhalten. Vff. schildern ausführlich Gedanken- u. Rechengang bei der Best. von **W.** (Helv. chim. Acta **37.** 1037—48. 15/6. 1954. Zürich, ETH, Organ.-chem. Labor.) G. KRESZE. 182

F. Berencz, *Eine neue Methode zur Berechnung der Energie des Wasserstoffmoleküls.* Vf. berechnet die Bindungsenergie des H_2-Mol. durch Variationsverf. mit Hilfe einer Eigenfunktion der Form $\psi = \{a_1b_2 + a_2b_1 + \mu(a_1a_2 + b_1b_2)\}(1 + pr_{12})$, wo a_1, a_2 u. b_1, b_2 1s-Atomeigenfunktionen für die Elektronen 1 u. 2 an den Kernen a u. b u. r_{12} den Elektronenabstand bedeuten. Variiert werden die Parameter μ, p u. die effektive Kernladung. Für die Bindungsenergie ergibt sich 4,14 eV, für den Kernabstand 1,338 BOHRsche Radien. (Acta physica Acad. Sci. hung. **4.** 149—54. 1954. Szeged, Univ., Inst. of Theoret. Phys.) D. GEISSLER. 182

S. F. Boys, *Elektronische Wellenfunktionen.* 9. Mitt. *Berechnungen für die drei tiefsten Zustände des Berylliumatoms.* (8. vgl. BERNAL, C. **1954.** 8973.) Vf. leitet Wellenfunktionen für die tiefsten S^1-, P^1- u. P^3-Zustände des Be-Atoms ab, die wesentlich genauer mit dem Energietest übereinstimmen als die früher für diese Zustände abgeleiteten Wellenfunktionen. (Proc. Roy. Soc. [London], Ser. A **217.** 136—50. 24/3. 1953. Cambridge, Univ., Theoret. Chem. Dep.) J. v. HARLEM. 182

S. F. Boys, *Elektronische Wellenfunktionen.* 10. Mitt. *Eine Berechnung von acht variablen „poly-detor"-Wellenfunktionen für Bor und Kohlenstoff.* (9. vgl. vorst. Ref.) Die 8 Wellenfunktionen, die berechnet wurden, zeigen kleinere berechnete Energie als vorher bekannt für die P^2- P^4-, D^2-Zustände von B u. die P^2-, D^1-, S^1-, S^5-, D^3-Zustände von C.

In Übereinstimmung mit dem allg. anerkannten Kriterium geben sie die beste verfügbare Näherung für die wahren Wellenfunktionen. Die Berechnungen wurden durchgeführt nach den allg. Prinzipien, die in den vorangegangenen Arbeiten entwickelt wurden. Außer durch die Einführung neuer quantitativer Angaben sind die Ergebnisse wichtig, da sie in qualitativer Weise zeigen, in welchem relativen Ausmaße Funktionen, die im Typ von der Wurzelfunktion abweichen, in den Wellenfunktionen auftreten. Die Wurzelfunktion, wie die vorherrschende „codetor-Funktion" im allg. bezeichnet wird, entspricht in jedem Fall hinreichend der SLATER-Funktion, die auf Grund der Spektralanalyse abgeleitet wurde. (Proc. Roy. Soc. [London], Ser. A **217.** 235—51. 8/4. 1953.)
J. V. HARLEM. 182

S. F. Boys und **V. E. Price,** *Elektronische Wellenfunktionen.* 11. Mitt. *Eine Berechnung der acht Variationswellenfunktionen für Cl, Cl⁻, S und S⁻.* (10. vgl. vorst. Ref.) Die Variations-codetor-Meth. wurde für die Berechnung der Wellenfunktionen u. Energien der P^2- u. S^2-Zustände von Cl, des S^1-Zustandes von Cl^-, der P^3-, D^1-, S^1- u. P^3_0-Zustände von S u. des P^2-Zustandes von S^- benutzt. Dies ist die erste Anwendung der Meth. auf Atome der zweiten chem. Periode u. daher eine Anwendung unter beträchtlich komplizierteren Umständen als früher untersucht. Mit Ausnahme der Wellenfunktionen des P^2-Zustandes von Cl u. des S^1-Zustandes von Cl^- gibt es keine Näherungen mit vergleichbarer Genauigkeit für diese Wellenfunktionen u. keine vergleichbaren Voraussagen für die Energiewerte. Die Einführung relativist. Korrekturen wurde untersucht u. bei der Berechnung berücksichtigt. Durch Anwendung einer automat. Rechenmaschine konnte die Lösung erleichtert werden. (Philos. Trans. Roy. Soc. London, Ser. A **246.** 451—62. 8/6. 1954.) J. V. HARLEM. 182

S. F. Boys und **R. C. Sahni,** *Elektronische Wellenfunktionen.* 12. Mitt. *Die Ausrechnung der allgemeinen vektor-gekoppelten Koeffizienten durch automatische Berechnung.* (11. vgl. vorst. Ref.) Es wird eine Meth. beschrieben, die es gestattet, automat. Rechenmaschinen zu benutzen. Es wird eine Tabelle gegeben, die nach dem alten Verf. mehr als ein Jahr Rechenarbeit verlangt hätte. Diese Unterss. geben einen wichtigen Beitrag zu den Problemen der Berechnung von Wellenfunktionen u. neue Beiträge zur Vektorkopplungstheorie. (Philos. Trans. Roy. Soc. London, Ser. A **246.** 463—79. 8/6. 1954.)
J. V. HARLEM. 182

H. K. Hardy, *Einkristalle ohne Versetzungen.* Die mechan. Eigg. von Kristallen werden wesentlich durch Versetzungen bestimmt. Dieser Typ von Baufehlern ist dafür verantwortlich, daß die mechan. Festigkeit von Metallen wesentlich kleiner ist als theoret. zu erwarten. Versetzungsfreie Einkristalle sollten erheblich größere mechan. Festigkeit besitzen. Die an den Oberflächen mancher Metalle wachsenden „Haare" (whiskers) sind offenbar solche fehlerfreien Einkristalle; ihre mechan. Eigg. entsprechen ungefähr den theoret. Werten. Es wird diskutiert, wie solche fehlerfreien Einkristalle in größerer Ausdehnung zu erhalten sind u. welche Anwendungsmöglichkeiten sich bieten. (Research **8.** 57—61. Febr. 1955. Stoke Pages, Bucks., Fulmer Res. Inst.) H. C. WOLF. 190

F. A. Kröger und **H. J. Vink,** *Physikochemische Eigenschaften zweiatomiger Kristalle beim Einbau von Fremdatomen abweichender Valenz.* Die Aufrechterhaltung der Elektroneutralität beim Einbau von Fremdionen abweichender Valenz in bezug auf die Ionen des Grundgitters wird vom allg. Gesichtspunkt her diskutiert. Zu den Faktoren, die hierzu nötig sind, gehören: die Fremdionenkonz., die Tendenz des Grundgitters zur Bldg. von Gitterstörungen u. die Lage der zu ihnen gehörenden Energieniveaus, die Breite der verbotenen Zone u. die umgebende Atmosphäre des chem. Gleichgewichts. Je nach der Zus. dieser Atmosphäre können mehrere Mechanismen für dieselbe Verb. angegeben werden. Am Beispiel des CdS werden die Überlegungen experimentell geprüft. (Physica **20.** 950—64. Nov. 1954. Eindhoven, N. V. Philips' Gloeilampenfabrieken, Philips Res. Labors.) D. HAHN. 190

Busso, Chalvet, Daudel, Sandorfy und **Vroelant,** *Anwendung der Wellenmechanik auf die Bestimmung von Struktur und Eigenschaften von Graphit.* Inhaltlich ident. mit der C. **1954.** 721 referierten Arbeit. (Colloques int. Centre nat. Rech. sci. **20.** 67—74. 27—30/9. 1949, ausg. 1950.) GERHARD GÜNTHER. 195

G. E. Pringle und **A. G. Peace,** *Röntgenstrahlextinktion bei Diamanten des Typs II und Topas.* Bei Aufnahmen mit divergierenden Röntgenstrahlen verwendet man die Extinktionstheorie, um den Kontrast σ der Aufhellungslinien gegen den Untergrund in Abhängigkeit von η zu finden (η = Standardabweichung einer Mosaikblockfehlordnung im Kristall). Für kleine Werte von η hängt σ hauptsächlich von der integralen Reflexionsintensität der Gitterebenen ab. Unterss. von LONSDALE (Philos. Trans. Roy. Soc. [London], Ser. A **240.** [1947.] 219) zeigten, daß Diamant (Typ II) ein Normalkristall mit ziemlich kleiner Mosaikfehlordnung ist. BRAGG u. WEST (Z. Kristallogr.,

Mineralog. Petrogr., Abt. A **69.** [1928.] 118) betrachteten die integralen Reflexionsintensitäten beim Topaskristall. Vff. finden unter Vernachlässigung der prim. Extinktion eine gute Übereinstimmung des theoret. u. experimentellen Wertes für die (2 5 0)- u. (3 2 0)-Ebenen bei einem Wert für η = 0,07 Bogenminuten. (Nature [London] **169.** **36.** 5/1. 1952. Leeds, Univ., Chem. Dep.) K. DORNBERGER. 195

J.-G. Helmcke, *Die Feinstruktur der Kieselsäure und ihre physiologische Bedeutung in Diatomeenschalen.* An einem großen elektronenmkr. Untersuchungsmaterial der Morphologie von Diatomeenschalen fielen dünne „schaumige" Strukturen auf, die gegen Elektronenbeschuß empfindlich u. möglicherweise Artefakte der Präparationstechnik sind. Beobachtungen an frischem Material bei schonendster Präparation zeigten jedoch, daß die Schaumstruktur in Diatomeenschalen kein Artefakt ist. Sie besteht aus elektronenmkr. amorphen Kieselsäureverbindungen. An einzelnen Schalen konnten auch schon Membranpotentiale gemessen werden. Es wird vermutet, daß die „Schaumstruktur" zu einer akt. Teilnahme der Diatomeenschale am Stoffaustausch zwischen Protoplasma u. umgebendem W. dient. (Naturwissenschaften **41.** 254—55. Juni **1954.** Berlin-Dahlem, Forsch.-Stelle für Mikromorphologie der Max-Planck-Gesellschaft.) H. C. WOLF. 195

Masao Atoji und **William N. Lipscomb,** *Die Struktur von SiF_4.* Einkristallaufnahmen von SiF_4 bei -145^0 ergeben für den Si—F-Abstand den Wert 1,56 $\pm$ 0,01 Å. Es wird die von NATTA (Gazz. chim. ital. **60.** [1930.] 911) aus Pulveraufnahmen hergeleitete Struktur bestätigt. Es liegen 2 Si in 0, 0, 0 u. $^1/_2$, $^1/_2$, $^1/_2$ u. 8 F in der 8zähligen Punktlage x, x, x von T_d^3—I$\bar{4}$3m. Der Parameter x = 0,165 wird nach dreidimensionalen FOURIER-Methoden unter Berücksichtigung des Reihenabbruchs bestimmt. Die gegenüber der „normalen" Si—F-Bindung von 1,68 Å beobachtete starke Verkürzung dieses Abstandes läßt sich nach PITZER (C. **1948.** E. 866) durch die starke Elektronegativität des F erklären. In Ergänzung dazu wird die Kristallenergie nach einer ähnlichen Meth., wie sie HELLER (J. chem. Physics **9.** [1941.] 154) anwendet, berechnet. Der abgeschätzte Wert von —4,2 kcal/Mol wird mit dem von PATNODE u. PAPISH (J. physic. Chem. **34.** [1930.] 1494) beobachteten Wert von —6,2 kcal/Mol verglichen. (Acta crystallogr. [Copenhagen] **7.** 597. 20/9. 1954. Minneapolis, Minn., Univ. of Minnesota, School of Chem.) W. KRÖNERT. 195

Jean Moreau und **Jean Bardolle,** *Bestimmung der Konstitution der auf der Oberfläche von Eisen gebildeten Oxydfilme durch Elektronenbeugung.* Quadrat. Plättchen von Fe verschied. Qualität wurden zuerst in Eisessig + Überchlorsäure elektrolyt. poliert, hierauf mehrere Std. im H_2-Strom auf 850^0 erhitzt u. anschließend an der Luft bei Tempp. zwischen 250 u. 700^0 verschieden lange (30 Sek.—30 Min.) oxydiert. Zuerst wurden die Oberflächenfilme mittels Elektronenbeugung durch Reflexion untersucht. Die Filme wurden dann in dem obigen Bad abgelöst u. in Transmission untersucht. Auf den Reflexionsdiagrammen wurden stets die Interferenzen von *α-Fe_2O_3* u. in einigen Fällen auch die von *Fe_3O_4* beobachtet. Auf den Transmissionsdiagrammen waren nach Erhitzung auf über 600^0 die 3 Oxyde α-Fe_2O_3, Fe_3O_4 u. *FeO* nachweisbar. Nach Erhitzen zwischen 250 u. 550^0 konnte α-Fe_2O_3 u. ferner Fe_3O_4 oder γ-Fe_2O_3 festgestellt werden. Die weiteren Unterss. ergaben, daß sich das α-Fe_2O_3 mit der dreizähligen Achse des Rhomboeders senkrecht zur Oberfläche der Probe orientiert bildet. (C. R. hebd. Séances Acad. Sci. **240.** 524—26. 31/1. 1955.) C. GOTTFRIED. 196

A. U. Seybolt, *Die Löslichkeit von Sauerstoff im α-Eisen.* Die Löslichkeit von O_2 im α-Eisen wird im Temperaturbereich zwischen 700 u. 900^0 bestimmt. Sie ist eine Funktion der Temp. u. ändert sich von ca. 0,008% O bei 700^0 auf ca. 0,03% bei 900^0. Die Lösungswärme beträgt ca. +15500 cal/Mol. (J. Metals **6.** Nr. 5. Sect. 2. 641—44. Mai 1954. Schenectady, N. Y., Gen. Electric Co.) H. HOCHSTEIN. 197

Kehsin Kuo, *Metallographie von δ-Ferrit.* 1. Mitt. *Eutektoide Zersetzung von δ-Ferrit.* δ-Ferrit in einem Stahl mit 0,20 (%) C u. 8,15 Mo zers. sich bei einer Erhitzung auf 1200—1300^0 in eutektoider Weise innerhalb des Temperaturgebietes von 900—1150^0, wobei Austenit u. das Carbid Fe_3Mo_3C entsteht, welches δ-Eutektoid genannt wird. Die Morphologie u. der Verlauf der Bldg. dieses Eutektoids wurden durch kontinuierliche u. isotherm. Umwandlungen untersucht, u. es wurde nachgewiesen, daß die Bldg. des Eutektoids ein Keimbildungs- u. Wachstumsprozeß mit dem Carbid Fe_3Mo_3C als keimbildender Phase ist. Das Umwandlungsschaubild wurde aufgenommen. Es zeigt die übliche C-Form der Perlitreaktion. Besondere Aufmerksamkeit wurde auf die Parallelität zwischen der Bldg. dieses Eutektoids u. der des Perlits aufgewandt. Außer dieser eutektoiden Zers. von δ-Ferrit treten auch noch zwei miteinander nahe verwandte Rkk. auf. Da mehr Austenit aus dem δ-Ferrit gebildet wird, wird der aus hohen Tempp. herrührende Restaustenit unstabil u. wandelt sich später allotrop. in Ferrit um. Bei niedrigeren Umwandlungstempp. tritt eine allg. Ausscheidung von Mo_2C im δ-Ferrit auf, welche

sich mit der δ-Eutektoidumwandlung überschneidet. Diese beiden Rkk. haben ebenfalls das C-förmige Umwandlungsschaubild. Es wird vermutet, daß die geringe Diffusion von Mo der regelnde Faktor für diese drei innerlich miteinander verbundenen Umwandlungen ist. Es wird angenommen, daß jedes Legierungselement, welches ein Sondercarbid bildet u. gleichzeitig die Bldg. von δ-Ferrit begünstigt, z. B. Cr, W u. V, auch die Bldg. dieses δ-Eutektoids möglich machen würde. Diese Annahme wurde experimentell bestätigt. (J. Iron Steel Inst. **176.** 433—41. 4 Tafeln. April 1954. Uppsala, Univ.)
H. Hochstein. 197

W. A. Iljina, W. K. Kritzkaja und **G. W. Kurdjumow,** *Ursachen der Abschwächung der Intensität der Röntgeninterferenzen des Martensits.* Die Ermittlung von Eigenspannungen aus röntgenograph. Gitterkonstanten wurde an Proben aus unlegiertem Stahl mit 0,35 u. 0,41% C bei $t_1 = +23^0$ u. $t_2 = -185^0$ angestellt. Röntgenrückstrahlaufnahmen mit Co-Strahlung ergaben, daß das Martensitgitter erhebliche Eigenspannungen aufweist, die die Röntgeninterferenz beeinflussen. (Доклады Академии Наук СССР [Ber. Akad. Wiss. UdSSR] [N. S.] **85.** 773—75. 1/8. 1952. Inst. für Metallkunde u. Metallphysik.)
O. Vollenbruck. 197

N. Ss. Fasstow, *Berechnung der Energie der Gitterverzerrungen. 3. Art in Abhängigkeit von der Verformungsgröße.* In rechner. Überlegungen wird nachgewiesen, daß die Gitterverzerrungsenergie Δw bei der Verformung von Metallen dem Quadrat der von außen aufgelegten Spannung $\Delta\sigma$ proportional ist: $\Delta w = (\lambda/2E)\Delta\sigma^2$ (λ = Materialkonstante, E = Elastizitätsmodul.) Experimentell wird dies bei *Al* bis zu einem Kompressionsgrad von 54%, bei *Cu* bis 30% bestätigt. Bei Al ist $\lambda = 33$, bei Cu 16, die maximale Spannung beträgt 30—35 bzw. 65 kg/mm², für *w* ergibt sich bei Al 1,7, bei Cu 0,75 cal/g. Die Proportionalität der Fließgrenze mit der Zahl der Atome, die Verzerrungen 3. Art geben (also Atome in metastabilem Zustand), zeigt sich auch darin, daß die Änderung der Fließgrenze für feste Lsgg. in erster Annäherung der Konz. proportional ist. Bei genügend niedriger Temp., bei der die Wiederverfestigung vernachlässigt werden kann, geht im Anfangsstadium der Verformung die gesamte Arbeit in Gitterverzerrungsenergie über. (Доклады Академии Наук СССР [Ber. Akad. Wiss. UdSSR] [N. S.] **92.** 1167—70. 21/10. 1953. Inst. für Metallkunde u. Metallphysik des Zentr. wiss. Forsch.-Inst. für Eisenmetalle.)
R. K. Müller. 197

Nicholas Grossman und **Seymour Priceman,** *Kompressionseigenschaften von Uran.* Zwei heißgewalzte U-Stäbe mit der Rockwell-Härte C 15 bzw. C 18 werden mit Drucken bis 35000 lbs./in.² be- u. entlastet u. die Längs- u. Querdehnung gemessen. Die Ergebnisse werden graph. dargestellt. Bis zu 3000 lbs./in.² ist die Dehnung proportional dem Druck. Der Dehnungsmodul beträgt $25{,}5 \cdot 10^6$ lbs./in.² u. ist ident. mit dem durch andere Methoden gemessenen. Die Poissonsche Zahl μ steigt mit dem Druck, extrapoliert auf den Druck 0 beträgt sie 0,20. (Nucleonics **12.** Nr. 6. 68—69. Juni 1954. Bayside, N. Y., Sylvania Electr. Prod., Inc., Atom. Energy Div.) G. Herrmann. 200

B. Ja. Piness, *Sinterung, Kriechen, Erholung, Rekristallisation und andere Erscheinungen infolge von Selbstdiffusion in kristallinen Substanzen.* Übersicht: Sinterung u. ihre Auffassung als zähes Fließen; Theorie von Frenkel; Diffusionstheorie; Komplikationen in der Praxis; experimentelle Daten über Sintergeschwindigkeit; Sintern als Diffusionskriechen unter Einw. der Kräfte der Oberflächenspannung; Erholung u. ihr Einfl. auf das Diffusionskriechen; Rekristallisation; Sintern u. Kriechen amorpher Körper; Beziehungen zwischen Heterodiffusion u. Selbstdiffusionserscheinungen in krist. Körpern. — 36 Literaturhinweise. (Успехи Физических Наук [Fortschr. physik. Wiss.] **52.** 501—09. April 1954.)
R. K. Müller. 200

A₇. Gleichgewichte. Kinetik.

H. Falkenhagen und **G. Kelbg,** *Bemerkungen zur Statistik von Lösungen.* Mit Hilfe der Born-Greenschen Gleichungen werden unter Verwendung einfacher Superpositionsnäherungen Verteilungsfunktionen für eine Mischung verschied. großer kugelförmiger Teilchen, die sich in einem Potentialfeld befinden, hergeleitet, in denen das Teilchenvol. in erster Näherung berücksichtigt wird. (Z. physik. Chem. **204.** 111—14. Febr. 1955.)
W. Niemitz. 221

Alfred W. Francis, *Flüssigkeitsgleichgewichte des Systems Wasser–Methanol–Anilin–Benzol.* Zum Verständnis der Extraktionsvorgänge bei Lösungsmittelgemischen ist die Unters. eines quaternären Syst. mit zwei unvollständig mischbaren Komponentenpaaren oder eines solchen, in dem nur eine Komponente mischbar mit den drei anderen ist, von Interesse. Im Falle des untersuchten Syst. W.–Methanol–Anilin–Bzl. ist Methanol mit allen anderen Komponenten vollständig mischbar. Vf. gibt die Konzentrationsverteilung innerhalb des Tetraedermodells für die Temp. 21—23° an sowie die räumliche Form des Phasendiagramms. (Ind. Engng. Chem. **46.** 205—07. Jan. 1954. Paulsboro, N. J., Socony-Vacuum Oil Co., Inc., Res. and Develop. Dep.) S. v. SCHIESZL. 221

R. J. P. Williams, *Die Stabilität von Komplexionen in besonderem Hinblick auf die Hydratation.* Die Gleichgewichtskonstante der Komplexbldg. kann durch den Ausdruck $-2{,}303\ RT \log K = \Delta F^0 = \Delta H^0 - T\Delta S^0$ (Gleichung 1) wiedergegeben werden. Von 76 verschied. Komplexen gibt Vf. eine Zusammenstellung der ΔH^0- u. ΔS^0-Werte. Teilt man die Komplexe in a) solche, die aus Kation u. Anion unter Verminderung der Gesamtionenzahl der Lsg. bei gleichzeitiger Neutralisierung der Ladung u. b) solche, die aus Kation u. Neutralmoll. gebildet werden, so findet man, daß nur bei den unter a) aufgeführten ΔS^0 die Komplexbldg. begünstigt. Für ΔS^0 weist Vf. nach, daß sie in direkter Beziehung zur Entropie der Hydratation der Ausgangsionen steht. Diese ist ihrerseits der Ladung (z) der Ionen direkt u. dem Radius (r) umgekehrt proportional. Bei der Betrachtung der Reaktionswärme der Komplexbldg. ist es ebenfalls wichtig, von der Hydratation der Einzelionen auszugehen. Für die Hydratationswärme stellt Vf. eine Gleichung auf, die eine Beziehung zu z, r u. J (J = Ionisationspotential) aufweist. Er erhält dann für die Bildungswärme des Komplexes (ΔH) die Gleichung 2 $\Delta H = (A'' - A')(z/r) + (B'' - B')J - (C'' - C')(1/r^3)$. Aus Gleichung 1 u. 2 erkennt man die direkte Abhängigkeit der Komplexstabilität von J im Falle 2-wertiger Ionen mit ähnlichem r u. $\Delta S \sim$ konstant oder Null. Eine direkte Beziehung zwischen der Komplexstabilität u. z/r ist bei Vernachlässigung der ster. Faktoren u. kleinem J des Kations, sowie $\Delta S \sim$ konstant oder Null. vorhanden. Diese u. ähnliche mögliche Beziehungen werden mit bekannten Befunden bei komplexen Metallamminen u. -halogeniden verglichen. Für die Stabilität der Chelatkomplexe sieht Vf. die Chelatbildungswärme als bestimmend an. Zum Schluß wird der Einfl. der unterschiedlichen Natur der Hydratation bei einigen Kationen (z. B. Ni^{2+}, Cu^{2+}), sowie der Einfl. der bei Komplexbldg. gegebenenfalls eintretenden Bindungsänderung besprochen. (J. physic. Chem. **58.** 121—26. Febr. 1954. Oxford, Merton Coll.) H.-G. PLUST. 223

B. L. Mickel und **A. C. Andrews,** *Histaminkomplexe mit Co(II), Ni(II) und Cu(II).* Die Anzahl der an Cu(II), Ni(II) u. Co(II) komplex gebundenen Histaminmol. $\bar{n}$ wird potentiometr. nach der Meth. von BJERRUM bei 25° bestimmt. $\bar{n}$ ist abhängig von der Konz. an freiem, nicht protonisiertem Histamin u. beträgt maximal 2 für Cu(II) u. 3 für Ni(II); die Messungen an Co(II) wurden bei niedrigen Histaminkonzz. ungenau. Aus der Abhängigkeit von $\bar{n}$ vom negativen log der Konz. des freien Histamins berechnen Vff. die Konstanten für die einzelnen Anlagerungsreaktionen. Die Bildungskurven entsprechen für Ni(II) u. Co(II) denen der Äthylendiaminkomplexe. Beim Cu(II) zeigt sich bes. deutlich, daß die Stabilität der Histaminkomplexe mit zunehmender Substitution am Zentralion abnimmt. (J. Amer. chem. Soc. **77.** 323—24. 20/1. 1955. Manhattan, Kans., State Coll., Dep. of Chem.) M. SCHENK. 223

M. M. Pawljutschenko und **G. A. Laserko,** *Kinetik der Bildung von Ammoniakaten des Cadmiumchlorids.* Reines (98,2%) $CdCl_2$ (je 0,04 g) wurde in einer Vakuumapp. bei 10 Temperaturabstufungen (—13, 0, 20, 30, 40, 50, 70, 90, 110, 130 ± 0,1°) NH_3-Dämpfen bei 688 mm ausgesetzt u. die Reaktionsgeschwindigkeit gemessen. — Es ergab sich dabei der sehr seltene Fall einer Verminderung der Reaktionsgeschwindigkeit mit ansteigender Temp., bes. ausgeprägt bei 40—70°, von welcher Temp. ab die Geschwindigkeit wieder anstieg, jedoch jene bei —13 u. 0° bei weitem nicht mehr erreichte. Durch Adsorption von Methylenblau (in Nitrobenzol) wurde festgestellt, daß nur 1 Mol NH_3 von 10^9 auftreffenden Moll. mit $CdCl_2$ reagiert, u. zwar monomol.; es entstehen Mono- bis Hexaammoniakate (Hexa- bei — 13 bis 30°, Penta- u. Tetra- bei 40—50°, ab 70° Diammoniakat). Eine katalyt. Wrkg. des festen Reaktionsprod. findet nicht statt, es bilden sich Mischkristalle der verschied. Ammoniakate, die als undurchdringlicher Film das Weitereindringen der NH_3-Moll. aus der kinet. in die Diffusionssphäre verhindern. (Журнал Физической Химии [J. physik. Chem.] **28.** 102—08. Jan. 1954. Minsk, Weißruss. Lenin-Univ.) A. v. WILPERT. 225

M. M. Pawljutschenko und **G. A. Laserko,** *Kinetik der Bildung von Ammoniakaten des Zinkchlorids.* (Vgl. vorst. Ref.) Je 0,03 g (1—2 mm große, im Vakuum bei 80—90° entwässerte Kristalle) von reinem (98,8%) $ZnCl_2$ wurden (in derselben) Vakuumapp. bei 0, 20, 40, 60, 80° NH_3-Dämpfen, Druck 121— 688mm, ausgesetzt u. (wie früher) die Reaktionsgeschwindigkeit gemessen. — Es ergab sich, daß bei 0—40° die Rk. in der kinet., bei 60—80° in der Diffusionssphäre (Mischkristalle) verläuft, u. zwar bei 0—40° mit bei ansteigender Temp. verminderter Geschwindigkeit (verminderte Adsorption des NH_3). Die Diffusion des NH_3 wird durch die Reaktionsprodd. nicht behindert (im Gegensatz zum $CdCl_2$). Die Geschwindigkeitskonstante weist auf bimol. Eintritt des NH_3 hin, so daß nur

Di-, Tetra- (bei 60 u. 80°) u. Hexaammoniakat (0—40°, bei 0° „partiell" instabil) entstehen. (Журнал Физической Химии [J. physik. Chem.] **28**. 109—15. Jan. 1954.) A. v. Wilpert. 225

George S. Hammond, *Eine Wechselbeziehung bei Reaktionsgeschwindigkeiten.* Zur Entscheidung, ob im speziellen Fall eine Beziehung besteht zwischen der Geschwindigkeit u. der freien Energie einer Rk., stellt Vf. folgendes Postulat auf: Wenn zwei Zustände, z. B. ein Übergangszustand u. ein instabiles Zwischenprod., während eines chem. Prozesses nacheinander auftreten u. nahezu den gleichen Energieinhalt besitzen, dann erfolgt ihre wechselseitige Umwandlung unter nur geringer Reorganisation der Molekülstruktur. Mit Hilfe dieses einfachen Postulats ist es umgekehrt möglich, aus den Beobachtungen auf die Struktur von Übergangszuständen bei Rkk. zurückzuschließen. Vf. behandelt die Anwendung des Postulats in mehreren Beispielen. (J. Amer. chem. Soc. **77**. 334—38. 20/1. 1955. Ames, Io., State Coll., Chem. Labor.) G. Kresze. 225

Terrel L. Hill, *Wirkung von Wechselwirkungen der nächsten Substratnachbarn auf die Geschwindigkeit von Enzym- und katalytischer Reaktionen.* Vf. gibt an einem einfachen Beispiel eine Näherungsmeth. wieder, die gestattet, den Effekt von Substratwechselwirkungen auf die Geschwindigkeit von oberflächenkatalysierten Rkk. explizit in Rechnung zu stellen. Die Berechnung läßt sich auf ein-, zwei- oder dreidimensionale Gitter anwenden. (J. Amer. chem. Soc. **74**. 4710—11. 20/9. 1952. Bethesda, Md., Naval Med. Res. Inst.) B. Gnauck. 227

G. Gaikhorst, W. J. Klein und **J. A. Vernout,** *Katalytische und thermische Umsetzungen von Gasen.* Die theoret. Grundlagen u. die prakt. Arbeitsbedingungen für katalyt. u. therm. Gasumsetzungen werden an Hand mehrerer Beispiele aus der Technik beschrieben. — Zahlentafeln, Diagramme u. Abbildungen. (Het Gas **75**. 55—69. 1/4. 1955.) W. Wesly. 227

B. Anorganische Chemie.

K. Je. Mironow, *Zur Frage der Existenz von H_2O_4.* Die Berechtigung einer Annahme der Existenz des H_2O_4, von Krugljakowa u. Emanuel (C. **1955**. 3576) sowie Stadnik (C. **1955**. 1912) geäußert, wird bestritten, da die angegebenen Meßergebnisse ungenügend reproduzierbar sind u. denen anderer Forscher widersprechen. Die beobachtete Abscheidung höherer O_2-Mengen (als berechnet) aus H_2O_2-Lsgg. bedarf daher noch weiterer Bestätigungen. (Журнал Физической Химии [J. physik. Chem.] **28**. 2253—54. Dez. 1954. Kurnakow-Inst. für allg. u. anorgan. Chemie der Akad. der Wiss. der UdSSR.) A. v. Wilpert. 241

Francis Owen Rice und **Floyd Scherber,** *Das Hydrazinradikal und Tetrazan.* Trocknes N_2H_4 wird bei niedrigen Drucken (0,5 mm) u. hohen Tempp. (ca. 850°) therm. zers. u. die Reaktionsprodd. rasch auf —195° abgeschreckt; dabei scheidet sich ein leuchtend gelbes Kondensat ab, das bei —195° unbegrenzt haltbar ist. Beim Erwärmen tritt bei —178° rasche Zers. ein (stark exotherm, ohne Lichtemission) unter Entw. von N_2. Bei weiterem Erwärmen auf —100° erfolgt neben weiterer N_2-Entw. Abgabe von NH_3. Das gelbe Prod., das photochem. nicht dargestellt werden konnte, ist nicht paramagnet., Vff. nehmen darum an, daß es sich nicht um das Hydrazinradikal NH_2NH, sondern um Tetrazan $NH_2NHNHNH_2$ handelt. Die Zers. erfolgt vermutlich nach: $NH_2NHNHNH_2 \rightarrow 2\,NH_3 + N_2$. Für den gesamten Reaktionsverlauf schlagen Vff. folgenden Mechanismus vor: 1. $N_2H_4 \rightarrow NH_2$; 2. $NH_2 + N_2H_4 \rightarrow NH_3 + NH_2NH$; 3. $NH_2 \cdot NH \rightarrow NH_2NHNHNH_2$; 4. $NH_2NHNHNH_2 \rightarrow 2\,NH_3 + N_2$; 5. $NH_2NH + NH_2 \rightarrow NH_3 + N_2 + H_2$. Auch Verss. mit ^{15}N ergaben keine Anhaltspunkte für die Konst. der gelben Verbindung. (J. Amer. chem. Soc. **77**. 291—93. 20/1. 1955. Washington, D. C., Cath. Univ. of America, Dep. of Chem.) M. Schenk. 243

Michaël Bigorgne, *Über die Säureanhydridfunktion des Chlordioxyds.* Die Kinetik der Umsetzung von ClO_2 mit wss. NaOH-Lsg. wurde spektralphotometr., durch p_H-Messung u. konduktometr. verfolgt, einmal im stöchiometr. Syst. u. einmal bei konstanter OH^--Konzentration. Je nach der Anfangskonz. überwiegt eine Rk. 1. oder 2. Ordnung. Zu ihrer Erklärung werden die Gleichungen $2\,ClO_2 + H_2O \rightarrow HCl_2O_5^- + H^+$ u. $ClO_2 + H_2O \rightarrow HClO_3^- + H^+$ aufgestellt. Danach reagiert also ClO_2 wie ein n. Säureanhydrid. Die entstehende Säure ist nur sehr instabil u. dismutiert entweder, oder wird in Ggw. von Reduktionsmitteln zum Chlorit reduziert. (C. R. hebd. Séances Acad. Sci. **240**. 311—12. 17/1. 1955.) R. Neeb. 247

Léone Walter-Lévy, Peter Maarten de Wolff und **Jean-Pierre Vincent,** *Über die Chlorophosphate des Calciums.* Die Rkk. zwischen $CaCl_2$, Phosphorsäure u. den verschied. Calciumphosphaten in wss. Lsg. werden im geschlossenen Gefäß in Abhängigkeit von

Temp. u. Zus. der Lsg. untersucht. Die dabei entstehenden Verbb. werden chem. u. röntgenograph. charakterisiert. Die Bildungsbedingungen für folgende Chlorophosphate werden angegeben: $CaCl_2 \cdot Ca(H_2PO_4)_2 \cdot 2\,H_2O$; $CaCl_2 \cdot Ca_3(PO_4)_2$; $CaCl_2 \cdot 3\,Ca_3(PO_4)_2$; $Ca[Cl_2, (OH)_2] \cdot 3\,Ca_3(PO_4)_2 \cdot n\,H_2O$; $Ca(OH)_2 \cdot 3\,Ca_3(PO_4)_2$. (C. R. hebd. Séances Acad. Sci. **240.** 308–10. 17/1. 1955.) R. NEEB. 283

Werner Hüttig und **Hans Ginsberg,** *Kristallmorphologische Beobachtungen bei der Entwässerung von Aluminiumoxyd-Trihydrat.* Mkr. u. röntgenograph. Unterss. der kristall-morpholog. Veränderungen bei der Entwässerung von „γ-Tonerdehydrat" führten zu folgenden Ergebnissen: Der Umbau von pseudohexagonalem γ-$Al_2O_3 \cdot 3\,H_2O$ (I) über das rhomb.-dipyramidale γ-$Al_2O_3 \cdot H_2O$ u. das kub. γ-Al_2O_3 bis zum hexagonal-rhomboedr. α-Al_2O_3 (II) verläuft als Funktion von Zeit, Temp. u. zugeführter Energie als kontinuierlicher Vorgang; Entwässerung u. Gitterumwandlung sind nicht synchron. Der Umbau des Kristallgitters erfolgt endogen, der kristalline Habitus des Ausgangsmaterials bleibt häufig bis zur Endstufe bestehen. Auftretende Zwischenformen der Zus. $Al_2O_3 \cdot < 1\,H_2O$, von verschied. Autoren unter den Bezeichnungen χ-, γ-, η-, δ-, $\varkappa$- u. ϑ-Al_2O_3 als selbständige Modifikationen beschrieben, können als Fragmente im Kristallgitterumbau angesehen werden, denen weder prakt. noch theoret. eine besondere Bedeutung zukommen dürfte. — Zur Erzielung eines günstigen Schüttgewichts von II ist es vorteilhaft, bei der Calcinierung von I die Tempp. nicht zu hoch zu wählen, da sonst die im Habitus des Trihydratkristalles entstandenen großen Kristalle von II in kleine, staubige, schlecht backende Teilchen zerfallen. Die Erhaltung des idiomorphen Habitus von I spielt ferner eine Rolle bei der Impfung mit II im Ausrührprozeß wie auch beim „Rückerinnern der Materie". (Z. anorg. allg. Chem. **278.** 93–107. Jan. 1955. Bonn, Vereinigte Aluminium-Werke A.G. u. Vereinigte Leichtmetallwerke GmbH., Versuchslaborr.) U. WANNAGAT. 294

R. C. Vickery, *Die Extraktion und Reinigung von Scandium.* Sc wurde aus Wolframitrückständen (0,08% Sc) u. aus chloriertem *Thortveitit* (33,8%) zuerst angereichert durch Lösen in konz. HCl, Fällen mit H_2SiF_6 oder HF, Lösen des Nd. in konz. H_2SO_4, Verglühen der Sulfate, Lösen der Rückstände in HCl, Fällung als Doppeltartrat u. erneutes Verglühen. Neben Sc lagen dann nur noch Lanthaniden u. Th vor. Titrationskurven ergaben, daß die Stabilität der Komplexe dieser Elemente mit Polycarbonsäuren (Hydrazin-N.N'-diessigsäure [I], Nitrilotriessigsäure, Äthylendiamin-N.N.N'.N'-tetraessigsäure, Iminodiessigsäure, Citronensäure) ansteigt mit La < Y < Yb < Sc < Th. Die Best. der Verteilungskoeffizienten in den Systemen Metallion–Zeokarb 225 Harz-Eluierungsmittel bei p_H-Werten, in denen die Titrationskurven größte Divergenz voneinander zeigten, ließ anomale Verhältnisse im Syst. Sc–I erkennen: die entsprechenden Sc-Komplexe mußten viel stabiler als die der Lanthaniden sein u. konnten dann tatsächlich leicht davon wie auch vom Th-Komplex getrennt werden. Radiochem. Studien zeigten, daß die Ausfällung des Sc aus den Komplexlsgg. durch Alkalihydroxyd, -fluorid oder -phosphat nicht vollständig war, daher wurde in der letzten Stufe lediglich mit HNO_3 zur Trockne eingedampft u. bei 900° verglüht. (J. chem. Soc. [London] **1955.** 245–51. Jan. Yarraville, Melbourne, Commonwealth Fertilisers & Chemicals Ltd.) U. WANNAGAT. 299

R. C. Vickery, *Scandiumhydroxyd und Scandationen.* (Vgl. vorst. Ref.) Nephelometr. Titrationen ergaben, daß die Fällung von $Sc(OH)_3$ durch Alkali- oder Ammoniumhydroxydlsgg. unvollständig ist, da sich daneben (*Hydroxo-*)*Scandationen* (I) unbestimmbarer Zus. bzw. $Sc(NH_3)_6^{3+}$ (II)-Ionen bilden. $Sc(OH)_3$ löst sich auch in NH_4Cl- u. NH_4NO_3-Lsgg. auf. I wird nur durch Anionen-, II nur durch Kationenaustauscherharze adsorbiert. II ist nicht bes. stabil, schon beim Verdunsten der Lsg. tritt Zers. ein. Das amphotere Verh. des $Sc(OH)_3$ ist anomal, da nach CARTLEDGE (J. Amer. chem. Soc. **50.** [1928.] 2863) u. nach SUN (J. Chinese Chem. Soc. **5.** [1937.] 148) mit dem Ionenpotential $\Phi = 2{,}1$ für Sc ein bas. Hydroxyd (Φ dafür allg. < 6) zu erwarten wäre. Polarograph. Messungen ergaben für das Halbstufenpotential des Sc^{3+} $-1{,}88 \pm 0{,}01$ V [mit $N(CH_3)_4^+$ als Zusatz], die Komplexierung in alkal. Lsg. bewirkt eine Verschiebung um ca. $-0{,}3$ V. (J. chem. Soc. [London] **1955.** 251–55. Jan.) U. WANNAGAT. 299

R. C. Vickery, *Scandiumoxalat und seine Amminkomplexe.* (Vgl. vorst. Ref.) Vf. beschreibt Darst. u. Löslichkeiten von $Sc_2(C_2O_4)_3$ mit 3,6 u. 18 H_2O. Die Existenz von *Oxalatoscandaten(III)* unbestimmter Zus. wird durch Adsorption an Anionenaustauscherharzen bewiesen. Wasserfreies $Sc_2(C_2O_4)_3$ zieht Feuchtigkeit an unter Bldg. des Trihydrates, es absorbiert $^1/_3$ Mol CO_2 pro Mol u. ebenso feuchtes NH_3 unter Bldg. von $[Sc(NH_3)_6]_2(C_2O_4)_3$ (I). NH_3 verdrängt im 3-, 6- u. 18-Hydrat das W., um gleichfalls I zu bilden. (J. chem. Soc. [London] **1955.** 255–58. Jan.) U. WANNAGAT. 299

R. D. Peacock, *Einige komplexe Oxyfluoride des siebenwertigen Rheniums.* K-Perrhenat setzt sich mit BrF_3 bei Raumtemp. unter Freiwerden von O_2 u. Br_2 um. Durch anschließendes 5 Min. langes Kochen der Lsg., Abpumpen des BrF_3 bei Raumtemp. u. Erhitzen des Rückstands im Vakuum auf 200° erhält man das sehr hygroskop. *K-Tetrafluoroperrhenat* $KReO_2F_4$. Es wird von W., schneller von Alkali gemäß $KReO_2F_4 + 2 H_2O \rightarrow K^+ + 2 H^+ + ReO_4^- + 2 HF_2^-$ hydrolysiert. Ebenso erhält man $RbReO_2F_4$, $CsReO_2F_4$, $AgReO_2F_4$ u. $Ba(ReO_2F_4)_2$. Das *Na-*, *Ca-* u. *Sr-Salz* sind nicht in reinem Zustand zu gewinnen. (J. chem. Soc. [London] **1955**. 602—03. März. London, Imp. Coll. of Sci. and Technol., Dep. of Chem.) E. FORCHE. 352

Kurt Peters, *Mechanochemische Zersetzung und Oberflächendissoziation von Carbonatmineralien.* (Vorl. Mitt.) Mechan. in einer Reibschale zu grobem Pulver verriebener *Eisenspat* (*Siderit*) (I) vom Erzberg (Österreich) spaltet statt bei einigen hundert Grad schon bei 70° CO_2 ab. Es findet auch bei Raumtemp. eine CO_2-Abgabe des verriebenen I in CO_2-freiem N_2-Strom oder in Luft statt. Diese entspricht bei einem mittleren Gitterabstand der CO_3^{2-}- oder Fe^{2+}-Ionen im Sideritgitter von 3,75 Å der CO_2-Menge einer mono- bis bimol. Schicht der freigelegten Oberfläche. Über gepulvertem I stellt sich im Vakuum zwischen 20 u. 100° ein Druck von 4—35 Torr durch die CO_2-Abgabe ein. Das bei einer Vermahlung von I in einer Vakuumkugelmühle bei weniger als 1 Torr durch den mechanochem. Prozeß entstehende, durch eine Hg-Diffusions- mit nachgeschalteter Hg-Hubpumpe abgesogene CO_2 beträgt 20% des in I theoret. chem. gebundenen CO_2. Dies entspricht 1100 Oberflächenschichten des I von der Dicke eines mittleren Gitterabstandes. Das entstandene FeO ist außerordentlich O_2-empfindlich. Die bei der mechanochem. Zers. freiwerdende CO_2-Menge beim *Ankerit* vom Erzberg entspricht 2350, bei *Dolomiten* u. *Magnesiten* 350—860, bei *Carara-Marmor* 40, bei *Island-Doppelspat* 35 Gitterschichten. Vf. führt diese Vorgänge neben der bekannten Zerstörung des Gefüges u. Gitters der festen Stoffe auf eine mechan. Deformation des Feinbaues der Oberfläche u. eine damit zusammenhängende Lockerung der CO_2-Bindung beim Zerteilungsvorgang zurück. (Anz. österr. Akad. Wiss., math.-naturwiss. Kl. **1953**. 191—95. Wien, TH, Inst. für Verfahrenstechnik u. Techn. der Brennstoffe.) K. LÖFFLER. 354

R. D. Sauerbrunn und **E. B. Sandell**, *Die Reaktion von Osmiumtetroxyd mit Thioharnstoff.* Für das aus OsO_4 u. Thioharnstoff (I) im sauren Medium nach $2 OsO_4 + 22 H_2N\cdot CS\cdot NH_2 + 6 H^+ \rightarrow 2 [Os(H_2NCSNH_2)_6]^{3+} + 5 H_2N(NH)C\cdot S\cdot S\cdot C(NH)NH_2 + 8 H_2O$ gebildete rote Komplexion stellen Vff. obige Zus. sicher (vgl. dagegen TSCHUGAEFF [1925] u. früher). Bei der potentiometr. Titration einer Mischung von OsO_4 u. überschüssigem I mit $CrCl_2$ wird Os(III) zu Os(II) reduziert. — Absorptionsmessungen von OsO_4–I-Gemischen im Bereich 1 : 6—15 beweisen die Existenz von nur zwei Komponenten in der Lsg., außer dem Hexathioharnstoff-Komplex existiert in H_2SO_4 bzw. $HClO_4$ keine weitere Verbindung. Erwartungsgemäß findet auch in Lsgg. höherer Aciditat die Bldg. des roten Komplexes statt. Bei hohem Verhältnis Chlorid : I (Absorptionsmessungen) werden gelbbraune kation. Komplexe analog den Ir- u. Rh-Salzen (vgl. LEBEDINSKIJ u. VOLKOV [1935]) gebildet. Im Gegensatz zu OsO_4 reagiert $OsCl_6$ äußerst langsam mit I, durch Zusatz von $SnCl_2$ wird die Rk. beschleunigt. — Bei der Red. von Os(VIII) durch I wird die Os(VI)-Stufe durchschritten; in Ggw. von Sulfat kann *Tetrathioharnstoffdioxoosmium(VI)-sulfat* isoliert werden, vorst. Verb. liefert in saurer I-Lsg. $[Os(NH_2\cdot CS\cdot NH_2)_6]^{3+}$, mit W. wird koll. $Os(OH)_4$ erhalten. (J. Amer. chem. Soc. **75**. 3554—56. 20/7. 1953. Minneapolis, Minn., Univ., School of Chem.) G. BANKWITZ. 366

Joseph H. Flynn und **Hugh M. Hulburt**, *Die Reduktion von Äthylenplatinchlorid.* Vff. untersuchen die Red. von *Bis-(äthylen)-dichloroplatin(II)*, $[PtCl_2(C_2H_4)_2]$ (I) mit H_2 u. D_2 in Toluol u. Aceton zwischen —70 u. +30°. In Toluol wurde bei —30° 52% des Äthylens zu Äthan reduziert. Das bei der Red. abgeschiedene Pt wirkt autokatalyt. auf die Reduktions-Rk., welche somit als heterogen anzusehen ist. Verss., die Red. in Ggw. von Olefinen (z. B. Äthylen u. Propylen) durchzuführen, ergaben, daß diese bzgl. der Red. als Inhibitoren wirken. Vff. schließen daraus, daß der erste Schritt der Red. eine Dissoziation des I unter Bldg. von Äthylen darstellt. Erst das durch diese Rk. gebildete Pt wirkt dann katalysierend auf die Red. von I. In Aceton findet unterhalb —10° eine homogene Red. von I in Ggw. von Äthylen statt. Für die Gesamtaktivierungsenergie dieser Reduktions-Rk. ermittelten Vff. einen Wert von 2,5 kcal. Ein Vgl. des Ablaufes der Rk. mit der durch Metalle katalysierten heterogenen Red. von Olefinen, die einander ähnlich sind, führt Vff. zu der Auffassung, daß die katalyt. Aktivität der Metalle mehr auf die individuellen Eigg. der Atome als auf die makroskop. Eigg. ihrer Kristallgitter zurückzuführen ist. Die von Vff. weiterhin untersuchte Rk. von I in Aceton mit Propylen bei —78° führte zur Auffindung eines gemischten Komplexes, $[PtCl_2(C_2H_4)(C_3H_6)]$, der beschrieben wird. (J. Amer. chem. Soc. **76**. 3393—96. 5/7. 1954. Washington, D. C., Cath. Univ. of America, Dep. of Chem.) H.-G. PLUST. 368

Joseph H. Flynn und **Hugh M. Hulburt,** *Die Reduktion von Äthylenplatinchlorid mit Deuterium; die Massenspektren von deuterierten Äthanen.* (Vgl. vorst. Ref.) Vff. diskutieren zunächst die Massenspektren verschied. deuterierter Äthane, von denen bisher nur die des C_2H_5D, CH_3-CHD_2, CH_3CD_3 u. C_2D_6 experimentell sichergestellt sind. Sie kommen zu der Auffassung, daß die 14 m/e Spitze des Massenspektr. des Äthans dem $C_2H_4^{2+}$ zuzuordnen ist. Dieses Ion bildet sich beim Entzug von 2 H-Atomen vom gleichen C-Atom, während beim Entzug von 2 H-Atomen von verschied. C-Atomen die M. des $C_2H_4^+$ auftritt. — Die Red. des festen $[PtCl_2(C_2H_4)_2]$ (I) mit D bei -22^0 lieferte sämtliche Äthane von C_2H_6 bis C_2D_6. Es wurden 12% $C_2H_4D_2$ gebildet, während sich die restlichen Isomeren symm. auf die Ausbeute verteilen. Zur Berechnung der Anteile der einzelnen Isomeren diskutieren Vff. eine Formel. Die Entstehung relativ großer Mengen C_2D_6 u. C_2H_6 wird dadurch verursacht, daß an der Oberfläche von I ein H—D-Austausch, der bei gleichzeitiger Red. durch D_2 zu C_2D_6 führt, stattfindet u. daß durch den hierbei freigesetzten Wasserstoff in sek. Rk. ebenfalls eine Hydrierung von C_2H_4 zu C_2H_6 bewirkt wird. Vff. stellen fest, daß die erhaltenen Ergebnisse solchen der heterogenen Katalyse ähnlich sind. In Chloroformlsg. bildet sich aus I mit Br_2 $[PtCl_2Br_2(C_2H_4)]$, eine bei Zimmertemp. tiefrote kristalline Substanz, die in Bzl. lösl. ist. (J. Amer. chem. Soc. **76.** 3396—3400. 5/7. 1954.) H.-G. Plust. 368

C. Mineralogische und geologische Chemie.

James B. Thompson jr., *Die thermodynamischen Grundlagen für die Mineralfacieslehre.* Unter besonderer Berücksichtigung der flüchtigen Komponenten leitet Vf. die thermodynam. Gesetzmäßigkeiten ab, die der Mineralfacieslehre zugrunde liegen. Auf die Anwendungen bei natürlichen geolog. Verhältnissen wird eingegangen. (Amer. J. Sci. **253.** 65—103. Febr. 1955. Cambridge, Mass., Harvard Univ., Dep. of Mineral and Petrol.) J.-E. Hiller. 378

Robert B. Rowe, *Bewertung von pegmatitischen Minerallagerstätten.* Vf. teilt die Pegmatite hinsichtlich ihres Aufbaues in homogene u. inhomogene ein. Letztere führen wichtige Minerale in abbauwürdigen Konzentrationen. Die Probeentnahme, die Unters. von Kornpräpp. werden im Hinblick auf die *Beryll-* u. *Spodumen-* führenden Pegmatite Canadas bes. behandelt. (Canad. Mining metallurg. Bull. **46.** 700—05. Nov. 1953. Ottawa, Geol. Surv. of Canada.) K. Löffler. 380

C. R. van der Merwe und **H. Heystek,** *Tonmineralien der südafrikanischen Bodengruppen.* 2. Mitt. *Subtropische schwarze Tone und verwandte Böden.* (1. vgl. C. **1954.** 5714.) Vff. berichten über ihre Unterss., durch die sie mit Hilfe von röntgenograph. Methoden u. der differentiellen Thermoanalyse die Zus. der Mineralien der subtrop. dunklen Tone bestimmten; als dominierender Bestandteil erwies sich der *Montmorillonit* u. seine Zersetzungsprodukte. (Soil Sci. **79.** 147—58. Febr. 1955. Union of S. A., Dep. of Agric. S.A.C. for Sci. Res.) O. Bär. 380

N. Ss. Spiro, I. Ss. Gramberg und **Z. L. Wowk,** *Über die Grenzen der Veränderungen der chemischen Zusammensetzung von Tonmineralien.* Durch Gegenüberstellung der Änderungen in 2 Oxydgruppen der Tone wurde ein Diagramm ihrer chem. Zus. aufgenommen, wobei in der „bas." Gruppe die Oxyde R_2O, RO u. H_2O^+ zusammengefaßt wurden, in der „sauren" Gruppe die Oxyde R_2O_3, RO_2 u. H_2O^+ (das W. gehört als amphoterer Stoff zu beiden Gruppen). Die *Kaolinite* (I), *Hydroglimmer* (II) u. *Montmorillonite* (III) nehmen im Diagramm bestimmte, streng voneinander getrennte Felder ein, während die *Monothermite* (IV) sich über alle Gebiete verteilen. Im „bas." Teil des Diagramms überlagern zwar die figurativen Punkte von IV die Felder von I, II u. III, sind jedoch in einem bestimmten Gebiet untergebracht. Im „sauren" Teil bilden sie 3 Gruppen in den verschied. Feldern. Hieraus ist zu schließen, daß entweder die IV zu Unrecht als nur eine selbständige Gruppe angesehen werden, während es 3 Gruppen von IV (von I-, II- u. III-Charakter) gibt, oder daß es eine selbständige IV-Gruppe überhaupt nicht gibt, daß die hierzu gehörenden Mineralgebilde als Übergangsvarietäten von I, II oder III zu betrachten sind. Welche der beiden Annahmen richtig ist, kann nur durch weitere Unterss. über die IV-Tone entschieden werden. (Доклады Академии Наук СССР [Ber. Akad. Wiss. UdSSR] **100.** 159—61. 1/1. 1955. Wiss. Forschungsinst. für die Geol. der Arktis.) O. Lebtag. 380

D. P. Sserdjutschenko und **W. A. Molewa,** *Chromspinellide aus dem ultrabasischen Massiv von Malki.* Beschreibung des Vork. u. der morpholog. Umwandlungsformen von Chromspinelliden im Malki-Massiv — meist mit Serpentinen vergesellschaftet. Es werden 2 Formen unterschieden: grauschwarze mit metall. Glanz — zu den magnesialen Alumochromiten zu zählen, u. eine braunrote Form, die zu den Chrompicotiten gehört. Einige Analysen sind beigefügt. (Доклады Академии Наук СССР [Ber. Akad. Wiss. UdSSR] [N. S.] **78.** 1203—06. 21/6. 1951.) A. v. WILPERT. 380

N. Ss. Manuilowa, *Über einige Fragen, die die Genesis von kupferhaltigen Sandsteinen des Dsheskasgan betreffen.* Die Kupfersandsteine von Dsheskasgan sind als schwach metamorphisierte diagenet. Sedimente anzusehen. Ihre Entstehung ist in der Hauptsache auf epirogenet. Schwankungen zurückzuführen, welche das Redoxpotential bestimmen. Die Oxydationszone ist rot, die Reduktionszone grüngrau gefärbt. Die Red. von Fe(III) zu Fe(II) erfolgte nicht nur im feindispersen Medium, sondern auch in den herangeschwemmten größeren klast. Körnern. Die Ablagerung der prim. Cu-Sulfide erfolgte während der Diagenese der Dsheskasganschicht in Abhängigkeit von den Redoxverhältnissen des Mediums. Der Calcit ist sedimentärer Natur. Die Carbonisierung des terrigenen Materials ist nicht epirogenet., sondern epigenetisch. Albitisierung, Sericitisierung u. Verquarzung sind epigenet. Prozesse bei der Metamorphose. (Записки Всесоюзного Минералогического Общества [Schr. Allunions mineralog. Ges.] [2] **83.** 369—75. 1954.) O. LEBTAG. 380

T. A. Ssatpajewa, *Über den Metamorphismus der Kupfersandsteinlagerstätten.* Durch eingehende Unters. der Erze von Dsheskasgan u. ihrer Einschlußgesteine widerlegt Vf. die Bedeutung eines Dynamometamorphismus für die Bldg. der untersuchten Erzminerale. Die Strukturätzung von *Pyrit, Chalkopyrit* u. *Sphalerit* aus der nach der Sedimenttheorie metamorphisierten u. aus der postmetamorphen Aderphase ergab keine Unterschiede in der Struktur dieser Mineralien. Vor allem das Fehlen eines Metamorphismus widerlegt die Sedimenttheorie der Erzbldg. im Vork. von Dsheskasgan. (Известия Академии Наук СССР, Серия Геологическая [Nachr. Akad. Wiss. UdSSR, geol. Ser.] **1954.** Nr. 2. 136—41. März/April.) O. LEBTAG. 382

Pontus Ljunggren, *Geochemie und Radioaktivität einiger Mn- und Fe-Sumpferze.* Es wurden eine Reihe von Sumpferzen auf ihren Geh. an Spurenelementen u. auf ihre Radioaktivität untersucht. Dabei ergab sich, daß viel mehr Spurenelemente in den Mn-Erzen angetroffen werden als in den Fe-Erzen. Ebenso zeigen die Mn-haltigen Erze die höhere Radioaktivität. (Geol. Fören. Stockholm Förh. **77.** 33—44. Jan./Febr. 1955. Chalmers, Tekn. Högskola.) J.-E. HILLER. 393

Sheldon Judson und **J. Kenneth Osmond,** *Radioaktivität in Grund- und Oberflächenwasser.* Der U-Geh. u. die Gesamtradioaktivität von Grund- u. Oberflächenwasser 77 verschied. Vork. werden aus den Trockenrückständen bestimmt. Der U-Geh. schwankt zwischen 0,02 ppb. u. 460 ppb. Bes. hoch gegenüber den anderen Vork. sind die Werte der *Carnotit*-Lagerstätten von Grand Junction, Colorado. (Amer. J. Sci. **253.** 104—16. Febr. 1955. Madison, Wis., Univ., Dep. of Geology.) MAX SCHMIDT. 393

P. K. Kuroda und **Yuji Yokoyama,** *Bestimmung der kurzlebigen Zerfallsprodukte von Radon in natürlichen Wässern.* Vff. bestimmen in verschied. Regen- u. Quellwässern in Amerika u. Japan den Geh. an *RaA*, *RaB* u. *RaC*. (Analytic. Chem. **26.** 1509—11. Sept. 1954. Fayetteville, Ark., Univ. of Arkansas, Dep. of Chem., u. Tokyo, Japan, Univ. of Tokyo.) MAX SCHMIDT. 393

L. H. Simons, P. H. Monaghan und **M. S. Taggart jr.,** *Aluminium und Eisen in Oberflächenwässern des Atlantiks und Golfs von Mexiko. Bestimmung und Vorkommen.* Die in Polyäthylenflaschen an 24 Stellen an der Ostküste der USA im Atlantik von Baytown, Texas, bis Halifax, Neu Schottland (I) u. in paraffinierten Glasflaschen an 7 Stellen in der Laguna Madre des Golfs von Mexiko längs der Südwestküste von Texas (II) entnommenen Oberflächenwasserproben enthalten bei **I** zwischen 0 u. 0,007 mg im Durchschnitt 0,0025 mg Al/Liter u. Fe in gleicher Größenordnung mit einem Durchschnitt von 0,0026 mg Fe/Liter; bei **II** zwischen 0 u. 0,01 mg Al/Liter u. 0,002—0,007 mg Fe/Liter. Der Chloridgeh. liegt für **I** zwischen 17,1 u. 20,0 g/Liter, für **II** 18,6 u. 39,0 g pro Liter. Zur Best. des Al-Geh. werden 50 ml der durch Filter WHATMAN Nr. 42 filtrierten Probe mit 0,5 g NH_4-Acetat u. 0,06 ml Eisessig auf p_H 5 gepuffert u. 1,5 ml 0,1 % ig. äthanol. Blue Black R-Lsg. (DU PONT CO.) zugefügt. Nach 2 Std. unter Hg-Dampflampe Best. der Fluorescenzintensität gegen Vergleichsmuster. Zur Prüfung des Fe-Geh. werden 100 ml der wie oben filtrierten Probe mit 1 ml 10 % ig. Hydroxylaminchlorhydratlsg. u. 5 ml 0,1 % ig. o-Phenanthrolinlsg. versetzt. Die Farbintensität wird gegen Vergleichsmuster bestimmt. (Analytic. Chem. **25.** 989—90. Juni 1953. Houston, Tex., Humble Oil & Co. Refining) K. LÖFFLER. 393

Albert Collier, *Titan und Zirkonium in der durch Gymnodinium brevis Davis verursachten Wasserblüte.* Mit dem Auftreten der Dinoflagellaten wurden im Meer- u. im Binnengewässer in Florida Ti u. Zr in Mengen von 0,01—0,1 % spektrograph. nachgewiesen. (Science [Washington] **118. 329.** 18/9. 1953. Galveston, Fla.) U. BAUMANN. 393

D. Organische Chemie.

D_1. Allgemeine und theoretische organische Chemie.

D. W. Davies, *Die Berücksichtigung der Überlappung in Molekülzustandsberechnungen bei heterocyclischen Molekülen.* Vf. berechnet nach einer LCAO-MO-Meth. die Energien des N—V-Übergangs, die Resonanzenergien, die Ladungsdichten, die Dipolmomente, die Bindungsordnungen, die freien Valenzen u. die Grenzelektronendichten für die Verbb. *Pyridin* (I), *Pyridazin* (II), *Pyrimidin* (III), *Pyrazin* (IV) u. *symm.-Triazin.* Alle Berechnungen werden unter Vernachlässigung u. mit Berücksichtigung der Überlappung durchgeführt. Das Überlappungsintegral wird für alle benachbarten AOs konstant mit 0,25 eingesetzt, für alle nicht benachbarten AOs mit Null. Die π-Dipolmomente werden unter der Annahme berechnet, daß alle Bindungslängen den Wert 1,40 Å besitzen; die σ-Dipolmomente werden von ORGEL, COTTREL, DICK u. SUTTON (C. **1954**. 5717) übernommen; die totalen Dipolmomente werden unter der Annahme, daß eine gegenseitige Polarisation der beiden Ladungsverteilungen zu vernachlässigen ist, erhalten. Die Ergebnisse, die unter Vernachlässigung der Überlappung für **I, II, III** u. **IV** erhalten werden, stimmen mit früheren gut überein. Die WHELANDsche Beziehung zwischen den O.-Energien unter Berücksichtigung u. Vernachlässigung der Überlappung ist jedoch nicht immer befriedigend. Vf. entwickelt daher eine Störungsmeth., nach der die O.-Energien unter Berücksichtigung der Überlappung aus denen unter Vernachlässigung der Überlappung erhalten werden können. Die Übereinstimmung mit den exakten Werten ist dabei gut. Die 3-Stellung in **I** besitzt eine hohe Ladungsdichte, sie ist daher der elektrophilen Substitution bes. zugänglich. Die 2-Stellung besitzt bei **I, II** u. **III** eine niedrige Elektronendichte, sie ist daher der nucleophilen Substitution zugänglich. Die berechneten Grenzelektronendichten zeigen dagegen nur eine schwache Übereinstimmung mit dem Experiment. Vf. vermutet, daß die Grenzelektronendichten nur für solche Moll. zuverlässig sind, in denen die O.-Knoten keine Atome schneiden. (Trans. Faraday Soc. **51**. 449—57. April 1955. Oxford, Math. Inst.) H. GOETZ. D 10

Gy. Varsányi und **J. Ladik,** *Ultraviolettabsorptionsspektren von Diphenylsulfonen und Benzolsulfonsäure. — Die Natur der S=O-Bindung.* Vff. weisen nach, daß in organ. *Sulfonsäuren, Sulfonen* u. *Sulfoxyden* der Schwefel nicht als Donor auftritt, sondern O u. S durch eine Doppelbindung verbunden sind. In den Sulfosäuren u. Sulfonen bildet sich um den Schwefel ein Elektronendodecett, in den Sulfoxyden ein Decett. Vff. widerlegen die Argumente zugunsten der semipolaren Bindung. Sie belegen das Vorhandensein einer Doppelbindung durch folgendes: 1. Die UV-Absorptionsspektren zeigen, daß die S=O-Bindung mit konjugierten Systemen in Wechselwrkg. treten kann. Die S=O-Bindung übt hauptsächlich auf das Bandensyst. A_{1g}–E_{2g} des Bzl. eine bathochrome Wrkg. aus; 2. Vff. berechneten aus Infrarotspektren die Kraftkonstante der S—O-Bindung, diese deutet auf eine Doppelbindung; in Sulfonen u. Sulfosäuren ist sie sogar noch größer als der für Doppelbindungen charakterist. Wert; 3. Messungen der Elektronenbeugung ergeben, daß der S=O-Bindungsabstand noch kleiner ist als bei Doppelbindungen. Dagegen weicht die Länge einer semipolaren Bindung nicht wesentlich von der Summe der in den Einzelbindungen gemessenen Atomradien ab. (Acta chim. Acad. Sci. hung. **3**. 243—54. 1953. Budapest, Techn. Univ., Inst. für physikal. Chem.) M.-L. KLAAR. D 118

A. I. Kiss. *Zur Lichtabsorption der Chinolinderivate.* Vf. erklärt nach der Theorie der orientierten Lichtabsorption die Strukturunterschiede der Kurven des *Naphthalins, Chinolins* u. *Isochinolins* unter der Annahme, daß den Anregungen, bei denen die Doppelbindung zwischen C- u. N-Atomen erhalten bleibt, eine größere Wahrscheinlichkeit zukommt als anderen. Unter Benutzung der gleichen Annahme erklärt Vf. die Absorptionskurven des *2-, 4-, 6-* u. *7-Methyl-, 2-, 3-, 4-, 5-, 6-, 7-* u. *8-Oxy-* u. des *2-, 3-, 4-, 5-, 6-, 7-* u. *8-Aminochinolins.* (Acta chim. Acad. Sci. hung. **5**. 1—12. 1954. Szeged, Univ., Inst. für allg. u. physikal. Chem.) M.-L. KLAAR. D 118

Andrée Cheutin, N. P. Buu-Hoï, Odilon Chalvet, Raymond Daudel, Monique Pages, Monique Roux und **René Royer,** *Theoretische und experimentelle Untersuchung des Ultraviolettabsorptionsspektrums einiger methylierter Derivate der angularen Benzacridine.* Vff. bestimmen die UV-Spektren für eine Reihe von *Benzacridinderivv.*, vergleichen die Werte mit den berechneten (CHALVET u. Mitarbeiter, J. Chim. physique Physico-Chim. biol. **51**. [1954.] 548) u. vervollständigen damit die von PACAULT (Rev. Métallurgie **47**. Nr. 8. [1950.] 589) durchgeführten Untersuchungen. Es werden die Wellenlängen der charakterist. Banden angegeben. Man beobachtet einen bathochromen Effekt des N in den Derivv. des 7.8-Benzacridins gegenüber denen des 5.6-Isomeren. Der Effekt, den die Einführung von Methyl in die verschied. Stellungen hervorruft, ist teils bathochrom, teils hypsochrom u. läßt sich theoret. nicht mit Sicherheit voraussagen. Ebensowenig lassen sich die cancerogenen Eigg. der Verbb. aus dem Spektr. ableiten. Einzelergebnisse (Lage der K-, J'-, H-, G- u. D-Banden): *1.2-Benzanthracen* 3845, 3655, 3410, 3275, 2870. — *5.6-Benzacridin* 3835, 3640, 3465, 3350, 2760. — *2-* 3840, 3650, 3475, 3350, 2790. — *10-Methyl-* 3870, 3670, 3500, —, 2775. — *2.10-Dimethyl-5.6-benzacridin* 3865, 3665, 3500, —, 2785. — *7.8-Benzacridin* 3870, 3680, 3495, 3345, 2770. — *2-* 3875, 3675, 3500, 3335, 2750. — *4-Methyl-* 3850, 3655, 3485, —, 2765. — *2.10-* 3890, 3685, 3500, 3365, 2785, u. *3.10-Dimethyl-7.8-benzacridin* 3860, 3660, 3485, 3350, 2790 Å. (C. R. hebd. Séances Acad. Sci. **241**. 52—54. 4/7. 1955.)

K. FRENKLER. D 118

Charles W. Arnold und **F. A. Matsen**, *Die Infrarotspektren des deuterierten Äthylenoxyds.* Folgende Zuordnungen werden für die infrarotakt. Banden des C_2D_4O angegeben: Symmetrieklasse A_1 2211, 1311, 1015, 969 u. 753 [cm^{-1}]; B_1 2176, 1163 (?), 905 (?), 811; B_2 2316, 896 u. 578. (Physic. Rev. [2] **94**. 804. 1/5. 1954. Univ. of Texas.)

B. GNAUCK. D 120

Giacomo Costa, *Spektroskopische Untersuchung über das 2-Aminobenzthiazol und einige seiner substituierten Derivate. Bemerkungen zur Molekülstruktur im Hinblick auf ihr physikalisch-chemisches Verhalten (Basizität, Ultraviolett- und Ultrarotabsorptionsspektren).* Von 2-Aminobenzthiazol u. seinen 4-, 5-, 6- u. 7-Methyl u. 4-, 5- u. 6-Methoxyderivv. werden die Ultrarotspektren in Chlf. bei $\sim 3\ \mu$ aufgenommen; alle Spektren sprechen für ein Überwiegen der Aminform in der Amin–Imin-Tautomerie, die auch durch die Substitution nicht beeinflußt wird. Auch die Ionisationskonstante $pK_a = 4{,}3$ (bei den CH_3-Derivv. bis 4,7) bestätigt dies. Die UV-Spektren zeigen in neutraler u. alkal. Lsg. nur eine Bande (260—270 mμ) ohne wesentliche Verschiebung bei Substitution, in saurer Lsg. tritt eine schwächere Bande 280—300 mμ hinzu, die bei den CH_3-Derivv. deutlich verdoppelt ist; bei den CH_3O-Derivv. fällt der niedrigere Absorptionskoeff. der Bande 262 mμ auf (isosbest. Punkt). Die Banden 280—300 mμ können den protonisierten Formen der Moll. (Kationenformen) zugeschrieben werden, die offenbar gegenüber dem Einfl. von Substituenten, bes. CH_3O-Gruppen, empfindlicher sind als das neutrale Mol. u. durch die Substitution eine bathochrome Verschiebung der Absorptionsbanden erleiden. (Ann. Chimica **43**. 585—601. Okt. 1953. Trieste, Univ., Ist. di Chim. generale.)

R. K. MÜLLER. D 120

N. S. Hush und **J. A. Pople**, *Ionisationspotentiale und Elektronenaffinitäten von konjugierten Kohlenwasserstoffmolekülen und -radikalen.* Vff. berechnen nach der self-consistent MO-Theorie die Ionisationspotentiale I u. die Elektronenaffinitäten A für folgende alternierenden KW-stoffe u. Radikale *Bzl., Äthylen, trans-Butadien, Styrol, Diphenyl, Naphthalin, Phenanthren, Anthracen, Graphit, Methyl, Allyl, Benzyl, α-Naphthylmethyl, Diphenylmethyl* u. *Triphenylmethyl.* Die angewandte Theorie gibt die Beziehung I + A = const, wobei die Konstante in beiden Gruppen gleich groß ist. Die Übereinstimmung der erhaltenen Werte für I u. A mit den experimentellen Daten ist befriedigend. Vff. zeigen, daß in einigen Fällen bei den Radikalen einige experimentelle Ergebnisse nur dann verstanden werden können, wenn man die Elektronenwechselwrkg. explizit in Rechnung setzt. (Trans. Faraday Soc. **51**. 600—05. Mai 1955. Bristol, Univ., Dep. of Phys. and Inorg. Chem.; Cambridge, Univ., Dep. of Theor. Chem.)

H. GOETZ. D 131

Pierre Vièles und **Maurice Pascal**, *Elektrochemische Bestimmungen an der Äthylolaminodiessigsäure.* Aus einer potentiometr. Titration ergeben sich die 2 Dissoziationskonstanten der *Äthylolaminodiessigsäure* zu $pK_1 = 2{,}7$ u. $pK_2 = 8{,}9$ bei 25°. Durch Leitfähigkeitstitrationen an der Verb. u. ihren Alkalisalzen wird der Wert für pK_1 bestätigt u. aus Leitfähigkeitsmessungen die Beweglichkeiten ihrer Ionen bestimmt. (C. R. hebd. Séances Acad. Sci. **240**. 436—38. 24/1. 1955.)

W. NIEMITZ. D 139

I. A. Korschunow und **Ju. W. Wodsinski**, *Untersuchung des Mechanismus der Elektroreduktion von Ketonen mit konjugierten Doppelbindungen an der Quecksilbertropfkathode.* (Vgl. C. **1954**. 10677.) Die Halbwellenpotentiale (HP = $-E_{1/2}$) von *Phoron, Mesityloxyd, Benzalaceton, Benzalacetophenon* u. *Dibenzalaceton* werden polarograph. wie folgt bestimmt: in 0,001n HCl + 0,2n LiCl: 0,90, 1,05, 0,76, 1,0, 0,90 V; in 0,2n LiCl: 1,52, 1,65, 1,38, 1,20, 1,38; in 0,2n LiOH: 1,54, 1,68, 1,37, 1,36, 1,40. Aus den erhaltenen Polarisationskurven läßt sich mit Hilfe der Gleichung von ILKOVIČ die Zahl n der für die Red. eines Mol. verbrauchten Elektronen bestimmen, die sich in allen Fällen zu ~ 1 ergibt, unabhängig von der Natur der Kette von C-Atomen des Ketons. Die unter Dimerisation entstehenden Reduktionsprodd. sind: aus Phoron $[(CH_3)_2C = CHCOCH_2\overset{|}{C}\cdot(CH_3)_2]_2$, aus Benzalaceton $[C_6H_5\overset{|}{C}HCH_2COCH_3]_2$, aus Benzalacetophenon $[C_6H_5\overset{|}{C}H\cdot CH_2COC_6H_5]_2$, aus Dibenzalaceton $[C_6H_5CH = CHCOCH_2\overset{|}{C}HC_6H_5]_2$, aus Mesityloxyd

[$(CH_3)_2\overset{|}{C}CH_2COCH_3]_2$. In der Umgebung der Kathode entsteht durch elektrochem. Red. des ungesätt. Ketons ein Radikal $R_2C^{\cdot}-CH_2-C\langle{}^{R}_{O}$, dessen weitere Rkk. das Endprod. der Red. bestimmen. (Журнал Физической Химии [J. physik. Chem.] **27**. 1152—56. Aug. 1953. Gorki, Univ.) R. K. Müller. D 142

A. Kraaijeveld und **E. Havinga**, *Untersuchungen über Tautomeriefälle.* 3. Mitt. *Die Nitrosierungsprodukte von m-Chlorphenol.* (2. vgl. C. **1951**. II. 2024.) Die bisherige Annahme (Hodgson, J. chem. Soc. [London] **1937**. 520 u. früher), daß es sich bei den im neutralen bis schwach sauren oder schwefelsauren Medium gebildeten beiden Nitrosierungsprodd. des m-Chlorphenols (**VIII**), F. 184° (**I**) u. F. 142° (**II**) um 2 tautomere Formen handelt, wird von Vff. widerlegt. **I** ist als Gemisch von 3-Chlor-4-nitrosophenol u. 3-Chlorchinon-4-monoxim anzusprechen. **II** ist wahrscheinlich ein Mol.-Anlagerungskomplex von **I** mit *3-Chlorbenzol-6-diazooxyd* (**III**), es kann durch Chromatographie über Al_2O_3 in **I** u. **III** zerlegt werden. **III** läßt sich auf anderem Wege durch Diazotierung von 3-Chlor-6-aminophenol (**XI**) darstellen. Die von Hodgson [1931] aus **II** erhaltene Azoverb. ist wahrscheinlich nicht 3-Chlor-1-oxybenzol-4-azo-[β-naphthylamin] (**VI**), sondern 3-Chlor-1-oxybenzol-6-azo-[β-naphthylamin] (**VII**).

V e r s u c h e: Verb. **II**, F. 142° u. Verb. **I**, F. 184°, aus **VIII** nach Hodgson u. Nicholson (J. chem. Soc. [London] **1939**. 1808) (**I** bei —10°; 80% Ausbeute). — *3-Chlor-1-oxybenzol-6-azo-[β-naphthylamin]* (**VII**), $C_{16}H_{12}ON_3Cl$, F. 213—214° (Bzl.), a) aus **II** u. β-Naphthylamin (**IX**) in Ggw. von $NH_2OH \cdot HCl$; grüne Nadeln; 35%; b) aus **II** u. **IX** in Ggw. von 0,2n HCl; c) aus **III** u. **IX**; fast quantitativ. — *3-Chlor-1-oxybenzol-4-azo-[β-naphthylamin]* (**VI**), $C_{16}H_{12}ON_3Cl$, F. 181—182°, aus 3-Chlorbenzol-4-diazooxyd (vgl. 4. Mitt.) u. **IX** in Methanol in Ggw. von 0,2n HCl; 2std. Stehen bei Raumtemp.; orangerote Nadeln. — *3-Chlor-1-methoxybenzol-6-azo-[β-naphthylamin]* (**IV**), $C_{17}H_{14}ON_3Cl$, F. 140—142° (wss. Aceton); *3-Chlor-1-methoxybenzol-6-azo-[N-methyl-β-naphthylamin]* (**V**), $C_{18}H_{16}ON_3Cl$, F. 167—169° (wss. Aceton) u. *3-Chlor-1-methoxybenzol-4-azo-[β-naphthylamin]* (**X**), $C_{17}H_{14}ON_3Cl$, F. 130—132° (wss. Aceton), aus den entsprechenden Anisolen in 3n HCl mit $NaNO_2$ u. Rk. mit **IX** bzw. dem N-Methylderiv. von **IX**; orangerote Nadeln; **IV** u. **V** entstehen auch aus **VII** mit K_2CO_3 durch 2½ std. Kochen mit $(CH_3 \cdot O)_2SO_2$ in Bzl.; Trennung durch Chromatographie über Al_2O_3 aus Bzl.–PAe.-Lsg. u. Eluierung mit Bzl.–PAe. (2:1). — *3-Chlorbenzol-6-diazooxyd* (**III**), $C_6H_3ON_2Cl$, F. 123 bis 124° (Zers.), aus **XI** in 3n HCl mit $NaNO_2$ u. Chromatographieren über Al_2O_3 aus Chloroformlsg. u. Chlf. als Eluand; gelbe Plättchen; 50% — Die UV-Spektren von **III**, **IV**, **V**, **VI**, **VII** u. **X** sind angegeben. (Recueil Trav. chim. Pays-Bas **73**. 537—48. Juli 1954. Leiden, Univ., Labor. of Org. Chem.) H. Winter. D 182

A. Kraaijeveld und **E. Havinga**, *Untersuchungen über Tautomeriefälle.* 4. Mitt. *Die Komplexe von 3-Halogenbenzol-6-diazooxyden mit Chinonmonoximen (Nitrosophenolen) und einige andere Komplexe.* (3. vgl. vorst. Ref.) Es wird die Bldg. u. Existenz eines Mol.-Anlagerungskomplexes, F. 142°, aus 1 Mol *3-Chlorchinon-4-monoxim* (*3-Chlor-4-nitrosophenol*, **I**) u. 1 Mol *3-Chlorbenzol-6-diazooxyd* (**II**) bei der Nitrosierung von m-Chlorphenol in neutralem sowie schwach saurem Medium erhärtet. Als Reaktionsmechanismus wird angenommen, daß sich neben **I** auch 3-Chlor-6-nitrosophenol intermediär bildet, das dann zu **II** diazotiert wird u. mit **I** den Komplex formt, gemäß der Möglichkeit einer Diazotierung von Nitrosophenol u. Kupplung zu z. B. Benzolazo-[β-naphthol]. Das entsprechende, sich aus **I** bildende *3-Chlorbenzol-4-diazooxyd* (**III**) ist als Nebenprod. obiger Rk. isoliert worden. **III** läßt sich durch Diazotierung von 3-Chlor-4-aminophenol (**IV**) sowie von **I** darstellen. Ferner ist das fast analoge Verh. von 3-Bromphenol bei der Nitrosierung festgestellt worden. Im Zusammenhang damit wird das Verh. der übrigen 3-Halogenphenole diskutiert. Weitere Komplexe von **II** mit 3-Brom-, 2-Chlorchinon-4-monoxim u. Pikrinsäure wurden hergestellt. Die Pulverdiagramme von **I** u. **II** sowie die UV-Spektren von **II** u. **III** sind angegeben.

V e r s u c h e: *3-Chlorbenzol-4-diazooxyd* (**III**), $C_6H_3ON_2Cl$, F. 117—119° (Zers., Bzl.), a) aus **IV** in 3n HCl mit $NaNO_2$; gelbbraune Nadeln; 70% (Ausbeute); b) aus **I** in CH_3COOH–Dioxan–W. mit $NaNO_2$ unter Rührung bei Eiskälte; Chromatographie über Al_2O_3 aus Chloroformlsg. u. Chlf. als Eluand; 30%. — *3-Brombenzol-6-diazooxyd*, $C_6H_3ON_2Br$, F. 123—126° (Zers.), aus 3-Brom-6-aminophenol analog **III**, a). — Folgende Komplexe aus den Komponenten durch Kristallisation aus wss. Methanol: *3-Chlor 4-nitrosophenol*: *3-Chlorbenzol-6-diazooxyd*, F. 142°; *3-Brom-4-nitrosophenol*: *3-Brombenzol-6-diazooxyd*, F. 148°; *3-Brom-4-nitrosophenol*: *3-Chlorbenzol-6-diazooxyd*, F. 145 bis 146°; *2-Chlor-4-nitrosophenol*: *3-Chlorbenzol-6-diazooxyd*, F. 121—122°; **II**-*Pikrat*, F. 145—150° (Zers.), gelbe Plättchen; 84%; **I**: *Harnstoff*, $C_7H_8O_3N_3Cl$, F. 157—158°. — *Benzolazo-[β-naphthol]*, F. 134° (A.), aus Nitrosobenzol in Eisessig–W. (oder wss. HCl–

Dioxan) mit $NaNO_2$ bei 0°; nach 15 Min. Zugabe von β-Naphthol u. wss. NaOH; 95%. (Recueil Trav. chim. Pays-Bas **73**. 549—58. Juli 1954.) H. WINTER. D 182

J. Monteath Robertson (unter Mitarbeit von **C. A. Beevers, J. C. Kendrew, C. W. Bunn, M. F. Perutz, F. H. C. Crick, Mary R. Truter, D. R. Holmes, J. C. Speakman, H. E. Huxley** und **V. Vand**), *Organische Verbindungen.* Ausführliche krit. Zusammenstellung der 1945—1946 erschienenen Arbeiten über die Kristallstruktur organ. Verbindungen. (Structure Rep. 1945—1946. **10.** 181—297. 1953.) E. KLEVER. D 195

J. Monteath Robertson (unter Mitarbeit von **C. A. Beevers, G. A. Jeffrey, C. W. Bunn, M. F. Perutz, T. H. Goodwin, H. M. Powell, J. Iball, J. C. Speakman** und **V. Vand**), *Organische Verbindungen.* (Vgl. vorst. Ref.) Fortsetzung der krit. Zusammenstellung für die Jahre 1947 u. 1948. (Structure Rep. 1947—1948. **11.** 525 bis 750. 1951.) E. KLEVER. D 195

J. Monteath Robertson (unter Mitarbeit von **C. A. Beevers, C. W. Bunn, M. F. Perutz, Mary R. Truter, J. C. Speakman** und **V. Vand**), *Organische Verbindungen.* (Vgl. vorst. Reff.) Fortsetzung der krit. Zusammenstellung für das Jahr 1949. (Structure Rep. 1949. **12.** 311—452. 1952.) E. KLEVER. D 195

B. K. Wainstein, *Elektronographische Untersuchung von Diketopiperazin.* Im Hinblick auf die Wichtigkeit der *Diketopiperazin* (I)-Gruppen für die Eiweißstruktur wurde I elektronograph. mit dem Ziel untersucht, die Stellung der H-Atome festzulegen, von denen das eine am N an der Bldg. einer H-Bindung in der Kristallstruktur von I beteiligt ist. Die ermittelten Koordinaten für die Atome von C, N u. O bestätigen im allg. die von COREY (J. Amer. chem. Soc. **60.** [1938.] 1598) mitgeteilten Strukturdaten. Daneben zeigen die FOURIER-Reihen des Potentials H-Atome an, deren Koordinaten mit größerer Genauigkeit (0,03 kX) als in den neueren Röntgenstrukturen (0,1 kX) bestimmt werden können. Zahlreiche Tabellen unterrichten über die Atomabstände u. die Koordinaten der Atome auf verschied. Projektionen. Die Unterschiede des die Bindung N—H··O bewerkstelligenden H-Atoms von denen in CH_2 werden erläutert. (Журнал Физической Химии [J. physik. Chem.] **29.** 327—44. Febr. 1955. Moskau, Kristallograph. Inst. der Akad. der Wiss. der UdSSR.) O. LEBTAG. D 195

S. C. Wallwork und **T. T. Harding,** *Molekülverbindungen vom Chinhydrontypus.* Durch genaue Strukturbest. von *Phenochinon* (I) u. durch Vgl. mit den Daten für *Chinhydron* (II) sowie anderer Mol.-Verbb. dieses Typus (Komplexe aus *Hexamethylbenzol* u. *Chloranil, Trinitrobenzol* (III) u. *Anthracen,* III u. *Naphthalin,* bes. *III-p-Jodanilin*) bestätigen Vff. die Ansicht von ANDERSON (vgl. Nature [London] **140.** [1937.] 583) von der Wechselwrkg. polarer Gruppen u. polarisierbarer aromat. Substanzen bei der Bldg. krist. Chinhydrone. Die Anordnung der Moll. in der Einheitszelle von I wird in einem Diagramm gegeben. Jedes Chinonmol. ist mit einem Abstand von 3,33 Å zwischen ein Paar zentrosymm. angeordneter Phenolmoll. eingeklemmt. Jedes phenol. Hydroxyl bildet eine Wasserstoffbindung mit dem Chinonmol. in einer angrenzenden Reihe (2,64 Å). II besitzt eine ähnliche Struktur wie I. Unter Beachtung des Wechsels in der stöchiometr. Zus. von 1 Chinon:2 Phenolen u. 1 Chinon:1 Hydrochinon kann gefolgert werden, daß Anordnung u. Orientierung in beiden Strukturen einer abwechselnden Auffüllung der Ebenen mit polarisierenden u. polarisierbaren Moll. besteht. (Nature [London] **171.** 40—41. 3/1. 1953. Nottingham, Univ.) G. BANKWITZ. D 223

Isidor Greenwald, *Die Reaktion einer alkalischen Pikratlösung mit einem Überschuß von Methylkreatinin, Dimethylkreatinin und 5-Benzylkreatinin.* Kreatinin (I) u. verschied. seiner Derivv. bilden zwei tautomere Formen bei der Mischung mit alkal. Pikratlösung. Bei einem Überschuß von Pikrat wird die Rotfärbung der JAFFÉ-Rk. erhalten. Bei einem Überschuß von I oder einigen seiner Derivv. tritt eine Braunfärbung auf, spätere Zufügung alkal. Pikratlsg. erzeugt keine Rotfärbung. Der erste Reaktionstyp erfordert die Ggw. von nur einem, der zweite Typ beide Wasserstoffatome der Methylengruppe. Feste Komplexe wurden von *Methylkreatinin* u. *Dimethylkreatinin* mit Pikrinsäure u. NaOH oder HBr erhalten. (J. org. Chemistry **17.** 902—05. Juli 1952. New York, N. Y., Univ. Coll. of Med., Dep. of Chem.) M.-L. KLAAR. D 223

Hans Meerwein, *Organische Ionenreaktionen.* Vf. gibt einen Überblick über das Verh. einer Reihe von Äthern, Acetalen u. Orthosäureestern gegenüber BF_3 (I) u. $SbCl_5$ (II). Die zunächst entstehenden Anlagerungskomplexe unterliegen der Ionisation unter Bldg. eines Carbonium- bzw. Oxoniumsalzes mit dem Anion $[ROBF_3]^-$ bzw. $[ROSbCl_5]^-$, welches sich fast momentan disproportioniert zu dem zur nucleophilen Anlagerung nicht mehr befähigten BF_4^-- bzw. $SbCl_6^-$-Anion. Da nur die Anionen $[ROBF_3]^-$ u. $[ROSbCl_5]^-$, nicht aber die I- oder II-Addukte der Disproportionierung unterliegen, kann man das Eintreten einer wirklichen Ionisation der C—OR-Bindung bei den I bzw. II-Verbb. der Äther, Acetale u. Orthosäureester auf präparativem Wege nachweisen. Untersucht wurden: *Tritylmethyl-* u. *-äthyläther, Pinakon-bis-methyläther, Benzaldehyddimethylacetal, Zimtaldehyddimethylacetal, Benzophenondimethylketal, Pinakolindimethylketal, Campherdiäthylketal, Orthobenzoesäuretrimethylester, Orthokohlensäuretetramethylester, Dimethylaminoformaldehyddiäthylacetal, Tetrahydrofuranon-(2)-diäthylketal, 3.4-Benzo-2.5-dihydrofuranon-(2)-diäthylketal* u. *Cumarindiäthylketal.* Die Rkk. dieser Verbb. führten in Ausbeuten von 54—96% im Falle der Äther zu resonanzstabilisierten Kationen, im Falle der Acetale u. Orthosäureester zu den entsprechenden ungesätt. tert. Oxoniumsalzen. Bei der Einw. von I auf verschied. *2-Alkoxy-1.3-dioxolane* hat die Komplexbldg. nicht in allen Fällen eine Ionisation der C—OR-Bindung u. damit die Bldg. eines Oxoniumsalzes zur Folge; die Rk. bleibt vielmehr bei einigen Verbb. bei der Bldg. der I-Komplexe stehen. Vf. beobachtet einen engen Zusammenhang zwischen der Ionisierungsfähigkeit der I-Verbb. u. der Elektronendichte an dem C- u. O-Atom der C—OR-Bindung. 1.3-Dioxoleniumfluorborate wurden gebildet von: *2-Methyl-* (93,2% Ausbeute), *2-Äthyl-* (96%), *2-Phenyl-* (89%), *2.4-Dimethyl-* (97%), *4.4-Dimethyl-* (56%), *4.4.5-Trimethyl-* (66,5%) u. *4.4.5.5-Tetramethyl-2-äthoxy-1.3-dioxolan* (63,5%). Die Rk. blieb bei der I-Verb. stehen bei *2-Äthoxy-1.3-dioxolan, 2-Chlormethyl-, 2-Methyl-4-chlormethyl-* (III) u. *4-Methyl-2-äthoxy-1.3-dioxolan.* Die Konst. der Dioxoleniumfluorborate wurde bewiesen durch Umwandlung in die ursprünglichen Orthosäureester mit Hilfe von 2.6-Dimethylpyron, das eine sehr stabile I-Verb. bildet. Da II stärker polarisierend wirkt als I, bildet es auch mit III ein Oxoniumsalz, wenn auch langsam u. in mäßiger Ausbeute. Eine neue Meth. zur Darst. von Trialkyloxoniumsalzen wird beschrieben. Tropft man II in eine äther. Lsg. von Orthoameisensäureester, so erhält man in quantitativer Ausbeute *Triäthyloxoniumhexachloroantimonat.* Die Unters. der Einw. von II auf Benzophenonoxim-O-methyläther u. von I auf Benzophenonoxim liefert neue Beiträge zur Kenntnis der BECKMANNschen Umlagerung. Im ersten Fall entsteht unter gleichzeitiger Stabilisierung des Kations u. Anions *N-Phenylbenzonitriliumhexachloroantimonat,* im zweiten zunächst eine sehr stabile I-Verb., die sich beim Erhitzen in die I-Verb. des *Benzanilids* umlagert u. bei längerem Stehen mit I-Ätherat in *N-Phenylbenzonitriliumfluoborat* übergeht. Da Benzophenonoxim eine sehr stabile I-Verb. bildet, vermag es der bei der Umlagerung entstehenden I-Verb. des Benzanilids das I zu entziehen, das heißt, in diesem Fall gelingt die BECKMANNsche Umlagerung auch mit katalyt. Mengen I. (Angew. Chem. **67.** 374—80. 21/7. 1955. Marburg, Univ., Chem. Inst.) J. KNAUL. D 225

W. W. Rasumowski, *Arbeiten russischer Chemiker über die Dynamik organischer Moleküle.* Übersichtsbericht über die Erfolge russ. Chemiker bei der Aufklärung von Isomerieerscheinungen u. intramol. Umlagerungen organ. Verbindungen. — 39 Literaturhinweise. (Природа [Natur] **39.** 9—16. April 1950.) G. FROELICH. D 225

K. J. Sax und **W. Bergmann,** *Erhaltung der Konfiguration bei der Wolff-Umlagerung.* Vff. untersuchten die WOLFFsche Umlagerung zweier opt.-akt. Diazoketone des Typs RR'CH—CO—CHN_2. Das aus d-2-Methylbuttersäure über das Säurechlorid dargestellte *d-1-Diazo-3-methylpentanon-(2)* ergab *d-3-Methylvaleriansäure* in einer opt. Reinheit von 78%, das heißt, die Gesamtracemisierung bei der Darst. u. Umlagerung betrug nicht mehr als 22%. Bei der Umlagerung des aus 3β-Acetoxy-Δ^5-bis-norcholenylchlorid u. Diazomethan dargestellten Diazoketons wurde der Benzylester in 73%ig. Ausbeute erhalten. Die Hydrogenolyse in A. mit einem Pd-Katalysator war quantitativ u. ergab *3β-Acetoxy-Δ^5-norcholensäure,* von der nur ein Isomeres isoliert werden konnte.

Versuche: *d-(+)-α-Methylbuttersäure,* Kp. 174—175°, $[\alpha]_D^{26}$ +17,70°, durch Oxydation von d-(—)-Amylalkohol ($[\alpha]_D^{23}$ —4,68°); 66% (Ausbeute). — *d-(+)-α-Methylbutyrochlorid,* Kp. 115—115,5°; 76%. — *d-(+)-1-Diazo-3-methylpentanon-(2),* aus vorst. Verb. u. Diazomethan, rotbraunes Öl. — *d-(+)-3-Methylvaleriansäure,* a) Kp. 194—196°, n_D^{25} 1,4138, $[\alpha]_D^{25}$ +6,43°, aus vorst. Verb. u. Benzylalkohol in sd. symm.-Kollidin u. Hydrolyse des rohen d-3-Methylvaleriansäureesters; b) $Kp._{26}$ 110,5, n_D^{25} 1,4140, $[\alpha]_D^{25}$ +7,80°, aus der GRIGNARD-Verb. von d-Amylchlorid u. CO_2; 62,5%. — *3β-Acetoxy-23-diazo-Δ^5-norcholenon-(22),* $C_{25}H_{36}O_3N_2$, F. 260—270°, $[\alpha]_D^{24}$ —54,6°, ε_{250} = 10,500, aus 3β-Acetoxy-Δ^5-bisnorcholenylchlorid u. Diazomethan in Ae.-Bzl.; 87%. — *3β-Acetoxy-Δ^5-norcholensäurebenzylester,* $C_{32}H_{44}O_4$, F. 104,4—105,5°, $[\alpha]_D^{25}$ —37,1°, aus vorst. Verb. u. Benzylalkohol in Ggw. von symm.-Kollidin bei 160—170°; 73%. — *3β-Acetoxy-Δ^5-norcholensäure,* $C_{25}H_{38}O_4$, F. 197,5—198,5°, $[\alpha]_D^{25}$ —42°, aus vorst. Verb. durch 13std. Schütteln mit Pd unter H_2 in Alkohol. (J. Amer. chem. Soc. **77.** 1910—11. 5/4. 1955. New Haven, Conn., Yale Univ., Dep. of Chem.) J. KNAUL. D 225

Elliot N. Marvell und **Roy Teranishi,** *Ortho-para-Wanderung bei der para-Claisen-Umlagerung.* Die p-CLAISEN-Umlagerung von Äthern verlangt nach HURD u. POLLACK (C. **1939.** I. 4172) ein Dienon **D** als Zwischenprodukt. Vff. stellten nun folgendes fest:

Wenn beide in D in o-Stellung zur Ketofunktion stehenden Gruppen A u. B Allylgruppen sind, kann jede von beiden in die p-Stellung weiterwandern, während der Wanderung besteht zwischen der Äther- u. den o-ständigen Allylgruppen Gleichwertigkeit. Die Umlagerung von der o- in die p-Stellung erfolgt hierbei mit Inversion (vgl. auch SCHMID, HAEGELE u. SCHMID, C. **1954**. 8317). Im einzelnen wurde bei der Umlagerung von γ-Phenylallyl-2.6-diallylphenyläther (III) nur *2.6-Diallyl-4-[γ-phenylallyl]-phenol* (II) erhalten. Analoge Behandlung von Allyl-2-allyl-6-[α-phenylallyl]-phenyläther (XII) lieferte jedoch ein Gemisch aus *2.4-Diallyl-6-[α-phenylallyl]-phenol* (XIII) u. II.

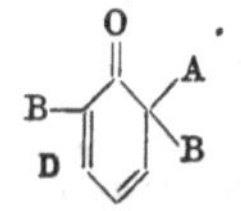

Versuche: *2.6-Diallyl-4-[γ-phenylallyl]-phenol* (II), $C_{21}H_{22}O$, Kp.$_{1-2}$ 200—205°, aus dem Na-Salz von 2.6-Diallylphenol (I) mit γ-Phenylallylbromid (IV) in Methanol, 3 Std. am Rückfluß, 24 Std. bei Raumtemp., lösl. in CLAISEN-Alkali, n_D^{20} 1,5919; 25%. *Phenylurethan*, $C_{28}H_{27}O_2N$, F. 136—137°. In CLAISEN-Alkali unlösl. Anteil ist der Äther **III**, der sich bei der Dest. in **II**, 31%, umlagert. — *2.6-Dipropyl-4-[γ-phenylpropyl]-phenol* (V), $C_{21}H_{28}O$, Kp.$_{0,5-1}$ 170—180°, a) durch Hydrierung von **II** in Ggw. von Pd auf Aktivkohle in 95%ig. A. bei 2,1—2,8 at; 95%; b) durch Umsetzung von 2.6-Dipropylphenol mit **IV** analog **I** u. Hydrierung des erhaltenen 2.6-Dipropyl-4-(γ-phenylallyl)-phenols; n_D^{20} 1,5448. *Phenylurethan*, $C_{28}H_{33}O_2N$, F. 108—109°. — *Allyl-2-[α-phenylallyl]-phenyläther* (VI), $C_{18}H_{18}O$, F. 40—41° (Methanol), aus 2-[α-Phenylallyl]-phenol (**XVI**) u. NaOH in absol. Methanol bei Zimmertemp.; 47%. — *2-Allyl-6-[α-phenylallyl]-phenol* (**VII**), $C_{18}H_{18}O$, Kp.$_{0,5-1}$ 155—158°, n_D^{20} 1,5843; a) durch 3std. Erhitzen von **VI** mit Dimethylanilin (**VIII**) auf 200°; 62%; b) durch Umlagerung von γ-Phenylallyl-2-allylphenyläther (aus 2-Allylphenol) mit **VIII**. *Phenylurethan*, $C_{25}H_{23}O_2N$, F. 101—102°. — *2.4-Dipropyl-6-[α-phenylpropyl]-phenol* (IX), $C_{21}H_{28}O$, Kp.$_{0,5-1}$ 145 bis 150°; durch Hydrierung von **VII** [→ *2-Propyl-6-[α-phenylpropyl]-phenol* (**X**), Kp.$_{0,5-1}$ 152—154°; 93%], Umsetzung des Na-Salzes von **X** mit Allylbromid (**XI**), Umlagerung des erhaltenen Äthers durch Dest. (→ *2-Propyl-4-allyl-6-[α-phenylpropyl]-phenol*, Kp.$_{0,5-1}$ 151—154°; 63%) u. Hydrierung; 81%. *Phenylurethan*, $C_{28}H_{33}O_2N$, F. 136,5 bis 137,5° (Hexan). — *Allyl-2-allyl-6-[α-phenylallyl]-phenyläther* (**XII**), durch Umsetzung von **VII** u. **XI**; 82%. — Umlagerung von **XII** durch 3std. Behandlung mit **VIII** bei 210° liefert als phenol. Prod., $C_{21}H_{22}O$, Kp.$_{0,5-1}$ 170—200°, n_D^{20} 1,5888; 42%, ein Gemisch von **II** u. *2.4-Diallyl-6-[α-phenylallyl]-phenol* (**XIII**), wie durch Isolierung des Phenylurethans von **II**, Hydrierung der Umlagerungsprodd. zu einem Gemisch von **V** u. **IX** sowie Trennung der Phenylurethane bewiesen wurde. — *γ-Phenylallyl-2-[α-phenylallyl]-phenyläther* (**XIV**), F. 65—70°, aus **XVI** u. **IV**. — *2.6-Bis-[α-phenylallyl]-phenol* (**XV**), Kp.$_{0,5-1}$ 205—220°, durch Umlagerung von **XIV** mit **VIII** bei 210°, n_D^{20} 1,6100, schwer lösl. in CLAISEN-Alkali, keine Färbung mit $FeCl_3$; 48%. — *Allyl-2.6-bis-[α-phenylallyl]-phenyläther*, aus **XV** u. **XI**, n_D^{20} 1,5808. (J. Amer. chem. Soc. **76**. 6165—68. 5/12. 1954. Corvallis, Ore., State Coll., Dep. of Chem.) S. PREISS. D 225

W. Pritzkow, *Über den Ort des Sauerstoffangriffes auf n-Heptan.* Vf. untersucht die Autoxydation von *n-Heptan* bei 130° u. 2,5 atü bei Ggw. von Mn- oder Cr-Laurat als Katalysator. Er entwickelt eine Abbaumeth. unter Verwendung der BAEYER-VILLIGER-Rk., um die entstehenden isomeren Heptanone nebeneinander identifizieren zu können. Durch Oxydation mit Benzopersäure in Chlf. werden ca. 50% Ester erhalten, die mit Hydroxylamin in die entsprechenden Hydroxamsäuren übergeführt u. papierchromatograph. getrennt werden. Es entstehen die zu erwartenden Säuren: Essigsäure aus Heptanon-(2), Propionsäure u. Valeriansäure aus Heptanon-(3), Buttersäure aus Heptanon-(4). Das gleichzeitige Vork. aller drei Heptanone im ungefähren Verhältnis 1:1:0,5 beweist, daß der Sauerstoff an den sek. C-Atomen der Heptankette statist. angreift. Aus der sehr geringen Menge Önanthsäure, die gefunden wurde, ergibt sich, daß ein Angriff am endständigen C-Atom nur in sehr geringem Maße stattfindet. (Angew. Chem. **67**. 399. 21/7. 1955. Rostock, Deutsche Akad. der Wiss. Berlin, Inst. für Katalyseforsch.) J. KNAUL. D 225

T. L. Cottrell und **T. E. Graham**, *Die Kinetik der Oxydation von Äthylen durch Stickstoffdioxyd.* Vff. verfolgen die Rk. zwischen *Äthylen* (I) u. *NO_2* (II) bei Tempp. zwischen 160—280° u. Anfangsdrucken von 3—12 cm Hg mit der stat. Methode. I wird stets im Überschuß eingesetzt. Bei hohen Tempp. steigt der Druck sofort schnell an, während bei tiefen Tempp. dem Druckanstieg ein Druckabfall vorausgeht. Die Konz. von II nimmt während eines Vers. monoton ab, die [NO_2]-t-Kurve war ungefähr von 1. Ordnung. Als Reaktionsprodd. werden festgestellt: CO_2, NO, CO, N_2, ein hochsd. Öl (vermutlich bestehend aus Nitroäthylen, Dinitroäthan u. Nitroäthylnitrit) u. eine kohlenähnliche Masse. Zusatz von NO u. Luft zur Reaktionsmischung hat keinen Einfl. auf die Kinetik der Umsetzung von II, Vergrößerung der Oberfläche des Reaktionsgefäßes nur bei tiefen Temperaturen. Die Ergebnisse weisen darauf hin, daß zunächst II an I

angelagert wird (Molverhältnis 2:1), u. das entstehende Prod. dann weiterzerfällt. Noch nicht umgesetztes II reagiert, wie aus der Konzentrationsabnahme hervorgeht, mit den Zerfallsprodd. der Anlagerungsverbb., weiter. Für die Aktivierungsenergie, berechnet aus der Geschwindigkeitsgleichung $-d[NO_2]/dt = k\cdot[NO_2]^{1,8}\cdot[C_2H_4]^{1,2}$, werden bei tiefen Tempp. 12,5, bei hohen Tempp. 18,0 kcal gefunden. Vff. diskutieren ausführlich die möglichen Reaktionsmechanismen. (J. chem. Soc. [London] **1953**. 556 bis 563. Febr. Stevenston, Ayrshire, Chem. Ind. Ltd., Nobel Div., Res. Dep.)
K. FRENKLER. D 225

C. Gardner Swain und **Donald C. Dittmer**, *Geschwindigkeiten von Aminolysen.* Vff. bestimmten die Geschwindigkeitskonstanten 1. Ordnung für die Solvolyse von *Methylbromid* (bei 50°), *n-Butylbromid* (bei 75°), *Isobutylbromid* (bei 50°), *α-Chlortoluol* (bei 50°), *Benzhydrylchlorid* (I, bei 25°) u. *Triphenylmethylthiocyanat* (bei 25°) in folgenden Aminlsgg.: Triäthylamin, n-Butylamin (II), Pyridin, Anilin (III), Dimethylanilin, Methylanilin u. m-Chloranilin (IV). Die Resultate sind in Übereinstimmung mit dem BRÖNSTEDschen Katalysengesetz; sie zeigen, daß die höhere elektrophile Reaktivität von III gegenüber II seine geringere Basizität u. nucleophile Reaktivität bei der Rk. mit der Benzyl-, Benzhydryl- u. Triphenylverb. überwiegt. Bei der Rk. von IV mit I in Bzl. beschleunigt Zusatz von II die Umsetzung trotz der Tatsache, daß II eine geringere DK. als IV besitzt.

V e r s u c h e: *N-Benzhydrylanilin*, F. 47—50°, aus III u. I; *Nitrat*, F. 155—156°; *Hydrochlorid*, F. 201—203°. — *N-Benzhydryl-n-butylaminhydrochlorid*, $C_{17}H_{22}NCl$, F. 261 bis 263°, aus II u. I. (J. Amer. chem. Soc. **77**. 3924—26. 20/7. 1955. Cambridge, Mass., Massachusetts Inst. of Technol., Dep. of Chem.) J. KNAUL. D 225

S. Winstein, T. G. Traylor und **C. S. Garner**, *Mechanismen der Reaktion von Organoquecksilberverbindungen.* 1. Mitt. *Stereochemie der elektrophilen Verdrängung bei cis-2-Methoxycyclohexylneophylquecksilber durch radioaktives Mercurichlorid.* Vff. diskutieren die elektrophile Substitution an einem gesätt. C-Atom hinsichtlich der Analogie bzw. möglicher Gegensätze zur nucleophilen Substitution auf der Grundlage elektron. u. stereochem. Betrachtungen. Es wird die Stereochemie der elektrophilen Substitution an einem gesätt. C-Atom an Hand der Rk. von cis-2-Methoxycyclohexylneophylquecksilber (I) mit $HgCl_2$ (II) untersucht. Um festzustellen, inwieweit R–Hg-Spaltung entsprechend der Gleichung $R-Hg-R' + HgCl_2 \rightarrow RHgCl + ClHgR'$ tatsächlich eintritt, wurde II mit ^{203}Hg markiert. Das dargestellte I wurde ohne Isolierung direkt mit II umgesetzt; das bei der Spaltung entstehende cis-2-Methoxycyclohexylmercurichlorid wurde mit Hilfe eines empfindlichen Testes für das trans-Isomere (Empfindlichkeit dieser Verb. gegen Säure) als reines cis-Material erkannt. Die Messungen der Radioaktivität der Spaltungsprodd. ergaben, daß 52% der Neophyl—Hg-Bindung u. 48% der cis-2-Methoxycyclohexyl—Hg-Bindung gespalten wurden. Die Ergebnisse zeigen, daß die Substitution am 2-Methoxycyclohexyl vornehmlich unter Beibehaltung der Konfiguration verläuft. Der Prozentsatz der Konfigurationsinversion beträgt 1%. Mögliche Mechanismen für die Substitution unter Beibehaltung der Konfiguration werden diskutiert.

V e r s u c h e: *cis-2-Methoxycyclohexylmercurichlorid*, $C_7H_{13}OClHg$, F. 112—112,5°, aus trans-2-Methoxycyclohexylmercurichlorid (F. 116—116,3°) mit Benzoylperoxyd. — *cis-2-Methoxycyclohexylneophylquecksilber* (I), aus vorst. Verb. u. der GRIGNARD-Verb. von Neophylchlorid in Ae. bei —80° unter trockenem N_2. (J. Amer. chem. Soc. **77**. 3741—47. 20/7. 1955. Los Angeles, Calif., Univ. of California, Dep. of Chem.)
J. KNAUL. D 225

S. Winstein und **T. G. Traylor**, *Mechanismen der Reaktion von Organoquecksilberverbindungen.* 2. Mitt. *Elektrophile Substitution am gesättigten Kohlenstoffatom. Acetolyse von Dialkylquecksilberverbindungen.* (1. vgl. vorst. Ref.) Vff. untersuchten die Acetolyse von Dialkylquecksilberverbb. als Beispiel für eine elektrophile Substitution am gesätt. Kohlenstoffatom. Die Umwandlung von R_2Hg in RH u. $RHgOOCCH_3$ ist eine Rk. erster Ordnung bei den untersuchten Verbb. *Diphenyl-* (I), *Di-sek.-butyl-* (II), *Di-n-butyl-* (III) u. *Dineophylquecksilber* (IV); Die Acetolyse bleibt bei der Abspaltung der ersten Alkylgruppe stehen, die Abspaltung der zweiten Alkylgruppe erfolgt extrem langsam. Bei der Acetolyse von IV bewirkt ein Zusatz von Na-Acetat keine Änderung der Reaktionsgeschwindigkeit. Zugabe von $HClO_4$ führte jedoch zu einer schnellen Acetolyse, einer Rk. zweiter Ordnung. Bei der neutralen Acetolyse nahmen die relativen Geschwindigkeiten in der Reihenfolge I > II > III > IV ab, qualitativ ähnlich wie bei der Trijodionspaltung von RHgJ. Als wahrscheinlichen Mechanismus der neutralen Acetolyse nehmen Vff. eine S_Ei-Rk. an, Zwischenprod. A; für die saure Acetolyse diskutieren sie Verlauf nach S_Ei oder S_E2.

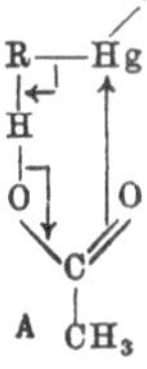

A

Versuche (FF. korr.): *Diphenylquecksilber* (I), F. 124,5—125°. — *Di-sek.-butylquecksilber* (II), $Kp._{18}$ 95,5—97°, n_D^{25} 1,5110, aus sek.-Butylmercurijodid, $SnCl_2$ u. Alkali. — *Di-n-butylquecksilber* (III), $Kp._6$ 91—93°. — *Dineophylquecksilber* (IV), $C_{20}H_{26}$·Hg, F. 26,0—26,5°, aus Neophylmercurichlorid u. a) mit Neophylmagnesiumchlorid, b) mit $SnCl_2$ u. Alkali; 85% (Ausbeute). — *Phenylmercuriacetat*, F. 150,6—151,3°, aus I nach 12 Std. in Eisessig bei 25°. — *n-Butylmercurichlorid*, F. 126,9—127,5°, aus III nach 6 Std. in Eisessig bei 75° u. Zusatz von LiCl; 94%. — *Neophylmercurichlorid*, F. 79,5—80,5° (Äthylacetat), aus IV nach 40 Std. in Eisessig bei 100° nach Zusatz von LiCl; 89%. (J. Amer. chem. Soc. **77**. 3747—52. 20/7. 1955.) J. KNAUL. D 225

Jean Landais, *Kinetische Untersuchung der Einwirkung von Natriumäthylat und von verschiedenen Natriumverbindungen auf tertiäre aliphatische 1.1-dimethylierte Chloride.* Es wurden tert. aliphat. Chloride in wasserfreiem A. mit C_2H_5ONa, Na-Acetat u. NaOH umgesetzt u. die Rkk. an Hand der Bldg. ionogenen Halogens verfolgt. Die Reaktionsprodd. wurden nicht untersucht. Die Rkk. sind 1. Ordnung. Die Rk. von *1.1-Dimethyldecylchlorid* mit C_2H_5ONa (äquimol. Mengen) wurde zwischen 60 u. 90° untersucht. Bei 65° nähern sich die Werte am stärksten der 1. Ordnung ($k_1 = 0{,}46 \cdot 10^{-3}$, unabhängig von der Konz. der Reaktionspartner). Die Rk. mit NaOH bei 65° gab $k_1 = 0{,}59 \cdot 10^{-3}$; bei Na-Acetat u. -Phenolat waren die Ergebnisse analog. Unter gleichen Bedingungen wurden die Rkk. von C_2H_5ONa mit *1.1-Dimethylheptyl-* ($k_1 = 0{,}60 \cdot 10^{-3}$), *-pentyl-* ($0{,}68 \cdot 10^{-3}$), *-butyl-* ($0{,}65 \cdot 10^{-3}$) u. *-propylchlorid* untersucht. Mit *tert.-Butylchlorid* wurden keine reproduzierbaren Ergebnisse erhalten. Vf. nimmt an, daß bei diesen monomol. Rkk. der langsame Reaktionsschritt in der Bldg. einer Äthylenverb., $(CH_3)_2C{=}\underset{ClH^{(+)}}{\underset{|}{C}}H^{(-)}(CH_2)_n{-}CH_3$, besteht. (C. R. hebd. Séances Acad. Sci. **241**. 315—17. 18/7. 1955.) G. CLEVE. D 225

Jack Hine und **W. H. Brader jr.**, *Die Wirkung von Halogenatomen auf die Reaktionsfähigkeit von anderen Halogenatomen im gleichen Molekül.* 4. Mitt. *Der Mechanismus der Umwandlung vicinaler Dihalogenide in Olefine durch Reaktion mit Jodidion* (3 vgl. C. **1954**. 1919.) Die Dehalogenierung von *Äthylenbromid* (I), *Propylenbromid* u. *1.2-Dibrombutan* durch J^- (wobei J_2 u Olefine gebildet werden) wird zum großen Teil durch einen S_N2-Angriff eingeleitet, bei dem ein Bromjodid gebildet wird, welches dann direkt dehalogeniert wird; die Dehalogenierung von *meso-* u. *dl-2.3-Dibrombutan* dürfte zum größten Teil direkt erfolgen. I ist das reaktionsfähigste der erwähnten Dibromide, die Geschwindigkeitskonstante seiner Rk. ist in sehr guter Übereinstimmung mit derjenigen, die für die S_N2-Rk. von I mit J^- vorausgesagt werden kann. Die Rk. zwischen Äthylenfluorbromid (vgl. 3. Mitt.) u. J^- in Methanol ist eine Substitutions-Rk., es werden J^--Ionen verbraucht, jedoch wird kein J_2 in Freiheit gesetzt. Die Geschwindigkeitskonstante k wurde bei 40° zu $5{,}6 \cdot 10^{-6}$ ($Mol^{-1} \cdot sec^{-1}$) bestimmt. — Bei der direkten Enthalogenierung wird ein Zwischenprod. vom Typ **A** angenommen. (J. Amer. chem. Soc. **77**. 361—64. 20/1. 1955. Atlanta, Ga., Georgia Inst. of Technol., School of Chem.) J. MATTNER. D 225

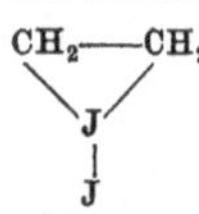

I. Dostrovsky und **F. S. Klein**, *Der Austausch von Sauerstoff zwischen Alkoholen und Wasser.* 1. Mitt. *Geschwindigkeiten der Carboniumionbildung und -zersetzung in sauren wässerigen Lösungen von tert.-Butanol.* Vff. bestimmen mit Hilfe von ^{18}O die Geschwindigkeiten des O-Austausches zwischen *tert.-Butanol* (I) u. W. u. ferner die Geschwindigkeiten der Dehydratation von I in Ggw. von H_2SO_4 bei 55 u. 75° u. bei verschied. Säurekonzentrationen. Der Geschwindigkeitskoeff. für die Bldg. des Carboniumions aus I beträgt bei 55° $1{,}33 \cdot 10^{-4}$ sec^{-1} (für H^+-Aktivität = 1), die Aktivierungsenergie des Vorgangs wurde zu 30,1 kcal/Mol bestimmt; die Aktivierungsenergie für die Bldg. von *Isobuten* (II) aus dem tert.-Butylcarboniumion beträgt 2,2 kcal/Mol. Die Analyse erlaubt die Identifizierung der Hydratationsgeschwindigkeit von II als der Bildungsgeschwindigkeit des Carboniumions aus dem Olefin. Bei der Dehydratation ist der geschwindigkeitsbestimmende Schritt die Bldg. des Carboniumions über das Hydroxoniumion; der geschwindigkeitsbestimmende Schritt bei der Hydratation ist die Protonierung des Olefins. (J. chem. Soc. [London] **1955**. 791—96. März. Rehovoth, Israel, Weizmann-Inst. of Sci., Isotope Dep.) J. MATTNER. D 225

Saul G. Cohen und **Chi Hua Wang**, *Azo-bis-diphenylmethan und der Zerfall aliphatischer Azoverbindungen. Das Diphenylmethylradikal. Azo-bis-diphenylmethan* (I) wird dargestellt u. mit dem isomeren *Benzophenonbenzhydrylhydrazon* verglichen, die Red. von Benzophenonhydrazon zum *Benzhydrylhydrazin* durch $LiAlH_4$ wird beschrieben. Der Zerfall von I in Toluol erfolgt nach einer Rk. erster Ordnung, die Aktivierungsenergie beträgt 26,6 kcal/Mol, $\Delta S^{\neq} = 2{,}2$ cal/Mol·Grad. Der Vgl. von *Azomethan, Azo-bis-isopropan, 1-Azo-bis-1-phenyläthan* mit I zeigt, daß symm. Substitution durch 2 Methylgruppen an Stelle von H die Aktivierungsenergie um 5 kcal herabsetzt, die Substitution durch 2 Phenylgruppen um 12 kcal. Die Resultate werden diskutiert im Hinblick auf die Resonanzstabilisierung von Radikalen. Der Zerfall von I führt zu Diphenylmethylradikalen, welche sich unter Bldg. von *1.1.2.2-Tetraphenyläthan* (II) dimerisieren, u. zwar quantitativ in Abwesenheit eines Lösungsm., in etwas geringerer Ausbeute in mehreren KW-stofflösungsmitteln. Das Diphenylmethylradikal initiiert die Polymerisation von Styrol; Vgl. mit Benzoylperoxyd zeigt jedoch, daß die Start-Rk. langsam verläuft u. auch Kettenabbruch erfolgt.

Versuche: *Benzophenonhydrazon*, F. 97–98°. — *Benzophenonazin*, F. 164°, aus vorst. Verb. durch Kochen in A. mit konz. H_2SO_4; 87%. — *N.N'-Bis-benzhydrylhydrazin*, F. 110–130°, aus vorst. Verb. durch Hydrierung über PtO_2 bei 60–70°; 36%; *Hydrochlorid*, F. 205°. Verss. der Red. mit $LiAlH_4$ in Dibutyläther ergaben 14% II u. 20% *Diphenylmethan* (F. 20–25°, Kp. 206–208°, n_D^{20} 1,5692). — *Azo-bis-diphenylmethan*, $C_{26}H_{22}N_2$, F. 115°, aus vorst. Verb. durch Oxydation a) mit H_2O_2 bei 10–15° in A.; 76%; b) mit HgO in Bzl.; beim Schmelzen → II. — *1.1.2.2-Tetraphenyläthan* (II), F. 208–210°, aus der GRIGNARD-Verb. des Benzhydrylchlorids; 10%. — *Benzhydrylhydrazin*, F. 55–60°, aus Benzophenonhydrazon durch Red. mit $LiAlH_4$; 10%. — *Benzophenonbenzhydrylhydrazon*, $C_{26}H_{22}N_2$, F. 110–120°, aus vorst. Verb. u. Benzophenon durch 4std. Kochen in A. u. Eisessig. (J. Amer. chem. Soc. **77**. 2457. 5/5. 1955. Waltham, Mass., Brandeis Univ., School of Sci.) J. KNAUL. D 225

I. M. Gwerdziteli und **Sch. G. Mikadse**, *Anlagerung von Wasserstoff an Acetylenderivate. Untersuchung der Hydrierungsgeschwindigkeit von Butindiol-(1.4) und seines Acetats.* Butindiol-(1.4) (I) wird an Pd viel langsamer hydriert als Acetylenglykole des Typs RCH(OH)–C≡C–CH(OH)R (R = Alkyl oder Phenyl), auch wird wie bei diesen keine Verlangsamung der Hydrierungsgeschwindigkeit nach der Aufnahme von 2 H-Atomen beobachtet. I-Diacetat wird schneller als I hydriert, jedoch erheblich langsamer als die Diacetate von Acetylenglykolen vorst. genannten Typs.

Versuche: *Butindiol-(1.4)-diacetat*, $C_8H_{10}O_4$, F. 31–32°, Kp.$_{14}$ 130–130,5°; aus I mit $(CH_3CO_2)O$ + Na-Acetat 13 Std. bei 98°; Plättchen; D.$^{20}_{20}$ 1,1265; n_D^{20} 1,4547; 12 g (Ausbeute). — *Buten-(2)-diol-(1.4)*, Kp.$_{21}$ 144–146°; durch Hydrierung von I an Pd in A. bei 22° mit der berechneten Menge H_2 (ca. 45 Min.); D.$^{20}_{20}$ 1,0876; n_D^{20} 1,4700. — *Buten-(2)-diol-(1.4)-diacetat*, $C_8H_{12}O_4$, Kp.$_{25}$ 128–129°; durch Hydrierung von I-Diacetat an Pd in A. bei 26°; D.$^{20}_{20}$ 1,0848; n_D^{20} 1,4430. Bei Weiterhydrierung *Butandiol-(1.4)-diacetat*, $C_8H_{14}O_4$, Kp.$_{10}$ 106–107°; D.$^{20}_{20}$ 1,0559; n_D^{20} 1,4229. (Журнал Общей Химии [J. allg. Chem.] **22** (**84**). 1401–05. Aug. 1952. Tbilissi, Stalin-Univ., Labor. für organ. Chem.) O. POLLAK V. EMHOFEN. D 227

G. Natta, P. Pino und **E. Mantica**, *Synthese von Estern durch Reaktion zwischen Olefinen, Kohlenoxyd und Alkoholen.* Vff. beschreiben die Arbeitsweise für die Estersynth. aus acycl. oder cycl. Olefinen, CO u. Alkoholen („Olefincarboxylierung") u. versuchen den Reaktionsmechanismus an Hand der bes. aus *Cyclohexen* (I) u. anderen olefin. Verbb. in Ggw. von Methyl- u. Butylalkohol erhaltenen Prodd. zu klären. Sie arbeiten mit aktivierten, halogenidfreien metall. Co-Kontakten bei ca. 200° u. 200–400 at. Aus I, CO u. Butylalkohol werden erhalten: Butyraldehyd, W., Hexahydrobenzaldehyd, Butylbutyrat, Hexahydrobenzylalkohol, Hexahydrobenzylbutyrat, Hexahydrobenzoesäurebutyl- sowie -hexahydrobenzylester, letzterer in einer Menge etwa gleich der Summe der beiden anderen Ester, während die Menge des $C_6H_{11}CHO$ u. $C_6H_{11}CH_2OH$ ca. $^1/_{20}$ der der Ester ausmacht. Die Ester können zum Teil — wie das gesamte Butylbutyrat — durch Kondensation von Aldehyden entstanden sein, $C_6H_{11}CHO$ wird durch Oxosynth. u. $C_6H_{11}CH_2OH$ durch Hydrierung aus dem Aldehyd gebildet. Aus I, CO u. CH_3OH werden nur erhalten: als Hauptprod. Hexahydrobenzoesäuremethylester, daneben $(CH_3)_2O$, W., $C_6H_{11}CHO$ u. als sek. Prod. Methylacetat. — Bei allen Verss. werden Carbonylverbb. gefunden. Die Anwesenheit der Aldehyde läßt auf eine 1. gemeinsame Stufe bei Carboxylierung u. Oxosynth. schließen. Für eine Analogie der Mechanismen spricht auch die bei den Rkk. der Crotonsäureester beobachtete analoge orientierende Wrkg. der Carboxylgruppe: aus *Crotonsäureäthylester* entsteht bei der Oxosynth. nur das β-Deriv. von den 2 zu erwartenden Formylbutyraten u. bei der Carboxylierung des Butylcrotonats nur der Ester der Methylbernsteinsäure, nicht der der Äthylmalonsäure. Vff. nehmen bei der Carboxylierung wie bei der Oxosynth. die Bldg. von $CoH(CO)_4$ (II) als katalyt. akt. Stoff an, für die durch die Ggw. von H_2 (aus Dehydrierung) u. von W. (aus Dehydratation) im Reaktionsgas die Voraussetzungen gegeben sind. II könnte sich als starke Säure an Olefin analog wie HCl anlagern, mögliche Zwischenprodd. $R{-}CH_2{-}(R)CH \leftarrow [COCo(CO)_3]$. Aus dieser instabilen Anlagerungsverb. kann durch Rk. mit CO wieder $[Co(CO)_4]^-$ u. ein aktivierter Komplex $R{-}CH_2{-}\underset{\diagdown R}{CH}{-}\overset{+}{C}O$ entstehen, der sogleich mit Verbb. vom Typ R'H reagiert u. das endgültige Reaktionsprod. u. wieder Carbonylwasserstoff bildet. Dabei spielt die Reaktionsfähigkeit von R'H eine wichtige, noch nicht völlig geklärte Rolle; sie ist bedeutend bei H_2 u. scheint bei den Alkoholen mit wachsendem Mol.-Gew. abzunehmen.

Versuche: Es wird in Schüttelautoklaven aus 18-8-Cr-Ni-Stahl gearbeitet; als Kontakt reines oder meistens durch Fe durch Red. der Oxyde bei 400° aktiviertes metall. Co auf Bleicherdeträger. Zur Carboxylierung werden Olefin bzw. Crotonsäureester u. Alkohol mit dem in der Lsg. suspendierten Kontakt in den Autoklaven gebracht, 200 (180—192) at CO hineingedrückt u. 20 (25 bzw. 14) Std. auf 200—220° (180—190°) erhitzt. Für den *Hexahydrobenzoesäuremethylester*, $Kp._{754}$ 178°, $Kp._6$ 54—54,5°, wird in Abweichung von der Literatur n_D^{20} 1,4433 gefunden. *Hexahydrobenzyldinitrobenzoat*, F. 94° (A.). *Hexahydrobenzoesäurebutylester*, $Kp._5$ 91,5—92°, $Kp._4$ 89°; n_D^{20} 1,4460. (Gazz. chim. ital. **80**. 680—701. Aug./Okt. 1950. Milano, Politecn., Ist. di Chim. ind.; C. N. R., Centro Studi di chim. ind.) G. v. Dechend. D 227

D_2. Präparative organische Chemie. Naturstoffe.

G. W. Kenner und **N. R. Williams**, *Ein Verfahren zur Reduktion von Phenolen zu aromatischen Kohlenwasserstoffen.* Während *Aryl-p-toluolsulfonate* in fl. NH_3 zu wenig lösl. sind, so daß sie mit Na u. NH_3 nicht wie Diaryläther zu den entsprechenden aromat. KW-stoffen red. werden können, u. das gleiche auch für die *Methansulfonylderivv.* von *p-Phenylphenol* u. *α-Naphthol* gilt (*m-Acetamidophenyl-* u. *p-Methoxyphenylmethansulfonat* sind etwas lösl. u. geben mit Na *Acetanilid* bzw. *Anisol*), lassen sich die *Diäthylphosphate* (DÄP) von *einwertigen Phenolen* in fl. NH_3 mit Na oder Li gut zu den entsprechenden *aromat. KW-stoffen* reduzieren. Die DÄP sind leicht zugänglich durch Umsetzung der Phenole mit Tetraäthylpyrophosphat (I) bzw. Diäthylphosphorchloridat; dieses entsteht aus Diäthylphosphit (II), Triäthylamin u. CCl_4, so daß die Gesamt-Rk. nach $ArOH + HOP(OC_2H_5)_2 + CCl_4 + N(C_2H_5)_3 \rightarrow ArOP(O)(OC_2H_5)_2 + CHCl_3 + [HN(C_2H_5)_3]Cl$ verläuft. Die Red. verläuft zu ca. 75% nach $ArOPO(OC_2H_5)_2 + 2\,Me + NH_3 \rightarrow ArH + MeNH_2 + MeOP(O)(OC_2H_5)_2$, das Ende läßt sich am Auftreten der Blaufärbung erkennen; gegen Schluß der Rk. gibt man vorteilsweise A. hinzu; Metallüberschuß verringert die Ausbeute. Als Nebenprodd. treten freies *Phenol* sowie ein bicarbonatlösl. Öl, vermutlich das *Aryläthylhydrogenphosphat*, auf (eine Rk., die im Falle von *o-* u. *p-Chlorphenyl-DÄP* zur Haupt-Rk. wird), wahrscheinlich durch Einw. des Metalls auf die Phosphorylgruppe, vielleicht hat dabei auch Ammonolyse als Konkurrenz-Rk. der nur träge ablaufenden Red. eine Bedeutung. Das DÄP von *Salicylsäuremethylester* liefert ca. 20% *Benzoesäuremethylester*. — Diese bei einwertigen Phenolen gut ablaufende Red. versagt in den meisten Fällen bei zweiwertigen Phenolen: *Hydrochinon* gibt 0%, *Brenzcatechin* 15% u. *Resorcin* 30% *Bzl.*; *1.4-* u. *1.5-Dioxynaphthalin* reagieren nicht, die *1.6-*, *2.6-* u. *2.7-Dioxyverbb.* geben ca. 20% *Naphthalin*. In allen diesen Rkk. wurden als Hauptprodd. Mischungen saurer u. neutraler Öle mit hohem Kp. erhalten. — Das neue Reduktionsverf. ist in vielen Fällen gleichwertig dem von Burton u. Hu (C. **1950**. I. 1214), bei dem p-Toluolsulfosäureester mit Raney-Ni red. werden, ist aber in der Handhabung bequemer. Die Red. der DÄP von *m-Acetamidophenol* (III) u. *3.5-Xylenol* gelang nicht mit Raney-Ni u. nur zu ca. 10% mit platiniertem Ni, letztere war aber nicht immer reproduzierbar. Wird III-DÄP nach Brigl u. Müller (Ber. dtsch. chem. Ges. **72**. [1939.] 2121) mit Adams-Katalysator hydriert, bildet sich *N-Cyclohexylacetamid*; wird die Rk. nach Aufnahme von nur 1 Mol H_2 unterbrochen, bildet sich kein Acetanilid, sondern eine Mischung von durchhydriertem u. unverändertem Ausgangsprodukt. Vff. schließen daraus, daß die von Brigl u. Müller geäußerte Ansicht, daß es sich um einen kontinuierlich ablaufenden Reduktionsprozeß handelt, nicht zutrifft, sondern daß die Absättigung des aromat. Ringes Vorbedingung zur Spaltung der C—O-Bindung ist.

Versuche: DÄP. Verf. **A**: Zu dem Phenol u. **II** in CCl_4 wird unter Kühlung Triäthylamin gegeben, Verdünnen mit W. nach mehreren Std.; destillierbar bei 120°/0,01 mm; Verf. **B**: Zu dem Phenol in nNaOH wird I zugegeben u. mit Essigester ausgeschüttelt. — Folgende Diäthylphosphate wurden dargestellt ($n = n_D^{17}$): *Phenyl-*, $C_{10}H_{15}O_4P$, n 1,475; 95% (Ausbeute) nach **A**. — *p-$CH_3C_6H_4$-*, $C_{11}H_{17}O_4P$, n 1,473; 94%, **A**. — *m-$CH_3C_6H_4$-*, $C_{11}H_{17}O_4P$, n 1,472; 96%, **A**. — *o-$CH_3C_6H_4$-*, $C_{11}H_{17}O_4P$, n 1,476; 83%, **A**. — *p-$CH_3OC_6H_4$-*, $C_{11}H_{17}O_5P$, n 1,487; 98%, **A**. — *m-$CH_3OC_6H_4$-*, $C_{11}H_{17}O_5P$, n 1,484; 78%, **A**. — *o-$CH_3OC_6H_4$-*, $C_{11}H_{17}O_5P$, n 1,486; 85%, **A**. — *p-$CH_3CONH \cdot C_6H_4$-*, $C_{12}H_{18}O_5NP$, n 1,510; 89%, **A**. — *m-$CH_3CONHC_6H_4$-*, $C_{12}H_{18}O_5NP$, n 1,509; 91%, **B**. — *p-$C_6H_5C_6H_4$-*, $C_{16}H_{19}O_4P$, n 1,548; 87%, **A**. — *3.5-$(CH_3)_2C_6H_3$-*, $C_{12}H_{19}O_4P$, n 1,480; 84%, **B**. — *α-$C_{10}H_7$-*, $C_{14}H_{17}O_4P$, n 1,547; 91%, **B**. — *β-$C_{10}H_7$-*, $C_{14}H_{17}O_4P$, n 1,544;

97%, **A**; 73%, **B**. — Red.: Zu den in fl. NH_3 gelösten Estern werden genau 2 g-Atom-Metall in kleinen Portionen zugefügt, 2 Mol A. zugegeben, NH_3 wird abgedampft u. in Ae. aufgenommen. Mit vorst. Estern wurden in gleicher Reihenfolge folgende Ausbeuten erzielt: Li (als Reduktionsmittel) 82%; Li 75%, 54%, 63%; Li 85% (Na 88%); Na 85%, 88% (90%); 60% (76%); 93% (89%); 75% (80%); 63% (58%); 71% (57%); 88% (95%). Die Ausbeuten wurden nach der UV-Absorption abgeschätzt. — Methansulfonate: Methansulfochlorid wird zu dem Phenol in überschüssiger nNaOH zugefügt. *m-Acetamidophenyl-*, $C_9H_{11}O_4NS$, F. 107,5—108°; 78%. — *p-Methoxyphenyl-*, $C_8H_{10}O_4S$, F. 79,5—80°; 40%. — Red. nach obenst. Verff. liefert *Acetanilid*; 40%, bzw. *Anisol*; 38%. (J. chem. Soc. [London] **1955**. 522—25. Febr. Cambridge, Univ., Chem. Labor.) R. HÄUSSLER. 460

Conrad K. Donnell und **Robert M. Kennedy**, *Durch Alkylfluorid-Bortrifluorid induzierte Reaktionen von Kohlenwasserstoffen*. 4. Mitt. *Stöchiometrie der Selbstalkylierung von Isobutan*. (3. vgl. C. **1952**. 6674.) Die durch Isopropylfluorid (II) u. BF_3 bei -80^0 induzierte Selbstalkylierung von *Isobutan* (I) wird von Vff. quantitativ untersucht. Die Rk. verläuft wie folgt: $BF_3 + 2\,II + 4\,I \rightarrow 2\,C_8H_{18} + 2\,C_3H_8 + BF_3 \cdot 2\,HF$. Die für die Unterss. benutzte App. u. ihre Handhabung werden beschrieben. In den durchgeführten Verss. bleiben die Ausgangsmengen **I** u. **II** mit ca. 1,0 bzw. ca. 0,1 Mol jeweils konstant, während die Menge BF_3 von 0,1—0,01 Mol verringert wird. Dabei zeigt sich, daß mit zunehmendem BF_3-Geh. die reagierende Menge **I** bis zu einem Verhältnis 1 : 4 zunimmt. Die Menge des aus **II** entstehenden C_3H_8 ist maximal das Doppelte des Mol-Verhältnisses des eingesetzten BF_3; mehr als 0,5 Mol BF_3 je Mol **II** bewirkt keine zusätzliche Reaktion. Die als Reaktionsprodd. erhaltenen C_8-KW-stoffe bestehen hauptsächlich aus *2.2.4-Trimethylpentan*; daneben liegen die anderen Trimethylpentane vor; außerdem werden noch geringe Mengen von anderen (nicht C_8-) KW-stoffen gebildet. Für die Untersuchungsergebnisse wird eine Erklärung zu geben versucht. (J. Amer. chem. Soc. **74**. 4162—64. 20/8. 1952. Norwood, Pa., Sun Oil Co., Res. Labor.) K.-H. KLASSKE. 510

Paul Tarrant und **Marvin R. Lilyquist**, *Radikalanlagerungen mit Fluorverbindungen*. 5. Mitt. *Reaktionen von 1.2-Dibrom-2-chlor- und 1.2-Dichlor-2-jod-1.1.2-trifluoräthan mit Fluorolefinen*. (4. vgl. C. **1955**. 9066.) Bei der analog der Rk. mit KW-stoffolefinen (vgl. C. **1955**. 2651) verlaufenden Anlagerung von 1.2-Dibrom-2-chlor-1.1.2-trifluoräthan (**I**, $CF_2Br-CFClBr$) an fluorhaltige Olefine in Ggw. von Benzoylperoxyd nimmt die Ausbeute an der 1 : 1-Additionsverb. mit steigendem F-Geh. des Olefins ab. Zugleich führt die steigende Anzahl von F-Atomen an der Doppelbindung des Olefins zur Bldg. größerer Mengen der Additionsverb. aus 1 Mol **I** u. 2 Mol Olefin. Aus $CH_2=CHF$ u. **I** erhält man das 1 : 1-Addukt $CF_2Br-CFCl-CH_2-CHFBr$ (**III**) in 74%ig. Ausbeute neben 6,4% des 2 : 1-Adduktes $CF_2Br-CFCl-(CH_2-CHF)_2-Br$; aus $CH_2=CF_2$ entstehen 44% $CF_2Br-CFCl-CH_2-CF_2Br$ (**IV**) u. 23,4% $CF_2Br-CFCl-(CH_2-CF_2)_2-Br$; mit $CHF=CF_2$ erhält man nur 16% an einfacher Additionsverb. $CF_2Br-CFCl-CHF-CF_2Br$ u. 20% 2 : 1-Verb. $CF_2Br-CFCl-(CHF-CF_2)_2-Br$. $CH_2=CFCl$ u. $CF_2=CH-CH_3$ reagieren mit **I** nicht; aber 1.2-Dichlor-2-jod-1.1.2-trifluoräthan (**II**, $CF_2Cl-CFClJ$) lagert sich auch an diese beiden reaktionsträgen Verbb. sowie an andere fluorhaltige Olefine in guten Ausbeuten an, jedoch nicht an $CF_2=CF-CF_3$ u. $CF_2=CH-CF_3$. — Die Anlagerungsprodd. aus **I** u. **II** mit den verschied. Olefinen wurden durch HBr- bzw. HJ-Abspaltung mittels wss. Alkali in die entsprechenden Olefine u. letztere durch Halogenabspaltung mittels Zn in die 1.3-Diene übergeführt. Die Ultrarotspektren dieser Olefine u. Diene wurden aufgenommen.

Versuche: Die Anlagerungs-Rkk. von **I** u. **II** an die verschied. Olefine wurden im Schüttelautoklaven aus rostfreiem Stahl durch 4std. Erhitzen in Ggw. von Benzoylperoxyd auf 100° durchgeführt: $CF_2Br-CFCl-CH_2-CHFBr$ (**III**), Kp.$_{32}$ 72°; D.$^{25}_4$ 2,075; n_D^{25} 1,4405; aus $CH_2=CHF$ u. **I**; 74% (Ausbeute) neben 6,4% $CF_2Br-CFCl-CH_2-CHF-CH_2-CHFBr$, Kp.$_{15}$ 104,5°; D.$^{27}_4$ 1,946; n_D^{27} 1,4428. — $CF_2Br-CFCl-CH_2-CF_2Br$ (**IV**), Kp.$_{50}$ 70,1°; D.$^{27}_4$ 2,063; n_D^{27} 1,4230; aus $CH_2=CF_2$ u. **I**; 44% neben 23,4% $CF_2Br-CFCl-CH_2-CF_2-CH_2-CF_2Br$, Kp.$_{20}$ 90—91°; D.$^{27}_4$ 2,014; n_D^{27} 1,4112. — $CF_2Br-CFCl-CHF-CF_2Br$, Kp.$_{40}$ 61,5°; D.$^{23}_4$ 2,013; n_D^{23} 1,4330; aus $CHF=CF_2$ u. **I**; 16,2% neben 20% $CF_2Br-CFCl-CHF-CF_2-CHF-CF_2Br$, Kp.$_{15}$ 79,5°; D.$^{25}_4$ 2,077; n_D^{25} 1,3943. — $CF_2Cl-CFCl-CHF-CF_2J$ (**V**), Kp.$_{23}$ 56°; D.$^{28}_4$ 2,110; n_D^{28} 1,4224; aus $CHF=CF_2$ u. **II**; 79%. — $CF_2Cl-CFCl-CH_2-CFClJ$ (**VI**), Kp.$_{10}$ 70°; D.$^{22}_4$ 2,075; n_D^{22} 1,4741; aus $CH_2=CFCl$ u. **II**; 45%. — $CF_2Cl-CFCl-CH_2-CHJ-CF_3$ (**VII**), Kp.$_{18}$ 61°; D.$^{22}_4$ 2,013; n_D^{22} 1,4275; aus $CH_2=CH-CF_3$; 95%. — $CF_2Cl-CFCl-C(CH_3)H-CF_2J$ (**VIII**), Kp.$_{20}$ 75,5°; D.$^{25}_4$ 1,994; n_D^{25} 1,4567; aus $CF_2=CH-CH_3$ u. **II**; 89%. — $CF_2Cl-CFCl-CH_2-C(CH_3)J-CF_3$ (**IX**), Kp.$_{12}$ 65,5°; D.$^{22}_4$ 1,947; n_D^{22} 1,4418; aus $CH_2=C(CH_3)-CF_3$ u. **II**; 87%. — *4-Brom-3-chlor-3.4.4-trifluorbuten-(1)*,

$CF_2Br-CFCl-CH=CH_2$, Kp. 99,5°; D.$^{25}_{4}$ 1,678; n_D^{25} 1,4092; durch Zutropfen einer Lsg. von 3 Mol KOH in 1000 cm³ Propanol-(1) zu 1 Mol 2-Chlor-1.4-dibrom-1.1.2-trifluorbutan (aus Äthylen u. I) unter Erwärmen u. Abdest. des Prod. zusammen mit Propanol u. Fraktionierung; 68%. — *1.1.2-Trifluorbutadien-(1.3)*, $CF_2=CF-CH=CH_2$, Kp. 7,8—8,0°; durch Zutropfen von 1 Mol der vorst. Verb. zu einem sd. Gemisch aus 2 Mol Zn-Staub, 1 g $ZnCl_2$ u. 200 cm³ Propanol-(2) unter Abdest. des Prod.; 88%. — Die HBr- bzw. HJ-Abspaltung aus den anderen Additionsverbb. wurde mit *wss.* KOH vorgenommen. Die Ausbeuten liegen zwischen 39 u. 71%. Für die Dehalogenierung zu den Dienen diente Propanol-(1) oder Propanol-(2) als Lösungsmittel. *$CF_2Br-CFCl-CH=CHF$*, Kp. 97—97,3°; D.$^{25}_{4}$ 1,781; n_D^{25} 1,3961; aus III u. wss. KOH. — *$CF_2=CF-CH=CHF$*, Kp. 16,5°; D.$^{0}_{4}$ 1,342; n_D^{0} 1,3427; aus vorst. Verb. u. Zn. — *$CF_2Br-CFCl-CH=CF_2$*, Kp. 91,0°; D.$^{24}_{4}$ 1,838; n_D^{24} 1,3837; aus IV u. KOH. — *$CF_2=CF-CH=CF_2$*, Kp. 15,5°; aus vorst. Verb. u. Zn. — *$CF_2Cl-CFCl-CF=CF_2$*, Kp. 65,5—67°; D.$^{22}_{4}$ 1,615; n_D^{22} 1,3440; aus V u. KOH; 71%. — *$CF_2=CF-CF=CF_2$*, Kp. 7,1—7,3°; aus vorst. Verb. u. Zn. — *$CF_2Cl-CFCl-CH=CFCl$*, Kp. 102,5°; D.$^{24}_{4}$ 1,586; n_D^{24} 1,3993; aus **VI** u. KOH; 39%. — *$CF_2=CF-CH=CFCl$*, Kp. 53,0°; D.$^{24}_{4}$ 1,431; n_D^{24} 1,3804; aus vorst. Verb. u. Zn; 64%. — *$CF_2Cl-CFCl-CH=CH-CF_3$*, Kp. 87,5°; D.$^{23}_{4}$ 1,519; n_D^{23} 1,3472; aus **VII** u. KOH. — *$CF_2=CF-CH=CH-CF_3$*, Kp. 50,5°; D.$^{22}_{4}$ 1,389; n_D^{22} 1,3322; aus vorst. Verb. u. Zn. — *$CF_2Cl-CFCl-C(CH_3)=CF_2$*, Kp. 100,5°; D.$^{22}_{4}$ 1,515; n_D^{22} 1,3746; aus **VIII** u. KOH. — *$CF_2=CF-C(CH_3)=CF_2$*, Kp. 37,0°; D.$^{20}_{4}$ 1,289; n_D^{20} 1,3250; aus vorst. Verb. u. Zn. — *$CF_2Cl-CFCl-CH=C(CH_3)-CF_3$*, Kp. 109,5°; D.$^{20}_{4}$ 1,485; n_D^{20} 1,3675; aus **IX** u. KOH. — *$CF_2=CF-CH=C(CH_3)-CF_3$*, Kp. 71,5°; D.$^{22}_{4}$ 1,350; n_D^{22} 1,3531; aus vorst. Verb. u. Zn. (J. Amer. chem. Soc. **77.** 3640—42. 5/7. 1955. Gainesville, Fla., Univ. of Florida, Dep. of Chem.) E. FORCHE. 520

Ernst D. Bergmann, *Dehydratisierung und Isomerisierung von Dimethyläthinylcarbinol.* Vf. untersucht die Dehydratisierung von Dimethyläthinylcarbinol (**III**) a) in fl. Phase mit 30%ig. H_2SO_4 (vgl. VAUGHN, A. P. 2 250 558) u. b) in der Dampfphase über $NH_4H_2PO_4$ auf Aktivkohle. Nach a) wird ausschließlich das erwartete Prod. *Isopropenylacetylen* erhalten, nach b) treten außerdem als Nebenprodd. *Methylisopropenylketon* (I) u. *β.β-Dimethylacrolein* (**II**) auf. Die Frage, ob die beiden Nebenprodd. unabhängig voneinander gebildet werden oder sich ineinander umwandeln können, bleibt nach Vf. ungeklärt. Da keine Hydratation von I zu II unter diesen Reaktionsbedingungen beobachtet wird, scheint die Anwendung des von JOHNSON u. HEINZ (C. **1950.** II. 1919) vorgeschlagenen Mechanismus auf Dehydratationen in der Dampfphase in Frage gestellt zu sein.

Versuche: *Isopropenylacetylen*, Kp. 35°, durch Dehydratisierung von **III** durch Erhitzen mit 30%ig. H_2SO_4; 90% (Ausbeute bei 41,7% Umsatz), ferner durch Dehydratisierung von **III** über $NH_4H_2PO_4$/Aktivkohle bei 250° [Raumgeschwindigkeit 0,1 bis 0,8 (Liter III/Liter Katalysator · Std.)]; 44% (bei 99% Umsatz), daneben *Methylisopropenylketon* (**I**, Kp. 100°; 10,6%. *2.4-Dinitrophenylhydrazon*, F. 185—186°) u. *β.β-Dimethylacrolein* [**II**, C_5H_8O, Kp. 135°, Kp.$_{40}$ 52—55°; n 1,4506; D. 0,8781; 28,2%. *p-Nitrophenylhydrazon*, F. 161°. *Semicarbazon*, F. 221° (Zers.)]. — *Prod.* C_8H_{12}, Kp. 100—110°, durch Dehydratisierung von 3.5-Dimethylhexin-(1)-ol-(3) (Kp. 145°) über $(NH_4)_2HPO_4$/Aktivkohle bei 300°; n_D^{20} 1,4274; D.$^{20}_{4}$ 0,7519; 40%. (J. Amer. chem. Soc. **73.** 1218—20. März 1951. Rehovoth, Israel, Weizmann Inst. of Sci.) G. WINKLER. 560

B. Berkoz und **B. F. Daubert,** *Synthese von 2.2-Dichlorpropandiol-(1.3). 2.2-Dichlorpropandiol-(1.3)*, $C_3H_6O_2Cl_2$, F. 88,5—89° (Ae.), durch langsames Zufügen von $LiAlH_4$ in trockenem Ae. zu einer turbinierten, gekühlten Lsg. von Diäthyldichlormalonat (dargestellt aus Malonester durch Einleiten von Chlor bei 120°), weiteres 1std. Rühren, Zers. mit W., Zufügen von 10%ig. H_2SO_4, Abtrennen der äther. Schicht u. Vakuumabdampfen; 43% Ausbeute. (J. Amer. chem. Soc. **73.** 2968. Juni 1951. Pittsburgh, Pa., Univ., Dep. of Chem.) H. LEHWALD. 570

Thomas F. McGrath und **Robert Levine,** *Die Umsetzungen gewisser fluorierter und chlorierter Essigsäuren mit Phenyllithium in siedendem Äther.* Die Umsetzung von *Trifluoressigsäure* (I) mit 1 Äquivalent Phenyl-Li (II) in sd. Ae. liefert nicht das erwartete (vgl. GILMAN u. VAN ESS, J. Amer. chem. Soc. **55.** [1933.] 1258) *Trifluoracetophenon* (**III**), sondern *Benzol.* Wenn 2 oder mehr Mol **II** mit 1 Mol **I** umgesetzt werden, bilden sich *Benzoesäure, Benzophenon, Triphenylmethan, Tetraphenyläthylen, Bzl.* u. *Diphenyl.* Die Entstehung dieser Verbb. kann nicht durch Spaltung des **III** durch **II** erklärt werden, denn die Umsetzung von **III** mit **II** ergibt *Diphenyltrifluormethylcarbinol* in 93%ig. Ausbeute. Es wird angenommen, daß **I** durch **II** zu Fluoroform u. CO_2 gespalten wird u. diese Verbb. sich weiter mit **II** zu den beobachteten Prodd. umsetzen. Ein neunstufiger Reaktionsmechanismus wird aufgestellt. — Dieselben Verbb. entstehen bei der Umsetzung von *Trichloressigsäure* mit II. Dagegen bilden sich aus *Chloressigsäure* u. II 49% *1.1-Diphenyläthandiol* u. geringe Mengen Benzophenon. Aus *Dichloressigsäure* u. II entsteht nur ein Teer, aus dem sich keine definierten Verbb. isolieren lassen.

Versuche: Beim Zutropfen von 0,5 Mol I in Ae. im Laufe von 3—4 Std. zu 2,5 Mol II u. Fraktionierung des Reaktionsgemisches erhält man 14,5 g *Diphenyl* ($Kp._2$ 97 bis 100°, F. 68—69°), 47,7 g *Benzophenon* ($Kp._2$ 125—127°, F. 48—48,8°), 10,5 g *Triphenylmethan* ($Kp._2$ 175—177°, F. 93—93,4°) u. 9,96 g *Tetraphenyläthylen*, $Kp._2$ 184 bis 186°, F. 223,6—224,2°). — Zutropfen einer Lsg. von 31,5 g Chloressigsäure in 125 cm^3 Ae. zu 1,0 Mol II, 2 std. Kochen u. Dest. ergibt 2,6 g Benzophenon u. 34,7 g (49%) *1.1-Diphenyläthandiol*, $C_{14}H_{14}O_2$, F. 121—121,4° (PAe.); *Diacetat*, $C_{18}H_{18}O_4$, F. 145 bis 146° (95%ig. A.). — *Diphenyltrifluormethylcarbinol*, $Kp._{1,5}$ 109—110°, F. 74—74,7° (PAe.), durch Zugabe einer Lsg. von 34,8 g III in 100 cm^3 Ae. im Laufe einer Std. zu 0,2 Mol II, 2 std. Rühren bei Zimmertemp., Gießen auf Eis u. konz. HCl u. Ausäthern; 93%. (J. Amer. chem. Soc. **77**. 3634—36. 5/7. 1955. Pittsburgh, Pa., Univ., Dep. of Chem.) E. FORCHE. 810

Thomas F. McGrath und **Robert Levine,** *Die Synthese gewisser Ketone und Carbinole mit Perfluoralkylgruppen.* (Vgl. vorst. Ref.) Bei der Umsetzung von Trifluoressigsäure (I) mit 2 Äquivalenten Phenyl-Li (II) bei 0° entstehen *Trifluoracetophenon* (III) u. *Benzoesäure* (IV); bei —40° u. —65° nimmt die gebildete III-Menge auf Kosten von IV zu. Entsprechende Verss. wurden mit Perfluorpropionsäure u. Perfluor-n-buttersäure durchgeführt. Die unter verschied. Bedingungen erhaltenen Ausbeuten an Keton u. IV sind in einer Tabelle zusammengestellt. — Die Zugabe der Methylester dieser 3 Perfluorcarbonsäuren zu II in sd. Ae. ergibt die entsprechenden *Diphenylperfluoralkylcarbinole*, $C_nF_{2n+1}—C(OH)(C_6H_5)_2$, in 84—88%ig. Ausbeuten. Wenn man aber bei —40° arbeitet oder das II zu den Methylestern bei 25° zugibt, entstehen gleichzeitig das Carbinol u. das Keton. Aus Trifluoressigsäuremethylester u. Phenyl-MgBr erhält man bei 25° 67% III u. kein Carbinol. Durch Umsetzung der Methylester mit 2 Äquivalenten Picolyl-(2)-Li (V) bei 25° wurden die *Picolyl-(2)-perfluoralkylketone-*(2), $C_5H_4N—CH_2—CO—C_nF_{2n+1}$, dargestellt. Diese bilden mit Cu(II)-Acetatlsg. Cu-Salze.

Versuche: Beim Einrühren einer Lsg. von 22,8 g (0,2 Mol) I in 50 cm^3 wasserfreiem Ae. im Laufe einer Std. in eine Lsg. von 0,4 Mol II in sd. Ae. bei —65°, 2 std. Rühren bei —65°, Anwärmenlassen auf Raumtemp. u. Gießen auf ein Gemisch aus Eis u. konz. HCl erhält man 22,5 g (73% Ausbeute) *Trifluoracetophenon* (III; Kp. 150—152°; *2.4-Dinitrophenylhydrazon*, F. 173,8—174,2°) u. 3,1 g (13%) *Benzoesäure* (IV; $Kp._3$ 110 bis 113°, F. 120,4—121,2°). Bei umgekehrter Zugabe von II zu I entstehen 53% III u. 16% IV. — *Diphenyltrifluormethylcarbinol*, $Kp._{1,5}$ 109—110°, F. 74—74,7°; durch Einrühren einer Lsg. von 25,6 g (0,2 Mol) Trifluoressigsäuremethylester in 50 cm^3 Ae. in 0,4 Mol II unter Sieden des Ae. u. 1½ std. Kochen; 88%. — *Diphenylpentafluoräthylcarbinol*, $C_{15}H_{11}OF_5$, $Kp._{11}$ 140—143°, F. 84—84,5°; ebenso aus Pentafluorpropionsäuremethylester u. II; 87%. — *Diphenylheptafluor-n-propylcarbinol*, $C_{16}H_{11}OF_7$, $Kp._3$ 113 bis 115°; aus Perfluor-n-buttersäuremethylester u. II; 84%. — *Picolyl-(2)-trifluormethylketon*, $C_8H_6ONF_3$, F. 113—113,4° (PAe.); durch Zugabe von 0,4 Mol V in 800 cm^3 Ae. im Laufe von 8 Std. zu einer Lsg. von 25,6 g Trifluoressigsäuremethylester in 300 cm^3 Ae. bei 25° u. ½ std. Kochen; 89%. *Cu-Salz*, F. 219,5—220° (95%ig. A.). — *Picolyl-(2)-pentafluoräthylketon*, $C_9H_6ONF_5$, F. 98—98,8° (PAe.); 83%. *Cu-Salz*, F. 180,2—180,6° (95%ig. A.). — *Picolyl-(2)-heptafluor-n-propylketon*, $C_{10}H_6ONF_7$, F. 92—92,4° (PAe.); 87%. *Cu-Salz*, F. 151—152° (95%ig. A.). (J. Amer. chem. Soc. **77**. 3656—58. 5/7. 1955. Pittsburgh, Pa., Univ., Dep. of Chem.) E. FORCHE. 810

John Weijlard und **Max Tishler,** *Einige neue cholinartige Thiole.* Da Dibutolin, $[(n-C_4H_9)_2NCOO(CH_2)_2N(CH_3)_2(C_2H_5)]_2SO_4$, bei oraler Verabreichung nur wenig antispasmod. wirksam ist, werden, auf der Suche nach aktiveren Verbb., eine Anzahl Verbb. des Typs $RR'NCOS(CH_2)_2N(CH_3)_2R''X$ durch Quaternisierung der Thiourethane, $RCOS(CH_2)_2N(CH_3)_2$, dargestellt. Letztere entstehen aus β-Dimethylaminoäthylmercaptan u. entsprechenden Carbamoylchloriden. Nach Alkylierung mit Alkyljodid werden mit Ag_2SO_4 die *Sulfate* bzw. mit $(C_2H_5)_2SO_4$ die *Äthosulfate* erhalten. *[2-(Dicyclohexylcarbamoylmercapto)-äthyl]-äthyldimethylammoniumsulfat* u. *-äthylsulfat*, *-propyl-*, *-butyl-* u. *-amyldimethylammoniumsulfat* sind stark antispasmod. u. wenig giftig.

Versuche (FF. korr.): *Dicyclohexylthiolcarbaminsäure-2-dimethylaminoäthylester*, $C_{17}H_{32}ON_2S$, F. 48—50°, durch 3 std. Erhitzen von 3,3 Mol β-Dimethylaminoäthylmercaptan u. 3,2 Mol Dicyclohexylcarbamoylchlorid in wasserfreiem Pyridin auf 100 bis 105°, Aufnehmen in W., Abdampfen des Pyridins im Vakuum, Ansäuern mit HCl gegen Kongorot, Ausäthern, Alkalisieren der wss. Lsg. u. Ausziehen mit Chlf.; 95% (Ausbeute). Analog wurden dargestellt: *Dibutylthiolcarbaminsäure-2-dimethylamino-*

äthylester, $C_{13}H_{28}ON_2S$, semikrist. M.; 97%. — *Diamylthiolcarbaminsäure-2-dimethylaminoäthylester*, $C_{15}H_{32}ON_2S$, fl.; 94%. — *Morpholin-4-thiolcarbonsäure-2'-dimethylaminoäthylester*, $C_9H_{18}O_2N_2S$, fl.; 78%. — *Piperidin-1-thiolcarbonsäure-2'-dimethylaminoäthylester*, $C_{10}H_{20}ON_2S$, fl.; 98%. — Die *Ammoniumjodide* entstehen aus den vorst. Verbb. u. dem 3—4fachen Überschuß an Alkyljodid durch mehrstd. Stehen bei 25—35°, Verdünnen mit Ae. u. Stehen, die *Äthosulfate* aus vorst. Verb. in Ae. mit $(C_2H_5)_2SO_4$ durch 2std. Stehen, die *Sulfate* aus den Jodiden in 50%ig. A. + Ag_2SO_4, Abfiltrieren, Behandeln mit H_2S, Einstellen mit $Ba(OH)_2$ auf p_H 6,5, Filtrieren u. Eindampfen: *[2-(Dibutylcarbamoylmercapto)-äthyl]-äthyldimethylammoniumjodid*, $C_{15}H_{33}ON_2JS$, F. 56°; 97%; hygroskopisch. *Sulfat*, $C_{30}H_{66}O_6N_4S_3 \cdot H_2O$, F. 127—128°; 89%. — *[2-(Diamylcarbamoylmercapto)-äthyl]-äthyldimethylammoniumjodid*, $C_{17}H_{37}ON_2JS$, seifige M.; 97%. *Sulfat*, $C_{34}H_{74}O_6N_4S_3$, F. 124—125°; 91%. *Äthylsulfat*, $C_{19}H_{42}O_5N_2S_2 \cdot 1/2 H_2O$, F. 55—56°, aus β-Dimethylaminoäthylthioldiamylurethan in Ae. + $(C_2H_5)_2SO_4$ durch 24std. Kochen, Ausziehen mit W., Einstellen mit $Ba(OH)_2$ auf p_H 6,5, Fällen von Ba^{2+} mit $(NH_4)_2S$ u. Einengen; 55%. — *[2-(Dicyclohexylcarbamoylmercapto)-äthyl]-äthyldimethylammoniumjodid*, $C_{19}H_{37}ON_2JS \cdot 1/2 H_2O$, F. 190—191°; 98%. *Sulfat*, $C_{38}H_{74}O_6N_4S_3 \cdot 5 1/2 H_2O$, F. 143 bis 144°; 97%. *Äthylsulfat*, $C_{21}H_{42}O_5N_2S_2$, F. 178—179°; 62%. — *[2-(Dicyclohexylcarbamoylmercapto)-äthyl]-propyldimethylammoniumjodid*, $C_{20}H_{39}ON_2JS$, F. 149—151°; 42%. *Sulfat*, $C_{40}H_{78}O_6N_4S_3 \cdot 6 H_2O$, F. 137—139°; 85%. — *[2-(Dicyclohexylcarbamoylmercapto)-äthyl]-butyldimethylammoniumjodid*, $C_{21}H_{41}ON_2JS$, F. 161,5—162,5°; 58%. *Sulfat*, $C_{42}H_{82}O_6N_4S_3 \cdot 6 H_2O$, F. 99—99,5°; 87%. — *[2-(Dicyclohexylcarbamoylmercapto)-äthyl]-amyldimethylammoniumjodid*, $C_{22}H_{43}ON_2JS$, F. 179—180°; 71%. *Sulfat*, $C_{44}H_{86} \cdot O_6N_4S_3 \cdot 3 H_2O$, F. 99—105°; 92%. — *[2-(Morpholinocarbonylmercapto)-äthyl]-äthyldimethylammoniumjodid*, $C_{11}H_{23}O_2N_2JS$, F. 123—124°; 100%. *Sulfat*, $C_{22}H_{46}O_8N_4S_3$, F. 115—117°; 97%; hygroskopisch. *Äthylsulfat*, $C_{13}H_{28}O_6N_2S_2$, F. 66,5—68°; 72%. — *[2-(Piperidinocarbonylmercapto)-äthyl]-äthyldimethylammoniumjodid*, $C_{12}H_{25}ON_2JS$, F. 140 bis 140,5°; 92%. *Sulfat*, $C_{24}H_{50}O_6N_4S_3$, F. 116—117°; 94%. *Äthylsulfat*, $C_{14}H_{30}O_5N_2S_2$, F. 74—76°; 100%. (J. Amer. chem. Soc. **73.** 1497—1500. April 1951. Rahway, N. J., Merck & Co., Res. Labors.) H. LEHWALD. 880

Lawrence H. Amundsen und **Leonard S. Pitts**, *Die Chlorierung aliphatischer Amine.* Die Chlorierung von N.N-Dimethylpropylaminhydrochlorid gelingt in Chlf. (weniger gut in W.) im Bombenrohr unter Lichteinwirkung. Als Chlorierungsprod. werden *2-* (**I**), *3-Chlor-N-N-dimethylpropylamin* (**II**) u. in geringer Menge *2.2-*, *2.3-* u. *3.3-Dichlor-N.N-dimethylpropylamin* erhalten. P_2O_5 katalysiert die Rk. nicht. Die günstigsten Ausbeuten mit bis zu 50% **I** + **II** entstehen bei Verwendung eines 3fachen Überschusses an Cl_2, bei größerem Überschuß tritt die Dichlorierung in den Vordergrund. Wie die Verseifung u. Isolierung von aldehyd. Material zeigt, findet α-Chlorierung höchstens zu 3% statt. Zum Vgl. werden die Dichlorderivv. auch durch Chlorierung von **I** u. **II** dargestellt. Das Verhältnis von **I** zu **II** bei vorst. Chlorierung ist ca. 2:3. Da es nach HASS (Groggins „Unit Processes in Org. Syntheses" [1947.] 186) 2:1 sein soll, übt die $-N(CH_3)_2H^+$-Gruppe also einen dirigierenden bzw. induktiven Effekt aus. Analog werden auch n-Propylamin- u. N.N-Dimethyl-n-butylaminhydrochlorid chloriert, die Chlorierungsprodd. konnten jedoch infolge Polymerisation bei der Dest. nicht identifiziert oder isoliert werden. Aus der anfallenden Menge NaCl bei der Hydrolyse mit $NaOCH_3$ wird geschlossen, daß ca. 60- bzw. 66%ig. Chlorierung stattgefunden hat. Bei der direkten Chlorierung von Isopropylamin nach JÜLICHER (E. P. 445 206 [1936]) entsteht kein isolierbares β-Chlorisopropylamin.

Versuche (FF. korr.): *N.N-Dimethyl-n-propylamin*, Kp. 64,5—65,1°, durch 5std. Erhitzen von n-Propylamin u. Dimethylamin (bei —75° vermischt) im Einschlußrohr auf 120° u. Dest.; $D.^{20}_{20}$ 0,7081; n_D^{20} 1,3877; 64% (Ausbeute). *Pikrat*, F. 108,2 bis 109,9°. — *N.N-Dimethyl-n-butylamin*, Kp. 93—94°, analog vorst. Verb.; n_D^{20} 1,3980; 50%. — *2-Chlor-N.N-dimethyl-n-propylamin* (**I**), $Kp._{50}$ 44—45°, aus vorvorst. Verb. in absol. Chlf. durch Einleiten von HCl unter Kühlung, Abdampfen, Einleiten von Cl_2 bei —75° bis zur 3fachen äquivalenten Gewichtszunahme, Verschließen der Ampulle u. 2—3tägiges Belichten, Kochen, Ausziehen mit A., Einengen (aus dem Destillat aldehyd. Material mit 2.4-Dinitrophenylhydrazin), Alkalisieren des Rückstands bei —75° u. Dest.; $D.^{20}_{20}$ 0,9093; n_D^{20} 1,4250. *Pikrat*, F. 101—103°. Daneben *3-Chlor-N.N-dimethylpropylamin* (**II**), Kp. 54—55°; $D.^{20}_{20}$ 0,9287; n_D^{20} 1,4313. *Pikrat*, F. 109,8—110,1°. — *2.2-Dichlor-N.N-dimethylpropylamin*, $Kp._{20}$ 42—42,5°, durch Chlorieren von **I** wie vorst.; n_D^{20} 1,4372. — *2.3-Dichlor-N.N-dimethyl-n-propylamin*, $Kp._{19-20}$ 66,5—67°, aus **I** bzw. **II**; n_D^{20} 1,4586; entsteht ebenfalls aus 3-Chlorpropandiol-(1.2) u. $(CH_3)_2NH$ durch Vermischen bei —75°, 5std. Erhitzen im Rohr auf 190°, Filtrieren, Aufnehmen des Filtrats in Chlf., Chlorieren mit $SOCl_2$ in der Kälte u. Alkalisieren. *Pikrat*, $C_{11}H_{14}O_7N_4Cl_2$, F. 106—107,5°. — *3.3-Dichlor-N.N-dimethyl-n-propylamin*, $Kp._{19-20}$ 55—56°, aus **II** wie vorst.; n_D^{20} 1,4492. *Pikrat*, $C_{11}H_{14}O_7N_4Cl_2$, F. 133,2—133,5°. (J. Amer. chem. Soc. **73.** 1494—97. April 1951. Storrs, Conn., Univ., Dep. of Chem.) H. LEHWALD. 910

H. M. Walborsky, M. Baum und **D. F. Loncrini,** *Die Synthese von ω-Trifluormethylaminosäuren.* 2. Mitt. *Ihre mikrobiologische Wirksamkeit.* (1. vgl. C. **1953.** 8053.) Durch Kochen von γ.γ.γ-Trifluorbuttersäure (**I**) mit PCl_3 u. Br_2 u. Zugabe von A. wurde *α-Brom-γ.γ.γ-trifluorbuttersäureäthylester* dargestellt, der durch Behandlung mit konz. NH_4OH in *γ.γ.γ-Trifluor-α-aminobutyramid* übergeführt wurde. — *∂.∂.∂.-Trifluornorvalin* (**VII**) wurde einerseits durch Red. des durch Umsetzung von γ.γ.γ-Trifluorbutyrylchlorid (**V**) mit Carbazol erhaltenen *N-[γ.γ.γ-Trifluorbutyryl]-carbazols* mit $LiAlH_4$ zu *4.4.4-Trifluorbutyraldehyd* (**VI**), dessen Behandlung mit NH_4Cl u. NaCN u. anschließende Hydrolyse mit HBr in nur 4,6%ig. Ausbeute erhalten, andererseits durch Oxydation von 4.4.4-Trifluorbutanol (**II**) mit Bichromat zu **VI**, dessen Umsetzung mit $(NH_4)_2CO_3$ u. NaCN zum *Hydantoin* u. Hydrolyse mit $Ba(OH)_2$ in 30%ig. Ausbeute. — Zur Darst. von *ε.ε.ε-Trifluornorleucin* (**IV**) wurde **II** nach der Meth. von STONE u. FICHTEL (J. org. Chemistry **15.** [1950.] 491) mit H_3PO_4 u. KJ in *4.4.4-Trifluorbutyljodid* übergeführt, dieses mit Formamidomalonsäurediäthylester (**III**) in Ggw. von Na-Hydrid zu *4.4.4-Trifluorbutylformamidomalonsäurediäthylester* kondensiert u. letzterer mit verd. HCl hydrolysiert. — Bei der Kondensation von Trifluoraceton mit Malonsäure in Pyridin mit Piperidin als Katalysator wurde nicht die erwartete β-Methyl-γ.γ.γ-trifluorcrotonsäure (**VIII**), sondern *β-Oxy-β-methyl-γ.γ.γ-trifluorbuttersäure* erhalten, die mit P_2O_5 zu **VIII** dehydratisiert wurde. Durch katalyt. Red. von **VIII** zu *β-Methyl-γ.γ.γ-trifluorbuttersäure*, Red. mit $LiAlH_4$ zu *3-Methyl-4.4.4-trifluorbutanol*, Umsetzung zu *3-Methyl-4.4.4-trifluorbutyljodid* u. dessen Kondensation mit **III** u. Hydrolyse wurde *∂-Methyl-ε.ε.ε-trifluornorleucin* (**IX**) dargestellt. — 1,7 μg/7 cm³ **VII** dämmen das Wachstum von *E. coli* um 50% ein. **IV** u. **IX** sind bis zu 100 μg/7 cm³ wirkungslos. Die Wachstumsinhibierung durch **VII** wird durch Methionin, Leucin u. Valin vollständig, durch Glutaminsäure, Isoleucin, Tryptophan u. Homocystin teilweise aufgehoben. Das Wachstum vom *S. cerevisiae* wird durch 100 μg **IV**, 10 mg **VII** u. 100 μg **IX** nicht beeinträchtigt.

Versuche: *α-Brom-γ.γ.γ-trifluorbuttersäureäthylester*, $C_6H_8O_2BrF_3$, Kp. 156—157°, $D._4^{20}$ 1,524, n_D^{23} 1,3962; durch 20std. Kochen von 22 g **I**, 28 cm³ PCl_3 u. 16 cm³ Br_2, Eindampfen, Zugabe von 40 cm³ A. zu dem in Eis abgekühlten Rückstand, Eingießen des Gemisches in Eiswasser + Na_2CO_3 u. Ausäthern des Öls; 43% (Ausbeute). — *α-Amino-γ.γ.γ-trifluorbutyramid*, F. 120,5—121°; durch 4tägiges Schütteln von 5 g der vorst. Verb. mit 60 cm³ konz. NH_4OH bei Raumtemp., Eindampfen zur Trockne u. Verrühren des Rückstands mit Acetonitril; 42%. — *4.4.4-Trifluorbutanol* (**II**), Kp. 124—125°, n_D^{20} 1,3410; durch Zutropfen von 75 g γ.γ.γ-Trifluorbuttersäureäthylester in 50 cm³ Ae. zu einer Lsg. von 20 g $LiAlH_4$ in 250 cm³ Ae., 24std. Kochen am Rückflußkühler u. Zers. des überschüssigen $LiAlH_4$ mit W.; 75%. — *4.4.4-Trifluorbutyljodid*, $C_4H_6JF_3$, Kp. 126 bis 127°, $D._4^{20}$ 1,851, n_D^{23} 1,4326; durch Einrühren von 12 g **II** in ein Gemisch aus 54 g 95%ig. H_3PO_4 u. 54 g KJ, 13 std. Erwärmen auf 120°, Eingießen in Eiswasser u. Ausäthern; 70%. — *4.4.4-Trifluorbutylformamidomalonsäurediäthylester*, $C_{12}H_{18}O_5NF_3$, F. 87—88° (PAe.); durch Kochen von 10 g **III** in 30 cm³ Bzl. mit 12,5 g der vorst. Verb. u. 1,3 g Na-Hydrid bis zum Aufhören der H_2-Entw. u. Zers. des überschüssigen Hydrids mit Methanol; 59%. — *ε.ε.ε-Trifluornorleucin* (**IV**), $C_6H_{10}O_2NF_3$, F. 272—274° (Zers.); durch Kochen von 9 g der vorst. Verb. mit 200 cm³ 17%ig. HCl bis zum Aufhören der CO_2-Entw., Eindampfen im Vakuum zur Trockne, Extraktion des Rückstands mit A., Neutralisieren der Lsg. mit Pyridin u. Umkristallisieren des ausgefallenen Prod. aus W.-A.; 56%. — *N-[γ.γ.γ-Trifluorbutyryl]-carbazol*, $C_{16}H_{12}ONF_3$, F. 116—116,5° (A.); durch Kochen von 11,5 g Carbazol u. 12,8 g **V** über Nacht, Aufnahme des tiefblauen Reaktionsgemisches in 100 cm³ sd. A. u. Abkühlen; 68%. — *4.4.4-Trifluorbutyraldehyd* (**VI**), Kp. 93—97°; durch Red. von 13,5 g der vorst. Verb. in 500 cm³ Ae. mit 0,42 g $LiAlH_4$ bei —10°; 83%, oder durch Zutropfen einer Lsg. von 41 g $Na_2Cr_2O_7$ in 130 cm³ W. zu einer Lsg. von 40 g **II** in 51 g konz. H_2SO_4 + 210 cm³ W. bei 95° unter Abdest. des Prod.; 56%. *2.4-Dinitrophenylhydrazon*, $C_{10}H_9O_4N_4F_3$, F. 189,2—190°. — *∂.∂.∂-Trifluornorvalin* (**VII**), $C_5H_8O_2NF_3$, F. 258° (Zers.); durch 7std. Schütteln von 1,5 g **VI** mit einer Lsg. von 1 g NH_4Cl u. 1 g NaCN in 10 cm³ W. bei Zimmertemp., Ausäthern, Eindampfen der Ätherlsg., Aufnehmen des Öls in Methanol, Sättigen der Lsg. mit NH_3, 4tägiges Stehenlassen bei Raumtemp., Abdampfen des Methanols im Vakuum, 3std. Kochen des Rückstands mit 45 cm³ 25%ig. HBr, Eindampfen im Vakuum, Lösen in Methanol u. Fällen mit Pyridin; 4,6%, oder durch Einrühren von 7,1 g Triäthylamin u. 8 g **VI** in eine Lsg. von 3,5 g NaCN u. 16 g $(NH_4)_2CO_3$ in 200 cm³ 50%ig. A., Rühren über Nacht bei Zimmertemp., Zugabe von 200 cm³ absol. A., Abfiltrieren des ausgeschiedenen Na_2CO_3, Zugabe von 200 cm³ W. u. 60 g $Ba(OH)_2$, Abdampfen des A. u. Triäthylamins u. 30std. Kochen, Filtrieren, 10 Min. Kochen mit 12 g $(NH_4)_2CO_3$, Abfiltrieren des $BaCO_3$, Eindampfen im Vakuum auf ein Drittel des Vol., Ansäuern mit Essigsäure auf p_H 6 u. Fällen mit A.; 30%. — *β-Oxy-β-methyl-γ.γ.γ-trifluorbuttersäure*, $C_5H_7C_3F_3$, Kp.$_2$ 75—76°, F. 30°; aus 24 g Trifluoraceton, 24 g Malonsäure, 1 cm³ Piperidin u. 100 cm³ Pyridin in 72 Std. bei Zimmertemp.; 75%. — *β-Methyl-γ.γ.γ-trifluorcrotonsäure* (**VIII**), Kp. 80—84°; durch 4std. Erwärmen von 17,2 g der vorst. Verb. u. 7,1 g P_2O_5 auf dem Dampfbad; 78%. — *β-Methyl-γ.γ.γ-trifluorbuttersäure*, $C_5H_7O_2F_3$, Kp.$_{25}$ 90—91°, n_D^{24} 1,3580; durch katalyt. Red. von **VIII** in Ggw. von Pd/Holzkohle-Katalysator; 89%. — *3-Methyl-4.4.4-trifluorbutanol*, $C_5H_9OF_3$, Kp.$_{28}$ 60—63°; durch Red. der vorst. Säure mit $LiAlH_4$; 61%. *Phenylurethan*, $C_{12}H_{14}O_2NF_3$, F. 41—42° (Chlf.). — *3-Methyl-4.4.4-trifluorbutyljodid*, $C_5H_8JF_3$, Kp. 143°, n_D^{30} 1,4362; aus vorst. Verb., KJ u. H_3PO_4 bei 120° in 13 Std. 32%. — *δ-Methyl-ε.ε.ε-trifluornorleucin* (**IX**), $C_7H_{12}O_2NF_3$, F. 254—256° (Zers.) durch Eintragen von 5,5 g **III** in eine Suspension von 0,70 g Na-Hydrid in 12 cm³ N.N-Dimethylformamid, Zugabe der filtrierten Lsg. zu einer Lsg. von 7,3 g der vorst. Jodverb. in 2 cm³ Dimethylformamid, ½std. Erwärmen auf 130° u. 2 Std. auf 160°, Eindampfen im Vakuum, Verrühren des Rückstands mit Ae., Abdampfen des Ae., 5std. Kochen des Rückstands mit 75 cm³ HCl (2:1), Eindampfen im Vakuum, Aufnehmen des Rückstands in A. u. Zugabe von Pyridin; 200 mg. (J. Amer. chem. Soc. **77**. 3637—40. 5/7. 1955. Tallahassee, Fla., Florida State Univ., Dep. of Chem.) E. FORCHE. 950

M. F. Schosstakowski, D. A. Kotschkin und **W. M. Wlassow**, *Untersuchungen auf dem Gebiet der Synthese und Umwandlungen von sauerstoffhaltigen siliciumorganischen Verbindungen*. 1. Mitt. *Synthese und einige Eigenschaften von 2-Chloräthoxytrialkyl(aryl)-silanen.* Bei der Einw. von Äthylenoxyd (**I**) auf Trialkyl(aryl)chlorsilane entstehen die entsprechenden *2-Chloräthoxytrialkyl(aryl)silane*. Der Strukturbeweis erfolgt durch alkal. Hydrolyse, wobei sich *Trialkyl(aryl)silanole* u. Äthylenchlorhydrin bilden. Auch ist das aus **I** u. Diäthylphenylchlorsilan (**II**) erhaltene *2-Chloräthoxydiäthylphenylsilan* mit der aus **II** u. Äthylenchlorhydrin erhaltenen Verb. identisch. (Vgl. C. **1954**. 11415.)

Versuche: Die Rk. wird mit Ausnahme nachst. Verb. in Ae. durchgeführt. *2-Chloräthoxydiäthylphenylsilan*, $C_{12}H_{19}OClSi$, Kp.$_{5,5}$ 128—130°; aus **II** u. **I** in Bzl. bei 70—80°; D.$^{20}_4$ 1,0562; n_D^{20} 1,5062; 80,1% (Ausbeute). — *2-Chloräthoxytriäthylsilan*, $C_8H_{19}OClSi$, Kp.$_{5,5}$ 70—70,3°; durch 14,6 g $(C_2H_5)_3SiCl$ in 200 ml Ae. wird **I** bei 30° durchgeleitet; D.$^{20}_4$ 0,9499; n_D^{20} 1,4406; 16 g. Hieraus (19,5 g) durch Verrühren der äther. Lsg. mit 2%ig. NaOH *Triäthylsilanol*, Kp.$_{757}$ 154°; D.$^{20}_4$ 0,8645; n_D^{20} 1,4340; 9,5 g. — *2-Chloräthoxytrimethylsilan*, $C_5H_{13}OClSi$, Kp.$_{758}$ 130—131°; D.$^{20}_4$ 0,9460; n_D^{20} 1,4142; 86,4%. — *2-Chloräthoxydimethyläthylsilan*, $C_6H_{15}OClSi$, Kp.$_{39}$ 71—72°; D.$^{20}_4$ 0,9467; n_D^{20} 1,4262; 84,6%. — *2-Chloräthoxymethyldiäthylsilan*, $C_7H_{17}OClSi$, Kp.$_{13}$ 67 bis 68°; D.$^{20}_4$ 0,9478; n_D^{20} 1,4316; 90,2%. (Известия Академии Наук СССР, Отделение Химических Наук [Nachr. Akad. Wiss. UdSSR, Abt. chem. Wiss.] **1954**. 1120—23. Nov./Dez. Zelinsky-Inst. für organ. Chem. der Akad. der Wiss. der UdSSR.) O. POLLAK V. EMHOFEN. 980

H. C. Brimelow, R. L. Jones und **T. P. Metcalfe**, *Die Kernchlorierung von Toluol: 2.3.4- und 2.3.6-Trichlortoluol.* Bei der Chlorierung von Toluol u. o-Chlortoluol in Ggw. von Fe-Katalysatoren bis zum Trichlorstadium entstehen *2.3.6-* (**I**), *2.4.5-* (**II**) u. *2.3.4-Trichlortoluol* (**III**) nebeneinander (vgl. dagegen SEELIG [1887] u. PRENNTZELL [1897]). **II** läßt sich leicht aus dem Reaktionsgemisch durch Sulfonierung u. fraktionierte Desulfonierung nach PRENNTZELL (l. c.) abtrennen. Zur Identifizierung von **I** u. **III** wird das Gemisch in das der entsprechenden Benzoesäuren verwandelt, die zum Vgl. wie folgt dargestellt werden: *2.3.6-Trichlorbenzoesäure* (F. 124—126°, nach COHEN u. DAKIN [1902], F. 163—164°) aus 3.6-Dichloranthranilsäure durch SANDMEYER-Rk., durch direkte Oxydation von **I** mit HNO_3 oder durch Oxydation von 2.3.6-Trichlorbenzaldehyd (**IV**) mit $KMnO_4$ oder HNO_3, **I** aus 3-Amino-2.6-dichlortoluol nach SANDMEYER oder durch Chlorierung von p-Toluolsulfochlorid u. Hydrolyse des gebildeten *2.3.6-Trichlortoluolsulfochlorids-(4)*. **IV** wurde aus **I** durch erschöpfende Chlorierung der Seitenkette u. Hydrolyse sowie aus 3-Amino-2.6-dichlorbenzaldehyd nach SANDMEYER erhalten. Die Möglichkeit, daß sich hierbei 2.3.4-Trichlorbenzaldehyd (**V**) bildet, wird durch seine Synth. ausgeschlossen. *2.3.4-Trichlorbenzoesäure* (**VI**) wurde durch direkte Oxydation von **III** oder durch Oxydation von **V** mit $KMnO_4$ gewonnen, **III** durch Chlorierung von p-Chlortoluol u. von 3-Aminotoluolsulfonamid-(6) mit H_2O_2 + HCl über *3-Amino-2.4-dichlortoluolsulfonamid-(6)* → *3-Amino-2.4-dichlortoluol*. **V** entsteht ferner aus **III** durch Seitenkettenchlorierung u. Hydrolyse. Bei der Synth. von **III** aus 2.3-Dichlortoluol durch Nitrierung, Red. u. SANDMEYER-Rk. nach COHEN u. DAKIN [1902] entsteht auch **I**. Die Nitrierung erfolgt wahrscheinlich unter Bldg. von *2.3-Dichlor-4-nitro-* u. *-6-nitrotoluol*. Die Oxydation obigen Gemisches mit verd. HNO_3 ergibt **VI**, da diese Säure in W. weniger lösl. ist u. **IV** schwerer oxydiert wird; die erschöpfende Chlorierung des Gemisches an der Seitenkette u. Hydrolyse liefert aber ein Gemisch aus **IV** u. **VI**. Durch WOLFF-KISHNER-Red. von **IV** entsteht **I**. Ferner werden die Mono- u. Dinitroderivv. von **I** u. **III** sowie *2.3.6-Trichlorbenzaldoxim*, *-benzylamin* u. *-benzylalkohol* dargestellt.

V e r s u c h e: *2.3.6-Trichlortoluol* (**I**), F. 43—44°, Kp.$_{18}$ 118°, a) durch Diazotierung von 37,2 g 3-Amino-2.6-dichlortoluol in HCl (D. 1,09) + W. bei 0—5°, Zufügen von CuCl in 15%ig. HCl bei 25°, Dampfdest., Trennen u. Trocknen; wachsartige Kuben aus A. oder CH_3OH; 31 g (Ausbeute); b) durch Einleiten von Cl_2 in eine gerührte, auf 70—80° erwärmte Mischung von 850 g gereinigtem p-Toluolsulfochlorid u. 25 g $SbCl_3$ bis zur Gewichtszunahme von 460 g, Zufügen zu 86%ig. H_2SO_4 bei 230—240° u. Dest. mit überhitztem Wasserdampf bei 250°, Auswaschen bis zur neutralen Rk. u. Vakuumdest.; 385 g; c) durch Chlorieren von Toluol oder o-Chlortoluol über Fe-Feile bei 10—15°, dann bei 20—40° (5% Cl_2-Aufnahme), Zufügen zu 23%ig. Oleum bei 70—80°, Verdünnen mit 33%ig. H_2SO_4 bei 130—140°, fraktionierte Dest. mit überhitztem Wasserdampf u. Redest.; 62% (aus Toluol), 81% (aus o-Chlortoluol); daneben **II** u. **III**; d) aus 21 g **IV** u. 50%ig. Hydrazinhydrat in Äthylenglykol, 1 std. Stehen bei 90°, Zufügen von Ätznatron bei 80° (N_2-Entw.), dann Erhitzen auf 110°, Gießen in W. u. Dampfdest.; 15,2 g; e) aus 70 g 2.3-Dichlortoluol durch Nitrieren mit HNO_3 (D. 1,5) bei 10—20°, Gießen in W., Abfiltrieren des *2.3-Dichlornitrotoluols* (F. 49—52° [A.], wachsartige M.; 88 g), Red. mit $SnCl_2$ + HCl (D. 1,16) bei 70—80°, dann 95°, Gießen in W., Alkalisieren u. Dampfdest. zu *Amino-2.3-dichlortoluol* (F. 40°; 63 g), Verwandeln in das *Acetylderiv.* (F. 131 bis 133°; 27 g), Hydrolysieren durch 2 std. Kochen mit 65%ig. H_2SO_4, Gießen in W., Alkalisieren u. Wasserdampfdest.; Diazotieren bei 0° in HCl, Zufügen von CuCl + HCl bei 0° u. Dampfdest.; unrein. — *2.3.6-Trichlorbenzylidendichlorid*, F. 78—80°, aus **I** in Toluol durch Chlorieren bei 180—200°; aus A. Nadeln. — *2.3.6-Trichlorbenzaldehyd* (**IV**), F. 87—88°, aus **I** durch 24 std. Chlorieren bei 180—220°, Zufügen zu 98%ig. H_2SO_4 bei 75°, dann 95°, Gießen auf Eis u. Reinigen durch Dampfdest.; Nadeln aus wss. A. oder Bzn.; 20,2 g. — *2.3.6-Trichlorbenzoesäure*, $C_7H_3O_2Cl_3$, F. 124—126°, a) aus 2,1 g **IV** + 1%ig. wss. $KMnO_4$ bei 90—95°, Filtrieren, Ansäuern u. Aussalzen mit NaCl; 0,54 g; b) aus 50 g **IV** + 30%ig. HNO_3 bei 95°, Alkalisieren, Reinigen mit Kohle u. Ansäuern; 50 g; c) aus 8 g 3.6-Dichloranthranilsäure in Na_2CO_3-Lsg. + $NaNO_2$, Zufügen bei 0° zu 12%ig. HCl u. SANDMEYER-Rk. wie oben; 0,4 g; d) aus 2,6 g **I** + 60%ig. HNO_3 unter Verschluß in 6 Std. bei 150°, Verdünnen, Eindampfen, Ausziehen mit $NaHCO_3$ u. Ansäuern; 1,3 g. — *2.3.4-Trichlortoluol* (**III**), $C_7H_5Cl_3$, F. 43—44°, Kp. 244°, a) aus p-Chlortoluol durch Chlorieren über Fe-Feile unterhalb 30°, Waschen bis zur neutralen Rk., Sulfonieren u. Desulfonieren wie oben u. Dest. mit überhitztem Wasserdampf; Nadeln; 25 g aus 370 g Chlorierungsprod.; daneben 236 g **II**; b) aus 3-Aminotoluolsulfonamid-(6) in verd. HCl bei 60° + 30%ig. H_2O_2, Rühren, Abfiltrieren u. Rekristallisieren aus wenig sd. Eisessig; aus *3-Amino-2.4-dichlorsulfonamids-(6)* ($C_7H_8 \cdot O_2N_2Cl_2S$, F. 184—185°) durch 2 std. Kochen in 70%ig. H_2SO_4, Gießen in W., Dampfdest. u. SANDMEYER-Rk. des diazotierten *3-Amino-2.4-dichlortoluols* ($C_7H_7 \cdot NCl_2$, F. 37—38° [Bzn.]; *p-Nitrobenzoylderiv.*, $C_{14}H_{10}O_3N_2Cl_2$, F. 246° [A.]). — *2.3.4-Trichlorbenzaldehyd* (**V**), F. 86°, a) aus 12 g **III** durch Chlorierung bei 180—200°, Hydrolysieren mit konz. H_2SO_4 u. Isolieren über die $NaHSO_3$-Verb.; Nadeln aus wss. A.; 3 g; b) aus dem Chlorierungsgemisch von Toluol oder o-Chlortoluol durch Hydrolyse mit H_2SO_4 bei 70—90°, Gießen in W., Ausäthern u. Fällen als Bisulfitverbindung. — *2.3.4-Trichlorbenzoesäure* (**VI**), $C_7H_3O_2Cl_3$, F. 187—188°, a) aus 2 g **III** durch 16 std. Kochen mit 60%ig. HNO_3; Nadeln; b) aus dem Chlorierungsgemisch von Toluol oder o-Chlortoluol durch Weiterchlorierung bei 180—200° bis zur Beendigung der Cl_2-Aufnahme, Hydrolysieren des Trichlorbenzylidendichloridgemisches mit H_2SO_4, Gießen in W., Aufnehmen in Ae., Ausziehen von **IV** mit $NaHSO_3$ u. Extrahieren der äther. Lsg. mit Na_2CO_3. — *2.3.4-Trichlornitrotoluol*, $C_7H_4O_2NCl_3$, F. 70° (A.), aus dem vorerwähnten Chlorierungsgemisch durch Nitrieren mit HNO_3 bei 0—20°, Stehen u. Gießen in Wasser. — *2.3.6-Trichlornitrotoluol*, F. 59—60°. — *2.3.4-Trichlor-5.6-dinitrotoluol*, $C_7H_3O_4N_2Cl_3$, F. 143° (A.), durch Erhitzen des Chlorierungsgemisches mit HNO_3 (D. 1,5) + H_2SO_4 (D. 1,84) u. Gießen in Wasser. — *2.3.6-Trichlor-3.4-dinitrotoluol*, F. 143°, Misch-F. mit vorst. Verb. 137—139°. — *2.3.6-Trichlorbenzaldoxim*, $C_7H_4ONCl_3$, F. 169—170°, aus 53 g **IV** in A. + Na_2CO_3 + $NH_2OH \cdot HCl$ in W. bei 40°, dann bei 100°; Nadeln aus A.; 55 g. — *2.3.6-Trichlorbenzylamin*, F. 43—44° (Bzn.), Kp.$_{12}$ 144°, aus 20 g vorst. Verb. in wss. A. + HCl u. Zn-Staub bei 40°, dann 60°, Verdünnen mit W., Filtrieren, Vakuumabdampfen des A., Alkalisieren mit NaOH, Ausäthern u. Abdampfen; 11 g. *Hydrochlorid*, $C_7H_7NCl_4$, F. >270°. — *2.3.6-Trichlorbenzylalkohol*, $C_7H_5OCl_3$, F. 70—73° (Bzn.), Kp.$_{12}$ 160—162°, aus 20 g vorst. Amins in wss. HCl + $NaNO_2$ bei 45°, Ausäthern u. Destillation. (J. chem. Soc. [London] 1951. 1208—12. Mai. Blackley, Manchester, Imp. Chem. Ind., Res. Labors.) H. LEHWALD. 1010

John W. Morton und **J. E. Callen**, *Die Struktur der Kornatzkischen Nitrotoluoldisulfonsäure.* Es wurde festgestellt, daß die von KORNATZKI [1883.] dargestellte *Nitrotoluoldisulfonsäure* die Struktur der *4-Nitrotoluoldisulfonsäure-(2.6)* hat, sie ist nicht durch Isomere verunreinigt. — *K-4-Nitrotoluoldisulfonat-(2.6)*, $C_7H_5O_8NS_2K_2$, nach KORNATZKI [1883] aus Oleum, SO_3 u. p-Bromtoluol über die *4-Bromtoluoldisulfonsäure-(2.6)* (F. 140—150°; 38—44% [Ausbeute]), die mit 95%ig. HNO_3 gekocht wurde; 1,1—3%. — *4-Nitrotoluoldisulfonylchlorid-(2.6)*, $C_7H_5O_6NCl_2S_2$, F. 114,5—115,0° (Isooctan), aus der Disulfonsäure (aus vorst. Salz an Amberlite 120) mit PCl_5; 67%. Durch Hydrolyse u. Neutralisieren mit KOH wurde ein Salz erhalten, dessen Infrarotspektr. mit dem des Ausgangsmaterials ident. ist. — *4-Nitro-2.6-dibromtoluol*, F. 57,0—57,5°, durch Überführen vorst. Verb. mit Na_2SO_3 in das *Disulfinat*, Rk. mit $HgCl_2$ zur *Bis-chlormercuriverb.* (64%) u. Rk. mit Br_2; hellgelbe Kristalle aus CH_3OH; 11%. — *4-Nitro-2.6-dijodtoluol*, $C_7H_5O_2NJ_2$, F. 116°, aus der Bis-chlormercuriverb. durch Rühren mit J_2 in CCl_4 u. Chromatographie an Al_2O_3 aus Bzl.–PAe.; hellgelbe Kristalle; 5,0%. (J. Amer. chem. Soc. **77.** 3151—52. 5/6. 1955. Cincinnati, O., Miami Valley Labors., Procter and Gamble Co.) G. CLEVE. 1090

B. P. Bangdiwala und **C. M. Desai**, *Reaktionen aromatischer Amine mit Acetylurethan in Gegenwart verschiedener Kondensationsmittel.* Anilin gibt bei 100° mit wasserfreiem $ZnCl_2$ einen *Komplex*, der gegenüber dem von YOUNG u. CLARK [1898] hergestellten Anil–$ZnCl_2$-Komplex aus Acetylurethan u. Anilin relativ beständig ist. Mit $HgCl_2$ wurde aus Acetylurethan u. Anilin ein ähnlicher Komplex erhalten. Das Erhitzen vorst. Verbb. mit $ZnCl_2$ auf 150° liefert *symm.-Diphenylcarbamide*, während mit PCl_3 in Ggw. von Toluol ein Gemisch aus *Diphenylcarbamid* u. *Acetylphenylcarbamid* erhalten wird. Acetylphenylsubstituierte Carbamide lassen sich mit wss. H_2SO_4 in symm.-Diphenylsubstituierte Carbamide überführen.

V e r s u c h e: *$ZnCl_2$-Komplex aus Acetylurethan u. Anilin*, $C_{11}H_{14}O_2N_2 \cdot ZnCl_2$, F. 248° (Zers.), unter langsamem Erwärmen Zufügen von Anilin zu einer Mischung aus gepulvertem $ZnCl_2$ u. Acetylurethan u. anschließend 3std. Erhitzen auf dem Wasserbad; 36,2% (Ausbeute). *$HgCl_2$-Komplex*, $C_{11}H_{14}O_2N_2 \cdot HgCl_2$, Zers. bei 180°; 40,3%. — *Anilin–$ZnCl_2$-Komplex*, $2C_6H_5NH_2 \cdot ZnCl_2$, F. 267—268° (Zers.), aus Anilin u. $ZnCl_2$ in Alkohol. — *symm.-Diphenylcarbamid*, $C_{13}H_{12}ON_2$, F. 236°, durch Erhitzen eines Gemisches von Acetylurethan u. $ZnCl_2$ auf 70°, Zufügen von Anilin u. 15 Min. Erhitzen auf 150°, nach Abkühlen Zufügen von W. u. Eisessig u. Umkristallisieren des Nd. aus Alkohol; 64,3%. — Analog wurden folgende *Carbamide* dargestellt: *N.N'-Di-o-tolyl-*, $C_{15}H_{16}ON_2$, F. 245°; 46,2%. — *N.N'-Di-m-tolyl-*, $C_{15}H_{16}ON_2$, F. 221°; 60%. — *N.N'-Di-p-tolyl-*, $C_{15}H_{16}ON_2$, F. 260°; 52,5%. — *N.N'-Bis-[o-methoxyphenyl]-*, $C_{15}H_{16}O_3N_2$, F. 181°; 56,2%. — *N.N'-Bis-[p-methoxyphenyl]-*, $C_{15}H_{16}O_3N_2$, F. 237°; 46,3%. — *N.N'-Di-o-phenetyl-*, $C_{17}H_{20}O_3N_2$, F. 217°; 47%. — *N.N'-Di-p-phenetyl-*, $C_{17}H_{20}O_3N_2$, F. 218°; 55%. (J. Indian chem. Soc. **31.** 50—52. Jan. 1954. Surat, M. T. B. Coll., Chem. Dep.) I. AHRLÉ. 1280

K. V. Viswanathan, **M. Raghavan** und **P. C. Guha**, *Substituierte Thioharnstoffderivate von Metanilamid.* Durch Kondensation von Metanilamid (I) mit entsprechenden Alkylsenfölen werden eine Anzahl *N-[m-Sulfamylphenyl]-N'-alkyl-* u. *-arylthioharnstoffe* dargestellt. Die erforderlichen *Alkylsenföle* entstehen nach DANIS u. Mitarbeitern (Org. Syntheses Coll. Vol.I **1946.** 447) in erheblich besserer Ausbeute als dort angegeben. Die baktericide Minimumkonz. der Thioharnstoffe gegenüber *E. coli*, *Staph. aureus* u. *M. tuberculosis* werden angeführt.

V e r s u c h e: *m-Nitrobenzolsulfonamid*, F. 163—164° (A.), aus 125 g m-Nitrobenzolsulfochlorid + konz. NH_4OH (15 Min. kochen); 105 g (Ausbeute). — *Metanilamid* (I), $C_6H_8O_2N_2S$, F. 142°, aus vorst. Verb. in konz. NH_4OH u. H_2S; prismat. Nadeln aus A.; 53%. — *m-Sulfamylphenylthioharnstoff*, $C_7H_9O_2N_3S_2$, F. 164—166,5°, aus 1,45 g KSCN u. 1,72 g I in verd. HCl u. Einengen; glänzende Nadeln aus verd. A.; 2 g. — *Phenylisothiocyanat*, $Kp._{12}$ 95°; 77%. — *p-Bromphenylisothiocyanat*, F. 60—61°, aus p-Bromanilin in A. durch Zutropfen von CS_2 bei 10°, Zufügen von konz. NH_4OH bei 25° u. Stehen; 73%. — Analog wurden nachst. I s o t h i o c y a n a t e dargestellt: *p-Chlorphenyl-*, F. 46—47°; 58,5%. — *p-Jodphenyl-*, F. 75—76°; 32%. — *o-Tolyl-*, $Kp._{68}$ 138°; 33%. — *m-Tolyl-*, $Kp._{220}$ 189—191°; 41%. — *p-Tolyl-*, $Kp._{200}$ 178—181°; 33%. — *p-Methoxyphenyl-*, F. 18°, $Kp._{25}$ 158—159°; 44%. — *p-Xylyl-*, $Kp._{29}$ 146—147°; 30%. — *α-Naphthyl-*, F. 59°; 35%. — *Methyl-*, F. 34°, $Kp._{684}$ 114°; 16%. — *Isopropyl-*, $Kp._{684}$ 134°; 28,5%. — *N-[m-Sulfamylphenyl]-3-phenylthioharnstoff*, $C_{13}H_{13}O_2N_3S_2$, F. 166,5°, aus I u. C_6H_5NCS in A. u. 12 Std. stehen; glänzende Nadeln aus A.; 89%. — Analog entstanden nachst. N - [m - S u l f a m y l p h e n y l] - N' - a l k y l (a r y l) t h i o h a r nstoffe: *N'-p-Chlorphenyl-*, $C_{13}H_{12}O_2N_3ClS_2$, F. 162,5—163° (verd. A.); in 24std. Rk.; 97,6%. — *N'-p-Bromphenyl-*, $C_{13}H_{12}O_2N_3BrS_2$, F. 168,5° (verd. A.); in 12 Std.; 85,5%. — *N'-p-Jodphenyl-*, $C_{13}H_{12}O_2N_3JS_2$, F. 186° (verd. Aceton); in 12 Std.; 86%. — *N'-p-Tolyl-*, $C_{14}H_{15}O_2N_3S_2$, F. 160,5—161° (verd. A.); in 24 Std.; 87%. — *N'-p-Methoxyphenyl*, $C_{14}H_{15}O_3N_3S_2$, F. 155,5—156° (A.); in 12—20 Std.; 83,9%. — *N'-p-Xylyl-*, $C_{15}H_{17}O_2N_3S_2$, F. 156,5—157°; in 48 Std.; 77,6%. — *N'-2.4-Dimethylphenyl-*, $C_{15}H_{17}O_2N_3S_2$, F. 155 bis 155,5° (verd. A.); in 48 Std.; 80,6%. — *N'-α-Naphthyl-*, $C_{17}H_{15}O_2N_3S_2$, F. 170°; in 12 Std.; 82%. — *N'-m-Chlorphenyl-*, $C_{13}H_{12}O_2N_3ClS_2$, F. 181—182°, aus I u. m-ClC_6H_4·NCS in A. (2 Tage stehen u. 15 Std. erwärmen), aus A. glänzende Nadeln; 52%. — *N'-Methyl-*, $C_8H_{11}O_2N_3S_2$, F. 156,5—157° (verd. A.); aus CH_3NCS u. I in A. (24 Std. stehen, 3 Std. kochen u. 24 Std. stehen); 75%. — *N'-Isopropyl-*, $C_{10}H_{15}O_2N_3S_2$, F. 154°, analog vorst. Verb.; glänzende Blättchen aus verd. A.; 60%. — *N'-Allyl-*, $C_{10}H_{13}O_2N_3S_2$, F. 142—143°, aus I u. Allylsenföl wie vorst.; glänzende Nadeln aus A.; 83%. (J. Indian Inst. Sci. **35**. 251—58. Juli 1953. Bangalore, Indien, Inst. of Sci., Dep. of Organ. Chem.) H. LEHWALD. 1280

K. Raman, M. Raghavan und **P. C. Guha**, *Sulfabiguanidderivate.* Nach dem in den Arbeiten von CURT u. ROSE (J. chem. Soc. [London] **1946**. 729) die Antimalaria-wrkg. der dargestellten Verbb. auf ein substituiertes Biguanidsyst. zurückgeführt wurde, werden nunmehr eine Anzahl Verbb. des Typs $RNHC(=NH)NHC(=NH)NHSO_2C_6H_4R'$ (I) durch Rk. von p-Nitrobenzolsulfochlorid mit 4-Chlor-, 4-Brom-, 4-Jod-, 2.4-Dichlor-, 2-Chlor-, 3-Chlor-, 4-Nitro-, 3-Nitro-, 4-Methyl-, 2-Methylphenylbiguanid, α- u. β-Naphthylbiguanid dargestellt u. die Nitroderivv. zu entsprechenden Aminoverbb. reduziert. Die pharmakol. Prüfung einiger der Verbb. ergab keine Antimalariaaktivität.

Versuche: *N^1-[p-Chlorphenyl]-N^5-[p-nitrobenzolsulfonyl]—biguanid*, F. 220° (sd. A.), durch Zufügen von 2,2 g p-Nitrobenzolsulfochlorid zu 2,12 g p-Chlorphenylbiguanid in wss. Aceton, dann Zutropfen von 33%ig. NaOH bei 20—25° u. 1std. Rühren; 2,5 g (Ausbeute). — *N^1-[p-Chlorphenyl]-N^5-[p-aminobenzolsulfonyl]-biguanid*, F. 178—179° (verd. A.), aus 2,5 g vorst. Verb. durch 2std. Kochen mit Fe-Feile in wss.-alkoh. HCl; 1,2 g. — Analog entstanden folgende Derivv. von I: $R = 4\text{-}BrC_6H_4$, $R' = NO_2$, F. 212°. $R = 4\text{-}BrC_6H_4$, $R' = NH_2$, F. 198°. — $R = 4\text{-}JC_6H_4$, $R' = NO_2$, F. 230. $R = 4\text{-}J_6H_4C$, $R' = NH_2$, F. 204°. — $R = 2.4\text{-}Cl_2C_6H_3$, $R' = NO_2$, F. 191°. $R = 2.4\text{-}Cl_2C_6H_3$, $R' = NH_2$, F. 175°. — $R = 2\text{-}ClC_6H_4$, $R' = NO_2$, F. 222°. $R = 2\text{-}ClC_6H_4$, $R' = NH_2$, F. 180°. — $R = 3\text{-}ClC_6H_4$, $R' = NO_2$, F. 194—196°. $R = 3\text{-}ClC_6H_4$, $R' = NH_2$, F. 170°. — $R = 4\text{-}NO_2C_6H_4$, $R' = NO_2$, F. 172°. — $R = 4\text{-}NH_2C_6H_4$, $R' = NH_2$, F. 160°. — $R = 3\text{-}NO_2C_6H_4$, $R' = NO_2$, F. 161—162°. $R = 3\text{-}NH_2C_6H_4$, $R' = NH_2$, F. 154°. — $R = 4\text{-}CH_3C_6H_4$, $R' = NO_2$, F. 217°. $R = 4\text{-}CH_3C_6H_4$, $R' = NH_2$, F. 192°. — $R = 2\text{-}CH_3C_6H_4$, $R' = NO_2$, F. 208°. $R = 2\text{-}CH_3C_6H_4$, $R' = NH_2$, F. 188°. — $R = \alpha\text{-}C_{10}H_7$, $R' = NO_2$, F. 167—169°. $R = \alpha\text{-}C_{10}H_7$, $R' = NH_2$, F. 135°. — $R = \beta\text{-}C_{10}H_7$, $R' = NO_2$, F. 185 bis 186°. $R = \beta\text{-}C_{10}H_7$, $R' = NH_2$, F. 147°. (J. Indian Inst. Sci. **35**. 247—50. Juli 1953. Bangalore, Inst. of Sci., Dep. of Organ. Chem.) H. LEHWALD. 1280

Jaromír Kučera, *Spaltung des DL-threo-1-[p-Nitrophenyl]-2-aminopropandiol-(1.3) in die optischen Antipoden.* Es wird die Spaltung der rac. Verb. in die Antipoden u. ihre Trennung durch eine kontinuierliche Extraktion beschrieben.

Versuche: *DL-threo-1-[p-Nitrophenyl]-2-aminopropandiol-(1.3)-bitartrat*, F. 164 bis 165° (Zers.), $[\alpha]_D^{20}$ +12,4°, aus dem rac. Diol u. der äquimol. Menge Weinsäure in A.; 98—99% (Ausbeute). — *Bitartarat* der *D-Form*, F. 190—191°, $[\alpha]_D^{20}$ —3,43, durch 6std. Extraktion der vorst. Verb. mit Methylalkohol bei 50° in einer kontinuierlich arbeitenden App. (Beschreibung u. Abb. vgl. Original) als unlösl. Anteil; 88,6%. Aus der methylalkoh. Lsg. durch Eindampfen u. Umkristallisieren aus Methylalkohol das *Bitartrat* der *L-Form*, F. 172°, $[\alpha]_D^{20}$ +29,1; 73,4% (etwas unrein). — *D-threo-1-[p-Nitrophenyl]-2-amino-propandiol-(1.3)*, F. 162°, $[\alpha]_D^{20}$ —23,0°, aus vorst. Verb. durch Einw. von NH_4OH in W.; 83,0%. *N-Dichloracetylderiv.*, F. 150—151°, $[\alpha]_D^{20}$ +18,2°. *L-Form*, F. 162°, $[\alpha]_D^{20}$ +23,01°. (Chem. Listy **49**. 526—28. April; Collect. czechoslov. chem. Commun. **20**. 968—71. Aug. 1955. Praha, Výzk. ústav pro farm. a biochem.) J. KOVÁŘ/Prag. 1320

I. Ch. Feldman und **A. A. Ssimeonow**, *Thiosemicarbazone von Aldehyden und Ketonen.* 3. Mitt. *Thiosemicarbazone von Methylketonen aus 3-Acetaminophenol.* (2. vgl. Журнал Общей Химии [J. allg. Chem.] **23** (**85**). [1953.] 441.) Aus den Alkyläthern (Alkyl = CH_3, n-C_4H_9 u. n-C_8H_{17}) von 3-Acetylaminophenol (I) u. CH_3COBr + $AlCl_3$ wird 2-Oxy-4-acetylaminoacetophenon (**II**) erhalten; außerdem entsteht bei Alkyl = n-C_4H_9 u. n-C_8H_{17} *3-Amino-4.6-diacetylphenol* (**III**).

Versuche: *2-Oxy-4-acetylaminoacetophenon* (**II**), $C_{10}H_{11}O_3N$, F. 142—144° (A.); a) man trägt 20 g $AlCl_3$ bei 40—50° anteilweise in 8 g I-Methyläther + 12,7 g CH_3COBr + 40 ml CS_2 ein, erwärmt 1½ Std. zum schwachen Sieden, gießt die CS_2-Schicht ab u.

behandelt den Rückstand mit Eis, anschließend mit 3%ig. HCl auf dem sd. Wasserbad; Nadeln; 6,2 g (Ausbeute); b) aus I-Butyläther (21 g); aus dem Reaktionsprod. werden 2,07 g III durch Kristallisation aus A. entfernt; die Mutterlauge gibt beim Eingießen in W. 11,25 g II. *Thiosemicarbazon*, $C_{11}H_{14}O_2N_4S$, F. 250—251° (Zers.); aus Alkohol. — *2-Oxy-4-aminoacetophenon*, $C_8H_9O_2N$, F. 135—136°; durch Verseifen von II mit sd. 15%ig. HCl; aus wss. A. orangegelbe Tafeln; ca. 60%. *Thiosemicarbazon*, $C_9H_{12}ON_4S$, F. 193° (Zers.); aus A. blaßgelbe Kristalle. — *3-Acetylaminobutoxybenzol*, $C_{12}H_{17}O_2N$, F. 75—76°; aus I u. Butylbromid in alkoh. NaOH, 5 Std. bei 80°; aus verd. verd. A. Tafeln; 90%. — *3-Acetylaminooctyloxybenzol*, $C_{16}H_{25}O_2N$, F. 57—58°; aus verd. A. sich fettig anfühlende Kristalle. — *3-Amino-4.6-diacetylphenol* (III), $C_{10}H_{11}O_3N$, F. 253—253,5° (A.); Pyramidenstümpfe. (Журнал Общей Химии [J. allg. Chem.] **23** (85). 2043—46. Dez. 1953. Tuberkulose-Inst. der Akad. der med. Wiss. der UdSSR.)
R. KNOBLOCH. 1340

R. R. Brown und **J. M. Price**, *Synthese von Nα-Acetyl-L-kynurenin*. Durch Ozonolyse von N-Acetyltryptophan wird *N'-Formyl-Nα-acetylkynurenin* erhalten, das bei milder Hydrolyse *Nα-Acetylkynurenin* gibt.

V e r s u c h e: *Nα-Acetyl-L-kynurenin*, $C_{12}H_{14}O_4N_2$, F. 188—188,5° (Zers.; absol. A./PAe.), durch Ozonolyse von N-Acetyl-L-tryptophan (aus L-Tryptophan mit Acetanhydrid in NaOH) in Eisessig bei Raumtemp. unter Rühren, Hydrolyse mit konz. HCl, Stehen über Nacht, Eindampfen, Chromatographie der sauren Lsg. an Dowex-50, Versetzen mit NaOH unter Eiskühlung bis p_H 2,5 unter Rühren, Extrahieren der mit NaCl gesätt. Lsg. mit Äthylacetat, Eindampfen, Versetzen der absol. alkoh. Lsg. mit PAe. u. Stehen über Nacht bei —20°; goldgelbe Kristalle, $[\alpha]_D^{25}$ 136,5° (0,5% in A.); 20—50% (Ausbeute). — *Nα-Acetyl-DL-kynurenin*, F. 171—171,5° (Zers.), analog aus N-Acetyl-DL-tryptophan; dünne Rosetten. — *Nα-Acetyl-D-kynurenin*, F. 188—188,5° (Zers.), aus N-Acetyl-D-tryptophan; $[\alpha]_D^{25}$ —138,0° (0,5% u. 95% A.). — Die UV-Spektren der Verbb. sind angegeben u. gleichen dem des Kynurenins. (J. Amer. chem. Soc. **77**. 4158—59. 5/8. 1955. Madison, Wis., Univ., Cancer Res. Hosp.) W. GEHRMANN. 1350

Henry Gilman und **Richard D. Gorsich**, *Die Darstellung von o-Fluorphenyllithium*. Das sehr reaktionsfähige *o-Fluorphenyllithium* läßt sich durch Umsetzung von o-Fluorbrombenzol (I) mit n-Butyllithium (II) bei —70° in guter Ausbeute gewinnen, aber nicht mehr bei —15°. Es setzt sich mit Benzophenon bei ca. —70° augenblicklich zu *o-Fluorphenyldiphenylcarbinol* in 84%ig. Ausbeute um. Letzteres wurde auch durch Umsetzung von o-Fluorbenzoylchlorid (III) mit Phenyl-MgBr dargestellt.

V e r s u c h e: *o-Fluorphenyldiphenylcarbinol*, F. 117,5—118,5°; durch Einrühren einer Lsg. von 8,74 g I in 60 cm^3 Ae. im Laufe von 4 Min. in ein mit Trockeneis-Aceton auf —70° abgekühltes Gemisch aus 38 cm^3 1,315n II-Lsg. (GILMAN u. Mitarbeiter, C. **1950**. I. 520) u. 35 cm^3 Ae., Zugabe einer Lsg. von 9,1 g Benzophenon in 50 cm^3 Ae., Eingießen des Reaktionsgemisches in 5%ig. HCl + Eis, Trocknen der Ätherschicht über Na_2SO_4, Filtrieren, Abdampfen des Ae. u. Umkristallisieren des Rückstandes aus PAe.; 83,8% (Ausbeute), oder durch Zugabe von 2 g III zu Phenyl-MgBr (aus 10,3 g Brombenzol u. 1,64 g Mg-Spänen); 54,3%. — *o-Fluorbenzoylchlorid* (III), $Kp._{11}$ 92—93°; durch einstd. Erwärmen von 2,3 g o-Fluorbenzoesäure u. 3,9 g $SOCl_2$ auf dem Dampfbad, Abdest. des überschüssigen $SOCl_2$ zwischen 70 u. 80° u. Fraktionieren des Prod. im Vakuum; 76,7%. (J. Amer. chem. Soc. **77**. 3919—20. 20/7. 1955. Ames, Io., Iowa State Univ., Dep. of Chem.) E. FORCHE. 1380

Karel Kochloefl, Vladimír Bažant und **František Šorm**, *Synthesen der Methylcyclopentene und deren Konstitutionsbeweis*. Es werden die Synthesen der *1*-(I), *3*- (II) u. *4-Methylcyclopentene* (III), sowie ihre Konstanten beschrieben. Die Konst. dieser Verbb. wird einerseits durch Hydrierung zu *Methylcyclopentan* (n_D^{19} 1,4135—1,4137), andererseits durch Oxydation des II u. III zu α- bzw. *β-Methylglutarsäure* [identifiziert als *p-Bromphenacylester*, F. 96 bzw. 117° (A.)] bestätigt. Dadurch wurden ältere unrichtige Angaben über die Konstanten u. die Bldg. der drei Verbb. revidiert (vgl. GODCHOT, MOUSSERON, RICHAUD C. R. hébd. Séances Acad. Sci. **200**. [1935.] 1599; MOUSSERON, RICHAUD, GRANGER, Bull. Soc. chim. France, Mém. **1946**. 213).

V e r s u c h e: *1-Methylcyclopenten* (I), $Kp._{740}$ 74,5—74,7°, aus 1-Methylcyclopentanol u. Phthalsäureanhydrid bei 170°; n_D^{25} 1,4299; Infrarotspektr.; 90% (Ausbeute). — *1-Methyl-1.2-dibromcyclopentan*, $C_6H_{10}Br_2$, $Kp._{15}$ 80—81°, aus I u. Br_2 in CCl_4; 60,7%. — *3-Bromcyclopenten*, C_5H_7Br, $Kp._{70}$ 34—36°, aus Cyclopenten u. Bromsuccinimid in CCl_4, 1 Std. am Rückfluß (unter CO_2); 24,2%. — *3-Methylcyclopenten* (II), $Kp._{740}$ 64°, aus Vorst. u. CH_3MgCl in Ae., 2 Std. am Rückfluß; n_D^{25} 1,4208; Infrarotspektr.; 67,2%. — *3-Methyl-1.2-dibromcyclopentan*, $C_6H_{10}Br_2$, $Kp._{15}$ 85°, aus II u. Br_2 in CCl_4; 73%. — *4-Methylcyclopentandiol-(1.2)* (IV), $C_6H_{12}O_2$, $Kp._9$ 107—108°, aus 4-Methylcyclopentandion-(1.2) (V) u. Pt/H_2 in A.; 93%. — *4-Methyl-2-äthoxycyclopenten-(2)-on*, $C_8H_{12}O_2$, Kp.$_{20}$ 116°, aus V, 20%ig. H_2SO_4 u. A., 6 Std. am Rückfluß; 37%. — *4-Methyl-2-äthoxycyclopentanol* (VI), $C_8H_{16}O_2$, Kp.$_{760}$ 178°, Kp.$_{16}$ 73—74°, aus vorst. Verb. (vgl. V → IV); 88,4%. — *4-Methyl-1.2-dibromcyclopentan* (VII), $C_6H_{10}Br_2$, Kp.$_{11}$ 70—80°, aus IV u. PBr_3 in Pyridin u. Bzl.; 50,7%. — *4-Methyl-2-äthoxybromcyclopentan*, $C_8H_{15}OBr$, Kp.$_{11}$ 82—84°, aus VI analog vorst. Verb; 36%. — *4-Methylcyclopenten* (III), C_6H_{10}, Kp.$_{735}$ 66,5°, a) aus VII u. Zn in Propanol, 3 Std. am Rückfluß; n_D^{18} 1,4270; Infrarotspektr.; 72%; b) aus vorst. Verb. analog a) Kp.$_{742}$ 65,66°; n_D^{19} 1,4266; 50%. (Chem. Listy **49.** 519—25. April 1955. Praha, Českoslov. aka. věd., Ústav organ. chem.) J. KUČERA/Prag. 1810

L. E. Craig, R. M. Elofson und **I. J. Ressa,** *Achtgliedrige Carbocyclen.* 4 Mitt. *Reduktion von Cyclooctatetraen.* (3. vgl. C. **1955.** 2185.) Vff. untersuchen die elektrolyt. Red. von *Cyclooctatetraen* (I) an einer Hg-Kathode. In Ggw. von Tetramethylammoniumion verläuft sie in neutraler u. alkal. Lsg. glatt unter Bldg. von *Cyclooctatrien-(1.3.6)* (II) u. *Cyclooctatrien-(1.3.5)* (III) im Verhältnis 3 : 1, wie aus dem UV-Spektr. hervorgeht. Daß III durch Isomerisierung von II gebildet wird, II also das Primärprod. der Red. ist, wird dadurch gezeigt, daß (in Übereinstimmung mit den Ergebnissen von COPE u. HOCHSTEIN, C. **1951.** II. 1273) II in Ggw. von C_2H_5ONa, wie am UV-Spektr. verfolgt wird, zu III isomerisiert wird, III also bei der langsamen Dest. des Reduktionsprod. angereichert wird. Bicycl. KW-stoffe entstehen bei der elektrolyt. Red., wie aus der 84%ig. Ausbeute an *Cyclooctan* (IV) bei der Hydrierung des Reduktionsgemisches hervorgeht, höchstens in sehr geringem Anteil. — Bei Wiederholung der Red. von I mit Na u. N-Äthylanilin in Ae. nach ZIEGLER u. WILMS (C. **1950.** II. 2545) bei n. Temp. wurde ein Gemisch aus 57% II u. 43% III erhalten, ohne daß bicycl. KW-stoffe nachgewiesen werden konnten. — Red. von I mit Na u. A. liefert ein Gemisch aus *Cyclooctadien-(1.4)* (V) u. *Cyclooctadien-(1.5)* (VI); die Konst. der Verbb. ist durch Hydrierung u. Ozonolyse gesichert; daneben entsteht ein niedrigsd., autoxydables Prod., dessen Konst. nicht festgestellt werden konnte, das jedoch wahrscheinlich *Cyclooctadien-(1.3)* oder ein *bicycl. KW-stoff* ist. — Mit Zn + CH_3COOH u. mit $LiAlH_4$ wird in geringem Maße eine Red. von I erreicht, wobei nach den UV-Absorptionskurven *Triene* entstehen.

Versuche: Die 10std. elektrolyt. Red. von 100 g I in 50%ig. A. in Ggw. von 100 g Tetramethylammoniumbromid mit Hg als Kathode u. 20%ig. NaOH als Anolyt bei 6—8 A u. 20 V liefert nach Extraktion des Katholyten mit PAe. 74 g eines Gemisches aus *Cyclooctatrien-(1.3.6)* (II) u. *Cyclooctatrien-(1.3.5)* (III), C_8H_{10}, Kp.$_{80}$ 73—75°, n_D^{25} 1,5146, das in Ggw. von ADAMS-Katalysator 3 Mol H_2 aufnimmt unter Bldg. von *Cyclooctan* (IV), Kp. 147,5—148°, n_D^{25} 1,4546, F. 9—11°; 84% (Ausbeute). Chromatographie des Gemisches in CH_3OH an Aktivkohle lieferte zuerst, wie aus dem UV-Spektr. des Eluats ersichtlich, ein 4—6% III enthaltendes II; aus dem UV-Spektr. des ursprünglichen Gemisches geht hervor, daß dieses zu 75% aus II u. zu 25% aus III besteht. — 21 g des bei der Elektrolyse erhaltenen Rohprod. liefern nach 10½ std. Kochen mit C_2H_5ONa-Lsg., Gießen in W. u. Ausziehen mit PAe. III, Kp.$_{80}$ 75—77°; n_D^{25} 1,5228; die Isomerisierung wurde am UV-Spektr. verfolgt. — Nach langsamer Zugabe von 10,1 g Na zu 20,8 g I u. 72,7 g N-Äthylanilin in Ae. unterhalb 25°, Zugabe von W. nach 2 Std. u. Einengen wird ein Gemisch erhalten, das nach dem UV-Spektr. 57% II u. 43% III enthält; n_D^{25} 1,5092; 19,7 g. Es liefert bei Red. mit ADAMS-Katalysator IV, Kp. 150—151°; n_D^{25} 1,4563; F. 10—12,5°; 74%. Die Red. von I mit Na u. Anilin oder Piperidin statt Äthylanilin verläuft in gleicher Weise, nur sind längere Zeiten erforderlich. — Zugabe von Na zu I in absol. A. unter fortwährendem Sieden, Addition von W. u. Ausziehen mit PAe. gibt ein Gemisch (Kp. 147—149°, n_D^{25} 1,4857; 81%), das mit ADAMS-Katalysator 2 Mol H_2 aufnimmt unter Bldg. von IV, 91%, u. mit Br_2 in CH_2Cl_2 nach Abdampfen u. Behandeln mit PAe. ein *Tetrabromcyclooctan*, $C_8H_{12}Br_4$, F. 127—128°, liefert; 1,5 g aus 5 g; Ozonolyse des ursprünglichen Reduktionsprod. führte zu keinen krist. Dicarbonsäuren. Wurden nach der Red. 55 cm³ des Prod. sorgfältig fraktioniert, wurden nach einer bei 140,5° (korr.)/ 737 mm sd. Fraktion (n_D^{25} 1,4865; 8,5 cm³) *Cyclooctadien-(1.4)* (V), C_8H_{12}, Kp.$_{737}$ 143,2° (korr.), n_D^{25} 1,4858, 22,5 cm³, u. *Cyclooctadien-(1.5)* (VI), C_8H_{12}, Kp.$_{757}$ 150,8° (korr.), n_D^{25} 1,4908, 22 cm³, erhalten. Alle 3 Fraktionen absorbieren 2 Mol H_2. Ozonisierung der 1. Fraktion in Essigester bei —20°, Erhitzen des Ozonids mit Essigsäure + H_2O_2, Eindampfen, Lösen in gesätt. Sodalsg., Ausäthern, Ansäuern der wss. Schicht u. Ausäthern gab kein reines Prod.; die 1. Fraktion ist autoxydabel u. ist vielleicht *Cyclooctadien-(1.3)* oder eine *bicycl. Verbindung.* Die Ozonolyse von V führte zu der in Bzl. unlösl. *Malonsäure*, F. 135—137° (W.), u. der in Bzl. lösl. *Glutarsäure*, F. 93—95°. Ebenso gab VI *Bernsteinsäure*, F. 187—189° (W.). (J. Amer. chem. Soc. **75.** 480—83. 20/1. 1953. Easton, Pa., General Anilin and Film Corp., Central Res. Labor.) H.-J. NITZSCHKE. 1810

D. S. Tarbell, Richard F. Smith und **V. Boekelheide,** *Synthetische Untersuchungen über das Colchicinproblem. Darstellung und Eigenschaften einiger Styryltropolone.* Es werden Modellverss. durchgeführt, um festzustellen, ob sich das Colchicingerüst durch Cyclisation zwischen den über eine aus 3 C-Atomen bestehende Kette verbundenen Ringen A u. C aufbauen läßt. — Aromat. Aldehyde kondensieren leicht mit α-Carboxy-β-carboxymethyltropolon (I) in Ggw. von Acetanhydrid u. Triäthylamin unter CO_2-Abspaltung u. Bldg. der entsprechenden *α-Carboxy-β-styryltropolone*; meist entstehen nebenbei die an der Tropolon-OH-Gruppe acetylierten Verbb.; mit o-Nitrobenzaldehyd entstehen z. B. bei n. Temp. 44% nicht acetyliertes u. 24% acetyliertes Produkt. — Die Red. des *α-Carboxy-β-[o-nitrostyryl]-tropolons* (II) gelang nicht mit $Fe(OH)_2$, $(NH_4)_2S$, $Na_2S_2O_4$ oder H_2 u. Pt in Dioxan; mit N_2H_4 u. RANEY-Ni wurde in wss. A. eine hochschm. Substanz erhalten (vielleicht ein polymeres Amid), die mit sd. verd. HCl die *Aminoverb.* (III) als *Hydrochlorid* gab; sie wurde auch durch Kondensation von o-Acetamidobenzaldehyd mit I bei nachheriger Hydrolyse erhalten. III läßt sich auf n. Wege langsam, als Hydrochlorid jedoch mit Isoamylnitrit in mit HCl gesätt. A. leicht diazotieren; die PSCHORR-Cyclisierung des Diazoniumsalzes mit Cu-Pulver gelang nicht. Daraus u. aus den Infrarotspektren der dargestellten Styryltropolone geht hervor, daß sie in *trans*-Form vorliegen. Daß ausschließlich die trans-Verbb. entstehen, muß durch die Raumbeanspruchung des substituierten Tropolonringes erklärt werden. — Die *Styrylverb. aus 3.4.5-Trimethoxybenzaldehyd* konnte ebenfalls nicht cyclisiert werden. — Die Infrarotspektren der dargestellten Verbb. werden diskutiert.

Versuche: *α-Carboxy-β-carboxymethyltropolon* (I), aus Purpurogallin nach HAWORTH u. HOBSON (C. **1955**. 4580); 34—39% (Ausbeute). — Nach Zugabe von o-Nitobenzaldehyd zu I in Triäthylamin enthaltendem Acetanhydrid, 1std. Stehen, Gießen in HCl + Eis, Fällen mit W. und Ausziehen des Nd. sd. mit A. verbleibt *α-Carboxy-β-[o-nitrostyryl]-tropolonacetat*, $C_{18}H_{13}O_7N$, F. 185—186° (korr.) unter Zers.; aus CH_3OH blaßgrünlichgelbe Prismen; weitere Mengen werden durch Zugabe von viel W. zu der wss. Lösung erhalten; 24%; mit Soda entsteht ein orangefarbenes Salz. Einengen der vorst. alkoh. Lsg. liefert *α-Carboxy-β-[o-nitrostyryl]-tropolon* (II), $C_{16}H_{11}O_6N$, F. 198 bis 199° (korr.) unter Zers., aus wss. A. grünlichgelbe Platten; 44%; gibt mit Soda ein orangefarbenes *Salz*. — *α-Carbomethoxy-β-[o-nitrostyryl]-tropolonmethyläther*, $C_{18}H_{15}O_6N$, F. 179—180° (korr.) unter Zers., aus II in Aceton u. CH_2N_2 in Ae.; aus A. gelbe Nadeln; 40%. — *α-Carboxy-β-[o-aminostyryl]-tropolon* (III), $C_{16}H_{13}O_4N$, F. 194—195° (Zers.), durch Zugabe von 67%ig. $N_2H_4 \cdot H_2O$ zu 1 g II in heißem A., Zufügen von W., dann von wenig RANEY-Ni, 1½std. Erhitzen, Ansäuern des Filtrats mit CH_3COOH (810 mg *Polyamid* als orangefarbenes Pulver), kurzes Kochen von 50 mg der Substanz mit 20%ig. HCl, wobei das III-*Hydrochlorid* ausfällt, 48 mg, das in A. mit W. versetzt wird; braunes Pulver. *Hydrochlorid*, $C_{16}H_{14}O_4NCl$, F. 184—185° (Zers.), aus sehr verd. HCl gelbe Nadeln. Die gleichartige Red. des II-Acetats, aber in CH_3OH, liefert nach Eindampfen des Filtrats u. Rk. mit sd. 20%ig. HCl das III-*Hydrochloridmonohydrat*, $C_{16}H_{14}O_4NCl \cdot H_2O$, F. 179—180° (Zers.); aus verd. HCl rote Kristalle. — *α-Carboxy-β-[o-acetylaminostyryl]-tropolon*, F. 208—209° (Zers.), wie II aus o-Acetylaminobenzaldehyd; 31%; das acetylierte Tropolon entsteht in diesem Fall nicht. Die Verb. gibt nach Kochen mit 20%ig. HCl das III-*Hydrochlorid*. — Die durch langsame Zugabe von Isoamylnitrit zu der mit HCl gesätt. Lsg. von III·HCl in absol. A. bei 0° erhaltene Diazoniumsalzlsg. gibt mit alkal. β-Naphthollsg. eine tiefrote Fällung; Gießen der Diazoniumsalzlsg. in absol. Ae., Suspendieren des Nd. in Aceton, 1std. Rk. mit Cu-Pulver u. Einengen des Filtrats lieferte nur Harze. — Rk. von I mit Benzaldehyd wie bei II liefert *α-Carboxy-β-styryltropolon*, $C_{16}H_{12}O_4$, F. 170—172° (korr.) unter Zers., gelbe Nadeln aus Essigsäure, 43%, u. das *Acetat*, F. 102—104° (korr.) unter Zers., 13%. Weder mit Polyphosphorsäure noch mit wasserfreiem Fluorwasserstoff konnte erstere Verb. cyclisiert werden, auch ließ sie sich in absol. A. im UV-Licht nicht isomerisieren. — 2std. Rk. von I mit 3.4.5-Trimethoxybenzaldehyd in Acetanhydrid u. etwas Triäthylamin u. Gießen in verd. HCl + Eis liefert *α-Carboxy-β-[3.4.5-trimethoxystyryl]-tropolonacetat*, $C_{21}H_{20}O_8$, als Nd.; aus CH_3OH orangefarbene Nadeln, F. 175—176° (korr.) unter Zers.; 46%; aus dem Filtrat wurde *α-Carboxy-β-[3.4.5-trimethoxystyryl]-tropolon*, $C_{19}H_{18}O_7$, F. 199—201° (korr.) unter Zers., isoliert; gelbe Platten aus wenig CH_3OH; 24%; die Verb. konnte weder mit HF noch mit Polyphosphorsäure cyclisiert werden. — *α-Carbomethoxy-β-[3.4.5-trimethoxystyryl]-tropolonmethyläther*, $C_{21}H_{22}O_7$, F. 119—120° (korr.), aus vorst. Verb. mit CH_2N_2 in Aceton bei nachheriger Chromatographie. (J. Amer. chem. Soc. **76**. 2470—73. 5/5. 1954. Rochester, N. Y., Univ., Dep. of Chem.) H.-J. NITZSCHKE. 2070

M. Hellmann, A. J. Bilbo und **W. J. Pummer**, *Synthese und Eigenschaften von fluorierten Polyphenylen.* 1.2.4.5-Tetrafluorbenzol (I) läßt sich zu *1.4-Dijod-2.3.5.6-tetrafluorbenzol* (II) jodieren, widersteht aber der Chlorierung mit SO_2Cl_2 u. 65%ig. Oleum. II u. *1.4-Dibrom-2.3.5.6-tetrafluorbenzol* (III; vgl. HELLMANN u. BILBO C. **1953**. 9132) liefern beim Erhitzen mit akt. Cu-Pulver auf 200—250° Perfluorpolyphenyle, die sich in eine in Bzl. lösl. Fraktion mit dem durchschnittlichen Polymerisationsgrad 4—5 (Mol.-Gew. 750—1000) u. eine unlösl. Fraktion mit dem Polymerisationsgrad 8—10 (Mol.-Gew. 1300—1700) trennen lassen.

Versuche: *1.4-Dijod-2.3.5.6-tetrafluorbenzol* (II), F. 109—111°; durch Zugabe von 5 g I im Laufe von 10 Min. zu einem gerührten Gemisch aus 13 g J_2 u. 15 cm³ 65%ig. rauchender H_2SO_4 bei Raumtemp., 3std. Erwärmen auf 55—60°, Gießen auf Eis, Waschen des ausgeschiedenen Prod. mit $NaHSO_3$-Lsg., Trocknen u. Umkristallisieren aus Methanol-W.; 81% (Ausbeute). — Durch 80std. Erhitzen von gleichen Mengen III u. akt. Cu-Pulver im Einschlußrohr auf 200°, Extrahieren des Prod. mit Bzl. u. Eingießen der Lsg. in A. erhält man eine weiße, bei 247—260° schm. Substanz der Zus. $Br(C_6F_4)_nBr$ (n = 4—5) mit 18,5% Br. Wenn man den in Bzl. unlösl. Rückstand mehrmals mit warmer HNO_3 u. konz. NH_4OH Cu-frei wäscht, erhält man ein hellbraunes Pulver mit 11,8% Br (n ≅ 8). — Beim Erhitzen von II mit der halben Menge Cu-Pulver im offenen Reagensglas auf 200° tritt eine exotherme Rk. ein, die Temp. steigt schnell auf 290° u. die M. erstarrt. Neben wenig benzollösl. Substanz erhält man ein graues Pulver mit 14,4% J (n ≅ 10), das bis 500° (Einschlußrohr) nicht schmilzt. (J. Amer. chem. Soc. **77.** 3650—51. 5/7. 1955. Washington, D. C.) E. FORCHE. 2210

Nelson R. Easton und **Velmer B. Fish,** *Zersetzung von quaternären Salzen.* 3. Mitt. *Carbinole des Methadoltypes.* (2. vgl. C. **1954.** 11426.) Vff. erhalten bei der pyrolyt. Zers. der Methojodide u. zum Teil der quaternären Hydroxyde von Dimethylaminocarbinolen des Methadoltyps (erhältlich aus den entsprechenden Dimethylaminoketonen durch Red. mit $LiAlH_4$) in analoger Rk. wie bei den Ketonen (l. c.) substituierte Tetrahydrofurane (vgl. EASTON u. Mitarbeiter, C. **1954.** 4151).

Versuche: *Methojodide nachst. Aminocarbinole* (aus den entsprechenden Ketonen durch Red. mit $LiAlH_4$): *α-dl-Methadol-*, F. 193—194° (Zers.). *α-dl-Isomethadol-*, F. 225 bis 226° (Zers.). — *α-d-Isomethadol-*, F. 224—225° (Zers.), $[\alpha]_D^{20}$ +24,2° (2,5% in A.). — *α-l-Isomethadol-*, F. 224—225° (Zers.), $[\alpha]_D^{20}$ —24,4° (wie vorst.). — *6-Dimethylamino-4.4-diphenylhexanol-(3)-*, F. 187—189° (Zers.). — *2-Äthyl-3.3-diphenyltetrahydrofuran*, ($C_{18}H_{20}O$, F. 70—71°) u. dessen *Substitutionsprodd.* wurden aus vorst. Verbb. durch Erhitzen bei 15—20 mm mit freier Flamme erhalten (Ausbeute 1,1—1,4 g/5 g): *α-dl-5-Methyl-*, $C_{19}H_{22}O$, F. 89—90°. — *α-dl-4-Methyl-*, $C_{19}H_{22}O$, F. 73,5—75°. — *α-d-4-Methyl-*, $C_{19}H_{22}O$, F. 62,5—64°; $[\alpha]_D^{20}$ +43,6° (2,5% in A.). — *α-l-4-Methyl-*, $C_{19}H_{22}O$, F. 62—63°; $[\alpha]_D^{20}$ —43,8° (2,5% in A.). (J. Amer. chem. Soc. **77.** 2547—49. 5/5. 1955. Bethlehem, Pa.) G. WINKLER. 2520

Wesley Cocker, A. K. Fateen und **Cyril Lipman,** *Die Einwirkung von Methylbernsteinsäureanhydrid auf Xylenole und die Synthese einiger Trimethylnaphthole.* Die Kondensation von 4-Methoxy-o-xylol mit Methylbernsteinsäureanhydrid (I) in Ggw. von $AlCl_3$ ergibt *β-[2-Methoxy-4.5-dimethylbenzoyl]-α-methyl-* u. *β-[2-Methoxy-4.5-dimethylbenzoyl]-β-methylpropionsäure*, u. zwar in Nitrobenzol im Verhältnis 10 : 1, in Bzl. 3 : 1. Analog reagiert 3-Methoxy-o-xylol zu *β-[4-Methoxy-2.3-dimethylbenzoyl]-α-* u. *β-methylpropionsäure* (8 : 1 bzw. 2 : 1), 4-Methoxy-m-xylol zu *β-[5-Methoxy-2.4-dimethylbenzoyl]-α-methylpropionsäure* (kein β-Methylisomeres) u. Methoxy-p-xylol zu *β-[4-Methoxy-2.5-dimethylbenzoyl]-α-methylpropionsäure.* In CS_2 als Lösungsm. finden keine Rkk. statt. Vorst. Ketosäuren werden zu entsprechend substituierten *Buttersäuren* red., zu *Tetralonen* cyclisiert, zu *Tetralinen* red. u. zu *3.4.6-Trimethylnaphthol-(1)*, *3.4.7-Trimethylnaphthol-(2)*, *2.4.7-Trimethylnaphthol-(1)* u. *1.4.7-Trimethylnaphthol-(2)* dehydriert.

Versuche: *β-[2-Methoxy-4.5-dimethylbenzoyl]-α-methylpropionsäure*, $C_{14}H_{18}O_4$, F. 167—168°, aus 10 g 4-Methoxy-o-xylol u. 10 g I in Nitrobenzol durch Zufügen von $AlCl_3$ in Nitrobenzol bei 15—20°, 12std. Stehen, Gießen in HCl + Eis u. Abfiltrieren des Nd.; aus wss. A. Nadeln; 10 g (Ausbeute). *Semicarbazon*, $C_{15}H_{21}O_4N_3$, Nadeln aus verd. A., F. 179—180°. — *β-[2-Methoxy-4.5-dimethylbenzoyl]-β-methylpropionsäure*, $C_{14}H_{18}O_4$, F. 110°, aus der Nitrobenzollsg. durch Extrahieren mit 20%ig. NH_4OH, u. Ansäuern; aus Bzl. + PAe. Nadeln; 1 g. *Semicarbazon*, $C_{15}H_{21}O_4N_3$, F. 168—169°, aus Essigester Nadeln. — *β-[2-Oxy-4.5-dimethylbenzoyl]-α-methylpropionsäure*, $C_{13}H_{16}O_4$, F. 158° (Bzl. + verd. A.), durch 2std. Kochen u. 12std. Stehen von 4-Methoxy-o-xylol, 4 g I in $AlCl_3$ + Bzl. u. Gießen in HCl + Eis; aus der benzol. Schicht durch Vakuumeindampfen u. fraktionierte Kristallisation; 3,4 g. — *β-[2-Oxy-4.5-dimethylbenzoyl]-β-methylpropionsäure*, F. 142°; aus der Mutterlauge; 1,3. — *γ-[2-Methoxy-4.5-dimethylphenyl]-α-methylbuttersäure*, Kp.$_{17}$ 212°, durch 48std. Kochen von 9 g der Ketoverb. mit Zn-Amalgam + ½ konz. HCl; 7 g. — *5.6.7.8-Tetrahydro-5-keto-3.4.6-trimethylnaphthol-(1)*, $C_{13}H_{16}O_2$, F. 108—109° (A.), durch 2std. Erwärmen von 3,5 g vorst. Verb. mit 80%ig. H_2SO_4; 0,7 g. *Methyläther*, $C_{14}H_{18}O_2$, Nadeln aus verd. A., F. 56°. — *5.6.7.8-Tetrahydro-3.4.6-trimethylnaphthol-(1)*, $C_{13}H_{18}O$, F. 120°, durch Red. von 1,1 g vorst. Ketons mit Zn-Amalgam aus der benzol. Schicht; aus wss. A. Nadeln; 0,7 g. *Methyläther*, $C_{14}H_{20}O$, F. 50°, Platten. — *3.4.6-Trimethylnaphthol-(1)*, $C_{13}H_{14}O$, F. 99—100°, aus 0,7 g vorst. Verb. u. 2,1 g Se bei 335—340° in 2½ Std., Extrahieren mit CH_3OH u. Wasserdampfdest.; aus PAe. Nadeln; λ_{max} 2420, 3070 (3200) u. 3300 Å (log ε = 4,65, 3,70 [3,65] u. 3,57). *Pikrat*, $C_{19}H_{17}O_8N_3$, F. 159—160°, aus Bzl. rote Nadeln. *Methyläther*, $C_{14}H_{16}O$, F. 88°, aus A. Nadeln. — *β-[4-Methoxy-2.3-dimethylbenzoyl]-α-methylpropionsäure*, $C_{14}H_{18}O_4$, F. 137°, aus 8 g 3-Methoxy-o-xylol + 8 g I + $AlCl_3$ in Nitrobenzol, Zers. mit Eis + HCl u. Abfiltrieren; Platten aus Bzl. + PAe.; 8,5 g. *Semicarbazon*, $C_{15}H_{21}O_4N_3$, F. 196°, aus verd. A. Nadeln. — *β-[4-Methoxy-2.3-dimethylbenzoyl]-β-methylpropionsäure*, $C_{14}H_{18}O_4$, F. 112 bis 113°, Platten aus Bzl.; 1,2 g. — *γ-[4-Methoxy-2.3-dimethylphenyl]-α-methylbuttersäure*, F. 98—99°, aus vorvorst. Verb. durch Red. wie oben; Nadeln aus Bzl. + PAe.; 6,5 g. — *5.6.7.8-Tetrahydro-8-keto-3.4.7-trimethylnaphthol-(2)*, $C_{13}H_{16}O_2$, F. 204°, aus 3,5 g vorst. Verb. + 80%ig. H_2SO_4 durch 2std. Erwärmen; aus Bzl. Nadeln; 1 g. *Methyläther*, $C_{14}H_{18}O_2$, F. 76—77°, aus verd. A. Platten. *Semicarbazon* des *Methyläthers*, $C_{15}H_{21}O_2N_3$, F. 217—218°, aus verd. A. Platten. — *5.6.7.8-Tetrahydro-3.4.7-trimethylnaphthol-(2)*, $C_{13}H_{18}O$, F. 104—105°, aus 0,5 g vorst. Verb. durch CLEMMENSEN-Red.; Nadeln aus PAe.; 0,2 g. — *3.4.7-Trimethylnaphthol-(2)*, $C_{13}H_{14}O$, F. 141°, aus 0,3 g vorst. Verb. durch 3std. Se-Dehydrierung bei 340—360°; Nadeln aus Bzn.; λ_{max} 2340 (2770), 2860 (2970), 3180 u. 3320 Å (log ε = 4,9 [3,66], 3,73 [3,60], 3,29 u. 3,40); 0,2 g. *Pikrat*, $C_{19}H_{17}O_8N_3$, F. 152—153°, aus Bzl. rote Nadeln. *Trinitrobenzolat*, $C_{19}H_{17}O_7N_3$, F. 164°; aus Bzl. orangefarbene Nadeln. — *γ-[4-Methoxy-2.3-dimethylphenyl]-β-methylbuttersäure*, $C_{14}H_{20}O_3$, F. 115°, aus vorst. Ketosäure durch Red. wie oben; Nadeln aus PAe.; 1,2 aus 1,3 g. — *5.6.7.8-Tetrahydro-8-keto-3.4.6-trimethylnaphthol-(2)*, $C_{13}H_{16}O_2$, F. 128—129°, aus 1,1 g vorst. Verb. + 80%ig. H_2SO_4; Nadeln aus A.; 0,4 g. — *5.6.7.8-Tetrahydro-3.4.6-trimethylnaphthol-(2)*, $C_{13}H_{18}O$, F. 61—62°, aus 0,3 g vorst. Verb. durch CLEMMENSEN-Red.; Nadeln aus A.; 0,1 g. — *β-[5-Methoxy-2.4-dimethylbenzoyl]-α-methylpropionsäure*, $C_{14}H_{18}O_4$, F. 110°, aus 12 g 4-Methoxy-m-xylol + I in Nitrobenzol u. $AlCl_3$; Platten aus verd. A.; 17 g. *Semicarbazon*, $C_{15}H_{21}O_4N_3$, F. 169°, aus verd. A. Nadeln. — *γ-[5-Methoxy-2.4-dimethylphenyl]-α-methylbuttersäure*, Kp.$_{20}$ 180°, aus 7 g vorst. Verb. durch Red.; 6,5 g. — *5.6.7.8-Tetrahydro-8-keto-2.4.7-trimethylnaphthol-(1)*, $C_{13}H_{16}O_2$, F. 56—57°, aus 24 g vorst. Verb. u. 80%ig. H_2SO_4; aus verd. A. gelbe Prismen; 3 g. — *5.6.7.8-Tetrahydro-2.4.7-trimethylnaphthol-(1)*, $C_{13}H_{18}O$, F. 71—72°, aus PAe. Nadeln. — *2.4.7-Trimethylnaphthol-(1)*, $C_{13}H_{14}O$, F. 105—106°, aus vorst. Verb. u. Se; Nadeln aus PAe.; λ_{max} 2420, 3030 (3160) u. 3300 Å (log ε = 4,63, 3,69 [3,62] u. 3,47). *Pikrat*, $C_{19}H_{17}O_8N_3$, F. 138—139°, aus Bzl. rote Nadeln. *Carbanilat*, $C_{20}H_{19}O_2N$, F. 166—167°, aus A. Nadeln. — *β-[4-Methoxy-2.5-dimethylbenzoyl]-α-methylpropionsäure*, $C_{14}H_{18}O_4$, F. 140°, aus 8,5 g Methoxy-p-xylol + I + $AlCl_3$ in Nitrobenzol; Platten aus verd. A.; 5 g. *Semicarbazon*, $C_{15}H_{21}O_4N_3$, F. 166°, aus verd. A. Nadeln. — *γ-[4-Methoxy-2.5-dimethylphenyl]-α-methylbuttersäure*, $C_{14}H_{20}O_3$, F. 89—90°, durch Red. von 4 g vorst. Verb.; Prismen aus PAe.; 3,2 g. — *5.6.7.8-Tetrahydro-8-keto-1.4.7-trimethylnaphthol-(2)*, $C_{13}H_{16}O_2$, F. 75°, aus vorst. Verb. + 80%ig. H_2SO_4; aus PAe. Prismen. — *5.6.7.8-Tetrahydro-1.4.7-trimethylnaphthol-(2)*, $C_{13}H_{18}O$, F. 32°, aus vorst. Verb. durch Red; aus PAe. Nadeln. — *1.4.7-Trimethylnaphthol-(2)*, $C_{13}H_{14}O$, F. 48—49°, aus vorst. Verb. durch Se-Dehydrierung; Nadeln aus verd. A.; λ_{max} 2370, 3880 (3020), 3250 u. 3370 Å (log ε = 4,59, 3,56 [3,46], 3,09 u. 3,13). *Pikrat*, F. 115°, aus Bzl. rote Nadeln. (J. chem. Soc. [London] **1951**. 926—29. April. Dublin, Trinity Coll.) H. LEHWALD. 2700

Alain Horeau, *α.α.β-Trisubstituierte Butyrolactone*; *α.α-Dimethyl-β-[6-methoxynaphthyl-(2)]-butyrolacton*. Die Einw. von Perbenzoe-, -essig- bzw. -ameisensäure (**I**) auf α.α-Dimethyl-β-aryl-β-methylenpropionsäureester, die aus β-Aryl-β-keto-α.α-dimethylpropionsäureestern (**B**) mit CH_3MgJ u. Dehydratation der gebildeten Carbinole erhalten werden, entstehen *α.α-Dimethyl-β-aryl-γ-oxybutyrolactone* (**A**). Ihre Hydrierung in Ggw. von RANEY-Ni führt zu *α.α-Dimethyl-β-aryl-β-oxymethylpropionsäuren*, die sich leicht zu *α.α-Dimethyl-β-arylbutyrolactonen* lactonisieren lassen. Die aus den entsprechenden Säurechloriden gewonnenen *Aryldiazomethylketone* werden mit Essigsäure in *2-Keto-2-aryläthylacetate* u. diese nach REFORMATSKI mit α-Bromisobuttersäureäthylester in **A** übergeführt. Letztere entstehen auch aus **B** mit Chloressigsäureäthylester in Ggw. von Na bzw. $NaNH_2$ über *2.2-Dimethyl-3.4-epoxy-3-arylglutarsäuren* durch Kochen mit Essigsäure-HCl (Meth. **C**).

Versuche: α.α-Dimethylbutyrolactone: *β-Phenyl-γ-oxy-*, F. 131°, a) aus I u. Dimethylphenylvinylessigsäure; 60% (Ausbeute); b) aus ω-Diazoacetophenon; c) nach **C**. — *β-[p-Methoxyphenyl]-γ-oxy-*, $C_{13}H_{16}O_4$, F. 120—121°. — *β-[1.2.3.4-Tetrahydronaphthyl-(6)]-γ-oxy-*, $C_{16}H_{20}O_3$, F. 115—116°. — *3-Phenyl-*, $C_{12}H_{14}O_2$, F. 91—92°. — *β-[p-Methoxyphenyl]-*, $C_{13}H_{16}O_3$, F. 127,5°. — *β-[1.2.3.4-Tetrahydronaphthyl-(6)]-*, $C_{16}H_{20}O_3$, F. 76,5°. — *β-[6-Methoxynaphthyl-(2)]-*, $C_{17}H_{18}O_3$, F. 152°, aus *2-Acetoxyacetyl-*

6-methoxynaphthalin ($C_{15}H_{14}O_4$, F. 110—110,5°, aus 2-[ω-Diazoacetyl]-6-methoxynaphthalin). (C. R. hebd. Séances Acad. Sci. **241**. 205—08. 11/7. 1955.) R. PASEDAG. 2700

Ju. A. Oldekop und **B. N. Moryganow,** *Reaktionen einiger aromatischer Verbindungen des Quecksilbers, Zinns und Bleis mit Kohlenstofftetrachlorid.* Bei der therm. Rk. von Di-α-naphthylquecksilber mit CCl_4 bilden sich *α-Naphthotrichlorid* u. *α-Naphthylquecksilberchlorid*; außerdem entstehen *Naphthalin* u. *Harz*, diese offenbar durch Disproportionierung aus α-Naphthylradikalen. Bei höherer Temp. erfolgt völlige Desarylierung unter Bldg. von *$HgCl_2$* u. *HgCl*. Die therm. Rk. ist verschieden von der früher beschriebenen Photo-Rk. u. verläuft offenbar allg. nach dem Schema $Ar_2Hg + CCl_4 \rightarrow ArHgCl + ArCCl_3$. Acetylperoxyd initiiert die Rk. von Tetraphenylzinn u. Tetraphenylblei mit CCl_4 nicht (Unterschied von Benzoylperoxyd). — 5 g $(\alpha\text{-}C_{10}H_7)_2Hg$ in 30 ml CCl_4 werden 20—55 Std. im Rohr auf Tempp. von 160—230° erhitzt; ein Vers. bei 160—170° lieferte 3,66 g *α-$C_{10}H_7HgCl$*, 0,54 g *α-Naphthoesäure* (aus α-$C_{10}H_7CCl_3$ durch Hydrolyse), 0,25 g *Naphthalin* u. 0,02 g *$HgCl_2$*. (Журнал Общей Химии [J. allg. Chem.] **23** (85). 2020—23. Dez. 1953. Gorki, Univ.) R. KNOBLOCH. 2700

C. David Gutsche und **Kurt L. Seligman,** *Einleitende Versuche zur Colchicinsynthese: Eine Methode zur Synthese des B-Ringes.* (Vgl. C. **1955**. 8867) *6.7.7a.8.9.10.11.11a-Oktahydro-7-[N-acetylamino]-5 H-dibenzo-[a:c]-cycloheptatrien* (I), eine Modellsubstanz des Colchicins, die den B-Ring enthält, konnte von Vff. auf folgendem Wege gewonnen werden. 2-Phenylcyclohexanon (III) wurde nach STOBBE mit Bernsteinsäuredimethylester kondensiert. Es entstand ein Gemisch isomerer Halbester; aus dem ein hochschm. α- u. ein tieferschm. *β-isomerer* isoliert werden konnte. Als wahrscheinlichste von den 3 möglichen Strukturen (mit endocycl. $C_{(1)}$- bzw. $C_{(6)}$- oder exocycl. Doppelbindung) dieser Halbester wird II angesehen, wobei bemerkenswert ist, daß sich die endocycl. Doppelbindung dieser Halbester nicht zum Phenylring in Konjugation einstellt. Für II sprechen die Ergebnisse der O_3- u. $KMnO_4$-Einwirkung. Bei der letzteren entstand γ-Benzoylbuttersäure, während **III** unter diesen Bedingungen zu δ-Benzoylvaleriansäure führte. Die ungesätt. Halbester konnten nicht cyclisiert werden. Sie wurden mit Pd-Kohle hydriert (PtO_2 gab stärker hydrierte Prodd.) u. über das Säurechlorid, das mit Oxalylchlorid dargestellt worden war, mit $AlBr_3$ cyclisiert. Bei Verwendung von $AlCl_3$ trat Esteraustausch ein u. an Stelle des Siebenrings bildete sich der Sechsring. Anschließend wurde die Ketogruppe durch Hydrierung entfernt, die Säure in Chlorid übergeführt u. durch CURTIUS-Abbau das Amin dargestellt, das mit Acetanhydrid in die Acetylaminoverb. verwandelt wurde. UV-Spektren vgl. Original.

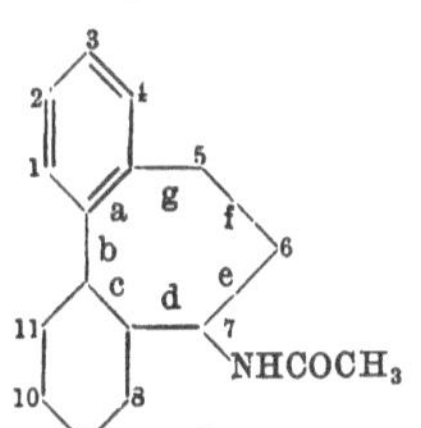

I

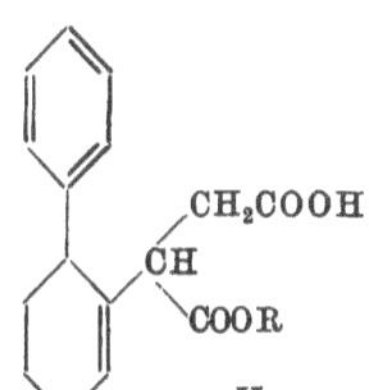

II

V e r s u c h e : *α-Isomeres der β-Carbomethoxy-β-[2-phenylcyclohexen-(6)-yl]-propionsäure* (II), $C_{17}H_{20}O_4$, F. 143—143,5°; 0,27 Mol **III** in 0,41 Mol Bernsteinsäuredimethylester werden zu 0,4 Mol K in 278 ml tert.-Butanol gegeben u. 1 Std. unter N_2 gekocht; aus der halbkrist. M. nach Verreiben mit Bzl. u. Umkristallisieren des Rückstands in wss. A. Nadeln; 20% (Ausbeute). *S-Benzylthiuroniumsalz*, $C_{25}H_{30}O_4N_2S$, F. 139—140°. — *β-Isomeres von* II, $C_{17}H_{20}O_4$, F. 90—91°; nach Verdampfen des Bzl. aus Lösungsm. D (PAe./Äthylacetat 9 : 1) mkr. Nadeln; 32%. *S-Benzylthiuroniumsalz*, $C_{25}H_{30}O_4N_2S$, F. 137 bis 138°. Aus dem restlichen Öl ein weiteres *S-Benzylthiuroniumsalz*, $C_{25}H_{30}O_4N_2S$, F. 128,5—129,5°. — *α-Isomeres der α-[2-Phenylcyclohexen-(6)-yl]-bernsteinsäure*, $C_{16}H_{18}O_4$, F. 187,5—188,5°, durch alkal. Verseifung des α-Esters; aus wss. A. Nadeln. *Bis-p-bromphenacylester*, $C_{32}H_{28}O_6Br_2$, F. 146—146,5°; aus wss. A. Nadeln. *β-Isomeres vorst. Säure*, $C_{16}H_{18}O_4$, F. 179,5—181° (wss. A.). *Bis-p-bromphenacylester*, F. 139—140°. *γ-Isomeres vorst. Säure*, F. 165,5—167° (wss. A.). *Bis-o-bromphenacylester*, F. 128—129°. *δ-Isomeres vorst. Säure*, F. 178—180° (wss. A., durch Verseifung des rohen Halbesters mit wss.-alkoh. NaOH. Die Ozonolyse von *β*-**II** gab *β-Carbomethoxy-γ-keto-δ-phenylazelainsäure*, $C_{17}H_{20}O_7$, F. 132—134°. Hieraus durch Verseifung *γ-Keto-δ-phenylazelainsäure*, $C_{15}H_{18}O_5$, F. 126,5 bis 127,5°. Die $KMnO_4$-Oxydation von *β*-**II** gab *γ-Benzoylbuttersäure*, $C_{11}H_{12}O_3$, F. 127,5 bis 129,5°. Aus **III** entstand bei dieser Oxydation *δ-Benzoylvaleriansäure*, F. 77—78,5°. — *α_1-Isomeres der β-Carbomethoxy-β-[2-phenylcyclohexyl]-propionsäure*, $C_{17}H_{22}O_4$, F. 151 bis 152° (aus Lösungsm D), durch Red. von α-**II** in absol. Methanol mit 10% Pd-Kohle (24 Std.; 2—3 at); 94%. *S-Benzylthiuroniumsalz*, $C_{25}H_{32}O_4N_2S$, F. 147,5—148,5°. *β_1-Isomers vorst. Säure*, F. 127°, aus *β*-**II** wie vorst.; 20%. *S-Benzylthiuroniumsalz*, F. 139 bis 140°. Daneben das *β_2-Isomere*, F. 104,5—106°; 19%. *S-Benzylthiuroniumsalz*, F. 144,5 bis 145,5°. Wurde α-**II** über PtO_2 hydriert, so entstand ein *Perhydrohalbester*, $C_{17}H_{28}O_4$,

F. 128,5—129°. Daraus durch Verseifung die *Dicarbonsäure*, $C_{16}H_{24}O_4$, F. 200—201°. *Bis-p-bromphenacylester*, $C_{32}H_{34}O_6Br_2$, F. 156,5—157,5°. — *α_1-Isomeres der α-[2-Phenylcyclohexyl]-bernsteinsäure*, $C_{16}H_{20}O_4$, F. 191—192°. *Bis-p-bromphenacylester*, $C_{32}H_{30}O_6Br_2$, F. 140,5—141,5°. *β_1-Isomeres vorst. Säure*, F. 197—199°. *Bis-p-bromphenacylester*, F. 179—181°. *β_2-Isomeres*, F. 178—179°. *Bis-p-bromphenacylester*, F. 174—176°. — *α_1-Isomeres des 6.7.7α,8.9.10.11.11α-Oktahydro-7-carbomethoxy-5-keto-5H-dibenzo-[a:c]-cycloheptatriens* (**IV**), $C_{17}H_{20}O_3$, F. 157—157,5°. Das α_1-Isomere des gesätt. Halbesters wird mit Oxalylchlorid in das Säurechlorid verwandelt, in CS_2 gelöst u. in eine Lsg. von $AlBr_3$ in CS_2 eingetropft; nach 4std. Rühren bei 20° wird hydrolysiert; 96%. *Semicarbazon*, $C_{18}H_{23}O_3N_3$, F. 215—217° (Zers.). Daneben zu 2% das *α_1-Isomere der 1.2.3.4.4a.9-10.10a-Oktahydro-9-ketophenanthryl-10-essigsäure*, F. 176—177,5°. — *β_1-Isomeres von* **IV**, F. 97—97,5°. *Semicarbazon*, F. 234—236° (Zers.). — *α_1-Isomeres des 1.2.3.4.4a.9.10.10a-Oktahydro-9-ketophenanthryl-10-essigsäuremethylester*, $C_{17}H_{20}O_3$, F. 75—76°, zu 85%, wenn der Ringschluß statt mit $AlBr_3$ mit $SnCl_4$ in Bzl. durchgeführt wurde. Wird in CS_2 gearbeitet, so fielen 35% *β-Carboxy-β-[2-phenylcyclohexyl]-propionsäuremethylester* (?), $C_{17}H_{22}O_4$, F. 113—114°, an. — *β-Carbomethoxy-β-[2-phenylcyclohexyl]-propiophenon*, $C_{24}H_{26}O_3$, F. 101—102°, bei der Cyclisierung des α_1-gesätt. Halbesters mit $AlCl_3$ in Bzl.; 35%. — *β-Carboxy-β-[2-phenylcyclohexyl]-propiophenon*, $C_{22}H_{24}O_3$, F. 177—178°. — *6.7.7a.8.9.10.11.11a-Oktahydro-7-carbomethoxy-5H-dibenzo-[a:c]-cycloheptatrien*, $C_{17}H_{22}O_2$, F. 82—82,5°, durch Hydrierung der 5-Ketoverb. mit Pd-Kohle in Eisessig in Ggw. von etwas $HClO_4$. — *6.7.7a.8.9.10.11.11a-Oktahydro-7-carboxy-5H-dibenzo-[a:c]-cycloheptatrien*, $C_{16}H_{20}O_2$, F. 201—202°. *p-Bromphenacylester*, $C_{24}H_{25}O_3Br$, F. 163,5—164,5°. — *6.7.7a.8.9.10.11.11a-Oktahydro-7-[N-acetylamino]-5H-dibenzo-[a:c]-cycloheptatrien* (**I**), $C_{17}H_{23}ON$, F. 175—176° (aus A. Nadeln). Von der vorst. Säure wurde nach der Oxalylmeth. das Säurechlorid dargestellt, hieraus das Azid bereitet, dieses in Xylol bei 80—90° bis zur Beendigung der N_2-Entw. erhitzt, das Xylol abgetrieben u. der Rückstand mit konz. HCl erhitzt. Die säurelösl. Aminfraktion wurde unmittelbar mit Acetanhydrid acetyliert. (J. Amer. chem. Soc. **75**. 2579—84. 5/6. 1953. St. Louis, Washington Univ., Dep. of Chem.) K. NEZEL. 2950

Donald D. Phillips, *Vielkernige aromatische Kohlenwasserstoffe*. 1. Mitt. *Eine neue Synthese von Picen*. 9.10-Dihydrophenathren (**I**) wird mit β-Carbomethoxypropionylchlorid (**II**) zu *2.7-Bis-[3-carbomethoxypropionyl]-9.10-dihydrophenanthren* (**III**) kondensiert, das durch Red., Dehydrierung u. Verseifung in *2.7-Bis-[3-carboxypropyl]-phenanthren* (**IV**) übergeht. **IV** läßt sich zu *1.12-Diketo-1.2.3.4.9.10.11.12-oktahydropicen* (**V**) cyclisieren, das leicht *Picen* (**VI**) gibt. Die Ausbeute an **VI** aus **I** ist 7,5%.

Versuche [FF. korr.; Chromatographie (Chr.) an „Magnesol"]: *2.7-Bis-[3-carbomethoxypropionyl]-9.10-dihydrophenanthren* (**III**), $C_{24}H_{24}O_6$, F. 162—163°; 39,9 g **I** u. 70 g **II** in CS_2 bei 0° verrührt, 133 g $AlCl_3$ zugegeben, nach 5 Std./5° u. 48 Std./Raumtemp. auf Eis + W. gegossen u. den Nd. mit kaltem CH_3OH gewaschen; genügend rein für die folgende Rk.; Tafeln aus Aceton; 43 g roh (Ausbeute). — *β-[9.10-Dihydrophenanthroyl-(2)]-propionsäuremethylester*, Kp.$_1$ 240—250°, F. 77—78°, aus vorst. Filtrat; 24,3 g. — *2.7-Bis-[3-carboxypropyl]-9.10-dihydrophenanthren* (**VII**), $C_{22}H_{24}O_4$, F. 194 bis 197°, aus 40,8 g **III** nach HUANG-MINLON; Tafeln aus CH_3OH; 30,6 g roh. *Dimethylester* (**VIIm**), $C_{24}H_{28}O_4$, F. 39,5—40,5°, Nadeln aus CH_3OH; 92%. — *γ-[9.10-Dihydrophenanthryl-(2)]-buttersäuremethylester*, $C_{19}H_{20}O_2$, Kp.$_{1,8}$ 205—207°, aus 2-[3-Carboxypropionyl]-9.10-dihydrophenanthren nach HUANG-MINLON u. die rohe Säure (97%) verestert; 71%. — *2-[3-Carbomethoxypropionyl]-7-[3-carbomethoxypropyl]-9.10-dihydrophenanthren*, $C_{24}H_{26}O_5$, F. 78,8—79,6°; zu $AlCl_3$ in $C_6H_5NO_2$ bei 0° vorst. Verb. u. **II** in $C_6H_5 \cdot NO_2$ gegeben, 45 Std. bei Raumtemp. gerührt, mit Eiswasser zers., bei 1 mm dest. u. den Rückstand mit CH_3OH verrieben; bräunliche Mikronadeln aus Aceton–Hexan; 70%; nach HUANG-MINLON 98% rohe **VII**. — *2.7-Bis-[3-carbomethoxypropyl]-phenanthren*, $C_{24}H_{26}O_4$, F. 88—89°, **VIIm** u. 10%ig. Pd-Kohle 5 Std. auf 270° erhitzt; Chr. in Bzl.; Tafeln als Aceton–Hexan; 84% roh. *Freie Säure* (**IV**), $C_{22}H_{22}O_4$, F. 196—200°, Kristallpulver aus Aceton–Isooctan; 90%. — *1.12-Diketo-1.2.3.4.9.10.11.12-oktahydropicen* (**V**), $C_{22}H_{18}O_2$, F. 258—261° (Zers.), a) 3std. Sieden von 0,96 (g) roher **IV** u. 1,28 PCl_5 in Bzl., bei 5° Zugabe von 4,5 $SnCl_4$ u. 5std. Rühren bei Zimmertemp.; Zers. mit Eis u. Ausschütteln des Ätherextrakts mit Sodalsg.; Chr. des Eindampfrückstands, Elution mit PAe., dann PAe.-Bzl. (6:4) u. (4:6) u. letzte beide verarbeitet; 40%; b) 1,08 **IV** u. 40 Polyphosphorsäure bei 40° u. 2 Tage bei 60° verrührt, in W. gegossen u. Chr. des Nd. wie a); neben 0,1 **IV** 60%. — *Picen* (**VI**), $C_{22}H_{14}$, F. 366—367° (verschlossenes Rohr), aus **V** u. $LiAlH_4$ in Tetrahydrofuran (4 Std.), Zers. mit Essigester u. W., Ausäthern u. Chr. des Eindampfrückstandes; das Öl 1 Std. mit 30%ig. Pd-Kohle auf 340° erhitzt u. Chr. in CCl_4 an Al_2O_3; fluorescierende Platten aus Essigester; 0,18 g. — *1.2.3.4.9.10.11.12-Oktahydropicen*, $C_{22}H_{22}$, F. 167—169°; **V** nach HUANG-MINLON red.; Nadeln aus PAe.;

86%; wie bei **VI** dehydriert; schwer zu reinigen. — *1.2;6.7-Dibenzophenanthren*, F. 292 bis 294°; die Petrolätherfraktion von **V** nach a) mit $LiAlH_4$ red. u. wie **VI** dehydriert; blaßgelbe Blättchen aus Bzl.; 60%. (J. Amer. chem. Soc. **75.** 3223—26. 5/7. 1953. Ithaca, N. Y., Cornell Univ., Baker Labor. of Chem.) K. LEHMSTEDT. 2950

Frederick Leonard und **Leon Simet**, *Antispasmodica.* 3. Mitt. *Basische Alkylester. Säureaddition und quaternäre Ammoniumsalze von α-[Cycloalken-(2)-yl-(1)]-thienyl-(2)-essigsäuren.* (2. vgl. C. **1953.** 3393.) Nachdem sich β-Diäthylaminoäthylester der α-[Cyclopenten-(2)-yl-(1)]- u. α-[Cyclohexen-(2)-yl-(1)]-thienyl-(2)-essigsäure in Form ihrer Hydrochloride in vitro u. in vivo als spasmolyt. wirksam erwiesen (C. **1953.** 1011), wurden nun von diesen beiden Säuren zahlreiche Ester mit bas. Alkoholen dargestellt, indem 1. die Säuren mit tert. Aminoalkylhalogeniden in Ggw. von K_2CO_3, 2. Säurechloride mit bas. Alkoholen oder 3. ω-Bromalkylester dieser Säuren (die ihrerseits aus den Säuren mit Alkylendibromiden erhalten worden waren) mit Aminen umgesetzt wurden. Aus β-Diäthylaminoäthylmercaptan u. den Säurechloriden wurden die entsprechenden Thiolester synthetisiert. Die erhaltenen Ester wurden durch Rk. mit verschied. Alkylhalogeniden quaternisiert oder in Salze der Salpeter-, Salz- oder Citronensäure übergeführt. Viele der erhaltenen Substanzen sind stark anticholinerg. wirksam.

V e r s u c h e: *β-Äthylmethylaminoäthanol*, $Kp._{25}$ 62—63°, n_D^{20} 1,4372, aus β-Äthylaminoäthanol durch Kochen mit HCOOH u. HCHO; 55% (Ausbeute). — *β-Di-n-butylaminoäthanol*, $Kp._{17}$ 116—119°, n_D^{20} 1,4439, durch Zugabe von Äthylenbromhydrin zu Dibutylamin in Bzl. unterhalb 50°, danach Kochen während 5 Std.; 78%. — *β-Morpholinoäthanol*, $Kp._{25}$ 119—120°, n_D^{20} 1,4765, wie vorst.; 81%. — *β-Pyrrolidinoäthanol*, $Kp._{17}$ 88—89°, wie vorst., jedoch in Chlf.; n_D^{20} 1,4736; 56%. — *1-Diäthylaminopropan-ol-(2)*, $Kp._{30}$ 64—65°, aus Propylenoxyd u. Diäthylamin; 81%. — *1-Piperidinopropan-ol-(2)*, Kp. 91—92°, n_D^{20} 1,4615; 85%. — *β-Piperidinoäthanol*; 80%. — *1.3-Bis-[diäthylamino]-propanol-(2)*, $Kp._{33}$ 134—137°, n_D^{20} 1,4467, aus Epichlorhydrin u. Diäthylamin; 68%. — *1.3-Bis-[di-n-propylamin]-propanol-(2)*, $Kp._{23}$ 108—111°; n_D^{20} 1,4491; 66%. — *3-Diäthylamino-2.2-dimethylpropanol*, $Kp._{18}$ 25—28°, n_D^{20} 1,4414, aus dem entsprechenden Aldehyd u. RANEY-Ni/H_2 in A. bei 70—80°/130 at; 86%. — *2.2-Dimethyl-3-piperidinopropanol*, $Kp._{19}$ 119—120°, n_D^{20} 1,4653, wie vorst.; 92%. — *2-Diäthylaminocyclohexanol*, $Kp._{18}$ 109—110°, n_D^{20} 1,4649, durch Anlagerung von HClO an Cyclohexen u. Aminierung des Chlorhydrins bei 150° unter Druck; 16%. — *1-Methylpiperidinol-(4)*, $Kp._{22}$ 106—107°, n_D^{20} 1,4763, aus dem Piperidon u. RANEY-Ni/H_2; 74%. — *1-Methylpiperidinol-(3)*, $Kp._{26}$ 93—94°, durch Hydrierung von 3-Oxy-1-methylpyridiniumbromid über RANEY-Ni bei 200—230°/120 at; n_D^{20} 1,4733; 82%. — *β-Dibenzylaminoäthanol*, $Kp._{0,001}$ 114—118°; n_D^{20} 1,5676, aus Äthanolamin u. Benzylchlorid; 80%. *Hydrochlorid*, F. 182—185°. — Durch Umsetzung von 1-Chlor-3-brompropan mit einem Amin wurden folgende *3-Alkylaminopropylchloride* dargestellt: *γ-Diäthylamino-*, $Kp._{31}$ 75—76°; n_D^{20} 1,4402; 68%. — *γ-Di-n-propylamino-*, $Kp._{25}$ 103—105°; n_D^{20} 1,4426; 45%. — *γ-Di-n-butylamino-*, $Kp._{18}$ 123—125°; n_D^{20} 1,4464; 57%. — *γ-Pyrrolidino-*, $Kp._{17}$ 82—83°; n_D^{20} 1,4763; 68%. — *γ-Piperidino-*, $Kp._{25}$ 100—101°; n_D^{20} 1,4722; 76%. — *γ-Morpholino-*, $Kp._{20}$ 110—111°; n_D^{20} 1,4736; 66%. — *α-[Cyclopenten-(2)-yl-(1)]-thienyl-(2)-acetylchlorid*, $C_{11}H_{11}OClS$, $Kp._3$ 121°; n_D^{20} 1,5547, aus der Säure u. $SOCl_2$ in Bzl. während 3 Std. bei 50°. — *α-[Cyclohexen-(2)-yl-(1)]-thienyl-(2)-acetylchlorid*, $C_{12}H_{13}OClS$, $Kp._{0,7}$ 111 bis 112°; n_D^{20} 1,5602, aus der Säure u. $SOCl_2$ in Chlf. während 17 Std. bei 20° u. 1½ Std. unter Rückflußkochen. — *α-[Cyclopenten-(2)-yl-(1)]-thienyl-(2)-essigsäure-β'-bromäthylester*, $C_{13}H_{15}O_2BrS$, $Kp._{0,003}$ 135—136°; n_D^{20} 1,5545. Äthylenbromhydrin in Bzl. wird in die benzol. Lsg. des Säurechlorids unter Rühren eingetropft u. 8 Std. gekocht, mit 5%ig. Sodalsg. nach dem Abkühlen neutral gewaschen u. im Vakuum fraktioniert; 88%. — *α-[Cyclopenten-(2)-yl-(1)]- thienyl-(2)-essigsäure-ω-brompentylester*, $C_{16}H_{21}O_2BrS$, $Kp._{0,008}$ 148—150°, n_D^{20} 1,5383, durch Kochen von 0,29 Mol 1,5-Dibrompentan ($Kp._{23-27}$ 110—116°; n_D^{20} 1,5093) in 130 ml Essigester mit 0,26 Mol Säure u. 40 g K_2CO_3 während 9 Std., danach Fraktionierung im Vakuum; 51%. — *α-[Cyclohexen-(2)-yl-(1)]-thienyl-(2)-essigsäure-ω-brompentylester*, $C_{17}H_{23}O_2BrS$, $Kp._{0,001}$ 142 bis 143°, n_D^{20} 1,5430, wie oben. — *α-[Cyclohexen-(2)-yl-(1)]-thienyl-(2)-essigsäure-β'-morpholinoäthylesterhydrochlorid*, $C_{18}H_{26}O_3NClS$, F. 145—146° (Aceton/A.). Äquimol. Mengen Morpholinoäthanol u. Säurechlorid werden 12 Std. in Bzl. gekocht; nach dem Alkalisieren wird fraktioniert (*Esterbase*, $Kp._{0,001}$ 147—161°; n_D^{20} 1,5424; 69%) u. das Hydrochlorid aus Essigester mit alkoh. HCl u. Ae. ausgeschieden. — *α-[Cyclopenten-(2)]-yl-(1)]-thienyl-(2)-essigsäure-ω'-piperidinopentylesterhydrochlorid*, $C_{21}H_{32}O_2NClS$, F. 103,5 bis 104,5° (Essigester/Hexan), aus Piperidin u. dem ω-Brompentylester in Bzl. während 9 Std. unter Rückflußkochen. *Esterbase*, $Kp._{0,001}$ 148—155°, n_D^{20} 1,5237; 74%. — *4-{α-[Cyclopenten-(2)-yl-(1)]-thienyl-(2)-acetoxy}-1.1.2.2.6-pentamethylpiperidiniumjodid*, $C_{21}H_{32}O_2NJS$, F. 191—193°. 0,02 Mol der tert. Base ($Kp._{0,001}$ 145—162°, n_D^{20} 1,5263)

u. 0,023 Mol CH_3J in 70 ml Aceton werden 4 Std. unter Rückfluß gekocht. — *2-{α-[Cyclohexen-(2)-yl-(1)]-thienyl-(2)-acetoxy}-äthyltriäthylammoniumbromid*, $C_{20}H_{32}O_2NBrS$, F. 149 bis 150° (Aceton/Ae.), durch Erhitzen des β-Diäthylaminoäthylesters mit Äthylbromid in Aceton im Wasserbad unter Druck. — α-[Cyclopenten-(2)-yl(1)]-thienyl-(2)-essigsäureester: *β'-Isopropylaminoäthyl-*, Kp.$_{0,001}$ 121—125°, n_D^{20} 1,5235. *Hydrochlorid*, $C_{16}H_{24}O_2NClS$, F. 149—151° (A./Ae.). *β'-Dimethylaminoäthyl-*, *Hydrochlorid*, $C_{15}H_{22}O_2NClS$, F. 105,5—106,5° (Isopropanol/Ae.). — *β'-Methyläthylaminoäthyl-*, Kp.$_{0,001}$ 123—131°, n_D^{20} 1,5312. *Hydrobromid*, $C_{16}H_{24}O_2NBrS$, F. 81,5 bis 83,5° (Essigester/Ae.). — *β'-Diäthylaminoäthyl-*, *Hydrobromid*, $C_{17}H_{26}O_2NBrS$, F. 100 bis 101° (Essigester/Ae.). *Saures Oxalat*, $C_{19}H_{27}O_6NS$, F. 109,5—110,5° (Essigester). *Prim. Citrat*, $C_{23}H_{33}O_9NS$, F. 126—127° (Äthylendichlorid). *Methojodid*, $C_{18}H_{28}O_2NJS$, F. 101—103° (Methyläthylketon/Ae.). *Jodäthylat*, $C_{19}H_{30}O_2NJS$, F. 140—141° (Essigester/CH_3OH). *Brombenzylat*, $C_{24}H_{32}O_2NBrS$, F. 128—130° (Isopropanol/Ae.).— *β'-Di-n-propylaminoäthyl-*, Kp.$_{0,001}$ 115—126°, n_D^{20} 1,5106. *Hydrochlorid*, $C_{19}H_{30}O_2NClS$, F. 88 bis 89° (Äthylendichlorid/Ae.). — *β'-Pyrrolidinoäthyl-*, Kp.$_{0,001}$ 125—130°, n_D^{20} 1,5346. *Hydrochlorid*, $C_{17}H_{24}O_2NClS$, F. 110—110,5° (Essigester/Hexan). — *β'-Piperidinoäthyl-*, *Hydrochlorid*, $C_{18}H_{26}O_2NClS$, äußerst hygroskopisch. — *β'-Morpholinoäthyl-*, Kp.$_{0,001}$ 133 bis 142°, n_D^{20} 1,5352. *Hydrochlorid*, $C_{17}H_{24}O_3NClS$, F. 113,5—114° (Essigester/Hexan). — *β'-Dibenzylaminoäthyl-*, *Hydrochlorid*, $C_{27}H_{30}O_2NClS$, F. 114,5—116,5° (Aceton/Ae.). — *γ'-Diäthylaminopropyl-*, *Hydrochlorid*, $C_{18}H_{28}O_2NClS$, F. 117,5—119,5° (Essigester). — *γ'-Pyrrolidinopropyl-*, Kp.$_{0,001}$ 133—145°, n_D^{20} 1,5295. *Hydrochlorid*, $C_{18}H_{26}O_2NClS$, F. 106—107° (Essigester/Hexan). — *γ'-Piperidinopropyl-*, *Hydrochlorid*, $C_{19}H_{28}O_2NClS$, F. 142,5—145° (Essigester/A./Ae.). — *γ'-Morpholinopropyl-*, *Hydrochlorid*, F. 136—137° (Aceton/Ae.). — *1-Diäthylaminoisopropyl-*, Kp.$_{0,001}$ 113—123°, n_D^{20} 1,5117. *Hydrochlorid*, $C_{18}H_{28}O_2NClS$, äußerst hygroskopisch. — *1-Piperidinoisopropyl-*, Kp.$_{0,001}$ 130—136°. *Hydrochlorid*, $C_{19}H_{28}O_2NClS$, F. 149—150° (Aceton/Hexan). — *γ'-Diäthylamino-β'.β'-dimethylpropyl-*, Kp.$_{0,005}$ 115—122°. *Nitrat*, $C_{20}H_{32}O_5N_2S$, F. 85—86° (Aceton/Ae.). — *γ'-Piperidino-β'.β'-dimethylpropyl-*, Kp.$_{0,001}$ 140—152°. *Nitrat*, $C_{21}H_{32}O_5N_2S$, F. 107,5 bis 108,5° (Isopropanol/Ae.). — *ω'-Diäthylamino-n-pentyl-*, Kp.$_{0,001}$ 146—154°; n_D^{20} 1,5105. *Hydrochlorid*, $C_{20}H_{32}O_2NClS$, F. 91,5—92° (Aceton/Ae.). *1.3-Bis-[diäthylamino]-isopropyl-*, Kp.$_{0,001}$ 140—148°. *Hydrochlorid*, $C_{22}H_{37}O_2N_2ClS$, F. 129,5—130° (Essigester/Ae.). — *1.3-Bis-[di-n-propylamino]-isopropyl-*, Kp.$_{0,001}$ 150—162°. *Dihydrochlorid*, $C_{26}H_{46}O_2N_2Cl_2S$, F. 166—166,5° (Essigester/A./Hexan). — *2-Diäthylaminocyclohexyl-*, Kp.$_{0,005}$ 127—141°, n_D^{20} 1,5453. *Hydrobromid*, $C_{21}H_{32}O_2NBrS$, F. 153—154° (Essigester/Ae.). — *Pyridyl-(3)-*, Kp.$_{0,001}$ 132—145°, n_D^{20} 1,5729. *Hydrochlorid*, $C_{16}H_{16}O_2NClS$, F. 121—122,5° (Isopropanol/Ae.). — *1-Methylpiperidyl-(4)-*, Kp.$_{0,001}$ 130—134°; n_D^{20} 1,5325. *Prim. Citrat*, $C_{23}H_{31}O_9NS$, F. 139,5—140° (Isopropanol). *Methojodid*, $C_{18}H_{26}O_2$·NJS, F. 148,5—150° (Essigester/A./Ae.). — *1-Methylpiperidyl-(3)-*, Kp.$_{0,001}$ 124—137°, n_D^{20} 1,5352. *Hydrobromid*, $C_{17}H_{24}O_2NBrS$, F. 152—153° (Isopropanol/Ae.). — *1.2.6.6-Tetramethylpiperidyl-(4)-*, Kp.$_{0,001}$ 145—162°, n_D^{20} 1,5263. *Hydrobromid*, $C_{20}H_{30}O_2NBrS$, F. 164,5—166° (Methyläthylketon/Ae.). — *N.N'-[p-Xylylen]-bis-{N-[2-{α-[cyclopenten-(2)-yl-(1)]-thienyl-(2')-acetoxy}-äthyl]-diäthylammoniumbromid}*, $C_{42}H_{58}O_4N_2Br_2S_2$, F. 189 bis 191° (A./Ae.). — *N-[2-{α-[Cyclopenten-(2)-yl-(1)]-thienyl-(2')-acetoxy}-äthyl]-N-[carbäthoxymethyl]-diäthylammoniumbromid*, $C_{21}H_{32}O_4NBrS$, F. 134,5—135,5° (Aceton). — *N-[2-{α-[Cyclopenten-(2)-yl-(1)]-thienyl-(2')-acetoxy}-äthyl]-N-[3-carbobutoxypropen-(2)-yl]-diäthylammoniumbromid*, $C_{25}H_{38}O_4NBrS$, F. 116—117° (A./Ae.). — *α-[Cyclopenten-(2)-yl-(1)]-thienyl-(2)-thioessigsäure-β'-diäthylaminoäthylesterhydrochlorid*, $C_{17}H_{26}ONClS_2$, F. 109,5—110,5° (Essigester/Hexan). *Freie Esterbase*, Kp.$_{0,01}$ 132—141°, n_D^{20} 1,5472. — *α-[Cyclopenten-(2)-yl-(1)]-thienyl-(2)-essigsäure-β'-diäthylaminoäthylamidhydrochlorid*, C_{17}·$H_{27}ON_2ClS$, F. 123—124° (Essigester/A./Hexan). *Base*, Kp.$_{0,001}$ 150—156°, n_D^{20} 1,5381. — α-[Cyclohexen-(2)-yl-(1)]-thienyl-(2)-essigsäureester: *β'-Diäthylaminoäthyl-*, *saures Oxalat*, $C_{20}H_{29}O_6NS$, F. 130,5—132,0° (A./Ae.). *Methojodid*, $C_{19}H_{30}$·O_2NJS, F. 135,5—136,5° (Methyläthylketon/Ae.). *Brombenzylat*, $C_{25}H_{34}O_2NBrS$, F. 124 bis 125° (Essigester/A./Ae.). — *β'-Di-n-butylaminoäthyl-*, Kp.$_{0,001}$ 144—155°, n_D^{20} 1,5100. *Hydrochlorid*, $C_{22}H_{36}O_2NClS$, F. 106,5—107,5° (Essigester/Ae.). — *β'-Pyrrolidinoäthyl-*, Kp.$_{0,001}$ 133—141°, n_D^{20} 1,5386. *Hydrobromid*, $C_{18}H_{26}O_2NBrS$, F. 112—113° (Essigester/Ae.). — *γ'-Diäthylaminopropyl-*, Kp.$_{0,001}$ 138—148°, n_D^{20} 1,5109. *Hydrochlorid*, $C_{19}H_{30}$·O_2NClS, F. 138—139° (Essigester). *Methomethylsulfat*, $C_{21}H_{35}O_6NS_2$, äußerst hygroskopisch. — *γ'-Di-n-propylaminopropyl-*, Kp.$_{0,001}$ 148—150°, n_D^{20} 1,5100. *Hydrobromid*, $C_{21}H_{34}O_2NBrS$, F. 112,5—113,5° (Essigester/Ae.). — *γ'-Pyrrolidinopropyl-*, Kp.$_{0,001}$ 135 bis 146°, n_D^{20} 1,5321. *Hydrochlorid*, $C_{19}H_{28}O_2NClS$, F. 128—129° (Essigester). — *γ'-Piperidinopropyl-*, Kp.$_{0,001}$ 145—159°, n_D^{20} 1,5325. *Hydrochlorid*, $C_{20}H_{30}O_2NClS$, F. 168 bis 169° (Äthylendichlorid/Ae.). — *γ'-Morpholinopropyl-*, Kp.$_{0,001}$ 140—157°, n_D^{20} 1,5355. *Hydrochlorid*, $C_{19}H_{28}O_3NClS$, F. 149—150° (Essigester/A./Ae.). — *1-Diäthylaminoiso-*

propyl-, Kp.$_{0,001}$ 134—135°, n_D^{20} 1,5173. *Hydrobromid*, $C_{19}H_{30}O_2NBrS$, F. 149—151° (Aceton/Ae.). — *1-Piperidinoisopropyl-*, Kp.$_{0,001}$ 148—160°, n_D^{20} 1,5307. *Hydrochlorid*, $C_{20}H_{30}O_2NClS$, F. 147—148° (Essigester/Ae.). — *β'.β'-Dimethyl-γ'-diäthylaminopropyl-*, Kp.$_{0,001}$ 135—150°, n_D^{20} 1,5126. *Saures Sulfat*, $C_{21}H_{35}O_6NS_2$, F. 129,5—130,5° (Essigester/A./Hexan). — *ω'-Diäthylamino-n-pentyl-*, Kp.$_{0,001}$ 150—175°, n_D^{20} 1,5146. *Hydrobromid*, $C_{21}H_{34}O_2NBrS$, F. 102—103° (Essigester/Ae.). — *ω'-Piperidino-n-pentyl-*, *Hydrochlorid*, $C_{22}H_{34}O_2NClS$, F. 117,5—119° (Essigester/Ae.). — *1.3-Bis-[diäthylamino]-isopropyl-*, Kp.$_{0,001}$ 140—149°, n_D^{20} 1,5098. *Hydrochlorid*, $C_{23}H_{39}O_2N_2ClS$, F. 124,5 bis 125,5° (Essigester/Ae.). — *1-Methylpiperidyl-(4)-*, Kp.$_{0,003}$ 144—156°, n_D^{20} 1,5437. *Hydrochlorid*, $C_{18}H_{26}O_2NClS$, F. 175—176° (Äthylendichlorid/Ae.). *Methyljodid*, $C_{19}H_{28}$·O_2NJS, F. 140—141° (Aceton/Ae.). — *1-Methylpiperidyl-(3)-*, Kp.$_{0,001}$ 141—144°, n_D^{20} 1,5411. *Hydrobromid*, $C_{18}H_{26}O_2NBrS$, F. 185,5—186° (A./Ae.). — *1.2.6.6-Tetramethylpiperidyl-(4)-*, Kp.$_{0,005}$ 155—190°, n_D^{20} 1,5462. *Hydrobromid*, $C_{21}H_{32}O_2NBrS$, F. 160 bis 161° (Essigester/Ae.). *Methojodid*, $C_{22}H_{34}O_2NJS$, F. 184,5—186° (A./Ae.). — *α-[Cyclohexen-(2)-yl-(1)]-thienyl-(2)-thioessigsäure-β'-diäthylaminoäthylester*, Kp.$_{0,001}$ 145—160°, n_D^{20} 1,5522. *Hydrochlorid*, $C_{18}H_{28}ONClS_2$, F. 130,5—132,5° (Essigester/Ae.). — *α-[Cyclohexen-(2)-yl-(1)]-thienyl-(2)-essigsäure-β'-diäthylaminoäthylamid*, Kp.$_{0,001}$ 150—165°, n_D^{20} 1,5430. *Hydrochlorid*, $C_{18}H_{29}ON_2ClS$, F. 135—136° (Essigester/Ae.). — *N.N'-[p-Xylylen]-bis-{N-[2-{α-[cyclohexen-(2)-yl-(1)]-thienyl-(2')-acetoxy}-äthyl]-diäthylammoniumbromid}*, $C_{44}H_{62}O_4N_2Br_2S_2$, F. 174,5—176° (A./Ae.). — *N-[2-{α-[Cyclohexen-(2)-yl-(1)]-thienyl-(2')-acetoxy}-äthyl]-N-[carbäthoxymethyl]-diäthylammoniumbromid*, $C_{22}H_{34}O_4NBrS$, F. 136 bis 137° (A./Ae.). (J. Amer. chem. Soc. **77**. 2855—60. 20/5. 1955. New York, N. Y., Warner-Chilcott Res. Labors.) K. NEZEL. 3071

Richard H. Eastman und **Francis L. Detert**, *Die Reaktion von Menthofuran mit p-Toluoldiazoniumsulfat.* Bei der Einw. von p-Toluoldiazoniumsulfat auf Menthofuran (I) in wss. acetatgepuffertem CH_3OH entsteht nichtreproduzierbar eine gelbe, krist. *Substanz* $C_{18}H_{24}O_2N_2$ (II), die durch Säuren in *N-[2-Azabicyclo-[4.3.0]-3-keto-4.8-dimethylnonadien-(4.9)-yl-(2)]-p-toluidin* (III) übergeht, dessen Struktur durch Umwandlung mit HNO_2 in die *N-Nitrosoverb.* [durch $(NH_4)_2S$ wieder in III überführbar], durch die Ggw. eines akt. H-Atoms u. durch Hydrierung mit Pd-Kohle zu *p-Toluidin* u. *3.6-Dimethyloxindol* bewiesen wird. Zum Vgl. wird letzteres durch Kondensation von Nitro-p-xylol mit Diäthyloxalat in Ggw. von C_2H_5ONa, Oxydation der gebildeten *2-Nitro-4-methylphenylbrenztraubensäure* mit H_2O_2 zu *2-Nitro-4-methylphenylessigsäure*, Red. mit Sn + HCl zu *6-Methyloxindol*, Kondensation mit Ameisensäureäthylester zu *3-Formyl-6-methoxyindol*, Benzoylierung zum *Enolbenzoat* u. katalyt. Hydrierung dargestellt. Für II werden verschied. Strukturen erörtert, u. ein möglicher Kupplungsmechanismus von I mit Diazoniumsalzen in alkal. alkoh. Medium wird angeführt. Die Umwandlung II → III wird mit der leichten Überführung von 1-Oxy-3-keto-4.8-dimethyl-N-[methylphenylamino]-2-azabicyclo-[4.3.0]-nonen-(4) (IV) in *3-Keto-4.8-dimethyl-N-[methylphenylamino]-2-azabicyclo-[4.3.0]-nonadien-(4.9)* durch Dehydratisierung verglichen. Analog verläuft auch die Umwandlung des Autoxydationsprod. von I, 1-Oxy-3-keto-4.8-dimethyl-2-oxabicyclo-[4.3.0]-nonen-(4) (V) in *3-Keto-4.8-dimethyl-2-oxabicyclo-[4.3.0]-nonadien-(4.9)*. IV entsteht aus V u. α-Methylphenylhydrazin, besitzt ein dem Methylanilin fast ident. UV-Spektr., löst sich in NaOH u. in 6nHCl, aber nicht in Soda u. 3nHCl. IV ist also eine schwache Base (Spektren vgl. Original).

Versuche: *Verb.* $C_{18}H_{24}O_2N_2$ (II), F. 78—79°, durch Diazotieren von 3,2 g p-Toluidin in H_2SO_4 bei 0°, Zufügen zu 4,5 g I in 95%ig. CH_3OH u. Na-Acetat unter Rühren bei 5°, Filtrieren des öligen Nd., Auswaschen mit CH_3OH u. Verdünnen; gelbe Nadeln aus CH_3OH; 1,5 g (Ausbeute). — *N-[2-Azabicyclo-[4.3.0]-3-keto-4.8-dimethylnonadien-(4.9)-yl-(2)]-p-toluidin* (III), $C_{17}H_{20}ON_2$, F. 132—133°, aus 0,1 g II + nHCl in der Wärme; $[\alpha]_D^{23}$ +71° (0,01 mol. in A.); kub. Kristalle aus wss. A.; 0,05 g. *N-Nitrosoderiv.*, $C_{17}H_{19}O_2N_3$, F. 101—102°, gelbe Nadeln aus CH_3OH; aus 0,09 g III + $NaNO_2$ in wss.-alkoh. 6nHCl u. Verdünnen mit W.; 0,08 g. — *2-Nitro-4-methylphenylbrenztraubensäure*, F. 120—135° (Bzl.), aus 36 g Oxalsäurediäthylester, 18,9 g Nitro-p-xylol u. Na-Alkoholat in A. in 72 Std. bei 35°, Einengen, Ansäuern mit 6nHCl u. Ausäthern, Ausziehen mit NaOH u. Ansäuern; 9,6 g. — *2-Nitro-4-methylphenylessigsäure*, $C_9H_9O_4N$, F. 168—169° (wss. CH_3OH), aus 2,6 g vorst. Verb. in 5%ig. NaOH u. 30%ig. H_2O_2 u. Ansäuern; 2 g. — *6-Methyloxindol*, C_9H_9ON, F. 179—180°, durch Hydrierung von 3,3 g vorst. Verb. über ADAMS-PtO_2 in Eisessig bei 30 lbs./sq.in.; Nadeln aus A.; 2 g. — *3-Formyl-6-methyloxindol*, $C_{10}H_9O_2N$, F. 221—222° (Zers.), aus 0,68 g vorst. Verb. u. Ameisensäureäthylester in Ggw. von $NaOC_2H_5$ durch ½ std. Kochen u. Gießen in W.; gelborangefarbene Platten aus CH_3OH; 0,94 g. *Enolbenzoat*, $C_{17}H_{13}O_3N$, F. 231—232° (Zers.). — *3.6-Dimethyloxindol*, $C_{10}H_{11}ON$, F. 139—140° (A.), a) durch Hydrieren von 0,1 g vorst. Verb. in Eisessig über PtO_2, Abdampfen, Ausziehen der Benzoesäure mit

Alkali u. Einengen; 0,02 g; b) durch Hydrieren von 2 g III über Pd-Katalysator bei 205° (Bad) u. Dest. bei $Kp._{20}$ 185—190°; 0,23 g. Daneben bei b) *p-Toluidin* (*Acetylderiv.*, F. 147—149°). — *3-Keto-4.8-dimethyl-2-oxabicyclo-[4.3.0]-nonadien-(4.9)*, F. 31—32°, nach WOODWARD u. EASTMAN (C. **1955**. 1749) durch Dehydratisierung von V. — *1-Oxy-3-keto-4.8-dimethyl-N-[methylphenylamino]-2-azabicyclo-[4.3.0]-nonen-(4)* (IV), $C_{17}H_{22}O_2N_2$, F. 108—109,5°, durch 16std. Erhitzen von 0,75 g V mit α-Methylphenylhydrazin unter Verschluß u. N_2 auf 140° u. Stehen; 0,60 g. — *4.8-Dimethyl-3-keto-N-[methylphenylamino]-2-azabicyclo-[4.3.0]-nonadien-(4.9)*, $C_{17}H_{20}ON_2$, gelbes viscoses Öl, sublimiert bei 130°/1 mm, durch Vakuumdest. vorst. Verb. über $KHSO_4$. (J. Amer. chem. Soc. **73**. 4511—15. Okt. 1951. Stanford, Calif., Univ., Dep. of Chem.)

H. LEHWALD. 3081

Mario Ridi und **S. Checchi**, *Die Einwirkung von Formamid auf C—C-Bindungen.* Bei der Rk. von 1-Phenyl-3-methylpyrazolon-(5) (I) mit Formamid entsteht *Methenyl-4.4'-bis-[1-phenyl-3-methylpyrazolon-(5)]* (II) u. daraus weiter *1-Phenyl-3-methyl-4-aminomethylenpyrazolon-(5)* (III) u. nicht, wie PERRONCITO (Atti X. Congresso di Chimica 3. [1939.] 271) beschreibt, ein Bis-diazolopyridinderivat. Analoge Rkk. werden mit 1.3-Diphenyl-, 1-Methyl-3-phenyl- (VIII) u. 3-Phenylpyrazolon-(5) ausgeführt. III läßt sich zu *1-Phenyl-3-methylpyrazolon-(5)-aldehyd-(4)* hydrolysieren u. setzt sich mit Anilin zu der entsprechenden *Anilinomethylenverb.* um. Analog reagieren auch Methenyl-bis-barbitur- u. -thiobarbitursäure.

Versuche: *Methenyl-4.4'-bis-[1-methyl-3-phenylpyrazolon-(5)]* (IV), $C_{21}H_{18}O_2N_4$, F. 194° gelbe Nadeln aus Eisessig), aus VIII u. Orthoameisensäureester durch ½std. Erhitzen. — *1-Phenyl-3-methyl-4-aminomethylenpyrazolon-(5)* (III), $C_{11}H_{11}ON_3$, F. 155° (Kristalle aus Bzl.), aus II u. Formamid bei 200° (½ Std.). Diese Verb. ist mit der von PERRONCITO (l. c.) aus I u. Formamid hergestellten Verb. identisch. — *1.3-Diphenyl-4-aminomethylenpyrazolon-(5)* (VII), $C_{16}H_{13}ON_3$, F. 175° (Nadeln aus Bzl.), ebenso aus Methenyl-4.4'-bis-[1.3-diphenylpyrazolon-(5)] (X). — *1-Methyl-3-phenyl-4-aminomethylenpyrazolon-(5)* (VI), $C_{11}H_{11}ON_3$, F. 210° (glänzende Prismen aus Essigester), ebenso aus IV. — *3-Phenyl-4-aminomethylenpyrazolon-(5)* (V), $C_{10}H_9ON_3$, F. 283° (Zers., aus viel W.), ebenso aus Methenyl-4.4'-bis-[3-phenylpyrazolon-(5)] (IX). — *5-Aminomethylenmalonylharnstoff*, F. >300°, ebenso aus Methenyl-5.5'-bis-barbitursäure. Daraus mit KOH *5-Formylmalonylharnstoff*. — *5-Aminomethylenthiobarbitursäure*, ebenso aus Methenyl-5.5'-bis-thiobarbitursäure. Daraus mit KOH *5-Formylthiobarbitursäure, K-Salz*. — Durch Erhitzen von 1 Mol 3-Phenylpyrazolon-(5)-aldehyd-(4) mit 2 Mol Formamid auf 200° (30 Min.) entsteht V. Analog werden erhalten: Aus 1-Methyl-3-phenylpyrazolon-(5)-aldehyd-(4) VI, aus 1.3-Diphenylpyrazolon-(5)-aldehyd-(4) VII u. aus 1-Phenyl-3-methylpyrazolon-(5)-aldehyd-(4) III. — Die Rk. von VIII mit überschüssigem Formamid gibt VI, mit wenig Formamid IV. — Die Rk. von III mit I (20 Min. bei 160—180°) gibt II. Analog entstehen aus VI + VIII IV, aus V + 3-Phenylpyrazolon-(5) IX u. aus VII + 1.3-Diphenylpyrazolon-(5) X. — Die Einw. von Anilin auf III bei 100° bis zum Ende der NH_3-Entw. gibt *1-Phenyl-3-methyl-4-anilinomethylenpyrazolon-(5)*. Analog liefern V + Anilin *3-Phenyl-4-anilinomethylenpyrazolon-(5)*, VI + Anilin *1-Methyl-3-phenyl-4-anilinomethylenpyrazolon-(5)*, $C_{17}H_{15}ON_3$, F. 110° (gelbe Kristalle aus A.) u. VII + Anilin *1.3-Diphenyl-4-anilinomethylenpyrazonol-(5)*. — Durch Erhitzen mit wss. KOH oder $Ba(OH)_2$ bis zum Ende der NH_3-Entw. entstehen folgende Verbb.: aus VI *1-Methyl-3-phenylpyrazolon-(5)-aldehyd-(4)*, $C_{11}H_{10}O_2N_2$, F. 160° (Bzl.), aus III *1-Phenyl-3-methylpyrazolon-(5)-aldehyd-(4)* u. aus VII *1.3-Diphenylpyrazolon-(5)-aldehyd-(4)*. (Gazz. chim. ital. **83**. 36—43. 1953. Firenze, Univ., Ist. di chim. farmac. e tossicol.) K. FABER. 3122

Muvaffak Seyhan, *Notiz über einen Formazylkomplex der Benzthiazolreihe.* In den Uranylkomplexen des N-Phenyl-N'-[2-carboxyphenyl]-C-[chinolyl-(2)]- sowie des N-Phenyl-N'-[2-carboxyphenyl]-C-[5.6-benzochinolyl-(2)]-formazans ist das Uran nur mit 5 Liganden verknüpft, während es im N-Phenyl-N'-[2-carboxyphenyl)-C-[pyridyl-(2)]-formazan (I) die Koordinationszahl 6 besitzt, da der Ring-N eines zweiten Formazanmol. eine weitere Koordinationsstelle besetzt (vgl. SEYHAN, Chem. Ber. **88**. [1955.] 212; C. **1955**. 319). Diese Verschiedenheit dürfte auf unterschiedliche Raumbeanspruchung des C-Substituenten zurückzuführen sein. Das neu durch stark alkal. Kupplung von Benzthiazolaldehyd-(2)-phenylhydrazon (II) mit diazotierter Anthranilsäure dargestellte *N-Phenyl-N'-[2-carboxyphenyl]-C-[benzthiazoly-l(2)]-formazan* (III) bildet ebenfalls analog I einen Uranylkomplex mit der Koordinationszahl 6. *N.N'-Diphenyl-C-[benzthiazolyl-(2)]-formazan* bildet weder mit Uranylacetat noch mit $CoCl_2$ einen Komplex, während das entsprechende *C-[chinolyl-(2)]-substituierte Formazan* mit $CoCl_2$ eine Additionsverb. liefert.

Versuche: *N-Phenyl-N'-[2-carboxyphenyl]-C-[benzthiazolyl-(2)]-formazan* (III), $C_{21}H_{15}O_2N_5S$, F. 257° (Zers.), aus A. orangerote Kristalle, aus 200 mg in salzsaurer Lsg.

diazotierter Anthranilsäure durch Zugabe von 270 mg II in methanol. NaOH bei 0°; 240 mg (Ausbeute). *Uranylkomplexverb.*, $C_{21}H_{13}O_4N_5SU \cdot C_{21}H_{15}O_2N_5S$, ohne scharfen F. mit teilweiser Zers. ab 234°, dunkelrote Kristalle, durch 2std. Kochen der alkoh. Lsgg. von je 50 mg III u. Uranylacetat. — *N.N'-Diphenyl-C-[benzthiazolyl-(2)]-formazan*, $C_{20}H_{15}N_5S$, F. 185—186° (Zers.), rote Kristalle aus A., analog III aus diazotiertem Anilin u. 120 mg II; 80 mg. *Perchlorat*, $C_{20}H_{15}N_5S \cdot HClO_4$, F. 165—166°, dunkelrote Kristalle. — *N.N'-Diphenyl-C-[chinolyl-(2)]-formazan*, $C_{22}H_{17}N_5$, dunkelrote Kristalle, aus diazotiertem Anilin u. Chinolinaldehyd-(2)-phenylhydrazon in stark alkal. methanol. Lsg., Ansäuern mit Eisessig u. Fällen mit W.; 280 mg. *Perchlorat*, $C_{22}H_{17}N_5 \cdot HClO_4$, F. 192—193°, dunkelrote Kristalle. *CoCl₂-Additionsverb.*, $C_{22}H_{17}N_5 \cdot CoCl_2$, F. 252° (Zers.), dunkelgrüne Kristalle, durch kurzes Kochen der alkoh. Lsgg. von 50 mg Formazan u. 30 mg $CoCl_2 \cdot 6H_2O$. (Chem. Ber. **88**. 646—48. 1955. Istanbul, Univ., Chem. Inst.)
W. RUSKE. 3142

K. G. Neill, *Die Synthese von Homoferreirin.* Zur Synth. von *Homoferreirin* (*5.7-Dioxy-2'.4'-dimethoxyisoflavanon*; I) wird *2.4-Dimethoxyphenylacetonitril* aus 2.4-Dimethoxyphenylessigsäureäthylester über das Amid dargestellt u. nach der Azlactonmeth. von MITTER u. MAITRA (J. chem. Soc., India **13**. [1936.] 236) in *2'.4'-Dimethoxybenzyl-2.4.6-trioxyphenylketon* verwandelt u. mit Äthoxalylchlorid in *5.7-Dioxy-2'.4'-dimethoxyisoflavon-2-carbonsäureäthylester* übergeführt, nachdem die Kondensation mit Ameisensäureäthylester in Ggw. von Na erfolglos verlief. Die Hydrolyse liefert die *freie Säure*, die Decarboxylierung *5.7-Dioxy-2'.4'-dimethoxyisoflavon* u. die anschließende Hydrierung des *Diacetats* (das leichter lösl. ist als die Dioxyverb.) I.

V e r s u c h e: *2.4-Dimethoxyphenylacetamid*, $C_{10}H_{13}O_3N$, F. 130—131°, aus 10,3 g des Äthylesters u. NH_4OH (D. 0,88) durch 3std. Erhitzen unter Verschluß; Platten aus Bzl.-Bzn.; 7,2 g (Ausbeute). — *2.4-Dimethoxyphenylacetonitril*, $C_{10}H_{11}O_2N$, F. 76°, aus 7 g vorst. Verb. u. $POCl_3$ (1 Std. erhitzen); Nadeln aus Bzl.; 1,9 g. — *2'.4'-Dimethoxybenzyl-2.4.6-trioxyphenylketon*, $C_{16}H_{16}O_6$, F. 178°, aus vorst. Verb. nach MITTER u. MAITRA (l. c.); aus wss. CH_3OH Nadeln. — *5.7-Dioxy-2'.4'-dimethoxyisoflavon-2-carbonsäureäthylester*, $C_{20}H_{18}O_8 \cdot \frac{1}{2}H_2O$, F. 204—206°, aus 0,5 g vorst. Verb. u. Äthoxalylchlorid in Pyridin; gelbe Blättchen aus CH_3OH; 0,48 g; $FeCl_3$-Rk. purpurfarben, Reaktionsprod. (mit Na-Amalgam) nach Ansäuern rot. *Freie Säure*, $C_{18}H_{14}O_8 \cdot H_2O$, F. 266 bis 268° (Zers.); aus CH_3OH gelbe Platten. — *5.7-Dioxy-2'.4'-dimethoxyisoflavon*, $C_{17}H_{14}O_6$, F. 219—220°, durch Erhitzen von 0,5 g vorst. Säure mit Cu-Bronze auf 300 bis 330°; cremefarbene Nadeln aus CH_3OH; 0,27 g. *Diacetat*, $C_{21}H_{18}O_8$, F. 200—201°; aus Äthylacetat-Bzn. Nadeln. — *5.7.2'.4'-Tetramethoxyisoflavon* (II), $C_{19}H_{18}O_6$, F. 204°, aus 0,2 g des Diacetats durch 24std. Kochen in Aceton mit Dimethylsulfat u. K_2CO_3; 0,15 g. — *5.7-Diacetoxy-2'.4'-dimethoxyisoflavanon*, $C_{21}H_{20}O_8$, F. 144°, aus 0,7 g vorvorst. Diacetat durch Hydrierung in Essigsäure über Pd-Kohle; aus CH_3OH Nadeln; 0,3 g. *Homoferreirin* (I), $C_{17}H_{16}O_6$, F. 168—169°, durch Verseifung von 0,3 g des Diacetats; Platten aus CH_3OH; 0,22 g; gibt bei der Methylierung wie oben II. (J. chem. Soc. [London] **1953**. 3454—55. Nov. Nottingham, Univ.) H. LEHWALD. 3211

Chester J. Cavallito, *Benzoylvinylquartäre Ammoniumsalze.* Bei der Rk. von Phenyläthinylketon (I) mit Salzen tert. Amine entstehen in guter Ausbeute *benzoylvinylquartäre Ammoniumsalze* der Formel $C_6H_5CO \cdot CH{=}CH{-}NR_3X$.

V e r s u c h e: *2-Benzoylvinyltrimethylammoniumchlorid* (II), $C_{12}H_{16}ONCl$, F. 159° (Zers.; korr.; A.), durch Versetzen einer Trimethylamin/Trimethylaminhydrochlorid-Lsg. in 95%ig. A. mit I unter Kühlung u. Schütteln, 30 Min. Stehen bei 25—30° u. Versetzen mit Ae.; 88% (Ausbeute). — *2-Benzoylvinylpyridiniumchlorid*, $C_{14}H_{12}ONCl$, F. 176° (Zers.; korr.; Dioxan u. Äthylacetat bzw. Ae.), analog vorst. Verb. mit Pyridin/Pyridinhydrochlorid, wobei Kristallisation erst in der Kälte erfolgt; 87%. — Mit Alkali werden die *tert. Amine* frei gemacht. Die UV-Maxima von II in W. u. NaOH sind angegeben. (J. Amer. chem. Soc. **77**. 4159—60. 5/8. 1955. Rensselaer, N. Y., Sterling-Winthrop Res. Inst.) W. GEHRMANN. 3231

J. R. Laville und **William A. Waters,** *Die homolytische Nitrierung des Chinolins mit persalpetriger Säure.* Die Einw. von persalpetriger Säure (dargestellt aus $NaNO_2$ u. H_2O_2 in schwach saurer Lsg.) auf Chinolin ergab neben viel alkalilösl. Bestandteilen nur *6-* u. *7-Nitrochinolin.* 5- oder 8-Nitrochinolin, die bei der heterolyt. Nitrierung mit HNO_3/H_2SO_4 auftreten, wurden auch nicht in Spuren beobachtet. Da lediglich die inakt. β-Stellungen nitriert wurden, sind Vff. der Ansicht, daß die homolyt. Nitrierung, wie es auch HALFPENNY u. ROBINSON (C. **1952**. 6982) annahmen, über eine Additions-Rk. verläuft. (J. chem. Soc. [London] **1954**. 400—03. Jan. Oxford, Dyson Perrins Labor.)
K. NEZEL. 3231

Allan P. Gray, Ernest E. Spinner und **Chester J. Cavallito,** *Bisammoniumsalze. Derivate einiger Carbolin- und verwandter heterocyclischer Basen.* (Vgl. J. Amer. chem.

Soc. **76.** [1954.] 1862.) Zur Unters. über Zusammenhänge zwischen Konst. u. biol. Wirksamkeit stellen Vff. aus *Carbolinen, Yohimbin* (**I**) u. *Tetrahydroberberin* (**II**) *Bisammoniumsalze* dar, in denen 2 Moll. der Basen über ein ringgebundenes N-Atom durch Alkylketten mit 4—10 C-Atomen miteinander verbunden sind. — Die bisherige Erklärung des Reaktionsverlaufes bei der Darst. von *β-Carbolinen* aus Tryptophan nach KERMACK u. Mitarbeitern [1921], wonach bei der gleichzeitig stattfindenden Decarboxylierung u. Dehydrierung zunächst die COOH-Gruppe durch eine OH-Gruppe ersetzt wird u. dann Wasserabspaltung eintritt, kann nicht aufrecht erhalten werden, da Tetrahydrocarboline, die keine COOH-Gruppe enthalten, mit wss. Dichromat keine Carboline bilden; Vff. schlagen einen neuen Reaktionsmechanismus vor. — Die am Indol-N substituierten *β-Carbolin-Salze* wurden entweder durch Alkylierung von am Pyridin-N alkylierten Carbolinbasen (bzw. den entsprechenden Alkylen-bis-Verbb.) oder besser durch Darst. der am Indol-N substituierten Base u. anschließende Quaternierung gewonnen. — *Py-N-Methyltetrahydroharman* (**III**) kann entweder durch katalyt. Hydrierung von Py-N-Methylharman (**VI**), die nur mit der Anhydroniumbase, nicht jedoch mit ihren Salzen oder dem nichtalkylierten Carbolin gelingt, oder besser durch Red. von Harman (**IV**)-Methobromid mit $NaBH_4$ erhalten werden; letztere Meth. ist ein guter Weg zur Darst. von *Py-N-Alkyltetrahydro-β-carbolinen.* — Die meisten *Bis-Salze* wurden durch Erhitzen von überschüssiger heterocycl. Base mit dem entsprechenden Dibromalkan dargestellt; CH_3CN eignet sich dabei als Lösungsm. bes. bei den *β*-Carbolinen, die ster. gehinderten u. leicht oxydierbaren Basen (z. B. **I**, **II**) werden am besten in alkoholhaltigem Medium umgesetzt. α-Carbolin (**VIII**) ist weniger akt. als die *β*-Carboline, wahrscheinlich wegen seiner geringeren Basizität; die geringen Ausbeuten bei den aus **I** u. **II** erhaltenen Salzen ist sicher auf ster. Hinderung zurückzuführen. Stereoisomere Verbb. wurden nicht getrennt. — Über die biol. Eigg. der Verbb. wird kurz berichtet.

Versuche: *Harman* (**IV**), F. 238—239° (Aceton). — *Norharman* (**X**), F. 201 bis 202° (Bzl.). — *1-Propyl-9H-pyrid-[3.4:b]-indol* (**V**), F. 216—218° (wss. A.), aus Tryptophan u. Butyraldehyd durch 8std. Erhitzen in saurer Lsg. auf dem Dampfbad, Ausziehen mit Ae. u. Oxydation des nicht isolierten intermediären Kondensationsprod.; 34% (Ausbeute). — *1.2-Dimethyl-2H-pyrid-[3.4:b]-indol* (*Py-N-Methylharman*; **VI**), F. ca. 180° (Zers.), aus **IV**·CH_3J oder **IV**-Methobromid (F. 298—300° unter Zers.),in Aceton dargestellt, durch Lösen in W. u. Rk. mit 20%ig. NaOH; aus W. u. wss. A. gelbe Nadeln; Trocknen über P_2O_5 im Vakuum, dann bei 80° im Ofen u. Kristallisation aus Benzol. — *1.2-Dimethyl-1.2.3.4-tetrahydro-9H-pyrid-[3.4:b]-indol* (*Py-N-Methyltetrahydroharman*; **III**), F. 108—110°, a) durch Hydrierung von **VI** in CH_3OH mit ADAMS-Katalysator bei 40 lbs./sq.in., Verdünnen mit W. u. Ausäthern; aus Bzl. u. PAe. blaßgelbe Kügelchen; 79%; die PtO_2-Hydrierung von **IV** in Essigsäure oder **IV**·CH_3Br in wss. CH_3OH gelang nicht; b) durch langsame Zugabe von $NaBH_4$ in CH_3OH zu **IV**·CH_3Br in CH_3OH unter fortwährendem Sieden, Eindampfen nach 2 Std., Aufnehmen in W. u. Ausäthern; 79%. — *Tetrahydroharman*, F. 179—181°, durch schnelle Zugabe von Na zu **IV** in absol. Butanol in der Hitze, Gießen auf Eis + HCl, Dampfdest., Alkalisieren des Rückstandes, Zugabe von äther. HCl u. Alkalisieren des Nd. mit NH_4OH; 77%. — *1.9-Dimethyl-9H-pyrid-[3.4:b]-indol* (*Ind-N-Methylharman*; **VII**), F. 100—102° (Bzl. u. Skellysolve B), durch 14std. Kochen von **IV** in Toluol mit $NaNH_2$, tropfenweise Zugabe von Dimethylsulfat in Bzl. in der Hitze, Addition von W. nach 4 Std., Ausziehen der organ. Schicht mit 3%ig. H_2SO_4, Einstellen auf p_H 8 mit Soda u. Ausäthern; 23%. — *9.9'-Pentamethylen-bis-[1-methyl-9H-pyrid-(3.4:b)-indol]* (**XIII**), $C_{29}H_{28}N_4$. F. 203—205° (A. u. W., dann Bzl. u. Skellysolve B), durch 13std. Kochen von **IV** u. $NaNH_2$ in Xylol, tropfenweise Zugabe von 1.5-Dibrompentan (**IX**) in Xylol auf dem Dampfbad, 21std. Erhitzen, Zugabe von W., Abfiltrieren von überschüssigem **IV**, Ausziehen mit 3%ig. H_2SO_4, Alkalisieren u. Aufnehmen in Chlf.; 19%. *Dihydrochlorid*, $C_{29}H_{30}N_4Cl_2$, F. >280° (CH_3OH). — *9H-Pyrid-[2.3:b]-indol* (*α-Carbolin*; **VIII**), F. 211,5 bis 212°, wurde nach LAWSON u. Mitarbeitern [1924] dargestellt, wobei die Cyclisierung jedoch mit 85%ig. H_3PO_4 statt mit $ZnCl_2$ durchgeführt wurde. *Methojodid*, $C_{12}H_{11}N_2J$, F. 218—220° (korr.; A.), in Bzl. gewonnen; p_{K_a} 7,4 (W.). — *Tetrahydroberberin* (**II**), F. 170—172°, durch Red. von Berberin mit Zn u. Säure. — (Ab hier alle FF. korr. u. unter Zers.). **IV**-*Hydrochlorid*, F. 292—295°. — **IV**-*Methojodid*, $C_{13}H_{13}N_2J$, F. 300°. — **VI**-*Methojodid*, $C_{14}H_{15}N_2J$, F. >270°, in Bzl. dargestellt; hellgelbe Kristalle aus A.; 52%; **VI** geht bei Rk. mit Alkylhalogeniden leicht in das unsubstituierte Salz über, so daß es vor der Alkylierung gut getrocknet werden muß; bei Rk. mit CH_3J wird ein Gemisch aus **VI**, **VI**-Methojodid u. **IV**-Methojodid erhalten; letzteres muß durch Spuren vo n W. entstanden sein. — **X**-*Methojodid*, F. 235—238°. — **III**-*Methojodid*, F. 226—228° —*lYohimbin* (**I**)-*Hydrochlorid*, F. 287—293°. — **I**-*Methojodid*, F. 231—250°. — **II**-*Hydrochorid*, F. 230—232°. — **II**-*Methojodid*, F. 245—247°. — *Bis-Salz aus* **IV** *u.* **IX** (**XIV**),

$C_{29}H_{30}N_4Br_2$, F. 291—293°, durch 48std. Kochen von **IV** u. **IX** in CH_3CN u. Kristallisation aus wss. A.; 64%, bezogen auf **IX**. — Ebenso wurden die folgenden B i s - S a l z e gewonnen: Aus *1.4-Dibrombutan* (**XI**) *u.* **IV**, $C_{28}H_{28}N_4Br_2$, F. 333—336°. — *Aus 1.6-Dibromhexan* (**XII**) *u.* **IV**, $C_{30}H_{32}N_4Br_2$, F. >310°. — *Aus* **X** *u.* **IX**, $C_{27}H_{26}N_4Br_2$, F. 241 bis 242°. — *Aus* **V** *u.* **IX**, $C_{33}H_{38}N_4Br_2$, F. 261—262°. — *Aus* **VII** *u.* **XII**, $C_{32}H_{36}N_4Br_2$, F. 270 bis 271°. — *Bis-Salz aus* **VI** *u.* **IX**, $C_{31}H_{34}N_4Br_2$, F. 288—290°, a) aus **VI** u. **IX** in tert.-Butanol durch 45std. Kochen; aus CH_3OH hellgelbes Pulver; 18%, bezogen auf **IX**; b) durch Einleiten von überschüssigem Methylbromid in **XIII**, gelöst in Dioxan–A. (1 : 1) u. 18std. Erhitzen im Druckgefäß auf 70°; 78%. — *Bis-Salz aus* **VII** *u. 1.5-Dijodpentan*, $C_{31}H_{34}N_4J_2$, F. 265—267°, durch Alkalisieren von 3,5 g **XIV** in heißem W. mit 20%ig. NaOH, $^1/_4$std. Erhitzen, Kristallisieren der *Base* aus A.-W. (F. 242—250° unter Zers., 1,89 g), Trocknen bei 80° u. $8^1/_2$std. Kochen in CH_3CN mit CH_3J; aus wss. A. gelbes Pulver; 67%, bezogen auf **XIV**. — *Bis-Salz aus* **III** *u.* **XII**, $C_{32}H_{44}N_4Br_2$, F. 190—230°, durch 20std. Kochen von **III** in absol. A. mit **XII**, Zugabe von Ae. u. mehrfaches Umfällen aus Propanol mit absol. Ae.; hygroskop.; 45%, bezogen auf **XII**. — Ebenso das *Bis-Salz aus* **III** *u.* **XI**, $C_{30}H_{40}N_4Br_2$, F. >250°. — Das *Bis-Salz aus* **VIII** *u.* **IX**, $C_{27}H_{26}N_4Br_2$, F. 242—243° (Propanol), konnte nicht in CH_3CN gewonnen werden, wohl jedoch durch 100std. Kochen der Komponenten in Dioxan–A. (4 : 5) u. Fällen mit Ae.; 20%. — *Bis-Salz aus* **I** *u.* **IX**, $C_{47}H_{62}O_6N_4Br_2$, F. 249—250° (Propanol), durch 15std. Erhitzen von **I** u. **IX** in Dioxan–Propanol (2 : 1) auf dem Dampfbad, Zugabe von Ae. u. Umfällen aus A. mit Ae.; 13%. — Ebenso folgende B i s - S a l z e: *Aus* **I** *u.* **XI**, $C_{46}H_{60}O_6N_4Br_2$, F. 267 bis 274°. — *Aus* **I** *u.* **XII**, $C_{48}H_{64}O_6N_4Br_2$, F. 269—276°. — *Aus 1.10-Dibromdecan* (**XV**) *u.* **I**, $C_{52}H_{72}O_6N_4Br_2$, F. 230—232°. — *Bis-Salz aus* **II** *u.* **XII**, $C_{46}H_{54}O_8N_2Br_2$, F. 220 bis 226°, durch 160std. Kochen von **II** in tert.-Butanol–Toluol (1 : 1) mit **XII**, Lösen des Nd. in A. u. Fällen mit Ae.; nach Umfällen hygroskop. gelbe Kristalle 11%. — Ebenso folgende B i s - S a l z e: *Aus* **II** *u.* **XI**, $C_{44}H_{50}O_8N_2Br_2$, F. 205°. — *Aus* **II** *u.* **IX**, $C_{45}H_{52}\cdot O_8N_2Br_2$, F. 187—189°. — *Aus* **II** *u.* **XV**, $C_{50}H_{62}O_8N_2Br_2$, F. 192°. (J. Amer. chem. Soc. **76**. 2792—97. 20/5. 1954. Decatur, Ill., Irwin, Neisler & Co., Res. Labors.)

H.-J. NITZSCHKE. 3231

Rudolf Lukeš und **Miloslav Ferles**, *Beitrag zur Löffler-Freytag-Reaktion.* Im Gegensatz zu WAWZONEK (C. **1953**. 7091) erhielten Vff. bei der Einw. von H_2SO_4 u. UV-Licht auf 1-Chlor-4-äthylpiperidin *7-Methyl-1-azabicyclo-[1.2.2]-heptan* (**I**), identifiziert durch Misch-F. seines *Hydrochlorids* u. *Pikrolonats* mit den entsprechenden Derivv. von auf anderem Wege dargestelltem **I** (vgl. Verss.). Das **I**-*Pikrat* gibt mit Chinuclidinpikrat keine F.-Depression. 1-Chlor-4-methyl-4-äthylpiperidin gibt durch Einw. von H_2SO_4 u. UV-Licht das *4.7-Dimethyl-1-azabicyclo-[1.2.2]-heptan*, dessen Konst. durch seine Verschiedenheit von 4-Methylchinuclidin u. durch erschöpfende Methylierung, die zu 1.4-Dimethyl-4-äthylpiperidin führte, ermittelt wurde.

V e r s u c h e: 4-[β-Oxyäthyl]-pyridin (56,5 g) wurde in sd. Butylalkohol mit Na 7 Std. behandelt, die Lsg. mit W. versetzt u. die Basen in Ae. aufgenommen; aus dem mit Ae. abdest. Anteil wurden isoliert: *4-Äthyl-1.2.5.6-tetrahydropyridin* (**II**), $C_7H_{13}N$, $Kp._{751}$ 155° [*Pikrat*, $C_{13}H_{16}O_7N_4$, F. 160—162° (aus A.); 15 g], u. *4-Äthylpiperidin* (**III**; *Pikrat*, F. 131—132°; 3 g) aus dem Rückstand *4-[β-Oxyäthyl]-piperidin*, $Kp._1$ 136—141° (22,5 g), neben 5,5 g **II**. **II** (87 g) u. **III** (46 g) wurden aus 4-Äthylpyridin (188,5 g) durch Einw. von Na in Butylalkohol dargestellt. **III**-*Pikrat*, $C_{13}H_{18}O_7N_4$, F. 132—133°. **III**-*p-Toluolsulfonylderiv.*, $C_{14}H_{21}O_2NS$, F. 78—79°. — *Chinuclidin*, nach MEISENHEIMER, NERESHEIMER u. SCHNEIDER [1920]. *Pikrolonat*, $C_{17}H_{21}O_5N_5$, F. 255° (W.-A.). *Jodmethylat*, $C_8H_{16}NJ$, F. 343° (A.-Essigester). — *3-[α-Oxyäthyl]-pentandiol-(1.5)*, $C_7H_{16}O_3$, $Kp._3$ 175—177°, $Kp._4$ 183—185°, durch Einw. von $LiAlH_4$ auf β-Acetylglutarsäuredilacton in Tetrahydrofuran; 70%. — *7-Methyl-1-azabicyclo-[1.2.2]-heptan* (**I**), $C_7H_{13}N$, $Kp._{747}$ 140—142°, a) aus vorst. Verb. durch 4std. Einw. von HBr in Eisessig bei 80° u. nachfolgender Behandlung mit NH_3 in Methanol bei 130—150° (4 Std.); b) aus **III** durch Einw. von Cl_2 u. Natronlauge in PAe., Ausschütteln mit 85%ig. H_2SO_4 unter Eiskühlung, 10std. Bestrahlung der H_2SO_4-Lsg. mit einer Quecksilberlampe u. Behandlung der Rohbase mit Benzolsulfochlorid; 9,6% (Ausbeute) als *Pikrat*, F. 283° (Methanol). *Hydrochlorid*, $C_7H_{14}NCl$, F. 274°. *Pikrolonat*, $C_{17}H_{21}O_5N_5$, F. 224—225° (A.). *Jodmethylat*, $C_8H_{16}NJ$, F. 325° (A.-Ae.). — *β-Methyl-β-äthylglutarsäureimid*, F. 123—125° (Bzl.), durch Erhitzen des Ammoniumsalzes der β-Methyl-β-äthylglutarsäure auf 200—220°; 69%. — *4-Methyl-4-äthylpiperidin*, $C_8H_{17}N$, $Kp._{742}$ 170—171°, aus vorst. Verb. durch Einw. von $LiAlH_4$ in Ae.; 38,5%. *Pikrat*, $C_{14}H_{20}O_7N_4$, F. 163,5—165,5°. *p-Toluolsulfonylderiv.*, $C_{15}H_{23}O_2NS$, F. 71—72° (A.). — *4.7-Dimethyl-1-azabicyclo-[1.2.2]-heptan*, $C_8H_{15}N$, $Kp._{748}$ 153—154° (aus dem Pikrat freigesetzt), aus vorst. Verb. durch Einw. von Cl_2 u. Natronlauge in PAe. u. übliche Aufarbeitung. *Pikrat*, $C_{14}H_{18}O_7N_4$, F. 290—298° (Zers.). *Jodmethylat*, $C_9H_{18}NJ$, F. 333°. *Pikrat der quaternären Base*, $C_{15}H_{20}O_7N_4$, F. 300—301°

(W.). Dieses Pikrat, über das Chlorid mit Ag_2O in die freie Base übergeführt, diese dest., angesäuert u. an Pt hydriert, ergab *1.4-Dimethyl-4-äthylpiperidin, Pikrat*, $C_{15}H_{22}O_7N_4$, F. 190—191°, keine F.-Depression mit einer authent. Probe. (Chem. Listy **49.** 510—18. April 1955. Praha, Vysoká škola chem.-technolog., Katedra organ. chemie.)
J. KOVÁŘ/Prag. 3231

R. H. Mizzoni und **Paul E. Spoerri**, *Synthesen in der Pyridazinreihe.* 1. Mitt. *Pyridazin und 3.6-Dichlorpyridazin.* Durch Kochen von Maleinsäureanhydrid u. einem Mineralsalz des Hydrazins in wss. Lsg. wird *cycl. Maleinhydrazid*, tautomer mit Pyridazindiol-(3.6), dargestellt. Die Chlorierung dieser Verb. mit $POCl_3$ führt zu *3.6-Dichlorpyridazin* u. Hydrierung mit Pd-Kohle/H_2 bei 3 at in wss.-alkoh. NH_3 zu *Pyridazin.*

Versuche: *Pyridazindiol-(3.6)*, $C_4H_4O_2N_2$, F. 299,5—300° (W.), aus 0,7 Mol Hydrazindihydrochlorid in W. u. einer sd. turbinierten Lsg. von Maleinsäureanhydrid durch 3std. Kochen; 85,4% (Ausbeute). — *3.6-Dichlorpyridazin*, $C_4H_2N_2Cl_2$, F. 68—69°, durch 5std. Kochen vorst. Verb. mit $POCl_3$, Abdampfen des überschüssigen $POCl_3$ im Vakuum, Zufügen von konz. NH_3 zu der auf Eis gegossenen Lsg. bis zur schwach alkal. Rk., Filtrieren, Extraktion mit Chlf. u. Sublimation; 87%. — *Pyridazin*, $C_4H_4N_2$, $Kp._{14}$ 86—87°, durch $^3/_4$std. Hydrieren vorst. Verb. mit 5%ig. Pd-Kohle in A. u. konz. NH_3 bei 3 at, Filtrieren, Zufügen von NaOH, Ausäthern, Abdampfen u. Dest. im Vakuum; 60%. *Monohydrochlorid*, $C_4H_5N_2Cl$, F. 161—163°; 27,8%. (J. Amer. chem. Soc. **73.** 1873—74. 10/4. 1951. Brooklyn, N. Y., Polytechn. Inst., Dep. of Chem.)
H. LEHWALD. 3272

David G. Doherty, Edwin A. Popenoe und **Karl Paul Link**, *Aminosäurederivate des D-Glucosamins.* Durch Kupplung von 1.3.4.6-Tetraacetyl-β-D-glucosamin (I) mit den entsprechenden Acylaminosäurechloriden in Ggw. von Pyridin in wasserfreiem Lösungsm. (vgl. BERGMANN u. ZERVAS, Ber. dtsch. chem. Ges. **65.** [1932.] 1201) wurden die folgenden Verbb. erhalten: *Dicarbobenzoxy-L-cystyl-bis-[1.3.4.6-tetraacetyl-β-D-glucosamin, N-Hippuryl-* (**II**), *N-[Carbobenzoxy-L-methionyl]-* (**III**), *N-[Dicarbobenzoxy-L-lysyl]-* u. *N-[Carbobenzoxy-D-methionyl]-1.3.4.6-tetraacetyl-β-D-glucosamin* (**IV**). Bei Verwendung von N-Carbobenzoxy-DL-methionylchlorid entstand ein Gemisch von Isomeren, das sich nicht vollständig in die reinen Prodd. **III** u. **IV** zerlegen ließ. Die Umsetzung von I mit Carbobenzoxy-L-glutaminsäureanhydrid lieferte *N-[Carbobenzoxy-L-α-glutaminyl]-1.3.4.6-tetraacetyl-β-D-glucosamin* (**V**). Diese *Glucopeptidacetate* wurden mit CH_3ONa entacetyliert, wobei jedoch nur **II** u. **V** krist. Prodd. ergaben.

Versuche: *N-Hippuryl-1.3.4.6-tetraacetyl-β-D-glucosamin* (**II**), $C_{23}H_{28}O_{11}N_2$, F. 170—171°, durch 27std. Einw. von Hippurylchlorid auf I in trockenem Chlf. bei 0—20° in Ggw. von Pyridin; Kristalle aus A. u. Essigester; $[\alpha]_D^{23}$ +13,75° (c = 5; Pyridin); 63% (Ausbeute). — *N-Hippuryl-β-D-glucosamin*, $C_{15}H_{20}O_7N_2$, F. 210,5—212°, durch Einw. von n-Na-Methylat-Lsg. auf **II** in absol. Methanol, 30 Min. bei —10 bis 20°; Kristalle aus W. u. A./W.; $[\alpha]_D^{22}$ +43,4° (c = 1,3; Pyridin), Mutarotation; 78%. — *Dicarbobenzoxy-L-cystyl-bis-[1.3.4.6-tetraacetyl-β-D-glucosamin]*, $C_{50}H_{62}O_{24}N_4S_2$, F. 236°, analog **II** aus Dicarbobenzoxy-L-cystylchlorid (40 Std.); Kristalle aus verd. Dioxan; $[\alpha]_D^{23}$ —3,36° (c = 5; Pyridin); 36%. — *N-[Dicarbobenzoxy-L-lysyl]-1.3.4.6-tetraacetyl-β-D-glucosamin*, $C_{36}H_{45}O_{14}N_3$, F. 186—186,5°, durch 48std. Einw. einer Lsg. von Dicarbobenzoxy-L-lysylchlorid in absol. Essigester auf I in trockenem Essigester bei 5° in Ggw. von Pyridin; Kristalle aus verd. Dioxan u. A.; $[\alpha]_D^{20}$ —3,8° (c = 7, Pyridin); 58%. — *N-[Carbobenzoxy-L-methionyl]-1.3.4.6-tetraacetyl-β-D-glucosamin* (**III**), $C_{27}H_{36}O_{12}N_2S$, F. 216—217°, durch 49std. Einw. einer frisch bereiteten Lsg. von Carbobenzoxy-L-methionylchlorid (hergestellt aus 2,83 g L-Methionin) in trockenem Essigester auf 6,6 g I in Essigester bei 0—20° in Ggw. von 6 cm³ Pyridin; Nadeln aus absol. A.; $[\alpha]_D^{24}$ +2,3° (c = 3; Pyridin); 1,3 g. — *N-[Carbobenzoxy-D-methionyl]-1.3.4.6-tetraacetyl-β-D-glucosamin* (**IV**), $C_{27}H_{36}O_{12}N_2S$, F. 183—184°, analog; $[\alpha]_D^{24}$ +19,6° (c = 6; Pyridin); 1,6 g. — *N-[Carbobenzoxy-L-α-glutaminyl]-1.3.4.6-tetraacetyl-β-D-glucosamin* (**V**), $C_{27}H_{34}O_{14}N_2$, F. 219° (Zers.), analog **II** aus Carbobenzoxy-L-glutaminsäureanhydrid (24 Std.); Kristalle aus A.; $[\alpha]_D^{23}$ —7,56° (c = 5; Pyridin); 62%. — *N-[Carbobenzoxy-L-α-glutaminyl]-β-D-glucosamin*, F. 182—183° (Zers.), analog der Entacetylierung von **II**; Umkristallisation aus W. oder Methanol unter teilweiser Zers.; $[\alpha]_D^{23}$ +65,7° (c = 1,5; Pyridin); 88%. (J. Amer. chem. Soc. **75.** 3466—68. 20/7. 1953. Madison, Wis., Univ., Coll. of Agricult., Dep. of Biochem.)
H.-J. KRAEGE. 3400

Lawrence Rosen, Kenneth C. Johnson und **Ward Pigman**, *Reaktionen von Kohlenhydraten mit N-haltigen Verbindungen.* 2. Mitt. *Faktoren, die das Dunkeln von N-D-Glucosylanilin bewirken.* (1. vgl. C. **1953.** 8088.) Das Dunkeln von 1—2%ig. methanol. N-D-Glucosylanilin (I)-Lsgg. kann durch Zusatz von W. (0—20%) u. Säure (0,01 bis 0,56 n HCl) wesentlich beeinflußt werden. Im Anfangsstadium der Rk. (bis ca. 90 Min.

nach dem HCl-Zusatz) wuchs bei gleichem Wassergeh. die Farbintensität der Lsg. mit steigender HCl-Konzentration. Bei Molverhältnissen HCl/I <1 wurden Verzögerungen der Farbentwicklung beobachtet. In späteren Stadien der Rk. (bis 24 Std. nach der HCl-Zugabe) laufen die Farbintensitätskurven (0, 5, 10, 20% Wassergeh.) beim angenäherten Molverhältnis HCl : I = 1 : 1 durch ein Maximum. Vff. betrachten deshalb freies I u. nicht sein Hydrochlorid für die Farbbldg. verantwortlich. Zusatz von W. verringert in jedem Falle die Farbentw. (Hydrolyse von farbbildendem I). H_2SO_4 an Stelle von HCl zeigt analoge Erscheinungen. Luft, O_2, N_2 u. $(CH_3COO)_2Cu$, sowie aus I entstandene Hydrolyseprodd. üben keinen nennenswerten Einfl. auf die Farbbldg. aus. Indifferenz gegen O_2 u. Empfindlichkeit gegen W. können in Parallele zu natürlichen Bräunungen von Aminosäuren–Zucker-Gemischen gesetzt werden. — Das zu den Verss. verwendete I wurde nach einer modifizierten Meth. von WEYGAND [1939] aus Anilin u. D-Glucose in wenig W. durch Erhitzen (Wasserbad) bis zur hellbraunen homogenen Lsg. u. 2maliger Kristallisation aus A. hergestellt; $[\alpha]_D^{30}$ +7,21° (7 Min.) → −49,0° (2100 Min.; c = 2,0; absol. CH_3OH); +4,75° (5 Min.) → −50,6° (1980 Min.; c = 2,0; Methanol/Pyridin 9 : 1). (J. Amer. chem. Soc. **75.** 3460—64. 20/7. 1953. Birmingham, Ala., Univ., Med. Coll. and School of Dent., Biochem. Dep.) H.-J. KRAEGE. 3400

Ward Pigman und **K. C. Johnson,** *Reaktionen von Kohlenhydraten mit N-haltigen Verbindungen.* 3. Mitt. *Die Tetraacetate des N-D-Glucosylanilins.* (2. vgl. vorst. Ref.) Die Konst. der beiden bekannten Tetraacetate des N-D-Glucosylanilins (vgl. FRÈREJACQUE, C. **1936.** II. 477) als *Tetraacetyl-N-α-* (I) bzw. *-β-D-glucosylanilin* (II) wurde bestätigt (vgl. HONEYMAN u. TATCHELL, C. **1951.** II. 1585). Beide Isomeren zeigen in methanol. Lsgg. in Ggw. von Säuren Mutarotation (in Methanol + Essigsäure $[\alpha]_D^{30}$ +212° → +28° für die α-Form, $[\alpha]_D^{30}$ −61° → +25° für die β-Form), wobei außerdem unter Braunfärbung eine langsame Sekundär-Rk. unbekannten Typs beobachtet wurde, welche auch für die Nichtübereinstimmung mit der Reaktionsgleichung 1. Ordnung verantwortlich gemacht wird. Saure Lsgg. von I u. II bräunen sich viel langsamer als solche von III. Weiterhin wird für I u. II die Pyranosestruktur durch Heranziehung der HUDSONschen Isorotationsregeln u. der Mutarotationswerte von Tetra-O-methyl-N-D-glucosylanilin angenommen. — I, F. 153°, $[\alpha]_D^{30}$ +185° (c = 3,2; Chlf.), aus III u. Acetanhydrid in Pyridin bei 0° u. fraktionierte Kristallisation aus Methanol als schwerer lösl. Form neben II. — II, F. 98—98,5°, $[\alpha]_D^{28}$ −52,8° (c = 4; Chlf.), aus Pentaacetyl-β-D-glucopyranose u. Anilin nach FRÈREJACQUE (l. c.), Isolierung von II als CCl_4-Additionsverb. u. Kristallisation aus Ae. + PAe., oder aus Tetra-O-acetyl-D-glucosylbromid nach BAKER [1928] als einzige Verbindung. (J. Amer. chem. Soc. **75.** 3464—66. 20/7. 1953.) H.-J. KRAEGE. 3400

Stephen P. Findlay, *Die dreidimensionale Struktur von Cocain.* Cocain (I; Benzoylekgoninmethylester) gibt bei der Rk. mit $^1/_{10}$ Äquivalent $NaOCH_3$ in absol., sd. CH_3OH 75% *Pseudoekgoninmethylester* (II; F. 114—116°; $[\alpha]_D^{20}$ +22,8° [c = 1,7; W.]), der ebenso wie Ekgoninmethylester (III) mit CH_3J das II-*Methojodid* ($C_{11}H_{20}O_3NJ$, F. 216—216,5°; $[\alpha]_D^{20}$ + 11,3° [c = 2; CH_3OH]) bildet. Beide Isomerisierungen haben die Epimerisierung des α-C-Atoms der COOH-Gruppe gemeinsam u. werden nicht, wie WILLSTÄTTER annahm, am OH-tragenden β-C-Atom isomerisiert. Auf Grund der Ergebnisse von FODOR (Nature [London] **170.** [1952.] 278 u. früher) wird daher angenommen, daß in Pseudoekgonin die OH-Gruppe in cis-Stellung zum N u. die COOH-Gruppe in trans-Stellung zum N u. zur OH-Gruppe stehen u. demzufolge die COOH-Gruppe in Ekgonin in cis-Stellung zur OH- u. N-Gruppe. Letzteres kann dann als *2-cis-Carboxy-3-cis-oxytropan* bezeichnet werden. Während N-Acetylnorekgoninäthylester nicht zum O-Acetylisomeren umgelagert werden kann (vgl. FODOR bzw. WILLSTÄTTER), wird *O-Benzoylnorekgonin* ($C_{15}H_{17}O_4N$, F. 250°; *Hydrochlorid*, F. 219 bis 221°) in verd. K_2CO_3 in *N-Benzoylnorekgonin* ($C_{15}H_{17}O_4N$, F. 163,5°) verwandelt. Ersteres besitzt im Infrarotspektr. Banden bei 3,65—5,5 ($>NH_2^+$), 5,8 (Benzoat) u. 6,45 μ (COO^-), letzteres in Nujol bei 3,12 (OH), 5,76 (COOH) u. eine Doppelbande bei 6,21 u. 6,26 μ (Amidbindung). Für I, II, III u. Pseudococain (IV) ergeben sich demnach die obenst. Strukturen. (J. Amer. chem. Soc. **75.** 4624—25. 20/9. 1953. Bethesda, Md., Public Health Serv., Nat. Inst. of Health, Inst. of Arthritis and Metabol. Dis., Dep. of Health, Educat. and Wellfare.) H. LEHWALD. 3500

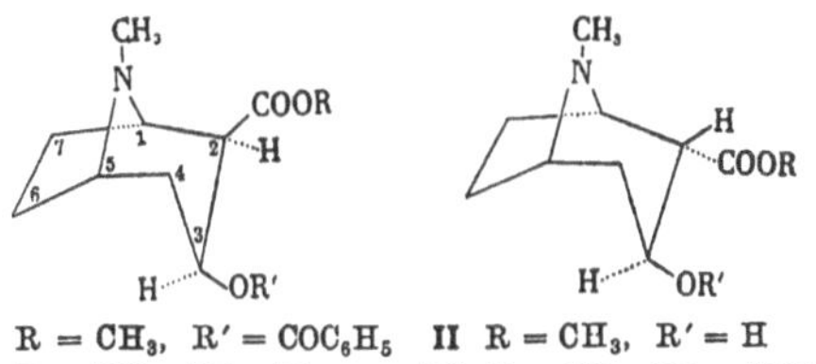

I R = CH_3, R′ = COC_6H_5 II R = CH_3, R′ = H
III R = CH_3, R′ = H IV R = CH_3, R′ = COC_6H_5

Robert F. Raffauf, Ann L. Farren und **Glenn E. Ullyot,** *Colchicin. Derivate der Trimethylcolchicinsäure.* Die Umwandlung von *Colchicin* (I) in *Trimethylcolchicinsäure*

(*Desacetylcolchicein*; II) erfolgt in 20—30%ig. H_2SO_4 in 80%ig. Ausbeute. Das chem Verh. von II wird durch den Tropolonring bestimmt. Die Methylierung ergibt ein Gemisch von II-*Methyläther* u. *Isotrimethylcolchicinsäuremethyläther*, die Acetylierung liefert aus ersterem I, aus letzterem *Isocolchicin*. Das Äthergemisch ist durch Chromatographie oder durch fraktionierte Kristallisation der *d-Tartrate* trennbar. Mit NH_4OH entsteht aus den Äthern *n-* bzw. *Isotrimethylcolchicinsäureamid*, ersteres wurde in das *N-Acetylcolchiceinamid* von ŠANAVÝ (Chem. Listy **46**. [1952.] 280) verwandelt.

Versuche: *Trimethylcolchicinsäure* (II), $C_{19}H_{21}O_5N$, F. 155—157°, aus 53 g I in 25%ig. H_2SO_4 durch 5std. Erwärmen u. Neutralisieren mit Soda; $[\alpha]_D^{25}$ —184,5° (c = 1; Chlf.); 37 g (Ausbeute). — *Isotrimethylcolchicinsäuremethyläther*, $C_{20}H_{23}O_5N$, F. 176—178°, aus 20 g II in CH_2Cl_2 + CH_2N_2 in Ae. bei 0—5°, Abdampfen u. Chromatographieren aus Chlf. an Al_2O_3; $[\alpha]_D^{25}$ —240° (c = 1; Chlf.); Prismen aus A.-Ae.; 11,5 g; gibt mit Acetanhydrid in Pyridin *Isocolchicin*, F. 216—219°. *d-Tartrat*, $C_{24}H_{29}O_{11}N \cdot CH_3OH$, F. 191—193°, aus A.-Aceton gelbe Nadeln. — *n-Trimethylcolchicinsäuremethyläther*, bei der Methylierung von II aus dem Chromatogramm durch Elution mit CH_3OH u. erneute Chromatographie; $[\alpha]_D^{25}$ —159° (c = 0,6528; Chlf.); 4,9 g; gibt bei der Acetylierung I, F. 155—157°. *d-Tartrat*, $C_{24}H_{29}O_{11}N \cdot H_2O$, F. 218,5—220° (Zers.; Aceton-W.). — *Isotrimethylcolchicinsäureamid*, $C_{19}H_{22}O_4N_2$, F. 112—125°, nach Wiederfestwerden F. 226—228°, aus 5,07 g des Methyläthertatrats u. konz. NH_4OH (24std. Stehen unter Verschluß); 1,2 g. — *n-Trimethylcolchicinsäureamid*, analog vorst. Verb.; nichtkrist.; $[\alpha]_D^{25}$ —175° (c = 0,785; Chlf.); 0,730 g aus 3 g. — *N-Acetylcolchiceinamid*, $C_{23}H_{26}O_6N_2$, F. 152—154°, aus vorst. Amid u. Acetanhydrid in Pyridin. (J. Amer. chem. Soc. **75**. 5292—94. 5/11. 1953. Philadelphia, Pa., Smith, Kline and French Labors., Res. and Develop. Div.) H. LEHWALD. 3500

O. E. Edwards, Léo Marion und **R. A. McIvor**, *Lycoctonin: Säurekatalysierte Umlagerungen*. (Vgl. EDWARDS u. MARION, Canad. J. Chem. **32**. [1954.] 195.) Vff. zeigen, daß das Lactam des Alkaloids Lycoctonin [Lycoctonam (I)] beim Erwärmen mit Mineralsäure unter Pinakolinumlagerung zu dem Keton Anhydrolycoctonam (II), dessen Struktur diskutiert wird, dehydratisiert wird. Bei stärkerer Behandlung mit Mineralsäure liefern sowohl II als auch I (über II als Zwischenprod.) durch Abspaltung einer Methoxygruppe als CH_3OH u. Hydrolyse einer zweiten zu einer tert. Hydroxylgruppe ein $\alpha.\beta$-ungesätt. Keton, *Lycoctamon* (III). Der Mechanismus der Bldg. von III wird diskutiert u. die Infrarotspektren verschied. Derivv. von III werden graph. wiedergegeben.

Versuche: *Dihydroanhydrolycoctonamdiacetat*, $C_{29}H_{43}O_9N$, F. 174—177°, aus 116 mg II durch 22std. Rk. mit wss. $NaBH_4$ bei Zimmertemp., 35 Min. Kochen u. Acetylieren; $[\alpha]_D^{25}$ 33 ± 1° (c = 1,8; A.); Infrarotbanden 1636 u. 1738 cm^{-1}; 83 mg (Ausbeute). — *Lycoctamon* (III), $C_{23}H_{31}O_6N$, F. 217—223°, Sublimation bei 180°/5·10^{-4} mm, durch 2std. Erwärmen von 500 mg I-Hydrat mit 12nH_2SO_4 auf 100°; 260 mg; oder durch 5std. Kochen von 40 mg II mit 6nH_2SO_4 in CO_2-Atmosphäre; 34 mg; $[\alpha]_D^{22}$ 258 ± 4° (c = 1,3; A.); Infrarotbanden 1610, 1661, 3550, 3370 u. 3260 cm^{-1}. *Monohydrat*, $C_{23}H_{31}O_6N \cdot H_2O$, F. 221—225° (Methanol), $[\alpha]_D^{20}$ 274 ± 2° (c = 2,0; A.); UV-Spektr. λ_{min} 230 mμ (3,95), λ_{max} 245 mμ (4,01), λ_{min} 300 mμ (2,18), λ_{max} 310 mμ (2,20). *Monoacetat*, $C_{25}H_{33}O_7N$, F. 242°, $[\alpha]_D$ 192 ± 2° (c = 2,6; A.); Infrarotbanden 3425, 1741, 1670 u. 1623 cm^{-1}. — *Lycoctamol* (IV), $C_{23}H_{33}O_6N$, F. 207—212° (Äthylacetat), durch Red. von 52 mg III in 50%ig. wss. Methanol mit $NaBH_4$; $[\alpha]_D^{25}$ 212 ± 2° (c = 2,0; A.); Infrarotbanden 3350 u. 1610 cm^{-1}; 37 mg. *Monoacetat*, $C_{25}H_{35}O_7N$, F. 216—218° (Aceton-Ae.); $[\alpha]_D^{20}$ 175 ± 2° (c = 2,7; A.); Infrarotbanden 3455, 3365, 1744 u. 1623 cm^{-1}. *Diacetat*, $C_{27}H_{37}O_8N$, F. 177—180° (Ae.-PAe.); $[\alpha]_D^{18}$ 163 ± 2° (c = 1,84; A.); Infrarotbanden 3435, 1743 u. 1625 cm^{-1}. — *Lycoctam* (V), $C_{23}H_{33}O_5N$, F. 115—125° (wss. Methanol), durch 1std. Erhitzen von 45 mg III, Triäthylenglykol u. 85%ig. N_2H_4-Hydrat auf 130°, Zugabe von KOH, 1std. Erwärmen bis auf 200° u. 4std. Kochen; $[\alpha]_D^{21}$ 160 ± 2° (c = 3,2; A.); Infrarotbanden 3575, 3400 u. 1615 cm^{-1}; 30 mg. *Monoacetat*, $C_{25}H_{35}O_6N$, F. 153—162°, Infrarotbanden 3435, 3350, 1743 u. 1620 cm^{-1}. — *Dihydrolycoctam*, $C_{23}H_{35}O_5N$, Kp.$_{5 \cdot 10^{-4}}$ 170°, F. 182—184° (wss. Methanol), durch katalyt. Hydrierung von 27 mg III in A. über PtO_2; 27 mg; oder aus 29 mg IV wie vorst.; 21 mg; oder aus 16,8 mg V wie vorst.; 13,5 mg; $[\alpha]_D^{21}$ 85 ± 2° (c = 2,4; A.); Infrarotspektr. 3525, 3420 u. 1616 cm^{-1}. *Acetat*, $C_{25}H_{37}O_6N$, F. 206° (Aceton-Ae.); $[\alpha]_D^{21}$ 33 ± 2° (c = 1,9; A.); Infrarotbanden 3475, 3425, 1742 u. aufgespaltene Banden bei 1635 u. 1620 cm^{-1}. (Canad. J. Chem. **32**. 708—17. Juli 1954. Ottawa, Can., Nat. Res. Council, Div. of Pure Chem.) G. WINKLER. 3500

Norbert Neuss, *Ein neues Alkaloid aus Amianthium muscaetoxicum Gray*. Nach Chromatographie an Al_2O_3 wurden aus dem Extrakt der Blätter u. Wurzeln von *Amian-*

thium muscaetoxicum Gray Jervin, zwei Esteralkaloide, vorerst als *Alkaloid E* u. *F* bezeichnet, u. ein neues Alkaloid, *Amianthin* (I) genannt, isoliert. In konz. H_2SO_4 gibt I eine gelbe Farbe, 84%ig. H_2SO_4 bleibt jedoch farblos. UV- u. Ultrarotspektren wurden untersucht. Danach enthält I eine C=C-Bindung, eine in Konjugation stehende CO-Gruppe u. eine Hydroxylgruppe. Es besitzt ein akt. H-Atom.

Versuche: *Amianthin* (I), $C_{27}H_{41}O_2N$, F. 251—253° (Zers.), $[\alpha]_D^{20}$ —87° (c = 0,1728; Chlf.). Die getrockneten Wurzeln u. Blätter werden mit verd. NH_4OH angefeuchtet u. mit Bzl. extrahiert; die konz. Benzollsg. wird mit 5%ig. Weinsäure ausgeschüttelt, filtriert u. mit NH_4OH auf p_H 8—9 gebracht; mit Chlf. werden die freien Basen extrahiert, der Chloroformrückstand wird in Aceton aufgenommen u. daraus kristallisiert. *O-Acetat*, $C_{29}H_{43}O_3N$, F. 206—207° (Zers.), lange Nadeln aus CH_3OH. — *Tetrahydroamianthin*, F. 266—267° (Zers.), aus I u. Pt/H_2 in 95%ig. CH_3OH in zwei Formen. (J. Amer. chem. Soc. **75**. 2772—73. 5/6. 1953. Indianapolis, Ind., Eli Lilly & Comp., Lilly Res. Labors.) K. NEZEL. 3500

Alexander Robertson und **W. B. Whalley**, *Die Chemie der „Unlösliches Rot" liefernden Hölzer. 5. Mitt. Pterocarpin und ein Oxydationsprodukt von Homopterocarpin.* (4. vgl. C. **1953**. 5655.) Die früher (vgl. 1. Mitt., C. **1940**. II. 2899) dem *Pterocarpin* zugeschriebene Konst. **I** wird durch Synth. von (±)-*7.2'-Dimethoxy-3'.4'-methylendioxyisoflavan* (**II**) bestätigt, dessen (—)-Form ident. ist mit *O-Methyldihydropterocarpin*. — Aus Resorcin u. 2-Methoxy-3.4-methylendioxybenzylcyanid entsteht

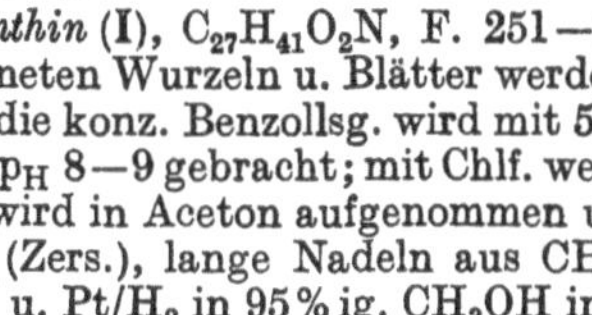
I

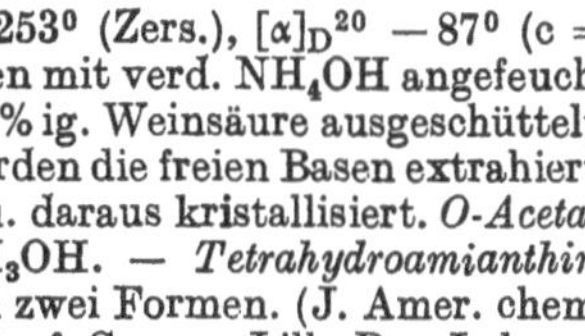
II

nach der HOESCH-Meth. bei nachheriger partieller Methylierung *2-Oxy-4.2'-dimethoxy-3'.4'-methylendioxydesoxybenzoin*, welches mit $HCOOC_2H_5$ u. Na *2-Oxy-7.2'-dimethoxy-3'.4'-methylendioxyisoflavanon* liefert; Wasserabspaltung gibt dann *7.2'-Dimethoxy-3'.4'-methylendioxyisoflavon*, das bei Hydrierung zu **II** führt. die Identität von **II** mit O-Methyldihydropterocarpin ist durch das Infrarotspektr. bewiesen. — Das bei Oxydation von O-Methyldihydrohomopterocarpin entstehende (—)-*7.2'.4'-Trimethoxyisoflavanon*, welches leicht racemisiert, liefert bei weiterer Oxydation *3-Oxy-7.2'.4'-trimethoxyisoflavanon*, dessen Konst. dadurch sichergestellt ist, daß es weder ident. ist mit 4-Oxy-7.2'.4'-trimethoxy-3-phenylcumarin noch mit 2-Oxy-7.2'.4'-trimethoxyisoflavanon, u. daß es bei Dehydratation *7.2'.4'-Trimethoxyisoflavon* (III) liefert.

Versuche: *2-Methoxy-3.4-methylendioxybenzylcyanid*, $C_{10}H_9O_3N$, F. 100° (unter Mitarbeit von **G. B. Smith**): 5 g 2-Methoxy-3.4-methylendioxybenzaldehyd, 6,5 g Hippursäure, 3 g CH_3COONa u. 10 cm³ Acetanhydrid liefern das *Azlacton*, $C_{18}H_{13}O_5N$, F. 190° aus Bzl. gelbe Prismen; 6,7 g (Ausbeute). 5std. Hydrolyse von 6,5 g Azlacton mit sd. 10%ig. NaOH führt zu *2-Methoxy-3.4-methylendioxyphenylbrenztraubensäure* (4,3 g), aus der das *Oxim* dargestellt wurde (4 g); dieses wurde mit Acetanhydrid erwärmt, dann wurde mit W. verd.; Platten aus A.; 2,1 g. — *2.4-Dioxy-2'-methoxy-3'.4'-methylendioxydesoxybenzoin*, $C_{16}H_{14}O_6$, F. 165°, aus 4 g vorst. Cyanid u. 5 g Resorcin in Ae. mit HCl u. $ZnCl_2$ bei nachheriger Hydrolyse des öligen Ketoximkomplexes mit W.; Nadeln aus Bzl.; 2,5 g. — *2-Oxy-4.2'-dimethoxy-3'.4'-methylendioxydesoxybenzoin*, $C_{17}H_{16}O_6$, F. 127°, durch Methylierung vorst. Verb. in Aceton mit CH_3J u. K_2CO_3; aus CH_3OH Nadeln; 100%. — *2-Oxy-7.2'-dimethoxy-3'.4'-methylendioxyisoflavanon*, $C_{18}H_{16}O_7$, F. 188° (Zers.), aus 1,8 g vorst. Verb. mit N u. Ameisensäureäthylester; aus Essigester Nadeln; 1,2 g. — *7.2'-Dimethoxy-3'.4'-methylendioxyisoflavon*, $C_{18}H_{14}O_6$, F. 203°, durch 10 Min. Kochen vorst. Verb. in Essigsäure; aus CH_3OH Nadeln; sublimiert bei 200°/0,01 mm; 100%. — (±)-*7.2'-Dimethoxy-3'.4'-methylendioxyisoflavan* (**II**), $C_{18}H_{18}O_5$, F. 86°, durch Hydrierung von 0,5 g vorst. Verb. in Essigsäure in Ggw. von ADAMS-Katalysator bei n. Druck bis zur Aufnahme von 1 Mol H_2 u. fraktionierte Kristallisation aus CH_3OH; aus CH_3OH Nadeln; 100 mg. — Nach 10 Min. Kochen des Oxydationsprod. aus (—)-7.2'.4'-Trimethoxyisoflavanon (vgl. 1. Mitt., l. c.) in Essigsäure–2n H_2SO_4 (10:1) u. Verdünnen mit W. entsteht *7.2'.4'-Trimethoxyisoflavon* (**III**), F. 148°; 100%. — *2-Oxy-7.2'.4'-trimethoxyisoflavanon*, $C_{15}H_9O_3(OCH_3)_3$, F. 156°, durch Cyclisation von 1 g 2-Oxy-4.2'.4'-trimethoxydesoxybenzoin mit Na u. $HCOOC_2H_5$; aus Essigester Tafeln; Zers. bei ca. 180°; 0,3 g; gibt in sd. Essigsäure nach 5 Min. **III**; 100%. (J. chem. Soc. [London] **1954**. 1440—41. Mai. Liverpool, Univ.) H.-J. NITZSCHKE. 3550

Yves-René Naves, *Untersuchungen über flüchtige Pflanzenstoffe.* 127. Mitt. *Über die Cyclisierungen der Pseudoirone (3-Methylpseudojonone) durch Schwefelsäure, Phosphorsäure und Bortrifluorid.* (126. vgl. C. **1954**. 7423.) Vf. untersucht die Zus. der bei der Cyclisierung von techn. Pseudoiron (I)-Gemischen mit 62,5%ig. H_2SO_4, 85%ig. H_3PO_4 bzw. BF_3 erhaltenen *Iron* (II)-Gemische (Diagramme für n_D^{20}- u. $D.^{20}_4$-Werte). Nur trans-I enthaltende I-Gemische liefern bei der Cyclisierung II-Gemische mit einem Geh. an α-II [*cis-(2.6)*-α-II], u. dieses auch nur mit BF_3 als Cyclisierungsmittel. Mit BF_3 entsteht auch die geringste Menge an Nebenprodd. (*Methyl-p-menthadienylpropanone, isomere Oxyde* $C_{14}H_{22}O$; vgl. 124. Mitt., C. **1954**. 4164). So wurde aus einem techn. darstellbaren I-Gemisch mit einem Geh. von ca. 38% an trans-I ($Kp._{0,1-0,15}$ 94—96°, $D.^{20}_4$ 0,9015, n_D^{20} 1,53290) mit BF_3 bei Raumtemp. ein II-Gemisch mit einer Gesamtausbeute von 76,2% erhalten, das nach seinem Infrarotspektr. 30—32% u. nach der nach Hydrierung u. Umsetzung mit Semicarbazid erhaltenen Menge an *Dihydro-α-ironsemicarbazon* (F. 172,5—173°; korr.) mindestens 30,4% α-II enthielt. Die einzelnen Bestandteile der Prodd. der Cyclisierungen (α-II, *Iso*-α-II, β-II u. Nebenprodd.) wurden außer durch ihre Infrarotspektren durch ihre bekannten Derivv. (vgl. l. c.) charakterisiert. (Bull. Soc. chim. France, Mém. [5] **1954**. 321—29. März. Vernier-Genf, L. Givaudan & Cie., S. A., Labors. de Rech.) I. SPAETH. 3600

Yves-René Naves und **Pierre Ardizio**, *Untersuchungen über flüchtige Pflanzenstoffe.* 128. Mitt. *Über die physikalischen Eigenschaften des β-Cyclocitrals und einiger seiner Derivate.* (127. vgl. vorst. Ref.) Durch fraktionierte Dest. des nach Literaturangaben dargestellten Rohprod. unter N_2 wurde reines *β-Cyclocitral* (I) mit nachst. Eigg. erhalten: $Kp._3$ 62—63°, $D.^{20}_4$ 0,9533, n_D^{20} 1,49830; *Semicarbazon*, F. 167—168° (A.); *4-Phenylsemicarbazon*, $C_{17}H_{23}ON_3$, F. 165—166° (A.); *2.4-Dinitrophenylhydrazon*, $C_{16}H_{20}O_4N_4$, F. 172,5—173,5° (CH_3OH) (FF. korr.). Die Infrarotspektren von I u. seinen Derivv. sind angegeben. (Bull. Soc. chim. France, Mém. [5] **1954**. 330—31. März.) I. SPAETH. 3600

Yves-René Naves und **Pierre Ardizio**, *Untersuchungen über flüchtige Pflanzenstoffe.* 129. Mitt. *Über das ätherische Öl von Cyperus scarosius R. Br.* (128. vgl. vorst. Ref.) 106 g äther. Öl von *Cyperus scarosius* ($D.^{20}_4$ 0,9679, n_D^{20} 1,5100, α_D —7,8°) wurden fraktioniert u. ergaben außer 2,6 g Vorlauf 60 g Fraktion **A** vom $Kp._4$ 98—108° u. 37g Fraktion **B** vom $Kp._4$ 130—132°. **A** bestand hauptsächlich aus *tricycl. Sesquiterpenen* $C_{15}H_{24}$ ($Kp._{2,5}$ 86—88°, $D.^{20}_4$ 0,9338, 0,9351, n_D^{20} 1,5037—1,5042, α_D —17,10 bis —18,80°) von denen 10,7 g bei der Hydrierung (Äthylacetat, PtO_2, 50°) 1 Mol H_2 zu 2 *Dihydrosesquiterpenfraktionen* $C_{15}H_{26}$ ($Kp._{2,8}$ 92—93°, $D.^{20}_4$ 0,9289, n_D^{20} 1,4942, α_D —59,6° 5,9 g; 3,2 g) aufnahmen. Aus 36 g **B** wurden mit dem Reagens P von GIRARD u. SANDULESCO 4,9 g *bicycl. Sesquiterpenketon* $C_{15}H_{22}O$ [*dl-Cyperon* (?), $Kp._{2,8}$ 128—129°, n_D^{20} 1,5172—1,5213; *Semicarbazon*, $C_{16}H_{25}ON_3$, F. 203—205° (CH_3OH), $[\alpha]_D$ ± 0°; *2.4-Dinitrophenylhydrazon*, $C_{21}H_{26}O_4N_4$, F. 204,5—205° (Äthylacetat)] isoliert; der mit dem Reagens P nicht in Rk. getretene Anteil enthielt noch 34—36% Carbonylverbb. u. lieferte ein *2.4-Dinitrophenylhydrazon* $C_{21}H_{26}O_4N_4$ *vom F. 228—229°* (Äthylacetat); der Rest bestand wahrscheinlich aus *tert. Sesquiterpenalkoholen* (keine Veresterung mit Phthalsäureanhydrid in Pyridin), da aus 6,2 g bei der Hydrierung (A., RANEY-Ni, 120—130°/25 at) u. nachfolgenden CrO_3-Oxydation in 50%ig. CH_3COOH bei 50—55°, Wasserdampfdest. bei 90°/20 mm u. Umsetzung mit BRADYs Reagens 1,5 g *2.4-Dinitrophenylhydrazon*, $C_{21}H_{30}O_4N_4$, *vom F. 195—196°* (CH_3OH), erhalten wurden (Infrarotbanden sämtlicher Prodd. angegeben; FF. korr.). (Bull. Soc. chim. France, Mém. [5] **1954**. 332 bis 334. März.) I. SPAETH. 3600

Yves-René Naves und **Pierre Ardizio**, *Untersuchungen über flüchtige Pflanzenstoffe.* 130. Mitt. *Über die Gegenwart von Lanceol im ätherischen Öl von Santalholz aus Kenya* (*Osyris tenuifolia Engler*). (129. vgl. vorst. Ref.) Vff. isolierten aus dem äther. Öl von *Osyris tenuifolia* ($D.^{20}_4$ 0,9566, n_D^{20} 1,5082, α_D —55,30°) durch fraktionierte Dest. bei 2—3 Torr ca. 45% *L-Lanceol* (I; $C_{15}H_{24}O$, $Kp._{0,1}$ 114—115°, $D.^{20}_4$ 0,9490, n_D^{20} 1,50918, α_D^{24} —68,54°), eines *Sesquiterpenfraktion* [daraus mit HCl in Ae. 60% *Bisabolentrihydrochlorid*, F. 79,5—80°, $[\alpha]_D^{23}$ ± 0°, u. 5% *l-Cadinendihydrochlorid*, F. 116—118°, $[\alpha]_D^{20}$ —38,86° (c = 4; Chlf.)], 24% einer *bicycl. Sesquiterpenalkoholfraktion* [$C_{15}H_{24}O$, $Kp._{0,1}$ 102—104°, $D.^{20}_4$ 0,9594, n_D^{20} 1,50720, α_D —42 bis —48,8°; Hydrierung (Äthylacetat, PtO_2, 50°, n. Druck) → ein *Tetrahydrosesquiterpen* ($Kp._3$ 97—98°, $D.^{20}_4$ 0,8549, n_D^{20} 1,46600, α_D —9,4°) u. einen *Tetrahydrosesquiterpenalkohol* ($C_{15}H_{28}O$, $Kp._3$ 140 bis 141°, $D.^{20}_4$ 0,9319, n_D^{20} 1,48498, α_D —4,6°)] sowie 0,4% eines weiteren, *tert. Alkohols* $C_{15}H_{24}O$ ($Kp._{0,1}$ 74—76°, $D.^{20}_4$ 0,9729, n_D^{20} 1,50698, α_D —24,30°). — I wurde durch das I-*L-Strychninphthalat* [$C_{44}H_{50}O_6N_2$, F. 103—104° (Cyclohexan), $[\alpha]_D^{25}$ —39,2° (c = 8; Chlf.)] sowie durch seine Red. mit Na u. A. in fl. NH_3 zu *β-Bisabolen* ($C_{15}H_{24}$, $Kp._3$ 110 bis 111°, $D.^{20}_4$ 0,8606, n_D^{20} 1,48598, α_D —66,8°) charakterisiert. Die Hydrierung von 30 g I (Äthylacetat, PtO_2, 50°, n. Druck) lieferte 16 g *Bisabolan* ($C_{15}H_{30}$, $Kp._3$ 96—98°, $D.^{20}_4$ 0,8235, n_D^{20} 1,45560, α_D +0,25°) u. 9,2 g *Hexahydrolanceol* ($C_{15}H_{30}O$, $Kp._3$ 153 bis 154°, $D.^{20}_4$ 0,9020, n_D^{20} 1,47320, α_D +0,60°). — Die Rkk. von I stimmen mit der von

BIRCH u. MURRAY (C. **1952.** 2845) für I vorgeschlagenen Formulierung überein (Infrarotspektren sämtlicher Prodd. angegeben; FF. korr.). (Bull. Soc. chim. France, Mém. [5] **1954.** 334—37. März.) I. SPAETH. 3600

R. B. Woodward, Franz Sondheimer, David Taub, Karl Heusler und **W. M. McLamore,** *Totalsynthese eines Steroids.* Vff. berichten über die Totalsynth. des *dl-3-Keto-*$\Delta^{4.9,11.16}$*-ätiocholatriensäuremethylesters* (**IV**), die erste Synth. eines hydroaromat. Steroidkerns mit genauer stereochem. Konfiguration. — Das aus 5-Methoxytoluchinon mit Butadien erhaltene *cis-1.4-Diketo-2-methoxy-4a-methyl-1.4.4a.5.8.8a-hexahydronaphthalin,* F. 94,5—95,5°, wurde durch Ansäuern seiner Lsg. in bas. wss. Dioxan in das *trans-Isomere,* F. 130—131°, übergeführt, das mit $LiAlH_4$ zum entsprechenden *Glykol,* F. 139 bis 140°, red. wurde; dieses lieferte mit verd. Säure *1-Oxy-2-keto-4a-methyl-1.2.4a.5.8.8a-hexahydronaphthalin,* F. 71,5—72,5°. Acetylierung u. anschließende Behandlung mit Zn in sd. Essigsäureanhydrid oder Xylol gab das *trans-bicycl. Keton* **I**, $Kp._{0,2}$ 75°, F. 34—35°, λ_{max} 224 mμ (log E = 4,01), das in das *Oxymethylenketon,* $Kp._{0,015}$ 88—90°, λ_{max} 229 mμ (4,00) u. 361 mμ (3,88) übergeführt wurde; dieses gab mit Äthylvinylketon in Ggw. von K-tert.-Butylat in tert.-Butanol *1-Formyl-1-[γ-ketopentyl]-2-keto-4a-methyl-1.2.4a.5.8.8a-hexahydronaphthalin,* F. 97,5—98,5°, das in wss.-alkal. Dioxan zum tricycl. *Keton* **II**,

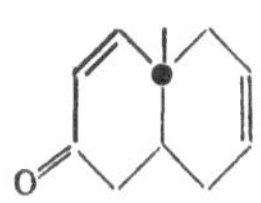
I

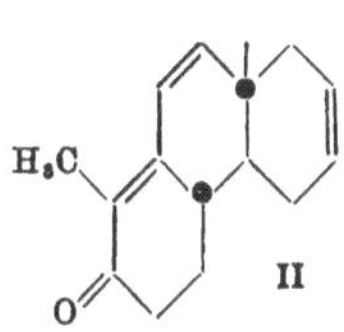
II

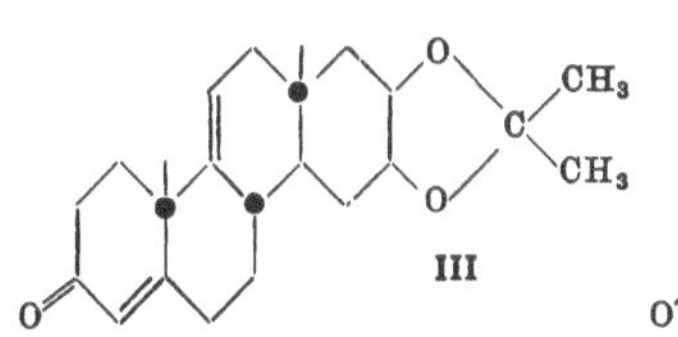
III

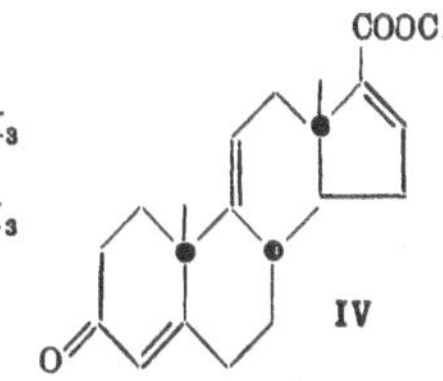
IV

F. 71—72°, λ_{max} 289 mμ (4,42) cyclisiert wurde; dieses führte mit OsO_4 zu einem Stereoisomerengemisch von *1.8a-Dimethyl-2-keto-6.7-dioxy-*$\Delta^{9.10a}$*-dekahydrophenanthren,* F. 156,5 bis 157,5° u. 181—182°. Die hauptsächlich gebildete tiefer schm. Komponente wurde in das *Acetonid,* F. 98—99°, übergeführt u. dieses mit Pd-$SrCO_3$ partiell zum entsprechenden *α.β-ungesätt. Keton,* F. 157,5—158,5°, λ_{max} 250 mμ (4,18), hydriert, die 3-Stellung durch Überführung in die *Oxymethylenverb.,* F. 127—129°, λ_{max} 246 mμ (4,08) u. 361 mμ (4,00), geschützt, die mit Methylanilin das *Methylanilinomethylenderiv.,* F. 220 bis 224°, ergab. Letzteres kondensierte mit Acrylnitril zu einem Prod., das nach bas. Hydrolyse ein Gemisch aus 2 Isomeren von *1-[β-Carboxyäthyl]-1.8a-dimethyl-2-keto-6.7-dioxy-*Δ^{10}*-dodekahydrophenanthrenacetonid* lieferte: α-, F. 148—150° (labile Form), u. β-, F. 171—173° (stabile Form). Das β-Isomere bildete mit heißem Essigsäureanhydrid das *β-Enollacton,* F. ca. 240°, das nach Rk. mit CH_3MgBr u. anschließende bas. Cyclisierung *dl-3-Keto-16.17-dioxy-*$\Delta^{4.9,11}$*-D-homoandrostadienacetonid* (**III**), F. 199—202°, λ_{max} 239 mμ (4,15), bildete. Das entsprechende *α-Enollacton,* F. 177—178°, gab auf demselben Wege in geringer Ausbeute das $C_{(10)}$*-Epimere* von **III**, F. 168—169°. **III** ging mit Perjodsäure in einen *Dialdehyd,* F. 129—132°, über, der zu *dl-*$\Delta^{9,11.16}$*-Bis-dehydro-20-norprogesteron,* F. 171—173°, cyclisiert wurde; mit Bichromat wurde oxydiert u. mit CH_2N_2 der *dl-Ketoester* **IV**, F. 159—162°, erhalten, der mit dem aus *3-Keto-11β.17β-dioxy-*Δ^4*-ätiocholensäuremethylester* durch Dehydratisierung erhaltenen Prod. ident. war. (J. Amer. chem. Soc. **73.** 2403—04. Mai 1951. Cambridge, Mass., Harvard Univ., Converse Mem. Labor.) G. SCHORRE. 3700

R. B. Clayton und **H. B. Henbest,** *1.3-Epoxydbildung in der Cyclohexanreihe.* (Vgl. CLARKE u. OWEN, C. **1954.** 7861.) Vff. erhalten bei der Umsetzung des 3-Mono-p-toluolsulfonats von Cholestan-3β.5α-diol mit Na-tert.-Butylat in tert.-Butanol *3α.5α-Epoxycholestan* [F. 82—86°, $[\alpha]_D$ +59°; 45% (Ausbeute), Infrarotspektr. starke Bande bei 890 cm^{-1}; gibt bei Isomerisierung mit BF_3/Ae. in Bzl. Epicholesterin] u. ein ungesätt. *Keton* (**I**; 25%; *2.4-Dinitrophenylhydrazon,* F. 145—151°). Das Auftreten der C—C-Bindungsspaltung unter vorst. milden Bedingungen wird von Vff. verglichen mit der säurekatalysierten Spaltung von 1.3-Diolen in Ketone u. Olefine (vgl. ENGLISH u. BRUTCHER, C. **1953.** 4682). Die analoge Rk. von Koprostan-3α.5α-3-mono-p-toluolsulfonat liefert ausschließlich **I**; die Nichtbldg. des 3β.5β-Epoxydes wird als eine Folge der größeren ster. Erfordernisse der 5β-Oxysteroidverbb. im Vgl. zu den 5α-Oxyverbb. angesehen. (Chem. and Ind. **1953.** 1315—16. 5/12. Manchester, Univ., Dep. of Chem.)

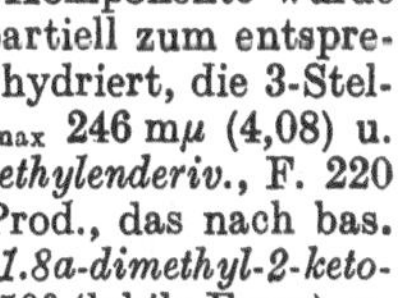
I

G. WINKLER. 3700

Mildred C. Rebstock und **Charlotte D. Stratton,** *Einige mit Chloromycetin verwandte Verbindungen.* (Vgl. C. **1955.** 9089 u. früher.) Das durch Methylierung von Chinacetophenon gewonnene *2.5-Dimethoxyacetophenon* liefert bei der Bromierung das entsprechende *Phenacylbromid*, dessen *Hexamethylentetraminkomplex* bei der sauren Hydrolyse das *Aminoketonhydrochlorid* gibt. Dieses wird durch Dichloracetylierung, Kondensation mit CH_2O u. MEERWEIN-VERLEY-PONNDORF-Red. in *1-[2.5-Dimethoxyphenyl]-2-dichloracetamidopropandiol-(1.3)* übergeführt. Durch Nitrierung des *Diacetats* mit einem Gemisch von konz. HNO_3 u. Eisessig u. nachfolgende selektive Hydrolyse entsteht *1-[2.5-Dimethoxy-4-nitrophenyl]-2-dichloracetamidopropandiol-(1.3)*, dessen Konst. durch Vgl. des UV-Absorptionsspektr. mit denen von 4-Nitro-2.5-dimethoxyphenylalkanen bestätigt wird. *1-[Thiazolyl-(4)]-2-dichloracetamidopropandiol-(1.3)* wird über *4-Acetylthiazol* (III) erhalten, das durch Kondensation von Thioformamid mit Bromdiacetylmonoxim u. Hydrolyse des *Ketoxims* mit Essigsäure in Ggw. von $NaHSO_3$ gewonnen wird. Aus Cyclohexylbenzol u. Cumol (IV) werden durch FRIEDEL-CRAFTS-Rk. die *α-Bromacetylderivv.* erhalten, die wie oben in *1-[p-Cyclohexylphenyl]-* bzw. *1-p-Isopropylphenyl]-2-dichloracetamidopropandiol-(1.3)* übergeführt werden. Bei allen MEERWEIN-VERLEY-PONNDORF-Redd. entsteht nur ein Isomeres, wahrscheinlich die *threo*-Form. Die Dichloracetamidopropandiole-(1.3) zeigen zwar in vitro antibakterielle Aktivität, besitzen aber keine mit der des Chloromycetins (II) vergleichbare biol. Aktivität. — Die durch Licht katalysierte Bromierung von α-Dichloracetamido-p-nitroacetophenon (I) liefert die *α-Bromverb.*, die unter sehr milden Bedingungen — die Rk. wird zur Charakterisierung von Alkoholen vorgeschlagen — mit W. oder Alkoholen zu *α-Oxy-* bzw. *α-Alkoxy-α-dichloracetamido-p-nitroacetophenonen* umgesetzt wird. Letztere werden nach MEERWEIN-VERLEY-PONNDORF zu den *2-Alkoxy-2-dichloracetamido-1-[p-nitrophenyl]-äthanolen* reduziert. Während sich α-Acetamido-p-nitroacetophenon (VI) bei der Bromierung wie I verhält, erfolgt bei den β-Oxy-α-acylamido-p-nitropropiophenonen eine N → O-Wanderung der Acylgruppe, u. es werden die *Aminhydrobromide der Acyloxyderivv.* isoliert. Sie geben mit Basen die Ausgangsstoffe zurück. Ferner werden mehrere II-Derivv. hergestellt, bei denen die Dichloracetylgruppe durch den Glycyl-, Alanyl-, Phenylalanyl- bzw. Dichloracetamidoglycylrest ersetzt ist. Die Verbb. zeigen zwar geringe antibakterielle Aktivität in vitro, aber keine biol. Aktivität.

Versuche: *α-Brom-2.5-dimethoxyacetophenon*, $C_{10}H_{11}O_3Br$, F. 84—85° (A.). — *α-Dichloracetamido-2.5-dimethoxyacetophenon*, $C_{12}H_{13}O_4NCl_2$, F. 132—132,5° (A.). — *α-Dichloracetamido-β-oxy-2.5-dimethoxypropiophenon*, $C_{13}H_{15}O_5NCl_2$, F. 121—122° (n-Butylalkohol u. Äthylendichlorid). — *1-[2.5-Dimethoxyphenyl]-2-dichloracetamidopropandiol-(1.3)*, $C_{13}H_{17}O_5NCl_2$, F. 156—157° (Äthylendichlorid). *Diacetat*, $C_{17}H_{21}O_7NCl_2$, F. 137 bis 138° (absol. A.), mit Pyperidin/Acetanhydrid. — *1-[2.5-Dimethoxy-4-nitrophenyl]-2-dichloracetamidopropandiol-(1.3)*, $C_{13}H_{16}O_7N_2Cl_2$, F. 164—164,5° (Äthylendichlorid) bzw. 168—169° (FISHER-JOHNS-Block), 40 Min. Stehen eines Gemisches vorst. Diacetats in Eisessig mit konz. HNO_3 bei 16—18° unter Rühren, 1,33 std. Stehen bei Raumtemp. u. Ausfällen mit W. → *Diacetat* ($C_{17}H_{20}O_9N_2Cl_2$, F. 142,5—143,2° [absol. A.], gelbes Prod.), das 1 1/2 Std. mit 0,1 n NaOH bei 0° in Aceton stehengelassen wird, dann wird mit n-H_2SO_4 neutralisiert, filtriert u. eingeengt; gelbe Kristalle; 86% (Ausbeute). — *4-[α-Dichloracetamidoacetyl]-thiazol*, $C_7H_6O_2N_2Cl_2S$, F. 119,5—120,5° (Äthylendichlorid u. Isopropylalkohol), durch Bromierung von III, Darst. des *Hexamethylentetraminsalzes* (78%) des *Bromierungsprod.* (unstabiles Öl), Rühren des Salzes mit konz. HCl–absol. A. über Nacht bei Raumtemp. u. Behandeln des Gemisches von *4-[α-Aminoacetyl]-thiazolhydrohalogenid* u. NH_4Cl in Dimethylformamid mit Dichloracetylchlorid (V). — *4-[α-Dichloracetamido-β-oxypropionyl]-thiazol*, $C_8H_8O_3N_2Cl_2S$, F. 142,5—143,5° (Äthylendichlorid), durch Oxymethylierung vorst. Verbindung. — *1-[Thiazolyl-(4)]-2-dichloracetamidopropandiol-(1.3)*, $C_8H_{10}O_3N_2Cl_2S$, F. 150—151,5° (Äthylendichlorid), durch 4,25 std. Kochen von 5,63 g vorst. Verb. mit Isopropylalkohol/Al-Isopropylat u. $AlCl_3$ unter Rühren u. Abdest. des Acetons, Zugeben von wss. $NaHCO_3$-Lsg., Filtrieren u. Einengen; 260 mg. — *1-[Thiazolyl-(4)]-2-dichloracetamidopropandiol-(1.3)-isopropyläther* (?), $C_{11}H_{16}O_3N_2Cl_2S$, F. 157 bis 157,5°, aus vorst. Mutterlaugen. *Acetat*, $C_{13}H_{18}O_4N_2Cl_2S$, F. 139,3—139,8° (wss. A.). — *p-Isopropylphenacylbromid*, durch Zugeben von $AlCl_3$ zu einem sd. Gemisch von IV u. α-Bromacetylbromid in CS_2 unter Rühren in 1 1/4 Std., Gießen auf Eis–konz. HCl u. Ausziehen mit Äthylacetat; Öl. *Hexamethylentetraminsalz*, aus dem Öl in Chlorbenzol. — *p-Cyclohexylphenacylbromid*, $C_{14}H_{17}OBr$, F. 43—44° (A. u. Ligroin). *Hexamethylentetraminsalz.* — *α-Dichloracetamido-p-isopropylacetophenon*, $C_{13}H_{15}O_2NCl_2$, F. 109—110° (Äthylendichlorid u. A.), durch saure Hydrolyse vorvorst. Salzes u. Behandeln des *α-Aminomethylketonhydrohalogenids* mit V in Dimethylformamid. — *α-Dichloracetamido-p-cyclohexylacetophenon*, $C_{16}H_{19}O_2NCl_2$, F. 116—117,5° (Äthylacetat u. A.). — *α-Dichloracetamido-β-oxy-p-isopropylpropiophenon*, $C_{14}H_{17}O_3NCl_2$, F. 115—116° (Äthylendichlorid). — *α-Dichloracetamido-β-oxy-p-cyclohexylpropiophenon*, $C_{17}H_{21}O_3NCl_2$, F. 137—138° (Äthylendichlorid u. A.). — *threo(?)-1-[p-Isopropylphenyl]-2-dichloracetamidopropan-*

diol-(1.3), $C_{14}H_{19}O_3NCl_2$, F. 114—115° (Äthylendichlorid). — *threo(?)-1-[p-Cyclohexylphenyl]-2-dichloracetamidopropandiol-(1.3)*, $C_{17}H_{23}O_3NCl_2$, F. 147,5—148,5° (Äthylendichlorid, Äthylacetat u. A.). — p-Nitroacetophenone: *α-Brom-α-dichloracetamido-*, $C_{10}H_7O_4N_2Cl_2Br$, F. 119—121° (CCl_4), durch Zutropfen von Br_2 zu 17 g I in Chlf. unter Rühren u. Belichten in 45 Min.; 14,6 g. — *α-Brom-α-acetamido-*, aus VI; Öl. — *α-Oxy-α-dichloracetamido-*, $C_{10}H_8O_5N_2Cl_2$, F. 136—137° (Äthylendichlorid), durch wenige Min. Erwärmen vorvorst. Verb. mit W. auf dem Wasserbad. — *α-Oxy-α-acetamido-*, $C_{10}H_{10}O_5N_2$, F. 154—155° (Äthylendichlorid u. Äthylacetat). — *α-Äthoxy-α-acetamido-*, $C_{12}H_{14}O_5N_2$, F. 149—150° (A.). — *α-Methoxy-α-dichloracetamido-*, $C_{11}H_{10}O_5N_2Cl_2$, F. 139,5 bis 140° (CH_3OH). — *α-Äthoxy-α-dichloracetamido-*, $C_{12}H_{12}O_5N_2Cl_2$, F. 147—148° (A.). — *α-Isopropoxy-α-dichloracetamido-*, $C_{13}H_{14}O_5N_2Cl_2$, F. 134,5—135,5° (Isopropylalkohol). — *1-[p-Nitrophenyl]-2-dichloracetamido-2-isopropoxyäthanol*, $C_{13}H_{16}O_5N_2Cl_2$, F. 156,5—158° (Äthylendichlorid), durch 2std. Kochen von 4,15 g vorst. Verb. mit Al-Isopropylat/$AlCl_3$ in Isopropylalkohol unter Abdest. des Acetons; 2,86 g. — *1-[p-Nitrophenyl]-2-dichloracetamido-2-äthoxyäthanol*, $C_{12}H_{14}O_5N_2Cl_2$, F. 152—153° (Äthylendichlorid), mit A.-Al-Äthylat. — DL-threo-1-[p-Nitrophenyl]-propandiole-(1.3): *2-Phthalylglycylamino-*, $C_{19}H_{17}O_7N_3$, F. 218—220° (A.), durch Zugabe von Phthalylglycylchlorid (aus der Säure mit $SOCl_2$ auf dem Wasserbad in 30 Min. u. Umkristallisieren aus PAe. bzw. Bzl.) zu 10 g DL-threo-1-[p-Nitrophenyl]-2-aminopropandiol-(1.3) u. $NaHCO_3$ in wss. Äthylacetat bei 0° unter Rühren u. 1std. Stehen; 18,5 g. — *2-Glycylamino-*, $C_{11}H_{15}O_5N_3$, F. 172—173° (Äthylendichlorid u. absol. A.), durch 2std. Kochen von 2,2 g vorst. Verb. in absol. A. mit 85%ig. $N_2H_4 \cdot H_2O$, Einengen, Lösen in W., Einstellen auf p_H 5 mit Eisessig, Abfiltrieren des *Phthalylhydrazids*, Alkalisieren mit NH_4OH u. Ausziehen mit Äthylacetat; 0,87 g. — *2-Phthalylalanylamino-*, $C_{20}H_{19}O_7N_3$, F. 194—195°. — *2-Alanylamino-*, $C_{12}H_{17}O_5N_3$, F. 156—157°. — *2-Phenylalanylamino-*, $C_{18}H_{21}O_5N_3$, F. 139—140°. — *2-Dichloracetamidoglycylamino-*, $C_{13}H_{15}O_6N_3Cl_2$, F. 170—171°. — *2-Azidoacetamido-*, $C_{11}H_{13} \cdot O_5N_5$, F. 121—122° (A. u. Äthylacetat), durch 3std. Kochen von 2 g DL-threo-1-[p-Nitrophenyl]-2-bromacetamidopropandiol-(1.3) mit wss. A. u. NaN_3, Stehen über Nacht bei Raumtemp. u. Einengen; 0,9 g. (J. Amer. chem. Soc. **77.** 4054—58. 5/8. 1955. Detroit, Mich., Parke, Davis & Co., Res. Labors.) R. PASEDAG. 3900

D_3. Makromolekulare Chemie.

Roger Cerf, *Theoretische und experimentelle Untersuchungen über den Maxwell-Effekt an Lösungen von deformierbaren Makromolekülen.* 1. Mitt. *Theorie des Maxwell-Effektes der Suspensionen von elastischen Kugeln.* Nach einer Diskussion der früher erschienenen Arbeiten über die Strömungsdoppelbrechung gibt Vf. eine Theorie des Effektes, wobei die Makromoll. als elast. isotrope Kugeln, suspendiert in einem Lösungsm., angesehen werden. Unter der Einw. der hydrodynam. Kräfte werden die Kugeln anisotrop; der Einfl. des Geschwindigkeitsgradienten, der inneren Reibung der Makromoll., der Stabilität der Hauptdeformationsachsen, der Scherkräfte u. der BROWNschen Bewegung auf die Größe der Doppelbrechung wird berechnet. Auf den Unterschied zwischen dem Verh. von nichtdeformierbaren Kugeln (Überwiegen des Orientierungseffektes) u. von elast. Kugeln (Überwiegen des Deformationseffektes) wird näher eingegangen. Vgl. hierzu auch die nachst. Referate. (J. Chim. physique Physico-Chim. biol. **48.** 59—84. Jan./Febr. 1951. Strasbourg, Fac. des Sci., Centre d'Etudes de Phys. Macromol.) O. FUCHS. 4000

Roger Cerf, *Theoretische und experimentelle Untersuchungen über den Maxwell-Effekt an Lösungen von deformierbaren Makromolekülen.* 2. Mitt. *Anwendung der Theorie der elastischen Kugel auf die Lösungen von makromolekularen Ketten.* (1. vgl. vorst. Ref.) Durch Änderung der Viscosität η_0 des Lösungsm. läßt sich entscheiden, ob bei einer Lsg. von Makromoll. der Orientierungs- oder der Deformationseffekt (vgl. l. c.) bei der Strömungsdoppelbrechung vorherrscht (Abhängigkeit der Größe $d\vartheta/dq$ für $c = 0$ u. $q = 0$ von der Viscosität, wobei ϑ = Extinktionswinkel, c = Konz., q = Geschwindigkeitsgradient). Bei den Lsgg. des Tabakmosaikvirus (Literaturdaten) wird die Strömungsdoppelbrechung vor allem vom Orientierungseffekt bestimmt. Andererseits zeigen Messungen des Vf. an *Polystyrol* (I, Mol.-Gew. 130000 u. 202000, letztere Probe fraktioniert, erstere nicht, Messungen in Cyclohexanon zwischen 0 u. 60°), daß hier der Deformationseffekt vorherrscht (zu den Messungen vgl. auch CERF, C. **1955.** 2443). Weiter erlauben die Messungen an I die Best. des Elastizitätskoeff. μ, des elastoopt. Koeff. α u. der inneren Viscosität η_i; für die beiden I-Proben wurden so bei 20° erhalten (je in cgs-Einheiten): $\mu = 7000$ u. 9000; $\alpha = 0{,}47 \cdot 10^{-5}$ bzw. $-1{,}1 \cdot 10^{-5}$; η_i = je 0,3. Auf die Mängel des KUHNschen Hantelmodells wird kurz eingegangen. (J. Chim. physique Physico-Chim. biol. **48.** 85—105. Jan./Febr. 1951.) O. FUCHS. 4000

Roger Cerf, *Über die Wirkung von transversalen Ultraschallwellen auf die Lösungen von Hochpolymeren.* Unter Zugrundelegung des gleichen Modells für das Makromol. wie bei der Berechnung der Strömungsdoppelbrechung (vgl. vorletztes Ref.) wird für die Abhängigkeit der spezif. Viscosität von der Frequenz ω die Beziehung erhalten: $\eta_{sp}/2{,}5\,c = 1-2{,}5\,\eta_0\,(\eta_i + 1{,}5\,\eta_0)\,\omega^2/[\mu^2 + (\eta_i + 1{,}5\,\eta_0)^2\,\omega^2]$ u. $\tau_s = 6{,}25\,c\,\mu\,\eta_0/[\mu^2 + (\eta_i + 1{,}5\,\eta_0)^2\,\omega^2]$ mit μ = Elastizitätskoeff., η_i = innere Viscosität des Makromol., η_0 = Viscosität des Lösungsm., c = Konz., τ_s = Relaxationszeit. Die Beziehungen stehen in Übereinstimmung mit experimentellen Ergebnissen (vgl. BAKER, MASON u. HEISS, C. **1953.** 6899). Vgl. hierzu auch die C. **1953.** 2292; **1954.** 2407; **1955.** 1523 u. 1524 referierten Arbeiten des Verfassers. (C. R. hebd. Séances Acad. Sci. **233.** 1099 bis 1101. 5/11. 1951.) O. FUCHS. 4000

Roger Cerf, *Maxwell-Effekt in den Lösungen von Makromolekülen; Verhalten des Extinktionswinkels bei sehr hohen Geschwindigkeitsgradienten.* Fortführung der früher (vgl. drittvorst. sowie die im vorst. Ref. zitierten Reff.) angestellten theoret. Betrachtungen über die Strömungsdoppelbrechung der Lsgg. von Makromoll., wobei wieder von dem Modell einer deformierbaren Kugel für das Makromol. ausgegangen wird. Das Modell enthält sowohl die mit der Deformation verknüpfte stat. Anisotropie als auch die mit der Deformationsgeschwindigkeit verbundene dynam. Anisotropie. Es wird gezeigt, daß bei wachsendem Geschwindigkeitsgradienten G der Extinktionswinkel χ einem bestimmten Grenzwert χ_0 zustrebt. Zwischen χ_0, der Viscosität η_0 des Lösungsm. u. der inneren Viscosität η_i des Makromol. besteht die Beziehung $\sin 2\,\chi_0 = \beta\,2\,\eta_0/(2\,\eta_0 + \eta_i)$ (β = Konstante), die in Übereinstimmung mit experimentellen Daten (Messungen an Polyisobutylen u. Polymethylmethacrylat, Literaturdaten) steht. Nach den Ergebnissen sollte es möglich sein, auf Grund der Messung der Strömungsdoppelbrechung sowohl den Elastizitätskoeff. u. η_i als auch die Mol.-Form (Stäbchen oder Knäuel) des Makromol. zu bestimmen. (J. Physique Radium **15.** 145—51. März 1954.) O. FUCHS. 4000

Roger Cerf, *Über die Theorie des Maxwell-Effektes der Lösungen von Makromolekülketten: Einfluß der Permeabilität.* Vf. hatte früher (vgl. vorst. Reff.) gezeigt, daß sich die Strömungsdoppelbrechung aus einem Orientierungs- u. einem Deformationsanteil zusammensetzt. Für die Größe $(\mathrm{tg}\,\alpha)_0$ = Neigung der (ϑ, G)-Kurve (ϑ = Extinktionswinkel, G = Geschwindigkeitsgradient) bei kleiner Konz. gilt daher die Beziehung $1/(\mathrm{tg}\,\alpha)_0 = 1/\Theta_0 + 1/\Theta_D$ (Θ_0 bzw. Θ_D = Relaxationszeiten für Orientierung bzw. Deformation). Die Gültigkeit dieser Gleichung für die beiden Spezialfälle, daß $\Theta_D \gg \Theta_0$ (Überwiegen des Orientierungseffektes) bzw. daß $\Theta_0 \gg \Theta_D$ (Überwiegen des Deformationseffektes), wird diskutiert. Auch auf den Einfl. der Durchdringlichkeit des Makromol. für das Lösungsm. wird kurz eingegangen. (C. R. hebd. Séances Acad. Sci. **238.** 1403—05. 29/3. 1954.) O. FUCHS. 4000

L. A. Auspos, Luther A. R. Hall, James K. Hubbard, Wm. Kirk jr., John R. Schaefgen und **Stanley B. Speck,** *Aromatische Polykohlenwasserstoffe.* I. Mitt. *Monomerreaktionen und Polymerendarstellung.* Die Pyrolyse von *p-Xylol* (I) bei 960° u. 1,5 mm führt zu *Poly-p-xylylen* (II), wobei die Ausbeuten an II je nach der verwendeten Pyrolyseapp. zwischen 1 u. 12% schwanken. Die von SZWARC beschriebene Quarzrohrapp. erwies sich als günstigste u. wurde von Vff. auch zur Pyrolyse von *Durol, Chlor-p-xylol* (III), *Pseudocumol* (IV), *Hexamethylbenzol, Phenyl-p-xylol, p-Methylbenzylchlorid* u. *-bromid* sowie *p-Xylylendichlorid* u. *-dibromid* verwendet, wobei die Tempp. zwischen 760 u. 960° bei Drucken zwischen 1,5 u. 3 mm betrugen. Hier erwies es sich als günstig, das Pyrolyserohr mit kleinen Quarzstücken zu beschicken, da die Oberflächenvergrößerung durch bessere Wärmeleitung höhere Umsätze ergab. Wurde Cl_2-Gas gleichzeitig mit I der Pyrolyse unterworfen, wirkte Cl_2 als H-Acceptor, die Ausbeute an II stieg dabei von 12 auf 18—28%. Copolymere aus I u. III bzw. IV zeigten hinsichtlich Löslichkeit u. Schmelzbarkeit nur geringe Vorzüge gegenüber den Homopolymeren. Das bei der Pyrolyse von I gebildete Zwischenprod. ist wahrscheinlich *3.6-Dimethylencyclohexadien-(1.4)* (*p-Chinodimethan*; V), das als solches oder als Diradikal vorliegen dürfte, jedoch bisher nicht isoliert werden konnte. V liefert nach SZWARC mit J_2 *p-Xylylendijodid*; Vff. fanden, daß V auch mit p-Nitrosodiäthylanilin zu einem unbekannten Prod. reagiert, was auf die auch theoret. mittels der Molekülbahntheorie ermittelte partielle Radikalnatur von V hindeutet. Die Zugabe von NO_2, $(CN)_2$, Acetylen, S, SO_2, W., O_2 oder Acrylonitril zu den Pyrolysegasen aus I führte nicht zur Bldg. von Folgeprodd. aus V, gab jedoch im Falle der Zugabe von $(CN)_2$ oder NO_2 CN- bzw. NO-Endgruppen im gebildeten II, mit S oder SO_2 enthielt II S, mit Acrylonitril CN-Gruppen, daneben wurde $(CN)_2$ gebildet. Mit O_2 trat oxydativer Abbau ein. Br_2 reagierte wie J_2 unter Bldg. von *p-Methylbenzylbromid* u. *p-Xylylendibromid,* mit Cl_2 oder HCl entstand *p-Methylbenzylchlorid.* Maleinanhydrid bzw. Chloropren führten zur Bldg. der entsprechenden Copolymeren. Da die gebildeten Polymeren sämtlich nicht verstreckbar sind (scheinbar werden bei der Pyrolyse vernetzte Polymere gebildet), wurde versucht, **V** zu isolieren u. danach kontrolliert zu polymerisieren. Verss. zur Isolierung von **V** durch Kühlung der Pyrolysegase auf -190^0, Dehydrierung von p-Methylbenzylalkohol mit konz. H_2SO_4, TSCHUGAEFF-Rk. mit Methyl-p-methylbenzylxanthat ($Kp._{0,4-1,0}$ $\sim 150^0$, dargestellt aus p-Methylbenzylalkohol, CH_3J u. CS_2; 86% Ausbeute) sowie nach der von HAGEMEYER (A. P. 2 481 742 [1949]) beschriebenen Darst. aus Keten u. p-Benzochinon waren jedoch ergebnislos. (J. Polymer Sci. **15.** 9—17. Jan. 1955. Wilmington, Del., E. I. du Pont de Nemours & Co., Textile Fibers Dep., Pioneering Res. Labor.) W. RUSKE. 4010

L. A. Auspos, C. W. Burnam, Luther A. R. Hall, James K. Hubbard, Wm. Kirk jr., John R. Schaefgen und **Stanley B. Speck,** *Aromatische Polykohlenwasserstoffe.* 2. Mitt. *Chemische und physikalische Eigenschaften der Polymeren.* (1. vgl. vorst. Ref.) Aus *p-Xylol* (I), *Pseudocumol* (II), *Chlor-p-xylol*, *Phenyl-p-xylol* u. *Durol* wurden nach der Pyrolysemeth. Polymere dargestellt, die entweder bei Zimmertemp. im Auffanggefäß als kohärenter, transparenter Film oder unterhalb des Gefrierpunktes des Ausgangsmaterials als amorphes Prod. bzw. in einem Dispersionsmittel wie Tetralin als kleine Partikelchen isoliert wurden. Im Falle des Polymeren aus I lieferte die Extraktion des Films mit Aceton oder Chlf. als Nebenprodd. *1.2-Bis-[p-tolyl]-äthan*, $C_{16}H_{18}$, F. 81,5 bis 82,3° (Methanol u. PAe.), *Cyclodi-p-xylylen*, $C_{16}H_{16}$, F. 283—285° (Toluol), sowie *Cyclotri-p-xylylen*, $C_{24}H_{24}$, F. 170—171° (korr.; PAe.). Die gebildeten Polymeren stellen allg. farblose u. geruchlose, beim Stehen trübe werdende Filme dar, die sich nur schwierig zu schlechten Fasern verspinnen lassen, die zwischen 25 u. 250° auf das 3—8fache verstreckbar sind. Sie sind nur in wenigen, über 300° sd. Lösungsmitteln, wie chlorierten Biphenylen, Benzylbenzoat, α-Methylbenzylphenolen oder Terphenylen, lösl. u. sind brennbar wie I oder verwandte KW-stoffe. Polymeres I tritt in zwei Kristallformen auf, einer Tieftemperaturform bei $< 0^0$ sowie einer Hochtemperaturform bei $> 75^0$, deren erste durch Erhitzen auf oder über 225° irreversibel in die zweite umgewandelt werden kann. Das bei Zimmertemp. isolierte Polymere stellt eine Mischung beider Formen dar. Ein rein amorphes Polymeres konnte selbst bei -190^0 nicht erhalten werden. Der Kristallit-F. liegt für polymeres I bzw. II bei 375—425° bzw. 230°, die Übergangstempp. 2. Ordnung entsprechend bei ~ 55 bzw. 55°. Die D. des polymeren I beträgt 1,14. (Weitere Eigg. vgl. Original.) Durch längeres Erhitzen wird polymeres I zers., was auf einen Bruch der aliphat. C—C-Bindungen unter Bldg. resonanzstabilisierter Radikale vom Benzyltyp zurückgeführt werden kann. Längeres Aufbewahren der Polymeren setzt ihre Verstreckbarkeit herab; sie werden brüchig. Diese Eig. dürfte auf das Entweichen des als natürlicher Weichmacher wirkenden unzers. Ausgangsmaterials zurückzuführen sein. Verstreckte Polymere hingegen behalten ihre Festigkeit über Jahre hinaus. Polymeres I läßt sich zu einem Polymeren mit durchschnittlich zwei Nitrogruppen pro Benzolring $[(C_8H_6O_4N_2)_x]$ nitrieren. Dieses Prod. ist ein Explosivstoff mit der Empfindlichkeit des Pentaerythrittetranitrats oder Hexogens sowie der Stärke des Trinitrotoluols; es ist lösl. in Nitrobenzol, Tetramethylensulfon, Dimethylformamid oder Cyclohexanon. Sulfonierung liefert ein Prod. mit durchschnittlich einer Sulfonsäuregruppe pro Benzolring $[(C_8H_8O_3S)_x]$. Das sulfonierte Polymere quillt in W., Alkali oder Chlf. auf das 20—60fache auf, ohne sich zu lösen, u. wird durch verd. $KMnO_4$-, $K_2Cr_2O_7$-Lsg. oder H_2O_2 zu wasserlösl., nicht identifizierten Sulfonsäuren abgebaut. (J. Polymer Sci. **15.** 19—29. Jan. 1955.) W. RUSKE. 4010

Yasaku Wada und **Sotoshi Shimbo,** *Die Dichte und die Ultraschallgeschwindigkeit in Benzollösungen von Methylmethacrylat bei verschiedenen Polymerisationsstufen.* Vff. messen pyknometr. die D. u. interferometr. die Schallgeschwindigkeit von Lsgg. von *Methylmethacrylat* verschied. Polymerisationsgrades in Benzol. Aus den gemessenen Werten werden das scheinbare mol. Vol. $\overline{V}_2$ u. die scheinbare mol. Kompressibilität $\overline{K}_2$ berechnet. Es ergeben sich folgende Abhängigkeiten: $\overline{V}_2 = (\overline{V}_2)_M(1 - x) + (\overline{V}_2)_P x$ u. $\overline{K}_2 = (\overline{K}_2)_M(1 - x) + (\overline{K}_2)_P x$, wobei sich der Index M auf die monomere u. der Index P auf die polymere Substanz beziehen u. x den Polymerisationsgrad angibt. Es zeigt sich, daß für höhere Polymere $(\overline{V}_2)_P$ u. $(\overline{K}_2)_P$ unabhängig vom Polymerisationsgrad sind, also hierfür die Zahlenwerte des Endprod. der Polymerisation eingesetzt werden können. Die Auswertung zeigt, daß sowohl die aus V_2 als auch aus $\overline{K}_2$ ermittelten Werte von x untereinander u. auch mit Werten, die Vff. aus Messungen der Ultraschallabsorptionskoeffizienten (vgl. WADA u. SHIMBO, J. acoust. Soc. America **25.** [1953.] 549) ermittelten, gut übereinstimmen. (J. physic. Soc. Japan **9.** 78—81. Jan./Febr. 1954. Tokyo, Univ., Fac. of Engng., Dep. of Appl. Phys. [Orig.: engl.]) H. JACOB. 4010

G. Champetier, *Einige Gesichtspunkte der Cellulosechemie.* Zusammenfassender Überblick an Hand der vorliegenden Literatur. Behandelt werden die Konst. der Cellulose, die chem. Umwandlungen, die Substitutions-, Additions- u. Depolymerisations-Rkk. der Cellulose sowie die Transformations-Rkk. des Celluloseskeletts. (Ind. chim. belge **17.** 845—59. 1952. Paris, Sorbonne.) C. Gottfried. 4050

J. Kenner und **G. N. Richards,** *Alkalischer Abbau von Amylose.* Vff. behandeln aus Getreidestärke hergestellte *Amylose* (I) mit nNaOH bei 100° in N_2 u. erhalten nach 6std. Einw. 0,64 (nach 24 Std. 0,67) Äquivalente Säure. Der nicht reagierende Rückstand zeigt mit Jod eine Blaufärbung, die der von I mit Jod ähnlich ist. Das saure Prod. enthält neben *D-Glucoisozuckersäuren* (wahrscheinlich α-Form) noch 0,20 Äquivalente flüchtiger Säuren. (Chem. and Ind. **1954.** 1483—84. 27/11. Manchester, Wythenshawe, Brit. Rayon Res. Assoc., Heald Green Labors.) P. Fahrnlaender. 4050

K. D. Parker, *Infrarotdichroismus von Faserproteinen.* Bei den meisten Faserproteinen ist das dichroit. Verhältnis der NH(ν)-Absorptionsbande bei 3300 cm^{-1} erstaunlich niedrig, verglichen mit orientierten Proben synthet. Polypeptide (Polybenzyl-L-glutamat). Messungen des Infrarotabsorptionsspektr. sowohl von Federkeratin, das 14 Tage in Kontakt mit D_2O war, als auch nach Wiedereinführung von H u. Trocknung über P_2O_5 ergeben zwei Kurven, deren Differenz die Absorption der durch D ersetzten H-Atome liefert. Diese erstreckt sich als breiter Bereich zwischen 3600 u. 2700 cm^{-1}. Polarisationsmessungen zeigen, daß die Absorption nicht dichroit. ist. Es kann sich bei diesem H sowohl um chem. gebundenes W. als auch um solche H-Atome handeln, die in Seitenketten an O- u. N-Atome gebunden sind, oder um H-Atome aus der Peptidbindung, wobei die Einzeleffekte schwer zu trennen sind. Der Dichroismus der scharfen restlichen NH(ν)-Bande ist bei den deuterierten Proben beträchtlich größer als bei dem Ausgangsmaterial. (Biochim. biophysica Acta [Amsterdam] **17.** 148—49. Mai 1955. Leeds, Univ., Dep. of Biomol. Structure.) K. Nehring. 4070

W. T. Astbury, *Röntgenographische Untersuchungen von Nucleinsäuren.* Überblick über den heutigen Stand unserer Kenntnisse über den strukturellen Aufbau der Nucleinsäuren, wobei sich Vf. zum größten Teil auf eigene frühere Unterss. u. Unterss. von anderer Seite stützt. (Symposia Soc. exp. Biol. **1951.** Nr. 1. 66—76. Leeds, Univ., Dep. of Biomol. Structure.) C. Gottfried. 4090

J. P. Wibaut en A. J. P. Wibut-Van Gastel, Praktikum der organischen Chemie. 6e dr. Groningen: J. B. Wolters. (VIII + 217 S. m. Abb.) fl. 6,—.

—, Chemical structure of proteins. Boston: Little, Brown. 1954. (208 S. m. Abb.) $ 6,—.

E. Biologische Chemie. Physiologie. Medizin.

E_1. Allgemeine Biologie und Biochemie.

M. Ja. Schkolnik, *Wechselwirkung der Mineralelemente beim Stoffwechsel.* Übersicht. — 67 Literaturangaben. (Журнал Общей Биологии [J. allg. Biol.] **16.** 119—40. März/April 1955.) Otto Maier. 4100

Hans Siering, *Schädigung cytologischer Präparate durch verschiedene Fixierungsmittel.* Veränderungen cytolog. Präpp. durch Fixationsverff., bes. mit Alkoholen, Formaldehyd, $HgCl_2$, Essigsäure, Trichloressigsäure, Pikrinsäure u. Osmiumsäure, sind gut durch Phasenkontrastmikroskopie zu erkennen. Vf. fordert für die Beurteilung cytolog. Präpp. eine Unters. im nativen Zustand. (Acta med. scand. **149.** 229—36. 1954. Jena, Univ., Med. Klinik.) F. Leuschner. 4150

Albert Kelner, *Wachstum, Atmung und Nucleinsäuresynthese bei ultraviolettbestrahlten und photoreaktivierten Escherichia coli.* Verss. mit Escherichia coli B/r zeigten, daß UV-Licht keinen sofortigen Einfl. auf die Atmung hat. Die Zellteilung wird wohl gehemmt, das Größenwachstum deutlich jedoch erst durch eine größere Dosis. Bei einer UV-Bestrahlung in der Phase des logarithm. Wachstums tritt nach einer Periode anomalen Wachstums eine solche deutlicher Hemmung ein. Auf die Synth. der *Ribonucleinsäure* haben niedrige Dosen von UV-Licht nur geringe unmittelbare Wirkung. Sofort u. vollkommen wird dagegen die Synth. der *Desoxyribonucleinsäure* gehemmt, worin die grundlegende Wrkg. des UV-Lichtes liegen dürfte. Alle genannten Effekte können durch reaktivierendes Licht aufgehoben werden. (J. Bacteriol. **65.** 252—62. März 1953. Cambridge, Mass., Univ., Biol. Labor.) M. Ebert. 4150

Hans-Joachim Maurer, *Statistische Untersuchung zur Frage des Follikelhormoneinflusses auf die Ätiologie des Mamma- und des Collumcarcinoms.* Vf. schreibt dem *Follikelhormon* auf Grund seiner Unterss. die Rolle einer „bedingt carcinogenen Noxe" zu. (Strahlentherapie **95.** 605—08. Dez. 1954. Erlangen, Univ., Frauenklinik, Strahleninst.) G. Weltzien. 4160

Chr. Hedinger und **H. Langemann,** *Nierenschädigungen mit Rindennekrosen bei Ratten unter Behandlung mit 5-Oxytryptamin. Weiterer experimenteller Beitrag zur Frage der endokrinen Aktivität der Carcinoide.* Ratten, die mit hohen Dosen *5-Oxytryptamin* behandelt wurden, zeigten schon nach einmaliger subcutaner Injektion schwere degenerative Nierenveränderungen mit Rindennekrosen u. nach Dauerbehandlung ausgedehnte Narbenfelder mit Rindenausfallserscheinungen. (Schweiz. med. Wschr. **85.** 541—44. 28/5. 1955. Zürich, Univ., Pathol. u. Pharm. Inst.) G. WELTZIEN. 4160

F. Bielschowsky und **W. H. Hall,** *Carcinogenese bei parabiotischen Ratten. Durch Acetylaminofluoren hervorgerufene Ovarialtumoren bei mit gonadektomierten Tieren des gleichen Wurfs verbundenen normalen Weibchen, und Reaktion ihrer Hypophysen gegen endogene Östrogene.* Entw. gut- u. bösartiger Tumoren bei in Parabiose mit gonadektomierten Ratten lebenden weiblichen Tieren nach *Acetylaminofluoren* (I). Bei mehr als 50% der Tiere bilden sich Ovarialtumoren (vorwiegend des Granulosazelltyps), wofür übermäßige Sekretion des gonadotropen Hormons der Hypophyse bei den in Parabiose mit ihnen lebenden Tieren verantwortlich gemacht wird. Hypophysentumoren erscheinen unabhängig davon, ob I gegeben wird oder nicht. Die gonadektomierten parabiot. Tiere waren in allen Fällen tumorfrei. (Brit. J. Cancer **5.** 331—44. Sept. 1951. Dunedin, Univ. of Otago, Med. School, Brit. Empire Cancer Campaign, New Zealand Branch, Cancer Res. Labor.) R. REISS. 4160

R. E. Billingham, J. W. Orr, und **D. L. Woodhouse,** *Transplantation von Hautteilen während chemischer Carcinogenese mit 20-Methylcholanthren.* Transplantationsverss. mit Teilen der Haut von Mäusen 2 Wochen nach 12 Wochen dauernder Tropfung mit *20-Methylcholanthren* (I). Werden dünne Schnitte (Epidermis) transplantiert, so entwickeln sich keine Tumoren, bei dicken Schnitten ist die Zahl der Tumoren sehr gering. Bei Rückimplantation einer Hautstelle an den gleichen Ort, von dem sie entfernt wurde, ist die Tumorzahl groß. Wird auf eine von der Epidermis befreite, mit I behandelte Hautstelle ein nichtbehandeltes Stück der Epidermis übertragen, so entwickeln sich Tumoren in erheblicher Zahl. (Brit. J. Cancer **5.** 417—32. Dez. 1951. Birmingham, Univ., Dep. of Pathol. and Zool.) R. REISS. 4160

Kai Setälä und **Pentti Ermala,** *Chylomikronen als Träger für cancerogene Kohlenwasserstoffe.* Wegen ihrer Löslichkeitseigg. werden cancerogene KW-stoffe im Organismus hauptsächlich zusammen mit den Fetten transportiert. Nach Tropfinfusion von *3.4-Benzpyren* (I) werden bei Mäusen u. Katzen in den Lymphbahnen u. im Ductus thoracicus größere Mengen einer blau fluorescierenden Substanz beobachtet. Die Substanz tritt auch im Blut nach Gabe von I in Verbindung mit Chylomikronen auf. Die Zahl der Chylomikronen wurde bei Mäusen nach Gabe einer 0,5%ig. öligen Lsg. von I durch einen Magenschlauch quantitativ bestimmt u. gefunden, daß ihre Anzahl nach 4—5 Std. den höchsten Wert (ca. $1{,}2 \cdot 10^8/mm^3$ Plasma) erreicht. (Science [Washington] **114.** 151—52. 10/8. 1951. Helsinki, Finnland, Univ., Second Med. Clinic, Dep. of Roentgenol. and Dep. of Anat.) H. SCHEURLEN. 4160

Tsuguo Kuwata, *Vermehrung von Rickettsia tsutsugamushi und des Ornithosisvirus in transplantablen Mäusetumoren.* Injektion von Lebersuspensionen *Rickettsia tsutsugamushi* infizierter Mäuse intratumoral in transplantierte chinoninduzierte Carcinome bzw. fructoseinduzierte Sarkome von Mäusen 5—7 Tage nach Implantation. Die Vermehrung ist bis zum 8. Tag nach Injektion im Tumor größer als in der Leber, danach ist das Verhältnis umgekehrt. Ähnliche Verss. mit Hirnsuspensionen von mit Ornithosisvirus infizierten Mäusen zeigen nach dem 7. Tag einen Abfall des Infektionstiters der Leber gegenüber dem des Tumors. (Science [Washington] **114.** 640—41. 14/12. 1951. Chiba, Japan, Univ., School of Med., Dep. of Bacter.) R. REISS. 4160

Alice E. Moore und **Leila C. Diamond,** *Einfluß von hämagglutinierenden Viren auf Tumorzellsuspensionen.* 1. Mitt. *Hemmung des Wachstums und Umkehrung der Wirkung.* Suspensionen von 7 Tage altem Tumor 180-Gewebe in LOCKE-RINGER-Glucose-Phosphat-Puffergemisch wurden mit Viren (Newcastle bzw. Influenza PR 8 bzw. Neuroinfluenza WS) gemischt, Mäusen injiziert. Es wurde eine Hemmung des Tumorwachstums u. Verringerung des Hämagglutinationstiters beobachtet, wenn das Injektionsgemisch bei 4° bereitet u. gehalten wurde. Nachträgliches Verweilen bei Zimmertemp. führte zur Wiedererlangung der Wachstumsfähigkeit von Sarkomzellen, die sie zuvor durch den innigen Kontakt mit Viren verloren hatten. Eine Vermehrung der Viren im Tumorgewebe wurde nicht beobachtet. (Proc. Soc. exp. Biol. Med. **79.** 663—69. Jan. 1952. New York, N. Y., Memorial Cancer Center, Sloan-Kettering Inst. for Cancer Res.) P. LOCH. 4160

Alice E. Moore, Leila C. Diamond, Helen H. Mackay und **Lillian Sabachewsky,** *Einfluß von hämagglutinierenden Viren auf Tumorzellsuspensionen.* 2. Mitt. *Newcastle-*

Virus und Ehrlich-Carcinom. (1. vgl. vorst. Ref.) Auch bei EHRLICH-Carcinom beobachteten Vff. eine starke in vitro-Einw. von Newcastle-Virus (NV), abhängig von Zeit u. Temperatur. In vivo zeigte sich bei Mäusen nur eine Rk. bei rasch aufeinanderfolgenden intraperitonealen Injektionen, u. zwar zuerst mit NV, darauf mit Tumorsuspension. Tägliche Injektionen mit NV zeigten keine Tumorhemmung. In den Tumorzellen konnte nie eine Virusvermehrung festgestellt werden. Die Hemmung erklären Vff. als Oberflächenwirkung. (Proc. Soc. exp. Biol. Med. **81.** 498—501. Nov. 1952. New York, N. Y., Sloan-Kettering Inst. for Cancer Res., Virus Study Sect.) M. SCHÖNBERG. 4160

Hans Seliger, *Klinische Erfahrungen über die Behandlung maligner Tumoren mit Podophyllotoxin.* (Med. Klin. **48.** 145—46. 30/1. 1953. Schmiedefeld a. Rstg.)
FRANK GÜNTHER. 4160

Ennio Roani, Moderne ricerche ed ipotesi sulla cancerizzazione sperimentale con agenti chimici. Civitanova Marche: Tip. Corsi. 1955. (24 S.) 8°.

E_2. Enzymologie. Gärung.

Kinjiro Tamari und **Jun Kaji,** *Untersuchungen über den Mechanismus der für den Pflanzenwuchs schädlichen Wirkung von 2-Methylpyridin-4-carbonsäure.* 3. Mitt. *Untersuchung über die Aufhebung der für das Pflanzenwachstum schädlichen Wirkung von 2-Methylpyridin-4-carbonsäure durch Zusatz von Metallionen.* (2. vgl. C. **1955.** 2695.) Die Annahme einer Chelatbldg. von *2-Methylpyridin-4-carbonsäure* bei der schädlichen Wrkg. auf Atmung, Katalase- u. Peroxydasebldg. der Pflanze wird gestützt durch die Beobachtung, daß Zugabe von äquivalenten Mengen *CaO* die schädliche Wrkg. weitgehend mindert u. Zugabe von Fe^{3+} mit wenig Mn^{2+}, Cu^{2+} u. Ca^{2+} die Wrkg. aufhebt. (J. agric. chem. Soc. Japan [Nippon Nôgeikagaku Kaishi] **27.** 159—61. April 1953. Niigata Univ. [Orig.: japan.; Auszug: engl.]) L. SCHULER. 4210

C. Terner, *Der Stoffwechsel der Citronensäure in der Milchdrüse.* 1. Mitt. *Der Effekt von p-Nitrophenol auf die Synthese und Oxydation von Citronensäure in Milchdrüsenhomogenaten.* Vf. untersucht den KREBS-Cyclus in Milchdrüsenhomogenaten lactierender Meerschweinchen in der WARBURG-Apparatur. Es soll die Frage geklärt werden, ob dem Citronensäurecyclus als Stoffwechselweg in Milchdrüsen gleiche Bedeutung zukommt wie in anderen Geweben. Vf. findet, daß Brenztraubensäure (**I**) u. Acetat in Ggw. von Fumarat oxydiert werden u. daß *Citronensäure* aus diesen Vorstufen gebildet wird. Der n. Ablauf des Citronensäurecyclus zeigt sich ferner darin, daß Citronensäure u. α-Ketoglutarsäure in etwa gleichem Maße vom Homogenat oxydiert werden. Zusatz von p-Nitrophenol (**II**) $2 \cdot 10^{-4}$mol. steigert den O_2-Verbrauch des Homogenates. **II** beschleunigt die Oxydation von **I** u. Oxalessigsäure (in Ggw. von Fumarat) u. von Citronensäure u. α-Ketoglutarsäure. **II** hat keinen fördernden Effekt auf Succinat, Fumarat, Malat oder Acetat. Die gleiche Differenz der Wrkg. von **II** auf die verschied. Substrate zeigt sich auch, wenn der Stoffwechsel des Homogenates durch 0,01mol. Fluorid gehemmt wird. Diese Hemmung kann durch **II** nur in Ggw. von **I**, Oxalessigsäure u. α-Ketoglutarsäure aufgehoben werden. Es wird ferner gezeigt, daß auch Acetessigsäure u. Caprylsäure vom Milchdrüsenhomogenat oxydiert werden. Phosphatacceptoren steigerten den Stoffwechsel nicht u. waren ohne Einfl. auf die Wrkg. von **II**. (Biochem. J. **60.** 88—95. Mai 1955. Reading, Univ., Nat. Inst. for Res. in Dairying.)
H. SCHIMASSEK. 4210

C. Terner, *Der Stoffwechsel der Citronensäure in der Milchdrüse.* 2. Mitt. *Der Effekt von p-Nitrophenol und Fluorid auf die Synthese der Citronensäure in fluoracetatvergifteten Homogenaten.* (1. vgl. vorst. Ref.) In Fortführung der Verss. wird die Bldg. der Citronensäure in Milchdrüsenhomogenaten nach Vergiftung mit Fluoracetat (**I**) 0,005mol. untersucht. Die Oxydation von Brenztraubensäure (**II**) u. Fumarat zu Citronensäure geschieht in mit **I** vergifteten Milchdrüsenhomogenaten quantitativ, das heißt es wird so viel O_2 verbraucht, wie nach theoret. Berechnungen zur Bldg. von Citronensäure aus **II** u. Fumarat notwendig wäre. p-Nitrophenol (**III**) $2 \cdot 10^{-4}$mol. steigert hierbei den O_2-Verbrauch u. die Bldg. an Citronensäure. In Homogenaten ohne **I** ist der O_2-Verbrauch größer, als es der Umwandlung von **II** zu Citrat entsprechen würde. Die Steigerung resultiert aus der Bldg. energiereicher Phosphatzwischenprodd. während des n. Ablaufes des Citronensäurecyclus. Auf die Umwandlung von Acetat in Citrat hat **I** einen hemmenden Einfluß. Dieser Effekt wird durch **III** noch verstärkt. Vf. erklärt dies damit, daß Acetat der Aktivierung durch **II** bedarf. Sowohl durch **I** als auch durch **III** wird aber die Bldg. energiereicher Phosphate gehemmt. Es wird diskutiert, ob auch **I** selbst eine kompetitive Hemmung auf das Acetat ausübt; denn Zugabe von α-Ketoglutarat fördert nicht die Umwandlung von Acetat zu Citrat. Auch in mit **I** vergifteten Homogenaten kann der hemmende Effekt von Fluorid auf die Umwandlung von **II** zu

Citrat durch III aufgehoben werden. Der Angriffspunkt des Fluorids wird in Beziehung gebracht zur Bldg. oder Verwertung energiereicher Phosphate. Auf die Verwertung von Acetessigsäure hat I (mit oder ohne III) einen hemmenden Einfluß. — An weiteren Hemmstoffen wird geprüft: Arsenat (0,005—0,04mol.), es verzögert die Synth. von Citrat aus II oder Acetat. Während Azid (0,0025mol.) die Bldg. von Citronensäure vermindert, wird sie durch Arsenit (0,0025mol.) oder Jodacetat (0,001mol.) völlig verhindert. — Insulin (2,5 mg/100 ml) ist ohne Effekt auf die Synth. der Citronensäure in den Homogenaten. (Biochem. J. **60.** 95—103. Mai 1955. Reading, Univ., Nat. Inst. for Res. in Dairying.) H. SCHIMASSEK. 4210

Gertrude E. Glock und **Patricia McLean,** *Gehalt an Enzymen der direkten Oxydationsstufen des Kohlenhydratstoffwechsels in Geweben und Tumoren von Säugetieren.* Es wurden quantitative Messungen der Aktivitäten von *Glucose-6-phosphatdehydrogenase* u. *6-Phosphogluconatdehydrogenase* in n. u. Tumorgeweben von Säugetieren durchgeführt. Sehr hohe Aktivitäten wurden in der Nebennierenrinde, der lactierenden Brustdrüse, dem allg. Lymphgewebe u. im ganzen Rattenembryo im ersten Entwicklungsstadium gefunden. In den Muskeln war die Aktivät sehr niedrig. Tumoren verhalten sich wie n. Gewebe, Lymphome zeigen hohe, Sarkome niedrige Aktivität. (Biochem. J. **56.** 171—75. Jan. 1954. London, Courtauld Inst. of Biochem., Middlesex Hosp., Med. School.) K. HEYNS. 4210

G. R. Mandels, *Die Invertase von Myrothecium verrucaria-Sporen.* Zur Unters. der Physiologie der *Invertase* (I)-Bldg. in keimenden Sporen von Myrothecium verrucaria, wurden die Sporen nach Anzucht des Pilzes auf 1,5% Bactoagar gezogen, gewaschen u. mit Saccharose bebrütet. Die angewandte Sporenkonz. erwies sich als proportional der Hydrolyse der Saccharose. Das Alter der Sporen ist dagegen nur von geringerem Einfluß. So bildeten 8 Tage alte Sporen 5,7 mg reduzierenden Zucker, 33 Tage alte 6,7 mg. Desgleichen ist die Art der C-Quelle (Monosaccharide, Disaccharide, Stärke, Alkohole) ohne wesentlichen Einfl. auf die I-Bildung. Der Einfl. der Zeit, p_H-Wert, Zusatz von Hefeextrakt wurden ermittelt u. graph. dargestellt. Durch Hefezusatz wird die I-Aktivität stark erhöht u. beginnt bereits während der Quellung, die der Keimung vorangeht. Assimilation u. Atmung erfolgen durch die nichthydrolysierte Saccharose. Der Ort der Entstehung der I in Sporen konnte nicht mit Bestimmtheit ermittelt werden. Er scheint an der äußeren Oberfläche der Zellmembran lokalisiert zu sein, da keine Absorption durch die Sporenwanderung eintritt. (Amer. J. Bot. **38.** 213—21. März 1951. Philadelphia, Pa., Quartermaster General Labors.) G. LENHARD. 4210

Wilhelm Jacob und **Josef Neuhaus,** *Die Aktivität der Serumaldolase bei der progressiven Muskeldystrophie (Erb).* Unterss. der *Serumaldolase* (I) bei verschied., zu Muskelschwund führenden Erkrankungen (progressive Muskeldystrophie, neurale Muskelatrophie, myoton. Dystrophie, Bulbärparalyse, Syringomyelie, Poliomyelitis, Polyneuritis, Atrophien nach peripheren Nervenverletzungen) ergaben nur bei progressiver Muskeldystrophie eine durchschnittliche Erhöhung der I-Aktivität auf das 4fache (20,2 mm^3 Hexosediphosphat, gespalten je Std. durch 1 cm^3 Serum unter Standardbedingungen) der Norm. Tierexperimentell wurde im Serum von 8 Meerschweinchen nach Resektion des N. ischiadicus mit nachfolgender Muskelatrophie in keinem Fall eine Erhöhung, eher eine leichte Verringerung der I-Aktivität beobachtet. Möglicherweise liegt bei der ERBschen Muskelatrophie eine enzymat. Störung der Glykolyse im Muskel vor. Bei 14 Patienten mit multipler Sklerose war nie eine Abweichung der I-Aktivität von der Norm feststellbar. (Klin. Wschr. **32.** 923—24. 1/10. 1954. Düsseldorf, Med. Akad., II. Med. Klinik-Poliklinik u. Inst. für Physiol. u. Biochem.) K. MAIER. 4210

John H. Hash und **Kendall W. King,** *Nachweis eines Oligosaccharids als Zwischenprodukt bei der enzymatischen Hydrolyse von Cellulose.* Cellulosesubstrat wurde 5 Std. bei 50° der Wrkg. eines aus Myrothecium verrucaria gewonnenen Oligosaccharidenzymkomplexes ausgesetzt. Die bei der enzymat. Hydrolyse auftretenden Spaltprodd. wurden durch Dialyse abgetrennt u. chromatograph. untersucht. Neben großen Mengen von *Glucose* u. *Cellobiose* konnte ein höherer, reduzierend wirkender Zucker isoliert werden, dessen Mol.-Gew. bei 635 liegt u. der wahrscheinlich mit der *Cellotetraose* ident. ist. (Science [Washington] **120.** 1033—35. 17/12. 1954. Blacksburg, Va., Agricult. Exp. Stat., Dep. of Biochem. and Nutrit.; Virginia Polytechn. Inst., Biol. Dep.) S. HOTHORN. 4210

Otto Gossler, *Kritische Betrachtungen über den natürlichen Wirkungsmechanismus der Gewebshyaluronidase.* Etwas spekulative Betrachtungen über das *Hyaluronsäure–Hyaluronidase*-Syst. im Zusammenhang mit den koll. Eigg. der Gewebe. (Wiener med. Wschr. **105.** 117—18. 22/2. 1955. St. Pölten, N.-Ö., o. Krankenhaus.) H. GIBIAN. 4210

Viggo Faber, *Antistreptokokkenhyaluronidase.* 4. Mitt. *Vergleich von Antistreptokokkenhyaluronidase und Antistreptolysin-O in Seren von Patienten mit rheumatischem*

Fieber, Glomerulonephritis, Tonsillitis und rheumatoider Arthritis. (3. vgl. C. **1954.** 10971.) Der Antistreptokokkenhyaluronidase (ASH)- u. Antistreptolysin-O (AST)-Blutspiegel war prozentual gleich häufig erhöht bei 500 Patienten mit verschied. Streptokokkeninfektionen, jedoch bestand keine Korrelation zwischen beiden Antikörpertitern. Beide Teste ergänzen sich also in der Aufdeckung einer Immunisierung mit hämolyt. Streptokokken, wobei der *ASH*-Test gewisse Vorzüge besitzt. (Acta med. scand. **147.** 299—310. 30/12. 1953. Kopenhagen, Statens Seruminst.) H. Gibian. 4210

P. van Caneghem und **H. W. Spier,** *In vitro-Studien über die Hemmung der Stierhodenhyaluronidase durch Farbstoffe, Arzneimittel und physiologische Substanzen.* Viscosimetr. Prüfung zahlreicher, in der Histologie gebräuchlicher Farbstoffe, ferner von Sulfonamiden u. anderen Pharmacis auf Hemmwrkg. gegen *Hyaluronidase* (I). Sehr wirksam waren *Germanin, Trypanblau* u. *Tropäolin 000 Nr. 2*; allg. sind höhermol. saure Verbb. gegen I stärker wirksam, bas. dagegen unwirksam, bzw. diese reagieren selbst schon mit I (präcipitierend, zum Teil auch depolymerisierend). Auf Grund (allerdings fragwürdiger) Formeln soll es sich nicht um kompetitive Hemmungsmechanismen handeln. Heparin soll in der benutzten Versuchsanordnung I nicht hemmen. (Biochem. Z. **325.** 366—75. 1954. Zürich, Univ., Hautklinik.) H. Gibian. 4210

N. Nicolaides, Oscar K. Reiss und **Robert G. Langdon,** *Untersuchungen über den Lipoidstoffwechsel der menschlichen Haut in vitro.* 1. Mitt. *Biosynthesen in der Kopfhaut.* (Vgl. C. **1954.** 10757.) Untersucht wird in vitro die Aufnahme von $^{14}C_{(1)}$-Acetat (I) in die Lipoide der menschlichen Kopfhaut. I wurde in *Fettsäuren, Squalen* (II), Sterine (III) u. wahrscheinlich in einen Wachsalkohol eingebaut. Von der gesamten Radioaktivität trafen 40% auf II u. nur 2,6% auf III. Die spezif. Aktivität von II ist 10mal größer als die von III. Die Angabe von Langdon u. Bloch (C. **1955.** 9604), daß I eine Vorstufe der Synth. von III ist, wird damit bestätigt, wobei nach Vff. im Gegensatz zur Meinung von anderen Autoren II wahrscheinlich als Zwischenprod. auftritt. (J. Amer. chem. Soc. **77.** 1535—67. 20/3. 1955. Chicago, Ill., Univ., Dep. of Med. and Biochem.) A. Hesse. 4210

A. A. Titajew, *Über den Gehalt an Thiamindehydrase im Nervensystem.* Die Best. von *Thiamindehydrase* (I) in den Ganglien verschied. wirbelloser Tiere, im Gehirn von Wirbeltieren u. im menschlichen Gehirn (in μg Thiochrom auf 100 mg Gewebe) ergab, daß I im Nervensyst. der wirbellosen Tiere viel aktiver ist als im Gehirn der Wirbeltiere. Man beobachtet außerdem ein ständiges Abfallen der I-Aktivität von den Fischen zu den Säugern. Der jüngste phylogenet. Teil des Nervensyst., die Rinde, enthält überhaupt kein I-System. (Биохимия [Biochemie] **19.** 645—48. Nov./Dez. 1954. Moskau, Inst. für Pädiatrie der Akad. der Med. Wiss.) M. Ulmann. 4210

R. Y. Stanier, I. C. Gunsalus und **C. F. Gunsalus,** *Die enzymatische Umwandlung von Mandelsäure zu Benzoesäure.* 2. Mitt. *Eigenschaften der festen Bestandteile.* (1. vgl. C. **1955.** 6051.) Die *L-Mandelsäuredehydrogenase* ist nur in den festen Bestandteilen der mit Ultraschall zerteilten Zellen enthalten. Die festen Bestandteile enthalten außerdem *Bernsteinsäure-* u. *Äpfelsäuredehydrogenase* u. das Fermentsyst. zur Verknüpfung der verschied. Substratdehydrogenasen mit dem mol. O_2. Zwei Cytochrome, spektroskop. wahrscheinlich b u. c, sind vorhanden. Wahrscheinlich ist Cytochromoxydase vorhanden, da die Mandelsäureoxydation cyanidempfindlich ist u. NADI-Reagens oxydiert wird. (J. Bacteriol. **66.** 543—47. Nov. 1953. Urbana, Ill., Univ. of Illinois, Labor. of Bacter.) F. Lingens. 4210

Yaye Furutani, R. F. Betz und **R. Hedrick,** *Vitaminbedürfnisse der Hansenula-Hefen in Beziehung auf ihre Phylogenese.* Die individuellen Vitaminbedürfnisse dieser Hefen entsprechen mit Ausnahme der in Assoziation mit dem Borkenkäfer lebenden, diploiden Hansenula beckii u. H. canadensis im allg. ihren Erbanlagen. Alle Diplonten, ausgenommen H. subpelliculosa, die etwas *Thiamin* (I) braucht, bedürfen für ihr Wachstum keinerlei zusätzlicher Vitamine. H. beckii u. H. canadensis müssen zu ihrem Wachstum *Biotin* (II), I u. *Pyridoxin* (III) als lebenswichtige Vitamine haben. Die vorwiegend haploiden Hefen H. angusta u. H. california benötigen II, H. silvicola II u. I mit III als zusätzliche Vitamine. Von den ausschließlich haploiden Hefen bedarf H. minuta des II mit I als anregenden Faktors, dagegen H. capsulata des II u. I mit III als zusätzlichen Wuchsstoffs. (J. Bacteriol. **65.** 276—80. März 1953. Chicago, Ill., Inst. of Technol., Biol. Dep.) M. Ebert. 4270

Guiseppe Versace, Idrolisi del tannino con tannasi. Catania: Tip. Zuccarello e Izzi. 1954. (40 S. m. Abb.) 16°.

E_3. Mikrobiologie. Bakteriologie. Immunologie.

Z. Lassota, P. Szafrański, L. Szarkowska und **J. W. Szarkowski,** *Der Kohlenstoffstoffwechsel bei Mycobacterium.* An Mycobacterium phlei, Mycob. 279, Myc. tub. v. bov. Ravenel, Myc. tub. v. avium, Myc. tub. v. bov. BCG, Myc. tub. bov. Vallée

u. Myc. tub. v. hom. H 37 V wurde die quantitative Bldg. von *Äpfelsäure* (**I**), *Citronensäure* (**II**) u. *Oxalsäure* (**III**) untersucht. Myc. tub. v. bov. Ravenel bildete nur **I**, v. avium nur **I** u. **III** u. v. bov. Vallée nur **II**. Bernsteinsäure wurde als Pb-Salz u. papierchromatograph. nachgewiesen. Bei v. hom. H 37V wurde mit Bernsteinsäure u. Glutaminsäure als einzige C-Quelle die Ausbeute an **I** 2—3fach vergrößert. Durch laufende Extraktion aus der lebenden Bakterienkultur wurde bei Myc. 279 die 3fache Menge **I** erhalten. Durch Zugabe von Essigsäure zu Myc. phlei wurde die Ausbeute an **III** erhöht. (Bull. Acad. polon. Sci., Cl. II **3**. 11—14. 1955. Polish Acad. of Sci., Inst. of Biochem.)
F. LINGENS. 4320

Charles O. Gitterman und **S. G. Knight**, *Kohlendioxydfixierung in Aminosäuren bei Penicillium chrysogenum.* Mit Hilfe von inakt. u. radioakt. CO_2 wurde der Einbau des CO_2 bei Penicillium chrysogenum NRRL 1951-B25 verfolgt. Der Vers., CO_2 durch organ. Säuren, N-haltige Verbb. (Harnstoff, Aminosäuren oder tier. (pflanzliche) Extrakte oder Hydrolysate zu ersetzen, hatte nur bei *Oxalessigsäure* Erfolg. Aber auch hier dürfte die freiwillige Zers. der Säure das CO_2 als solches, wenn auch möglicherweise erst innerhalb der Zelle, zur Verfügung stellen. Verss. mit $^{14}CO_2$ führten bei verschieden langen Incubationszeiten zu radioakt. *Asparaginsäure* (**I**), *Glutaminsäure* u. *Arginin*, wobei die **I** die höchste Impulszahl aufwies. Andere Aminosäuren waren nur gering oder gar nicht radioaktiv. Alanin, obwohl in großer Menge vorhanden, war nicht aktiv. In den synthet. Nährböden steigerte Mg^{2+}, Fe^{2+}, Zn^{2+}, Mn^{2+} u. Ca^{2+} den $^{14}CO_2$-Einbau. (J. Bacteriol. **64**. 223—31. Aug. 1952. Madison, Wisc., Univ., Dep. of Bacter.) M. EBERT. 4320

Stanley K. Shapiro, *Das Verhalten von Methioninauxotrophen des Aerobacter aerogenes auf Adeninthiomethylverbindungen.* Die Mehrzahl der Methioninauxotrophen des Aerobacter aerogenes verwertet Adenosinthiomethylribose nicht an Stelle von *Methionin* (**I**). Von jenen, die *Thiomethyladenosin* (**II**) oder *Methionyladenosin* (**III**) an Stelle von **I** einbauen, unterscheiden sich 2 Gruppen, deren Verh. auch *Homocystein* (**IV**) u. einem Gemisch aus **IV** u. **III** gegenüber verschieden ist. Keine dieser Kulturen spricht auf Vitamin B_{12} oder p-Aminobenzoesäure an. Die Möglichkeit, das Methioninbedürfnis einiger Auxotrophen durch **II** oder **III** teilweise zu decken, läßt annehmen, daß **I** im Stoffwechsel dieser Organismen zur Synth. von Proteinen u. zur Bldg. eines Transmethylierungsagens verwendet wird. (J. Bacteriol. **65**. 310—12. März 1953. Ames, Io., State Coll., Dep. of Bacter.) M. EBERT. 4320

K. K. Woinowskaja und **A. A. Krassnowski**, *Die Abtrennung von Porphyrin aus Kulturen von Purpurbakterien.* Nach der früher (vgl. C. **1954**. 9783) für Bacteriochlorophyll beschriebenen Meth. der Filtration durch eine Talkschicht wurde aus Purpurbakterien (Rhodopseudomonas) *Porphyrin* (**I**) erhalten, dessen Absorptionsmaxima denen von Hämatoporphyrin vollständig gleich waren u. bei 620, 570, 530, 495 u. 395 mμ lagen. In A. mit 10% Pyridin zeigte **I** eine umkehrbare Photored. durch Ascorbinsäure. Hierbei entstanden Prodd., die spektral dem Bacteriophyllin entsprachen. Der Vers., in der Bakterienkultur einen Vorgänger des Bacteriophyllins mit Chlorinstruktur festzustellen, war ohne Erfolg. Die photochem. Eigg. von **I** machen es unwahrscheinlich, daß **I** als unmittelbarer Vorgänger von Bacteriophyllin anzusehen ist. Wahrscheinlich ist **I** eine frühere Form auf dem Weg der Synth. von Bakteriophyllin u. Cytochrom. Das von der Bakterienzelle gebildete **I** spielt wahrscheinlich die Rolle eines „Photoantibioticum". (Биохимия [Biochemie] **20**. 123—25. Jan./Febr. 1955. Moskau, Biochem. Inst. der Akad. der Wiss. der UdSSR.) O. LEBTAG. 4320

A. Mukherji, *Die Testung von unlöslichen Medikamenten und Ölen auf ihre baktericiden Eigenschaften.* Vf. untersuchte nachst. wasserunlösl. Verbb. auf ihre bakteriostat. u. bactericide Wrkg. auf Mycobacterium tuberculosis, Pseudomonas pyocyaneus, Staphylococcus aureus, Escherichia typhi, Streptococcus haemolyticus, Shigella dysenteriae shiga u. Vibrio cholerae. Folgende Stoffe wurden mit *Tween 80* versetzt u. so mit dem Nährmedium emulgiert: *p-Nitro-p'-aminodiphenylsulfon*, *p-Acetamido-p'-nitrodiphenylsulfid*, *DDS*, *p-Nitro-p'-amidodiphenylsulfid*, *p-Tosylamino-p'-nitrodiphenylsulfid*, *Gindarinnitrat*, *Chaksinjodid*, *Hyatin*, *Lupeal*, *p-Tosylpropylamino-p'-nitrodiphenylsulfid*, *p-Tosylpropylamino-p'-nitrodiphenylsulfon*, *p-Tosylpropylamino-p'-nitrodiphenylsulfoxyd*, *Hyatinmethojodid*, *p-Tosyläthylamino-p'-nitrodiphenylsulfid*, *p-Tosyläthylamino-p'-nitrodiphenylsulfon*, *p-Äthylamino-p'-nitrodiphenylsulfon*, *p-Äthylamino-p'-aminodiphenylsulfon*, *p-Tosylmethylamino-p'-nitrodiphenylsulfid*, *p-Tosylaminomethyl-p'-nitrodiphenylsulfon*, *p-Äthylamino-p'-galaktosidaminodiphenylsulfon*, *p-Äthylamino-p'-aminodiphenylsulfon*, *p-Propylamino-p'-aminodiphenylsulfon*, *p-Propylamino-p'-aminodiphenylsulfon*, *p-Laurylamino-p'-aminodiphenylsulfon*, *p-sek.-Butylamino-p-galaktosidaminodiphenylsulfon*, *p-Octylamino-p'-galaktosidaminodiphenylsulfon*, *p-n-Amylamino-p'-galaktosidaminodiphenylsulfon*, *p-Hexylamino-p'-galaktosidaminodiphenylsulfon*, *p-*

Laurylamino-p'-galaktosidaminodiphenylsulfon, p-Butylamino-p'-galaktosidaminodiphenylsulfon, p-Propylamino-p'-galaktosidamino-, p-Äthylamino-p'-galaktosidaminodiphenylsulfon, p-Isoamylamino-p'-galaktosidaminodiphenylsulfon, p-Isobutylamino-p'-galaktosidaminodiphenylsulfon u. *Sulfetron.* (Indian med. Gaz. **89.** 415—18. Juli 1954. Lucknow, Indien, Chattar Manzil Palace, Cent. Drug Res. Inst.) G. WELTZIEN. 4330

J. V. Karabinos und **H. J. Ferlin,** *Die baktericide Aktivität ozonisierter Olefine.* In eine Anzahl von *Olefinverbb.* (*Undecylensäure, Caprylen, Ölsäure, n-Butylvinyläther, Undecylensäureäthylester, Zimtsäureäthylester, Allylalkohol, Linalool Mesityloxyd,* D-*Limonen, Propargylalkohol, 1.4-Butin-*[*2*]*-diol, α-Terpineol*) wurde O_3 geleitet. Die baktericide Aktivität der Reaktionsprodd. gegenüber Staphylococcus aureus hing stark vom verwendeten Olefintyp ab. Anscheinend ist mindestens 1 H-Atom an jedem C-Atom der Doppelbindung für die baktericide Wirksamkeit erforderlich. Die baktericid wirksame Verb. ist möglicherweise eine *Peroxysäure.* (J. Washington Acad. Sci. **45.** 103—06. April 1955. Joliet, Ill., Blockson Chem. Co.) K. MAIER. 4330

Paul A. Harvey, Paul H. Eastburg und **Virginia L. Reidy,** *Die antibakterielle Wirkung von Tetrahydropyrimidinderivaten.* Angabe von Testverss. mit *8 Tetrahydropyrimidin*-Derivv. mit unterschiedlicher Wrkg. gegenüber 8 verschied. Bakterienarten; die Alkylderivv. *2-Heneicosyl-4.4.6-trimethyl-* (**II**), *2-Nonadecyl-4.4.6-trimethyl-* (**III**), *2-Heptadecyl-4.4.6-trimethyl-* (**IV**), *2-Pentadecyl-4.4.6-trimethyl-* (**V**) u. *2-Heptadecyltetrahydropyrimidin* (**VI**) waren bedeutend wirksamer als die Arylderivv. *2-*[*Pyridyl-*(*3*)]*-4.4.6-trimethyl-* (**VII**) u. *2-*[*Phenoxymethyl*]*-4.4.6-trimethyltetrahydropyrimidin* (**VIII**). Nach Vff. steht der Grad der antibakteriellen Wrkg. zu der Länge der Alkylseitenkette u. dem Vorhandensein der *Methyl*-Gruppe im Pyridinring in Beziehung. **V** ist sowohl gegenüber grampositiven wie gramnegativen Bakterien am aktivsten, dann folgt **IV**, mit der größten fungiciden Wrkg., die geringere Wrkg. von **VI** wird auf das Fehlen der Methylgruppe zurückgeführt, **II**, **III** u. *2-Heptyl-4.4.6-trimethyltetrahydropyrimidin* waren bei den angegebenen Versuchsbedingungen relativ wenig wirksam, **VII** u. **VIII** prakt. umwirksam. (Antibiotics and Chemotherapy **5.** 135—38. März 1955. San Francisco, Calif., San Francisco State Coll., Dep. of Bacteriol.) H. DOSSMANN. 4330

Neil W. Taylor, Herman T. Epstein und **Max A. Lauffer,** *Partikelgewicht, Hydratation und Form des T_2-Bakteriophagen von Escherichia coli.* Die Diffusionskoeffizienten von 2 Komponenten des *T_2-Bakteriophagen* von *E. coli* mit Sedimentationskonstanten von ca. 1000 u. 700 SVEDBERG wurden zu $3{,}46 \cdot 10^{-8}$ cm²/Sek. u. $2{,}96 \cdot 10^{-8}$ cm²/Sek. (korr. für die Werte in W. von 20°) ermittelt, die Teilchengröße mittels der SVEDBERG-Gleichung zu $220 \cdot 10^6$ u. $181 \cdot 10^6$ Atomgewichtseinheiten berechnet. Die Hydratation ergab sich aus Sedimentationsmessungen in Saccharose zu 0,60 g W./g Trockenphage. Wahrscheinlich unterscheiden sich die Sedimentationsgeschwindigkeiten beider Komponenten nicht infolge Aggregation oder unterschiedlicher Hydratisierung, sondern auf Grund einer Formverschiedenheit. (J. Amer. chem. Soc. **77.** 1270—73. 5/3. 1955. Pittsburgh, Pa., Univ., Dep. of Biophysics.) K. MAIER. 4331

Pierre Fredericq, *Wirkung von Colicin E und K auf die Vermehrung verschiedener Bakteriophagen. Colicin K* tötet infizierte Bakterien u. unterdrückt die intracelluläre Vermehrung der Bakteriophagen BF. 23, T. 2 u. T. 6. Colicin E übt auf BF. 23 eine ähnliche Wrkg. aus, hat jedoch keinen Einfl. auf T. 2 u. T. 6. Es wird angenommen, daß es sich sowohl weniger um eine Blockierung bzw. Nichtblockierung eines Syst. in der Synth. der 3 genannten Phagen handelt, als vielmehr um den Ausschluß eines Colicins durch einen Phagen. (C. R. Séances Soc. Biol. Filiales **147.** 533—37. März 1953. Liège, Univ., Inst. de Bactér. et Fonds nat. de la Rech. sci.) GERDA SCHULZE. 4331

H. Lees, Biochemistry of autotrophic bacteria. London: Butterworths Scientific. 1955. (120 S. m. Abb.) 8°. 120 s.

E₄. Pflanzenchemie. Pflanzenphysiologie. Pflanzenpathologie.

Marcel Quillet, *Über die chemische Natur des Leucosins, eines für Chrysophyceen und den Extrakt aus Hydrurus foetidus charakteristischen Reservepolysaccharids.* Vf. isoliert aus Hydrurus foetidus durch Extraktion mit A. bei 60—70° eine dem *Laminarin* (**I**) u. *Amidon* (**II**) ähnliche Substanz, das *Leucosin* (**III**, weißes, wenig hygroskop. Pulver). Es liefert bei der Hydrolyse mit 4%ig. H_2SO_4 in der Siedehitze *Glucose* (**IV**), die durch ihr Osazon identifiziert wird. Gegenüber **I** u. **II** besitzt **III** nur ein sehr schwaches opt. Drehungsvermögen: $[\alpha]_D$ —6° (**I**: $[\alpha]_D$ —12°; **II**: $[\alpha]_D$ +220°). **III**-Lsg. gibt im Gegensatz zu **I** u. **II** keine Farb-Rk. mit LUGOL-Reagens. Zum Unterschied von **II** ist **III** wie **I** gegen Pankreassaft resistent, wird aber leicht durch Enzympräpp. aus Aspergillus niger

u. dem Extrakt der Weinbergschnecke hydrolysiert. Durch Methylierung u. quantitative chromatograph. Analyse wird festgestellt, daß **III** aus mindestens 8 **IV**-Resten besteht, die, wie aus dem geringen Drehungsvermögen hervorgeht, in der β-Form vorliegen. Da die chem. Eigg. von **III** denen von **I** aus Phaeophyceen ähneln, wird vorgeschlagen. diese neue Substanz als *Chrysolaminarin* zu bezeichnen. (C. R. hebd. Séances Acad. Sci. **240.** 1001—03. 28/2. 1955.) P. FAHRNLAENDER. 4420

G. A. Kritski, *Untersuchung der biochemischen Umwandlungen der Vorprodukte der Purine.* Zwecks Studiums der Rkk. u. Zwischenprodd. bei der Synth. der *Purine* (**I**) wurden die Umwandlungen von $^{14}C_{(1)}$-*Glycin* (**II**), CO_2 u. *Ameisensäure* (**III**) in den Homogenaten von Taubenleber untersucht. Es zeigte sich, daß nach 30—60 Min. Incubation der Homogenate mit den Ausgangssubstraten der Biosynth. von *Hypoxanthin* in Ggw. von **II** u. CO_2 neben **I** auch *Asparaginsäure, Glutamin* (**IV**), *Glutaminsäure* (**V**), *Serin* (**VI**) u. **II** entstehen. In Ggw. von **III** wird chromatograph. ^{14}C in **IV**, **VI** u. in einem blau fluorescierenden Stoff nachgewiesen, der als Zwischenprod. von **III** u. Folsäure anzusehen ist. Bei Zusatz von **VI** wird der Einbau von ^{14}C aus **II** in die **IV**-Fraktion verstärkt. Das zugesetzte **VI** wird hierbei weitgehend in **IV** umgewandelt. Der ^{14}C-Einbau aus CO_2 in **II** erfolgt um so intensiver, je mehr **II** das Reaktionsgemisch enthält. Der aus der Literatur bekannte Einbau von ^{14}C aus CO_2 als $C_{(4)}$ des **I**-Ringes erklärt sich aus dem teilweisen fermentativen Austausch der Carboxylgruppe von **II** gegen CO_2. Markiertes **II**, CO_2 u. **III** werden auch in einige bisher nichtidentifizierte Nichtpurinstoffe eingebaut, die als Zwischenprodd. der **I**-Synth. auftreten oder mit dieser zusammenhängen. (Биохимия [Biochemie] **20.** 158—64. März/April 1955. Moskau, Bach-Inst. für Biochem. der Akad. der Wiss. der UdSSR.) O. LEBTAG. 4420

G. M. Schawlowski, *Die Mitwirkung von Mikroorganismen der Rhizosphäre bei der Versorgung der Pflanzen mit Vitaminen.* (Vgl. C. **1954.** 3049.) In Verss. mit Setzlingen von Buchweizen, Erbse u. Mais unter Verwendung von ^{35}S-*Vitamin* B_1 (**I**), von dem 0,1 γ/ml der KNOOPschen Lsg. mit Agar zugesetzt wurde, konnte bei Ausschaltung der Photolyse von **I** unter der Einw. von Sonnenlicht in den Wurzeln, Stengeln u. Blättern eine **I**-Anreicherung festgestellt werden. Während bei den 11 Tage alten Setzlingen die stärkste **I**-Aufnahme durch die Blätter erfolgte, war bei den älteren Pflanzen eine stärkere **I**-Anreicherung in der Wurzel (bes. bei Erbse) u. im Stengel (Buchweizen) zu beobachten. Dies erklärt sich aus der **I**-Synth. in den Blättern u. dem **I**-Abfluß in die Wurzeln u. Stengel. Wurde markiertes **I** in die Zellen von Ps. aurantiaca (Ps.a.), Torulopsis utilis (T.u.), Torulopsis lactiva (T.l.) u. Rhodotorulopsis rubra (R.r.) beim Wachstum auf synth. Nährboden mit **I**-Geh. oder bei der Gärung eingeführt u. die Suspension auf sterilisierte Buchweizenkörner aufgetragen, so zeigte die Analyse der 11 Tage alten Pflanzen in den Wurzeln, Stengeln u. Samenlappen meßbare Mengen von ^{35}S an. Bei der Impfung mit T.u. im Gemisch mit verschied. Rhizosphärenbakterien war die ^{35}S-Aufnahme etwas geringer als mit T.u. allein. Die **I**-Aufnahme nahm in der Reihenfolge Ps.a.—T.l.—R.r.—T.u. ab. (Доклады Академии Наук СССР [Ber. Akad. Wiss. UdSSR] [N. S.] **95.** 1101—04. 11/4. 1954. Mikrobiol. Inst. der Akad. der Wiss. der UdSSR.) O. LEBTAG. 4425

Walter Siedel, *Die Biosynthese des Chlorophylls.* Übersicht über neue Erkenntnisse bzgl. der *Chlorophyll* (**I**)-Synth. der lebenden Pflanze, **I**-Bldg. aus *Protoporphyrin*, das über die gleichen Zwischenprodd. entsteht wie im tier. Organismus, Unterss. mit ^{14}C, Ergebnisse an Chlorellamutanten, Phylogenetisches; 27 Literaturangaben. (Angew. Chem. **66.** 735—38. 7/12. 1954. Frankfurt/M.-Höchst, Farbwerke Hoechst Akt.-Ges.) K. MAIER. 4450

B. F. Folkes, *Wechselseitige Aminosäurenumwandlung während des Keimens von Gerstenkörnern.* Die Zus. der Vorratsproteine von Gerstenkörnern wird mit der früher untersuchten Zus. der Embryonalgewebsproteine während des Keimens der Körner verglichen. Die beiden wichtigsten Endospermproteine, *Hordein* (**I**) u. *Hordenin*, sind reicher an Amiden, *Glutaminsäure* (**II**) u. *Prolin* (**III**) u. ärmer an bas. Aminosäuren als die Gewebsproteine, während die Albumine u. Globuline in beiden Fällen in ähnlicher Menge vorhanden sind. Im **I** werden über 60% des Gesamt-N als *Glutamin* (**IV**) u. **III** gefunden. In Keimverss. unter kontrollierten Bedingungen wurde die Änderung des Geh. der einzelnen Aminosäuren während des Keimens verfolgt. Es wird die Synth. von *Asparaginsäure, Alanin, Lysin, Arginin, Purinen* u. *Chlorophyll* u. in geringerem Maße von *Glykokoll, Isoleucin, Tryptophan* u. *Threonin* während des Keimens beobachtet, wobei 90% des N aus Amiden, **II** u. **III** stammen. Auch *Phenylalanin* u. *Serin* nehmen ab. Die Verss. zeigen die Schlüsselstellung von **II** u. **IV** bei der Proteinsynth., wobei darauf hingewiesen wird, daß **III** durch ein tier. Enzymsyst. zu **II** oxydiert werden kann (vgl. TAGGART u. KRAKAUR, C. **1950.** I. 736). (Biochem. J. **49.** XXVII. Juli 1951. Bristol, Univ., Dep. of Bot.) O. REITZ. 4455

Bunji Maruo, Takashi Akazawa und **Yasuji Iimura,** *Mechanismus der Stärkebildung in den Blättern höherer Pflanzen.* 2. Mitt. (1. vgl. J. agric. chem. Soc. Japan **25.** [1951.] **245.**) Auf verschied. Substratlsgg. unter verschied. Bedingungen schwimmende Laubblattscheiben dienten zur Beobachtung der Stärkebildung. Zugabe von Malonat oder Succinat verminderten die Fähigkeit zur Stärkebldg. aus Glucose, doch hing die Wrkg. vom vorhandenen Kation sowie den Beleuchtungsverhältnissen ab. O_2 ist notwendig, Arsenat oder 2.4-Dinitrophenol verhindern die Synth. völlig ohne besonderen Einfl. auf die Atmung. Möglicherweise spielt auch in höheren Pflanzen oxydative Phosphorylierung eine wesentliche Rolle für die Energieübermittlung. (J. agric. chem. Soc. Japan [Nippon Nôgeikagaku Kaishi] **27.** 207—09. April 1953. Tokyo, Univ. [Orig.: japan.; Auszug: engl.]) L. SCHULER. 4460

Helmut Scheck, *Über den Einfluß des Kaliums auf den Kohlenhydratstoffwechsel und auf die Carbohydrasen bei Kulturpflanzen.* Der spezif. Einfl. von K auf den Kohlenhydratstoffwechsel u. die dazugehörigen Fermente der Beta-Rübe, der Kartoffel u. der Sommergerste wurde untersucht u. festgestellt, daß K^+ in den Fermenthaushalt der Pflanze eingreift. Bei zu geringer K-Zufuhr oder -Mangel wird die hydrolyt. Tätigkeit der *Carbohydrasen* gefördert. Dies trifft für die β-Amylase ebenso zu wie für die β-h-Fructosidase u. die β-Glucosidase. Es tritt eine Verschiebung in den einzelnen Kohlenhydratfraktionen auf. In allen Organen wird bei K-Mangel eine Zunahme der reduzierenden Zucker gefunden. Saccharose wird bei K-Mangel meist nicht beobachtet, bei der Beta-Rübe nimmt sie mit steigendem K zu. Blätter u. Stengel weisen bei K-Mangel stets einen hohen Zuckerspiegel auf; in den Speicherorganen ist dies nicht der Fall. Steigt die K-Versorgung, so sind die Gesamtzucker einschließlich der Saccharose vermehrt. Die Beziehungen der Stärke zum K sind nicht ohne weiteres zu überblicken. K erhöht den Stärkegeh. der Kartoffelknolle u. fördert die Assimilationsintensität. Während durch die Ableitung der Assimilationsprodd. die Beziehungen des K zum Kohlenhydratstoffwechsel verwischt werden können, zeigen die Cl- u. SO_4-Ionen wie auch verschied. Stickstoffverbb. im gepufferten Bodensyst. den spezif. Einfl. des K nicht. (Z. Pflanzenernähr., Düng., Bodenkunde **60 (105).** 209—20. 1953. Weihenstephan, TH München, Agrikulturchem. Inst.) H. KATHEN. 4460

Gerard S. Weissman, *Stickstoffstoffwechsel von Weizenkeimlingen unter dem Einfluß des Verhältnisses Ammonium:Nitrat und der Wasserstoffionenkonzentration.* Es werden Unterss. über die N-Assimilation u. N-Zus. von Weizenkeimlingen durchgeführt. 24 Std. alte Keimpflanzen werden bei völliger Dunkelheit bei steigenden NO_3-Konzz. einerseits u. konstanter Konz. von 0,01 mol. NO_3 bzw. NH_3 im Verhältnis von 0:100 bzw. 100:0 andererseits durchgeführt. Nach 4 Tagen wurde das Endosperm auf N-Geh. untersucht. Die NO_3-Speicherung betrug bei ausschließlicher NO_3-Ernährung 14,7 mg je g Trockensubstanz. In den NO_3-gedüngten Pflanzen stieg das Verhältnis Eiweiß-N/lösl. organ. N mit steigender NO_3-Konzentration. Während der NO_3-Anteil in der Lsg. auf $^1/_4$ red. wurde, fiel der in den Blättern gespeicherte Anteil von 14,7 auf 11,4, also nur geringfügig ab. Der steigende p_H-Wert der Nährlsg. von 4,3—6,4 förderte die NO_3-Aufnahme geringfügig, übte aber keinen wesentlichen Einfl. auf die NO_3-Speicherung aus. Die NH_4-Aufnahme stieg auch mit steigendem p_H-Wert, u. zwar um so mehr, je höher die NH_4-Konz. der Lsg. war. Ebenso stieg der N-Proteingehalt. Nur mit NO_3 ernährte Pflanzen zeigten keinen Unterschied im Protein-N-Geh. bei verschied. p_H-Wert. Aus der Abnahme des Geh. an freien Aminosäuren mit steigendem p_H-Wert wird auf günstige Bedingungen für den Proteinaufbau aus Aminosäuren geschlossen. In Abhängigkeit des NO_3-NH_4-Verhältnisses war der Protein-N-Geh. bei p_H 5,3 u. 6,2 bei 50:50 am größten. Bei p_H 4,3 betrug das zur optimalen Proteinbldg. notwendige Verhältnis NO_3:NH_3 90:10. Das Verhältnis Protein-N/gesamtlösl. N war am größten, wenn NO_3 u. NH_3 zu gleichen Teilen vorhanden waren. Durch Erhöhung des NO_3-Geh. steigt das Verhältnis Protein-N/lösl. organ. N. Die erhöhte Eiweißproduktion durch NO_3-Zugabe zu einer Lsg., die NH_4 enthält, ist wahrscheinlich auf eine größere Energiemenge, die durch die Oxydation von Kohlenhydraten frei wird, zurückzuführen. Hierbei dient der bei der biol. Red. des NO_3 frei werdende O_2 als Oxydationsmittel. (Amer. J. Bot. **38.** 162—73. März 1951. Camdem, N. J., Rutgers Univ.) G. LENHARD. 4460

Robert Ballentine und **Dorothy G. Stephens,** *Die Biosynthese stabiler Kobaltproteine durch Pflanzen.* Die Methoden zum Nachw. von stabil gebundenem Co in Ggw. von freiem u. ionisiertem Co unter Verwendung von $^{60}CoCl_2$ werden ausführlich beschrieben. — Während des Wachstums von Neurospora crassa wird ionisiertes Co im Medium gegen ein Konzentrationsgefälle angesammelt. Die angesammelte Menge entspricht dem Mycelwachstum u. der Protein (I)-Synth. nur qualitativ. — 40% des angesammelten Co sind in Form von stabilen Co–I-Komplexen vorhanden. — Die Co–I können in mindestens 2 Fraktionen getrennt werden: 1. eine lösl. mit 57% Co, 2. eine Fraktion mit nahezu submkr. Teilchen. — Gleichartige Co-I wurden bei Chorella vulgaris u. in den Blättern von Melone (musk melon) u. Tomate festgestellt. In den Chloroplastiden wurde Co nicht nachgewiesen. — Auch nach sorgfältigster Reinigung des Mediums von Schwermetallspuren ergab sich für das Wachstum von N. crassa kein Co-Mangel. Bemerkenswert ist jedoch, daß die in ihrem Mycel festgestellte Co-Menge der gleichen Größenordnung angehört wie die von Euglea zum Wachstum benötigte Konz. an Co-haltigem Vitamin B_{12}. (J. cellular comparat. Physiol. **37.** 369—87. Juni 1951. Baltimore, Johns Hopkins Univ., McCollum-Pratt Inst.) F. RANG. 4460

Masao Deguchi und **Goro Kojima,** *Untersuchung über den Mg-Stoffwechsel von Kulturpflanzen.* 1. Mitt. *Wirkung von Mg-Mangel auf das p_H lebender Pflanzen.* Bei lebenden Blumenkohl- u. Gerstenpflanzen wird durch ein neues mkr.-colorimetr. Verf. u. Vitalfärbung gezeigt, daß die Epidermzellen der rückseitigen Oberflächen von infolge Mg-Mangel chlorot. Blättern saurer (niedrigeres p_H) sind als die nichtchlorot., während sich bei Wurzelzellen kein Unterschied u. nahezu neutrale Rk. zeigten. — 6 Tabellen; Apparaturskizze. (J. Sci. Soil Manure, Japan [Nippon Dozyô-Hiryô-Gaku Zasshi] **23.** 267—72. Juli 1953. Tokyo, Pädagog. Univ. [Orig.: japan.; Auszug: engl.]) L. SCHULER. 4470

—, Analyse des plantes et problèmes des engrais minéraux. VIIIe Congrès international de botanique, Paris, 1954. Paris: I. R. H. O. 1955. (VIII + 264 S. m. Abb.) 8°.

E_5. Tierchemie. Tierphysiologie. Tierpathologie.

A. S. Posner und **G. Duyckaerts,** *Infrarotuntersuchungen des Carbonats in Knochen, Zähnen und Francolit.* Mit Hilfe von Röntgenbeugungsunterss. u. Infrarotspektrographie werden in dem anorgan. Teil von Knochen u. Zähnen sowie in dem (diesem mineral. Anteil chem. am ähnlichsten) Mineral Francolit Bindungen zwischen Ca u. CO_3 sowie zwischen Mg u. CO_3 nachgewiesen, die denen in *Calcit* bzw. *Magnesit* entsprechen. (Experientia [Basel] **10.** 424—25. 15/10. 1954. Liège, Univ., Inst. of Exp. Therap., u. Labor. of Analyt. Chem.) G. KLESSE. 4510

T. Ockerse und **B. Wasserstein,** *Die Flecken in gefleckten Schmelz.* Wie aus spektrograph. Unterss. hervorgeht, kommt in den schwarzen Flecken von geflecktem (mottled) Schmelz stets *Mn* vor, das in n. Schmelz nicht gefunden wird. Der Mn-Geh. steigt mit der Schwere des Befalls. Der Geh. an *Fe* bzw. Fe-Verbb. ist nur bei den schweren Formen des gefleckten Schmelzes geringfügig erhöht. Ob Mn bzw. Mn-Verbb. die alleinige Ursache für das Auftreten von geflecktem Schmelz sind, ist nicht bekannt. (J. Amer. Dental Assoc. **50.** 536—38. Mai 1955. Pretoria, South Africa, Dep. of Union Health.) G. KLESSE. 4510

Martin A. Rushton, *Anomalien in menschlichem Dentin.* Beschreibung des Auftretens von opalem Dentin, das auf unvollständige Calcifizierung zurückgeführt wird, sowie von Dentinverfärbungen u. Dysplasien an Hand der Literatur u. eigenen Beobachtungen mit 22, zum Teil histolog. Abbildungen u. 35 Literaturhinweisen. (Brit. Dental J. **98.** 431—47. 21/6. 1955. London, Univ., Dep. of Dental Med., St. Thomas's Hosp., u. Guy's Hosp.) G. KLESSE. 4510

Louis Fuft, L. N. Ettelson und **Herbert Schwartz,** *Allergie gegen Nahrungsmittel, die schwefelhaltige Aminosäuren — besonders Methionin — enthalten: Krankengeschichte und klinische Untersuchung.* Bei einem 27 jährigen Chemiker mit nasalen u. zentralen allerg. Symptomen konnte ein Krankheitsanfall durch Verabreichung von schwefelhaltigen Aminosäuren, bes. *Methionin*, ausgelöst werden. Der Hauttest mit diesen Verbb. fiel negativ aus. Für die Ansicht der Vff., daß die Krankheit nicht immunbiol. Natur sein könnte, sprach fernerhin die Besserung des Befindens, wenn durch Gaben von Aureomycin u. Sulfasuxidine die n. Darmflora beeinflußt wurde. (Amer. J. med. Sci. **229.** 26—33. Jan. 1955. Philadelphia, Pa., Veterans Reg. Office No. 10, Allergy Clinic.) F. LEUSCHNER. 4551

Johann-Friedrich Braune, *Über die Auslösung von Anaphylaxieerscheinungen bei Meerschweinchen durch präzipitierende Antikörper.* 1. Mitt. *Untersuchungen mit der aktiven Versuchsanordnung.* Mit Eiklar sensibilisierte Meerschweinchen reagierten auf die Reinjektion von Eiklar mit Schocksymptomen verschied. Stärke u. Ausprägung, die von der Höhe des Präcipitintiters abhängig waren. (Zbl. Bakteriol., Parasitenkunde, Infektionskrankh. Hyg., I. Abt., Orig. **162.** 321—34. Febr. 1955. Göttingen, Univ., Hygiene-Inst.) E. FISCHOEDER. 4551

Johann-Friedrich Braune, *Über die Auslösung von Anaphylaxieerscheinungen bei Meerschweinchen durch präzipitierende Antikörper.* 2. Mitt. *Versuche zur Auslösung von Anaphylaxieerscheinungen mit in vitro bereiteten Antigen–Antikörpergemischen.* (1. vgl. vorst. Ref.) Wurde nichtsensibilisierten Meerschweinchen ein Gemisch aus Eiklar (4 Teile)

u. eines Meerschweinchenserums (1 Teil), das von einem mit Eiklar hochgradig sensibilisierten Tier stammte, injiziert, so traten Schocksymptome binnen weniger Min. auf. Das Gemisch bedurfte einer Bindungszeit von mindestens 2 Stunden. Für die Schwere der Schocksymptome war der Präcipitintiter des Meerschweinchenserums von Bedeutung. (Zbl. Bakteriol., Parasitenkunde, Infektionskrankh. Hyg., I. Abt., Orig. **162.** 335—46. Febr. 1955. Göttingen, Univ., Hygiene-Inst.) E. FISCHOEDER. 4551

Johann-Friedrich Braune, *Über die Auslösung von Anaphylaxieerscheinungen bei Meerschweinchen durch präzipitierende Antikörper.* 3. Mitt. *Zur Differentialdiagnose zwischen Anaphylaxie und Serotoxinwirkung bei Meerschweinchen.* (2. vgl. vorst. Ref.) Da in präcipitierenden Seren stets auch *Serotoxine* vorhanden sind, wurde der tierexperimentelle Nachw. erbracht, daß an den anaphylakt. Symptomen (vgl. 1. u. 2. Mitt.) Serotoxine nicht beteiligt sind. (Zbl. Bakteriol., Parasitenkunde, Infektionskrankh. Hyg., I. Abt., Orig. **162.** 347—56. Febr. 1955. Göttingen, Univ., Hygiene-Inst.) E. FISCHOEDER. 4551

Kenji Takaoka, *Anorganische Elemente in den innersekretorischen Organen und ihre Bedeutung.* An insgesamt 430 Patienten wurde der Einfl. von *Ag, Al, As, B, Ba, Be, Ca, Co, Cu, Fe, K, Mg, Mn, Na, Ni, P, Pb, Si, Sn, Sr, Ti, V* u. *Zn* auf Hypophyse, Pankreas, Schilddrüse, Nebeniere, ♂ u. ♀ Keimdrüsen, Nebenschilddrüsen u. Placenten untersucht. Die Bedeutung der Wrkg. von Mn auf die Hypophyse u. somit auf Wachstum u. Fortpflanzung u. die Beziehung des Zn zum *Insulin* wurden erneut bestätigt gefunden. (Folia endocrinol. japon. **30.** 499—520. 20/12. 1954. Kyoto, Univ. of Med., Dep. of Pathol. [Orig.: japan.; Auszug: engl. 521—22.]) S. HOTHORN. 4558

Josef Zander und **Anne-Marie von Münstermann,** *Weitere Untersuchungen über Progesteron in menschlichem Blut und Geweben.* Vff. fanden im Uterusvenenblut u. Nabelvenenblut erhöhte Werte von *Progesteron* (I), was als Beweis für die Bldg. von I in der Placenta angesehen wird. In der Uterusmuskulatur konnte es nicht nachgewiesen werden. Außerdem wurde ein anscheinend $\alpha.\beta$-ungesätt. Keton noch nicht näher bestimmter Art mit einem R_f-Wert von 0,38 (Papierchromatographie in n-Hexan u. 70% Methanol) u. einem Absorptionsmaximum bei 241 mμ gefunden. (Klin. Wschr. **32.** 894. 15/9. 1954. Marburg/Lahn, Univ., Frauenklinik.) G. WELTZIEN. 4559

P. Lorenzini, L. Ragazzoni und **G. Salvatori,** *Verhalten der Diurese, der Elektrolyte (Ca, P, Na, K), der 17-Ketosteroide und der östrogenen Stoffwechselendprodukte im Urin nach Verabreichung von Östradiolbenzoat.* Gesunde u. leberkranke Versuchspersonen erhielten eine einmalige Dosis von 5—15 mg *Östradiolbenzoat.* Die Diurese sowie das Verh. der Elektrolyte war wechselnd, im allg. war eine leichte Senkung des Na-Spiegels u. der P-Ausscheidung festzustellen. Die Ausscheidung der 17-Ketosteroide war ebenfalls vermindert, bes. bei Leberkranken. Bei den gesunden Personen war die Ausscheidung der östrogenen Stoffwechselabbauprodd. deutlich vermehrt, bes. die der Fraktionen vom Typ des Östrons u. Östriols. Bei Leberkranken wurde mehr Östradiol ausgeschieden. Es wird angenommen, daß bei Leberkrankheiten (Cirrhose) der intermediäre Östrogenstoffwechsel gestört ist. (Endocrinol. Sci. Costituz. **22.** 3—13. 1954. Bologna, Univ., Ist. Clin. Med. Gen.) P. G. SCHEURLEN. 4559

Leslie J. Harris, M. N. Bland, R. E. Hughes und **B. J. Constagle,** *Wirkung von ACTH und Cortison auf den Vitamin-C-Stoffwechsel, das Gewicht und die Zusammensetzung der Leber von Meerschweinchen und anderen Tierarten.* Junge, 300—350 g schwere Meerschweinchen erhielten viermal wöchentlich je 2 mg *ACTH* intramuskulär injiziert. Der *Ascorbinsäure* (I)-Stoffwechsel der Leber u. der Nebennieren wird hierdurch nicht verändert. Nach 10tägiger ACTH-Behandlung nimmt das Lebergewicht um 50% gegenüber dem der Kontrollen zu. Wird die ACTH-Zufuhr unterbrochen, sinkt das erhöhte Lebergewicht sehr schnell wieder auf n. Werte ab. Bei erwachsenen Meerschweinchen ist eine ähnliche Erhöhung des Gewichts der Leber festzustellen. Das Verhältnis von Dehydroascorbinsäure zu I in den Nebennieren wird durch ACTH nicht verändert. 40 Tage dauernde Behandlung mit ACTH führte in der Leber zu einer Erhöhung des Glykogengeh. u. zu einer Erniedrigung des Protein- u. Fettgeh. bei gleichbleibendem Wassergeh. (alle Angaben bezogen auf Lebergewicht). *Cortison* (II) bewirkt ebenfalls eine Erhöhung des Lebergewichts (10tägige Applikation von 15 mg II/Tier u. Tag erhöht das Gewicht um 123%). Im übrigen ergeben sich nach II ähnliche Veränderungen wie nach ACTH. Die Gewichte von Pankreas, Lungen, Thymus, Herz u. Milz werden durch II nicht verändert. Das Nierengewicht nimmt dagegen ebenfalls zu. Bei Ratten, Küken u. Mäusen bewirkt ACTH oder II keine Veränderung des Lebergewichts. Dagegen verhalten sich Kaninchen in dieser Hinsicht wie Meerschweinchen. (Lancet **264.** 1021—24. 23/5. 1953. Cambridge, Univ., Dunn Nutrit. Labor. and Med. Res. Council.) R. REISS. 4560

Geoffrey E. Loxton und **David Le Vay,** *Ascorbinsäure und Glucose-1-phosphat bei rheumatoider Arthritis.* 20 Patienten mit rheumatoider Arthritis erhielten intravenöse Injektionen von 25 bzw. 50 bzw. 100 mg *Glucose-1-phosphat.* In einigen Fällen wurde eine vorübergehende Besserung des Krankheitsbildes beobachtet. Vff. diskutieren ferner die Wrkg. von *Cortison* (I) im Zusammenhang mit dem Gleichgewicht Ascorbinsäure (II) ⇌ Dehydroascorbinsäure (III). Wenn die Auffassung von LONG u. Mitarbeitern (C. **1951.** II. 3051 u. Lancet **261.** [1951.] 902), daß I die Oxydation von II zu III erleichtert, zuträfe, müßte das betrachtete Gleichgewicht nach rechts verschoben werden. Vff. fanden beim Menschen nach Verabfolgung von I eine Erniedrigung des Redoxpotentials im subcutanen Gewebe, obwohl nach LONG eine Erhöhung eintreten müßte. Dieser Vers. läßt immerhin die Ggw. von III in den Geweben des Menschen vermuten. (Lancet **264.** 1045—46. 23/5. 1953. London, Brook Hosp.) R. REISS. 4560

G. M. C. Masson, A. C. Corcoran, Irvine H. Page und **Francesco Del Greco,** *Gefäßläsionen nach Angiotonin bei Ratten, die mit Desoxycorticosteron behandelt worden waren.* Vff. untersuchten an Ratten, die mit *Desoxycorticosteronacetat* u. NaCl vorbehandelt worden waren, die Wrkg. von stündlichen intraperitonealen Gaben von *Angiotonin* (I). Es traten Ödeme, Convulsionen, positive Flüssigkeitsbilanz u. Zunahme der Flüssigkeitsaufnahme zusammen mit Proteinurie, visceralen Hämorrhagien u. akute nekrotisierende Läsionen an den kleinen Arterien u. Arteriolen auf. Die gleichen Veränderungen traten an ähnlich vorbehandelten Ratten nach subcutanen *Renin* (II)-Gaben auf. Es wird gefolgert, daß die Gefäßläsionen nach II durch die Wrkg. von II als solchem u. nicht durch die Freisetzung von I verursacht, auch nicht gefäßtox. Faktoren in II-Zubereitungen oder einer II-Wrkg. in Abhängigkeit von einer I-Bldg. zuzuschreiben sind. (Proc. Soc. exp. Biol. Med. **84.** 284—87. Nov. 1953. Cleveland, O., Cleveland Clin. Found. Res. Div. and Frank E. Bunts Educat. Inst.) K. BÖHM. 4561

Ch. Combescot und **M. Rivière,** *Wirkung verschiedener innersekretorischer Eingriffe auf die Morphologie der Schilddrüse des Affen.* Werden Hormone implantiert, so reagiert die Schilddrüse des Affen mit mehr oder weniger deutlich in Erscheinung tretenden Veränderungen. *Östrogen* (*Dihydrofolliculin*; I) u. *Desoxycorticosteron* verursachen den Zustand einer Hypofunktion. Die gleichzeitige Verabreichung von I u. *Progesteron* oder I u. *Testosteron* scheint den schädigenden Einfl. des Follikelhormons zu mindern. *Progesteron, Testosteron* u. *Corticosteron,* jedes für sich verabreicht, scheinen ohne Einfl. auf die Morphologie der Schilddrüse zu sein. Nach Injektion von *ACTH* (II) u. von *Aminothiazol* (III) wird eine deutliche Hyperfunktion der Schilddrüse festgestellt. Die Wrkg. des II ist zweifelsohne auf in dem verwendeten Hypophysenextrakt enthaltene thyreotrope Verunreinigungen zurückzuführen, während das mit III erhaltene Ergebnis die bereits an Meerkatzen erhaltenen Befunde bestätigt. (C. R. Séances Soc. Biol. Filiales **147.** 1358—60. Aug./Sept. 1953.) H. P. FIEDLER. 4562

J. H. Burn, *Acetylcholin und Herzschlagfolge.* Verss. am isolierten Kaninchenvorhof in LOCKE-Lsg. ergaben, daß die Rhythmik dieses Organs durch lokale Bldg. von *Acetylcholin* (I) zustande kommt, welches durch die *Cholinacetylase* (II) synthetisiert wird. Nach Erreichen eines Schwellenwertes wird die Kontraktion in Gang gesetzt. Der Abbau von I erfolgt sodann durch die *Cholinesterase* (III), so daß die Abfolge der Schlagzahl u. der Amplitude vom Wirkungsverhältnis von II u. III abhängig ist. Wird das zur n. Schlagfolge nötige Optimum von I pharmakol. überboten, so erfolgt eine Hemmung des Herzschlages, offenbar dadurch, daß I seine eigene Synthetisierung behindert. Ein gleichsinniger Effekt wird durch die Reizung des N. vagus erzielt. *Eserin* (IV) wirkt als Inhibitor von III sinngemäß. Am erschöpften Herzpräp. oder nach dessen tox. Schädigung k[illegible] I u. IV die Rhythmik wieder in Gang bringen u. bei Dosiserhöhung sie in ihrer Amplitude u. der Frequenz steigern. Gelegentlich konnte durch IV eine irreguläre Herzrhythmik im Experiment normalisiert werden. Da *Chinidin* zu den Hemmstoffen von I gehört, läßt sich auch sein Effekt bei der Therapie des Vorhofflimmerns mit Hilfe dieser Vorstellungen deuten. (Lancet **264.** 1161—64. 13/6. 1953. Oxford, Univ.) H. JORDAN. 4569

V. Erspamer, *Beobachtungen über die Umwandlung von Indolalkylaminen im Organismus.* Es wurde das Vork. von *5-Oxyindolessigsäure* (I) u. anderer möglicher Metabolite von *5-Oxytryptamin* (II) u. ähnlichen *Indolalkylaminen* (III) in Blut u. Urin papierchromatograph. untersucht. I ist ein n. Bestandteil des Harns fleisch- u. allesfressender Säugetiere u. wahrscheinlich anderer Gruppen von Vertebraten. I findet sich während der Säugungsperiode in großen Mengen auch im Urin pflanzenfressender Säuger, verschwindet jedoch beim Übergang zur Pflanzennahrung. In Amnion-Fl. u. Fäces von Menschen u. Hund ist keine I nachweisbar, das heißt, Urin-I stammt nicht aus Darmbakterien. II-Gaben rufen bei Tieren, deren Harn n. III enthält, eine beträchtliche Zunahme der Urin-I hervor, wobei 5—60% der zugeführten II aus dem Harn als I isolierbar sind. Nach *5-Methoxytryptamin*-Zufuhr erscheinen im Urin große Mengen *5-Methoxyindolessigsäure*, nach *Tryptamin*, *N-Methyltryptamin* u. *N.N-Dimethyltryptamin* wechselnde Mengen freier u. mit Glycin gepaarter (*Indolacetursäure*) *Indolessigsäure*. Die im Urin enthaltenen Indolessigsäuren sind nach parenteralen Gaben der entsprechenden III auch im Rattenblut nachweisbar. Diese Ergebnisse unterstreichen die Bedeutung der *Aminoxydase* (IV) bei der Inaktivierung von II u. verwandten III im Organismus. IV wirkt auf III mit prim., sek. u. tert. NH_2-Gruppe in der Seitenkette, während quaternäre Ammoniumbasen, z. B. *Bufotenin*, anscheinend von IV nicht angegriffen werden. Die quantitativen Daten der I-Ausscheidung im Urin unter n. Bedingungen u. nach Zufuhr von exogenem II erlauben in Verbindung mit den das Vork. u. die Verteilung von II im Körper der n. Laboratoriumstiere (Hund, Ratte) betreffenden einen Rückschluß auf die täglich im Organismus umgewandelte II-Menge u. auf die Beziehung zwischen Geschwindigkeit des II-Stoffwechsels u. II-Geh. von Blut, gastrointestinaler Mucosa u. Gesamtorganismus. Quantitative Überlegungen scheinen die Annahme zu stützen, daß II an der Regulierung der Nierenfunktion beteiligt ist. Nach Ansicht des Vf. entsteht II in den enterochromaffinen Zellen der Magendarmschleimhaut, aus denen es bei Bedarf an den Kreislauf abgegeben wird. Die quantitative I-Best. im Urin eignet sich zur Unters. der Umwandlung von endogenem u. exogenem II u. n., experimentellen u. patholog. Bedingungen. (J. Physiology **127**. 118—33. 28/1. 1955. Bari, Univ., Inst. of Pharmacol.) K. MAIER. 4569

Karl Zeile, *Die Biosynthese des Hämins.* Übersichtsreferat. Einbau isotopenmarkierter Bausteine in *Protoporphyrin*, Abzweigung des Syntheseweges aus dem Tricarbonsäurecyclus, *δ-Aminolävulinsäure*, *Porphobilinogen*, *Uroporphyrin* als Zwischenstufen, das Isomerenproblem. — 35 Literaturangaben. (Angew. Chem. **66**. 729—35. 7/12. 1954. Ingelheim/Rh., C. H. Boehringer Sohn.) K. MAIER. 4572

Ernest W. Smith und **C. Lockard Conley,** *Filterpapierelektrophorese von menschlichem Hämoglobin mit besonderem Bezug auf das Auftreten und die klinische Bedeutung von Hämoglobin C.* Durch diese Meth. ist es möglich, die Hämoglobine A, S, C u. F zu trennen u. zu erkennen. Bei 500 untersuchten Weißen gab es keinen Fall von Hämoglobin S, C oder D. Bei 500 untersuchten Negern 8,4% Hämoglobin S, 2% Hämoglobin C. Gleichzeitiges Vork. der Hämoglobine S u. C beim gleichen Patienten deuten auf krankhafte Veränderungen hin. Vff. benutzten die von KUNKEL u. TISELIUS (C. **1953**. 4096) beschriebene App. zur Papierelektrophorese. (Bull. Johns Hopkins Hosp. **93**. 94—106. Aug. 1953. Baltimore, Md., Johns Hopkins Univ. and Hosp., Dep. of Med.) H. TOEPSCH. 4572

Sidney P. Gottfried, Russell H. Pope, Nathan H. Friedman, Irving B. Akerson und **Salvatore di Mauro,** *Lipoproteinuntersuchungen bei atherosklerotischen und lipämischen Versuchspersonen mittels Papierelektrophorese.* Die Gesamtlipide (I, Extraktion u. Wägung), Gesamtcholesterin (II, Meth. nach KAYE) u. α- u. β (III)-Lipoproteine (elektrophoret. Trennung u. Färbung mit Sudan III) im Serum von 8 atherosklerot. u. 17 lipäm. ♂ u. ♀ Versuchspersonen von 20—55 Jahren wurden untersucht, um Einblick in die Pathogenese der Atherosklerose zu erhalten. Die Mehrzahl der atherosklerot. Patienten, die gerade einen Myocardinfarkt überstanden hatten, zeigten erhöhte I-, II- u. bes. III-Werte. III zeigte nach dem Infarkt eine fallende Tendenz bis zu n. Mengen. Bei ungefähr einem Drittel der lipäm. Versuchspersonen war ebenfalls III erhöht. (Amer. J. med. Sci. **229**. 34—40. Jan. 1955. Bridgeport, Conn., Hosp., Dep. of Biochem.) F. LEUSCHNER. 4574

J. M. Senapati, K. Subrahmanyam und **S. N. Banerji,** *Lipidphosphor im Plasma.* Vff. untersuchen bei 20 gesunden Männern von 20—30 Jahren den Geh. an Lipidphosphor im Plasma (Nachw. des zum Phosphat aufoxydierten P mittels Na-Molybdat) unter besonderer Berücksichtigung Indiens im Vgl. zu den Angaben anderer Autoren u. fanden 10,810 ± 0,189 mg% P. (Indian med. Gaz. **89**. 406—07. Juli 1954. Cuttack, Indien, Med. Coll.) G. WELTZIEN. 4574

Kurt Jaeth, *Topostasin, ein wirksames Lokalhämostypticum.* Hervorhebung der ausgezeichneten hämatostat. Wrkg. von *Topostasin* (DEUTSCHE HOFFMANN-LA ROCHE A. G., Grenzach/Baden) mit Geh. an hochakt. Thrombin bei Magen- u. Ösophagusvaricenblutungen. (Therap. d. Gegenwart **94**. 223—24. 1955. Neustadt/Weinstraße, Städt. Krankenhaus „Hetzelstift".) H. DOSSMANN. 4574

I. E. Akopow und **Je. A. Beljawskaja,** *Einfluß der Lagochiluspräparate auf das Fibrinogen und Fibrin des Hundeblutes.* 5%ig. wss. Lagochilusauszug u. *Lagochilin* (I) bewirkten bei Hunden eine Erniedrigung der *Fibrinogen* (II)-Menge (bes. bei kleinem Körpergewicht). Zu gleicher Zeit wurde die Gerinnungsfähigkeit des Blutes vom 1. Tage der Anwendung des Präp. an erhöht. In Verss. mit Hunden mit experimenteller *Di-*

cumarin (III)-Hämophilie wurde eine deutliche Verzögerung der Blutgerinnungsfähigkeit durch III u. eine II-Zunahme festgestellt. Bei Heilung mit I trat bald der n. Zustand ein. Verss. zeigten, daß I die II-Menge wohl verringert, zugleich aber seine Umwandlung in *Fibrin* (IV) intensiviert. In Unterss. mit I (0,05 g/kg Körpergewicht) an mit *Heparin* (V) (Titer 1 : 4000; Dosis 5—20 mg/kg) behandelten Tieren rief V ebenfalls Hämophilie hervor, erhöhte den II-Geh. u. erniedrigte den IV-Geh. des Plasmas. I verhinderte diese Verschiebung nicht, red. aber in 50% aller Verss. in 30—90 Min. den IV-Spiegel. Bei mit *Acetylcholin* behandelten Versuchstieren rief I in allen Fällen eine Erniedrigung des II-Geh. u. eine Erhöhung des IV-Geh. um 15—20% hervor. Bei *Adrenalin* u. *Ephedrin* rief I in 50% der Verss. eine Erhöhung der IV-Menge auf mehr als das 2fache hervor. (Бюллетень Экспериментальной Биологии и Медицины [Bull. exp. Biol. Med.] 38. Nr. 7. 49—54. Juli 1954. Samarkand, Med. Pawlow-Inst., Lehrstuhl für Pharmakol.) E. STEINBERG. 4574

H. U. Buchholz, *Tierexperimentelle Untersuchungen über die Veränderungen der Endstrombahn durch das Blutersatzmittel Subsidal.* Das Rutin enthaltende Plasmaersatzpräp. *Subsidal* (PFRIMMER & CO., Erlangen) führt beim capillargeschädigten Goldhamster zur Verminderung der Capillarfragilität u. verweilt somit länger in der Blutbahn als eine reine kristalloide Lösung. Fernerhin wird das Lungenödem, das beim capillargeschädigten Tier nach Infusion einer kristalloiden Lsg. beobachtet wird, verhindert. (Med. Klin. 50. 589—92. 8/4. 1955. Sanderbusch in Oldenburg, Landeskrankenhaus.) F. LEUSCHNER. 4576

J. P. Johnston, *Das Sedimentationsverhalten von Gemischen von Hyaluronsäure und Albumin in der Ultrazentrifuge.* An Gelenk-Fl. vom Ochsen u. vom Menschen wurde der gegenseitige Einfl. von *Albumin* (I) auf die Sedimentation von *Hyaluronsäure* (II) untersucht. Es wurde eine SVEDBERG-Ölturbinenultrazentrifuge mit Schlierenoptik benutzt. Im allg. sedimentiert I schneller als II. Die Sedimentationskonstante S von II wird bei einer gegebenen Konz. an II meist proportional der Konz. an I herabgesetzt. Dies ist infolge der Erhöhung der D. u. der Viscosität des Mediums durch I zu erwarten. S von I wird durch II ebenfalls erniedrigt, hier muß man annehmen, daß die Teilchen von II für I teilweise undurchdringlich sind u. hierdurch die wirksame Konz. an I erhöht wird. (Biochem. J. 59. 620—26. April 1955. Oxford, Univ., Dep. of Biochem., Charing Cross Hosp., Med. School, Dep. of Physiol.) M. WIEDEMANN. 4578

J. P. Johnston, *Ein Vergleich der Eigenschaften von Hyaluronsäure aus normalen und pathologischen menschlichen Gelenkflüssigkeiten.* (Vgl. vorst. Ref.) Die Sedimentation u. die Viscosität von *Hyaluronsäure* (I) aus patholog. Gelenk-Fll., die noch Mucinklumpen bilden, ist gegenüber n. verändert. Weiterhin wurde der *Glucosamin*-Geh., der Gesamt-N u. die Erhöhung des Brechungsindex des gebildeten Mucins untersucht. I muß nahezu kugelförmige Moll. besitzen. (Biochem. J. 59. 626—33. April 1955. Oxford, Univ., Dep. of Biochem.; Charing Cross Hosp., Med. School, Dep. of Physiol.) M. WIEDEMANN. 4578

P. A. Kometiani, W. I. Kokotschaschwili und **Sch. W. Dolidse,** *Untersuchung des Umsatzes der Phosphorverbindungen des Eidotters während der Embryoentwicklung nach der Methode der radioaktiven Indikation.* Verss. mit Hühnereigelb unter Anwendung von $Na_2H^{32}PO_4$, bei welchen nach 1, 7 u. 11 Tage langer Incubation im Trichloressigsäure (I)-Extrakt anorgan. u. Gesamt-P bestimmt wurden u. im I-Rückstand Lipide (II), Proteine (III) u. Nucleotide (IV) sowie nach Veraschung mit H_2SO_4 Gesamt-P des Eigelbes, ergaben eine außerordentlich geringe Erneuerungsgeschwindigkeit der II- u. III-Fraktion. Die IV-Fraktion zeigte in allen Fällen eine hohe Aktivität. Die Geschwindigkeit des Einbaues von akt. P in Ribonucleinsäure (V) betrug das Vielfache des Wertes von Ribonucleinsäure. V war im Eidotter nur in Spuren vorhanden u. nahm bei der Incubation zu. Die Erneuerung der Nucleinsäuren (VI) erfolgte im befruchteten Eidotter rascher als im unbefruchteten. Der Nachw. einer Selbsterneuerung von VI kann nicht als Beweis dafür angesehen werden, daß im Eidotter eine extracelluläre lebende Substanz vorliegt. Die Geschwindigkeit der VI-Erneuerung im Eidotter nimmt mit fortschreitender Embryoentw. stark zu. (Биохимия [Biochemie] 20. 100—05. Jan./Febr. 1955. Tbilissi, Univ., Lehrstuhl für Physiol.) O. LEBTAG. 4583

Mary P. Ham und **M. Doreen Smith,** *Fluoruntersuchungen in bezug auf die menschliche Ernährung.* Die n. menschliche Kost ist verhältnismäßig arm an *F*, die F-Menge wird aber durch Aufnahme von Tee u. von fluoriertem W. gesteigert. Der F-Geh. der Kuhmilch steigt bei Tränkung der Tiere mit fluoriertem W. an. Ebenso haben Kindernährmittel mit Knochenmehl einen hohen F-Geh. (246—285 p.p.m.). — Wiedergabe des F-Geh. verschied. Diäten u. 20 Literaturhinweise. (Canad. J. Res., Sect. F 28. 227—33. Juli 1950. Toronto, Ontario, Univ. of Toronto, Food Chem. Dep.) G. KLESSE. 4585

Werner Mohr, *Der Einfluß von Foragynol auf die Mast von gesunden und tuberkulösen Ochsen, Kühen und Bullen.* Subcutane Injektion von *Foragynol* (*3.4-Bis-[p-acet-*

oxyphenyl]-hexadien; FORACHEMIE, Frankfurt/M.) führte bei Rindern zu einer 98%ig. Ausnutzung des Produktionsfutters gegenüber einer 63%ig. bei unbehandelten Tieren. Die dabei gemachten Beobachtungen über Allgemeinbefinden, Psyche u. Cyclus werden mitgeteilt. (Züchtungskunde **23.** 273—84. Juni/Juli 1952. München, Univ., Inst. für Tierzucht.) M. WINIKER. 4585

A. W. Peirce, *Der Carotin- und Vitamin-A-Gehalt des menschlichen Fettes.* Vf. untersucht den *Carotin* (I)- u. *Vitamin-A* (II)-Geh. des menschlichen Fettes (subcutane Proben) u. findet Werte zwischen 5,1 u. 6,1 γ I u. 2,0—2,2 γ II pro g Fett. Vf. vermutet, daß im subcutanen Fett eingelagertes I u. II vom menschlichen Organismus nicht mehr verwertet werden kann u. daher die mehr oder minder gelbe Farbe des Fettes physiol. bedeutungslos ist. (Med. J. Australia **41 I.** 589. 17/4. 1954. Adelaide, Univ., Div. of Biochem. and Gen. Nutrit., Commonwealth Sci. and Ind. Res. Organisat.) H. POMMER. 4587

D. L. Mollin und **S. J. Baker,** *Die Resorption und Ausscheidung von Vitamin B_{12}.* Die Resorption physiol. Mengen *Vitamin B_{12}* (I) ist durch Verfolgen der hämatolog. Rkk. u. Veränderungen der Serum-I-Konz. bei Patienten mit I-Mangel nach oraler Verabreichung des Vitamins als solche darstellbar, kann aber nur durch Bilanzbestimmungen mit radioakt. I gemessen werden, wobei bei wiederholten Verss. am gleichen Individuum I mit kurzlebigen Isotopen des Co, wie ^{58}Co, gek. wird. Normalerweise werden von 0,6 μg Testdosis 0,3 μg oder mehr, von Patienten mit perniciöser Anämie weniger als 0,12 μg resorbiert. Die resorbierte I-Menge ist bei verschied. Patienten bei Verabfolgung zusätzlicher Mengen des „intrinsic" Faktors in Form von Carbamylcholinchlorid unterschiedlich, über einen bestimmten Bereich diesen jedoch direkt proportional. Die urinär ausgeschiedenen I-Mengen im Normalfalle u. von Patienten mit I-Mangel variieren nach parenteraler Injektion von radioakt. u. nichtradioakt. I, sind innerhalb jeder Gruppe jedoch fast gleich. (Biochem. J. **59.** XXVIII. 28. April 1955. London, Postgraduate Med. School, Dep. of Haematol.) ANTJE SCHMIDT. 4587

W. N. Bukin, L. Ja. Areschkina und **L. Ss. Kutzewa,** *Mikro- und Makromethodik zur Bestimmung von Vitamin B_{12}.* Für die mikrobiol. Best. von *Vitamin B_{12}* (I) empfehlen Vff. an Stelle von Lactobacillus lactis DORNER eine Kultur von Bacterium coli zu verwenden, da dieselbe viel einfacher zu erhalten u. zu verwenden ist. Im zu untersuchenden Material sollen ca. 2—4 mμg I vorliegen. — Beim chem. Arbeiten wird vorgeschlagen, das autoklavierte Material mit Kohle zu behandeln, das Adsorbat mit 65%ig. A. zu eluieren, das Eluat mit NaCN u. nach 1 Std. mit NaCl zu versetzen u. mit Benzylalkohol I zu extrahieren. Nach Zugabe des gleichen Vol. an Chlf. wird I durch W. extrahiert u. die bei Ggw. von I schwach rosa gefärbte Lsg. colorimetriert oder I spektrophotometr. bestimmt. Die chem. Meth., die bei Vorliegen von 50—75 μg I angewandt werden kann, gibt etwas höhere Analysenwerte als die biol. Meth., die Unterschiede übersteigen jedoch nicht 10%. (Биохимия [Biochemie] **19.** 713—20. Nov./Dez. 1954. Moskau, Bach-Inst. für Biochem. der Akad. der Wiss. der UdSSR.) M. ULMANN. 4587

M. F. Mereshinski, L. Ss. Tscherkassowa und **S. M. Kutzenko,** *Der Gehalt an Ascorbinsäure in den Geweben weißer Ratten mit experimentellen Knochenbrüchen, die sich unter verschiedenen Ernährungsbedingungen befinden.* Entsprechend früheren Verss. mit Meerschweinchen (vgl. C. **1954.** 4196) über den Verbrauch von *Ascorbinsäure* (I) nach Knochenbrüchen werden von Vff. solche mit weißen Ratten beschrieben, die I selbst zu synthetisieren vermögen. Man findet bei Ratten reiche kompensator. Möglichkeiten für die Befriedigung des I-Bedarfes von verschied. Geweben. Nach Knochenbrüchen nahm der I-Geh. der Leber nur innerhalb der ersten 5 Tage ab, in den Nebennieren innerhalb der ersten 2 Tage u. in der Milz nur innerhalb des 1. Tages. In den Nieren nimmt der I-Geh. anfangs zu, fällt am 2. u. 3. Tage etwas ab, um dann stark anzusteigen u. bei einer übernormalen Höhe zu bleiben. In der Milz beobachtet man eine Erhöhung am 2. Tage nach dem Knochenbruch. In den Geweben u. der Muskulatur des beschädigten Knochens findet ein steiler Anstieg im I-Geh. nach ca. 20 Tagen statt; er liegt dann bei 142 bzw. 136% der Norm. Zu diesem Zeitpunkt findet man in der Nebenniere eine I-Menge, die um 207,7 mg% über dem n. Geh. liegt. (Вопросы Питания [Fragen d. Ernähr.] **14.** Nr. 1. 26—30. Jan./Febr. 1955. Minsk, Med. Inst., Lehrstuhl für Biochem.) M. ULMANN. 4587

E. Uehlinger, *D-Avitaminose und renale Osteomalacie.* Zur Differentialdiagnose in einem Fall von schwerer Osteomalacie infolge D-Avitaminose u. einem gleichen Fall infolge chron. interstitieller Nephritis gibt das völlig gleiche Skelettbild keinen Anhalt, sondern nur Blutchemismus u. Harnbefund. (Schweiz. med. Wschr. **85.** 521—27. 28/5. 1955. Zürich, Univ., Pathol. Inst.) G. WELTZIEN. 4587

A. G. Rodina und **A. Ss. Troschin,** *Die Anwendung markierter Atome bei der Untersuchung der Ernährung von Wassertieren.* Verss. mit radioakt. P zur Feststellung der Ausnutzung aus der wss. Lsg. u. aus fester Nahrung durch Wassertiere u. über die Schnelligkeit der Bindung durch das Körpergewebe führten zu folgenden Schlüssen: ^{32}P dringt sowohl aus der Lsg. als auch aus der festen Nahrung sehr schnell in den Verdauungskanal der Wassertiere ein. Eine Diffusion von ^{32}P durch die Körperoberfläche konnte weder bei Daphnia pulex. noch bei Streptocephalus torvicornis beobachtet werden, woraus geschlossen werden kann, daß den Wassertieren derselbe Ernährungstypus eigen ist wie Landtieren. ^{32}P geht aus dem Verdauungstrakt in das Gewebe über. Seine Aufnahme durch feste Nahrung ist um das Vielfache größer als die aus der Lösung. Weibliche Streptocephalus nehmen gegenüber den männlichen die vielfache Menge von ^{32}P auf. (Доклады Академии Наук СССР [Ber. Akad. Wiss. UdSSR] [N. S.] **98.** 297—300. 11/9. 1954. Zoolog. Inst. der Akad. der Wiss. der UdSSR.) B. KRAFT. 4594

B. H. Howard, *Fermentativer Abbau von Pentosan bei Wiederkäuern.* Vom Mageninhalt von Schafen werden die enthaltenen Bakterien abgetrennt u. in Bicarbonatpuffer suspendiert (p_H 7,2). Es werden Lsgg. von D-Glucose, D-Xylose u. *Pentosan* (I) in einer Endkonz. von 0,1% zugesetzt. I war nach der Meth. von PERLIN aus Weizen gewonnen worden. In allen Ansätzen werden flüchtige Fettsäuren als Hauptprod. gebildet. Milchsäure war in den Suspensionen mit Pentose oder I nicht nachweisbar. 0,5%ig. I wird in Suspensionen von Magenbakterien mit Toluol oder Chloroformzusatz sehr rasch hydrolysiert (Abspaltung der Arabinoseseitenketten u. Sprengung der Xylanketten). Aus dem Hydrolysat wird Arabinose, Xylose, Xylobiose, -triose u. -tetrose papierchromatograph. isoliert. *Pentosanase*-Aktivität war nicht nachweisbar. In Suspensionen, die nur aus Eubakterien bestehen, wird I bes. schnell fermentativ gespalten. In den Suspensionen ist zu Beginn des Vers. Glucosan (Cellularpolysaccharid) nachzuweisen. (Biochem. J. **60.** I. Mai 1955. Bucksburn, Aberdeenshire, Rowett Res. Inst.) H. SCHIMASSEK. 4594

Jack W. Daugherty, *Die Synthese von Aminostickstoff aus Ammoniak beim Rattenbandwurm.* Der Rattenbandwurm, Hymenolepis diminuta, vermag aus *Ammoniumionen* u. *α-Ketoglutarsäure* bzw. *Brenztraubensäure, Oxalessigsäure* u. in geringerem Maße auch aus *Glucose* Aminosäuren aufzubauen. Die Synth. von Alanin wird im Gegensatz zu den Verhältnissen im Säugetierorganismus beim Rattenbandwurm eindeutig bevorzugt. (Proc. Soc. exp. Biol. Med. **85.** 288—91. Febr. 1954. Houston, Tex., Rice Inst., Dep. of Biol.) K. HEYNS. 4596

V. Delong, *Gargoylismus.* Der Gargoylismus als Lipochondrodystrophie wird auf das Fehlen von Fermenten zurückgeführt, die die sich anomal stark ansammelnden *Lipoide* u. sauren *Mucopolysaccharide* (I) abbauen können. Es wird auf einen möglichen Zusammenhang zwischen auftretender Lipoidansammlung u. Anwesenheit von I hingewiesen. (Schweiz. Z. allg. Pathol. Bakteriol. **18.** 318—28. 1955. Olomouc, CSR, Univ., Patholog.-anatom. Inst.) G. ANDERSEN. 4596

H. G. B. Slack, *Der Stoffwechsel sulfurierter Polysaccharide in der atrophischen Hinterextremität von Ratten.* In Fortsetzung der Arbeit C. **1955.** 4630 untersucht Vf. den „turnover“ *sulfurierter Polysaccharide* nach Injektion von $Na_2{}^{35}SO_4$ an n. Ratten u. Tieren mit Atrophie der Hinterextremitäten. Er bestimmt ^{35}S als Bariumsulfat in verschied. Fraktionen von Rippenknorpel u. Extremitätengewebe. Die Austauschgeschwindigkeit an ^{35}S bzw. der Stoffwechsel sulfurierter Polysaccharide ist im atroph. Gewebe größer. (Biochem. J. **60.** 112—20. Mai 1955. Manchester, Univ., Rheumatism Res. Centre.) H. SCHIMASSEK. 4596

L. Rathbone, *Kohlenhydratstoffwechsel des Ascaris lumbricoides vom Schwein.* Der *Glucose-* u. *Glykogen*-Abbau in Suspensionen von Ascarismuskulatur in KCl, Adenosintriphosphat, Diphosphopyridinnucleotid u. Mg^{2+} verläuft nach dem EMBDEN-MEYERHOF-Schema bis zur Stufe der Phosphoglycerinsäure. Unter Zusatz von Brenztraubensäure findet rasche Glykolyse statt. In einer Fraktion aus Ascarismuskulatur (nicht näher definiert) wird ein *Bernsteinsäureoxydase*-Syst. untersucht, dessen O_2-Verbrauch mit Erhöhung der O_2-Spannung steigt. Es wird H_2O_2 gebildet; eine typ. *Cytochromoxydase* war nicht nachweisbar. Methylenblau, Diphosphopyridinnucleotid u. Äthylendiaminotetraessigsäure steigern den Q_{O_2}. Zusatz von α-Ketoglutarat, L-Malat, Fumarat u. Methylenblau zur Suspension erhöhen den Q_{O_2}, Citrat u. cis-Aconitat sind ohne Effekt. In Ggw. von Hämolymphe (perienteric fluid) findet im Substrat oxydative Phosphorylierung statt. (Biochem. J. **60.** XI. Mai 1955. London, Univ. Coll., Dep. of Biochem.) H. SCHIMASSEK. 4596

P. L. Wulfsson, *Der Kohlenhydrat–Phosphor- und der oxydative Umsatz der Skelettmuskeln beim Prozeß der Ontogenese.* Zwecks Klärung der Stoffwechselprozesse im Muskelgewebe des Kaninchens in jenen Stadien der embryonalen u. postnatalen Entw., die mit dem Auftreten von *Carnosin* (I) u. *Anserin* (II) in den Muskeln zusammenhängen, wurden die Prozesse der glykolyt. u. oxydativen Phosphorylierung u. die Beteiligung von I u. II an diesen Prozessen untersucht. Es zeigte sich, daß im Muskelgewebe des Embryos neben der Glykolyse die Oxydationsprozesse von großer Bedeutung sind. Ein Zusatz von I führt zu einer Anreicherung von *Fructosediphosphat*. In Ggw. von Kreatin verstärken die Dipeptide die Bldg. von labilem P. Für den Stoffwechsel des Muskelgewebes im postnatalen Zeitabschnitt ist die glykolyt. Umwandlung der Kohlenhydrate charakteristisch. Ein Zusatz von I oder II zu dem mit Fluorid incubierten Muskelgewebe bewirkt eine erhöhte Bldg. von *Phosphoglycerinsäure* u. *Glycerophosphat*. Nach der Geburt findet auch eine oxydative Phosphorylierung im Muskelgewebe statt, daran erkennbar, daß bei Incubation ohne Fluorid in Ggw. von Kreatin labiler P angereichert u. durch I u. II ein Überschuß davon gebildet wird. (Биохимия [Biochemie] **20**. 179—87. März/April 1955. Moskau, Lomonossow-Univ., Lehrstuhl für Biochem. der Tiere.) O. LEBTAG. 4597

Je. D. Grischtschenko, *Zur Rolle des durch Adenosintriphosphat dehydratisierten Actomyosins als einer möglichen Quelle der mechanischen Arbeit des Muskels.* Ausgehend von der Möglichkeit, daß die bei der Einzelkontraktion des Muskels geleistete Arbeit als Quellungsarbeit des durch *Adenosintriphosphat* dehydratisierten u. damit mit Energie angereicherten *Actomyosins* (I) anzusehen ist, wurde die Energie der Einzelkontraktion nach verschied. Verff. berechnet. Es wurden nachst. Werte in cal/100 g I gefunden: 5,1 aus der Wärmeproduktion; 4,1—9,2 aus der Arbeit; 7,9—42,3 aus der Volumenstriktion; 4,1—5,3 aus der Adenosintriphosphatmenge. In Anbetracht der geringen Genauigkeit der zugrunde gelegten Messungen ist die Übereinstimmung der erhaltenen Werte für die Kontraktionsenergie als ziemlich gut zu bezeichnen. Hieraus ist zu schließen, daß die Prozesse der Quellung u. Entquellung von I unmittelbar an der Muskelkontraktion beteiligt sind. (Биохимия [Biochemie] **20**. 173—78. März/April 1955. Moskau, Inst. für Arbeitshygiene u. Berufskrankheiten der Akad. der Wiss. der UdSSR.) O. LEBTAG. 4597

E_6. Pharmakologie. Therapie. Toxikologie. Hygiene.

Alessandro Piazza, *Die Kontrastdarstellung der Gallenblase und der Gallenwege mit neuen jodhaltigen Kontrastmitteln.* Unter gleichen Bedingungen u. meist bei den gleichen Versuchspersonen wurde *Biligrafin* (I; *3.3'-Adipindiamido-bis-*[*2.4.6-trijodbenzoesäure*]) u. *Cistobil* (II; *α-Äthyl-β-*[*3-amino-2.4.6-trijodphenyl*]*-propionsäure*) hinsichtlich ihrer Eignung zu röntgenograph. Unterss. der Gallenwege u. Gallenblase untersucht. I, das intravenös gegeben wird, erwies sich als sicherer u. in seiner Schattengebung kräftiger als II, welches auch seiner peroralen Medikation wegen nicht so günstige Resultate erzielte. (Minerva med. [Torino] **46 I**. 1247—56. 2/5. 1955. Genova, Univ., Ist. di Radiol.) P. G. SCHEURLEN. 4601

Tore Dalhamn und **Lars Friberg,** *Die Wirkung von Cadmium auf Blutdruck und Atmung und der Gebrauch von Dimercaprol (BAL) als Gegenmittel.* Die intravenöse Gabe von 0,3—0,5 mg/kg $CdSO_4$ erzeugte bei Katzen u. Kaninchen einen schnellen mittelstarken Abfall des Blutdruckes, hatte aber keine Wrkg. auf die Atmung. Die Wrkg. von *Cd* kann durch vorherige Injektion von *Dimercaprol* (I) in öliger Lsg. für die Dauer von 3 Std., von I-*Glucosid* wegen der schnelleren Resorption für 1 Std. gehemmt werden. In vitro läßt sich dieselbe Rk. durchführen, die so verläuft, daß Cd^{2+} über die beiden S-Atome des I gebunden wird. (Acta pharmacol. toxicol. [Köbenhavn] **10**. 199—203. 1954. Tomteboda, Schweden, Nat. Inst. of Publ. Health., Dep. of Occup. Hyg.) G. WELTZIEN. 4607

Th. Bersin, *Zur Kenntnis der pharmakologischen Eigenschaften eines neuen Calciumpräparates.* Im *calciumäthylendiamintetraessigsauren Na* (*Calcium*-HAUSMANN) liegt ein wirksames neues Therapeuticum vor, das bei sehr niedriger Toxizität eine Remineralisation u. Transmineralisation vorzunehmen gestattet. Das komplex gebundene anion. Ca des Präp. geht nach der Injektion in die Transport- u. Aufbaufraktion des kation. Serumcalciums über, was sich an der Beeinflussung der Phosphat-, Citrat-, Novocain- u. Mg-Intoxikation im Tierexperiment zeigen ließ. (Schweiz. med. Wschr. **83**. 608—11. 27/6. 1953. Sep. St. Gallen, Schweiz, Hausmann AG.) W. RAKOW. 4607

J. R. Hofstetter, *Versuche mit einem neuen Calciumpräparat, dem Natriumsalz der Calciumäthylendiamintetraessigsäure.* An Hand von Ca-Bestimmungen in Blut u. Urin wird gezeigt, daß das Präp. gut resorbiert wird u. daß bei seiner Verwendung der Ca-Spiegel sich langsam, aber lang andauernd erhöht. Dabei treten auch bei rascher Injektion weder Hitzegefühl noch andere Nebenerscheinungen auf. Die klin. Wrkg. entspricht im ganzen der Wrkg. eines vorzüglichen Ca-Präp., dauert aber länger an. (Schweiz. med. Wschr. **83**. 611—15. 27/6. 1953. Sep. St. Gallen, Schweiz, Kantonsspital.) W. RAKOW. 4607

Th. Bersin und **H. Schwarz,** *Über die Ausscheidung des calciumäthylendiamintetraessigsauren Natriums im Harn.* Das einer gesunden, männlichen, erwachsenen Versuchsperson ohne Ca-Mangel intramuskulär injizierte *calciumäthylendiamintetraessigsaure Na* wird im Harn nach 16 Std. zu 98% ausgeschieden. Zur Best. des Komplexbildners im Harn wurde eine neue photometr. Meth. der Komplexsubstitution mit Cu ausgearbeitet. (Schweiz. med. Wschr. **83.** 765—68. 15/8. 1953. St. Gallen, Schweiz, Hausmann AG.) W. RAKOW. 4607

Theodor Bersin, Arthur Müller und **Heinrich Schwarz,** *Studien zur Kenntnis des Calciumäthylendiamintetraacetates.* Die zur intravenösen Ca-Therapie u. als Entgiftungsmittel bei Metallosen neuerdings verwendete anion. Ca-Verb. zerfällt ähnlich wie im Organismus in einer RINGER-Lsg. bzw. in Rinderserum unter Abgabe von oxalatfällbarem kation. Ca. Das Fehlen der Wärmeempfindung bei der Injektion beruht auf verminderter Histaminfreisetzung im Blut u. einer schwachen Antihistaminwrkg. des Komplexes, die sich im Tiervers. durch Steigerung der Barbituratwrkg. u. Hypothermie der Haut nach der Injektion nachweisen läßt. (Arzneimittel-Forsch. **4.** 199—201. 1954. Sep. St. Gallen, Schweiz, Hausmann AG.) W. RAKOW. 4607

Thue Poulsen, *Experimentelle Untersuchungen über die Wirkung von Äther au durch Kohlendioxyd verursachte Lungenödeme bei Mäusen. A.* u. *Ae.* haben eine ausgesprochen hemmende Wrkg. auf die Entw. von Lungenödemen bei Mäusen nach Einatmung von CO_2, die auf die Erweiterung der Bronchien, die durch CO_2 verengt sind, zurückgeführt wird. Bei Ödemen nach intraperitonealer *Adrenalin*-Injektion hat *Ae.* geringere Wirkung. (Acta pharmacol. toxicol. [Köbenhavn] **10.** 253—60. 1954. Copenhagen, Univ., Dep. of Pharm.) G. WELTZIEN. 4607

W. Bejdl, O. Kraupp und **B. Pillat,** *Histologische und funktionelle Veränderungen des Leberzellparenchyms nach Tetrachlorkohlenstoffvergiftung an Ratten.* Bei Prüfung der Leberfunktion nach CCl_4-Schädigung durch den Prontosilausscheidungstest (beruhend auf dem teilweisen Abbau des Prontosils durch Leberreduktasen) stieg der Geh. im Harn von n. 25 bis auf 60% (Schädigungsmaximum) der Prontosilgabe. Best.: colorimetrisch. Präp.: *Prontosilum solubile* (BAYER). — Die Leber zeigte Glykogenverminderung, erhöhten Geh. an Phosphatase (nach 15 Tagen jedoch auf 0) u. Lipase. — Alles n. nach 3 Wochen. (Wiener klin. Wschr. **67** ([N. F.] **10**). 321—24. 6/5. 1955. Wien, Univ., Histol. u. Pharmakol. Inst.) P. HOLZLÖHNER. 4607

John Sutcliffe, *Lungenödem nach Behandlung mit Salicylaten.* Es wird ein Fall von rheumat. Herzaffektion berichtet, der nach Behandlung mit *Salicylaten* ein Lungenödem ohne Anzeichen schwerer Herzstörungen bekam. (Brit. J. Radiol. **28.** 314—16. Juni 1955. London, St. Thomas Hosp.) G. WELTZIEN. 4607

Burton Armin Waisbren und **William Crowley,** *Nitrofurantoin. Klinische und Laboratoriumsauswertung.* In vitro-Verss. mit *Nitrofurantoin* = *N-[5-Nitro-2-furfuryliden]-1-aminohydantoin* = *Furadantin* (I; EATON LABORS, INC., Norwich, N. Y.) ergaben ein breites Wirkungsspektr. ähnlich *Chloramphenicol.* I ist baktericid, nicht tox., erzeugt keine resistenten Varianten u. ist bes. indiziert bei Infektionen der Harnwege; in 60 solchen Fällen ergab die klin. I-Anwendung 12 Versager, 21 zweifelhafte Resultate u. 27 Erfolge. (A. M. A. Arch. intern. Med. **95.** 653—61. Mai 1955. Milwaukee, County Gen. Hosp., u. Marquette Univ., School of Med.) H. DOSSMANN. 4610

Frank C. Larson und **Helen A. Dickie,** *Vorläufige Beobachtungen über ein neues Isoniazidderivat* (*Ro 2-4969*). Bericht über ein *Isoniazid* (I)-Deriv., *Ro 2-4969* (II; HOFFMANN-LA ROCHE, INC., Nutley, N. J.) = *1.1'-Methylen-bis-[2-isonicotinvylhydrazin].* II ist schwer löslich. Bei gleicher I- u. II-Dosis wurde bei derselben Versuchsperson mit II ein länger anhaltender I-Spiegel (24 Std.) gegenüber I (12 Std.) erzielt; das Maximum mit I lag bei 3,5 γ nach 1 Std. u. fiel steil ab, während mit II die Kurve abgeflachter verlief mit Maximum bei ca. 2 γ/ml. Bei II-Verabreichung an 26 Personen, 10 mg/kg/Tag über 2 Monate, wurde eine gleichmäßige II-Plasmakonz. von 1 μg/ml ohne tox. Erscheinungen aufrechterhalten. (Proc. Soc. exp. Biol. Med. **84.** 301—03. Nov. 1953. Madison, Wis., Univ., School of Med., Dep. of Med.) H. DOSSMANN. 4610

B. Basil, D. M. Ireland, Audrey G. Thorn, E. G. Tomich und **G. F. Somers,** *Die pharmakologischen Eigenschaften von Benethaminepenicillin.* Pharmakol. Unterss. mit *N-Benzyl-β-phenyläthylaminobenzylpenicillin* = *Benethaminepenicillin-G* (I), *Penicillinmono-* u. *-diacetat* sowie *Procainpenicillin G* (II). Intravenös verabreichtes I war bei Mäusen u. Ratten weniger tox. als II, aber bei Kaninchen toxischer. Keine Toxizität beider Präpp. bei oraler u. subcutaner Verabreichung. I bleibt wegen seiner geringen Löslichkeit länger in den Geweben im Vgl. zu II; I ergibt auch länger anhaltende Blutspiegel. Die mittlere letale I- (II-) Dosis für die Maus betrug 170 (134) mg/kg. Gleiche Wrkg. beider Präpp. auf die anästhesierte Katze, nur vorübergehende Wirkungen auf

Blutdruck u. Atmung; mit I keine Wrkg. auf das Herz-Lungen-Präp. des Hundes. Penicillindiacetat war tox.; keine lokale anästhesierende Wrkg. auf Meerschweinchen, keine Beeinflussung der Blutzuckerwerte von Kaninchen, kein Antagonismus von Penicillinmonoacetat mit der Histamin- oder Adrenalinwirkung. Bei einem Patienten wurden während 7 Tagen nach intramuskulärer Verabreichung von $3 \cdot 10^6$ E. I 19% des totalen N-Benzyl-β-phenyläthylamins (freie u. konjugierte Amine) im Urin nachgewiesen. (Antibiotics and Chemotherapy 5. 152—61. März 1955. Greenford, Middlesex, England, Glaxo Labors. Ltd., u. London, Univ., School of Pharm.) H. DOSSMANN. 4611

John D. Crawford und **Barbara Pinkham,** *Die Physiologie der Morphin-Antidiurese.* An Ratten, die in den Zustand der Hyperstenurie bzw. Hypostenurie gebracht worden waren, wurde die nach intraperitonealer Verabreichung von 2,5 mg *Morphinphosphat* in NaCl-Lsg. erfolgende Änderung der Ausscheidung untersucht. Kontrolltiere erhielten einfache NaCl-Injektionen. In beiden Fällen sank auf Morphingaben die Urinmenge unter weitgehender Erhaltung eines konstanten Verhältnisses W./gelösten Stoffen nach 1 Std. um mehr als 50% ab; der Einfl. des antidiuret. Hormons scheint dabei nicht zur Geltung zu kommen. Die Änderung der Nierentätigkeit erinnert somit an den durch Drosselung der Nierenblutung erzielbaren Effekt. *Pitressin* (0,1 Millieinheiten), das während der Hypostenurie für sich allein nur geringe Wrkg. ausübt, führt im Gemisch mit Morphin (0,1 Millieinheiten + 1,0 mg) zu ausgeprägter Senkung der Salzausscheidung. (J. Pharmacol. exp. Therapeut. **113**. 431—38. April 1955. Boston, Harvard Med. School, Dep. of Pediatr., u. Massachusetts Gen. Hosp.) K. ZOPFF. 4627

D. V. Thomas und **S. M. Tenney,** *Der Einfluß von Lävorphan und Lävallorphan auf den Atmungsverlauf des gesunden Menschen. l-3-Oxy-N-methylmorphinan* (I, *Lävorphan*) verursacht als Tartrat in Gaben von 0,054 mg/kg eine nach 10 Min. eintretende u. 3 Std. andauernde Verlangsamung der Atmung. Bes. ausgeprägt wird die Wrkg. beim Versetzen der Atemluft mit CO_2. 2,5% CO_2 bedingen einen Rückgang der Ventilation um 45%. *l-3-Oxy-N-allylmorphinan* (II, *Lävallorphan*) erzeugt als Tartrat in Gaben von 0,0108 mg/kg geringere Depression. In Kombination mit I wirkt II antagonist. u. vermag die von CO_2 ausgehende verstärkte Hemmung weitgehend aufzuheben. (J. Pharmacol. exp. Therapeut. **113**. 250—55. März 1955. Rochester, N. Y., Univ. of Rochester, School of Med. and Dent., Dep. of Anesthesia, Med. and Physiol.) K. ZOPFF. 4627

Heribert Konzett, *Neuere Gesichtspunkte zur Pharmakologie des Narcotins. Narcotin* wirkt im Tierexperiment fast ebenso wie Codein, auf den Menschen manchmal stärker. Im Gegensatz zu Codein zeigt es keine bronchienverengende, dafür eine spasmolyt. Wirkung. Gewöhnung u. Sucht (Isochinolinderiv.) bleiben aus. (Wiener klin. Wschr. 67 ([N. F.] **10**). 306—09. 6/5. 1955. Basel, Sandoz A. G., Pharmakol. Labor.) P. HOLZLÖHNER. 4627

Leonard M. Monheim, *Ein neues Lokalanästheticum. Vorläufiger Bericht.* Hinweis auf sehr gute Erfolge bei lokaler u. Leistungsanästhesie mit *Primacaine-HCl* (I, *2-Butoxy-3-aminobenzoesäure-2'-diäthylaminoäthylesterhydrochlorid*, F. 115—118°; zu 75% in dest. W. lösl. u. gegen Hitzesterilisation stabil). I hat eine größere analget. Wrkg. als *Procain, Butethamine* u. *Metabutethamine* u. wird deshalb in einer Verdünnung von nur 1,5% angewandt. Die Anästhesiedauer richtet sich nach der Menge des zugesetzten Vasoconstrictors; sie beträgt bei Zusatz von Epinephrin, 1 : 50000, bei Leitungsanästhesie rund 3 Std., bei lokaler Infiltration 1,5—2 Stunden. Die Toxizität von I entspricht der von Procain. Bei Verwendung von I in 470 Fällen wurden keine Nebenerscheinungen, bes. keine allerg. Rkk., beobachtet. (J. Amer. Dental Assoc. **50.** 633—36. Juni 1955. Pittsburgh, Pa., Univ., School of Dent., Dep. of Anesthesia.) G. KLESSE. 4627

Jens Chr. Skou, *Lokalanästhetica.* 1. Mitt. *Bestimmung der blockierenden Wirkung einiger Anästhetica und von Butylalkohol an peripheren Nerven.* Untersucht wurde am Nerven-Muskel-Präp. von Rana esculenta die niedrigste Konz., bei der noch eine Blockierung auftrat. Sie war für *Procain* 4,6, *Cocain* 2,6, *Tropacocain* 2,2, *Tetracain* 0,01, *Nupercain* 0,005 u. *Butylalkohol* 68 mMol/Liter. Der Einfl. verschied. p_H zwischen 6,0 u. 8,0 u. abweichende Ergebnisse anderer Autoren werden diskutiert. (Acta pharmacol. toxicol. [Köbenhavn] **10.** 281—91. 1954. Aarhus, Dänemark, Univ., Dep. of Physiol.) G. WELTZIEN. 4627

Jens Chr. Skou, *Lokalanästhetica.* 2. Mitt. *Bestimmung der toxischen Potenz einiger Anästhetica und von Butylalkohol an peripheren Nerven.* (1. vgl. vorst. Ref.) Das Minimum der tox. Konz. von *Procain* lag bei 160, *Cocain* bei 74, *Tropacocain* bei 45, *Tetracain* bei 4,2, *Nupercain* bei 1,0 u. *Butylalkohol* bei 378 mMol/Liter u. wechselt im allg. weniger mit dem p_H als die minimale blockierende Konzentration. Da das Minimum der tox. Konz. u. das der hämolyt. Konz. sehr nahe übereinstimmen, scheint die Wrkg. der tox. Konz. in einer irreversiblen Erhöhung der Permeabilität der Nervenfaser zu liegen. (Acta pharmacol. toxicol. [Köbenhavn] **10.** 292–96. 1954. Aarhus, Dänemark, Univ., Dep. of Physiol.) G. WELTZIEN. 4627

Jens Chr. Skou, *Lokalanästhetica.* 3. Mitt. *Verteilung von Lokalanästheticis zwischen der festen und wässerigen Phase der peripheren Nerven.* (2. vgl. vorst. Ref.) Unterss. von *Procain, Cocain, Tropacocain, Tetracain* u. *Nupercain* in Form der Hydrochloride, durchgeführt an der Cauda equina vom Ochsen 2 Std. nach dem Schlachten, ergaben eine Proportionalität zwischen den Verteilungskoeffizienten der Anästhetica zwischen der festen u. wss. Phase der peripheren Nerven u. ihren tox. Potenzen; in geringerem Ausmaße auch zwischen den Verteilungskoeffizienten u. ihren blockierenden Potenzen. (Acta pharmacol. toxicol. [Köbenhavn] **10.** 297–304. 1954. Aarhus, Dänemark, Univ., Dep. of Physiol.) G. WELTZIEN. 4627

Jens Chr. Skou, *Lokalanästhetica.* 4. Mitt. *Oberflächen- und Grenzflächenspannung einiger Anästhetica.* (3. vgl. vorst. Ref.) Zur Unters. der Beziehungen zwischen der Oberflächenaktivität u. der blockierenden oder tox. Wrkg. von *Procain, Cocain, Tropacocain, Tetracain* u. *Nupercain* wurden die Oberflächenspannung u. die Grenzflächenspannung nach der Tropfmeth. bestimmt. Die Oberflächenspannung W./Luft wurde bei p_H 3,5 u. 11, die W./Hexan bei p_H 7,0 untersucht. Es wurde eine Ähnlichkeit im Verh. zwischen den tox. u. blockierenden Wirkungen u. den Oberflächenaktivitäten u. deren Veränderung mit dem p_H festgestellt. (Acta pharmacol. toxicol. [Köbenhavn] **10.** 305–16. 1954. Aarhus, Dänemark, Univ., Dep. of Physiol.) G. WELTZIEN. 4627

Jens Chr. Skou, *Lokalanästhetica.* 5. Mitt. *Die Wirkung von Lokalanästheticis auf die monomolekularen Schichten von Stearinsäure.* (4. vgl. vorst. Ref.) Die Unterss. von *Procain, Cocain, Tropacocain, Tetracain* u. *Nupercain* mit dem modifizierten App. von ADAM u. JESSOP zeigten ihre Fähigkeit, eine monomol. Schicht von Stearinsäure zu durchdringen. Auch die Durchdringungsfähigkeit zeigt eine Ähnlichkeit mit dem Verh. der blockierenden u. tox. Potenzen. (Acta pharmacol. toxicol. [Köbenhavn] **10.** 317–24. 1954. Aarhus, Dänemark, Univ., Dep. of Physiol.) G. WELTZIEN. 4627

Jens Chr. Skou, *Lokalanästhetica.* 6. Mitt. *Beziehungen zwischen der blockierenden Potenz und der Durchdringungsfähigkeit einer monomolekularen Schicht der Lipoide der Nerven.* (5. vgl. vorst. Ref.) Die Unterss. eines Auszuges der Lipoide aus den Nerven von Rana esculenta nach der Meth. von BRANTE mit dem App. von ADAM u. JESSOP ergaben, daß *Procain, Cocain, Tropacocain, Tetracain* u. *Nupercain* auch die Fähigkeit der Durchdringung der monomol. Schicht der Lipoide der Nerven haben, u. zwar in einer sehr direkten Proportionalität zu ihrer blockierenden Potenz. (Acta pharmacol. toxicol. [Köbenhavn] **10.** 325–37. 1954. Aarhus, Dänemark, Univ., Dep. of Physiol.) G. WELTZIEN. 4627

J. A. Laberke, *Zur Behandlung von Unruhezuständen und Schlaflosigkeit bei inneren Krankheitsbildern mit Plexonal (Sandoz).* Zur Bekämpfung von Schlafbehinderung als Symptom hat sich *Plexonal* (SANDOZ) hervorragend bewährt. Die Zus. ist: 0,16 (mg) Dihydroergotaminmethylsulfonat, 45 Na-Diäthylbarbiturat, 15 Na-Phenyläthylbarbiturat, 25 Na-Allylisobutylbarbiturat, 0,08 Scopolaminhydrochlorid pro Dragée. (Therap. d. Gegenwart **93.** 54–56. Febr. 1954. Eßlingen/Neckar, Städt. Krankenanstalten, Innere Abt.) G. WELTZIEN. 4627

J. J. Burns, Rose K. Rose, Sidney Goodwin, Jules Reichenthal, Evan C. Horning und **Bernard B. Brodie,** *Das Schicksal von Phenylbutazon (Butazolidin) im Stoffwechsel des Menschen. Phenylbutazon* (I, *Butazolidin*), das in großem Umfang zur Bekämpfung der rheumat. Arthritis benutzt wird, scheint im Stoffwechsel weitgehend verändert zu werden. Hier wurden aus dem Urin von Versuchspersonen, die tägliche Gaben von 1,6 g I erhalten hatten, durch fraktionierte Ausschüttelung mit Dichloräthylen bei p_H 7,6 u. 7,2 zwei Umwandlungsprodd. von I gewonnen. Opt. Daten u. Synth. zeigten, daß es sich dabei um das p-Oxyphenylsubstitutionsprod. (II, F. 120–121° [Chlf.-Heptan]) bzw. das β-Oxybutylsubstitutionsprod. (III, F. 156–158° [Chlf.-Heptan]; $[\alpha]_D^{26,5}$ –24°, Chlf.) handelt. Die biol. Halbwertszeiten betrugen bei Verabreichung von synthet. II u. III 2 Tage bzw. 10 Stunden. II mit seiner langen Halbwertszeit könnte also für einen großen Teil der nach Verabreichung von I beobachteten Wirkungen bestimmend sein. (J. Pharmacol. exp. Therapeut. **113.** 481–89. April 1955. New York, N. Y., Third New York Univ., Med. Div., Res. Serv., Goldwater Mem. Hosp., Labor. of Chem. Pharmacol. and Labor. of Natural Products; Bethesda, Md., Nat. Heart Inst. and Nat. Inst. of Health.) K. ZOPFF. 4627

Per Lous, *Konzentration im Serum von Patienten mit schweren akuten Barbitursäurevergiftungen.* Untersucht wurden insgesamt 86 Fälle von Vergiftungen durch

Allypropymal, Phenemal, Diallymal (*Diemal* u. *Äthallymal*). Die Konz. im Serum zum Zeitpunkt des Erwachens war in der angegebenen Reihenfolge: 1,8–4,0; 5,0–10,0; 2,0 bis 5,0 mg% (7–15 mg%; 3,4–5,2 mg%). Nach 24 Std. wurden ausgeschieden: 30 bis 40(%); 25–30; 10–15; 10–15; 25–30. Die Entw. einer „akuten Toleranz" konnte nicht beobachtet werden. (Acta pharmacol. toxicol. [Köbenhavn] **10**. 261–80. 1954. Copenhagen, Bispebjerg Hosp., Psych. Dep. and Univ., Dep. of Biochem.)

G. WELTZIEN. 4627

Je. A. Wesselowa, *Der Einfluß von schlaferregenden Dosen von Barbamyl und Ascorbinsäure auf die Entwicklung einer experimentellen, durch Novarsenol hervorgerufenen Fettdystrophie bei Kaninchen.* Ein durch subcutane Zufuhr (je 0,035 g/kg 2mal täglich) von *Barbamyl* hervorgerufener ausgedehnter Schlaf bewirkt bei Kaninchen, die mit *Novarsenol* (I) vergiftet sind, in Herz, Leber u. Niere eine Abnahme des Fettgeh. im Vgl. zur Kontrolle u. eine beschleunigte Normalisierung der Stoffwechselvorgänge. Unter dem Einfl. von *Ascorbinsäure* nimmt die Fettmenge in den Organen stärker ab (trotz I-Vergiftung) als bei der Schlafbehandlung. (Фармакология и Токсикология [Pharmakol. u. Toxikol.] **16**. Nr. 6. 44–46. Nov./Dez. 1953. Saratow, Med. Inst.)

L. SCHULER. 4627

L. C. Weaver, E. A. Swinyard, L. A. Woodbury und **L. S. Goodman**, *Untersuchung von Kombinationen krampflindernder Mittel: Phenobarbital und Diphenylhydantoin.* Bei der Behandlung epilept. Erkrankungen ist es oftmals vorteilhaft, statt eines einzigen Beruhigungsmittels Arzneimittelkombinationen anzuwenden. Hier wird an Ratten, die einem Elektroschock (Cornealelektroden, 150 mA∼, 0,2 Sek.) ausgesetzt waren, die Kombination *Phenobarbital-Na* (*Na-Salz der 5-Äthyl-5-phenylbarbitursäure*, I)-*Dilantin-Na* (*5.5-Diphenylhydantoinnatrium*, II) ausgetestet. Bei den Versuchstieren, die nur einmalig dem Elektroschock ausgesetzt wurden, entfalteten Gemische von 67,5% I u. 32,5% II in Mengen von 12 mg/kg bei geringster Toxizität die besten Wirkungen u. verdienen für die Praxis weitererprobt zu werden. (J. Pharmacol. exp. Therapeut. **113**. 359–70. März 1955. Salt Lake City, Utah, Univ. of Utah, Coll. of Pharmacy and Coll. of Med.)

K. ZOPFF. 4628

Willy Hougs und **Erick Wainö Andersen**, *Die Wirkung von curarisierenden Drogen und Barbituraten auf experimentellen lokalen Tetanus bei Kaninchen.* Vff. untersuchen den nach der Meth. von HOUGS u. ANDERSEN mittels *Tetanustoxin* erzeugten lokalen Tetanus bei Kaninchen in seiner Rk. auf *d-Tubocurarinchlorid* (*Tubocurarine* ABBOT), *Succinylcholinjodid* (*Curacit* GEA), *Dekamethoniumjodid* (*Synacur* GEA), *Gallaminetriäthyljodid* (*Relaxan* GEA) u. die Barbiturate *Thiomebumal-Na* (*Pentothal-Na* ABBOT) u. *Phenemal-Na* (*Phenobarbital-Na*). Beide Gruppen heben die Potentiale der Muskelaktion auf, aber nur die „wahren" curarisierenden Mittel erzeugen auch eine Erweichung der Muskelstarre. (Acta pharmacol. toxicol. [Köbenhavn] **10**. 235–40. 1954. Copenhagen, County Hosp., Med. Dep. and Anästh. Labor, Res. Labor. of GEA.)

G. WELTZIEN. 4628

Daniel H. Abdulian und **Theodore R. Sherrod**, *Atrolactamid: Seine Aufnahme, Verteilung und Ausscheidung.* Die krampflösenden Eigg. von *Atrolactamid* (I, *2-Oxy-2-phenylpropionamid, Themison, M-144*) lassen das Mittel zur Bekämpfung epilept. Krankheitsbilder brauchbar erscheinen. Hier wird das Verh. der Verb. im Organismus näher untersucht. Bei Hunden u. Ratten, die orale Gaben von 250 mg/kg erhalten hatten, erreichte der Geh. im Plasma nach 1–2 Std. den Wert von 36 mg%. Der Übertritt von I in den Liquor war verzögert u. erreichte nach 4–5 Std. den Höchstwert. Anreicherung von I war bes. in Leber, Nieren, Milz, Herz u. Gehirn festzustellen. Die Ausscheidung über die Nieren erfolgte bei Versuchspersonen (Gaben von 3 g) innerhalb von 2 Tagen zu 50%, u. war nach 6 Tagen vollständig. Clearancebestimmungen unter Verwendung von Inulin ließen unveränderten Glomerulusfiltrationsanteil erkennen, so daß auf starke Rückresorption von I über die Tubuli geschlossen werden muß. 30% der Verb. scheinen im Organismus dem Abbau anheimzufallen. (J. Pharmacol. exp. Therapeut. **113**. 439–45. April 1955. Chicago, Ill., Univ. of Illinois, Coll. of Med., Dep. of Pharmacol.)

K. ZOPFF. 4628

S. Loewe, R. A. Aldous, S. R. Fox, D. G. Johnson und **W. Perkins**, *Isobologramme der Dosis-Wirkung-Beziehungen bei der Kombination von Pentylentetrazol und Trimethadion.* Eine kurvenmäßige Zusammenstellung der von *Pentylentetrazol* (I, *Metrazol*) auf Versuchstiere je nach Höhe der Dosis ausgeübten verschiedenartigen Wirkungen u. ihre Beeinflussung durch das antagonist. *Trimethadion* (II; *3.5.5-Trimethyloxazolidin-2.4-dion, Tridion*). Bei weißen Mäusen, die auf oralem Wege steigende Mengen (35–102 mg/kg) des krampferregenden I erhielten, wurden nacheinander die Schwellenwerte für die Krampfbereitschaft, den klon. Krampfzustand, den tetan. Krampfzustand

u. den Tod festgestellt. Die Beeinflussung dieser Werte durch Zumischung von **II** u. das pharmakol. Verh. aller prakt. testbaren Mischungsverhältnisse ließen sich weiterhin in Kurvenscharen, den Isobologrammen graph. darstellen. Wendepunkte u. Strecken geringerer Steigung umgrenzten dabei die Gebiete der ausgeprägten antagonist. Wirkung. Hier waren die neurotox. Dosen auf das 1,25fache, die DL_{50} auf das 1,75fache erhöht. (J. Pharmacol. exp. Therapeut. **113**. 475—80. April 1955. Salt Lake City, Utah, Univ. of Utah, Coll. of Med., Dep. of Pharmacol.) K. ZOPFF. 4628

Thomas J. Haley und **W. G. McCormick**, *Eine Untersuchung über die pharmakologischen Wirkungen von Tetrophan (3.4-Dihydro-1.2-benzacridin-5-carbonsäure). Tetrophan* (I) hat ähnliche Eigg. wie Strychnin. Die Wrkg. äußerte sich an Mäusen bei Gaben von 50—900 mg/kg in Störungen der Muskelbewegungen, Atmungshemmung u. Lethargie. Bei intraperitonealer Verabreichung betrug dabei die DL_{50} 760 mg/kg. Kaninchen zeigten nach intravenösen Injektionen von 30—80 mg/kg Opisthotonus. Nach Verabreichung verlängerte I die hypnot. Wrkg. von Pentobarbital oder Mephenesin, dagegen war der tetan. Effekt von I durch Barbitursäurepräpp. nicht aufzuheben. Der Angriffspunkt von I scheint direkt am Muskel zu liegen, denn Succinylcholinchlorid oder d-Tubocurarinchlorid waren nicht als Antagonisten wirksam. Auf Darmpräpp. oder den intakten Darm war I ohne Einfluß. Bei Katzen blieb der Blutdruck nach Gaben von 1 mg/kg unverändert, größere Mengen erzeugten Vasodepression. Die Atmung war dabei nach vorübergehender Apnoe leicht beschleunigt. Am isolierten Herz zeigte sich Leistungsminderung, die bei hohen Gaben zum Stillstand führte. Die Elektrocardiogramme an Katzen (5—40 mg/kg) hatten einen ähnlichen Verlauf wie die nach Digitalisvergiftung erhaltenen. (J. Pharmacol. exp. Therapeut. **113**. 371—75. April 1955. Los Angeles, Calif., Univ. of California, School of Med., Div. of Pharmacol. and Toxicol., Atomic Energy Project.) K. ZOPFF. 4628

William J. Garrett, *Untersuchung über die Wirkungen von Dihydroergotamin auf intakten menschlichen Uterus*. 1. Mitt. *Sympathicolytische Eigenschaften*. Im Gegensatz zu bisherigen Feststellungen findet Vf. in tokograph. Unterss. des Uterus von Schwangeren keine sympathicusblockierenden Wirkungen des kräftig oxytoc. wirkenden *Dihydroergotaminmethosulfats* gegenüber *l-Adrenalin-HCl* u. *l-Noradrenalinbitartrat* bei geburtshilflich üblichen Dosierungen. (J. Obstetr. Gynaecol. Brit. Empire [N. S.] **62**. 145—49. April 1955. Oxford, Univ., Nuffield Dep. of Obstetr. and Gynaecol.) H. WUNDERLICH. 4628

Grace W. Gray und **Maurice H. Seevers**, *Beobachtungen über die Natur der von Atropin auf die glatte Eingeweidemuskulatur in vivo ausgeübten Tachyphylaxie*. An Hunden im Gewicht von 12—22 kg mit Ileum- u. Colonfisteln wurde die auf intravenöse Gaben von *Atropin* (I, 0,2 mg) beobachtete u. bei Wiederholung rasch abklingende Hemmung der Darmbewegungen (Tachyphylaxie) untersucht. Die manometr. gemessene Sistierung der Darmkontraktionen klang nach ca. 20 Min. ab u. war im Colon ausgeprägter als in den oberen Darmabschnitten. Die fehlende Reaktionsfähigkeit setzte meist schon nach der zweiten oder dritten Dosis ein. Bei äußerlich entnervten Darmabschnitten oder bei Unterbrechung der Verb. zum Nervus vagus u. N. pelvicus zeigte sich die Wrkg. von I noch deutlicher. Damit wird die Erscheinung der Tachyphylaxie als örtliche cholinerg. Blockade verständlich. Entsprechend erwies sich auch *Methadon* bei intravenösen Gaben von 30 μg als Antagonist von I. Verwandte Verbb. mit parasympatholyt. Wrkg., wie *l-Hyoscyamin* u. *Scopolamin*, zeigten bei wechselweiser Verabreichung mit I ungeänderte Tachyphylaxie; *Homatropin*, *Methanthelin* (*Banthin*), *Diphenylhydramin* (*Benadryl*), *Caramiphen* (*Panparnit*) u. *Dicyclomin* (*Bentyl*) wiesen noch teilweise Wirksamkeit auf; *Amprotropin* (*Syntropan*), *Cocain*, *Tetraäthylammoniumbromid* (*TEA*), *Papaverin* u. *Nitroglycerin* bewirkten eine über einen anderen Mechanismus verlaufende, nichtrefraktäre Hemmung der Darmbewegung. (J. Pharmacol. exp. Therapeut. **113**. 319—31. März 1955. Ann Arbor, Mich., Univ. of Michigan, Med. School, Dep. of Pharmacol.) K. ZOPFF. 4628

John H. Moyer und **Carroll A. Handley** (unter Mitarbeit von **C. Polk Smith**), *Die renale und cardiovasculäre hämodynamische Auswirkung der Ganglionblockade und ein Vergleich mit Hexamethonium und Arfonad*. An Hunden im Gewicht von 11—17 kg wird die nach intravenösen Gaben von *Pendiomid* (I, *N.N.N'.N'-3-Pentamethyl-N.N'-diäthyl-3-azapentan-1.5-diammoniumdibromid*) eintretende Blockierung der sympath. Ganglienzellen näher untersucht. Sie äußert sich in Beeinflussung der Nieren- u. Herztätigkeit u. soll hier mit der von *Hexamethonium* (II) u. *Arfonad* (III, *d-3.4-[1'.3'-Dibenzyl-2'-ketoimidazolido]-1.2-trimethylenthiophaniumcamphersulfonat*) verglichen werden. Bei Gaben von 6—12 mg I/kg fiel der mittlere Blutdruck von 141 auf 115 mm Hg, der renale Plasmastrom u. vasculäre Widerstand nahmen ab, während der glomeruläre Filtrationsanteil (GFA) u. das Elektrolytverhältnis unverändert blieben. II wirkt gleichartig, nach III war verstärkte Senkung des Blutdrucks u. auch Absinken des GFA zu beobachten. Antagonist. wirkten Gaben von Norepinephrin. (J. Pharmacol. exp. Therapeut. **113**. 383—92. April 1955. Houston, Tex., Baylor Univ., Coll. of Med., Dep. of Pharmacol. and Med.) K. ZOPFF. 4630

K. Mechelke und **E. Nusser**, *Über die Kreislaufwirkung des Buscopan beim gesunden Menschen. Buscopan* (*Hyoscin-N-butylbromid*, **I**) — ein Ganglionblocker mit vagaler Hemmwrkg. — wurde mit *Atropin* (**II**), *Pendiomid* (**III**) u. *Tetraäthylammoniumbromid* (**IV**) verglichen. Seine Kreislaufwirkungen entsprechen mit Tachycardie, geringem initialem Druckanstieg u. nachfolgender Senkung, Abfall des Venendruckes bei unveränderter peripherer Durchblutung denen von **II**. Ein orthostat. Blutdruckabfall war gegen **II** bei Anwendung von **I** verstärkt, zum Teil trat Kollaps ein. **III** u. **IV** führten fast regelmäßig zum orthostat. Kollaps. Beim Valsalvavers. erfolgte ein erheblicher Druckabfall, der bei **III** stärker als bei **I** u. **II** war. (Naunyn-Schmiedebergs Arch. exp. Pathol. Pharmakol. **224**. 338—40. 1955. Erlangen, Univ., Med. Klinik.) H. JORDAN. 4630

George T. Okita, Peter J. Talso, John H. Curry jr., Frederick D. Smith jr. und **E. M. K. Geiling**, *Untersuchung über den Blutspiegel von ^{14}C-Digitoxin bei Patienten mit Herzfehlern.* Zur Klärung des Verh. von Digitoxin im Stoffwechsel von Herzkranken wird in dieser Versuchsreihe *^{14}C-Digitoxin* (**I**) benutzt, das nach einer längeren Vorbereitungszeit mit n. Digitoxin in Gaben von 0,5—1,5 mg intravenös verabreicht wird. Die radioakt. Verb. selbst ließ sich aus Pflanzenmaterial von Digitalis purpurea gewinnen, die in einer Atmosphäre mit $^{14}CO_2$ gewachsen waren. Nach Reinigung ergab sich ein F. 255,5—256° bei einer Aktivität von 0,36—0,65 Mikrocurie/mg. Aus Blutproben ließen sich **I** u. seine Umwandlungsprodd. nach Zusatz von n. Digitoxin mit Methanol extrahieren u. unter Aufnehmen in CCl_4 u. Chlf. weiter auftrennen. Die Messung der Radioaktivität erfolgte an diesen Fraktionen u. der veraschten Blutprobe. Dabei war festzustellen, daß von **I** 2 Min. nach der Verabreichung 42% vorhanden sind, nach 1 Std. noch 6% aufzufinden sind; nach 96 Std. ist das Mittel bis auf 1% aus dem Blut verschwunden. Schneller fällt der Geh. im Serum, der nur 3 Std. nachweisbar bleibt. Die bekannte lange klin. Wirkungsdauer von Digitoxin muß nach diesen Feststellungen der Speicherungsfähigkeit bestimmter Körpergewebe zugeschrieben werden. (J. Pharmacol. exp. Therapeut. **113**. 376—82. April 1955. Chicago, Ill., Univ. of Chicago, Dep. of Pharmacol. and Med.; Argonne Cancer Res. Hosp., u. Loyola Univ., School of Med., Dep. of Med.) K. ZOPFF. 4630

B. T. Brown, Dorothy Ranger und **S. E. Wright**, *Die Ausscheidungsprodukte von Lanatosid C und Digitoxin bei der Ratte.* Verss. über die Ausscheidungsart u. die Ausscheidungsgeschwindigkeit von *Lanatosid C* (**I**) u. *Digitoxin* (**II**) wurden schon mehrfach angestellt. Dabei ließ sich die Aktivität der Ausscheidungsprodd. durch Beobachtung der Wrkg. auf das embryonale Entenherz feststellen. Weiteren Aufschluß vermag auch die radioakt. Markierung zu geben. Auftrennung der ursprünglichen Verb. u. der Stoffwechselprodd. erlaubt indessen erst die hier angegebene papierchromatograph. Methode. Der Urin von Ratten, die intraperitoneale Gaben von 1—2 μg **I**/g bzw. 1 μg **II**/g erhalten hatten, wurde mit Chlf. erschöpfend extrahiert u. unter Benutzung von Chlf.-Bzl.-Butanol (78:12:5) der Chromatographie auf mit Formamid imprägniertem Papier unterworfen. Zur Entw. diente m-Dinitrobenzol + Alkali. Zur biol. Überprüfung wurden die entsprechenden Zonen herausgeschnitten u. mit Chlf.-Methanol extrahiert. **I** kam innerhalb von 24 Std. in einer Menge von 7,5% (Gabe 1 μg/g) unverändert zur Ausscheidung. Gaben von 2 μg/g lieferten neben unverändertem **I** zwei Stoffwechselprodd., deren eines als *Digoxin* angesprochen werden muß. **II** war im Urin nur noch in Mengen von 0,3% nachzuweisen; daneben fand sich ein gleichfalls akt. langsam wanderndes Stoffwechselprod. unbekannter Konstitution. (J. Pharmacol. exp. Therapeut. **113**. 353—58. März 1955. Sydney, Australia, Univ. of Sydney, Dep. of Pharmacol.) K. ZOPFF. 4630

I. M. Weiner und **Otto H. Müller**, *Eine polarographische Untersuchung über Mersalyl* (*Salyrgan*)*-Thiol-Komplexe und die Ausscheidungsprodukte von Mersalyl.* Es ist bekannt, daß *Salyrgan* im Organismus entgiftet wird u. in Form einer komplexen dialysierbaren Verb. zur Ausscheidung kommt (vgl. MILNOR, C. **1951**. I. 3084). Hier wird der Urin von Hunden, die intravenöse Gaben von 5—8 mg *Salyrgansäure* (**I**) erhalten hatten, der polarograph. Unters. unterworfen u. mit künstlich hergestellten Additionsprodd. von **I** mit Cystein, Glutathion u. Thioglykolsäure verglichen. Bei einem Verhältnis Hg:S = 1:1 erwies sich der Salyrgan-Cystein-Komplex dem Ausscheidungsprod. in der polarograph. Kurve am ähnlichsten. (J. Pharmacol. exp. Therapeut. **113**. 241—49. März 1955. Syracuse, N. Y., State Univ. of New York, Upstate Med. Center, Dep. of Physiol.) K. ZOPFF. 4634

Hanns P. Wolff, *Die Therapie mit Kationenaustauschern im Lichte fünfjähriger Erfahrung.* Übersichtsarbeit mit 132 Literaturangaben. (Klin. Wschr. **32.** 761–70. 1/9. 1954. Marburg/Lahn, Univ., Med. Poliklin.) G. WELTZIEN. 4634

G. A. Cronk und **D. E. Naumann,** *Die Wirkung von wässerigem Zirkoniumoxyd auf die Rhustoxicodendron-Dermatitis. Weitere Laboratoriumserfahrungen.* 4%ig. ZrO_2-Lsg. allein oder gemeinsam mit 1%ig. Phenyltoloxamindihydrogencitrat verhindert bis zu 8 Std. nach Auftragen des schädigenden Extrakts aus Rhus toxicodendron (Acetonextrakt 1:10) die Dermatitis. Beide Lsgg. üben außerdem eine juckreizstillende Wrkg. aus. Die ausgeprägte Dermatitis wird nicht beeinflußt. *Glycerinmonostearinsäureester, Polyoxyäthylenglykolmonostearinsäureester* u. *Polyoxyäthylenstearinsäureester* sind völlig unwirksam. (Antibiotics and Chemotherapy **5.** 64–66. Febr. 1955. Syracuse, N. Y., Univ., Dep. of Health and Preventive Med.) F. LEUSCHNER. 4661

A. Pletscher, *Zur Behandlung der Bleivergiftung mit Calciumäthylendiamintetraacetat.* 2 Patienten mit chron. *Blei*-Intoxikation wurden während 45 Tagen mit dem *Di-Na-Salz* des *Calciumäthylendiamintetraessigsäure*-Komplexes intravenös behandelt. Während der Behandlung zeigte sich Besserung von Blutbild u. Koproporphyrinausscheidung im Urin, erhöhte Bleiausscheidung in Urin u. Stuhl. Der bei einem Patienten erhöhte Bleigeh. im Blut normalisierte sich während der Therapie; der anfänglich n. Bleigeh. im Blut des anderen Patienten stieg bis zum Schluß der Behandlung auf patholog. Werte an. 18 Wochen nach der Behandlung waren basophil punktierte Erythrocyten u. Koproporphyringeh. des Urins wieder angestiegen. Im Stuhl fanden sich zu dieser Zeit stark erhöhte Bleiwerte, bei n. Blut- u. Urinwerten. Die Befunde werden diskutiert. (Schweiz. med. Wschr. **85.** 128–31. 5/2. 1955. Basel, Univ., Med. Klin.) W. RAKOW. 4675

A. Schöberl, *Erfahrungen und Ergebnisse bei Nachweis von Tiervergiftungen.* Besprochen werden Tiervergiftungen mit *P*, Zn_3P_2, *Pb*, $NaNO_3$, *CN'*, *As*, *Carbolineum*, *Strychnin*, *E 605*, *Antu*, *Adamsit* u. *Hexogen.* (Dtsch. tierärztl. Wschr. **62.** 3–7. 1/1. 1955. Hannover, Tierärztl. Hochschule, Chem. Inst.) H. PATZSCH. 4675

H. Herzog und **A. Pletscher,** *Die Wirkung von industriellen Reizgasen auf die Bronchialschleimhaut des Menschen.* Bei 10 Patienten mit subjektiven Beschwerden u. objektiven klin. Veränderungen des Respirationstraktes nach Reizgasinhalation (*Phosgen*, *Phosphoroxychlorid*, *Formaldehyd*, *Ammoniak*, *Schwefelwasserstoff*, *Säure-* u. *Lösungsmitteldämpfe*, *Brom*) wurde die Bronchialschleimhaut bronchoskop. u. biopt. untersucht. In allen Fällen bestanden histologische Veränderungen des Epithels (Desquamation, Cilienverlust, Metaplasie des Flimmerepithels). (Schweiz. med. Wschr. **85.** 477–81. 14/5. 1955. Basel, Univ., Med. Klin.) H. ZELLER. 4681

Louis-Yves-Marie Le Coz, Intoxications alimentaires par la betterave. Alfort: Impr. Au manuscrit. 1955. (44 S.) 8°.

F. Pharmazie. Desinfektion.

H. Böhme und **H.-P. Teltz,** *Zur Frage der Schmelzpunktbestimmung in einem neuen Arzneibuch.* Die gebräuchlichsten Methoden der F.-Best. (ROTH-App., LINSTRÖM-Block, OPFER-SCHAUM-App., Metallblock nach GALL, KOFLER-Mikroapp. u. KOFLER-Heizbank) werden beschrieben u. kritisiert. Eine Tabelle vergleicht die für 16 pharmazeut. Präpp. nach diesen Methoden bestimmten Schmelzpunkte. — 17 Literaturangaben. (Dtsch. Apotheker-Ztg. **95.** 153–57. 17/2. 1955. Marburg/Lahn, Univ., Pharmazeut.-Chem. Inst.) F. GROH. 4750

Richard Neu, *Inhaltsstoffe der Passiflora incarnata.* 1. Mitt. *Die in Alkalien unlöslichen Anteile der Lipoidextrakte.* Im unverseifbaren, in Ae. lösl. Anteil der mit CH_3OH u. PAe. hergestellten Extrakte von *Passiflora incarnata* fand Vf. n-Nonakosan einen höhermol. Alkohol, eine Base (F. 248–254°), die mit DRAGENDORFFs Reagens einen orangefarbenen Nd. gibt u. deren im UV-Licht blau fluorescierendes Hydrochlorid reproduzierbare R_f-Werte zeigt, ferner 10% Steringemisch (berechnet als Sitosterin), davon 13% Stigmasterin. Zur Entbromung der bromierten Sterine empfiehlt Vf. die von KAUFMANN u. MESTERN angegebene Meth. zur Entbromung bromierter Fettsäuren. (Arzneimittel-Forsch. **4.** 292–94. April 1954. Karlsruhe, Dr. W. Schwabe G. m. b. H.) F. v. GIZYCKI. 4782

Helmuth Sadée, *Über die Früchte von Ammi visnaga Lam. und Ammi majus L.* Übersicht über neuere ägypt. Arbeiten über die Früchte von *Ammi visnaga Lam.* u. *Ammi majus L.* u. ihre Inhaltsstoffe. (Pharmaz. Ztg. verein. Apotheker-Ztg. **91/100.** 421–22. 21/4. 1955.) F. v. GIZYCKI. 4782

Jakub Mowszowicz, *Wild wachsende Ölpflanzen in Polen.* Systemat. Übersicht über 34 Familien u. 114 Gattungen wildwachsender überwiegend offizineller Ölpflanzen in Polen unter Angabe des durchschnittlichen Ölgehalts. (Farmacja polska **10.** 201—05. Aug. 1954. Lódz, Uniw., Katedra System. i Geografii Roślin.) H. FREYTAG. 4782

Matti Kannisto, *Aqua destillata.* Mit Hilfe von Ionenaustauschern gereinigtes W. darf in finn. Apotheken statt dest. W. nicht verwendet werden, da es nicht sicher bakterienfrei ist. (Semina [Helsinski] **39.** 137—38. April 1955.) S. BECKMANN. 4786

Charles T. Lesshafft jr. und **H. George de Kay,** *Vergleich der suspensionsbildenden Eigenschaften von Suspensionsvermittlern.* Unter Verwendung von Bi-Subcarbonat als Mittel, das in Suspension gehalten werden soll, werden verschied. Suspensionsvermittler des Handels auf ihre suspensionsbildenden Eigg. geprüft, derart, daß sie der Lsg. in solchen Mengen zugesetzt werden, daß die Lsgg. stets die gleiche Viscosität (ca. 55 cp.) aufweisen. Folgende Stoffe sind bes. geeignet: Traganth, Methylcellulose (15 cp.) u. Veeghum HV. Die übrigen waren in der angegebenen Reihenfolge als Suspensionsvermittler weniger geeignet: Gelloid-50, Na-Cellulosesulfat (**I**; niedrige Viscosität), Na-Carboxymethyloxyäthylcellulose, Na-Carboxymethylcellulose (**II**; höhere Viscosität), **II** (mittlere Viscosität) u. **I** (mittlere Viscosität). (J. Amer. pharmac. Assoc., pract. Pharmacy Edit. **15.** 410—13. Juli 1954. Lafayette, Ind., Purdue Univ., School of Pharmacy.) H. P. FIEDLER. 4786

Paul W. Gerding und **Glen J. Sperandio,** *Faktoren, welche die Auswahl von Suspensionsvermittlern für pharmazeutische Präparate beeinflussen.* Die im Handel erhältlichen Suspensionsvermittler haben bestimmte Eigg., die bei der Auswahl berücksichtigt werden sollten. Vff. geben für die gebräuchlichsten 26 Suspensionsvermittler (Schleime, Cellulosederivv., Tone, oberflächenakt. Substanzen) nachfolgende Daten, welche die Auswahl des geeigneten Suspensionsvermittlers erleichtern helfen sollen: Zus., Stabilität, p_H-Bereich, Unverträglichkeit, Farbe, Zusatzmenge, um eine Lsg. von 800 cp. zu erhalten, Hersteller u. Verarbeitungsvorschriften. (J. Amer. pharmac. Assoc., pract. Pharmacy Edit. **15.** 356—59. Juni 1954. Lafayette, Ind., Purdue Univ., School of Pharmacy, Res. Labor.) H. P. FIEDLER. 4786

William L. Schobel und **J. Leon Lichtin,** *Eine vielseitige Lotiongrundlage.* Nachfolgende Öl-in-W.-Emulsionen bewährten sich: (a) 0,25 (g) Methylparaben (**I**), 0,15 Propylparaben (**II**); 10,0 Na-Laurylsulfat (**III**); 120,0 Propylenglykol; 25,0 Stearylalkohol (**IV**); 250,0 Weißöl (**V**) ad 1000,0 Wasser. — b) 0,25 **I**; 0,15 **II**; 55,0 Span 20; 25,0 Tween 20; 10,0 **III**; 21,0 **IV**; 400,0 **V** ad 1000,0 Wasser. — Diese Lotion-grundlagen sind für zahlreiche dermatolog. Rezepte geeignet, sie sind stabil bei Zimmertemp. (2 Monate) bzw. zwischen 9 u. 33°, p_H-Wert 7,0—7,5, u. mit den meisten Medikamenten verträglich. (J. Amer. pharmac. Assoc., pract. Pharmacy Edit. **15.** 420—21. 430. Juli 1954. Cincinnati, O., Cincinnati Coll. of Pharmacy.) H. P. FIEDLER. 4786

Franz Gräser, *Homöopathische Tinkturen.* Die Herst. von Urtinkturen aus Drogen u. von Essenzen aus frischen Pflanzen für die Homöopathie u. die Best. des Saftgeh. nach den Angaben des HAB. werden erörtert. (Dtsch. Apotheker-Ztg. **95.** 158—59. 17/2. 1955. Fulda, Hof-Apotheke zum Schwan.) F. GROH. 4790

Mitchel J. Stoklosa und **Leslie M. Ohmart,** *Vorschläge zur Abänderung der Kohlenteerlösung.* Es wird festgestellt, daß Sorbitanderivv., bes. *Tween 20* (Polyoxyäthylensorbitanmonolaurat) u. *Tween 80* (Polyoxyäthylensorbitanmonooleat) zur Extraktion von Steinkohlenteer besser geeignet sind als die bisher verwendete Quillaja. Verss. zeigen, daß durch Mischen von gewaschenem Seesand (500,0) als Dispergiermittel mit 200 Steinkohlenteer u. Zugabe von 50 Tween 80 u. 700 ml A., Stehenlassen der Mischung für 7 Tage in einem geschlossenen Gefäß, das öfters geschüttelt wird, nach dem Filtrieren u. Ergänzen der Lsg. mit A. auf 1000,0 ml eine Steinkohlenteerlsg. erhalten wird, die mehr Extraktivstoffe enthält als die bisher verwendete offizinelle Lsg., die darüber hinaus mit den im allg. zu verarbeitenden Wirkstoffen bessere Verträglichkeit zeigt u. sich in der dermatolog. Praxis gut bewährt hat. (J. Amer. pharmac. Assoc., pract. Pharmacy Edit. **15.** 228—31. April 1954. Boston, Mass., Massachusetts Coll. of Pharmacy, Dep. of Pharmacy.) H. P. FIEDLER. 4790

Frank C. Combes, *Hoch- und Tieftemperaturkohlenteere bei der Behandlung von Hautkrankheiten.* Es wird die durchschnittliche Zus. der bei verschied. Tempp. gewonnenen Kohlenteere angegeben u. darauf hingewiesen, daß die schemat. Rezeptierung von Kohlenteerpräpp. unzweckmäßig ist. Wichtig ist vor allem, daß Teere mit einem hohen *Naphthalin* (**I**)-Geh. Hautreizungen verursachen können. Teere mit einem geringen Geh. an *Teersäuren* (**II**) (14%) u. einem mittleren **I**-Geh. (3%) sind bes. zur Behandlung vesikulärer Dermatosen (Pruritus usw.) geeignet, während Teere mit hohem **II**-Geh. (50%)

u. einem geringen Geh. an I oder I-freie Teere zur Behandlung von Psoriasis, Lichen simplex u. anderen schuppenden Dermatosen empfohlen werden können. (J. Amer. pharmac. Assoc., pract. Pharmacy Edit. **15.** 408—09. 427. Juli 1954. New York, N. Y.) H. P. FIEDLER. 4790

Georg Otto, *Neue Arzneimittel und Spezialitäten. Adnexol* (PROTINA GMBH., Freising): Intraglutäal zu spritzendes Schieferölpräparat. Gegen Adnexentzündungen. — *Asthmaallerg* (DR. HERBRAND, Gengenbach): Ampullen u. Dragees mit einem Polysaccharid–Aminosäure-Komplex, Thenylen, Eulantynon u. Khellin. — *Brufacon* (DR. C. BRUNNENGRÄBER, Lübeck): Injektionslsg. mit 10 (%) Aminophenazon, 10 Eunarcon, 5 Na-Salicylat u. 0,2 Procain. — *Cestodin-Tabletten* (NEMATODIN GMBH., Hamburg): Enthalten Sn, SnO u. $SnCl_2$. Wurmmittel. — *Dibutil* (FARBWERKE BAYER, Leverkusen): Tabletten zu 0,05 g N-[2'-Diäthylamino-2'-methyl]-äthylphenothiazin-hydrochlorid. Bei Parkinson-Syndrom. (Dtsch. Apotheker-Ztg. **92.** 990—91. 26/12. 1952. Berlin.) A. HOTZEL. 4800

Josef Klosa, *Synthese von Substanzen mit spezifischer Wirkung bei Schnupfen.* Übersicht über *sympathicomimetische Stoffe, Antibiotica, Chemotherapeutica* u. *Antihistaminica* (an sich bekannte Verbb.) hinsichtlich ihrer Anwendbarkeit u. spezif. Wrkg. bei Schnupfen. — 14 Literaturstellen. (Pharmaz. Ztg. verein. Apotheker-Ztg. **100.** 154—57. 10/2. 1955.) E. FRESE. 4806

M. de Buccar, *Wirkt Chlorophyll desodorisierend?* Die krit. Sichtung des wissenschaftlichen Schrifttums zeigt, daß das *Chlorophyll* (I) in bestimmten Fällen desodorisierend wirken kann. Der Wirkungsmechanismus ist noch ungeklärt, doch spricht vieles dafür, daß die geruchnehmende Wrkg. auf einer Rk. des I mit dem Geruchträger unter Bldg. eines geruchlosen Prod. beruht. (Ind. chimique **42.** 6. Jan. 1955.) H. P. FIEDLER. 4806

G. Gneiße, *Schnellbestimmungen von Lösungskonzentrationen mit dem Jelleyschen Mikrorefraktometer.* Das JELLEYsche Mikrorefraktometer (E. LEITZ, Wetzlar) wird noch einmal beschrieben (vgl. KLEINKNECHT, C. **1952.** 2887). Der Meßbereich geht von n_D^{20} 1,333—1,920. Die Genauigkeit von 0,001 genügt für Messungen in der Apotheke. Brechungsindices für NaCl- u. Traubenzuckerlsgg. werden in einer Tabelle wiedergegeben. (Dtsch. Apotheker-Ztg. **95.** 12. 6/1. 1955. Hamburg-Rissen, Allg. Krankenhaus, Apoth. Labor.) F. GROH. 4880

A. Filip, *Die Verwendung der Capillaranalyse bei der Bewertung galenischer Zubereitungen.* Allg. Ausführungen u. Übersicht. Theorie u. Methodik. — 21 Literaturzitate. (Českoslov. Farmac. **2.** 323—28. 1953.) K. STEINER. 4880

G. Dušinský, *Die polarographische Bestimmung des Percains.* Inhaltlich ident. mit der C. **1954.** 4669 referierten Arbeit. (Českoslov. Farmac. **2.** 77—79. März 1953. Bratislava [Preßburg], Štátn. úst. kontr. liečiv.) K. STEINER. 4880

A. Šlouf, *Über das Isonicotinsäurehydrazid. Analytische Übersicht.* Besprochen werden: Eigg., Identitätsproben (Nachw. der Hydrazingruppe u. des Pyridinkerns), titrimetr., colorimetr., spektrometr. u. polarograph. Bestimmungsmethoden. — 9 Literaturangaben. (Českoslov. Farmac. **2.** 168—71. Mai 1953.) K. STEINER. 4880

Roman Pleticha, *Polarographische Bestimmung des Vitamins B_1 in pharmazeutischen Präparaten. Bestimmung auf Grundlage elektroaktiver Formen im alkalischen Medium.* Inhaltlich ident. mit der C. **1954.** 1073 referierten Arbeit. (Českoslov. Farmac. **2.** 149—54. Mai 1953. Praha, Výzk. úst. potrav. technol. u. Ustř. úst. polarogr.) K. STEINER. 4880

J. van Espen, *Nachweis von Adrenalin und seinen Veränderungen in pharmazeutischen Zubereitungen. Trennung des Gemisches Adrenalin–Novocain und Adrenalin–Ephedrin.* Für die Unters. hat sich Teilchromatographie mit WHATMAN-Papier Nr. 1 bewährt. Entwicklungsdauer 21 Stunden. Als Lösungsmittel wurden *n*- (I) u. *Iso*- (II)-*butanol* verwendet bei 3 verschied. p_H-Werten (HCl, Essigsäure, neutral). Bei I ist die Trennung besser als bei II. Die Analyse der Gemische ist möglich bei Berücksichtigung einiger Vorsichtsmaßregeln im Hinblick auf die Stabilisierung des *Adrenalins* (III) mit Metabisulfit bei den verschied. Arbeitsgängen. III läßt sich von *Novocain* u. *Ephedrin* sowohl in wss. Lsg. als auch in Lsgg. von Ölen u. Fetten trennen. Bei der Extraktion aus Fetten ist eine schwache Veränderung von III festzustellen. (J. Pharmac. Belgique [N. S.] **7.** 531—39. Nov./Dez. 1952.) E. BOYE. 4880

Johnson & Johnson, New Brunswick, N. J., V. St. A., *Verbandstoff*, der durch Tränken mit einer wss. Lsg. von Al-Acetat u. lösl. Stärke oder Dextrin imprägniert, getrocknet u. sterilisiert wird. Als Wundkissen für Pflasterverbände geeignet. (**E. P. 721 573** vom 26/9. 1952, ausg. 5/1. 1955. A. Prior. 13/10. 1951.) K. HEINZE. 4795

Danske Medicinal- & Kemikalie-Ko. Aktieselskab, Dänemark, *Gewinnung der Disulfidverbindung des Tetraäthylthiurams in reiner kristallisierter Form*, bes. als Kristallprod. mit 2 Mol CCl_4 oder CBr_4. — Die Disulfidverb. wird in einer überschüssigen Menge CCl_4 oder in einem Gemisch von gleichen Volumenteilen CCl_4 u. 96% ig. A. in der Wärme gelöst u. danach unter Abkühlen auskristallisieren gelassen. Das Kristallprod. wird getrocknet, durch Erwärmen mit warmer Luft das gebundene CCl_4 u. CBr_4 entfernt u. dadurch die gereinigte Disulfidverb. gewonnen. — Vgl. auch E. P. 660 160; C. **1954**. 415 u. A. P. 2 647 145; C. **1955**. 7728. (**F. P.** **998 150** vom 24/10. 1949, ausg. 15/1. 1952. Dän. Priorr. 5/1., 11/6. u. 3/9. 1949. **D. B. P. 841 454** Kl. 12o vom 16/12. 1949, ausg. 16/6. 1952. Dän. Prior. 5/1. 1949. **Finn. P. 25 816** vom 12/3. 1949, Auszug veröff. 31/7. 1952. Dän. Prior. 5/1. 1949.) M. F. MÜLLER. 4807

Sterling Drug, Inc., V. St. A. (Erfinder: **Frederick Franklin Blicke**), *Herstellung von organischen Säuren.* Zu E. P. 709 585; C. **1955**. 1100 ist die Herst. folgender Propionsäuren (**P**) nachzutragen: *α-Phenyl-α-[thienyl-(2)]-β-oxy-***P**; *α-Bis-[thienyl-(2)]-β-oxy-***P**; *α-Phenyl-α-methyl-β-oxy-***P**; *α-[Thienyl-(2)]-α-butyl-β-oxy-***P**; *α-Phenyl-α-äthoxy-β-oxy-***P**; *α-[Naphthyl-(1)]-α-benzyl-β-oxy-***P**; *α-[Thienyl-(3)]-β-oxy-***P**; *α-Bis-(p-xenyl)-β-oxy-***P**; *α-[Thienyl-(2)]-α-phenetyl-β-oxy-***P**; *α-[Thienyl-(2)]-α-[naphthyl-(1')]-β-oxy-***P**; *α-[Thienyl-(2)]-α-(o-tolyloxy)-β-oxy-***P**; *α-[5-Methylthienyl-(2)]-β-oxy-***P**; *α-[3-tert.-Butylnaphthyl-(1)]-β-oxy-***P**. Die Säuren dienen zur *Herst. von Atropin* u. *synthet. Antispasmodica.* (**F. P. 1 067 828** vom 10/1. 1952, ausg. 18/6. 1954. **D. B. P. 923 426** Kl. 12o vom 19/1. 1952, ausg. 14/2. 1955. Anmeldung bekanntgemacht 1/7. 1954. Beide A. Prior. 19/1. 1951.) T. OPPERMANN. 4807

Abbott Laboratories, Chicago, Ill., V. St. A., *4(5)-Aryloxymethylimidazole.* Man setzt äquimol. Mengen von metall. Na in A. mit einem halogensubstituierten Phenol um u. läßt auf das Reaktionsgemisch ½ Mol 4(5)-Halogenmethylimidazolhydrochlorid einwirken. Aus p-Bromphenol u. 4(5)-Chlormethylimidazolhydrochlorid wird z. B. *4(5)-p-Bromphenoxymethylimidazolhydrochlorid*, F. 190—191°, erhalten. Analog („phenoxymethylimidazolhydrochlorid" = **I**): *4(5)-o-Brom-***I**, F. 190—192°; *4(5)-o-Chlor-***I**, F. 200 bis 201°; *4(5)-p-Chlor-***I**, F. 188—190°; *4(5)-2'.4'-Dichlor-***I**, F. 183—185°; *4(5)-3'-Methyl-4'-chlor-***I**, F. 190—192°; *4(5)-3'.5'-Dimethyl-4'-chlor-***I**, F. 195—196°; *4(5)-3'-Methyl-4'-chlor-6'-isopropyl-***I**, F. 194—195°. — *Analgetica.* (**E. P. 725 514** vom 20/8. 1953, ausg. 2/3. 1955. A. Prior. 28/8. 1952.) A. BRÖSAMLE. 4807

American Cyanamid Co., New York, N. Y., V. St. A. (Erfinder: **Merton Cooke Lockhart** und **George Herman Michel**), *Reinigung von wässerigen vitamin-B_{12}-haltigen Lösungen*, z. B. Gärlösungen. Man behandelt die Verunreinigungen enthaltende wss. Lsg. mit einer wasserunlösl. Zr-Verb. (ZrO_2, Zr-Hydroxyd, -Carbonat, -Silicat), zweckmäßig bei p_H 5—9 u. 0—75°, wobei die Verunreinigungen adsorbiert werden. Man kann auch das B_{12} zuerst an Kohle adsorbieren u. anschließend dann das wss. Eluat behandeln; oder man fällt es mit Ammonsulfat, löst den Nd. in W. u. führt dann die Zr-Behandlung durch. — *Heilmittel*; gegen *Anämie.* — Vgl. auch Can. P. **492 776**; C. **1955**. **1332**. (**E. P. 721 414** vom 7/10. 1952, ausg. 5/1. 1955.) G. KRAUSS. 4809

Upjohn Co., übert. von: **Barney J. Magerlein,** Kalamazoo, Mich., V. St. A., *3.11α.20-Triacyloxy-3.17(20)-pregnadiene* der allg. Formel **I** (Ac = organ. Carbonsäurerest mit 1—8 C-Atomen) erhält man durch Rk. von 11α-Oxy- bzw. 11α-Acyloxypregnan-3.20-dionen mit überschüssigem Acetanhydrid in Ggw. von p-Toluolsulfonsäure beim Kp. des Reaktionsgemisches. — 11α-Oxypregnan-3.20-dion, F. 85—90°, → *3.11α.20-Triacetoxy-3.17(20)-pregnadien* (**II**), F. 162—167°; **II** auch aus 11α-Acetoxypregnan-3.20-dion, F. 150—151°; $[\alpha]_D^{23}$ +63°. — *11α-Acetoxy-3.20-dipropionyloxy-3.17(20)-pregnadien.* — *3.11α.20-Tripropionyloxy-3.17(20)-pregnadien.* — Zwischenprodd. für die *Synth. von Steroidhormonen.* (**A. P. 2 668 817** vom 1/3. 1952, ausg. 9/2. 1954.) U. SIEVERS. 4809

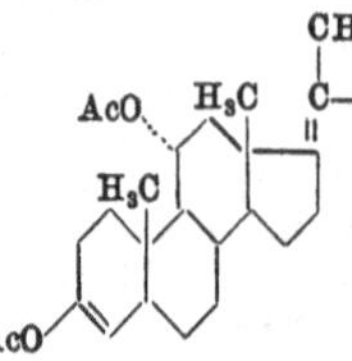

I

„Forachemie" Ges. für pharmazeutische und chemisch-technische Produkte m. b. H. (Erfinder: **K. H. Hermann Klette**), München, *Hormonpräparate für Mast-, Lactations- und Kastrationszwecke*, bestehend aus einem protrahierend u. einem stoßartig wirkenden Hormonanteil, die sich in Lösungs-, Suspensions-, Binde-, Emulgiermitteln, Trägerstoffen u./oder Schutzkolloiden befinden. Der protahierend wirkende Teil besitzt eine Teilchengröße > 0,01 mm, der stoßartig wirkende liegt in Lsg. oder in Teilchen < 0,01 mm vor. Als Hormon dienen Follikelhormon, ferner synthet. Wirkstoffe, z. B. der Stilbenreihe, wie Di-(p-acetoxyphenyl)-hexadien. (**D. B. P. 892 854** Kl. 53g vom 13/10. 1950, ausg. 22/3. 1954.) W. KRANZ. 4809

Chas. Pfizer & Co., Inc., Brooklyn, N. Y., V. St. A., *Reindarstellung von Oxytetracyclin (Terramycin)* aus Kultur-Fll. durch Fällen als Komplexsalz mit einem Ca-,

Sr- oder Ba-Salz u. einem Mg-, Zn-, Be-, Cd- oder Hg-Salz bei p_H 7—10. Der Nd. wird in verd. H_2SO_4 gelöst, vom Unlöslichen abfiltriert u. aus dem Filtrat mit NaOH das Antibioticum gefällt. — Mengenbeispiele. (**E. P. 718 020** vom 27/4. 1951, ausg. 10/11. 1954. A. Prior. 1/6. 1950.) H. SCHINDLER. 4811

American Home Products Corp., New York, N. Y., V. St. A., *Cholinpräparat,* gek. durch einen Geh. an Inosit u. anionakt., kationakt. oder nichtionogenen oberflächenakt. Stoffen, wie Na-Tetradecylsulfat, Lauryltrimethylammoniumbromid oder Polyoxyäthylensorbitanmonooleat (Tween 80). Die Mischungen geben wss. oder koll. Lösungen. — Orale Applikation zwecks *Erniedrigung des Cholesterinspiegels im Blut* bei Arteriosklerose. (**E. P. 721 514** vom 5/11. 1952, ausg. 5/1. 1955. A. Prior. 19/11. 1951.) K. HEINZE. 4815

James B. Gordon, Burlingame, Calif., V. St. A., *Diätetisches Heilmittel,* bestehend aus Fruchtsäften oder -pülpe, Na- u./oder Ca-Cyclamat, niedrig methoxyliertem Pektin u. Saccharin. (**A. P. 2 653 105** vom 8/12. 1952, ausg. 22/9. 1953.) K. HEINZE. 4815

Rohm & Haas Co. (Erfinder: **Francis Mozart Thurmon** und **Robert Kunin**), Philadelphia, Pa., V. St. A., *Mittel gegen Dermatitis,* bestehend aus 4 verschied. Ionenaustauschern, die gegebenenfallls in eine Salbengrundlage oder einen Puder eingearbeitet sind. Als Austauscher werden verwendet 1. ein sulfogruppenhaltiger Kationenaustauscher in der Wasserstofform, wie ein sulfoniertes Styrol–Divinylbenzol-Mischpolymeres, 2. ein Anionenaustauschharz mit einer quaternären NH_2-Gruppe in der bas. Form, z. B. ein Styrol–Divinylbenzol-Polymerisat, welches nach Chlormethylierung mit tert. Aminen, wie Benzyldimethylamin, umgesetzt wird, 3. ein Carboxylgruppen tragendes Kationenaustauschharz in der Wasserstofform, z. B. gewonnen durch Kondensation von Metacrylsäure mit Divinylbenzol u. 4. ein Aminogruppen tragendes Anionenaustauschharz in der bas. Form, erhalten durch Kondensation von Diphenylpropan, Formaldehyd u. Tetramethylenpentamin. (**E. P. 714 473** vom 15/8. 1952, ausg. 25/8. 1954.) K. HEINZE. 4815

Cutter Laboratories, Berkeley, übert. von: **Ernest B. McQuarrie,** Concord, Calif., V. St. A., *Reinigen von Eiweißhydrolysaten* zwecks Entfernung der Aminodicarbonsäuren unter Erhaltung des Phenylamingeh. durch Behandlung der Lsg. mit einem Anionenaustauscher in der Hydroxylform, z. B. Duolite A–70, bis ein p_H-Wert von 8—8,8 erreicht ist. Vakuumtrocknung der Lsg. unter Vertreiben des NH_3, Aufnehmen des Rückstandes in H_2O u. nochmalige Behandlung mit Duolite A–70, bis der p_H-Wert 7,5—8,6 beträgt. — *Zur intravenösen Ernährung.* (**A. P. 2 684 983** vom 2/9. 1952, ausg. 27/7. 1954.) K. HEINZE. 4815

Ezra Levin, Champaign, Ill., V. St. A., *Trocknen und Entfetten empfindlicher organischer Substanzen,* wie Blut, Serum, Eigelb, Eiweiß, Buttermilch, Drüsen (Pankreas u. dgl.) durch azeotrope Destillation. Die Substanzen werden z. B. in Äthylendichlorid (I) suspendiert bzw. emulgiert u. in diesem Zustand in sd. I eingesprüht. Nach der azeotropen Austreibung des W. wird die entfettete organ. Substanz von dem fetthaltigen Destillationsrückstand abgetrennt. An Stelle von I kann je nach der erforderlichen Temp. Bzl., Hexan, Hexen, Toluol, Cyclohexan, Heptan u. dgl. verwendet werden. (**A. P. 2 619 425** vom 3/4. 1951, ausg. 25/11. 1952.) K. HEINZE. 4815

Gebr. Engster K.-G. (Erfinder: **Leopold Engster, Virgil Engster** und **Albert Engster**), Lebenstedt, *Herstellung eines Heilmittels gegen Ischias, Rheumatismus und Gicht,* dad. gek., daß man Leuchtpetroleum (I) auf 50° erhitzt, dann einige Tage bei erhöhter Zimmertemp. stehenläßt, feingemahlenes trockenes Steinsalz zufügt, die Mischung wiederum bei erhöhter Zimmertemp. einige Tage stehenläßt, darauf unter Rühren Citronensäure, Wintergrünöl, Campher u. das NH_4-Salz eines sulfonierten Schieferöls einrührt, nachdem diese Stoffe vorher mit I angerührt wurden, u. schließlich die ganze M. fast 1 Monat unter wiederholtem Umrühren bei erhöhter Zimmertemp. stehenläßt u. vor Gebrauch durch Kohle filtriert. (**D. B. P. 833 994** Kl. 30h vom 8/10. 1950, ausg. 29/5. 1952.) H. SCHINDLER. 4815

Albert Sherman, Taos, N. Mex., V. St. A., *Medizinisch wirksames Mittel* als *Zusatz* für *Mundwässer, Zahnpasten,* kosmet. Cremes u. Reinigungsmittel, bestehend aus einer mit Hilfe von ionisierten Emulgatoren hergestellten wss. Emulsion von äther. Ölen, die durch Wasserdampfdest. der ungiftigen Artemisia-Arten aus den „western Sagebrush" erhältlich sind. (**A. P. 2 697 060** vom 18/7. 1950, ausg. 14/12. 1954.) C. LÜTTGEN. 4823

Anglo-Iranian Oil Co. Ltd., London, **Frederick Arnold Fidler** und **Ronald Alfred Dean,** Sunbury-on-Thames, England, *Oberflächenaktive und germicide Mittel* erhält man durch Erhitzen von heterocycl. Polymethylensulfiden, wie sie z. B. bei der Mineralölextraktion erhalten werden, mit Alkylhalogeniden von wenigstens 8, bes. 12—18 C-Atomen, die z. B. durch Halogenierung einer Petroleumfraktion oder durch Halogenwasserstoffanlagerung an polymerisierte Olefine gewonnen werden. — Pentamethylensulfid, Kp. 142°, gibt nach 20std. Erhitzen mit n-Cetylbromid in A. ein schäumendes u. netzend wirkendes, krist. Produkt. Nach 150 Std. erhält man *Cetylthiacyclohexansulfoniumbromid*, das germicid wirksam ist. Weitere Ausgangsstoffe sind: Tetramethylensulfid, Kp. 120°; Methyltetramethylensulfid, Kp. 138° u. Methylpentamethylensulfid, Kp. 148°. (**E. P.** 649 135 vom 28/1. 1948, ausg. 17/1. 1951.) G. KRAUSS. 4833

Deutsche Hydrierwerke Akt.-Ges., Düsseldorf (Erfinder: **Richard Hueter** und **Richard Neu,** Dessau), *Herstellung wässeriger Lösungen von in Wasser schwerlöslichen Phenolen, ihren Homologen und Substitutionsprodukten unter Verwendung cyclischer quaternärer Ammoniumverbindungen als Lösungsvermittler.* Es werden solche in W., gegebenenfalls unter Zusatz kleiner Mengen A., gelöste Ammoniumverbb. verwendet, die sich von schwachen monocycl. Basen ableiten u. an N gebunden einen höhermol. Alkylrest enthalten. (**D. R. P.** 767 565 Kl. 30c vom 5/2. 1937, ausg. 6/10. 1952.) J. KETTNER. 4833

F. Hoffmann-La Roche & Co. Akt.-Ges., Basel, Schweiz, *Herstellung des 4-Methyl-6-hexylcumalinsäureäthylesters*, $Kp._{0,03}$ 115—125°. Man setzt einen β-Chlorisocrotonsäureester $CH_3—CCl{=}CH—COOR$ (R = Alkyl) mit einer Alkaliverb. des Önanthylessigsäureäthylesters um, bes. in Ggw. eines inerten Lösungsmittels. — *Desinfektions-* u. *Heilmittel.* (**Schwz. P.** 299 532 vom 19/10. 1951, ausg. 16/8. 1954.) K. FABEL. 4833

F. Hoffmann-La Roche & Co. Akt.-Ges., Basel, Schweiz, *Herstellung von 3-Caprylyl-6-heptyl-2.3-dihydropyran-2.4-dion*, F. 62—63°. Man erhitzt einen Caprylylessigsäureester $CH_3—(CH_2)_6—CO—CH_2—COOR$ (R = Alkyl) in Ggw. von $NaHCO_3$ auf 200—220° u. dest. den sich bildenden Alkohol ab. — *Desinfektions-* u. *Heilmittel.* (**Schwz. P.** 299 536 vom 2/3. 1950, ausg. 16/8. 1954.) K. FABEL. 4833

Emulsol Corp., Chicago, übert. von: **Benjamin R. Harris,** Glencoe, Ill., V. St. A., *Baktericide Mittel*, enthaltend Verbb. der allg. Formel I, worin R für einen Alkylrest mit 12—18 C-Atomen, Ar für einen gegebenenfalls hydrierten Benzol- oder Naphthalinrest, A für Cl, Br, J, $—HSO_4$, $—NH_2$ oder einen organ. Säurerest, R_1, R_2, R_3 Alkylreste mit

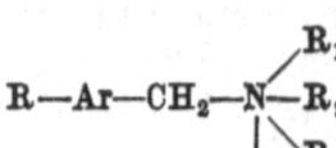

I

1—4 C-Atomen stehen. Die Gruppe $—N(R_1)(R_2)(R_3)$ kann durch einen Pyridinkern ersetzt sein. Der Rest Ar kann über CH_2 eine weitere quaternäre Gruppe tragen, z. B. Laurylbenzyltriäthylammoniumchlorid, Naphthylmethylpyridiniumchlorid. — Auch *fungicide* u. *Netzwirkung.* (**A. P.** 2 678 316 vom 21/8. 1952, ausg. 11/5. 1954.) K. HEINZE. 4833

Dow Chemical Co., übert. von: **Paul A. Wolf,** Midland, und **Clarence L. Moyle,** Clare, Mich., V. St. A., *3-Alkyl-2.2′-dioxy-3′.5.5′-trihalogendiphenylmethane* (R = Propyl u. Butyl, X = Br, Cl) erhält man durch Kondensation von 2-Alkyl-4-halogenphenol mit 3.5-Dihalogensaligenin in Ggw. von H_2SO_4 oder Eisessig + HCl. Man kann auch 3-Propyl- oder 3-Butyl-5-halogensaligenin mit einem 2.4-Dihalogenphenol kondensieren.

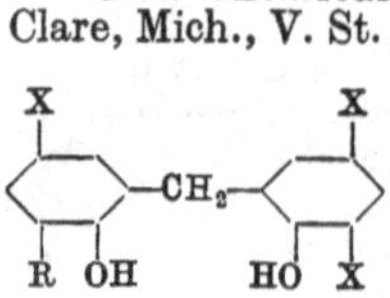

— Aus 2-n-Butyl-4-chlorphenol, $Kp._{18}$ 151—152°, u. 3.5-Dichlorsaligenin, F. 79,5—80,5°, in Ggw. von 80%ig. H_2SO_4 bei 34° → *3-n-Butyl-2.2′-dioxy-3′.5.5′-trichlordiphenylmethan*, F. 113—114°. — *3-Isopropyl-2.2′-dioxy-3′.5.5′-trichlordiphenylmethan*, F. 123—123,8°. — *3-sek.-Butyl-2.2′-dioxy-3′.5.5′-trichlordiphenylmethan*, F. 110,5—111°. — *3-Isopropyl-2.2′-dioxy-5′-brom-3′.5-dichlordiphenylmethan*, F. 125,5—126° (aus 4-Chlor-2-isopropylphenol, E. 41°, + CH_2O → 5-Chlor-3-isopropylsaligenin, n_D^{35} 1,5457; $D.^{26}$ 1,15, + 4-Brom-2-chlorphenol). — *3-Isopropyl-2.2′-dioxy-5-chlor-3′.5′-dibromdiphenylmethan*, F. 124,6—125°. — *3-n-Propyl-2.2′-dioxy-5-brom-3′.5′-dichlordiphenylmethan. Baktericide* u. *Fungicide*, bes. als germicide *Zusatzmittel* zu *Seifen*, *Reinigungsmitteln*, *Kautschukwaren*, *plast. Massen*, *Verbandszeug*, *Kosmetica*, *Zahnpulver*, *Salben* u. *Cremes.* (**A. P.** 2 630 458 vom 26/1. 1951, ausg. 3/3. 1953.) G. KRAUSS. 4833

Ciba Akt.-Ges., Basel (Erfinder: **Max Hartmann** und **Werner Bosshard,** Riehen), Schweiz, *β-Phenoxyäthylammoniumverbindungen*, die aus quaternären N einen KW-stoffrest mit mindestens 8 C-Atomen enthalten, dienen als *Desinfektions-* u. *Konservierungsmittel.* — *β-Phenoxyäthyldimethyldodecylammoniumbromid*, F. 112°. — I-*dodecylammoniumchlorid*, F. 129—130°. — I-*hexadecylammoniumbromid*, F. 82—83°. — I-*octylammoniumbromid*, F. 106—108°, wobei I = „β-Phenoxyäthyldimethyl" (**D. B. P.** 844 448 Kl. 12q vom 25/12. 1948, ausg. 21/7. 1952. Schwz. Priorr. 24/11. 1944 u. 7/9. 1945.) G. LANGER. 4833

Armour & Co., übert. von: **George T. Gmitter,** Chicago, Ill., V. St. A., *Metallkomplexsalze aliphatischer Diamine* der Formel I, worin R = H oder CH_3, R′ einen aliphat.

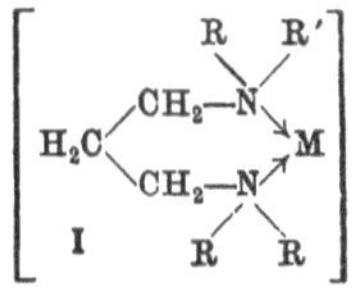

Rest mit unverzweigter Kette von 5—20 C-Atomen, M ein 2-wertiges Metall u. X den Halogenid-, Acetat-, Nitrat-, Propionat- oder Sulfatrest bedeuten, wirken *bakterizid* u. *fungicid*. — *N-„Talg“-trimethylendiaminocalciumchlorid.* Man kocht N-„Talg“-trimethylendiamin mit wasserfreiem $CaCl_2$ in Alkohol. Amorph, zers. sich bei 140°. — Analog: *N-„Talg“-trimethylendiaminomercurichlorid.* — *N-Dodecyltrimethylendiaminomercurichlorid.* — *N-Amyltrimethylendiaminomercuriacetat.* — *N-„Talg“-N.N'.N'-tris-(methyl)-trimethylendiaminomercuriacetat.* — *N-„Talg“-trimethylendiaminocupriacetat.* — *N-„Talg“-trimethylendiaminozinkacetat.* — *N-Dodecyltrimethylendiaminonickelnitrat.* — *N-Dodecyltrimethylendiaminonickelsulfat.* — *N-Dodecyltrimethylendiaminocalciumpropionat.* — *N-„Talg“-N.N'.N'-tris-(methyl)-trimethylendiaminomercurichlorid.* (**A. P. 2686798** vom 7/6. 1952, ausg. 17/8. 1954.) G. Langer. 4833

G. Analyse. Laboratorium.

Mary Casimir, *Einige improvisierte Apparate.* Aus käuflichen u. von Studenten selbst angefertigten Teilen hergestellte Vorrichtungen, wie Handzentrifuge, p_H-Meter, Emulgierer, Rührer, Kühlbad, Kopierkasten, werden kurz beschrieben. (J. chem. Educat. **32.** 69. Febr. 1955. Camden, N. J., Camden Catholic High School.) K. Blumrich. 5006

K. Thormann, *Technik der Laboratoriumsrektifikation.* Die wesentlichen Bedingungen für eine möglichst große Trennschärfe bei der Laboratoriumsrektifikation, ausreichende Bodenzahl, möglichst großes Rücklaufverhältnis u. geringer Arbeitsinhalt des Kolbens im Verhältnis zum Blaseninhalt, werden erläutert. Die Ausbldg. des Kondensationsteiles der Kolonne sowie die Bedingungen hinsichtlich des Druckabfalles in der Kolonne werden kurz besprochen. (Chem. Techn. **2.** 255—56. Aug. 1950. Wissenbach/Dillkreis.) W. Schäfer. 5038

Gustav Ed. Utzinger, *Kurzweg-Fraktionierung.* Beschreibung einer App. zur kontinuierlichen Kurzwegfraktionierung in einer Durchlaufapp. in einer Heizwanne, die mit einem Temperaturgradienten betrieben wird. Best. der Leistungsfähigkeit des Verf. durch Vgl. mit den Ergebnissen der Dest. in einem Claisen-Kolben an einem Modellgemisch aus *Nerolin* u. *α-Benzylmalonsäurediäthylester.* Hauptvorteil ist die sehr kurze Verweilzeit von weniger als 10 Sekunden. (Chemie-Ing.-Techn. **26.** 129—31. März 1954. Basel, Univ., Chem. Anstalt.) W. Blauhut. 5038

V. Claassen und **J. van der Sluis,** *Ein einfacher und billiger Fraktionssammler.* Das Gerät gestattet es, in Zeitabständen von 60, 30, 15 Min. usw. die bei chromatograph. Unterss. anfallenden Fraktionen in getrennten Vorlagen aufzufangen (Abb.). Der Antrieb erfolgt durch einen Elektromotor. (Chem. Weekbl. **50.** 535—36. 31/7. 1954. Gorinchem, N. V. Centrale Suither Mij., Biochem. Inst.) W. Wesly. 5038

S. Samson, *Ein einfacher Extraktionsdestillationsaufsatz für Reihenuntersuchungen.* Der auf einen Meßkolben passende Aufsatz ist durch ein rasch austauschbares Extraktionsrohr, das die nächste zu untersuchende Probe enthält, gekennzeichnet. Gleich nach der Extraktion wird das Lösungsm. entfernt. (Chem. Weekbl. **51.** 67. 29/1. 1955. Groningen, Landbouwproefstat. en Bodemkundig Inst.) W. Wesly. 5038

Philip J. Elving, *Der Analysenprozeß in der Chemie.* Krit. Betrachtungen zu den Prozessen der chem. Analytik von der Probenahme bis zur Auswertung der Ergebnisse. (Analytic. Chem. **22.** 962—65. Aug. 1950. State College, Pa., Pennsylvania State Coll.) G. Free. 5050

Earl J. Serfass, Ralph G. Steinhardt jr. und **Frederick C. Strong,** *Klassifizierung der Methoden der quantitativen Analyse.* Die heute in Anwendung stehenden Methoden der quantitativen Analyse werden nach einem Indexsyst. zu ordnen versucht. (Analytic. Chem. **22.** 966—69. Aug. 1950. Bethlehem, Pa., Lehigh Univ., u. Villanova, Pa., Villanova Coll.) G. Free. 5050

Peter Lott, *Eine Genauigkeitsermittlungskarte.* Nomogramm zum Ablesen der Analysenfehler in ‰ aus dem richtigen %-Geh. u. der Differenz zum gefundenen. (J. chem. Educat. **32.** 85. Febr. 1955. Storrs, Conn., Univ. of Connecticut.) K. Blumrich. 5050

E. B. M. de Jong, *Einige Bemerkungen über die Verwendung von Meßgeräten.* Man unterscheidet spezif. u. Systemmeßverfahren. Mit den erstgenannten Verff. mißt man eine Eig. des zu bestimmenden Bestandteiles oder eines anderen, aus dem die Menge des zu bestimmenden Bestandteiles berechnet werden kann (Beispiele: Gravimetrie, Volumetrie, Titrimetrie, Calorimetrie). Die Systemmeßverff. ermitteln eine Eig. des Syst., das den zu bestimmenden Bestandteil enthält (Beispiele: Densimetrie, Refrakto-

metrie, Colorimetrie, Nephelometrie, Potentiometrie). Die Genauigkeit der spezif. Verff. hängt ab von der Genauigkeit des Meßgerätes u. der Eigenart u. Empfindlichkeit des Indicators. Die Genauigkeit einer nach einem Systemmeßverf. vorgenommenen Best. hängt darüber hinaus noch von den dem Syst. eigenen Faktoren ab. (Chem. Weekbl. **50.** 231—33. 27/3. 1954. Tilburg, St. Elisabeth-Ziekenhuis, Klin. chem. Labor.)
W. WESLY. 5050

H. van Duin, *Die Verteilungschromatographie homologer Reihen.* 4. Mitt. *Das Verhalten von Silicagel als Stützsubstanz für die bewegliche Phase.* (3. vgl. C. **1954.** 1787.) Die lineare Abhängigkeit des log R_t von der Ordnung n einer homologen Reihe, wie sie l. c. abgeleitet wurde, ist in einigen Fällen bei n > 10 nicht gegeben. Es treten Abweichungen im Sinne eines herabgesetzten Trenneffektes auf. Es wurden deshalb Verss. durchgeführt an verschied. Silicagelproben, die aus alkal. Wasserglas nach GORDON, MARTIN u. SYNGE (vgl. Biochem. J. **37.** [1943.] 80) sowie nach NIJKAMP (C. **1952.** 4036) hergestellt u. durch Siebe mit verschied. Maschenweite gepreßt wurden. Die Unterss. werden mit den 2.4-Dinitrophenylhydrazonen bzw. den p-Nitrophenylhydrazonen der geraden Glieder der aliphat. Aldehyde von C_2—C_{14} in 0,5 ml beweglicher Phase durchgeführt. Säulen der Gruppe A (Siebmaschenweite 20—40 je cm) waren annähernd ideal. Bei der Gruppe B (40—60 je cm) u. C (> 60 je cm) zeigte sich ein mit wachsender Kettenlänge abnehmender Trenneffekt. Die so hergestellten Silicagelsäulen hatten vor Celitsäulen den Vorzug, daß noch Mengen zwischen 5—10 γ sichtbar sind. (Biochim. biophysica Acta [Amsterdam] **12.** 489—90. Nov. 1953. Ede, Netherlands Inst. for Dairy Res.) L. WALLIS. 5062

M. Lederer, *Chromatographie an Papier, das mit Ionenaustauscherharzen imprägniert ist.* (Vorl. Mitt.) Zur Darst. von Ionenaustauscherpapier für Chromatographiezwecke wird Filtrierpapier mit einer wss. Suspension von *Dowex 50* (NH_4), kell. Form behandelt u. an der Luft getrocknet. Mit diesem Material gelingt die Chromatographie von *La, Ce* u. *Y*, wobei 3%ig. Citrat als Elutionsmittel verwendet wird. Als Entwickler wird ammoniakal. Oxychinolin u. UV-Licht benutzt. Die Chromatographie von *Co, Cu* u. *Fe* mit Aceton–HCl–H_2O (90 : 5 : 5) als Entwickler zeigt keinen Unterschied zu gewöhnlichem Chromatographiepapier. Weiterhin wird Anionenaustauscherpapier durch Imprägnierung mit *Dowex 2* (200—400 mesh) dargestellt. Hiermit wird analog zum Säulenverf. die Chromatographie von Cu, Co u. Fe in salzsaurer Lsg. durchgeführt. Während bei einem HCl-Geh. bis zu 50% die Reihenfolge der Elution Fe–Cu–Co ist, ändert sich diese bei einem HCl-Geh. über 70% in Fe–Co–Cu. (Analytica chim. Acta [Amsterdam] **12.** 142—45. Febr. 1955. Paris, Inst. du Radium.) GÜNTER LANGE. 5062

U. Ströle, *Verwendung von Carboxylpapier in der Papierchromatographie.* Bas. Substanzen lassen sich vorteilhaft auf Carboxylpapier, das carboxylgruppenreiche Oxycellulose enthält, trennen. Die R_F-Werte lassen sich hier durch Variation des Carboxylgeh., des Geh. an austauschfähigem Kation im Papier, des p_H-Wertes, der Pufferkapazität u. der Kationenstärke nach Bedarf beeinflussen. In Tabellen wird der Einfl. der Kationenkonz. auf die R_F-Werte an den Aminosäuren *Arginin, Lysin, Histidin, Alanin* u. *Glutaminsäure* gezeigt. In Diagrammen werden die quantitativen Beziehungen durch Auftragen der Werte von log ($1/R_F$ — 1) gegen p_H oder —log a (Kationenaktivität) geprüft. Es ergibt sich für den in der Papierchromatographie üblichen Bereich der R_F-Werte 0,1—0,7 eine ausreichend lineare Abhängigkeit. Aus einer 2. Tabelle ist der für eine Trennung günstigste p_H-Wert der Pufferlsg. am Beispiel NaOxC-Papier mit Na-Salzpufferlsg. erkennbar, in einer 3. die lineare Beziehung zwischen $1/R_F$ u. Carboxylgeh. des Papieres dargestellt. (Z. analyt. Chem. **144.** 256—64. 1955. Mannheim-Waldhof, Zellstoff-Fabr., Forschungslabor.) H. ENDRASS. 5062

H. C. Chakrabortty und **D. P. Burma,** *Untersuchungen über Rundfilterpapierchromatographie.* Vff. stützen die Ansicht von RAO u. GIRI (vgl. C. **1955.** 10101), wonach die *Aminosäuren* bei der Rundfiltertechnik nicht nur in Richtung der Lösungsfront nach dem Rand zu wandern, sondern auch rechtwinklig zu dieser Richtung, durch einen einfachen Versuch. Aus Rundfiltern werden Kreuze geschnitten, deren Arme im unteren Grenzfall Streifen mit parallelen Rändern darstellen, im oberen Grenzfall Viertelkreissektoren bilden. Die Zwischenstufen sind Sektoren mit wachsenden Bogenlängen. Die Aminosäuren wurden auf einem Kreis in der Mitte des Kreuzes, dessen Peripherie auf den Scheiteln der 4 rechten Winkel liegt, u. zwar für jeden Sektor auf einem Punkt, aufgetragen. Ein Vgl. der für verschied. Aminosäuren mit verschied. Lauf-Fll. erhaltenen R_F-Werte mit denen der absteigenden Technik zeigt, daß diese im unteren Grenzfall übereinstimmen, mit dem Breiterwerden der Sektoren aber wachsen u. schließlich die Werte der Rundfiltertechnik erreichen. Die Flecken selbst nehmen mehr u. mehr Bogenform an. (Current Sci. **22.** 238—39. Aug. 1953. Calcutta, Bose Res. Inst., Dep. of Chem.) H. ENDRASS. 5062

John G. Surak und **Robert J. Martinovich,** *Rundfilterpapierchromatographie in der qualitativen Analyse.* Tropfen einer Lsg. von Salzen einer analyt. Gruppe werden auf 3—4 Stellen in Nähe des Zentrums eines kreisförmigen Filtrierpapiers gebracht, getrocknet u. mit geeigneten Gemischen organ. Lösungsmittel mit Säuren zu Chromatogrammen vom Zentrum aus entwickelt. Die Ag- u. Cu-Gruppe wird mit H_2S, As-Gruppe mit Dithizon, Al-Gruppe mit Alizarin, Fe-Gruppe mit ammoniakal. Dimethylglyoxim, alkal. Erdmetallgruppe mit Rhodizonat u. Alizarin u. Alkalimetallgruppe mit Violursäure sichtbar gemacht. — Identifizieren durch Vgl. mit Tropfen bekannter Zus. oder durch R_F-Werte (auch durch die Farbe der bogenförmigen Flecke). (J. chem. Educat. **32.** 95—98. Febr. 1955. Milwaukee, Wis., Marquette Univ.) K. BLUMRICH. 5062

J. W. Airan, *Zweidimensionale Rundfilterpapierchromatographie.* Zur Papierchromatographie eines Fischeiweißhydrolysats wird die Entw. mit Butanol–Eisessig–W. auf einem Filtrierpapierring (WHATMAN Nr. 1) von 0,5 cm Breite u. 6 cm äußerem Durchmesser in einer geschlossenen Glaskammer vorgenommen. Nach Lufttrocknung wird der Ring auf einem Rundfilter von 24 cm Durchmesser festgenäht u. nach der Technik von GIRI u. RAO (C. **1953.** 1064) horizontal mit dem gleichen Lösungsm. entwickelt. (Current Sci. **22.** 51. Febr. 1953. Bombay, Wilson-Coll.) PH. FRESENIUS. 5062

Clément Duval, *Anwendungen der Infrarotabsorptionsspektren; verwirklicht an einem Tropfen wässeriger Lösung.* An einem Tropfen wss. Lsg. von $^1/_{100}$ ml, der sich zwischen Lamellen aus *TlBr–TlJ* befindet, werden Infrarotabsorptionsspektren aufgenommen. Es zeigt sich, daß mittels dieses Verf. Tüpfel- u. mikrochem. Rkk. untersucht werden können. So lassen sich z. B. die Konstituenten folgender Ionengemische, bezogen auf einige γ Substanz, ermitteln: $CO_3^{2-} + HCO_3^-$; $ClO_3^- + ClO_2^-$; $PO_4^{3-} + HPO_4^{2-} + H_2PO_4^-$; $BO_3^{3-} + BO_2^- + B_4O_7^{2-}$; $SO_4^{2-} + S_2O_7^{2-}$; $SO_4^{2-} + HSO_4^-$; $SO_3^{2-} + HSO_3^-$; $SO_3^{2-} + S_2O_3^{2-}$; $S_2O_6^{2-} + S_3O_6^{2-} + S_4O_6^{2-}$. Die Durchführung der Messung dauert nur ca. 17—20 Minuten. Weiterhin werden kinet. Unterss. durchgeführt. Wie Vf. gemeinsam mit PASCAL, LECOMTE u. PACAULT (C. **1952.** 977) gezeigt hat, entsprechen die Persulfate in Pulverform der Doppelformel $M_2S_2O_8$. In wss. Lsg. gibt das $K_2S_2O_8$ genau das gleiche Spektr. mit den Absorptionsmaxima bei 1048 u. 1269 cm^{-1}. In gleicher Weise konnte an Hand der Rk. $K_2S_2O_8 + 2\,KJ \rightarrow 2\,K_2SO_4 + J_2$ die Brauchbarkeit der mikrokinet. Meth. bestätigt werden. (C. R. hebd. Séances Acad. Sci. **240.** 1646—48. 18/4. 1955.) H. SURAWSKI. 5063

Hisamitu Yosimura und **Kuniya Fukuda,** *Rückkopplungsresonanzverstärker für die Infrarotspektroskopie.* 3. Mitt. *Spektrometrie.* (2. vgl. C. **1955. 2734.**) Vf. gibt weitere Einzelheiten des Rückkopplungsresonanzverstärkers, bes. die Zeitkonstante u. den Rauschwert an. Diese werden in Verbindung mit Eigg. der verwendeten Galvanometer diskutiert. Der Zusammenhang der Arbeitsbedingungen mit dem Meßbereich u. dem Auflösungsvermögen bei automat. Messungen wird allg. u. an Hand einer Infrarotabsorptionsmessung erläutert. (J. physic. Soc. Japan **9.** 1001—08. Nov./Dez. 1954. Kyoto, Univ., Fac. of Sci., Dep. of Phys. [Orig.: engl.]) G. HEINSOHN. 5063

a) Elemente und anorganische Verbindungen.

Richard C. DeGeiso, William Rieman III und **Siegfried Lindenbaum,** *Analyse von Halogenidgemischen durch Ionenaustauschchromatographie.* Abänderung u. Fortentw. der früher (C. **1953.** 4742) beschriebenen Meth. in folgenden Punkten: Amberlite XE–67 wurde ersetzt durch *Dowex 1-X 10.* Das erlaubte Herabsetzung der Kolonnenlänge von 17 auf 7 cm u. damit Verringerung der Eluatmenge u. Verkürzung der Analysendauer. Das Elutionsmittel 0,5 mol. $NaNO_3$ wurde während der Elution durch 2 mol. $NaNO_3$ ersetzt, sobald alles Cl^- von der Kolonne entfernt war. Auf diese Weise gelang es, auch J^- schnell u. vollständig zu eluieren. Die einzelnen Fraktionen wurden potentiometr. titriert. Dauer einer vollständigen Analyse 3 Std.; mittlerer Fehler in der Best. eines Halogenids je nach Mengenverhältnis 0,02—0,09% des Gesamthalogengehaltes. (Analytic. Chem. **26.** 1840—41. Nov. 1954. New Brunswick, N. J., Rutgers Univ., School of Chem.) F. UMLAND. G 245

Arcot Viswanathan und **Syed Azmatullah,** *Fluoridnachweis durch gebleites Glas.* Zum Nachw. von Fluoriden erhitzen Vff. die Substanz mit H_2SO_4 u. hielten einen mit Pb überzogenen Glasstab in die Dämpfe. Bei Ggw. von F^- verschwindet der Überzug. Zur Herst. des Pb-Überzuges wurde ein gewöhnlicher Glasstab mit PbO bestrichen, in oxydierender Flamme erhitzt, bis der Überzug durchscheinend erschien, u. anschließend in red. Flamme bis zum Erscheinen eines schwachen Überzuges von metall. Pb. Für weitere Verss. kann der Pb-Überzug jeweils in red. Flamme erneut werden. (Chemist-Analyst **44.** 28. März 1955. Madras, Royapettah, New Coll.) H. PLUSKAL. G 246

James M. Schreyer, *Ferratoxydation von Jodat zu Perjodat.* K-Ferrat (VI) (Darst. nach THOMPSON u. Mitarbeiter, C. **1951.** II. 2433) oxydiert $NaJO_3$ in alkal. Lsg. sofort bis zu 98% zu weißem schwerlösl. $Na_3H_2JO_6$. Vf. bestätigte diese Rk. durch Umsetzung des Perjodats in saurer Lsg. mit $MnSO_4$ zu MnO_4^-, das nach Entfernung des Jodats in einen Überschuß von $FeSO_4$-Lsg. filtriert wurde, die durch $KMnO_4$ zurücktitriert werden konnte. (Chemist-Analyst **44.** 21—22. März 1955. Lexington, Kent, Univ. of Kent.)
H. PLUSKAL. G 249

Henry Kramer, *Bestimmung von Bor in Silicaten nach Ionenaustauschtrennung.* B-haltige Mineralien, Glas, Erze usw. werden entweder durch Kochen mit HCl am Rückflußkühler oder durch Sodaschmelze aufgeschlossen. Man filtriert die saure Lsg. u. stellt sie mit NaOH u. HCl so ein, daß sie gerade gegen Lackmus sauer reagiert. Dann gibt man sie durch eine Ionenaustauschersäule (Amberlite IR–120, H^+-Form), wobei störende Kationen entfernt werden. Man wäscht mit 4mal 50 ml W. u. verkocht CO_2 aus dem Eluat. Unter Verwendung eines p_H-Meßgerätes neutralisiert man mit 0,05 n NaOH genau auf p_H 7,0, fügt 40 g Mannit hinzu u. titriert wieder genau auf p_H 7,0, wobei sich der p_H-Endwert während 10 Sek. nicht ändern darf. Sehr kleine Mengen B werden colorimetr. bestimmt. Sn stört u. muß vor dem Ionenaustausch durch Zugabe von Zn-Granalien zur sauren Lsg. entfernt werden. Genauigkeit u. Reproduzierbarkeit der Meth. sind gut. (Analytic. Chem. **27.** 144—45. Jan. 1955. Claremont, Calif., U. S. Geol. Survey.)
F. UMLAND. G 258

R. F. Muraca und **E. S. Jacobs,** *Colorimetrische Bestimmung von Borat mit Polyvinylalkohol–Borat–Jod-Komplex.* Polyvinylalkoholboratester geben mit J eine blaue Anlagerungsverb., die zur colorimetr. Best. von Borat herangezogen werden kann. Für die qualitative Best. werden nacheinander vermischt: 1 ml 1%ig. Polyvinylalkohollsg., 3 ml neutrale Probelsg., 1,30 ml 15%ig. H_2SO_4, 0,10 ml $Fe_2(SO_4)_3$ (**I**)-Lsg. (10 g **I** + 2 ml konz. H_2SO_4 in 100 ml), 1 Tropfen 0,1 n J-Lsg. (1,27 g J + 3 g KJ in 100 ml). Anwesendes Borat entwickelt innerhalb ½ Std. eine Blaufärbung, während die Blindprobe gelb bleiben muß. Zur quantitativen Best. werden nacheinander vermischt: 2 ml 1%ig. Polyvinylalkohollsg., 2,5 ml neutrale Boratlsg. mit 0,75—2,0 mg B, 4,0 ml 15%ig. H_2SO_4, 0,50 ml 0,02 n J-Lsg.; nach dem Auffüllen auf 10 ml u. 1 std. Stehen wird die entwickelte Farbe gegen eine ebenso bereitete Blindprobe in einem Spektrophotometer bei 565 $\mu\mu$ oder einem Colorimeter mit Grünfilter gemessen. Die Auswertung geschieht mittels Vergleichslösungen. Die opt. D. ist dem B-Geh. nicht proportional. Reduzierende Substanzen u. große Mengen organ. Substanz stören. Die qualitative Best. kann fast in jeder Lsg. durchgeführt werden. Große Mengen störender Fremdsubstanz können bei der quantitativen Best. meist durch Sulfidfällung oder Oxydation beseitigt werden. In besonderen Fällen ist die Anwendung von Kationenaustauschern für die Entfernung der Störsubstanzen oder die vorhergehende Dest. des B als $(CH_3)_3BO_3$ möglich. (Chemist-Analyst **44.** 14—17. März 1955. Bethlehem, Pa., Lehigh Univ.)
H. PLUSKAL. G 258

D. Jentzsch und **I. Frotscher,** *Anwendung von Ionenaustauschern in der analytischen Chemie.* 1. Mitt. *Trennung von Lithium-, Natrium- und Kaliumionen.* Vff. untersuchten die Wofatite KPS 200 u. F auf ihre Eignung zur Alkalitrennung. KPS 200 weist gegenüber den Alkalien eine große Selektivität auf u. eignet sich auf Grund der Elutionskurven hervorragend für Serienanalysen zur quantitativen Trennung von Li, Na u. K, bes. auch zur Best. kleiner Mengen Na u. K neben viel Li. — A u s f ü h r u n g : Länge der Säulen ca. 1000 mm, Durchmesser 10 mm, Austauscher in H^+-Form, Korngröße 0,2 bis 0,3 mm — oder 0,08—0,15 bei Anwendung von Vakuum am unteren Ende der Säule —, Durchflußgeschwindigkeit 3—5 ml/Minute. Man spült die freie Säure mit W. aus der Säule, bringt das Salzgemisch auf u. „entwickelt" mit 0,1 n HCl. Man eicht die Säule, indem man Austrittsanfang u. -ende von Li^+ sowie Na^+ ermittelt. Bei der Analyse genügt es dann, das Eluat von 100 ml vor bis 100 ml nach dem Austritt des betreffenden Ions aufzufangen. Die Zwischenfraktionen sind frei von Alkalimetallen. Das zuletzt austretende K^+, oder die Summe $Na^+ + K^+$ werden mit 1 n HCl von der Säule gelöst. — Wofatit F ist nur bei geringerer Körnung als 0,15 mm zur quantitativen Trennung geeignet. Bei Verwendung des Austauschers in der Li^+-Form lassen sich nach dem Durchflußverf. präparativ von Na^+ u. K^+ freie Li-Salze darstellen. (Z. analyt. Chem. **144.** 1—8. 1955. Freiberg/Sachsen, Forschungsinst. für NE-Metalle, Abt. für physikal. u. analyt. Chem.)
F. UMLAND. G 275

R. Bovy und **G. Duyckaerts,** *Trennung Ba^{2+}–Sr^{2+} an Ionenaustauscherkolonnen.* Ausgehend von der Überlegung, daß von den bekannten Komplexen des Ba u. Sr die mit *Äthylendiaminotetraessigsäure* (**I**) die größten Unterschiede in den Beständigkeitskonstanten aufweisen, versuchen Vff., diese Komplexe zur Grundlage einer quantitativen chromatograph. Trennung von Ba u. Sr zu machen. Die Verteilung der beiden Elemente zwischen dem Austauscherharz (*Dowex 50*) u. der Lsg. in Abhängigkeit vom p_H-Wert

u. der Konz. an I wird theoret. betrachtet. Es werden Kurven für die Verteilungskoeffizienten erhalten, deren Richtigkeit durch stat. Verteilungsverss. mit jedem Element einzeln bestätigt werden konnten. Mit ^{131}Ba u. ^{89}Sr in Mengen von je $2,5 \cdot 10^{-5}$ Mol wurden einige Trennverss. an Säulen durchgeführt, die zeigten, daß ein hoher p_H-Wert u. langsame Durchflußgeschwindigkeit die Trennung begünstigen. (Analytica chim. Acta [Amsterdam] **11.** 134—44. Aug. 1954. Liège, Belgique, Univ., Labor. de Chim. analyt.)
F. UMLAND. G 285

Samuel B. Deal, *Polarographische Bestimmung von Cadmium und Zink in Zinksulfid-Cadmiumsulfid-Phosphoren.* Es wird die polarograph. Best. von Cd u. Zn nebeneinander in ZnS-CdS-Phosphoren beschrieben. Als innerer Eichzusatz dient $Pb(NO_3)_2$, als Maximumdämpfer eine alkoh. Lsg. von Methylrot u. Bromkresolgrün. (Analytic. Chem. **27.** 118—20. Jan. 1955. Lancaster, Pa., RCA, Tube Div.) E. MOISAR. G 289

D. Jentzsch, I. Frotscher, G. Schwerdtfeger und **G. Sarfert,** *Quantitative Analyse auf Indium.* Vff. beschreiben einen Trennungsgang, durch den In quantitativ von Al, As, Pb, Fe, Ga, Ge, Cd, Co, Cu, Mn, Ni, Ag, Bi u. Zn getrennt u. neben Sn(IV) polarograph. bestimmt werden kann. Die schwierige Abtrennung vom Fe-Überschuß erfolgt nach der Durchlaufmeth. verlustlos mit Hilfe des stark bas. Anionenaustauschers Wofatit L 150, Körnung 0,08—0,15 mm, der vorher in 5nHCl gequollen ist. Trennungsgang: Aufschluß der Probe — maximal 10 g — mit Königswasser, Zugabe von H_2SO_4, einengen bis zum beginnenden Rauchen, verdünnen, filtrieren. Im Filtrat werden die Hydroxyde von Fe, Al, In, Sn, Mn, (As) durch Einleiten von NH_3-Gas gefällt u. 1—2mal umgefällt. Man löst den Nd. in möglichst wenig 5nHCl, gibt diese Lsg. über die Wofatitsäule (Fließgeschwindigkeit 60 ml/Std.) u. wäscht mit 4nHCl, bis das Eluat Fe-frei ist. Auf der Säule sind nur In u. Sn verblieben; sie werden mit 100 bis 140 ml 0,1nHCl bei einer Fließgeschwindigkeit von 30—40 ml/Std. eluiert. Wegen der dabei auftretenden Quellung des Austauschers wurde ein besonderer Säulentyp entwickelt (Einzelheiten vgl. Original). Im Eluat werden mit NH_3-Gas die Hydroxyde gefällt, in 10—20%ig. Weinsäure gelöst u. in dieser Lsg. das In bei einem Halbstufenpotential von —0,63 V polarograph. bestimmt. Sn(IV) stört dabei nicht. Relativer Fehler ±8% bei Gehh. bis herab zu 0,005% In. (Z. analyt. Chem. **144.** 8—16. 1955. Freiberg, Sachsen, Forschungsinst. für NE-Metalle, Abt. für physikal. u. analyt. Chem.)
F. UMLAND. G 296

Otto H. Johnson und **Horatio H. Krause,** *Chromatographischer Nachweis von Scandium.* Kleine Mengen Sc bis 0,1% in Erzen lassen sich papierchromatograph. neben ca. 40 anderen Elementen nachweisen: Man gibt 0,01 ml der salpetersauren Testlsg. (p_H 2) auf den Papierstreifen, trocknet bei Raumtemp. u. chromatographiert nach der absteigenden Meth. mit einer Lsg. aus 85 Vol.-% Methylacetat, 5% HNO_3 (D. 1,4) u. 10% W., bis die Lösungsmittelfront ca. 30 cm zurückgelegt hat. Man trocknet bei Raumtemp., besprüht mit einer gesätt. Lsg. von Chinalizarin in 95%ig. A. u. hängt den Papierstreifen noch feucht 5—10 Min. in eine NH_3-Atmosphäre. Zur sofortigen Beobachtung besprüht man dann zur Neutralisation des NH_3 mit einer 1mol. Lsg. von Essigsäure in A., andernfalls wartet man, bis nach Verflüchtigung des NH_3 die Eigenfarbe des Reagenses von selber verschwindet. Sc gibt einen rotvioletten Fleck; ähnliche Farben (blauviolett bzw. blau) geben nur Zr, Th, Ti u. die Seltenen Erden. Der Unterschied in den R_f-Werten (Th 0,77; Sc 0,57; Seltene Erden 0,39; Ti 0,38 u. Zr 0,30) gestattet jedoch eine einwandfreie Trennung. Mit 0,01 ml einer 0,005mol. Lsg. von Sc wurden noch positive Chromatogramme erhalten. Die prakt. Nachweisgrenze wird mit $1 \cdot 10^{-4}$ Mol Sc, entsprechend einer Konz. der Testlsg. von 0,01mol. angegeben. (Analytica chim. Acta [Amsterdam] **11.** 128—31. Aug. 1954. Minneapolis, Minn., Univ. of Minnesota, School of Chem.) F. UMLAND. G 299

Boyd Weaver, *Die fraktionierte Trennung Seltener Erden durch Fällung mit Mandelsäure.* Die Mehrzahl der Seltenen Erden werden durch *Mandelsäure* (I) gefällt. Das Verf. ist ungewöhnlich selektiv u. zeigt die Merkmale einer Fällung aus homogener Lösung. Dauer u. Vollständigkeit der Fällung, deren untere p_H-Grenze von Element zu Element sehr verschieden ist, hängen vom p_H, von den Konzz. an I u. den Seltenen Erden sowie von der Temp. ab. Die Fraktionierung von Gemischen Seltener Erden kann über viele Stufen durch einmalige Zugabe von I, Filtration des Nd., Lösen in HCl, Fällen mit NH_4OH usw. ausgedehnt werden. Zur quantitativen Best. wurden die jeweiligen Erden als Oxalate gefällt u. zu Oxyden verglüht. Zus., Löslichkeit in W. u. Einfl. des p_H u. der Konz. an I auf die Fällung werden für *Sm*, Variation der Fällungsbedingungen u. Trennfaktoren für Mischungen von Sm u. *Nd* sowie *La, Gd,* Sm u. Nd diskutiert u. analyt. Daten tabellar. wiedergegeben, desgleichen die Trennfaktoren einzelner Stufen der Fällungen aus Gemischen mehrerer Seltener Erden. Die Ergebnisse werden mit denen anderer Trennmethoden u. deren Trennfaktoren verglichen. Im Durchschnitt ergeben sich nachst. Trennfaktoren für die Fällung mit I: Nd–*La* 14, Sm–Nd 3,8—8,7; Gd–Sm 2,3—4,5; *Tb*–Gd 1,6—2,3; *Dy*–Tb 1,6—1,8; Dy–*Y* 1,1—1,4; Y–Tb 1,0—1,5; Dy–Gd 2,7—3,6; *Ho*–Dy 1,4; *Er*–Ho 1,6; *Yb*–Y 4,4—5; *Cp*–Tm 2,2. (Analytic. Chem. **26**. 476—78. März 1954. Oak Ridge, Tenn., ORNL, Stable Isotope Res. and Product. Div.) HELMUT HOFMANN. G 303

Boyd Weaver, *Die fraktionierte Trennung Seltener Erden als Oxalate durch Fällung aus homogener Lösung.* (Vgl. vorst. Ref.) Die Fällungsbedingungen für Seltene Erden als Oxalate nach der *Methyloxalat*-Meth. werden in Abhängigkeit von der Temp. u. dem Verhältnis der Elemente zueinander an Mischungen von 2 u. mehr Elementen untersucht, die Ergebnisse diskutiert u. mit anderen Trennmethoden verglichen. Analyt. Daten u. Trennfaktoren für verschied. Bedingungen werden in Tabellen wiedergegeben. Vf. fand in Übereinstimmung mit SARVER u. Mitarbeitern (J. Amer. chem. Soc. **49**. [1927.] 943), daß die Fällbarkeit vom *Y* an, das am schwersten gefällt wird, mit steigendem At.-Gew. zu dem am leichtesten fällbaren *Sm* zunimmt. Nachst. optimale Trennfaktoren wurden ermittelt: Sm–*Nd* 1,6; Nd–*Pr* 1,4; Pr–*Ce* 1,4; Nd–*La* 2,8—5; Ce–La 1,5—2,5; Sm–Gd 1,5; *Gd*–*Tb* 1,6; Tb–*Dy* 1,3; Dy–*Ho* 1,2; Ho–*Er* 1,4; Er–*Yb* 1,3; Yb–Y 1,6; Dy–Y 3—5. (Analytic. Chem. **26**. 479—80. März 1954.) HELMUT HOFMANN. G 303

M. E. Straumanis und **J. I. Ballass**, *Die Reaktion des metallischen Titans, Zirkoniums, Hafniums und Thoriums mit Säuren, insbesondere mit Fluorwasserstoffsäure.* Von den durch therm. Zers. der Tetrajodide in hoher Reinheit erhaltenen Metallen Ti (99,7%), Zr (97%, Hf-haltig), Hf (99,2%) u. Th ($>$ 99%) ist Th das widerstandsfähigste gegen die Einw. von Säuren. Es löst sich nur sehr langsam, wahrscheinlich unter Bldg. 4-wertiger Ionen, in HF, HCl u. H_2SO_4 auf, Königswasser wirkt dagegen schneller. Andere Säuren sind fast oder ganz unwirksam. $KMnO_4$-Lsg. wird durch Ggw. von Th (oder Th^{4+}) anscheinend katalyt. zersetzt. — Das Verh. von Ti, Zr u. Hf verschied. Säuren gegenüber ist sehr ähnlich: sie lösen sich schnell selbst in verd. HF unter H_2-Entw. zu Ti^{3+} bzw. Zr^{4+} u. Hf^{4+} (Auflösungspotential für Ti —0,77 V), ebenso in Königswasser, wobei Ti am langsamsten reagiert; mit HCl u. H_2SO_4 ist die Reaktionsgeschwindigkeit viel geringer (Auflösungspotential von Ti in 1 nHCl oder H_2SO_4 +0,26 V). Andere Säuren wie HBr, HJ, $HClO_4$, HNO_3, H_3PO_4, HJO_3, CH_3COOH, Mono-, Di- u. Trichloressigsäure, CF_3COOH, HCOOH u. $H_2C_2O_4$ sind fast oder ganz unwirksam. Die Passivität der 3 Metalle wird jedoch aufgehoben, wenn in der sauren Lsg. in W. lösl. Fluoride vorhanden sind. Die Metalle lösen sich dann sogar stürm. in schwachen Säuren wie CH_3COOH (mit Ausnahme der für Hf unwirksamen HJO_3), wobei Ti durch oxydierende Säuren in den 4-wertigen Zustand übergeführt wird. Die Passivität der Metalle läßt sich durch das Vorhandensein einer oxyd. Schutzschicht auf der Oberfläche erklären, die von HF leicht unter Komplexbldg. (TiF_6^{3-}) aufgelöst wird. (Z. anorg. allg. Chem. **278**. 33—41. Jan. 1955. Rolla, Mo., Univ. of Missouri, School of Mines and Metall., Dep. of Metall.) U. WANNAGAT. G 324

Bruno Ricca und **Giovanni D'Amore**, *Spektrophotometrische Bestimmung von Molybdän und ihre Anwendung bei der Analyse der Phosphormolybdate.* In Ggw. von genügend Oxalat gibt Mo, unabhängig davon in welcher Molybdatform es vorliegt, mit Ferrocyanid eine kennzeichnende braune Färbung, deren Intensität eine bestimmte Funktion der Mo^{VI}-Konz. ist. Die Rk. eignet sich bes. zur Best. kleiner Mo-Mengen. Aus den Eichkurven wurden die optimalen Konzentrationsbereiche des Mo für die Wellenlängen von 4500—7500 Å zur Mo-Best. errechnet. Al^{3+}, Cl^+, SO_4'' u. NO_3' stören nicht im Gegensatz zu PO_4''', SiO_3'', CrO_4'' u. WO_4'', die in größerer Konz. die Mo-Best. beeinträchtigen. Die spektrophotometr. Meth. wurde auf die Analyse des *Ammoniumphosphormolybdates* (I), das nach der Meth. von WOY (1897) bzw. FREY (C. **1951**. I. 1353) gefällt wurde, angewandt. Das nach WOY gefällte I zeigte dabei einen etwas zu niedrigen Mo-Geh. (ca. —1%), während das nach FREY in der Kälte gefällte I um —5,1%, das in der Hitze gefällte I hingegen um +5,3% Mo vom theoret. Wert abwich. (Ann. Chimica **45**. 69—80. Jan. 1955. Messina, Univ., Ist. di Chim. gen.) H. NÖTH. G 336

H. Flaschka und **H. Abdine**, *Thioacetamid bei der Trennung und komplexometrischen Bestimmung von Mangan.* Zur Abtrennung des Mn für die quantitative Best. versetzten Vff. die Mn-Lsg. mit der 5fachen theoret. Menge Thioacetamidlsg. (2%ig) in neutraler oder schwach saurer Lösung. Nach Zugabe von 3 g NH_4Cl wurde auf 100 ml mit W. verd., mit konz. NH_3 alkal. gemacht, 3 Min. gekocht, filtriert u. mit W. gewaschen. Nach Auflösen des Nd. durch einige Tropfen verd. HCl wurde mit 50 ml W. verd., H_2S verkocht u. nach dem Abkühlen mit 3 mg Ascorbinsäure u. NH_3 bis zum Umschlag von Methylrot versetzt. Nach Zugabe von 5 ml Pufferlsg. (13,5 g NH_4Cl + 88 ml konz. NH_3 auf 250 ml mit W. verd.) konnte mit EDTA-Lsg. (37,22 g Dinatriumdihydrogenäthylendiamintetraacetatdihydrat/Liter; 1 ml = 5,493 mg Mn) u. Eriochromschwarz T als Indicator bis zum Umschlag nach blaugrün titriert werden. Störende Schwermetallspuren können durch Zugabe einiger KCN-Kristalle zur ammoniakal. Lsg. ausgeschaltet werden. Bei sehr geringen Mn-Mengen ist eine Zugabe einer abgemessenen Mn^{2+}-Menge bis zu 5 mg erforderlich, die vom Gesamtbetrag später wieder subtrahiert wird. Der durchschnittliche Fehler liegt bei 1—2 Tropfen der verwendeten EDTA-Lösung. (Chemist-Analyst **44.** 8—9. März 1955. Graz, Univ., Inst. for Med. Chem.) H. PLUSKAL. H 350

H. Coriou, J. Dirian und **J. Huré,** *Elektrolytische Abscheidung von Manganspuren an einer sich erneuernden Quecksilberkathode.* Es wird die elektrolyt. Abscheidung geringer Mn-Mengen (0,4—12 μg/ml) aus schwefel- oder perchlorsaurer Lsg. untersucht. Während die Anode der beschriebenen Vorr. großflächig als Pt-Netz ausgebildet ist, dient als Kathode eine Hg-Oberfläche von ca. 1 cm^2, die durch zutropfendes Hg ständig erneuert wird. Es wird der Einfl. der Geschwindigkeit der Kathodenneubldg., der Anfangskonz., der Anodenoberfläche, der Viscosität der Lsg. u. der Stromdichte auf die Kinetik der Abscheidung festgestellt u. theoret. untersucht. Eine Anwendung der Meth. zur Abscheidung von Mn aus Lsgg. von $BeSO_4$, $Ca(ClO_4)_2$ u. $U(SO_4)_2$ wird beschrieben. (Analytica chim. Acta [Amsterdam] **12.** 368—81. April 1955. Saclay, Seine et Oise, Comm. à l'Énergie Atom., Dép. de Métallurgie et de Chim. Appl.) E. MOISAR. G 350

Panta S. Tutundžić und **Sreten Mladenović,** *Quantitative elektrolytische Erzeugung von Permanganationen.* Es werden zum Zwecke der Ausarbeitung einer coulometr.-manganometr. Meth. die optimalen Bedingungen für die anod. Bldg. von Permanganat in saurer Lsg. untersucht. Bei einem Anolyten, der 3,6n an H_2SO_4 u. 0,020—0,45 mol. an $MnSO_4$ ist, erfolgt die Bldg. von Permanganat mit quantitativer Stromausbeute ohne gleichzeitige, damit konkurrierende Abscheidung von MnO_2 oder O_2. (Analytica chim. Acta [Amsterdam] **12.** 382—89. April 1955. Beograd, Univ., Inst. für Physikal. Chem. u. Elektrochem.) E. MOISAR. G 350

Panta S. Tutundžić und **Sreten Mladenović,** *Coulometrische permanganatometrische Bestimmung von Oxalat-, Ferro- und Arsenitionen.* Das nach der im vorst. Ref. prim. anod. gebildete Permanganat kann zur quantitativen Umsetzung mit geeigneten oxydablen Stoffen dienen. Es wird die coulometr.-maganometr. Best. von Oxalat, Eisen(II) u. Arsenit beschrieben. Die Endpunktserkennung erfolgt durch Ferroin als Farbindicator. Die Genauigkeit der Best. liegt bei ca. 1%. (Analytica chim. Acta [Amsterdam] **12.** 390—99. April 1955.) ——————— E. MOISAR. G 350

C. Calzolari, Determinazione spettrofotometrica del pK dell'acetofenonossima e della benzofenonossima. Trieste: Tip. Smolars. 1954. (7 S.) 8°.

C. Calzolari e **A. Ciana,** Sulle possibilità di determinazione contemporanea di potassio e sodio. Trieste: Tip. Smolars. 1854. (15 S.) 8°.

C. Calzolari e **A. Donda,** Determinazione del 2—3 dimercaptopropanolo. Trieste: Tip. Smolars. 1954. (16 S.) 8°.

H. Angewandte Chemie.

I. Allgemeine chemische Technologie.

A. Klinkenberg, *Eine Analyse der Prinzipien diskontinuierlicher und kontinuierlicher Verfahren.* Vf. untersucht den Gebrauch der Begriffe „batch" (= Charge) u. „continuous" (= kontinuierlich) bes. in Hinsicht auf Austauschverff. (Diffusionsverff.). Die verschied. Prinzipien der Prozeßführung werden dargelegt. In der Literatur werden die Wörter „batch", „intermittent", „continuous", „step wise", „co-current", „cross flow", „multiple contact" u. dgl. für unterschiedliche Begriffe verwendet; Vf. macht Vorschläge für eindeutige Definitionen. Auf Grund der so erreichten begrifflichen Klarheit werden die Argumente gegenübergestellt, die bei der Entscheidung „Chargen- oder kontinuierlicher Betrieb?" auftreten. (Chem. Engng. Sci. **4.** 39—47. Febr. 1955. Den Haag, N. V. de Bataafsche Petroleum Mij.) D. BREDTSCHNEIDER. 5800

—, *Glas als Werkstoff.* Glas gehört zu den Austauschwerkstoffen, die noch nicht genug ausgenutzt sind. Seine bekannten Eigg. (Zerbrechlichkeit, Elastizitätsmodul, Temperaturwechselbeständigkeit, Ausdehnungskoeff., Durchsichtigkeit, Erweichungsbereich u. noch weitere) werden behandelt, bes. zu erwähnen ist die chem. Beständigkeit. Dann wird kurz die Verarbeitung beschrieben. Besondere Beachtung ist der Verwendung als Glasfaser geschenkt (Glaswolle, Glasfaservlies, Isoliermatten u. -matratzen, aus Fasern von 15—25 μ Durchmesser, textile Glasfasern von 8—10 μ u. endlose Glasseiden von 3—8 μ). Weiter ist die Anwendung als Schaumglas, in der chem. Technik, Elektro- u. Vakuumtechnik, im Maschinen- u. Werkzeugbau, in der Bau- u. Möbelindustrie sowie in Landwirtschaft u. Lebensmittelindustrie angeführt. Überall wird bes. auf die noch mögliche Ausdehnung der Verwendung hingewiesen, da hier durchaus noch nicht alle Möglichkeiten erschöpft sind. (Technik **8.** 675—80. Okt. 1953.)

L. KÜHNERT. 5804

E. Wilkendorf, *Keramische Materialien für Temperaturen über 1500°.* Übersicht über die physikal. u. chem. Eigg. sowie Anwendungstabelle für Silica-, Sillimanit-, Korund-, Magnesit-, Chrom-, Siliciumcarbid- u. Zirkonsteine. (Chemie-Ing.-Techn. **26.** 533—38. Okt. 1954. Düsseldorf-Heerdt, Heinrich Koppers GmbH.) W. SCHÜTZ. 5804

Ss. N. Kusmenko und **A. N. Melnikowa,** *Gewinnung von Silicagel aus den tripelartigen Tongesteinen in Charkow.* Zur Gewinnung eines weißen, spröden, undurchsichtigen *SiO_2-Gels* (I) wird das bei 120° getrocknete zerkleinerte Gestein mit 5nKOH (15 cm³/1 g Gestein) behandelt, 30—40 Min. gekocht, nach dem Abkühlen mit wenig W. behandelt u. auf dem Wasserbad völlig gelöst. Bei tropfenweisem Zusatz von H_2SO_4 oder HCl (2:1) bis zur schwach sauren Rk. fällt voluminöses weißes I aus, das nach 36—48std. Reifung wie üblich behandelt wird. Die Unters. des SiO_2-Geh., des Glühverlustes u. der stat. Aktivität gegenüber Wasserdämpfen ergab, daß das so erhaltene I ein hohes Sorptionsvermögen aufweist. Die Aktivität gegenüber Benzoldämpfen beträgt 62,6—73,8% gegenüber 85,1% beim Silicagel aus Wasserglas. Auch gegenüber Transformatorenabfallöl ist I ebenso wirksam wie das bisher übliche Silicagel. (Журнал Прикладной Химии [J. angew. Chem.] **26.** 1317—20. Dez. 1953.) O. LEBTAG. 5848

M. G. Woronkow und **B. N. Dolgow,** *Wasserabstoßende siliciumorganische Verbindungen.* Zusammenfassende Darst. der Verwendung von siliciumorgan. Verbb. zur Hydrophobierung von Glas, Keramik, Baumaterialien, Papier, Textilien, Leder u. Metall. (Природа [Natur] **43.** Nr. 5. 22—34. Mai 1954.) J. v. SCHROEDER. 5878

J. F. Wilson, *Fraktionierte Analyse bei tiefen Temperaturen.* 4. Mitt. (5. vgl. C. **1955.** 10895.) Eine Verbesserung der vollautomat. PODBIELNIAK-Analysenanlage in Verbindung mit einer N. G. A. A.-Kühlsäule wird durch Hinzufügen eines durch commutative Schaltung verbundenen Thermoelementenpaares zu einem anderen erreicht. Dadurch wird eine schärfere Trennung der zu destillierenden Komponenten hervorgerufen. Die Manometerkorrekturen werden aufgezeigt u. die Mol.-Gew.-Best. nach PRESTON angedeutet. (Oil Gas J. **53.** Nr. 4. 97. 31/5. 1954. Union Oil Co. of California.)

H.-J. KOCH/Langenberg. 5888

John Strindlund, Uppsala, Schweden, *Trommelsaugfilter* mit von den Zellen entgegen der Drehrichtung ausgehenden Ablaufkanälen, dad. gek., daß jeder Ablaufkanal teilweise durch die nachfolgende Zelle führt u. daß jede Zelle durch eine Leitung, z. B. ein Rohr, mit dem hinteren Teil des zugehörigen Ablaufkanals derart kommuniziert, daß während der Drehung der Trommel durch die Leitung Luft in die Zelle in dem Maße eingelassen wird, wie das W. aus der Zelle in den Ablaufkanal hineinläuft, bis die Öffnung der Leitung in den Ablaufkanal durch das W. verschlossen wird. — Vorrichtung. (**D. B. P. 929 787** Kl. 12d vom 17/3. 1953, ausg. 4/7. 1955. Anmeldung bekanntgemacht 16/12. 1954. N. Prior. 20/3. 1952.) K. DEMMLER. 5831

Wingfoot Corp., Akron, übert. von: **Herbert A. Endres,** Cuyahoga Falls, O., V. St. A., *Gasreinigung* mittels Filtermassen in Form von Fäden oder Bändern aus Kautschukhydrochlorid. — Zeichnung. (**A. P. 2 597 927** vom 29/3. 1950, ausg. 27/5. 1952. **E. P. 677 795** vom 23/6. 1950, ausg. 20/8. 1952. A. Prior. 29/3. 1950.) A. HEINSEN. 5851

Deutsche Solvay-Werke G. m. b. H. (Erfinder: **Werner Dressel**), Solingen, *Brikettieren von in körniger Form und in trockenem Zustand vorliegenden Salzen mittels einer Walzenpresse,* dad. gek., daß das zu verpressende Salz mit Hobel-, Fräs- u. Schälspänen aus Holz, Metall, Kunststoff, Horn u. dgl. in einer Menge von 0,2—0,5% des zu verpressenden Salzes vermischt wird. — Z. B. werden Soda, NaCl, Na_2SO_4, $CaCO_3$ verpreßt. (**D. B. P. 927 989** Kl. 12g vom 12/4. 1950, ausg. 23/5. 1955. Anmeldung bekanntgemacht 22/3. 1951.) W. MATTHAES. 5907

Ruhrchemie Akt.-Ges., Oberhausen, *Trennen von körnigen Stoffgemischen in Bestandteile verschiedener Korngröße und Dichte.* Das körnige Material wandert innerhalb eines Behälters über mit Gasdurchgangsöffnungen versehene Zwischenböden, durch die von unten das Behandlungsmedium (Fl. oder Gas) strömt, nach unten u. verläßt den Behälter durch eine hinsichtlich der Größe ihrer Querschnittsöffnung veränderliche Öffnung, deren Durchgangsfläche so geregelt wird, daß die Schichthöhe des körnigen Materials auf den Zwischenböden konstant bleibt, wobei die Geschwindigkeit des Behandlungsmediums so weit erhöht wird, daß die staubförmigen u. spezif. leichteren Anteile des Stoffgemisches mit den behandelnden Medien oben aus dem Behälter ausgetragen werden. — Zeichnung. (**Schwz. P. 303 152** vom 12/1. 1952, ausg. 17/1. 1955. D. Priorr. 15/1. u. 18/1. 1951. **Zusatz zu Schwz. P. 291 799; C. 1954. 6557.**)

W. MATTHAES. 5907

II. Betriebsschutz. Feuerschutz.

G. E. Foxwell, *Die Beseitigung von Rauch in der Praxis.* Erörterung der in Großbritannien geforderten u. empfohlenen Maßnahmen zur Eindämmung des Rauches. (Gas Wld. **141.** 1004—06. 09. 16/4. 1955. Inst. of Fuel.) W. WESLY. 5930

—, *Luftverunreinigung durch Rauchgase aus Dampfkesselanlagen.* Ausführliche Übersicht mit 736 Literaturangaben über Entstehung von Rauchgasen u. Flugstaub in den Dampfkesselanlagen, ihre Ausbreitung in der Atmosphäre, ihre Wrkg. auf Menschen, Tiere, Pflanzen u. Gebäude, sowie rechtliche Fragen. (Mitt. Vereinig. Großkesselbesitzer **1955.** 459—571. April.) H. MÜHLMEISTER. 5930

H. M. L. Murray, *Gesundheitsgefahren in Galvanoplastikbetrieben.* Die Gesundheitsschäden, die in Galvanoplastikbetrieben durch Staub, chem. Fll. u. organ. Lösungsmittel auftreten können, u. die zu treffenden Sicherheitsmaßnahmen werden im einzelnen beschrieben. (Metal Finishing **50.** Nr. 5. 62—66. Mai 1952. Melbourne, Austral. Paper Manuf.) W. WESLY. 5932

Biagio di Palma, *Die Tetrachlorkohlenstoffvergiftung, mit besonderem Hinweis auf die toxische Wirkung bei Anwendung in Feuerlöschern.* CCl_4 ruft bei oraler Verabreichung die bekannten Leberschädigungen (Fettleber, Zirrhosenbldg.) hervor. Bemerkenswert ist der Hinweis, daß die Symptomatik bei CCl_4-Intoxikation auch für eine starke nephrot. Nierenschädigung spricht. Transcutan konnte im Tiervers. keine Schädigung hervorgerufen werden, während bei Inhalation ebenfalls Leberdegenerationen beobachtet wurden. Die Anwendung des CCl_4 bei Feuerlöschgeräten ist insofern auch gefährlich, als bei großer Hitze in hohem Maße Phosgen gebildet wird. (Gazz. int. Med. Chirurg. **60** (59). 384—90. 31/3. 1955.) P. G. SCHEURLEN. 5932

A. Thaer, *Ein Beitrag zur lichtmikroskopischen Mineralbestimmung in Feinstäuben, insbesondere des Kohlenbergbaues.* Für Feinstaubunterss. im Rahmen der Staub- u. Silicosebekämpfung im Kohlenbergbau liefert die Einbettungsmeth. nur dann brauchbare Werte, wenn ihre „klass.“ Kriterien durch andere Verff. ersetzt werden. Bei Anwendung einer speziellen Dunkelfeldbeleuchtung läßt sich in Einbettungs-Fll. hoher Dispersion eine farbige Abb. der Teilchen erreichen. Zusammen mit der bei der Verwendung von polarisiertem Licht erkennbaren Doppelbrechung stellen diese Farben zuverlässige Kriterien für die Best. von Quarz u. Silicatgruppen im Feinstaub bis zur Korngröße von 1 μ dar. Dieses Verf. kann auch mit der Phasenkontrastmikroskopie vereinigt werden. Bei quantitativen Auswertungen durch Zählanalyse im Streuapp. ist in der Regel die Farbimmersion bei Phasenkontrast vorzuziehen. (Staub, Heft **38.** 555—70. 1954. Essen.) E. BOYE. 5932

Wilfried Kohl, *Gesundheitsgefahren beim Verchromen und ihre Verhütung.* (Metalloberfläche, Ausg. B **5.** 154—55. Okt. 1953. Bochum.) J. PAHL. 5936

D. C. Sayles, *Gefahren durch Chemikalien und brennbare Lösungsmittel in der Industrie.* Allg. Ausführungen über den Schutz des Arbeiters gegen die Einw. von Chemikalien, vornehmlich von Lösungsmitteln u. deren Dämpfen, auf die Haut u. als Atemgifte sowie über die Verhütung von Bränden u. Explosionen beim Verarbeiten u. Lagern brennbarer Flüssigkeiten. (Off. Digest. Federat. Paint Varnish Products. Clubs. **1953.** 454—59. Aug. Dayton, O.) H. EISENBARTH. 5936

Melvin Gerstein, Edward R. Carlson und **Francis U. Hill,** *Naturgas–Luft-Explosionen bei vermindertem Druck. Detonationsgeschwindigkeiten und Drucke.* Bericht über Explosionen von stöchiometr. Gemischen von Naturgas u. Luft herunter bis 0,2 at Druck. Die Verss. wurden in Rohrleitungen von 2 foot (0,6 m) Durchmesser u. 300 foot (91 m) Länge durchgeführt. Explosionsgeschwindigkeiten von 6000 foot (1800 m)/Sek. wurden beobachtet u. gefunden, daß diese in einiger Übereinstimmung stehen mit den theoret. Detonationsgeschwindigkeiten, die für dieses Syst. berechnet worden waren. Das Herausdrücken von Sicherheitsscheiben u. Druckmessungen zeigten wesentlich höhere als die vorberechneten theoret. Drucke an. Die Detonationsgefahr kann nach Ansicht der Vff. durch die Anwendung von Wassersprühern an den Stellen gebannt werden, an denen eine Detonation auftritt u. sich entwickelt. Die Kombination von Wassersprühern u. Volumenvergrößerung des Syst. löscht begonnene Detonationen aus. (Ind. Engng. Chem. **46.** 2558—62. Dez. 1954. Cleveland, O., Nat. Advisory Comm. for Aeronautics, Lewis Flight Propulsion Labor.) K. O. MÜLLER. 5936

Charles Norman Davies, Dust is dangerous. New York: John de Graff. 1955. (133 S. m. Abb., Diagr.) $ 4,50.

M. F. Pranuliss, Betriebsschutz in Erdöl und Erdgas verarbeitenden Fabriken. Moskau: Gosstoptechisdat. 1955. (218 S.). 6 Rbl. 10 Kop. [russ.]

III. Elektrotechnik.

Osnabrücker Kupfer- und Drahtwerk (Erfinder: **Ulrich Raydt** und **Klaus Hanser**), Osnabrück, *Lack- oder Emailledraht.* Zur Herst. dient aus Preßdraht fertiggezogener Cu-Draht. (**D. B. P. 909 112** Kl. 21c vom 1/11. 1949, ausg. 12/4. 1954. Anmeldung bekanntgemacht 31/8. 1950.) H. KESSEL. 5952

Comp. de Produits Chimiques et Électrométallurgiques Alais, Froges et Camargue, Seine, Frankreich, *Einbrennen von Siliconlacken* auf Cu-Draht u. Drähten aus Cu-Legierungen. Man erhitzt den aufgespulten Draht zuerst in einer H_2-Atmosphäre mehrere Std. auf über 250°. Dann zieht man ihn in Ggw. von H_2 durch ein Bad aus Siliconlack (z. B. auf Methylphenylsiliconbasis), erhitzt den Draht ca. 5 Min. auf 350—400° in Ggw. von H_2 u. spult ihn auf. — Vorrichtung. (**F. P. 974 982** vom 16/9. 1948, ausg. 28/2. 1951.) T. OPPERMANN. 5957

Comp. Générale d'Électricité, Seine, Frankreich, *Elektrisches Isoliermittel.* Für Zubehörteile zu elektr. Leitungen, z. B. Stromverzweigungsbuchsen, dient als Füllmittel, das fl. eingebracht wird u. dann je nach Zus. in ½—10 Std. erhärtet, ein Gemisch im Verhältnis 1:3 bis 1:5 von einem härtenden u. einem erhärtenden Stoff. Der härtende Stoff ist eine Mischung von gelöschtem Kalk (40—70%) u. mineral. oder pflanzlichen Ölen, die durch Chlordiphenyl ersetzt sein können. Der erhärtende Stoff ist eine Mischung von Harzöl u. Teer, der ganz oder zum Teil durch eine Mischung von Chlornaphthalin u. Chlorparaffin ersetzt sein kann. Das erhärtete Füllmittel ist feuersicher u. besitzt eine elektr. Durchschlagsfestigkeit von 40000 V/mm. (**F. P. 973 190** vom 11/7. 1941, ausg. 8/2. 1951.) B. SCHMIDT. 5957

Comp. Générale d'Électricité, Seine, Frankreich, *Elektrisches Isoliermittel.* Die z. B. aus mit Abstand voneinander angeordneten Scheiben bestehende Isolation aus Polystyrol (DK. 2,2; Erweichungspunkt >80°) für elektr. Kabel, deren eine Stromführung als Mantel mit Abstand die andere drahtförmige umgibt, wird an den Enden des Kabels durch einen Stoff ersetzt, dessen Erweichungspunkt höher als der des Polystyrols liegt, z. B. durch Polyvinylcarbazol (DK. 2,95; Erweichungspunkt 150°) oder durch Steatit (DK. 5,5). (**F. P. 979 967** vom 5/11. 1942, ausg. 7/5. 1951.) B. SCHMIDT. 5957

Comp. Générale d'Électricité, Seine, Frankreich, *Elektrisches Isoliermittel.* Die Isolierung aus plastifiziertem Polyvinylchlorid für Drähte ist unter Wahrung ihrer Durchschlagsfestigkeit bis zu Tempp. von 80—90° verwendbar, wenn der Draht zunächst mit einer dünnen Schicht von Polyamiden, die mit einer Kautschukschicht umgeben werden kann, bedeckt wird u. dann erst das Polyvinylchlorid aufgebracht wird, das zusätzlich noch mit Textil- oder Nylonfaser umsponnen werden kann. — 2 Zeichnungen. (**F. P. 999 807** vom 8/1. 1946, ausg. 5/2. 1952.) B. SCHMIDT. 5957

Rheinische Draht- und Kabelwerke G. m. b. H. (Erfinder: **Heinrich Glaser** und **Herbert Mayer**), Köln, *Vulkanisierter Mantel für Kabel und Leitungen.* Zur Herst. wird ein Mischpolymerisat aus Butadien-KW-stoffen u. Acrylsäureester (I) mit 1—10% für sich polymerisiertem I mechan. vermengt. (**D. B. P. 906 119** Kl. 21c vom 25/7. 1937, ausg. 11/3. 1954. Anmeldung bekanntgemacht 9/7. 1953.) H. KESSEL. 5957

E. I. du Pont de Nemours & Co., übert. von: **Daniel Eugene Strain, Franklin Sowell Chance** und **Ambrose McAlevy,** Wilmington, Del., V. St. A., *Herstellung elektrischer Kabel.* Als Isolierschicht spritzt man eine Lage aus einem chlorsulfonierten hochmol. Polymeren, z. B. chlorsulfoniertes vulkanisiermittelhaltiges Polyäthylen (I), auf den leitenden Kern u. vulkanisiert. Man kann I auch als heiße Lsg. aufbringen u. nach Entfernung des Lösungsm. durch Erhitzen des Leiters vulkanisieren. (**Can. P. 489 409** vom 6/7. 1948, ausg. 6/1. 1953.) M. PANKOW. 5957

Akt.-Ges. für Unternehmungen der Eisen- und Stahlindustrie, Essen (Erfinder: **Hermann Fahlenbrach,** Essen, und **Walter Heister,** Köln), *Oxydischer ferromagnetischer Werkstoff.* Gemische aus ca. 5—40 (%), bes. 10—25, BaO mit 1—10 MnO oder 2—20 Cr_2O_3 u. Fe_2O_3 werden ca. 2 Std. bei 1100° gesintert. Durch MnO wird eine Steigerung der Remanenz, durch Cr_2O_3 eine Erhöhung der Koerzitivkraft der Prodd. erreicht, die bes. zur Herst. von Dauermagneten geeignet sind. (**D. B. P. 927 259** Kl. 80b vom 26/4. 1953, ausg. 2/5. 1955. Anmeldung bekanntgemacht 14/10. 1954.) F. REINHART. 5959

Lucien Paul Basset, Seine-et-Oise, Frankreich, *Stromsammler.* Der tragende Körper der akt. M. der Elektroden besteht aus porösem Graphit mit einer Porengröße von einigen μ. Zur Herst. dieses Körpers wird ein Gemisch von Teer u. ZnO zunächst bis zur Verkokung des Teers erwärmt, dann das ZnO durch Säure entfernt u. schließlich der Koks durch bis auf ca. 2400° fortschreitende Erhitzung in Graphit umgewandelt. An die Stelle der Säurebehandlung kann eine Red. des ZnO u. eine Dest. von Zn bei

1100—1200° treten. ZnO kann durch MgO, Ca-Phosphat u. a. ersetzt werden. Die fertige Graphitplatte wird unter Wechseldruck mit Salzlsg. getränkt u. mit Alkali zum Ausfällen der die akt. M. bildenden Hydroxyde bzw. Oxyde, z. B. von Ni, Fe, Cd, Pb, behandelt. — Vgl. auch D. B. P. 920 082; C. **1955**. 5622. (**F. P. 976 813** vom 20/10. 1948, ausg. 22/3. 1951.) B. SCHMIDT. 5971

Lucien Paul Basset, Seine-et-Oise, Frankreich, *Alkalischer Stromsammler.* Zur Steigerung der Sammlerkapazität durch Erhöhung der Leitfähigkeit der akt. Massen wird diesen Graphit in möglichst feiner Korngröße beigemengt. Aus einer Suspension von gereinigtem Graphit in der Lsg. eines Salzes von Ni, Co, Ag, Cu, Mn oder Hg (zur Herst. der positiven Elektrode) oder von Fe oder Cd (zur Herst. der negativen Elektrode) wird durch Zusatz von NaOH oder KOH das Hydroxyd ausgefällt, derart, daß es beim Ausfallen die Graphitteilchen mitreißt u. in den Nd. einbettet. Der Nd. wird dekantiert, filtriert u. bei 150° unter Bldg. einer porösen, hornartigen M. getrocknet, die wegen ihrer guten Leitfähigkeit eine große akt. Oberfläche liefert. — Eine negative akt. M. läßt sich auch durch anod. Entzinkung einer Zn–Cd-Legierung mit 50—70% Zn im alkal. Elektrolyten herstellen. — 3 die Sammlergestaltung betreffende Zeichnungen. (**F. P. 982 910** vom 28/7. 1943, ausg. 18/6. 1951.) B. SCHMIDT. 5971

Lucien Paul Basset, Seine-et-Oise, Frankreich, *Alkalischer Stromsammler.* Der Nd. von Zn bei Bldg. einer lösl. Elektrode ist nur in einer Dicke bis zu 0,01 mm prakt. verwendbar. Zur Erhöhung der Kapazität der Elektrode werden daher z. B. 10 Schichten eines Gewebes, das z. B. aus 100 Fe-Drähten pro Zoll von 0,08 mm Stärke besteht, mit Abstand von 0,3 mm hintereinander als tragender Körper für den Zn-Nd. angeordnet. Damit sich das Zn gleichmäßig auf den einzelnen Schichten abscheidet, sind diese durch unterschiedliche Widerstände mit der Stromzuführung verbunden u. dadurch auf unterschiedliche Potentiale entsprechend den verschieden langen Beförderungswegen der Zn-Ionen zu den einzelnen Schichten hin gebracht. Die einzelnen Gewebestücke können durch ein Band ersetzt sein, das mit gitterartigen Zwischenlagen balgartig zusammengelegt oder um die positive Elektrode gewickelt ist. (**F. P. 993 225** vom 13/6. 1949, ausg. 29/10. 1951.) B. SCHMIDT. 5971

Lucien Paul Basset, Seine-et-Oise, Frankreich, *Alkalischer Stromsammler.* Bei Herst. von graphithaltigen akt. Massen durch Ausfällen von Hydroxyden aus einer Graphit in Suspension enthaltenden Salzlsg. genügt es, wenn die Graphitteilchen eine Korngröße entsprechend einem Sieb mit 300 Fäden pro Zoll haben. Der Graphit wird bes. durch Zers. von Si-Carbid bei hoher Temp. gewonnen. — Zur Herst. von Cd-Elektroden wird dem Cd-Hydroxyd Fe-Hydroxyd im Verhältnis Cd:Fe = 80:20 beigemengt. Die Hydroxyde werden anschließend durch Calcinieren bei 700° in Oxyde umgewandelt. — Zur Herst. von Zn-Elektroden wird Hydroxyd in 5—10 μ Stärke auf einer Kathode von großer Oberfläche aus mit Hg oder Cd beschichtetem Cu ausgefällt. In Sammlern mit Zn-Elektrode wird der Elektrolyt beim Auf- u. Entladen durch Luftblasen umgerührt. (**F. P. 994 324** vom 13/1. 1945, ausg. 15/11. 1951.) B. SCHMIDT. 5971

Pierre Aimé Charles Jacquier, Seine, Frankreich, *Alkalischer Stromsammler.* Damit die akt. M. sich bei ihrer Herst. nicht nur bes. an der Oberfläche, sondern auch im Innern des tragenden metall. Sinterkörpers ablagert, wird dieser zuerst in eine Lsg. von z. B. 500 g/Liter NaOH oder KOH getaucht u. dann z. B. bei 100—120° getrocknet. Darauf wird er zur Bldg. der akt. M. mit einer gesätt. Salzlsg., z. B. von Ni-Sulfat oder -Nitrat, getränkt, wobei er kathod. polarisiert werden kann. Schließlich wird er entweder gewaschen u. getrocknet oder zur Vergrößerung der akt. M. nochmals mit verd. NaOH behandelt. (**F. P. 1 017 110** vom 4/5. 1950, ausg. 2/12. 1952.) B. SCHMIDT. 5971

Blaupunkt-Elektronik G. m. b. H. (Erfinder: **Joseph Köhne**), Berlin, *Oxydkathode.* Als Träger des prakt. wendelförmigen Heizleiters dient ein Isolierkörper aus einem der Oxydmasse (I) ähnlichen Stoff, z. B. ThO_2 bei einer Th-haltigen I. (**D. B. P. 866 072** Kl. 21g vom 14/1. 1944, ausg. 5/2. 1953.) H. KESSEL. 5975

Sylvania Electric Products, Inc., Salem, übert. von: **Horace H. Homer,** Arlington, Mass., V. St. A., *Glühkathode für Niederdruck-Gasentladungsleuchtröhren.* Die Erdalkalioxydkathode enthält, um die Verfärbung der benachbarten Röhrenwandung zu verhindern, 0,2—2 (Mol) HfO_2 auf 5,5 BaO. (**E. P. 684 717** vom 27/9. 1950, ausg. 24/12. 1952. A. Prior. 28/9. 1949. **A. P. 2 663 816** vom 28/9. 1949, ausg. 22/12. 1953.) H. KESSEL. 5975

N. V. Philips' Gloeilampenfabrieken, Eindhoven, Holland, *Glühkathoden* für elektr. Entladungsröhren. Die in einem porösen Körper aus einem hochhitzebeständigen Metall (**I**; z. B. W, Mo, Ta, Hf oder Nb) eingeschlossenen emissionsfähigen Erdalkaliverbb. (**II**) bestehen nicht aus Oxyden, sondern aus Verbb., die bei Erhitzung mit **I** unter Bldg. von freiem Erdalkalimetall (**III**) reagieren. Geeignet sind Silicate mit einem

Geh. von mindestens 8 (Gew.-%) SiO_2, z. B. $4BaO \cdot SiO_2$; oder III-Oxyd–Al_2O_3-Verbb. mit 60—90 III-Oxyd, z. B. 70 BaO u. 30 Al_2O_3; oder III-Thoriate, z. B. $BaThO_3$; oder III-Beryllate, z. B. $BaBeO_2$ mit BaO-Überschuß; oder III-Borate, z. B. $BaO \cdot B_2O_3$. (**Ind. P. 48 324** vom 28/10. 1952, ausg. 27/2. 1954.) H. KESSEL. 5975

Comp. des Lampes, Seine, Frankreich, *Quarzlampe.* In Entladungsröhren, deren Wandung aus Quarz oder Glas von hohem Brechungsindex besteht, erhitzt während des Betriebes der Röhre ein Teil der in ihr erzeugten Strahlung, der sich durch Totalreflexion in der Wandung fortpflanzt, die Einschmelzstelle für die Stromzuführung u. macht sie dadurch undicht, weil die stromzuführende Mo-Folie sich von außen her oxydiert. Zur Vermeidung dieser Störung wird die Wandung zum Teil aus blasigem Quarzglas gebildet, das für infrarote u. UV-Strahlung undurchlässig ist. (**F. P. 980 586** vom 10/2. 1949, ausg. 15/5. 1951. E. Prior. 13/2. 1948.) B. SCHMIDT. 5975

Cinema Television Ltd. (Erfinder: **Alexander Konstantinovich Denisoff** und **John Martin Sleeman Speirs**), London, England, *Leuchtschirm für Kathodenstrahlröhren.* Als Bindemittel dient ein in einem W.–Aceton-Gemisch gelöstes 1-, 2- oder 3bas. (NH_4)-Salz der Ortho-, Pyro- oder Metaphosphorsäure. (**D. B. P. 857 107** Kl. 21g vom 3/10. 1950, ausg. 27/11. 1952. E. Priorr. 13/3. 1939 u. 6/3. 1940.) H. KESSEL. 5975

Albert Flor & Sohn, Neon-Leuchtröhren-Fabrik, Elektrotechnische Werkstätten, Nürnberg (Erfinder: **Wilhelm Weber,** Bensheim), *Leuchtstoffschicht für Gasentladungsleuchtröhren oder Kathodenstrahlröhren.* Als Haftmittel (I) dienen ölige hydrophobe Stoffe, die bei der Hydrolyse u. Polykondensation siliciumorgan. Stoffe, z. B. $(CH_3)_2 \cdot SiCl_2$, entstehen, als Einbringmittel W. oder eine andere Fl., z. B. Hg, die sich in I nicht löst u. die Gefäßwand schlechter netzt als I. (**D. B. P. 871 036** Kl. 21f vom 19/1. 1950, ausg. 19/3. 1953.) H. KESSEL. 5975

Radio Corp. of America, übert. von: **Charles W. Thierfelder,** Lancaster, Pa., V. St. A., *Mehrschichtiger Leuchtschirm für Kathodenstrahlröhren.* Die Grundschicht besteht aus ca. 18,7—28,7 (%) ZnS, mit Ag aktiviert, die Oberschicht aus ca. 51,3—61,3 Zn–Be-Orthosilicat, mit Mn aktiviert, u. ca. 15—25 Ca–Mg-Silicat, mit Ti aktiviert. (**A. P. 2 654 675** vom 29/12. 1949, ausg. 6/10. 1953.) H. KESSEL. 5975

Electric & Musical Industries Ltd., Hayes, übert. von: **Alfred Sommer,** Iver, England, *Mosaikschirm für Fernsehaufnahmeröhren.* Zur Herst. wird ein aus wss. Suspension auf einer Trägerschicht gewonnener, gleichmäßig verteilter Sb_2O_3-Nd. nach dem Trocknen in H_2 erhitzt u. dadurch zu einem Mosaik aus metall. Sb reduziert. (**A. P. 2 661 304** vom 24/7. 1948, ausg. 1/12. 1953. E. Prior. 9/8. 1947.) H. KESSEL. 5975

British Thomson-Houston Co. Ltd., London, England, *Leuchtschichten für Gasentladungsleuchtröhren* bestehen aus CaO mit Mo, W oder Cr als Aktivator (I). Zur Herst. wird CaO oder $CaCO_3$ mit dem I-Metall oder einer I-Verb. (z. B. $MoCl_3$, WO_3 oder Cr_2O_3) gemischt u. bei 700—1250° gebrannt. (**E. P. 695 103** vom 24/5. 1949, ausg. 5/8. 1953.) H. KESSEL. 5975

General Electric Co. Ltd., London, England, *Leuchtschirme für Kathodenstrahlröhren* enthalten mit Sn aktiviertes Ba-Phosphat mit 2 (%) BaO-Überschuß gegenüber dem Pyrophosphat (I) u. bis 45 P_2O_5-Überschuß gegenüber I; z. B. $Ba_2P_2O_7$ oder $3 BaO \cdot 2 P_2O_5$. (**E. P. 701 266** vom 1/11. 1950, ausg. 23/12. 1953.) H. KESSEL. 5975

Canadian General Electric Co. Ltd., Toronto, Ontario, Can., übert. von: **Herman C. Froelich,** Cleveland Heights, O., V. St. A., *Magnesiumphosphatleuchtstoffe.* Sie bestehen aus 1 (Mol) $Mg_2P_2O_7$, das mit 0,001—0,2 Ce_2O_3, 0,001—0,5 ThO_2, 0,01—0,8 MnO aktiviert ist u. ca. 0,001—10% SiO_2 enthält. (**Can. P. 473 094** vom 28/5. 1948, ausg. 24/4. 1951.) W. HEYNE. 5975

United States of America, übert. von: **Walter H. Zinn,** Chicago, Ill., V. St. A., Zur *Messung der Intensität von Neutronenstrahlen* dienen 2 einander entgegengeschaltete Sperrschichtzellen, deren eine mit einer Fluorescenzschicht versehen ist, mit oder ohne U-Reaktionszwischenschicht. (**A. P. 2 608 661** vom 16/10. 1945, ausg. 26/8. 1952.) H. KESSEL. 5975

Standard Telephones & Cables Ltd., London, England, *Herstellung eines Selengleichrichters.* Man löst 2 (g) eines Polyamids in 30 Isopropylalkohol, 6 W. u. 4 Furfurylalkohol bei 50—60° (I). Dann mischt man 3 (Vol.) Isopropylalkohol mit 1 Nitromethan (II) u. vermischt 10 cm³ der Lsg. I mit 400 der II-Lösung. Durch Zusatz von NH_4OH stellt man den p_H-Wert auf 6,7—7,5 ein u. bringt die so erhaltene Fl. auf die Oberfläche einer dünnen Schicht eines Selenkristalls. (**E. P. 710 812** vom 15/8. 1952, ausg. 16/6. 1954. A. Prior. 29/10. 1951.) H. NEBELSIEK. 5977

Siemens & Halske Akt.-Ges., Berlin und München (Erfinder: **Paul Werner,** Berlin), *Elektrolytkondensator.* Beim Ätzen der Elektroden werden zur Beseitigung schädlicher Rückstände feinverteilte Gase (z. B. Luft, O_2, O_3, HCl, N_2O_3) in die Ätzlsg. eingeführt, wodurch der wegen der geringen Diffusionsgeschwindigkeit langsame Konzentrationsausgleich beschleunigt wird. (**D. R. P. 756 096** Kl. 21g vom 26/7. 1939, ausg. 30/3. 1953.) H. KESSEL. 5983

Siemens & Halske Akt.-Ges., Berlin und München (Erfinder: **Paul Werner**, Berlin), *Elektrolytkondensator*. Zum elektrolyt. Aufrauhen der Elektroden dienen Salz- oder Salz- u. Säuregemische, die das Elektrodenmetall ohne Stromfluß prakt. nicht angreifen, bes. Halogenverbb., z. B. $AlCl_3$, NaCl, KBr, $KClO_3$, HCl. — Beispiele: 2000 (g) W., 150 $AlCl_3$, 45 $KClO_3$; 200 W., 400 HCl, 150 $AlCl_3$, 45 $KClO_3$. (**D. R. P. 756 216** Kl. 21g vom 19/12. 1936, ausg. 13/10. 1952.) H. KESSEL. 5983

Siemens & Halske Akt.-Ges., Berlin und München, *Elektrolytkondensator*. Als Elektrolyt dienen esterartige Prodd., die aus organ. Basen vom Typ der Oxyalkylamine durch Rk. mit anorgan. oder organ. 1- oder mehrbas. Säuren unter Austritt von W. gebildet werden, bes. Reaktionsprodd. aus Mono-, Di- oder Triäthanolamin u. HBO_2 oder H_3PO_4. (**D. R. P. 765 110** Kl. 21g vom 12/4. 1933, ausg. 29/9. 1952.) H. KESSEL. 5983

Siemens & Halske Akt.-Ges., Berlin und München, *Elektrolytkondensator*. Das eine 2. Komponente (z. B. Cu) enthaltende Elektrodenmetall wird als Anode elektrolyt. aufgerauht. Die Porosität kann noch durch eine Glimmentladung verstärkt werden. (**D. R. P. 767 865** Kl. 21g vom 27/5. 1933, ausg. 5/4. 1954.) H. KESSEL. 5983

Siemens & Halske Akt.-Ges., Berlin und München (Erfinder: **Anneliese Wendt** und **Walter Kirsch**, Berlin), *Elektrolytkondensator*. Der Elektrolyt enthält auf ca. 1,4 (Mol) Glykol ca. 1 B_2O_3 u. ca. 0,5 NH_4OH. (**D. B. P. 878 417** Kl. 21g vom 26/1. 1942, ausg. 1/6. 1953.) H. KESSEL. 5983

Siemens & Halske Akt.-Ges., Berlin und München (Erfinder: **Paul Schupp**, Berlin), *Kondensator*. Vor dem Einspritzen zwischen die starren Belegungen werden dem z. B. aus TiO_2 u. Polystyrol bestehenden Isolierstoffgemisch zur Verhinderung der Red. oxydierende Stoffe zugegeben, z. B. Peroxyde organ. oder anorgan. Substanzen, bes. Benzoylperoxyd oder Peroxyde der Erdalkalien. (**D. B. P. 907 440** Kl. 21g vom 22/9. 1937, ausg. 25/3. 1954. Anmeldung bekanntgemacht 2/7. 1953.) H. KESSEL. 5983

Siemens & Halske Akt.-Ges., Berlin und München (Erfinder: **Werner Herrmann**, Stuttgart), *Elektrolytkondensator*. Die Kondensatorkörper werden vor dem Imprägnieren mit dem Elektrolyten ca. 2 Std. bei ca. 100° getrocknet. In die Abstandshalter wird vor dem Imprägnieren prakt. ein Netzmittel gebracht, bes. ein solches, das mit mindestens einer Komponente des Elektrolyten chem. verwandt ist, z. B. Methylglykol. (**D. B. P. 907 442** Kl. 21g vom 30/11. 1943, ausg. 25/3. 1954. Anmeldung bekanntgemacht 12/2. 1953.) H. KESSEL. 5983

Siemens & Halske Akt.-Ges., Berlin und München (Erfinder: **Paul Werner**, Berlin), *Elektrolytkondensator*. Der Alkaligeh. des aus einer schwachen Säure, z. B. Borsäure, mindestens einem mehrwertigen Alkohol, z. B. Glykol oder Glycerin, u. einem Alkali, z. B. NH_3-W., bestehenden Elektrolyten wird zur Erhöhung der Funkenspannung unter 0,5%, prakt. unter 0,1%, gehalten. (**D. B. P. 911 048** Kl. 21g vom 17/7. 1943, ausg. 10/5. 1954. Anmeldung bekanntgemacht 17/9. 1953.) H. KESSEL. 5983

Chemische Werke Hüls Akt.-Ges. (Erfinder: **Oswin Nitzschke**), Marl, Kr. Recklinghausen, *Durchführung elektrochemischer Prozesse*, bei denen die eine Elektrode aus einer über festen, metall. Trägerflächen ausgebreiteten, laufend erneuerten Schicht eines fl. Metalls (bes. Hg oder Amalgam) besteht, dad. gek., daß die Schicht des fl. Metalls durch Berieseln der bewegten Trägerflächen mit fl. Metall, bes. quer zur Bewegungsrichtung, erneuert wird. Bei mehr oder weniger senkrecht zu einer horizontal liegenden Achse angeordneten Trägerflächen erfolgt das Berieseln von der Achse aus. — Abbildungen. (**D. B. P. 923 842** Kl. 12h vom 26/2. 1952, ausg. 21/2. 1955. Anmeldung bekanntgemacht 15/7. 1954.) R. SCHREINER. 5993

Chemische Werke Hüls Akt.-Ges. (Erfinder: **Oswin Nitzschke**), Marl, Kr. Recklinghausen, *Durchführung elektrolytischer Prozesse*, bei denen die eine Elektrode aus einer über feststehenden, geneigten oder vertikalen metall. Trägerflächen (I) ausgebreiteten Schicht aus fl. Metall (Hg oder Amalgam) besteht u. die fl. Metallschicht laufend durch Berieseln der I erneuert wird (vgl. D. B. P. 923 842; vorst. Ref.), dad. gek., daß man die Zuführung des fl. Metalls zu den I abschnittweise vornimmt, wobei die einzelnen Abschnitte der I gleichzeitig oder in period. Wechsel nacheinander berieselt werden. — Abbildungen. (**D. B. P. 926 004** Kl. 12h vom 18/3. 1952, ausg. 4/4. 1955. Anmeldung bekanntgemacht 15/7. 1954.) R. SCHREINER. 5993

IV. Wasser. Abwasser.

D. W. Osborn, *Äußere phosphatische Ansätze an Economisern des Orlando-Kraftwerkes, Art der Entstehung und Verfahren zur Beseitigung.* Nach verschied. vergeblichen Verss., die Ansätze mit bekannten Methoden zu beseitigen, wurde, nach sehr eingehender Unters. der Art der zeitlichen Entstehung u. der chem. Zus. der durch den P-, B- u. F-Geh. der Kohle bedingten Ansätze, eine chem. Reinigungsmeth. für Rippenrohreconomiser u. ein besonderes Verf. der Behandlung mit W. für Glattrohreconomiser entwickelt. — 15 Literaturzitate. Diskussion. (J. South African Instn. mechan. Engr. **4.** 99—123. Nov. 1954. Johannesburg.) H. ECKHARD. 6030

G. E. Muns und **C. V. Thompson,** *Problem über die Unterbringung von Phenolabwässern in Kokereien.* Inhaltlich ident. mit der C. **1954.** 1567 referierten Arbeit. (Year Book Amer. Iron Steel Inst. **1953.** 285—306. Midland, Pa., Coke Plant Midland Works, Crucible Steel Co of America.) K. O. MÜLLER. 6036

G. A. Howell, *Minderung der Verschmutzung durch Wassereinsparung.* 1. Mitt. *Wassereinsparung in Stahlwerken.* In der Stahlindustrie muß das Betriebswasser zur Vermeidung von Ablagerungen in Leitungen, Düsen usw. schwebestofffrei gehalten u. Geschwindigkeitsänderungen möglichst vermieden werden. Bei reichlicher Wasserversorgung wird das im Hochofenbetrieb verwendete W. anschließend zur Gichtgasreinigung ausgenützt, dann 80 Min. mechan., nach CaO-Zusatz weitere 2 Std. geklärt u. abgeleitet. Die sonst anfallenden, von Zunder durch $^1/_4$std. Klärung befreiten Abwässer, sowie Kesselablauge usw., werden gesammelt, in einer Reinigungsanlage 5 Min. belüftet, 16 Min. mechan. vor-, 4 Std. nachgeklärt u. über ein Vorhaltebecken für weitere 4 Std. Aufenthaltszeit entweder zurückgenommen oder abgeleitet. Ölhaltige Abwässer werden gesondert in Flockungs-, Klär- u. Absetzbecken entölt. (Sewage ind. Wastes **24.** 1368—71. Nov. 1952. Pittsburgh, Pa., U. S. Steel Co.) H. MANZ. 6036

R. N. Simonsen, *Minderung der Verschmutzung durch Wassereinsparung.* 2. Mitt. *Wassernutzung in vier Raffinerien.* (1. vgl. vorst. Ref.) In Raffinerien muß die Hälfte der aufgewendeten Wärme durch W. abgeleitet werden. Je nach der Frischwasserversorgung schwankt der Wasserverbrauch in 4 Gasolinraffinerien der gleichen Firma von 7,0 m^3 bei voller Frischwasserkühlung u. Entölung des gesamten Ablaufes bis zu 0,27 m^3 je Barrel Rohöl bei möglichst weitgehender Rücknahme, wobei unter den ungünstigsten Verhältnissen die Abwassermenge um 85% bei gleichzeitiger Minderung des Ölgeh. von 82 auf 52 mg/Liter u. Senkung der Ablauftemp. von 38,3 auf 24,4° verringert wird, da der Ablauf bestimmter Betriebe nicht auf Kühltürme gegeben werden kann. (Sewage ind. Wastes **24.** 1372—77. Nov. 1952. Cleveland, O., Standard Oil Co., Ohio.) H. MANZ. 6036

John Ludden jr. und **John F. Vogler,** *Minderung der Verschmutzung durch Wassereinsparung.* 3. Mitt. *Wassereinsparung in einer chemischen Fabrik.* (2. vgl. vorst. Ref.) Der durch Produktionserhöhung gesteigerte Wasserbedarf wurde durch innerbetriebliche Maßnahmen, Messung des Verbrauches der einzelnen Bauten, Nachkontrolle aller Betriebsverff., unter Minderung des Verbrauches von 375 auf 275 m^3 je t Fertigfabrikat abgebremst. (Sewage ind. Wastes **24.** 1377—81. Nov. 1952. Willow Island, Va., American Cyanamid Co., Calco Chem. Div.) H. MANZ. 6036

K.-E. Quentin, *Der Nachweis von Barium und Strontium in der Wasseranalyse.* Da Ba u. Sr in natürlichen Wässern in gegenüber Ca sehr geringen Mengen vorkommen, müssen sie zum chem. Nachw. angereichert werden. Dies erfolgt zweckmäßig durch Kationenaustauscher, von denen sich *Lewatit S 100* u. *Permutit RS* bewährten; ca. 30 bis 40 g werden in einer Kippsäule von 1 Liter W. bei $<$ 1 g Mineralstoffgeh./kg, bei höherem weniger W., durchflossen u. nach dem Kippen die Kationenbelegung mit 250 cm^3 10%ig. HCl eluiert. Das Eluat wird eingeengt oder bei stärker mineralisiertem W. die Erdalkalien mit $NH_3 + (NH_4)_2CO_3$ gefällt u. in wenig HCl (1—2 cm^3) gelöst. Zur papierchromatograph. Trennung wird mit 95 (cm^3) Methanol + 5 konz. HCl + 500 mg NH_4CNS entwickelt, getrocknet, in NH_3-Atmosphäre behandelt u. mit Rhodizonsäure Sr als hellroter, Ba als rotvioletter Fleck sichtbar gemacht. Ihre Menge läßt sich an mitentwickelten Ba- u. Sr-Lsgg. bekannten Geh. mit 10—20% Genauigkeit einschätzen. (Z. Lebensmittel-Unters. u. -Forsch. **99.** 85—90. Aug. 1954. München, Univ., Balneol. Inst., Chem. Abt.) H. MÜHLMEISTER. 6060

J. Bouman, *Die Bestimmung von Fluoriden im Leitungswasser. Abwandlung des Verfahrens von Willard und Horton.* Das von WILLARD u. HORTON vorgeschlagene Verf. (C. **1953.** 584) wird in einigen Punkten (Konz. der verwendeten Lsgg. u. p_H; Abkühlung des verwendeten doppelt dest. W. u. des A. auf 0°) abgeändert u. gestattet in dieser Form die F-Best. in 0,25 cm³ W. mit einer Genauigkeit von 0,02 γ/Liter. — 12 Schrifttumshinweise. (Chem. Weekbl. **51**. 33—34. 15/1. 1955. Amsterdam, Gemeentelijke Univ., Nederlands Inst. voor Volksvoeding en Physiol. Chem. Labor.) W. WESLY. 6060

Egbert Möhlau, *Beitrag zur Frage der Einführung des Gesamtmineralsäurenwertes in die Wasseranalyse.* Die Best. des Gesamtmineralsäurewertes in mval/Liter nach NAUMANN durch Titrieren von 100 cm³ eines Kationenaustauscher-(*H-Wofatit*)-Filtrates mit 1 n NaOH wurde dadurch verbessert, daß durch eine neue Form des Filters mit 30 cm langer Wofatitsäule von 1 cm Durchmesser u. 20 cm darüber von 3 cm Durchmesser die zu titrierenden Einzelmengen des Filtrates auf 10 cm³ verringert wurden, die mit 0,1 n NaOH mit Mikrobürette titriert werden können, wobei der Umschlag des *Methylorange* (I)-Indicators gegen lachsrote Vergleichslsg. vom p_H 4 (4 Tropfen 0,01 n HCl zu 10 cm³ dest. W. + 1—2 Tropfen 0,1%ig. I) festgelegt werden muß. Statt 300—400 werden so nur 30—40 cm³ der Wasserprobe benötigt bei Verminderung der Durchlaufzeit von 45—60 auf 9—12 Minuten. (Pharmaz. Zentralhalle Deutschland **94**. 47—53. Febr. 1955. Dresden, Bez. Hyg. Inst., Abt. Wasserhygiene.) H. MÜHLMEISTER. 6060

Lloyd R. Setter, Abraham S. Goldin und **John S. Nader**, *Bestimmung der Radioaktivität von Wasser und industriellen Abfallprodukten mit einem geschlossenen Proportionalitätszähler.* Vff. beschreiben eine Meth. zur getrennten Best. der α- u. β-Radioaktivität nichtflüchtiger Bestandteile in W. u. in industriellen Abfallprodd., die bei einer Konz. von 50 μμc/Liter die α-Aktivität mit einer Fehlergrenze von ±10% u. die β-Aktivität mit einer Fehlergrenze von ±20% erfaßt. Die suspendierten Festkörperchen werden abfiltriert oder zentrifugiert; das Filtrat wird auf einer großen Zählerscheibe eingedampft, um zur Vermeidung von Selbstabsorption eine möglichst dünne Schicht zu erzeugen. Die Aktivitäten der lösl. u. unlösl. Teile werden dann mit einem geschlossenen Proportionalitätszähler bestimmt. (Analytic. Chem. **26**. 1304—06. Aug. 1954. Cincinnati, O., Robert A. Taft Engng. Center, Dep. of Health, Educat. and Welfare.) MAX SCHMIDT. 6060

V. Anorganische Industrie.

Mathieson Chemical Corp., Virginia, übert. von: **John W. Churchill**, Kenmore, N. Y., V. St. A., *Entfernung von in Öl dispergierten Tröpfchen von NaOH.* Durch Rk. mit wasserlösl. festem Bicarbonat, z. B. $NaHCO_3$, wird NaOH zu Na_2CO_3 u. gleichzeitig das W. vollständig zum Dekahydrat gebunden u. dieses abfiltriert. Anwendung bei dem *Azo-Hydrazo-Prozeß zur Bldg. von H_2O_2*, wobei eine in einem organ. Lösungsm. gelöste aromat. Azoverb. mit Na-Amalgam u. W. red. wird unter Bldg. der entsprechenden Hydrazoverb. u. NaOH. Vor der Behandlung des red. Öls mit O_2 enthaltenden Gasen wird das NaOH in Na_2CO_3 übergeführt u. abgetrennt. (**A. P. 2 639 977** vom 15/11. 1951, ausg. 26/5. 1953.) E. REICHELT. H 241

National Aluminate Corp., übert. von: **Paul G. Bird**, Chicago, Ill., V. St. A., *Kolloidale Lösungen anorganischer Oxyde.* Basenaustauscher auf Kohlebasis werden mit verd. Säure behandelt, dann läßt man eine wss. Alkalisalzlsg., z. B. Na-Silicatlsg., durchlaufen, wobei die Na^+ gegen H^+ ausgetauscht werden, u. zieht die koll. *Kieselsäure*-Lsg. ab. (**Can. P. 488 751** vom 29/9. 1947, ausg. 9/12. 1952. A. Prior. 15/4. 1940.) W. WITTHOLZ. H 261

Ministry of Supply, London, England, *Radioaktivierung von Metallen.* Eine Lsg. eines metall. Elements (z. B. Cu, Hg, Zn, La oder Fe), das einer (n, γ)-Rk. zugänglich ist, wird mit einem Ionenaustauscher in Kontakt gebracht, so daß das Element in Austauschstellung geht. Nach dem Auswaschen des Überschusses wird der Ionenaustauscher mit therm. Neutronen bestrahlt. Dabei verlassen die aktivierten Metallatome als Folge des bei der γ-Strahlenemission auftretenden Rückstoßes den Mol.-Verband des Ionenaustauschers. Sie werden ausgewaschen, ehe sie bei hinreichend langsamer Wrkg. des Ionenaustauschers von diesem wieder eingebaut oder gegen nichtaktivierte Atome ausgetauscht werden. Prakt. wird hierzu der Ionenaustauscher mit der Lsg. einer Verb. (I) behandelt, die mit dem Element eine Komplexverb. bildet, wobei die von dem Ionenaustauscher nicht mehr gebundenen aktivierten Atome von der Lsg. aufgenommen u. aus dem Ionenaustauscher entfernt werden. Prakt. findet ein Kationenaustauscher Verwendung, z. B. ein sulfonierter Polystyrol- oder ein Na–Al-Silicat-Ionenaustauscher. Als I dienen prakt. Diphenylthiocarbazon (für Cu), symm. Diphenylcarbazid (für Hg), 8-Oxychinolin (für Zn), das (NH_4)-Salz von Nitroso-β-phenylhydroxylamin oder α-Benzoinoxim (für La u. Fe). (**E. PP. 699 034** vom 20/2. 1951, ausg. 28/10. 1953 u. **702 170** vom 12/6. 1951, ausg. 13/1. 1954.) H. KESSEL. H 270

Verkaufsgemeinschaft Deutscher Kaliwerke G. m. b. H. (Erfinder: **Rudolf Bachmann**), Hannover, *Schwimmaufbereitung von kalihaltigen Salzen.* In weiterer Ausbldg. des D. B. P. 872 182 wird an Stelle von 2-wertigen aliphat. Alkoholen mit mehr als 5 C-Atomen ein n., unverzweigter 1-wertiger aliphat. Alkohol mit 4—20 C-Atomen oder Gemische mit derartigen Alkoholen verwendet. Die 1-wertigen Alkohole können im Gemisch mit mehrwertigen Alkoholen mit 4—20 C-Atomen benutzt werden. Man kann die Alkohole vor ihrer Zugabe in W. oder Salzlsgg. emulgieren. (**D. B. P. 905 721** Kl. 1c vom 19/10. 1952, ausg. 4/3. 1954. Anmeldung bekanntgemacht 9/7. 1953. **Zusatz zu D. B. P. 872 182; C. 1953. 8959.**) W. HAUSWALD. H 275

Westinghouse Electric Corp., East Pittsburgh, Pa., übert. von: **John C. R. Kelly**, Upper Montclair, N. J., V. St. A., *Herstellung von Vanadintrioxyd* mit $< 0{,}1\%$ N_2. V_2O_5 wird bei 450—650° mit H_2-Gas red., das geringe Mengen N_2 enthält u. bei 0—60° mit Wasserdampf gesätt. ist. (**A. P. 2 702 739** vom 7/9. 1951, ausg. 22/2. 1955.) H. NEBELSIEK. H 330

VI. Silicatchemie. Baustoffe.

Lothar H. Lehnert, *Überwachung der Schmelze durch physikalische Methoden.* Vf. weist auf die fortschreitende Automatisierung der Arbeitsverff. u. verlangt ein Anpassen der Arbeitsverff. an die Glaseigenschaften. Die chem. Analyse ist jedoch zur laufenden Überprüfung während des Betriebes zu langsam. Physikal. Eigg. wie D., Brechungsindex, therm. Ausdehnung u. elektr. Leitfähigkeit sind jedoch weitgehend von der Zus. abhängig u. anderseits verhältnismäßig schnell zu messen. Vf. gibt in einer Anzahl von Tabellen die Werte für solche physikal. Konstanten u. ihre Änderung im Verhältnis zur Zusammensetzung. An einem durchgerechneten Besispiel führt er einige Möglichkeiten an. Es ist bes. zu beachten, daß gewisse Zusammensetzungsänderungen sich gegenseitig aufheben. Die Leitfähigkeit wird z. B. durch Hinzufügen von 1% Na_2O ebensoweit heruntergesetzt wie durch Hinzufügen von 1% CaO. In einer abschließenden Tabelle führt er alle Meßmethoden mit den dazugehörigen Einrichtungen u. Instrumenten, der Meßgenauigkeit, der notwendigen Zeit u. dem Verhältnis Meßwert/Meßgenauigkeit für $+0{,}25\%$ Na_2O an. (Glastechn. Ber. **28.** 1—5. Jan. 1955.) L. KÜHNERT. 6174

Harry Kalsing, *Einschmelzgläser.* 2. Mitt. *Einschmelzgläser für Eisenlegierungen.* (1. vgl. C. **1955.** 2981.) Fe würde sich wegen seiner mechan. u. elektr. Eigg. gut als Einschmelzmetall eignen, wenn die Ausdehnung nicht mit $132 \cdot 10^{-7}$ zu hoch wäre. Hingegen ist es möglich, Fe–Ni-Legierungen zu verwenden, die bei 55—60% Ni erst bei Tempp. über 375° den Ausdehnungssprung aufweisen. Bei solchen Legierungen muß die Zus. sehr genau eingehalten werden, da zusätzliche accessor. Bestandteile die Ausdehnung stark beeinflussen. Vf. gibt in 5 Tabellen Zuss. von Einschmelzgläsern für Fe–Ni-Legierungen mit 43% Ni, 46% Ni + Co, Fernico- u. Kovar- sowie Fe–Cr-Legierungen, wobei er die Bedingungen u. Anforderungen für die Gläser zur Verwendung mit den genannten Legierungen einzeln behandelt. (Sprechsaal Keram., Glas, Email **86.** 363—65. 5/8. 1953.) L. KÜHNERT. 6200

J. Volger, J. M. Stevels und **C. van Amerongen,** *Die dielektrische Entladung von Glas und die Pseudokapazität der Oberflächen im Kontakt Glas–Metall, gemessen bei sehr niedrigen Frequenzen.* Vf. betrachtet die Entladungszeiten als Platzwechselzeiten eines Na-Ions. Die Werte sind abhängig von der Frequenz u. der Temp. u. sind mit einer einfachen Gleichung eines Zweiplattenkondensators berechenbar. (Verres et Réfractaires **8.** 16—26. Jan./Febr. 1954.) W. SCHÜTZ. 6200

A. M. Kruithof und **A. L. Zijlstra,** *Die elastischen Eigenschaften eines Glases und ihr Einfluß auf den Ausgleich innerer Spannungen.* Aus Messung der Elastizität u. Viscosität läßt sich rechner. der Spannungsausgleich ermitteln. (Verres et Réfractaires **8.** 3—15. Jan./Febr. 1954. Eindhoven, Phillips' Gloeilampenfabrieken, Glaslabor.) W. SCHÜTZ. 6200

F. J. McCulloch, *Emaillierfehler an den Schweißnähten von Feinblechen.* Das Auftreten von Fehlstellen in Form von Blasen oder Löchern längs der Kanten von Schweißnähten beim Emaillieren ist zurückzuführen auf Luft oder Gas, das beim Brennen des Emails aus den nichtverschweißten Spalten zwischen den Blechrändern durch das geschmolzene Email durchbricht. Reste von Beizmitteln zwischen den Spalten verstärken die Fehlerbildung. (Sheet Metal Ind. **28.** 267—68. 271. März 1951.) F. VIER. 6212

K. P. Asarow, *Die Regelung der Eigenschaften von Blechgrundemails.* Inhaltlich ident. mit der C. **1955.** 191 referierten Arbeit. (Silikattechnik **5.** 347—48. Aug. 1954.) F. MARKHOFF. 6212

J. J. Canfield, *Erzeugen einer dünnen Nickelschicht und ihre geeignete Kontrolle.* Als Vorbehandlung vor dem Emaillieren hat sich die Erzeugung einer dünnen Ni-Schicht

auf der zu überziehenden Oberfläche bewährt, da diese Schicht die Haftung des Emails verbessert. Bei Verwendung eines blauen Grundemails sollen ca. 0,03—0,06 g Ni pro sq.ft auf der Metalloberfläche niedergeschlagen werden. 0,20 g Ni/sq.ft verursachen feine Poren u. Blasen im Email. Bei weißem Grund ist die optimale Menge Ni 0,12 g/sq.ft Die Abscheidung der Ni-Schicht erfolgt z. B. aus $NiSO_4$-Lsgg. mit 1 oz./gal. $NiSO_4 \cdot 7\,H_2O$ mit einem p_H-Wert von 3,2—3,5 bei 170°F. Die Einhaltung dieser Faktoren ist wichtig. — 15 Literaturstellen. (Int. Enamelist **4.** 7—10. 26. 1954. Armco Steel Corp.)
F. MARKHOFF. 6212

János Grofcsik und **Béla Toronyi**, *Neue Forschungsergebnisse über die Mullitbildung.* Aus chem. reinem Tonerde- u. Silicagel wurden dem Mullit u. entwässertem Kaolinit entsprechende Mischungen hergestellt u. geformte Probestücke gebrannt, dann ebenso 5% Mineralisatoren enthaltende Mischungen. Die gepulverten Proben wurden röntgenograph. untersucht. Mullit entsteht schon bei 950°. Bei hohem SiO_2-Geh. wird bei 1000° die dem Tonerdegeh. entsprechende maximale Mullitmenge gebildet. Mischungen mit niedrigem SiO_2-Geh. bei 1000° gebrannt enthalten neben Mullit γ-Al_2O_3, doch verschwinden die Linien des letzteren nach dem Brennen bei 1200°, u. die Substanz ist reiner Mullit. Mineralisatoren sind ohne Einfl. auf die Mullitbildung. Die Ergebnisse weisen dahin, daß die Güte der keram. Erzeugnisse nicht die Mullitmenge, sondern die Größe der Mullitkristalle bedingt. Das Kristallwachstum ist wahrscheinlich nicht Folge der katalyt. Wrkg. der Mineralisatoren, sondern der gebildeten Schmelze. Da eine unmittelbare Messung der Kristalle nicht möglich ist, wird die ausgebrannte Probe fein gepulvert u. — in der Annahme, daß die Bldg. größerer Kristalle eine gröbere Struktur verursacht — auf die Größe der Kristalle aus der spezif. Oberfläche des Pulvers gefolgert. (Építöanyag [Baumaterial] **7.** 81—82. März 1955.) J. PLANK. 6216

Antonio de Ambroggi, *Über das Verhalten und die Eigenschaften keramischer Produkte des Feldspattyps mit porösem Scherben in Beziehung zur mineralogischen und chemischen Zusammensetzung, der granulometrischen Beschaffenheit der Kieselsäure und der thermischen Behandlung.* In Ergänzung besprochener, fremder Arbeiten führt Vf. Unterss. an wohldefinierten Kaolin-, Bindeton-, Feldspat-, Quarzgesmischen durch, bei denen verschied. Quarzsorten (überwiegend italien.) in unterschiedlicher granulometr. Zus. verwendet werden. In vergleichender Gegenüberstellung erfolgt der Brand in einem Tunnel- bzw. Kanalofen. Die in Abhängigkeit der Quarzsorte u. ihrer Feinheit ermittelten Brenn- u. Schwindungsdiagramme zeigen, daß feinere Quarzmischung eine größere Schwindung u. demzufolge eine verminderte scheinbare Porosität u. lineare Dilatation bedingt. Grobkörniger Quarz erweist sich, in Abhängigkeit von der Sorte, gegen unterschiedliches Brennen weniger empfindlich als feinkörniger. — Tabellen- u. Diagrammmaterial. (Ceramica [Milano] [N. S.] **10.** Nr. 4. 53—60. April 1955.) W. ANIKA. 6216

K. P. Roy Chowdhury und **Rabindar Singh**, *Herstellung von feuerfestem Sillimanitmaterial aus dem Sillimanitsand von Travancore Strands.* 1. Mitt. Vff. berichten über die Unterss. des Sillimanits (I) von Travancore Strands bei verschied. Tempp., Drucken u. Veränderungen der Vakuumperiode. Die Umwandlungscharakteristika von I zu Mullit werden bestimmt u. Angriffe eisenhaltiger Schlacken auf das feuerfeste Material untersucht. (J. sci. ind. Res. [New Delhi] **13 B.** 292—300. April 1954. Jamshedpur, Nat. Metall. Labor.) O. BÄR. 6218

W. N. Jung und **N. J. Fatejeva**, *Geschwindigkeit der Klinkerbildung und Eigenschaften der Klinker als Funktion der Brennverhältnisse.* Inhaltlich ident. mit der C. **1955.** 7294 referierten Arbeit. (Építöanyag [Baumaterial] **7.** 115—18. März 1955.)
J. PLANK. 6222

Antonio Rébuffat, *Kritische Betrachtungen über Calciumaluminate und Tonerdezemente.* (Vgl. C. **1952.** 4832.) Die Bldg. der verschied. Calciumaluminate ist, nach Ansicht des Vf., neben den Abbindebedingungen (Temp., W/Z-Verhältnis, Zeit, p_H-Wert) maßgeblich von den im Anmachwasser gelösten Ca- bzw. Al-Mengen abhängig, deren Verhältnis zueinander sich ständig ändert, indem einzelne Komponenten auskristallisieren, worin der Grund zu suchen ist, daß in der Literatur oftmals abweichende, nicht deutbare Ergebnisse zu finden sind. Nach Meinung des Vf. entsteht vom $CaO \cdot Al_2O_3 \cdot 4\,H_2O$ über das $2\,CaO \cdot Al_2O_3 \cdot 5\,H_2O$ das $3\,CaO \cdot Al_2O_3 \cdot 6\,H_2O$, das sich auch im Falle, daß 2 Mol Calciumaluminat mit 1 Mol Kalk reagieren, bildet. Enthält das Anmachwasser ausreichende Mengen Kalk, so wird aus dem unstabilen C_3A das Tetracalciumaluminat, für das Vf. die obenst. Strukturformel angibt. (Rev. Matér. Construct. Trav. publ., Édit. C. **1951.** 186—91. Juni.) W. ANIKA. 6222

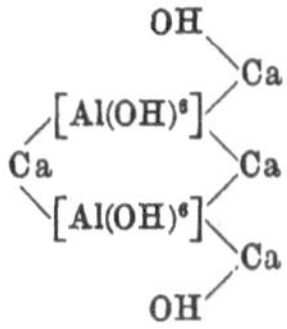

P. Weber, *Errechnung des Entsäuerungsgrades in Vorwärmern für Drehöfen aus der Orsatanalyse.* Es wird eine Formel u. ein Diagramm zur Ermittlung des Entsäuerungsgrades von $CaCO_3$ u. $MgCO_3$ im Vorwärmer eines Drehofens zum Brennen von Zement,

Kalk, Magnesit u. Dolomit mit Kohle- oder Ölfeuerung aus den Orsatanalysen der Abgase am Eingang u. Ausgang des Vorwärmers unter Berücksichtigung der Falschluft u. des (CO_2 + SO_2)-Anteils aus der Verbrennung aufgestellt. Die Best. des Entsäuerungsgrades aus der Abgaszus. ist einfacher u. genauer als die aus der bisher üblichen chem. Unters. des Brenngutes, da eine gute Durchschnittsprobenentnahme desselben nicht durchführbar ist. Aus dem Entsäuerungsgrad wird die im Vorwärmer für die Entsäuerung verbrauchte Wärmemenge berechnet. (Zement–Kalk–Gips **8** (**44**). 89—93. März 1955. Düsseldorf, Forschungsinst. der Zementindustrie.) W. GELMROTH. 6222

F. Kaempfe, *Untersuchungen über die Hydratation des Calciumsulfats.* Beim Abbinden von Gips, bestehend aus β-Halbhydrat (I) mit einem größeren Anteil an Anhydrit III (II), steigen die Bindezeiten bei steigender Temp. des W. u. auch, jedoch schwächer, bei steigender Temp. des Gipses. Die Wärmetönungen fallen stark mit steigender Temp. des W. u. steigen etwas mit steigender Temp. des Gipses. Die Festigkeiten fallen mit steigender Abbindetemperatur. Diese Feststellungen werden in Beziehung zu den Löslichkeiten von Gips bzw. I u. II gebracht u. diese ebenfalls bei verschied. Tempp. untersucht. Zur Unters. des Gesamtablaufes der Hydratation von I u II werden der zeitliche Verlauf des Kristallwasseranstieges der festen Phase, die Abnahme der $CaSO_4$-Konz. der fl. Phase, der Temperaturanstieg u. die Zeitpunkte der äußerlich wahrnehmbaren Abbindevorgänge (nach VICAT) miteinander verglichen. Bei I zeigt sich eine einfache, bei II eine doppelte Hydratation, die über I verläuft. In wasserdampfgesätt. Atmosphäre bei 100° erhielt Vf. aus I α-Anhydrit III, der gegenüber der wasserdampfgesätt. Atmosphäre stabil ist, aus II (n. Anhydrit III = β-Anhydrit III) dagegen I. Für die Praxis wird daraus geschlossen, daß trocken überbrannter Gips durch Nachbehandlung mit Wasserdampf leicht in Gips mit n. Kristallwassergeh. zurückgeführt werden kann, in geschlossenen Kochern überkochter Gips dagegen nicht. (Zement–Kalk–Gips **8** (**44**). 77—85. März 1955. Bodenwerder, Weser.) W. GELMROTH. 6226

F. Vavrin, *Hydraulischer Kalk aus der Zementfabrik Řetenice.* Der hydraul. Kalk von Settenz (= Řetenice) (I) hat die chem. Zus. (%): Glühverlust 10,87, SiO_2 17,91, Al_2O_3 + Fe_2O_3 7,69, CaO 60,56, MgO 0,07, SO_3 0,58, Na_2O 2,06. Die Festigkeitseigg. sind sehr gut, doch erhärtet er zu schnell. Zugabe von 5% $CaSO_4$ zu I verlängert den Beginn der Abbindezeit u. erhöht die Festigkeit. Flugasche erhöht, Kalkbrei erniedrigt die Festigkeit von I. Zucker u. B_2O_3 verlängern zwar die Abbindezeit, kommen aber aus wirtschaftlichen Gründen nicht in Betracht, Harnstoff ist ohne Einfluß. I ist als Zementersatz nur bei Verlängerung der Abbindezeit verwendbar. (Stavivo **31**. 244—50. Sept. 1953. Gottwaldov, Úst. Prefabrik.) K. STEINER. 6226

W. Krämer, *Über den Einfluß des Zusatzes von Hochofenschlackensand auf Festigkeit und Verarbeitbarkeit von Baukalken.* Die Unterss. erstreckten sich auf zwei Weißkalke, drei Wasserkalke, einen hydraul. Kalk u. einen Romankalk, drei bas. Hochofenschlackensande u. eine große Zahl von Zweistoffbindern, bestehend aus einem dieser Kalke einerseits u. einer der Schlacken andererseits in den verschiedensten Mischungsverhältnissen. Mit zunehmendem Schlackengeh. steigen die Festigkeiten bis zu einem Maximalwert an u. sinken bei weiterer Erhöhung des Schlackengeh. schnell ab. Höhe u. Lage des Festigkeitsmaximums sowie der Kurvenverlauf in dessen Nachbarschaft sind stark von dem jeweils verwendeten Schlackensand, dagegen nur verhältnismäßig wenig von der Kalkart abhängig. Die Verarbeitbarkeit gemäß der Wasserrückhaltefähigkeits- u. Geschmeidigkeitsprüfung fällt allg. mehr oder weniger mit steigendem Schlackensandzusatz; jedoch bestehen hier zwischen den verschied. Schlacken beträchtliche Unterschiede, so daß in jedem Fall entsprechende Vorverss. nötig sind. (Zement–Kalk–Gips **8** (**44**). 37—44. Febr. 1955. Braunschweig, TH, Inst. für Baustoffkunde u. Materialprüfung.) W. GELMROTH. 6226

S. P. Kinney und **Fred Osborne,** *Vorteilhafte Verwendung der Schaumschlacke aus dem Hochofen für Leichtbaustoffe.* Beim KINNEY-OSBORNE-Prozeß wird die Schlacke in der Schlackenrinne durch Luft, Dampf u. W. verblasen. Beschreibung der Anlage mit Abbildungen. Zus. geeigneter Hochofenschlacken. Verwendung für Leichtbeton u. Leichtbausteine, Angaben über Gewicht u. mechan. Eigenschaften. Verwendungszwecke mit Abbildungen. (Blast Furnace Steel Plant **43**. 493—501. Mai 1955. Carnegie, Pa., S. P. Kinney Engng., Inc.) K. STEIN. 6228

E. F. Osborn, R. C. DeVries, K. H. Gee und **H. M. Kraner,** *Die günstigste Zusammensetzung der Hochofenschlacke, abgeleitet aus Angaben über die Liquiduslinien im quaternären System CaO–MgO–Al_2O_3–SiO_2.* Auf der Grundlage von Liquiduslinienmessungen im Syst. CaO-MgO-Al_2O_3-SiO_2 u. von früher veröffentlichten Angaben werden Zustandsschaubilder in je 5% Al_2O_3-Abständen von 5—35% Al_2O_3 aufgestellt. Die Liquidustempp. u. die Primärphasenfelder werden hierfür angegeben. Die günstigste

Zus. für eine Hochofenschlacke bei einem gegebenen Al_2O_3-Geh. wird aufgezeigt. Beim günstigsten Punkt sind die Schlacken vollständig fl. u. besitzen ihre maximale Entschwefelungsfähigkeit bei größter Dünnflüssigkeit. Es wird die Anwendbarkeit dieser Angaben von den synthet. quaternären Schlacken auf die im Hochofen anfallenden Schlacken erörtert. Der Brechungsindex von Gläsern sowie die Zus., Temp. u. Phasenangaben für jedes der untersuchten Gemische werden angegeben. — 19 Schrifttumsstellen. (J. Metals **6.** Nr. 1. Sect. 1. Trans. AIME **200.** 33—45. Jan. 1954. State College, Pa., Pensylvania State Univ. bzw. Bethlehem, Pa., Bethlehem Steel Co.) H. HOCHSTEIN. 6234

Friedrich Hegemann und **Christa v. Sybel,** *Spektrographische Bestimmung von Aluminium, Eisen und Titan in Quarzsanden mit dem Kohlelichtbogen.* Es wird eingehend die Behandlung der Kohle zur Aufnahme des Untersuchungsmaterials beschrieben, ebenso werden alle Daten für den benutzten Spektrographen (Q 24 von ZEISS) gegeben. Der zeitliche Verlauf des Abbrandes wird in Kurven dargestellt u. erläutert. Die Eichung des Analysenverf. erfolgt mit künstlich eingestellten Testmischungen. Der Nachweisfehler liegt zwischen $\pm 2,1$ u. $\pm 3,4\%$ des Geh., die Nachweisgrenze (geschätzt) für Fe_2O_3 bei 0,0005%, für Al_2O_3 bei 0,001% u. für TiO_2 bei 0,001%. (Glastechn. Ber. **28.** 190—94. Mai 1955.) L. KÜHNERT. 6242

Friedrich Hegemann und **Barbara Pfab,** *Die quantitative flammenphotometrische Bestimmung von Natrium und Kalium in Kalk–Natron-Glas.* Der Aufschluß wird nach dem Verf. von TANANAEFF u. BABKO mit HF u. Oxalsäure vorgenommen, indem die Glasprobe auf dem Wasserbad mit HF aufgeschlossen u. die M. zur Trockne eingedampft wird. Der Rückstand wird mit W. aufgenommen, mit überschüssiger Oxalsäure versetzt, zur Trockne eingedampft u. dann die Oxalsäure bei 190° absublimiert. Der wss. Auszug des Rückstandes enthält die Alkalien als Oxalate. Er wird auf ein bestimmtes Vol. gebracht u. in der Flamme des Spektrometers zerstäubt. Einzelheiten der Anweisung für den Aufschluß werden bes. gegeben, ebenso die Herst. der Eichlösungen. Durchgeführte Analysen werden mit chem. Analysen verglichen. Es ergibt sich, daß z. B. die im Ca-Oxalatrückstand verbleibenden Alkalirückstände die geforderte Genauigkeit der Analyse nicht beeinträchtigen. Die Zeit für eine Analyse ist ca. 2 Stunden. Es sind damit 3 wesentliche Bedingungen für die Eignung gegeben: Große Genauigkeit ($\pm 0,4\%$ des Gehaltswertes), geringer Zeitbedarf u. einfache Eichlösungen. (Glastechn. Ber. **28.** 85—89. März 1955.) L. KÜHNERT. 6242

Erich Vogel, *Bestimmung der Kohlensäure in Zementen, Kalk usw. mit Hilfe der Absorptionsmethode.* Beschreibung von App. u. Arbeitsweise zur Zers. von carbonathaltigen Proben im Vakuum durch eintropfende überschüssige HCl (zuletzt erhitzt) u. Absorbieren des CO_2 in überschüssiger 5%ig. $Ba(OH)_2$-Lsg., die aus einem Vorratsgefäß in einen angeschlossenen, geschüttelten Kolben eingelassen war. In diesem wird dann die Lsg. langsam unter Umschwenken mit n-HCl auf Phenolphthaleinumschlag neutralisiert u. mit Methylorange als Indicator titriert. — 10—15 Min. Bestimmungsdauer. (Silikattechnik **4.** 167—68. April 1953. Nienburg/Saale.) K. BLUMRICH. 6252

E. Zymny, *Eine Methode zur titrimetrischen Bestimmung von Kieselsäure in Zementen.* Beschreibung einer für Reihenunterss. geeigneten Meth. zur Best. von SiO_2 in Zementen, bei der die Kieselsäure ohne Abscheidung direkt in der Lsg. unter Zusatz von $CaCl_2$ mit $Ba(OH)_2$ u. Nitramin als Indicator titriert wird. (Zement–Kalk–Gips **8** (**44**). 59. Febr. 1955. München.) W. GELMROTH. 6252

R. Jones und **E. N. Gatfield,** *Betonprüfung durch ein Ultraschallimpulsverfahren.* Beschreibung der App. zur Präzisionsmessung der Longitudinalwellengeschwindigkeit von Ultraschallimpulsen in Beton oder anderen Baumaterialien u. ausführliche Darlegung der Anwendung dieser Messung zur zerstörungsfreien Best. der Druckfestigkeit u. anderer technolog. Eigg. des Betons oder der Rißbldg. darin, bes. bei Betonbauten oder -bauteilen in eingebautem Zustand, bei Straßendecken u. dergleichen. Zahlreiche Diagramme, Abbildungen u. Literaturangaben. (Dep. sci. ind. Res., Road Res. techn. Pap. Nr. **34.** 1—48. 1955. London, Road Res. Labor.) W. GELMROTH. 6252

A. Rick, *Bestimmung des Bindemittelgehalts in Beton nach DIN 52170.* Die Best. des Bindemittelgeh. in erhärteten Mörteln u. Betonen ist mit großen Unsicherheiten verbunden, die zu Fehlschlüssen führen können. Um die Prüfungsergebnisse krit. beurteilen zu können, fordert Vf. die genaue Angabe der Identifizierungsmethoden im Prüfungsergebnis. (Zement–Kalk–Gips **8** (**44**). 58. Febr. 1955. Bad Godesberg.) W. GELMROTH. 6254

John A. Stahmann, *Vanadin- und Molybdänflecken an Bausteinen.* Zusammenfassender Beitrag zum Thema: „Ausblühungen an Mauerwerk". Durch Soxlethextraktion werden die ausblühenden Substanzen zur Bestimmung angereichert. Literaturübersicht von 1925—1950 mit 165 Zitaten. (Amer. ceram. Soc. Bull. **34.** 138—44. 15/5. 1955. Los Angeles, Calif., Gladding, McBean & Co.) W. SCHÜTZ. 6256

Karl Friedrich Keil, Quedlinburg, *Dichtung und kurzfristige plastische Dichtung (Versteifung) von Bodenarten* im festen u. lockeren Zustand, z. B. von Löß, Lehm, Sand, Kies, Gesteinsgrus. Diese Bodenarten werden mit in ungefähr bestimmbarer Zeit von selbst zur Bldg. dichtender u. hydratisierender Ndd. führenden Lsgg. von Wasserglas (20%) u. Na-Carbonat (10% der Wasserglasmasse) vermischt. (**D. B. P. 905 597** Kl. 84c vom 9/11. 1950, ausg. 4/3. 1954. Anmeldung bekanntgemacht 2/7. 1953.) O. STEIL. 6161

A. S. P. Chemical Co. Ltd., England, *Stabilisieren von Böden.* Um Böden, z. B. Baugrund, eine maximale Widerstandsfähigkeit gegen Belastungen zu verleihen, verleibt man ihnen reife u. unreife vegetabil. Substanzen (z. B. Sisalabfälle, Erdnußschalen, Kakaobohnen-, Kaffeebohnenextraktionsrückstände) u. Salze von zwei- u. dreiwertigen Metallen (Ca, Mg, Al, Fe) u./oder Zemente von der Art des Portlandzements ein. Die Böden können außerdem Konservierungsmittel (z. B. Cu-Salzlsgg., Na-Pentachlorphenolatlsg.) enthalten. Bei manchen Böden empfiehlt es sich, ein Bindemittel (z. B. Teer, Pech, Wachs, Bitumen) zuzusetzen. — Z. B. vermischt man gesiebten Lehmboden mit 5% zerkleinerten Erdnußschalen, 0,75% Al-Sulfat u. 0,5% Na-Pentachlorphenolat. — Vgl. auch A. P. 2 661 297; C. **1955.** 2055. (**F. P. 1 045 662** vom 11/4. 1951, ausg. 30/11. 1953.) I. OPPERMANN. 6161

American Optical Co., Southbridge, Mass., übert. von: **Robert Bowling Barnes,** Stamford, und **Walter A. Fraser,** Ridgefield, Conn., V. St. A., *Glas mit wohldefinierter Ultraviolettdurchlässigkeit.* Das Glas hat folgende Zus.: 67,6(%) SiO_2, 1,02 Al_2O_3 + Fe_2O_3, 7,05 CaO, 3,23 PbO, 8,70 Na_2O, 6,43 K_2O, 3,60 B_2O_3, 1,65 Sb_2O_3, 0,59 MnO_2, 0,07 CuO u. 0,08 V_2O_5. — Diagramme, Zeichnung. (**A. P. 2 676 109** vom 22/12. 1950, ausg. 20/4. 1954.) HANS HOFFMANN. 6201

Westinghouse Electric Corp., East Pittsburgh, übert. von: **Walter J. Hushley,** Pittsburgh, Pa., V. St. A., *Einbettungsglas für Zinksulfidphosphore.* Das Glas besteht aus einem durch Verschmelzen erzeugten Reaktionsprod. eines Versatzes, welcher 55—80 (Gew.-%) B_2O_3, 10—25 SiO_2, 2—12 Al_2O_3 u. MgO, wobei jedoch das MgO nicht mehr als 6 der Gesamtmischung betragen soll, u. 5—15 Na_2O u. NaF, sowie 0—25 GeO_2 enthält. — Beispiel für die Zus. eines Glasversatzes: 55 B_2O_3, 20 SiO_2, 10 Al_2O_3, 5 Na_2O, 5 K_2O u. 5 NaF. — Zeichnung. (**A. P. 2 681 861** vom 12/12. 1950, ausg. 22/6. 1954.) HANS HOFFMANN. 6201

Pittsburgh Plate Glass Co., übert. von: **James Earle Duncan,** Brakenridge, und **Samuel L. Seymour,** New Kensington, Pa., V. St. A., *Opalisierendes Glas.* Dieses besteht im wesentlichen aus 60—70 (Gew.-%) SiO_2, 15—20 einer Mischung aus Na_2O u. K_2O, 0,1—5 CaO, 0—10 Al_2O_3, 4—10 TiO_2, 0,75—2,25 CeO_2 u. 4—7 F_2. Eine bevorzugte Zus. des Glases besteht aus: 67,53 SiO_2, 16,33 Na_2O, 0,82 K_2O, 0,48 CaO, 3,86 Al_2O_3, 5,11 TiO_2, 4,11 F_2, 0,60 As_2O_5 u. 1,16 CeO_2. (**A. P. 2 683 666** vom 26/9. 1951, ausg. 13/7. 1954.) HANS HOFFMANN. 6201

Dow Corning Corp., V. St. A., *Behandlung von Tuchfasern und Papier mit Organosiloxanen.* Butylmethylpolysiloxan wird auf eine dünne Papierfolie (12 Gew.-% des angewandten Papiers) aufgetragen. Das Siloxan wird vom Papier absorbiert, wobei durch Abwischen von Glasoberflächen, wie Spiegelglas, Fensterglas, Brillengläser, mit dem imprägnierten Papier eine dünne Schicht von Siloxanen aufgetragen wird. Auch Mischpolymerisate der Siloxane können verwendet werden. — Beispiele. (**F. P. 983 776** vom 29/3. 1949, ausg. 27/6. 1951.) W. WITTHOLZ. 6201

Gebr. Dalheimer (Erfinder: **Kurt Dalheimer**), Veitsrodt bei Idar-Oberstein, *Herstellung von zweiseitigem Überfangglas.* Das Verf. nach D. B. P. 921 713 wird in der Weise abgeändert, daß an Stelle von einseitigem Überfangglas von nicht überfangenem Glas ausgegangen wird, welches nach dem Verf. gemäß D. B. P. 921 713 an beiden Seiten gleichzeitig oder nacheinander in der Hitze mit einer Glasschicht oder glasähnlichen Glasur oder Emailschicht überzogen wird. (**D. B. P. 923 321** Kl. 32b vom 8/4. 1952, ausg. 10/2. 1955. Anmeldung bekanntgemacht 5/2. 1953. **Zusatz zu D. B. P. 921 713; C. 1955. 6108.**) HANS HOFFMANN. 6213

Akt.-Ges. Brown, Boveri & Cie., Baden (Erfinder: **Arthur Gaudenzi,** Wettingen, und **Hannes Giger,** Baden), Schweiz, *Silicatische, Chromoxyd enthaltende Schutzschicht auf metallischen, chromhaltigen Bauteilen von Gasturbinen* besteht aus einer eingebrannten Haftschicht aus reinem chromoxydhaltigem *Email* sowie aus weiteren, jeweils auf die vorhergehende Schicht eingebrannten Schichten von chromoxydhaltigem Email, welchem in steigender Menge MgO beigemischt ist. Die Schicht bietet Schutz gegen V-enthaltende Brennölschlacken. — Abbildung. (**D. B. P. 926 707** Kl. 48c vom 9/8. 1952, ausg. 21/4. 1955. Anmeldung bekanntgemacht 30/9. 1954. **A. P. 2 697 670** vom 20/7. 1953, ausg. 21/12. 1954. Beide Schwz. Prior. 28/7. 1952.) F. MARKHOFF. 6213

National Lead Co., New York, N. Y., V. St. A., *Titanoxyd und Bleioxyd enthaltendes Email.* In dem Email soll mindestens ein Teil des TiO_2 in ungelöstem Zustand u. auf jeden Teil PbO sollen 0,01—0,1 Teile P_2O_5 enthalten sein. — Z. B. besteht eine Fritte aus 58,5(%) PbO, 26,4 SiO_2, 5,1 Na_2O, 2,3 B_2O_3, 3,6 TiO_2, 3,4 ZrO_2 u. 0,7 P_2O_5. Diese Emails eignen sich bes. zum Dekorieren von Glasoberflächen. (**E. P. 724 374** vom 24/8. 1953, ausg. 16/2. 1955. A. Prior. 26/8. 1952.) F. MARKHOFF. 6213

Gesellschaft für Elektrometallurgie m. b. H., Düsseldorf (Erfinder: **Richard Fey,** Eschweiler), *Chromoxydhaltiger feuerfester Stoff.* Gemahlenes Chrommetall, Ferrochrom, Chromcarbid oder C-haltiges Ferrochrom, wird mit gemahlenen Oxydverbb. des Chroms, wie Chromoxyd oder Chromeisenstein, unter Zuschlag von Alkali- oder Erdalkalisalzen bei Tempp. über 1000° gesintert. Sauerstoffabgebende Mittel, wie Chromate, Nitrate oder Chlorate, können der zu sinternden M. zugesetzt werden. Es entstehen Stoffe, die vollkommen oder überwiegend aus einer Verb. der Formel $CrO \cdot Cr_2O_3$ bestehen. Die Stoffe können mit organ. oder anorgan. Bindemitteln, gemischt zu feuerfesten Stampfmassen oder Steinen, durch Formen u. Brennen verarbeitet werden. (**D. B. P. 923 955** Kl. 80b vom 21/3. 1952, ausg. 24/2. 1955. Anmeldung bekanntgemacht 15/4. 1954.) F. REINHART. 6219

Walther Dawihl, Illingen/Saar, *Verschleißfeste Werkstoffe* werden aus sauerstoffarmen Oxyden des Ti, Zr, Ta, Nb, Cr oder deren Gemischen hergestellt, wobei der O-Geh. mindestens 20(%) u. höchstens 80 des O-Geh. beträgt, der den an der Luft glühbeständigen Oxyden der genannten Metalle entspricht. — Z. B. werden die Verbb. TiO, ZrO, NbO, TaO u. CrO verwendet. Die niederen Oxyde können durch Umsetzung der höheren Oxyde mit den Metallen oder durch Red. mit gasförmigen Reduktionsmitteln erhalten werden. In die Gitter der niederen Oxyde können andere Atome, wie C, N, B, Si oder P, eingebaut werden, z. B. zur Bldg. von CrOC, TiOB oder $TaOSi_2$. Es werden kalt- u. warmharte, kriechfeste u. zunderbeständige Erzeugnisse erhalten. (**D. B. P. 925 276** Kl. 80b vom 9/2. 1952, ausg. 17/3. 1955. Anmeldung bekanntgemacht 11/12. 1952.) F. REINHART. 6219

Didier-Werke Akt.-Ges., Wiesbaden (Erfinder: **Fritz Klasse,** Duisburg), *Regenerieren von gebrauchten Siliciumcarbidsteinen.* Das Altmaterial wird gemahlen, mit einem Gemisch aus HF u. H_2SO_4 vermengt u. durch Erhitzen die durch Oxydation von SiC entstandene SiO_2 als SiF_4 entfernt, das aufgefangen werden kann. Der Rest des Säuregemisches wird von dem gereinigten SiC getrennt. (**D. B. P. 927 497** Kl. 80b vom 27/9. 1951, ausg. 9/5. 1955. Anmeldung bekanntgemacht 3/7. 1952.) F. REINHART. 6219

Siemens-Schuckertwerke Akt.-Ges., Berlin und Erlangen (Erfinder: **Gunter Thumb**), *Verbinden von keramischen Teilen mit Teilen aus oxydierbaren Metallen.* Die Metalle, wie Kupfer, werden, z. B. in Drahtform, mit einer niedrigschm., bes. bleihaltigen Glasur, in einer reduzierenden Atmosphäre auf die keram. Teile aufgebrannt u. oxydierend nachgebrannt. Hierdurch wird vermieden, daß im ersten Teil des Brandes das Metall red. wird, u. im zweiten Teil des Brandes werden etwaige Bleiausscheidungen wieder oxydiert. (**D. B. P. 925 519** Kl. 80b vom 6/6. 1943, ausg. 24/3. 1955. Anmeldung bekanntgemacht 17/1. 1952.) F. REINHART. 6221

Flugfunk-Forschungsinstitut Oberpfaffenhofen e. V., München (Erfinder: **Walter Knecht,** Wright Field, O., V. St. A.), *Metallbelag auf einem keramischen Körper.* Zum Aufbringen von metall. Überzügen auf Körpern aus keram. Stoffen müssen Überzug u. Körper auf Tempp. nahe dem F. des keram. Stoffes erhitzt werden, um eine wirkliche dichte Verb. zu erhalten. Da diese Erhitzung bei keram. Stoffen mit hohem F., wie Al_2O_3, BeO oder MgO, nur schwer möglich ist, so wird zunächst auf den hochschm. Stoff ein solcher mit niedrigerem F., ca. 1300—1500°, z. B. Speckstein, aufgesintert oder aufgeschmolzen u. erst darauf der Metallbelag aufgebracht u. eingebrannt. Es kann auch eine Suspension von Metallpulver mit dem niedrigerschm. keram. Stoff vermischt u. mit ihm zusammen aufgebracht werden. (**D. B. P. 928 878** Kl. 80b vom 30/6. 1944, ausg. 13/6. 1955. Anmeldung bekanntgemacht 11/11. 1954.) F. REINHART. 6221

Monsanto Chemical Co., St. Louis, Mo., V. St. A., *Gefärbte Dachdeckungsmasse.* Körnige Stoffe, wie Calciumsilicatschlacke, werden mit einer Pigmentfarbe überzogen, welche mit Hilfe eines in W. unlösl. Metaphosphates fixiert ist. — Z. B. werden die körnigen Ausgangsstoffe mit einem Gemisch aus einer Pigmentfarbe, wie Cr_2O_3, MnO_2 oder dgl., u. einem wss. prim. Orthophosphat bis zur Bldg. eines gleichmäßigen Überzuges behandelt, dessen Salzanteil dann durch entsprechende Erhitzung in das Metaphosphat übergeführt wird. (**E. P. 672 683** vom 5/11. 1948, ausg. 28/5. 1952. A. Prior. 1/12. 1947.) HANS HOFFMANN. 6229

Fritz Lieblang und **Hans Luckard**, Deutschland, *Herstellung von Baukörpern mit Wasserglas als Bindemittel.* Z. B. vermischt man 1 (Volumenteil) PbO_2 mit 3 Ziegelbruchpulver u. gegebenenfalls einer Teilmenge Grus trocken innig u. setzt dann mit 1½ Na-Wasserglaslsg. (66% H_2O) den Mörtel an. Die M. kann mittels einer Stempelpresse in Formen verdichtet werden, die Erhärtung erfolgt sehr schnell. Nach Entschalen kann mittels Wärme nachgetrocknet werden. Man kann auch noch Schlacke, Lava, Holzmehl, Torf- oder Korkpulver, Asbest, Glaswolle, Schlackenwolle, Torffasern oder eine Mischung mehrerer dieser Stoffe einmischen. (**F. P. 1 001 709** vom 21/6. 1946, ausg. 27/2. 1952.) H. BEWERSDORF. 6229

VII. Agrikulturchemie. Schädlingsbekämpfung.

Sante Mattson und **Elisabeth Koutler-Andersson**, *Geochemie eines Hochmoors.* Bei der Bldg. eines Hochmoors tritt der Einfl. des Grundwassers zurück gegenüber dem Einfl. des Regenwassers, dessen Zus. dann auch die Zus. des Moors beeinflußt. In dem Profil des Ramna-Moors weisen vor allem die Bodenschicht, der Grenzhorizont (ca. 145 cm tief) u. die obere Schicht (30 cm tief) auf geochem. Einflüsse hin; sie sind reich an Aschenbestandteilen u. an N. Die Bodenschicht wurde aus Wasserpflanzen gebildet; der Grenzhorizont am Ende einer trockenen u. warmen subborealen Periode, in welcher die Moorbldg. stagnierte, u. die obere Schicht verdankt ihren höheren Geh. an Mineralstoffen u. N der industriellen u. landwirtschaftlichen Tätigkeit des Menschen (Industriegase, Winderosion bearbeiteter Böden). Im älteren Moor ist der Ligningeh. infolge einer rascheren Zers. der Cellulose u. Hemicellulose im damals herrschenden wärmeren Klima höher. Das Basenbindungsvermögen des Torfs bei p_H 10 ist ebenfalls höher, was mit einer Autoxydation des Lignins in Verbindung gebracht wird. Der N-Geh. ist um so höher, je höher p_H ist. Die Pollenanalyse weist auf eine starke Anhäufung von Mineralstoffen u. N während der letzten 100 Jahre hin. (Kungl. Lantbrukshögskolans Ann. **21.** 321—66. 1954. Uppsala, Kungl. Lantbrukshögskolans, Inst. für Bodenkunde.) A. JACOB. 6300

Fiorenzo Mancini, *Über die Böden der Umgebung von Bagni di Casciana.* In verschied. Bodenproben, in der Hauptsache Kalkböden, werden die Fremdbestandteile bestimmt, um daraus Schlüsse auf den Zusammenhang mit Klima u. (wesentlich stärker bemerkbar) Muttergestein zu ziehen. Mit diesem stimmen die Proben in Farbe u. Verhältnis $SiO_2:Al_2O_3$ überein. (Ricerca sci. **23.** 1624—35. Sept. 1953. Florenz, Univ., Ist. di Geol. appl.) R. K. MÜLLER. 6300

Clara Petronici und **Eleonora Tamajo,** *Erster Beitrag zur Kenntnis der Tonböden Siziliens.* Bericht über orientierende Unterss. der Tonböden Siziliens bzgl. ihrer Petrographie u. ihres physikal.-mechan. Verh. sowie ihrer chem. Zus. unter Berücksichtigung des bisher vorliegenden Schrifttums. Aus den in mehreren Tabellen niedergelegten Resultaten werden Rückschlüsse auf den landwirtschaftlichen Wert gezogen. (Ann. Sperimentaz. agrar. [N. S.] **8.** 377—400. 1954. Palermo, Univ., Ist. di Chim. agrar.) C. GRIMME. 6300

Francesco Scurti, *Landwirtschaftlich-chemische Untersuchung italienischer Böden. Ackerböden von Piemont und ihre charakteristischen Eigenschaften.* Sammelbericht über physikal. Eigg. u. chem. Zus. piemontes. Böden u. Rückschlüsse auf ihre Nutzbarkeit. (Ann. Sperimentaz. agrar. [N. S.] **7.** Nr. 5. Suppl. I. 1953. Turin, Staz. chim.-agrar. sperim.) C. GRIMME. 6300

J. A. Gilbey, *Das Mackenzieflußbecken.* Vf. beschreibt die Bodenbedingungen des MACKENZIE-Distrikts im nordwestlichsten Teil von Canada mit seinem teilweise arkt. Charakter, z. B. ganzjährig gefrorenem Untergrund, u. geht dann auf die Erträge an dort gedeihenden Getreiden, Futterpflanzen, Gemüsen u. Früchten ein. Ferner werden Ackerbau-, Fruchtfolge- u. Düngeverss. beschrieben. Unter den Gemüseschädlingen dort überwiegen die Wurzelmaden, die am besten durch Chlordan bekämpft werden. (Canada Dep. Agric. Progr. Rep. **1947—1953.** 3—46. 1954. Fort Simpson, Northwest Territories, Dominion Exp. Stat.) EBERHARD MÜLLER. 6300

D. Payne, *Bodenstruktur und Bodenfruchtbarkeit.* Einfl. der Bodendurchlüftung, Bodentemp., Porosität u. Struktur auf Wachstum, Ertrag u. Nährstoffabsorption der Pflanzen. Zusammenfassende Darstellung. (Agric. Progr. **27.** 155—66. 1952.) WALTER SCHULTZE. 6302

V. Morani und **G. Gugnoni,** *Restfruchtbarkeit in Böden antiker menschlicher Siedlungen.* Bericht über die Unters. 6 röm. u. etrusk. Böden, welche in der Vorzeit besiedelt, seitdem aber nicht mehr kultiviert waren. Im Vgl. zu Rohböden der gleichen Gegenden zeigten erstere vor allem einen recht merklichen Geh. an zum Teil noch assimilierbarem P_2O_5, stellenweise sogar noch in wasserlösl. Form. Auch K_2O, Gesamt-N überstiegen den Geh. der Rohböden. Die Bestimmungen zeigten, daß sie zur Feststellung früherer Kultur geeignet sind. (Ann. Sperimentaz. agrar. [N. S.] **7.** 1659—73. 1953. Perugia, Univ., Labor. di Chim. agrar. e Ind. agrar.) C. GRIMME. 6304

Jouko Vuorinen, *Über die Fruchtbarkeit der Böden von Schulgütern in Finnland.* Bericht über mechan. u. chem. Bodenunterss. auf 21 Landwirtschaftsschulgütern in Finnland. Zur Extraktion der Nährstoffe wurde 0,5n NH_4-Acetat + 0,5n Essigsäure, p_H 4,65, benutzt. Die Werte für p_H, Ca, K, P sind in 21 Nährstoffkarten wiedergegeben. Die Nährstoffverhältnisse der Schulgüter sind denen der früher untersuchten Versuchsgüter (C. **1953.** 3139) sehr ähnlich. (Maatalouskoelaitoksen Maatutkimusosasto, agrogeol. Julkaisuja **60.** 1—44. 1953.) S. BECKMANN. 6304

B. Mařan, *Orientierende Untersuchung über den Einfluß der Auflockerung und der Verwendung von Deckpflanzen auf einige chemische Eigenschaften von Waldböden.* Das Auflockern der Bodenoberfläche hat auch bei Anwendung von Nutzpflanzen als Bodenbedeckung sowohl auf die Entw. von Waldbäumen wie auch auf den Spiegel des lösl., assimilierbaren Kalkes negativen Einfluß. Es zeigen sich auf allen Versuchsflächen während der Ruhe- u. auch Vegetationszeit Verluste in allen Bodenschichten bis zu 1 m Tiefe. Deckpflanzen können weder die Auswaschung von Salzen noch das Absinken des Grundwassers verhindern. Die geringsten Verluste werden an Stellen mit nachträglich wieder befestigter Oberfläche beobachtet. Die Bedeckung mit Getreide ist weniger günstig als die mit Kartoffeln. — In 54 Tabellen werden die Ergebnisse der Unterss. über Boden-Rk., Änderungen des K- u. Ca-Status festgehalten. — 35 Literaturangaben. (Sborník českoslov. Akad. zemědělských Věd, Řada B **27.** 413—54. Aug. 1954. Prag [Praha], Výzkumný ústav zeměd.-lesn. meliorací.) E. ROTTER. 6304

Reijo Heinonen, *Über den Einfluß des Bodens auf die Stetigkeit des Ertrages von Weideland.* Unterss. an finn. Waldböden ergaben, daß die Struktur des Bodens vornehmlich von der Dichte der Vegetation günstig beeinflußt wird, während die Durchlüftung von untergeordneter Bedeutung ist. Bei altem Weideland findet eine beträchtliche Fixierung von Pflanzennährstoffen, bes. P, in der Oberschicht statt. Bei den unteren Krumenschichten kann im Laufe der Jahre eine Verschlechterung der chem. Eigg. eintreten, der durch reichliche Kalk- u. P-Zufuhr abgeholfen werden kann. Die Ursachen der Mißerfolge mit Weideland auf schweren Böden werden erörtert u. im wesentlichen auf ungünstige Wasserverhältnisse, Erhärtung u. Spaltbldg. zurückgeführt. (Maatalouskoelaitoksen Maatutkimusosasto, agrogeol. Julkaisuja **61.** 1—24. 1953. Helsinki.) S. BECKMANN. 6304

E. Alinari und **G. Iacopozzi Scotton,** *Das verschiedene Verhalten von Ferro-Ferrisalzen als die physikalischen Bodeneigenschaften beeinflussende Verbindungen.* 1. Mitt. Vff. haben in prakt. Verss. an 4 verschied. Böden den Einfl. von Salzen mit 2- u. 3wertigen Ionen auf das Ausflocken von Kolloidton bzw. die Resistenz der verschied. Aggregate bei Dispersion in W. untersucht. Hierbei zeigten $Al^{\cdots}$ u. vor allem $Fe^{\cdots}$ große Wirkung. Die mit Fe^{II}-, Fe^{III}- u. La-Salzen ausgelösten Flockungen werden beschrieben. — 6 Literaturhinweise. (Ann. Sperimentaz. agrar. [N. S.] **8.** 899—917. 1954. Florenz, Univ., Ist. di Chim. agrar.) C. GRIMME. 6304

Hans Nõmmik, *Fluor in schwedischen Ackerbauprodukten, Böden und Trinkwässern.* Übersicht über das Vork. von F in schwed. Gestein, Nahrungsmitteln u. Trinkwasser. Die Methoden zur F-Best. in biol. Material u. W. wurden untersucht. — Die Höhe des F-Geh. ist in hohem Maße vom Tongeh. in den Quartärablagerungen abhängig. Der F-Geh. von Quellwasser steigt mit zunehmender Quellentiefe u. mit Zunahme der Gesamtsalzkonzentration. Zwischen der Häufigkeit des Auftretens von Zahncaries u. dem F-Geh. des Haushaltwassers besteht eine negative Korrelation. Nicht weniger als 64% der städt. Bevölkerung Schwedens verbraucht W. mit einem F-Geh. $<$20% mg/Liter. — 206 Literaturangaben. (Acta polytechn. [Stockholm] Nr. 127, Chem. includ. Metallurgy Ser. **3.** Nr. 7. 1—121. 1953. Tomteboda, Stockholm, Schweden, Nat. Inst. of Publ. Health, Food Hygiene Dep.) F. RANG. 6304

Ettore Bottini, *Die Mikronährstoffe italienischer Böden.* 1. Mitt. *Boden und Pflanze in Beziehung zu den wichtigsten Mikronährstoffen.* Eine krit. Sichtung des umfangreichen Schrifttums über den Geh. der italien. Böden an wichtigen Spurenelementen, ihren Einfl. auf die Ausnutzung der Hauptnährstoffe u. ihre physiol. Wrkg. auf das Pflanzenwachstum, vor allem bei den Mangelkrankheiten. — 137 Literaturhinweise. (Ann. Sperimentaz. agrar. [N. S.] **8.** 519—48. 1954. Turin, Staz. Chim.-agrar. sperim.) C. GRIMME. 6304

Ettore Bottini und **Andrea Polesello,** *Die Mikronährstoffe italienischer Böden.* 2. Mitt. *Der Gehalt unserer Böden an aufnehmbaren und nichtaufnehmbaren Mikronährstoffen.* (1. vgl. vorst. Ref.) Die Unterss. beziehen sich vor allem auf den Geh. an ausnutzbarem bzw. nichtausnutzbarem Zn, Cu, B, Mn, Mo, Fe, Ti, Mg u. Na u. ihrem Nachw.

im Boden. Gestreift werden auch die Elemente Cr, V, Be u. Li. — 9 Schrifttumsangaben. (Ann. Sperimentaz. agrar. [N. S.] **8.** 549—74. 1954. Turin, Staz. Chim.-agrar. sperim.) C. GRIMME. 6304

Daniel Collier, *Erste vergleichende Versuche der Nitrifikation bei konstanter Temperatur in einem Tonkalkboden und einem schwach sauren Boden.* Bei den Verss. wurden 25 g Mineral-N-frei-Boden mit 25 g gewaschenem Quarzsand gemischt. Das Gemisch erhielt Zusätze von getrocknetem u. feingemahlenem Stalldung, Stroh, Stroh + $NaNO_3$ u. Heu in den für eine n. Düngung üblichen Mengen. Als Testsubstanz wurde $(NH_4)_2SO_4$ verwandt. Als Versuchsböden dienten ein CaO-reicher Tonboden u. ein leichterer, schwach saurer Boden. Die Gemische wurden auf ca. 30% Feuchtigkeit eingestellt u. ständig bei 28° gehalten. Nach 2, 6, 12 u. 18 Monaten wurde der Geh. an NH_3- u. Nitrat-N bestimmt. Es ergab sich, daß in dem sauren Boden die Nitrifikation erheblich langsamer verläuft als in dem Kalkboden. Im Boden–Stalldung-Gemisch zeigte sich nach 18 Monaten eine gewisse Denitrifikation. Die Ergebnisse der Verss. gestatten noch keine eindeutige Klärung. (C. R. hebd. Séances Acad. Agric. France **39.** 195—99. 1953. Clermont-Ferrand, Stat. agron.) C. GRIMME. 6304

J. W. S. Reith, *Kunstdünger und Getreideertrag.* (Fertiliser Feeding Stuffs J. **41.** 358—65. 27/10. 1954. Aberdeen, Macaulay Inst. for Soil Res. — C. **1955.** 2280.) W. JANICKE. 6304

B. Ho-Yen, L. B. MacLeod, W. A. de Long und **H. A. Steppler,** *Einfluß von Bodenbehandlung auf organische Bestandteile, Stickstoff- und Phosphorgehalt beim braunen Waldboden.* Die Unterss. wurden in Ost-Ontario u. Südwest-Quebec durchgeführt. Die Böden wurden seit ca. 30 Jahren mehr oder weniger bearbeitet. Mit Abnahme der Intensität der Bearbeitung u. Düngung steigt der Geh. an organ. Substanz, Gesamt-N, organ. P; ebenso nimmt die Fähigkeit zum Kationenaustausch zu, welche offenbar hauptsächlich organ. Natur ist. Es wird die Möglichkeit einer beschleunigten Speicherung von aufnehmbarem P in organ. Form erörtert, bes. bei bearbeiteten Böden u. bei Grasnarbe. (Canad. J. agric. Sci. **34.** 507—12. Sept./Okt. 1954. Quebec, Canada, Macdonald Coll.) F. LÜPNITZ. 6304

Aarne Tainio, *Eine ausreichende Kalkung als Grundvoraussetzung des Kleeanbaus auf sauren Böden.* In langjährigen Feldverss. auf sauren, mit P u. K ausreichend gedüngten Böden wurde durch Kalkgaben von 2000—10000 kg/ha eine beträchtliche Zunahme des Kleeanteils u. des Proteingeh. beim Wiesengras erzielt. Zusätzliche Gaben von Cu u. B verbesserten das Ergebnis noch wesentlich. (Karjatalous **31.** 271—76. 13/5. 1955.) S. BECKMANN. 6304

William C. Kennard, Loren D. Tukey und **David G. White,** *Weitere Untersuchungen über die Verzögerung des Blühens bei Obstarten durch Maleinsäurehydrazid.* Spritzen von Himbeerpflanzen im Frühjahr mit 50—200 p.p.m. Maleinsäurehydrazid (I) bewirkte eine mehrtägige Verzögerung des Blühens u. Reifens. Der Grad dieser Verzögerung steigt mit zunehmender I-Konzentration. Bei Obstbäumen war nach Anwendung von I keine diesbzgl. Wrkg. festzustellen. (Proc. Amer. Soc. horticult. **58.** 26—32. Dez. 1951. Pennsylvania State Coll.) F. RANG. 6304

Je. N. Mischusstin und **W. A. Mirsojewa,** *Beziehungen zwischen den Hauptgruppen der Mikroorganismen in verschiedenen Bodentypen.* Von Nord nach Süd nimmt in der Zus. der Mikrobenflora der Böden die Zahl der bacillären Formen u. Aktinomyceten absol. u. relativ zu. Dies kann als Kennzeichen für das Alter des Bodens dienen. In den südlichen Böden vermindert sich der zahlenmäßige Anteil der Pilzmikroflora. Die biol. Tätigkeit der Böden ist in den südlichen Böden beträchtlich stärker. (Почвоведение [Bodenkunde] **1953.** Nr. 6. 1—10. Juni. Inst. für Mikrobiol. der Akad. der Wiss. der UdSSR.) A. JACOB. 6306

H. K. Pande, *Wirkung von 2.4-D auf den Ertrag von Weizen.* Weizenparzellen wurden mit verschied. Konzz. von *2.4-D* übersprüht u. teilweise zusätzlich von Hand gejätet. Die Konz. hatte keinen Einfl. auf die Unkrautvertilgung, dagegen zeigten die von Hand bearbeiteten Stellen eine deutliche Ertragssteigerung. (Agra Univ. J. Res. **2.** 41—44. Jan. 1953. Agra, Indien, Coll. Dep. of Agronom.) G. WELTZIEN. 6312

R. M. Moore, *Untersuchungen über perennierende Unkräuter: Die Bekämpfung von Graukresse (Cardaria draba) durch chlorierte Phenoxyessigsäureverbindungen.* (Vgl. C. **1955.** 5158.) Durch einmaliges Spritzen von mit Graukresse verunkrauteten Parzellen mit einer Lsg. von Na-*MCPA* (I; 2—3 lbs./acre Säureäquivalent) wurde starker Rückgang der Verunkrautung im folgenden Jahr erzielt. Noch wirksamer war jedoch zweimaliges Spritzen mit je 1 lb./acre Säureäquivalent. — Bei Vgl. der Wrkg. von Salzen u. Estern der *2.4-D,* I bzw. dem Triäthanolaminsalz der *2.4.5-T* wurden Toxizitätsunterschiede bis zur Dauer von 2 Jahren nach einmaliger Spritzung festgestellt. Nach einer 2. Spritzung bestanden jedoch keine Unterschiede mehr. (Empire J. exp. Agric. **22.** 112—20. April 1954. Canberra, Australia, Div. of Plant Ind.) F. RANG. 6312

R. S. Vasudeva und **R. N. Azad**, *Wirksamkeit einiger Fungicide gegen Braunfäule bei Kartoffeln und Abschätzung der durch diese Krankheit bedingten Verluste. Burgunderbrühe* u. *Perenox* (ein Cu-Präp.) erwiesen sich bei der Bekämpfung der Braunfäule (Erreger: Phytophthora infestans) als relativ wirksam, während *Dithane* fast völlig versagte. (Amer. Potato J. **29.** 61—71. März 1952. New Delhi, Indian Agric. Res. Inst., Div. of Mycology and Plant Pathol.) M. WINIKER. 6312

Sebastiano di Caro, *Antiseptische Wirkung des Natriumsalzes der Dehydracetsäure.* Die Verss. wurden ausgeführt mit Kulturen von Monilia laxa, Botrytis cinerea, Penicillium Spp., Fusarium avenaceum u. Rhizopus nigricans sowohl in künstlichen Medien als auch auf den Früchten selbst. In allen Fällen bewährte sich *DHA-S* als stark wirkendes Antisepticum. Konz. der Testlsgg. 0,05—0,5%. Hervorzuheben ist, daß auch das Auskeimen der Conidien von Monilia laxa unterbunden wurde. — 4 Literaturhinweise. (Ann. Sperimentaz. agrar. [N. S.] **7.** 1651—57. 1953. Bologna, Labor. sperim. di Patol. vegetabl., u. Acireale, Staz. sperim. di Frutticultura e di Agrumiecultura.) C. GRIMME. 6312

R. F. Riek, *Die Anwendung von Phenothiazin gegen parasitische Nematoden bei Rindern unter besonderer Berücksichtigung des Hakenwurmes Bunostomum phlebotomum (Railliet, 1900), Railliet, 1902.* Behandlungsverss. mit Phenothiazin (I) bei 27 Kälbern ergaben bei Verabreichung von 0,2 g pro engl. Pfund Körpergewicht günstige antiparasitäre Wirkungen bei Hoemonchus contortus-, Bosicola radiatum- u. Trichostrongylus-Befall. Gegen B. phlebotomum u. Cooperia-Spp. wirkte I ungenügend, u. gegen Ostertagia-Spp. war es unwirksam. (Austral. veterin. J. **27.** 197—202. Aug. 1951. Yeerongpilly.) G. RUHNKE. 6312

Giuseppe Pieri, *Die Reblausbekämpfung mit dem Systeminsekticid „Pestox 66“.* Bei exakten Verss. genügte die vorgeschriebene Behandlung mit 0,15%ig. Pestox 66-Lsgg. nicht zur sicheren Reblausvernichtung. Ob die Konz. ohne Schaden für die Reben erhöht werden kann, ist noch zu klären. — 6 Literaturzitate. (Ann. Sperimentaz. agrar. [N. S.] **8.** 229—38. 1954. Conegliano, Staz. sperim. di Viticoltura e di Enol.) C. GRIMME. 6312

W. R. Allen und **J. S. Kelleher**, *Versuche zur chemischen Bekämpfung des Kleekäfers Sitona cylindricollis „Fahr.“ (Coleoptera: Curculionidae).* Die Verss. wurden 1948 bis 1952 in Manitoba durchgeführt. *DDT* (I) wurde zufolge seiner günstigen Wrkg. (die auf die Beständigkeit der Verb. zurückzuführen ist) als Basis für die Wertbest. der weiteren Verbb. benutzt. Es wirkten gleichartig bzgl. der Todesrate (Menge in pound/acre): 1,5 I, 1,0 *Heptachlor*, 0,5 *Dieldrin*, 2 I u. 2,0 *Chlordan* (II) je 0,5 *Parathion*, *Metacide* (III) u. *EPN*. *Toxaphen* u. *BHC* mit je 2, I, *Methoxychlor* u. II mit je 1, *Isodrin* u. *Endrin* mit je 0,5 u. III mit 0,25 führten zu keiner genügend hohen Todesrate oder waren in der Wrkg. unbeständig. Die Anwendung der Insekticide im Frühjahr führte nicht zur restlosen Vernichtung von Larven. Eine Relation zwischen Wetterlage u. Wirksamkeit der Substanzen wurde nicht beobachtet. (Canad. J. agric. Sci. **34.** 483—87. Sept./Okt. 1954. Brandon, Mass., Field Crop Insect Sect., Entomol. Labor.) F. LÜPNITZ. 6312

Sung-Yang Lee, *Wirkung von Calciumcyanamid auf den Reisbohrer.* Durch Anwendung von 0,5 g *Calciumcyanamid* je Reisstoppel in Höhe von 6—18 cm im frischen Zustand auf feuchtem Boden werden die in den unterird. Stengelteilen überwinternden Reisbohrerlarven (Schoenobius incertellus Wlk.) wirksam bekämpft. (J. econ. Entomol. **47.** 186—87. Febr. 1954. Taipei, Formosa, Taiwan Agr. Res. Inst.) F. RANG. 6312

Naoki Hatai und **Noboru Kimura**, *Untersuchung über die Wirkung von Insekticidstaubablagerungen auf die Sterblichkeit von Adulten der Spezies Callosobruchus chinensis L. im horizontalen Windtunnel.* In einem von Vff. entworfenen horizontalen Windtunnel wurden Adulte der Spezies Callosobruchus chinensis mit 5%ig. *DDT* (I)-Staub behandelt, wobei die DL_{50} mit $1,26 \cdot 10^{-4}$ mg bestimmt wurde. Mit steigender Windgeschwindigkeit erhöhte sich die Sterblichkeit der Testinsekten, auch wenn sich die Menge des abgelagerten I nicht veränderte. Die Sterblichkeit war höher, wenn das I durch die Füße der Insekten u. nicht durch die gesamte Körperfläche resorbiert wurde. (Bull. nat. Inst. agric. Sci. [Tokyo], Ser. C **1954.** 205—09. März. [Orig.: engl.]) F. RANG. 6312

Francesco Boselli, *Resultate von Versuchen zur Bekämpfung von Ceratitis capitata (Wied.) in Sardinien, 1952.* (Vgl. C. **1954.** 2904.) Zur Bekämpfung der Fruchtfliege, Ceratitis capitata, auf Pfirsichen bewährten sich Spritzungen mit 1%ig. Lsg. von 50%ig. benetzbarem *DDT*, 0,1%ig. Lsg. von 15—20%ig. *Parathion*-Präpp., sowie mit einem Gemisch beider Lösungen. (Ann. Sperimentaz. agrar. [N. S.] **8.** 239—70. 1954. Cagliari, Osservatorio di Fitopatol. per la Sardegna.) C. GRIMME. 6312

Juan Gil Collado, *Die Zeckenbekämpfung in Elendsquartieren.* Die als Überträger des Rückfallfiebers auftretenden Zecken, bes. Ornithodorus erraticus, werden zweckmäßig jeden Monat oder alle 1½ Monate durch Zerstäuben von *Hexachlorcyclohexan* (HCH) in einer Dosis von 0,3—0,6 g/m² in Lsg. oder Pulver auf dem Boden, nach erreichter Desinfektion 1—2mal im Jahr bekämpft. Die Ställe neu beziehendes Groß- u. Kleinvieh wird mit 0,03%ig. Lsg. gewaschen. (Agricultura [Madrid] **23.** 387—90. Juli 1954.) R. K. MÜLLER. 6312

John Harms, *FDA veröffentlicht Toleranzen und Vorschriften für Pflanzenschutzmittel.* Vf. gibt eine Übersicht der Vorschläge der „Food & Drug Administration" des „Department of Health, Education and Welfare" (USA) über die Toleranzmengen folgender Pflanzenschutzmittel an verschied. Obst-, Gemüsearten u. anderen Ackerfrüchten: *Aldrin, Hexachlorcyclohexan, Ca-* u. *Cu-Arsenat, DDT, Chlordane* u. *Heptachlor, 2.4-D* (Säure), *Dicyclohexylaminsalz* des *Dinitro-o-hexylphenol, Dieldrin, EPN, Forbam, Fluorverbb., 2-Heptadecylglyoxalidin, Pb-* u. *Mg-Arsenat, Methoxychlor, Naphthylessigsäure, Parathion, Phenothiazin, Na-Arsenat, Brechweinstein, TDE* (*DDD*), *Toxaphene, Zineb, Ziram.* Die Toleranz Null sollen erhalten: *Ca(CN)₂*, *Dinitro-o-sek.-butylphenol, Dinitro-o-kresol, Hexaäthyltetraphosphat* (*HETP*), *Tetraäthylpyrophosphat* (*TEPP*), *HCN, Hg-haltige Verbb., Nicotin* u. *nicotinhaltige* Stoffe, *Se* u. *Se-haltige Verbindungen.* (Farm Chemicals **117.** Nr. 11. 24—29. Nov. 1954.) W. JANICKE. 6312

M. E. Solomon, *Das Gleichgewicht von Insektenbevölkerungen und die chemische Schädlingsbekämpfung. Schädlingsvermehrungen als Folge von Insekticidbehandlung.* (Vortrag.) Vf. berichtet zusammenfassend an Hand bekannter Beispiele über Massenvermehrungen von Schadinsekten nach Insekticidbehandlungen infolge direkter oder indirekter Vernichtung nützlicher Raubinsekten u. Parasiten der Schädlinge. Die Verhütung dieser Vermehrungen ist im wesentlichen ein sehr komplexes ökolog. Problem, da die Begrenzungsfaktoren der Populationen nicht isoliert wirken, sondern als Teile eines Ökosyst. mit zahlreichen Wechselbeziehungen. Die direkte Vernichtung der natürlichen Feinde durch Insekticide ist nur die erste u. auffälligste Störung dieses Systems. An einem allg. Schema werden die auffälligeren Beziehungen innerhalb einer Bevölkerung u. zwischen dieser u. der Umwelt (Nahrung, Feinde, Hyperparasiten, Konkurrenten, Pflanzendecke usw., physikal. Umwelt) dargestellt. Allerdings sind katastrophale Vermehrungen von spezif. Schädlingen unter (nord-) amerikan. Bedingungen häufiger als sonst, wegen der dort üblichen großflächigen Monokulturen. Vf. betont den Bedarf an stärker selektiven Insekticiden, die dann abgestuft zu verwenden seien in Berücksichtigung des biol. Gefüges, welches geändert werden soll. — 54 Literaturhinweise. (Chem. and Ind. **1953.** 1143—47. 24/10. Deutsche Übersetzung in Z. angew. Entomol. **37.** 110—21. Jan. 1955. Slough, Bucks., DSIR, Pest Information Labor.) EBERHARD MÜLLER. 6312

R. Riemschneider, *1.1.4.4-Tetra-[p-chlorphenyl]-2.2.3.3-tetrachlorbutan zeigt keine insekticide Aktivität.* Im Gegensatz zu BERNIMOLIN (C. **1951.** I. 1063), der berichtete, daß *1.1.4.4-Tetra-[p-chlorphenyl]-2.2.3.3-tetrachlorbutan* (**I**), Mol.-Gew. 638, genau so tox. gegenüber Drosophila melangogaster M. ist wie p,p'-DDT (**II**), stellt Vf. mittels Filmtests (PETRI-Schalen) fest, daß 2000 g **I** nach 300 Min. keine Vergiftungssymptome ergeben, während 10 γ **II** unter gleichen Bedingungen 100%ig. Mortalität verursachen. Vf. nimmt an, daß BERNIMOLINs **I** nicht ident. mit dem aus **II** nach BRAND u. BAUSCH (C. **1930.** II. 2377) dargestellten **I** ist, oder daß es **II** enthielt. Es werden die von BERNIMOLIN gezogenen Schlüsse widerlegt, u. es wird darauf hingewiesen, daß halogenierte KW-stoffe mit einem Mol.-Gew. $>$430—450 nur geringe oder keine insekticide Wirksamkeit zeigen. (J. Amer. chem. Soc. **73.** 1374—75. 15/3. 1951. Berlin, Freie Univ., Chem. Inst.) G. REISNER. 6312

R. E. Blackith, *Biologische Prüfungssysteme für die Pyrethrine.* 4. Mitt. *Stöchiometrische Verhältnisse mit Pyrethrumsynergisten.* (3. vgl. Ann. appl. Biol. **37.** [1950.] 508.) Vf. testete die Pyrethrine mit ihren verschied. Synergisten gegen Kornkäfer (*Calandra granaria*) auf einem Ölfilm, um das Verhältnis der beiden Komponenten mit der besten Wirksamkeit zu ermitteln. Mit einer Ausnahme lag die größte Steigerung der insekticiden Wrkg. bei einem Verhältnis von 1 : 1. Dagegen ergab die Mischung Piperonylbutoxyd + Pyrethrum = 10 : 1 den höchsten Toxizitätswert, der gleichzeitig über denen der anderen Kombinationen lag. Die Ergebnisse sind in Tabellen u. graph. zusammengestellt. (Ann. appl. Biol. **40.** 106—12. März 1953. Sunninghill, Berks., Imp. Coll. Field Stat.) W. KNÖPKE. 6312

J. Hubert Hamence, *Eine Methode zur Bestimmung der relativen Stickstoffausnutzung in stickstoffhaltigen Düngemitteln.* Bericht über Nitrifizierungsverss. mit Mischungen aus organ. Düngemitteln u. Boden, wobei Trockenblut als Testsubstanz diente.

Von Wichtigkeit ist der Geh. der Mischung an W. u. $CaCO_3$. Beobachtungszeit 18 Tage. Wie aus den Tabellen ersichtlich ist, wird Huf- u. Hornmehl in gleicher Höhe wie Blutmehl ausgenutzt, Fleisch- u. Knochenmehl gab etwas höhere, Fischmehl bedeutend höhere Werte, die anderen organ. N-Düngemittel dagegen niedrigere. Harnstoff wurde zu 170 (Blutmehl = 100) ausgenutzt. — 7 Literaturhinweise. (J. Sci. Food Agric. **1.** 92—96. März 1950. London, Dr. Bernard Dyer & Partners.) C. GRIMME. 6322

S. Spauszus, *Eine Schnellbestimmung der Bodenfeuchtigkeit durch Messung der Dielektrizitätskonstanten.* Zur Wasserbest. übergießt man 5 g Boden im ERLENMEYER-Kolben mit einem Gemisch von Dioxan u. Eisessig (9 : 1) u. läßt unter gelegentlichem Umschütteln 10 Min. verschlossen stehen. Das Filtrat hiervon wird in die ca. 15 ml fassende Meßzelle gegossen. Aus dem erhaltenen Skalenwert (Resonanzpunkt) u. einer Eichkurve des verwendeten DK.-Meters (mit Proben von bekanntem Wassergeh. aufgestellt) erhält man sofort den Wassergeh. der Probe. Die Werte stimmen für Mineralböden mit den durch Trocknen bei 105° erhaltenen gut überein. Bei humushaltigen Böden erhält man jedoch zu niedrige Werte. — 6 Literaturangaben. (Z. Pflanzenernähr., Düng., Bodenkunde **70 (115).** 23—26. 1955. Jena, Zweigstelle des Inst. für Forstwiss. Eberswalde der Deutschen Akad. der Landwirtschaftswiss. zu Berlin.) EBERHARD MÜLLER. 6324

A. Mariakulandai und **S. Venkatachalam,** *Einschätzung der Bodenfruchtbarkeit.* 1. Mitt. *Schnellbestimmungen des aufnehmbaren Phosphors.* Vff. vergleichen 5 Schnellmethoden zur Best. von nutzbarem P im Boden durch Extraktion u. Colorimetrierung nach TRUOG (Ind. Engng. Chem., analyt. Edit. **1.** [1929.] 136) miteinander u. mit der Meth. zur P-Best. nach DYER. Keine dieser Methoden ist auf alle der 5 untersuchten Bodentypen anwendbar. Es wurde keine Störung der colorimetr. Best. durch andere Ionen festgestellt. Bei 4 der geprüften Methoden besteht Übereinstimmung zwischen nutzbarem P u. Fruchtertrag. (Madras agric. J. **41.** 27—34. Febr. 1954. Coimbatore, Agric. Res. Inst.) W. JANICKE. 6324

L. J. Hardin, *Bericht über Fluor in Böden. Eine Untersuchung der Titrationsphase bei der Fluorbestimmung.* Bericht über vergleichende Unterss. an 10 verschied. Versuchsstationen über die Exaktheit der offiziellen Thoriumnitrattitration. Benötigte Reagentien: a) Pufferlösung. Eine Lsg. von 9,45 g Monochloressigsäure in 50 cm³ W. wird nach Zugabe einer konz. Lsg. von 2 g NaOH auf 100 cm³ aufgefüllt. — b) Alizarinrot. 1 g Alizarinrot S gelöst in 1 Liter W.; 10 cm³ dieser Lsg. werden mit W. auf 100 cm³ aufgefüllt. — c) Thoriumnitratlösung. Eine ca. 0,01 n Lsg. von trocknen $Th(NO_3)_4 \cdot 4\,H_2O$ wird mit Standard-NaF-Lsg. so eingestellt, daß 1 cm³ Thoriumnitratlsg. äquivalent 10 μg F ist. p_H soll bei der Titration ca. 3,0 sein. (J. Assoc. off. agric. Chemists **36.** 237—43. 15/5. 1953. Knoxville, Tenn., Univ., Agric. Exp. Stat.) C. GRIMME. 6324

A. B. Heagy, *Bericht über 2.4-D Herbicide.* Vf. empfiehlt für die Cl-Best. in 2.4-D u. 2.4.5-T den calorimetr. Aufschluß in der PARR-Bombe, weil man dabei auch mit fl. Herbiciden arbeiten kann. Als Aufschlußzusatz dient B_2O_3 in Mengen von 1,5 g auf 0,030—0,034 g vorhandenes Cl. Beträgt das Gewicht mehr als 0,3 g, wird der B_2O_3-Zusatz auf 2,5 g erhöht. Als Initialzünder benutzt man mit Vorteil ein Gemisch von 1 Teil KNO_3 u. 0,4 Teilen Saccharose. Als Absorptionsmittel dient Na_2O_2. Der abgekühlte Aufschluß wird in W. gelöst u. in der Lsg. Cl nach VOLLHARD titriert. Der mittlere Fehler zahlreicher Bestimmungen betrug 0,2%. — Verss. zur Best. der Herbicide mit der Ionenaustauschkolonne ergaben noch keine klaren Werte. (J. Assoc. off. agric. Chemists **36.** 378—81. 15/5. 1953. College Park, Md., Maryland Inspect. and Regulat. Serv.) C. GRIMME. 6328

Naoki Hatai und **Noboru Kimura,** *Skala zur Messung der Ablagerungen von Insekticidstaub.* Anleitung zur Herst. einer Farbskala, vermittels welcher die Mengen von Insekticidstaub auf Pflanzenteilen bei Freilandverss. rasch abgeschätzt werden können. (Bull. nat. Inst. agric. Sci. [Tokyo], Ser. C **1954.** 201—03. März. [Orig.: engl.]) F. RANG. 6328

H. Tielecke, *Ein Beitrag zur biologischen quantitativen Bestimmung des γ-Hexachlorcyclohexans.* Vf. benutzt zur quantitativen biol. Best. von γ-Hexachlorcyclohexan (**I**) Kornkäfer, die 16 Std. in offenen PETRI-Schalen, in denen der Wirkstoff mit Mehl vermengt eingebracht wurde, beobachtet werden. Aus dem Schädigungsgrad wird mittels Vergleichslsgg. der Geh. an **I** abgelesen. (Nachrichtenbl. dtsch. Pflanzenschutzdienst [Berlin] [N. F.] **9 (35).** 110—12. 1955. Magdeburg, Biol. Inst. der Forschungsabt. des VEB Fahlberg-List.) W. KNÖPKE. 6328

W. O. Scott and F. W. Slife, Chemical control of weeds and brush. Urbana: Univ. of Ill. 1955. (11 S.)

VIII. Metallurgie. Metallographie. Metallverarbeitung.

J. M. Taub und **D. T. Doll,** *Einfacher Vakuumofen zum Schmelzen von Metallen.* Verwendung eines widerstands- oder induktivbeheizten Vakuumofens zum Schmelzen kleinerer Mengen von Metallen, bes. von nichtrostenden Metallen. Beschreibung der Ofenkonstruktion u. -bedienung. Die Schmelztiegel bestehen aus Graphit oder aus einem Gemisch von Graphit u. einer keram. Masse. (Iron Age **168.** Nr. 20. 125—28. 15/11. 1951. Los Alamos, N. Mex., Sci. Labor.) H. HOCHSTEIN. 6370

M. R. Hinchcliffe, *Verlorene Köpfe.* Die Schwindung beim Gießen wird besprochen; es werden Schwindungswerte für verschied. Legierungen angegeben u. Mittel u. Maßnahmen zur Herst. gesunder Gußstücke erörtert. (Metal Ind. [London] **82.** 43—46. 16/1. 67—70. 23/1. 1953.) G. APEL. 6382

E. Piwowarsky, *Die Entwicklung des Werkstoffes Grauguß als Konstruktionsmaterial.* Übersicht über Entw. der mechan. Eigg. des Graugusses u. seine Verwendung als Konstruktionswerkstoff. (Mitt. Giesserei-Inst. rhein.-westfäl. Techn. Hochschule Aachen **9.** Nr. 11. 1—8. März 1952, ausg. Juni 1953. Aachen, TH.) W. WESLY. 6402

A. Hultgren, Y. Lindblom und **E. Rudberg,** *Eutektische Kristallisation im grauem, weißem und halbiertem uneutektischem Gußeisen.* An Fe-C–Si-Legierungen mit **3,1** bis 3,9 (%) C u. 0,01—0,7 Si u. mit einem Sättigungsgrad von 0,66—0,97 entsprechend untereutekt. Gefüge mit grobem Graphit, feinem unterkühltem Graphit, Zementiteutektikum u. meliertem Gußeisen werden Aufnahmen von Abkühlungskurven u. Gefügeunterss. zur Ermittlung der in den einzelnen Abkühlungszuständen sich bildenden Gefügebestandteile aufgenommen. Bei kleinen Proben u. schroffem Abschrecken treten Gebiete mit einem Feingefüge aus feinem Abschreck-Ledeburit auf, welche sich deutlich von jedem bei einer Ofenabkühlung erhaltenen Gefüge unterscheiden. Der Graphit–Austenit-Bestandteil des Eutektikums eines solchen „Ofengefüges" hat die Form von runden Rosetten, deren Bldg. nur bei einer charakterist. Abkühlungskurve auftrat u. deren Feinheit eng von ihrer Bildungstemp. abhing. Die Bldg. des Zementit–Austenit-Eutektikums trat bei einer anders geformten Abkühlungskurve auf. In meliertem Gußeisen wurde Graphit–Austenit in den frühzeitigen Stadien der Abkühlung gebildet. In den späteren Stadien der Abkühlung gleicht sich die Kurve der der Zementit–Austenit-Bldg. an. In den verschied. untersuchten Gußeisensorten zeigen das Aussehen der Graphit–Austenit-Aggregate, ihre Zus. u. die allg. Art ihrer Entw. in bezug auf die Abkühlungskurven die direkte Bldg. aus der Schmelze durch eine eutekt. Rk. an. — Schrifttumsangaben. (J. Iron Steel Inst. **176.** 365—74. April; Gjuteriet **44.** 109—24. Juli; Iron and Steel **27.** 306—10. 12/6. 1954. Stockholm, Royal Inst. of Technol. bzw. Domnarvet, Iron Works bzw. Stockholm, Inst. of Metal Res.) H. HOCHSTEIN. 6402

Axel Hultgren und **Gustaf Östberg,** *Gefügeänderungen beim Glühen von weißem Gußeisen mit hohem S : Mn-Verhältnis. Bildung von sphärolithischem und nichtsphärolithischem Graphit und Änderungen der Sulfideinschlüsse.* Der Vorgang der Bldg. von verteilten Graphitflockennestern, kompakten Graphitnestern u. Kugelgraphit während des Glühens bei 900—1150° von weißem Gußeisen mit verschieden hohen S : Mn-Verhältnissen wird durch Prüfung des Feingefüges abgeschreckter Proben untersucht. Bei diesen Unterss. wurde Gußeisen mit ca. 2,6 (%) C u. 1 Si bei S : Mn-Verhältnissen von 0,2—3 verwendet. Auch wurde der Einfl. der Glühgaszus. (CO, N_2 u. H_2 sowie Mischungen aus diesen) auf die Geschwindigkeit der Graphitbldg., auf die Ausbildungsform des Graphits u. auf die sonstigen Gefügeänderungen, bes. auf die Ausbildungsform der Sulfide bestimmt. Hierbei zeigt sich, daß jede der drei Arten der Graphitausbildung nach Wunsch durch eine geeignete Kombination des S : Mn-Verhältnisses des Gußeisens mit dem H_2-Geh. der Glühatmosphäre u. der Glühtemp. erzielt werden kann. Mehrere Grenzflächenkombinationen scheinen die Keimbldg. von Graphit zu begünstigen. Hierbei konnte ein Eisen- oder Mangansulfideinschluß als Keimteilchen für Kugelgraphit unter der Voraussetzung ermittelt werden, daß die durch eine gerichtete Keimbldg. erreichte radiale Textur auch während des weiteren radialen Wachsens beibehalten wird. Es scheint, daß dabei das Wachsen der a-Achsen in bezug auf das Wachsen der c-Achsen des Graphits verzögert wird. S u./oder H scheinen bei entsprechend hohen Mengen im Gußeisen diesen Einfl. auszuüben. Unter bestimmten Voraussetzungen hinsichtlich der Zus. u. der Wärmebehandlung unterliegt MnS einer diffusionslosen Umwandlung in eine anisotrope Form bei der Abschreckung von hoher Temperatur. — 20 Schrifttumsangaben. (J. Iron Steel Inst. **176.** 351—65. April; Iron and Steel **27.** 272—82. 12/6. 1954. Stockholm, Royal Inst. of Technol. bzw. Swedish Federat. of Mechan. Engng. Ind.) H. HOCHSTEIN. 6402

A. Berman und **V. Kondic,** *Zementit in Gußeisen. Zersetzung während der Erstarrung.* An einer Fe–C-Legierung mit 3,38 (%) C u. 0,1 Cr wird eine Unters. durchgeführt, bei welcher Geschwindigkeit der Abkühlung der Schmelze u. welcher Haltedauer auf der eutekt. Temp. der C völlig gebunden oder restlos als Graphit vorliegt u. welche Haltedauer erforderlich ist, um den Zementit unterhalb der eutekt. Temp. in Graphit umzuwandeln. Es wird u. a. bestätigt, daß Graphit von der Type D durch Zers. von Zementit unmittelbar nach seiner Kristallisation gebildet werden kann. Der während des Haltens bei eutekt. Temp. sich bildende Graphit kann ebenfalls ein Zementitzersetzungsprod. sein. (Iron and Steel **27.** 283—84. 12/6. 1954.) H. Hochstein. 6404

Lazare Quincy, *Lunkerbildung in Blöcken und Stahlgußstücken.* (Métallurgie Construct. mécan. **83.** 971. 973. 975. 977. Dez. 1951; **84.** 13. 15—17. 19. Jan. 1952.) K. Stein. 6408

Friedel Cless, *Das Sauerstoff-Frischen korrosionsbestämdiger Stähle im Lichtbogenofen.* Nach einem Überblick an Hand der Literatur über die physikal.-chem. Grundlagen werden die Richtlinien für ein gutes Cr-Ausbringen entwickelt, Armaturen, Arbeitsverff. u. -behelfe beschrieben u. die wirtschaftlichen Auswirkungen eingehend behandelt. Der Cr-Verlust beträgt bei einem C-Geh. von 0,05 (%) 36—43, bei einem C-Geh. von 0,09 30—36. Bei höheren Cr-Einsätzen ist der Cr-Verlust geringer, was auf die Temperatursteigerung infolge der Oxydation zurückgeführt wird. Der P-Geh. des Einsatzes läßt sich durch das O_2-Frischen nicht senken. — 23 Literaturangaben. (Radex-Rdsch. **1951.** 341—54. Dez. Ternitz, Schoeller-Bleckmann-Stahlwerke A. G.) K. Stein. 6410

Helmut Krainer, Max Kroneis und **Reinhold Gattringer,** *Umwandlungsverhalten und Schlagzähigkeit von Einsatzstählen.* Für die Einsatzstähle *20 MnCr 5*, *18 CrNi 8* u. *ECN 35* wurden die isotherm. Zeit–Temp.–Umwandlungs-Schaubilder für verschieden hohe C-Gehh. in der Einsatzschicht aufgenommen. Die größte Umwandlungsträgheit wird bei mittleren C-Gehh. von ca. 0,4—0,6% gefunden, wobei auch meist das umwandlungsträge Gebiet zwischen Perlit- u. Zwischenstufe sehr ausgeprägt ist. Bei höheren C-Gehh. ist die Trennung der Perlitstufe von der Zwischenstufe nicht mehr so deutlich, u. die Umwandlungsschaubilder des höhergekohlten Teiles der Einsatzschicht nähern sich der Form mit einem gemeinsamen Höchstwert. Der äußere hochgekohlte Rand wandelt sich demnach bei isotherm. Glühungen oder langsamen Abkühlungen meist ziemlich rasch in der Perlitstufe um, während Kern- u. bes. Übergangszone nachhinken. An einer größeren Anzahl unlegierter u. legierter Einsatzstähle wurden die Bedingungen für eine isotherm. Zwischenglühung zur vollständigen Umwandlung von Randzone, Übergangszone u. Kern untersucht. Fehlerhaft angesetzte isotherm. Zwischenglühungen können die Ursache von Rißbildungen sein u. bringen auch, wenn nach der Zwischenglühung unmittelbar für die Schlußhärtung austenitisiert wird, keine Verbesserung der Festigkeitseigenschaften. Die Aufkohlungstiefe bei der Aufkohlung in Salzbädern hängt weitgehend von der Stahlzus. ab; bes. Ni- u. Cr-Zusätze vermindern die Aufkohlungstiefe. Die Schlagzähigkeit (I) der Einsatzstähle wurde nach Einsatzzeiten von 20 Min. bis 4 Std. nach Härtung aus dem Einsatz in Öl, nach Härtung aus dem Einsatz im Warmbad sowie nach Doppelhärtung bestimmt. Die I hängt von der Einsatzhärtungstiefe ab u. wurde in Abhängigkeit von dieser u. der Kernfestigkeit ausgewertet. Die höchsten I werden mit Cr–Ni-Stählen u. mit 5%ig. Ni-Stahl erreicht. Dann folgen die Cr–Mo-, Ni- u. Ni–Mo-Stähle. Die I der Cr–Mn-Stähle liegt noch etwas tiefer als die der zuletzt genannten Stähle. Die unlegierten Stähle u. der Einsatzstahl EC 60 haben gegenüber den legierten Stählen eine beträchtlich geringere I. — Diskussion. (Arch. Eisenhüttenwes. **26.** 131—40. März 1955. Kapfenberg, Gebr. Böhler & Co., Akt.-Ges.) H. Hochstein. 6410

Kurt Hans v. Klitzing (unter Mitarbeit von **Elfriede Wesselhöft**), *Untersuchung von Umwandlungsvorgängen und Seigerungserscheinungen in Nickelstählen mit Magnetitsuspension.* Das Verf. der Sichtbarmachung von magnet. Inhomogenitäten durch Aufbringen von Magnetitsuspension auf polierte Metalloberflächen eignet sich zur Unters. bestimmter metallkundlicher Fragen, wie allotrope Umwandlungen u. Seigerungsvorgänge im festen Körper. Der Verlauf der $\alpha \rightarrow \gamma$-Umwandlung bei Stählen mit 28 (%) Ni u. die Verteilung des Restmartensits wurden nach diesem Verf. verfolgt. Verss. an Stahl mit 0,32 C u. 7 Ni ergaben Magnetitmuster, die Rückschlüsse auf die Verteilung der entmischten Zonen zulassen. (Arch. Eisenhüttenwes. **26.** 141—44. März 1955. Braunschweig, Physikal.-techn. Bundesanstalt.) H. Hochstein. 6410

Børge Lunn, *Neue Ansichten über die Lagerlaufeigenschaften.* Durch Verss. konnte erhärtet werden, daß schnell erstarrtes Weißmetall auf *Sn*- oder *Pb*-Basis bessere Laufeigg. hat als langsam erstarrtes Metall derselben Zusammensetzung. Altern des schnell erhärteten Metalls setzt die Laufeigg. in geringem Umfang herab; dagegen haben gealterte Schmiermittel erhöhte Schmierfähigkeit. Eine gewisse Oxydation scheint Voraussetzung für das Zustandekommen des Schmierfilms zu sein. Daher sollten

Schmiermittel keine Antioxydantien enthalten. Die Notwendigkeit der Oxydation konnte durch Unterss. der Halbleitereffekte in u. außerhalb der Lauffläche an einer Weißmetallprobe dargelegt werden. In der Lagerlauffläche wurden weit größere Mengen von Oxyd enthaltenden Bestandteilen gefunden als außerhalb. Pb scheint der Bestandteil im *Weißmetall* zu sein, der im weitesten Ausmaß die Bldg. eines festen Films herbeiführt. In *Cu*-Legierungen hat P dieselbe Wirkung. Die Gehh. dieser Substanzen in der niedrigst schm. Phase sind von größter Bedeutung. Es konnte bestätigt werden, daß Lagermetall auf der Basis Sn mit hohen Sn-Gehh. bessere Laufeigg. bei geringen Pb-Zusätzen hat als die entsprechenden Pb-freien Legierungen. Beim Altern der Legierungen wird der Unterschied noch deutlicher. Bei den Pb-freien Legierungen bildet die feste Lsg. der Grundmasse die Komponente mit dem niedrigsten Schmelzpunkt. Durch Altern wird die chem. Reaktionsfähigkeit der übersätt. festen Lsg. erheblich herabgesetzt. Die Pb-haltigen Legierungen enthalten als Phase mit dem niedrigsten F. das Pb-haltige Eutektikum. Dessen Zus. ändert sich nicht wesentlich beim Altern, die chem. Reaktionsfähigkeit der Legierung bleibt daher unverändert. Die Bldg. eines festen Films, der die Voraussetzung für das gute Arbeiten des Lagers ist, wird ermöglicht durch eine chem. Rk. zwischen den reibenden Metallen, dem Schmiermittel u. der umgebenden Atmosphäre. (Metal Ind. [London] **82.** 63—65. 23/1. 1953.) F. VIER. 6420

C. C. Downie, *Eine Spezialmethode zum Erschmelzen von Pb-Erzen mit niedrigen Pb-Gehalten.* Sulfid. Pb-Erze, die durchschnittlich ca. 10 (%) *Pb*, 29 *S*, bis zu 28 *Fe*, 5—15 *Zn*, ferner *Cu*, *Ag*, *As*, *Sb* enthalten, werden gepulvert in einem gasbeheizten Röstofen, kombiniert mit einem zylindr. geneigten Drehrösten, abgeröstet. Gangmaterial, Silicat u. $CaSO_4$ bewirken hier eine Auflockerung u. bessere O_2-Durchdringung der M., der vorhandene Eisenpyrit setzt die Rösttemp. um 100° herab. Die Röstdauer ist vom jeweiligen Material abhängig. As u. Sb werden während des Prozesses als flüchtige Oxyde abgeführt, ZnO scheint mechan. entfernt zu werden, worauf die teilweise hohen Flugstaubverluste an Pb zurückgeführt werden (bis zu 2% des eingesetzten Materials). Die anschließende Red. erfolgt in der Schmelze durch Zusatz von 2,5—7% pulverisierter Kohle u. vorhandenes bzw. noch zugesetztes Eisenoxyd. Letzteres wird mit Silicat in solcher Menge zugesetzt, daß sich eine Schlacke aus 70% FeO u. 30% Silicat bildet, entsprechend 2 $FeOSiO_2$, in die auch in Form von $CaSO_4$ zurückgebliebener S geht. Durch Gießen in provisor. Absetzformen wird von noch vorhandener Gangart u. kleinen Cu-Mengen getrennt. Durch Kupellieren des Pb werden bis zu 850 g Ag/t gewonnen. (Mining J. [London] **240.** 671—72. 5/6. 1953.) H. MENKE. 6430

A. Hohmann, *Schmelzen und Gießen von Rotguß.* (Giessereipraxis **72.** 220—21. 25/6. 1953.) G. APEL. 6432

P. D. Liddiard und **P. G. Forrester,** *Gießen von Kupfer–Blei-Legierungen.* Nach einer Erläuterung des Gleichgewichtsdiagramms der Cu–Pb-Legierungen, die bei Gehh. von 0—36 (%) Pb homogene Schmelzen, bei Gehh. von 36—92 Pb Emulsionen von geschmolzenem Cu + Pb aufweisen, werden die bekannten Verff. zur Herst. von Cu–Pb-Belägen durch Aufgießen beschrieben. Der Einfl. der Gießtemp. auf die Haftfestigkeit der Beläge auf *Stahl* wird erörtert, sowie die Wrkg. der Zusätze von *Sn, Sb, Ag, Fe* u. *P.* (Metal Ind. [London] **76.** 163—65. 3/3. 191—93. 10/3. 1950.) F. VIER. 6432

E. T. Richards, *Zur Charakteristik der Aluminiumbronzen. Si*-Zusätze zu Al-Bronzen gemeinsam mit Pb verursachen starke Neigung zur Rißbldg.; bei den tern. Cu–Al–Si-Legierungen ist daher auf vollkommene Pb-Freiheit zu achten. Beim Gießen komplizierter Gußstücke soll nicht mehr als 30% Gießereiabfall verwendet werden. Sonderzusätze von *Fe, Ni, Mn* sollten immer in Form von Vorlegierungen eingebracht werden. K_2CO_3- u. Na_2CO_3-Mischungen schützen als Flußmittel gegen S-Annahme aus den Verbrennungsgasen, jedoch werden S-Gehh. der Legierungen unter 0,10% nicht beeinflußt. Als Desoxydationsmittel wirkt neben *V* u. *Ti* auch *Al,* wenn letzteres in Mengen von 0,3—0,5% zu Al-reichen Cu-Legierungen unmittelbar vor dem Gießen zugesetzt wird. Während der Wert von P–Cu u. Si–Cu als Desoxydationsmittel umstritten ist, wirkt ein Mn-Zusatz immer vorteilhaft. (Giessereipraxis **72.** 81—84. 10/3. 1954.) F. VIER. 6432

E. T. Richards, *Schmelzen, Legieren und Gießen von Aluminiumbronzen.* Zum Schmelzen u. Legieren der Al-Bronze (**I**) lassen sich alle für Bronzen im allg. verwendeten Ofentypen benutzen. Wichtig ist, daß vor dem Einsatz der Sonderbestandteile Altmetalle u. Kupfer restlos desoxydiert sind u. daß kein zu großer Überschuß an P u. Si verbleibt. Die Frage der Schmelz- u. Gießtempp. als auch die Vorwärmetempp. der Kokillen spielen eine große Rolle. Die technolog. Eigg. der **I** können durch passende Wärmebehandlung verändert werden. Bei der Bemessung der Formen ist die starke Schwindung derselben zu beachten. Auf den Zentrifugal- u. Spritzguß wird näher eingegangen. (Giessereipraxis **72.** 322—25. 10/9. 1954.) K. H. ANDERS. 6432

W. I. Pumphrey und **J. V. Lyons,** *Das Verhalten der Korngrenzen von Aluminium bei Temperaturen nahe dem Schmelzpunkt.* Die Zerreißfestigkeit von Al mit 99,988 u. 99,998% nimmt mit steigender Temp. ab. Bei 4° unter dem F. tritt ein plötzlicher Abfall der Festigkeit auf. Dieser wird eher auf das Schmelzen der Korngrenzen zurückgeführt als auf die Ggw. von Verunreinigungen. Berechnungen über den inneren Druck in den Korngrenzen, der zu einer F.-Erniedrigung von 4° führt, u. Berechnungen der Oberflächenspannung an den Korngrenzen unter der Voraussetzung der Abhängigkeit der Oberflächenspannung von dem inneren Druck ergeben Übereinstimmung. — 15 Schrifttumsstellen. Diskussion. (J. Inst. Metals **82.** 33—37. Sept. 1953. 598—99. Aug. 1954. Waltham Cross, Murex Welding Processes Ltd.) F. VIER. 6446

J.-R. Tschudnowsky, *Die Herstellung von Aluminiumhalbzeug.* Überblick. (Rev. de l'Aluminium **31.** 181—91. Juni 1954. Co. Gén. du Duralumin et du Cuivre.) F. VIER. 6446

Ernest Hartman, *Aluminium als Konstruktionsmaterial.* Vgl. der Al-Legierung 14 S–T 6 mit Baustahl in Hinsicht auf Festigkeitseigg., Verarbeitung u. Korrosionswiderstand. Die hohe Streckgrenze von 14 S–T 6 gestattet eine höhere zulässige Zugbeanspruchung. Der wesentlich niedrigere E-Modul erfordert besondere Aufmerksamkeit beim Konstruieren. Die geringe Knickfestigkeit zwingt zu größeren Querschnitten. Brennschneiden ist zu vermeiden. Schweißen scheidet aus, Verbindungen durch Nieten, kalt oder warm. Bei ungewöhnlicher Beanspruchung Korrosionsschutz durch Anstrich. (Midwest Engr. **4.** 7—9. 29—30. Sept. 1951. Aluminum Comp. of America.) E. BOENISCH. 6446

A. L. Mincher, *Die Wirkung von Beryllium auf D.T.D. 300.* Be wird *Al*-Legierungen mit 10% Mg zugesetzt, um eine Rk. mit W., das in den feuchten Sandformen enthalten ist, zu verhindern. Frühere Beobachter gaben an, daß Be kornvergrößernd bei Al–Mg-Legierungen wirkt, was sich auf die Festigkeitseigg. der Legierungen stark auswirken würde. Im Gegensatz zu diesen Beobachtungen ergaben die Unterss. des Vf. keine Kornvergrößerung durch Be-Zusätze. (Metal Ind. [London] **76.** 435—36. 2/6. 1950.) F. VIER. 6446

Ch. More, *Die Verwendung von Wolfram.* Es wird die Gewinnung von *Ferrowolfram* u. seine Verwendung in der Stahlindustrie zur Erzeugung von W-Stählen, die Eigg. u. Zus. dieser Stähle u. der Ersatz größerer W-Gehh. in den Schnellarbeitsstählen durch V u. Mo sowie die W-haltigen Magnetstähle besprochen. Gewinnung von metall. W u. seine Verwendung in der Glühlampenindustrie zur Drahtherst., Legierungen mit ca. 90% W u. 10% anderer Metalle, die in den USA unter der Bezeichnung „*Hevimet*" auf pulver-metallurg. Wege gewonnen werden. Schließlich wird auf die Herst. von *Carbiden* des W u. von *Mischcarbiden* eingegangen. Ferner wird noch auf die Verwendung von W in Farbpigmenten hingewiesen. (Métallurgie Construct. mécan. **84.** 25—27. 29. Jan. 159. 161. 162. März. 315. 317. 318. Mai 1952.) O. WERNER. 6448

H. E. Howe und **A. A. Smith jr.,** *Eigenschaften und Verwendung von Thallium.* Vork., Gewinnung u. Verwendung von Tl, Herst. u. Verwendung von Tl-Legierungen. — 67 Literaturangaben. (J. electrochem. Soc. **97.** 167C—170C. Aug. 1950.) T. OPPERMANN. 6448

G. E. Gardam, *Ein einfaches Instrument zur Messung der „Oberflächenrichtigkeit" („surface truth") und des Grades der erforderlichen Polierarbeit.* Unter „Oberflächenrichtigkeit" (surface truth) wird die Übereinstimmung der durch Schleifoperationen (wobei kein Fließen des Metalls eintritt) erzielten Oberflächenform mit der gewünschten geometr. Gestalt verstanden. Nach dem Polieren „oberflächenrichtiger" Gegenstände dürfen die auf der Oberfläche sichtbaren Spiegelbilder keine Verzerrungen zeigen. — Es wird ein einfaches, auch im Betrieb verwendbares Gerät beschrieben, mit dem die Oberflächenqualität gemessen werden kann. Ein stark beleuchtetes Netz aus hellen u. dunklen Streifen (Papierschirm) wird an der zu untersuchenden Oberfläche reflektiert, u. man bestimmt den maximalen Abstand, bei dem das Netzwerk noch klar sichtbar ist. (J. Electrodepositors' techn. Soc. **26.** 27—34. 1950.) W. SKALIKS. 6482

E. Rabinowicz, *Herstellung von Schrägschnitten, ein Verfahren zur Untersuchung von Metalloberflächen.* Auf die zu untersuchende Metalloberfläche wird elektrolyt. ein Metallüberzug aufgebracht, der festhaftet u. dieselbe Härte wie die Oberfläche haben muß. Das Teil wird dann in plast. M. so eingebettet, daß beim Schleifen auf der Scheibe die Oberfläche in einem Winkel — gewöhnlich von 6° — angeschnitten wird. Dann wird die Probe geläppt, poliert, geätzt u. mkr. untersucht. Ein Winkel von 6° ergibt eine 10fache Erweiterung der zu untersuchenden Oberfläche. Für *Cu*-Legierungen werden *Ag*-Überzüge, für *Stahl Ni*-Überzüge verwendet. Das Verf. wird an Beispielen von *Pb*-Lagermetallen, an *Cu* u. *Stahl* erläutert. (Metal Ind. [London] **76.** 83—86. 3/2. 1950.) F. VIER. 6482

P. A. Lovett, *Einige Erfahrungen mit einem neuen Kunstharz-Einbettungsmittel für die Metallurgie.* Genaue Angaben mit Abbildungen über die Ausführung des Verf., das sich zur Unters. von Überzügen eignet. (Metallurgia [Manchester] **50.** 201—03. Okt. 1954.) K. STEIN. 6482

Károly Diebold, *Metallographische Mikroaufnahmen auf Kleinfilmmaterial.* Beschreibung einer einfachen, leicht herstellbaren Vorr. zur Aufnahme von 4, 6 oder 12 Metallschliffen auf einer 9×12 cm photograph. Platte. Es kann auch n. Kinofilm verwendet werden. Angaben zur Wahl des Beleuchtungsapp., des Negativ-Materials u. Vorschriften zur Entw., zum Fixieren u. Vergrößern der Aufnahmen. (Kohászati Lapok 9 (87). Nr. 1. Öntöde **5.** 17—20. Jan.; Nr. 2. Öntöde **5.** 33—40. Febr. 1954.) J. PLANK. 6482

Irén Sugár, *Einige metalltechnologische Anwendungen des Elektronenmikroskops.* Kurze Beschreibung der Elektronenmikroskoptypen, der Methoden zur Unters. von Metalloberflächen, Beurteilung der Struktur usw. (Magyar Technika **6.** 89—96. Juni 1951.) J. PLANK. 6482

Gizella Katona, *Materialprüfung mit radioaktiven Isotopen.* Vf. weist auf die Vorteile der radioakt. Isotope bei der Materialprüfung gegenüber der mit Röntgenstrahlen hin. (Magyar Technika **8.** 651—56. Okt./Nov. 1953.) J. PLANK. 6484

Endre Fabó und **Gyula Schön,** *Gaszementation.* Beim Glühen von Fe im Gasstrom wirken KW-stoffe u. CO zementierend, N_2, NH_3, H_2 sind prakt. neutral, Wasserdampf, CO_2 u. O_2 oxydieren bzw. entkohlen Fe. Reines CO wirkt schlecht, mit H_2 im Verhältnis 1:1,5 ist die Zementation sehr gut; steigt der H_2-Geh. über 40%, so nimmt die Wrkg. wieder ab. Reine KW-stoffe sind wegen festhaftenden Rußes nicht geeignet, entsprechend verd. zeigen sie aber bessere Wirkung. Auch von O_2 u. CO_2 befreites Leuchtgas wirkt gut. Propan–Butan-Gas wird am besten mit Luft (70%) verd., der beim Verbrennen gebildete Ruß ist locker u. stört nicht. Enthält das Gas weniger als 30% Propan, so ist die Rußbldg., aber auch die Zementierung geringer. Explosionsgefahr besteht nicht, da die Explosionsgrenze zwischen 2—9,5% Propan liegt. In der Praxis bewähren sich Schachtöfen am besten, Trommelöfen sind nur für kleinere Gegenstände brauchbar, bei waagerechten Öfen ist die Abdichtung schwieriger. Bei Verss. mit einem Propan–Butan-Gemisch von 50:50, welches mit den Verbrennungsgasen dieses Gemisches verd. wurde, konnte bei 950° in ½ Std. eine 0,45 mm dicke, in 1 Std. eine 1 mm dicke u. in 2 Std. eine 1,35 mm dicke zementierte Schicht erhalten werden. (Kohászati Lapok 7 (85). 106—16. Mai 1952.) J. PLANK. 6492

W. J. Smellie, *Löten und Hartlöten.* Überblick über das Löten von Metallen einschließlich der Edelmetalle u. mit Ausnahme von Al u. Mg. — 15 Literaturangaben. (Metal Ind. [London] **79.** 43—45. 20/7. 67—70. 27/7. 83—86. 3/8. 1951. Sheffield, Smelting Co. Ltd.) J. FISCHER. 6504

W. Moll, *Die atomare gaselektrische Lichtbogenschmelzschweißung im Einsatz in der neuzeitlichen, fortschrittlichen Werkzeugfertigung.* Behandelt werden: die Auftragschweißung, die Instandsetzung von Werkzeugen, die industrielle Herst. der Werkzeuge u. Wahl des Werkstoffs. (Schweißtechnik **1.** 148—51. Nov. 1951. Riesa.) O. VOLLENBRUCK. 6506

E. Szewieczek und **F. Mantai,** *Automatische Lichtbogenschweißung unter einem Schlackenpulver.* Übersicht. (Schweißtechnik **1.** 151—54. Nov. 1951. Rostock.) O. VOLLENBRUCK. 6506

K. A. Udotow, *Hochleistungsschweißverfahren.* Erläuterung der Arbeiten des ZNIITMASCH (Zentralen Wissenschaftlichen Forschungsinstituts für Schwermaschinenbau). (Schweißtechnik **1.** 130—35. Nov. 1951. Moskau.) O. VOLLENBRUCK. 6506

Alvin L. Bennett, *Back-up-flux. Ein neues Hilfsmittel beim Schweißen.* Beschreibung der Vorteile eines neuen, auf der Rückseite der Schweißstelle anzubringenden Flußmittels, das bes. gute Erfolge bei hochlegierten Stählen erwarten läßt. (Welding Engr. **38.** Nr. 11. 38—40. Nov. 1953. San Diego, Solar Aircraft Co., Res. Weld. Eng.) K. RUMPF. 6506

E. Zurbrügg, *Einfluß des Flammen- und des Lichtbogenschweißens auf die Eigenschaften von Aluminium und Aluminiumlegierungen.* Schweißen mit der heißesten Flamme wirkt sich am wenigsten auf die Eigg. von Al-Legierungen aus, da die Schweißgeschwindigkeit höher ist u. damit weniger Wärme an die Umgebung abgeleitet wird. Das Autogen- oder Flammenschweißen beeinträchtigt daher die Al-Legierungen stärker als das *Argonarc*-Schweißen, das dabei verwendete Ar ist das idealste Schutzgas, so daß beim *Argonarc*-Schweißen auf die Verwendung von Flußmitteln verzichtet werden kann. Das Verh. der Al-Legierungen beim Erwärmen wird beschrieben sowie die Eigg. der Legierungen nach dem Schweißen. (Aluminium Suisse **2.** 156—63. Sept. 1952.) F. VIER. 6506

W. Burkart, *Siliconhaltige Edelmetallpolierpasten.* (Vgl. C. **1954.** 2937.) Verss. mit Zusätzen von Siliconölen zu Edelmetallpolierpasten in Mengen von 0,5—1,5% ergeben höhere Glanzwrkg. u. gegen Benützung unempfindlichere Oberflächen. Höhere Zusätze wirken sich nachteilig aus, da die Oberflächen einen leichten Schleier zeigen, der erst nach längerer Bearbeitung verschwindet. Mit Silicon-haltigen Polierpasten polierte Edelmetallgegenstände lassen sich im Tri- oder Perbad leichter auswaschen. (Dtsch. Goldschmiede-Ztg. **51.** 316—17. Okt. 1953. Karlsruhe, Menzerna-Labor.) F. VIER. 6510

Ernst Raub, *Das elektrolytische Polieren und seine technischen Anwendungen.* Nach einem Vgl. zwischen mechan. u. elektrolyt. Polieren werden Anwendungsbeispiele für das elektrolyt. Polieren gegeben. (Werkstattstechn. u. Maschinenbau **42.** 205—07. Mai 1952. Schwäbisch Gmünd, Forschungsinst. für Edelmetalle.) F. VIER. 6514

D. Cam, *Praktische Erfahrungen mit Chromüberzügen ohne Nickelzwischenschichten.* Cr-Überzüge, die elektrolyt. aus sogenannten Kaltbädern niedergeschlagen werden, benötigen keine Ni-Zwischenschichten, sind aber weniger abriebfest. Die Elektrolyte haben eine größere Tiefenwrkg. u. arbeiten mit einer Stromausbeute von 25—30%. Der Korrosionsschutz ist befriedigend. (Plating **40.** 47. Jan. 1953. Turner Mfg. Co. Ltd.) F. MARKHOFF. 6518

E. T. Richards, *Abplatzen von Nickelniederschlägen.* Zu hohe oder zu niedrige p_H-Werte sind mit die Hauptgründe für das Abplatzen u. Verzundern von Ni-Niederschlägen. Auch organ. Verunreinigungen können für den Fehler verantwortlich sein. Sie können durch Behandeln mit H_2O_2, $KMnO_4$ oder durch Elektrolyse an Blechkathoden entfernt werden. Der Einfl. der Stromdichte u. von Poren u. Oxydeinschlüssen auf der zu überziehenden Oberfläche werden besprochen. Auch zu starkes Polieren kann zum Abplatzen führen. (Metal. Ind. [London] **83.** 166—68. 28/8. 1953.) F. VIER. 6520

R. N. Parkins, *Laugensprödigkeit bei Dampfkesseln. Die interkristalline Korrosion von Flußstahl.* Krit. Übersicht an Hand der Literatur über die Theorien der interkristallinen Korrosion. — 52 Literaturangaben. (Chem. and. Ind. **1953.** 180—84. 28/2.) W. HAUG. 6538

B. A. Lindenberg, *Schnellprüfung der Korrosionslöslichkeit von Stahl.* 1. Mitt. *Prüfmethode in Salzlösung.* Das näher beschriebene Prüfverf., Einhängen von Stahlplatten in Seewasser oder Salzlsg. u. Gewichtsverlust- bzw. Fe-Best. in der Lsg., ergibt mit $\pm$2,5% reproduzierbare Werte. Die in ruhender, period. erneuerter Fl. zu Anfang höhere Lösungsgeschwindigkeit nimmt nach ca. 16 Std. einen konstanten, für den untersuchten Stahl kennzeichnenden Wert an. (Ind. agric. aliment. **70.** 737—42. Nov. 1953. Paris, Comm. Internat. des Ind. Agricoles.) H. ECKHARD. 6540

General Motors Corp., Detroit, Mich., V. St. A., übert. von: **Raymond E. Schwyn** und **Ralph H. Mitchel**), *Kompensationselement für magnetische und ähnliche Meßinstrumente,* bes. Geschwindigkeitsmesser, das einen negativen Temperaturkoeff. der magnet. Permeabilität besitzt u. aus einer Fe–Ni-Legierung besteht, die kleine Mengen Cr enthält, dad. gek., daß die Legierung aus 29,25—31,5 (%), vorzugsweise 30—31, *Ni,* 0,3—2,9, bes. 0,4—1,2, *Cr,* 0,05—1,0 *Mn,* 0,05—0,5 *Si,* Rest Eisen besteht. — Kurvenschaubilder. — Vgl. auch A. P. 2668944; C. **1955.** 6380. (**E. P. 718256** vom 23/12. 1952, ausg. 10/11. 1954. A. Prior. 28/12. 1951.) H. HOCHSTEIN. 6411

Gußstahlwerk Witten Akt.-Ges., Witten, *Herstellung von Gegenständen aus Stahl mit hoher Schlagfestigkeit, einer Zerreißfestigkeit von über 120 kg/mm² und großer Zähigkeit.* Die aus einem Stahl mit 0,3—1,0 (%) *C,* 0,3—2 *Mn,* 0,3—2 *Si,* 0,5—2,5 *Cr,* Rest Eisen hergestellten Gegenstände werden von Härtetemp., z. B. von 850°, in einem Warmbad mit einer Temp. von 270—400°, bes. 300—320°, u. mit einer Dauer bis ca. 60 Min. abgeschreckt, worauf die weitere Abkühlung an freier Luft erfolgt. Die Dauer der Warmbadbehandlung u. die Temperaturhöhe des Warmbades werden in Abhängigkeit von den verlangten Festigkeitseigg. geregelt. — Abbildung. (**F. P. 1055422** vom 5/5. 1952, ausg. 18/2. 1954.) H. HOCHSTEIN. 6411

Badische Anilin- & Soda-Fabrik Akt.-Ges., Ludwigshafen/Rh., *Aufarbeiten von Kupfer–Nickel-Matte.* Eine z. B. 54,9 (%) Ni, 25,5 Cu u. 19,4 SO_2 enthaltende Matte wird 72 Std. auf ca. 500° erhitzt u. fein gemahlen. Die metall. Teile trennt man mit einem Magneten ab u. erhitzt bei n. Druck mit CO auf ca. 90°. Steigert man nun den CO-Druck auf 200 at u. die Temp. auf ca. 200°, so sind nach ca. 6 Std. 99% des Ni in Ni-Carbonyl übergeführt. Durch therm. Zers. erhält man hieraus Ni-Pulver. Der Rückstand wird nun elektrolyt. auf Cu aufgearbeitet. Dabei verbleiben in dem Anodenschlamm die in der Matte ursprünglich enthaltenen edlen Metalle *Au* u. *Pt,* die ebenfalls auf bekannte Weise gewonnen werden. (**E. P. 702011** vom 17/10. 1951, ausg. 6/1. 1954. D. Prior. 25/10. 1950.) H. NEBELSIEK. 6435

American Smelting & Refining Co., New York, N. Y., übert. von: **Albert A. Smith jr.**, Metuchen, und **John L. Everhart**, Linden, N. J., V. St. A., *Indiumlegierungen* mit niedrigem F. bestehen nach A. P. 2 649 367 aus 32—34 (%) *Bi*, 42—44 *In*, 7—8 *Pb* u. 15—18 *Sn* mit einem F. von ca. 59°. Nach A. P. 2 649 368 bestehen die Legierungen aus 31—33 Bi, 50—52 In u. 16—18 Sn, nach A. P. 2 649 369 aus 34—36 Bi, 54—56 In u. 9—11 Pb mit einem F. von ca. 73° u. nach A. P. 2 649 370 aus 51—53 Bi, 21—23 In u. 25—29 Pb mit einem F. von ca. 70°. (**A. PP. 2 649 367, 2 649 368, 2 649 369** u. **2 649 370** vom 7/10. 1950, ausg. 18/8. 1953.) C. GÖTZE. 6449

Alfonso Rizo-Patrón R., San Isidro, Lima, Peru, *Rückgewinnung von edlen Metallen*, wie Au u. Ag. Ein diese Metalle enthaltendes Erz oder Konzentrat wird mit einem alkal. Brei aus Cyaniden u. Kalk in Ggw. von C, bes. von Anthracit oder C-haltigem Schiefer, behandelt. Die durch C adsorbierten Metalle werden durch Schaumflotation abgeführt u. verkokt. Der mit den edlen Metallen beladene so erhaltene Koks dient dann weiter zur pyrometallurg. Behandlung von Erzen oder Konzentraten, die z. B. Cu, Zn u. Pb enthalten. (**A. P. 2 658 827** vom 12/4. 1950, ausg. 10/11. 1953.) H. NEBELSIEK. 6459

H. A. Wilson Co., Newark, N. J., übert. von: **Victor G. Mooradian**, East Orange, N. J., V. St. A., *Goldlegierungen* bestehen aus 1—55 (%) *Cu*, 1—15 *Ag*, 1—15 *Zn*, 0,01 bis 1 *Si*, 0,1—3 einem der Metalle *Fe*, *Cr*, *Zr*, Rest *Au*. Die Legierungen, die sich bes. durch eine glatte Oberfläche auszeichnen, werden als Plattierungsmaterial für andere Au-Legierungen benutzt, die Alterungstemppp. von über 650° ausgesetzt werden müssen. (**A. P. 2 654 146** vom 2/4. 1949, ausg, 6/10. 1953.) C. GÖTZE. 6463

Carl Schusterius, Königshofen, *Herstellung von hitzebeständigen Maschinenbauteilen*, bes. von Brennkraftturbinen. Verwendet wird hierzu ein Werkstoff, der mindestens zum größeren Teil aus mindestens einer Verb. des *Ti* mit einem Element besteht, dessen At.-Gew. zwischen 11,5 u. 15 liegt. Zweckmäßig wird als Werkstoff Ti-Carbid (I), Ti-Nitrid (II) oder ein Gemisch dieser beiden aus 80 Mol-% **II** u. 20 Mol-% **I** verwendet. Auch kann noch ein Hilfsmetall, z. B. ein Element der Eisenmetallgruppe, dem Werkstoff zugesetzt werden. (**Schwz. P. 287 293** vom 26/7. 1951, ausg. 16/3. 1953. D. Prior. 4/12. 1944.) H. HOCHSTEIN. 6477

Whiffen & Sons Ltd., London (Erfinder: **Harold Garton Emblem**), England, *Lötmittel* besteht aus *Hydrazinphosphat* in einem Lösungsm. aus *W*. oder einem *KW-stoff*. (**E. P. 718 022** vom 11/7. 1951, ausg. 10/11. 1954.) F. VIER. 6505

Aluminum Co. of America, Pittsburgh, übert. von: **Philip T. Stroup**, New Kensington, Pa., V. St. A., *Löten von Gegenständen aus Aluminium und Aluminiumlegierungen*. Die zu lötenden Gegenstände werden mit einer *Si–Ge–Al*-Legierung überzogen, die zu lötenden Stellen aneinandergelegt u. über den F. der Überzugslegierung erhitzt. Der Geh. der Überzugslegierung an Si, Ge u. Al soll mindestens 99,5 (%) betragen mit einem Si-Geh. von 1,5—12, einem Ge-Geh. von 3,5—47, Rest Al. (**A. P. 2 659 138** vom 10/12. 1948, ausg. 17/11. 1953.) F. VIER. 6505

Eutectic Welding Alloys Co., London, England (Erfinder: **Rene David Wasserman**), *Umhüllte Schweißelektrode*, besteht aus einem Stahlkern mit 17—20 (%), bes. 19, *Cr*, 8—10, bes. 9, *Ni*, 1—3, bes. 2, *Mn*, 0,05—0,30, bes. 0,15, *C*, Rest *Eisen* u. Verunreinigungen u. einer Umhüllung von 5—7,5, bes. 6, CaF_2, 7,5—12,5, bes. 10, $CaCO_3$, 20—25, bes. 23, TiO_2, 5—7,5, bes. 6, $CaSiO_3$, 35—45, bes. 40, *Cr*-Metallpulver u. 5—10, bes. 7, *Ferrosilicium* mit einem Binder. Die mit derartigen Elektroden erzielten Schweißnähte haben Cr-Gehh. von 29, ohne brüchig zu sein. (**E. P. 720 834** vom 20/3. 1953, ausg. 29/12. 1954.) F. VIER. 6507

N. V. de Bataafsche Petroleum Mij., Den Haag, Holland (Erfinder: **G. D. Harden** und **W. J. Curry**), *Korrosionsschutz für Tanks von Tankfahrzeugen* wird durch Bespritzen oder Waschen mit einer Mischung von 2% $NaNO_2$ u. *NaOH* in Süßwasser erzielt. Hierbei werden die Ablagerungen (Rost u. dgl.) abgelöst u. aus der Waschlauge durch Zentrifugieren oder Absetzen entfernt, worauf die Lauge erneut verwendet wird. Verf. wird bes. für Öltanker empfohlen. (**Schwed. P. 140 751** vom 7/2. 1950, ausg. 9/6. 1953. A. Prior. 14/2. 1949.) K. H. KÄHLER. 6513

Benjamin Lustman and Frank H. Kerze jr., eds., The metallurgy of zirconium. New York: McGraw-Hill. 1955. (794 S. m. Abb., Diagr.) O. $ 10,—.

IX. Organische Industrie.

E. G. Curphey, *Einige industrielle Anwendungen von quaternären Verbindungen.* Hinweis auf einige quaternäre NH_4-Verbb., die u. a. als Farbstoffe, Netzmittel, Insekticide, Vulkanisationsbeschleuniger, medizin. als Anionenaustauscher bei Geschwüren

u. als Anticholinesterase u. bei organ. Synth. verwendet werden. (Chem. Age **71.** 329—31. 14/8. 1954.) H. Mühlmeister. H 900

L. Ja. Koljandr, A. M. Grinberg, R. M. Koltun und **T. I. Sasslawskaja,** *Bestimmung der Konstanten von reinem o-Xylol und Ausarbeitung von Kennzahlen zur Charakteristik des technischen Produktes.* Das zur Unters. verwendete *o-Xylol* (I) aus sorgfältig rektifizierter I-Fraktion der Kokerei wird durch Sulfierung, Hydrolyse u. fraktionierte Kristallisation weitergereinigt. Es zeigt dann folgende Daten: $D.^{20}$ 0,8813, n_D^{20} 1,5068, F. —25,3°, Kp. 144,4°. Bei Zusatz von *m-Xylol* (II) nimmt D. u. n_D ab, die Änderung des Kp. ist gering. Den zuverlässigsten Maßstab für die Verunreinigung des I gibt der F., der z. B. bei Zusatz von 1% II —25,70°, von 10% —29,10° beträgt; gleiche Zusatzmengen des nichtsulfurierten Anteils aus der Reinigung des I setzen den F. etwas weniger herab als II. Der aus der konz. I-Fraktion isolierte KW-stoff ist *1-Methyl-2-äthyl-* oder *Propylcyclohexan,* er bildet mit I ein azeotropes Gemisch, weshalb die Reindarst. von I nur durch Hydrolyse der Sulfonsäure oder durch Ausfrieren möglich ist. D. u. n_D eignen sich auch deshalb nicht als Kennwerte für die Beurteilung der Reinheit, weil KW-stoffe verschied. Klasse sie in verschied. Weise beeinflussen. (Журнал Прикладной Химии [J. angew. Chem.] **26.** 438—42. April 1953. Charkow, Ukrain. Wiss. Forschungsinst. für Kohlechem., Versuchsfabrik für Kokschem.) R. K. Müller. H 1010

Phillips Petroleum Co., übert. von: **Leo H. Johnstone, Ludwig A. Webber** und **John J. Costolow,** Borger, Tex., V. St. A., *Verhinderung der Polymerisation von Olefinen,* z. B. von *1.3-Butadien* u. *Styrol,* bes. der Bldg. von in Bzl. unlösl. Polymeren, bei der Dest. erfolgt durch Einleiten einer 1—20%ig. wss. Alkali- oder Erdalkalinitritlsg., die mit Di- bzw Tri-Na-phosphat gepuffert ist u. ein p_H von 7—11 hat, in den oberen Teil der Destillationskolonne, wo die Lsg. nach unten abfließt u. im Kreislauf geführt werden kann. — Vorr., Zeichnung. (**A. P. 2 613 175** vom 18/10. 1948, ausg. 7/10. 1952.) G. Krauss. H 520

Farbenfabriken Bayer Akt.-Ges., Leverkusen, *Eisen- oder Aluminiumalkoholate* erhält man bei der Einw. eines Fe- oder Al-Halogenids auf einen wasserfreien Alkohol in Ggw. von NH_3 oder eines Amins in Mengen, daß die Rk. im neutralen oder fast neutralen Medium abläuft. (**E. P. 695 421** vom 25/7. 1951, ausg. 12/8. 1953. D. Prior. 23/4. 1950.) G. König. H 560

Henkel & Cie. G. m. b. H., Düsseldorf (Erfinder: **Johann Heinrich Helberger,** Berlin, und **Hans Machemer,** Burghausen), *Kondensationsprodukte.* Sultone werden mit Verbb., die an einer verzweigten C-Kette mindestens ein OH u./oder COOH besitzen, bzw. mit den entsprechenden Salzen oder Alkoholaten, zweckmäßig in Ggw. von Verdünnungsmitteln in bekannter Weise kondensiert. — Na-2-Äthyl-n-butylat-1 gibt beim Erhitzen mit Butansulton (I; Sulfolacton der δ-Oxybutansulfonsäure) auf 200° *δ-(2-äthyl-n-butyloxy)-butansulfonsaures Na,* leicht lösl. in Wasser. — Na-2-Äthyl-n-hexylat-1 + I → *δ-(2-äthyl-n-hexyloxy)-butansulfonsaures Na.* — 2-Butyl-n-hexanol-1 + I → *δ-(2-butyl-n-hexyloxy)-butansulfonsaures K.* — Na-n-Undecylat-6 + I → *δ-(1-amyl-n-hexyloxy)-butansulfonsaures Na* + δ-methoxybutansulfonsaures Na. — 2-Butyl-n-octanol-1 + I → *δ-(2-butyl-n-octyloxy)-butansulfonsaures Na.* — Na-2-Hexyl-n-octylat-1 + I → *δ-(2-hexyl-n-octyloxy)-butansulfonsaures Na.* — 7-Äthyl-2-methyl-undecanol-4 + I → *δ-(1-isobutyl-4-äthyl-n-octyloxy)-butansulfonsaures Na.* — Na-n-Pentadecylat-8 + I → *δ-(1-heptyl-n-octyloxy)-butansulfonsaures Na.* — 3-Amyl-4-methyl-n-decanol-2 + I → *δ-(1.3-dimethyl-2-amyl-n-nonyloxy)-butansulfonsaures Na.* — Na-2-Hexyl-n-decylat-1 + I → *δ-(2-hexyl-n-decyloxy)-butansulfonsaures Na.* — Na-2-Äthylbutyrat + I → *2-Äthylbuttersäure-(ω-sulfobutyl)-ester.* — Na-2-Äthylcapronat + I → *2-Äthylcapronsäure-(ω-sulfobutyl)-ester.* — Na-2-Butylcaprylat + I → *2-Butylcaprylsäure-(ω-sulfobutyl)-ester.* An Stelle von I können auch die Sulfolactone der γ-Oxypropansulfonsäure oder Benzylalkohol-o-sulfonsäure verwendet werden. — Zwischenprodd. zur Herst. von *Weichmachern* für die Lackindustrie. (**D. B. P. 867 396** Kl. 12o vom 1/11. 1942, ausg. 16/2. 1953.) G. Krauss. H 600

Dynamit Akt.-Ges. vorm. Alfred Nobel & Co. (Erfinder: **Hans Orth**), Troisdorf, *Herstellung ungesättigter cyclischer Acetale* durch Kondensation mehrwertiger Alkohole, z. B. Pentaerythrit (I), mit ungesätt. Oxoverbb., z. B. Acrolein (II) oder Crotonaldehyd (III), in Ggw. inerter Lösungsmittel u. sehr geringer Mengen eines sauren Katalysators (p-Toluolsulfonsäure), der nach beendeter Rk. durch Zusatz mindestens äquivalenter Mengen eines fettsauren Alkalisalzes (Na-Acetat) neutralisiert wird. I + II in Bzl. ergibt Diacetal vom F. 42°; I + III ein solches vom F. 58°. (**D. B. P. 863 945** Kl. 12q vom 3/5. 1951, ausg. 22/1. 1953.) K. Fabel. H 660

Badische Anilin- & Soda-Fabrik, Deutschland, *Verwendung der Butandiol-(1.4)-acetale als Lösungsmittel.* Das Butandiol-(1.4)-formal (I) ist mit W. ebenso gut mischbar wie mit vielen organ. Lösungsmitteln, z. B. Alkoholen, Äthern, Estern, aromat. KW-stoffen. Butandiol-(1.4)-acetal sowie I können als *Lösungsmittel für Natur-* u. *Kunstharze* verwandt werden u. zur Herst. von z. B. Lacken, Rostschutzanstrichen, Bohnerwachs, Schuhcreme, Nagellackentferner, Kraftstoff dienen. (**F. P. 1 007 120** vom 26/2. 1948, ausg. 2/5. 1952.) T. Oppermann. H 670

Deutsches Hydrierwerk Rodleben VEB, Rodleben (Erfinder: **Christoph Grundmann,** Dessau), *Herstellung von Ketonen, gegebenenfalls im Gemisch mit Carbonsäuren.* Inhaltlich ident. mit D. R. P. 756 127; C. **1953.** 6139. (**D. P.** [DDR] **756 127** Kl. 12o vom 15/8. 1940, ausg. 3/3. 1953 [Wirtschaftspatent].) M. F. Müller. H 700

Dortmunder Paraffinwerke G. m. b. H. (Erfinder: **Wolfram Ohme**), Dortmund, *Katalytische Umwandlung von Aceton* (I) in Polymerisations- oder Kondensationsprodd. erfolgt in der Dampfphase in Ggw. von Metallkatalysatoren der 8. Gruppe des Period. Syst. (Fe, Co, Ni), gegebenenfalls auf Trägern, die in der Nähe des Kp. des **I,** dessen Dämpfe im Kreislauf geführt werden, wobei gegebenenfalls die Reaktionsprodd. nach jedem Durchgang abgetrennt werden können. Die infolge O-Aufnahme in ihrer Wrkg. abfallenden Katalysatoren werden durch Hydrierung mit H_2, z. B. bei 320°, wiederbelebt. Das entstandene *Öl* hat Kp. 180—200°; Mol.-Gew. 110; D. 0,938; n_D 1,426, E. —52°, JZ. 11,6. Verwendung für *Riechstoffe* u. als *hochsd. Lösungsm. für Lacke.* (**D. B. P. 908 018** Kl. 12 o vom 26/4. 1942, ausg. 1/4. 1954.) G. Krauss. H 710

Farbwerke Hoechst Akt.-Ges., vormals Meister Lucius & Brüning, Frankfurt/M.-Höchst (Erfinder: **Otto Wulff,** Königstein), *Ester mehrwertiger Alkohole* erhält man durch Behandeln von in 2-Stellung durch organ. Reste substituierten 5-Diacylmethyloloxazolinen mit HNO_2 nach nebenst. Reaktionsschema (R = gleiche oder verschied. organ. Reste). — 5-Diacetylmethylol-2-methyloxazolin → *Triacetyl-α.α-dimethylolvinylalkohol,* $C_{10}H_{14}O_6$, Kp.$_{1,5}$ 136—140°, Ausbeute 46,6%, + *Oxytriacetylmethylolmethan,* $C_{10}H_{16}O_7$, Kp.$_{15}$ 154—157°, Ausbeute 17,3%. — 5-Dipropionylmethylol-2-äthyloxazolin → *Tripropionyl-α.α-dimethylolvinylalkohol,* Kp.$_7$ 163—167°, + *Oxytripropionylmethylolmethan,* Kp.$_7$ 180—183°. — Verwendung als *Lösungsmittel, Weichmacher, Plastifizierungsmittel* u. als *Zwischenprodd.* für *Kunststoffe.* (**D. B. P. 874 774** Kl. 12o vom 29/9. 1940, ausg. 27/4. 1953.) G. Krauss. H 810

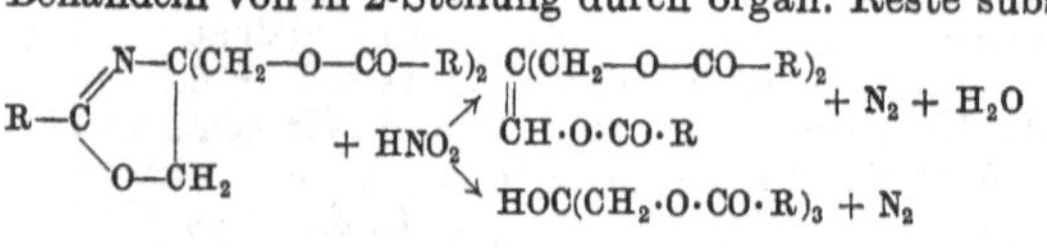

Armour & Co., Chicago, Ill., V. St. A., *Polynitrile* erhält man durch Rk von fl., bes. ungesätt. hochmol. Fettsäuren mit mindestens 2 Doppelbindungen enthaltenden Prodd., wie Ricinus-, Lein- oder Sojaöl, mit NH_3-Gas in Ggw. bes. von ca. 0,2% rotem P als Katalysator. — Ausgangsprodd. zur Herst. von *Polyaminen.* — Vorr., Zeichnung. — Vgl. auch A. P. 2 526 044; C. **1951.** II. 1820. (**E. P. 697 293** vom 22/8. 1950, ausg. 16/9. 1953.) O. Müller-Meiningen. H 890

National Distillers Products Corp., New York, N. Y., übert. von: **John A. S. Hammond,** Baltimore, Md., V. St. A., *Diazotierung von Glycinestern.* Man setzt Glycinester der Formel $H_2N \cdot CH_2 \cdot COOR$, mit einem anorgan. Nitrit u. einer Mineralsäure in Ggw. eines nichtwss. Lösungsm., z. B. eines halogenierten KW-stoffs, um. — *Diazoessigsäureäthylester,* aus Glycinäthylesterhydrochlorid, $NaNO_2$, H_2SO_4 u. Na-Acetat in Ggw. von Ae. oder CCl_4 bei 20°. (**A. PP. 2 691 649** u. **2 691 650** vom 14/12. 1951, ausg. 12/10. 1954.) G. Langer. H 950

Bergwerksverband zur Verwertung von Schutzrechten der Kohlentechnik G.m.b.H. (Erfinder: **Walter Klempt**), Dortmund-Eving, *Oxydation fester Brennstoffe* erfolgt mit O_2, Luft oder anderen O_2-haltigen Gasen in Ggw. einer solchen Wassermenge, daß ein Zusammenballen des Brennstoffs unterbleibt, zweckmäßig unter Druck, wobei das verdampfte W. laufend ersetzt wird. — 40% W. enthaltende Braunkohle (Korngröße >1 mm) wird im Drehdruckgefäß bei 150° u. 6 atü mit Luft behandelt (je t/Std. 200 m^3); man erhält nach 10 Std. ein schwarzes Prod., das sich in starker NaOH bis auf den Ascherückstand löst. Ferner werden oxydiert: lufttrockener Torf u. gasreiche Kohle mit ca. 30% flüchtigen Bestandteilen. Die Prodd. eignen sich zur Herst. sogenannter *regenerierter Huminsäuren,* die mit NH_3 unter Druck *Düngemittel* liefern, u. von Benzolcarbonsäuren. (**D. B. P. 862 896** Kl. 12o vom 5/10. 1948, ausg. 15/1. 1953.) G. Krauss. H 1200

California Research Corp., San Francisco, übert. von: **John T. Rutherford,** Berkeley, Calif., V. St. A., *Herstellung von Dinonylphthalat* (I). Man erhitzt 292 (g) eines durch „Oxo"-Synth. aus einem n-Buten-1- u. -2-Mischpolymeren (Kp. 100—125°, Bromzahl 149, $D.^{20}_{20}$ 0,728, n_D^{20} 1,416) erhaltenen Nonylalkohols (Kp.$_{50}$ 120—130°, OH-Zahl 385, CO-Zahl 15,9, n_D^{20} 1,4379, $D.^{20}_4$ 0,8407) mit 126 Phthalsäureanhydrid in Ggw. von 1,9 Toluolsulfonsäure unter CO_2, bis die berechnete Menge W. abdest. ist, wobei die

Temp. von 304 auf 362° F steigt. Man wäscht das Roh-I mit NaOH u. heißem W. u. fraktioniert; die I-Fraktion hat folgende Kennzahlen: Kp.$_{0,2-0,3}$ 187—210°, VZ. 278, N-Zahl 0,07, n_D^{20} 1,4875, $D.^{20}_{20}$ 0,9871, Viscosität (II) bei 100° F 190,4, bei 210° F 43,8 (SSU), II-Index nach DEAN u. DAVIS 56. — *Weichmacher*. (**A. P. 2 610 201** vom 9/4. 1949, ausg. 9/9. 1952.) O. MÜLLER-MEININGEN. H 1220

Bergwerksverband zur Verwertung von Schutzrechten der Kohlentechnik G.m.b.H., Dortmund-Eving (Erfinder: **Günter Bracht**, Holsterhausen, **Otto Grosskinsky**, Dortmund-Eving, **Bernhard Jüttner**, Essen, **Otto Regel** und **Alfred Schiwy**, Herne), *Aufschlußprodukte der Kohle oder ähnlicher Stoffe*. Ein pumpfähiger Kohlebrei wird im Gegenstrom zu oxydierend wirkenden Gasen durch ein Druckgefäß geleitet; die Reaktionsprodd. werden zeitweilig oder kontinuierlich abgezogen. Durch Oxydation mit HNO_3 erhält man neben *Benzoltri-*, *-tetra-*, *-penta-* u. *-hexacarbonsäuren* auch *Trinitrophenol*. Das Anteigen der Kohle kann mit einer bereits erzeugten Aufschlußlsg. erfolgen. Der Druck wird durch Ablassen oder Zufuhr der oxydierend wirkenden Gase geregelt. — Vorr., Zeichnung. (**D. B. P. 876 095** Kl. 12o vom 10/11. 1951, ausg. 7/5. 1953.) G. KRAUSS. H 1240

Pharma-Chemisch Laboratorium, Laren, Holland, *Quaternäre Ammoniumderivate von 1.2-Dioxy-3-aminopropan* sind *oberflächenakt.*, *bakterieid* u. *fungicid*. — *3-[Octadecen-(9)-yloxy]-2-oxypropyl-(1)-dimethylphenylammoniumacetat*. Beim Erwärmen von 3-[Octadecenyl-(9)-oxy]-1.2-epoxypropan mit N.N-Dimethylanilin u. Essigsäure auf 70°. — Analog: *N-(3-Octyloxy-2-oxypropyl)-2.6-dimethylpyridiniumacetat*. (**E. P. 704 014** vom 26/6. 1951, ausg. 17/2. 1954. Holl. Prior. 10/2. 1951.) G. LANGER. H 1310

N. V. Philips' Gloeilampenfabrieken, Holland, *Herstellung der Diazoniumverbindung der 1-Oxy-2-amino-6-methyl-4-benzolsulfonsäure*, wobei die Aminoverb. in wss. Suspension mit nitrosen Gasen, etwa N_2O_3, diazotiert wird. Die Diazoverb. hat die Formel $C_7H_6O_4N_2S \cdot 2\,H_2O$. (**F. P. 980 616** vom 10/2. 1949, ausg. 16/5. 1951. Holl. Prior. 12/2. 1948.) M. F. MÜLLER. H 1350

Badische Anilin- & Soda-Fabrik (Erfinder: **Adolf v. Friedolsheim**), *Spaltung der bei der Behandlung von Oximen cyclischer Ketone mit konzentrierter H_2SO_4 erhaltenen schwefelsauren Lactamester* mit alkal. Mitteln, dad. gek., daß man zu der schwefelsauren Lsg. nach Zusatz von konz. $(NH_4)_2SO_4$-Lsg. NH_3 in konz. Form, zweckmäßig gasförmig, zugibt, bis der Ester vollkommen verseift ist, das dabei in fester Form ausgeschiedene $(NH_4)_2SO_4$ vom freien Lactam u. von der $(NH_4)_2SO_4$-Lsg. abtrennt u. letztere gegebenenfalls wieder bei der Zerlegung weiterer Mengen Lactamester benutzt. — Beispiel mit Cyclohexanoxim als Ausgangsstoff. (**D. B. P. 858 701** Kl. 12p vom 17/10. 1942, ausg. 8/12. 1952.) H. DONLE. H 1900

Koppers Co., Inc., übert. von: **Eldon E. Stahly**, Pittsburgh, Pa., V. St. A., *Dicyclopentadiendithiocyanat* erhält man durch Kondensation von Dicyclopentadien mit HSCN (aus $CuSO_4$ + NaSCN) in A. bei ca. 40—60°; dickes, dunkles Öl. — *Insekticid*, Pharmazeuticum u. Zwischenprod. zur Herst. von Disulfiden u. Disulfonsäuren. (**A. P. 2 501 697** vom 25/1. 1947, ausg. 28/3. 1950.) G. KRAUSS. H 2210

Laboratories Sauter Soc. An., Genf, Schweiz, *Kolloidallösliche Salze polymerer Dikresylmethandisulfonsäurederivate* erhält man durch Behandeln von Sulfonsäuren der Formel $CH_2[R(OH)-SO_3X]_2$ (R = Aryl, das noch weitere OH, ein oder mehrere Alkyl oder Halogene enthalten kann, X = ein bei der Rk. sich abspaltender Rest) in polymerisiertem Zustand (erhalten durch Einw. von CH_2O auf m-Kresol-6-sulfonsäure in wss. Medium bei 20°) mit einer Ag-Verb. (AgO, $AgNO_3$). Die *Ag-Salze* wirken *bakterieid* u. werden als *Heilmittel* u. in der *Photographie* verwendet. (**Schwz. P. 288 170** vom 18/3. 1949, ausg. 1/5. 1953.) G. KRAUSS. H 2290

Rayonier, Inc., übert. von: **Louis H. Bock**, Shelton, Wash., V. St. A., *Dibasische Äthersäuren* der allg. nebenst. Formel (R = $-CH_2CH_2OCH_2CH_2-$, $-(CH_2)_n$, n = 2—6) erhält man durch Kondensation von Vanillinsäure (I) mit einer Verb. XRX (X = Cl oder Br) bei 73—224° in Ggw. von NaOH. — Aus I u. Äthylendibromid in Ggw. von NaOH u. W. bei 73—75° nach 22 Std. → *Äthan-1.2-bis-(2-methoxy-4-carboxyphenyl)-äther*, $C_{18}H_{18}O_8$, F. 278—281°. — *Propan-1.3-bis-(2-methoxy-4-carboxyphenyl)-äther*, $C_{19}H_{20}O_8$, F. 242—246°. — *Butan-1.4-bis-(2-methoxy-4-carboxyphenyl)-äther*, $C_{20}H_{22}O_8$, F. 236—244°. — I + Bis-(2-chloräthyl)-äther → *Bis-(2-methoxy-4-carboxyphenoxyäthyl)-äther*, $C_{20}H_{22}O_9$, F. 208—217°. — *Hexan-1.6-bis-(2-methoxy-4-carboxyphenyl)-äther*, F. 216—224°. Zwischenprodd. zur Herst. von *Alkydharzen* u. linearen *Polyestern* u. *-amiden*. (**A.P. 2630454** vom 28/11. 1950, ausg. 3/3. 1953.) G. KRAUSS. H 2450

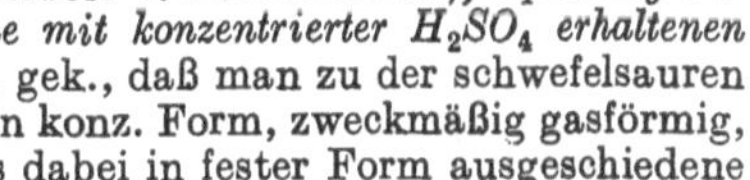

American Cyanamid Co., New York, N. Y., übert. von: **Robert P. Parker**, Somerville, **Doris R. Leeger**, Bound Brook, und **Erwin Kuh**, New Brunswick, N. J., V. St. A., *Phosphorsäurederivate* der allg. Formel I, worin R = H oder niedere Alkylreste, R' = Alkylreste mit 4—12 C-Atomen bedeuten, stellt man her, indem man eine Verb. der Formel II, in der X = Halogen u. R' das gleiche wie oben bedeuten, mit mindestens 2 Äquivalenten von Verbb. der Formel III (R wie oben) umsetzt. Zur Herst. von *N.N-Diisobutyl-N'.N''-diäthylenphosphorsäuretriamid* setzt man N.N-Diisobutylamidodichlorphosphorsäure mit Äthylenimin in einem KW-stofflösungsm. in Ggw. eines tert. Amins um. Um *N.N-Dioctyl-N'.N''-diäthylenphosphorsäuretriamid* herzustellen, setzt man N.N-Dioctylamidodichlorphosphorsäure mit Äthylenimin unter denselben Bedingungen wie oben um. (**A. P. 2 606 900** vom 25/7. 1951, ausg. 12/8. 1952.) P. UNGER. H 3030

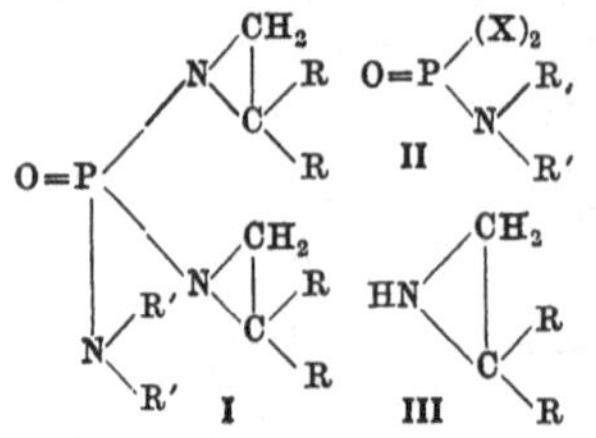

Imperial Chemical Industries Ltd., London, England, *Polyguanamine* erhält man durch Rk. von Polynitrilen mit 2 oder mehr Mol Dicyandiamid (I), wobei mindestens 40% des I als besonderes Alkali- oder Erdalkalisalz vorliegen, bei 50—200° u. in Ggw. z. B. eines OH-gruppenhaltigen Lösungs- oder Verdünnungsmittels. — Man erhitzt z. B. eine Mischung aus 10,5 (Teilen) I, 5,4 Adiponitril u. einer Lsg. von 2,3 Na in 40 $C_2H_4 \cdot (OH)_2$ (III) unter Rückfluß u. Rühren allmählich auf 200°, hält so 5 Min., gibt bei 70 bis 80° 40 A. zu u. läßt auf Raumtemp. abkühlen, saugt ab, wäscht mit wenig A. u. mit kaltem W. alkalifrei, dann mit heißem W. u. trocknet bei 100°. Man erhält 10,5 (76,2%) *Adipoguanamin* (II), F. 300° (aus W.). — *p-Phenylendiacetoguanamin*, F. 316° (aus Acetessigester). — *Sebacoguanamin*, F. 307° (aus III). — *Malonoguanamin*, F. > 410°. — *Phthaloguanamin*, F. 359° (aus III). — *Terephthaloguanamin*, F. 405—406° (aus III). — *1.1.1-Tris-[2'-(2''.4''-diamino-1''.3''.5''-triazinyl)-äthyl]-aceton*, F. 378° (Zers.). Aus 4-Phenyl-4-cyanpimelonitril wird mit I ein *Triguanamid* vom F. 320° (aus Dimethylformamid) erhalten. — Zwischenprodd., bes. zur Herst. von Kunstharzen. (**E. P. 685 840** vom 19/8. 1949, ausg. 14/1. 1953.) O. MÜLLER-MEININGEN. H 3313

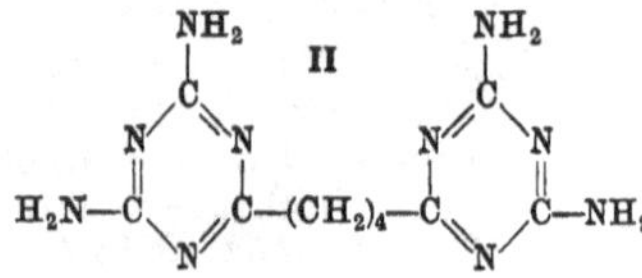

Badische Anilin- & Soda-Fabrik (Erfinder: **Gustav Steinbrunn**), Ludwigshafen/Rh., *Herstellung von in α-Stellung zur CO-Gruppe des Lactamrings durch Cl oder Br substituierten Lactamen.* Man behandelt acylierte Lactame der nebenst. Formel mit Cl_2 oder Br_2 unter Einw. von Licht bei erhöhter Temp.; R bedeutet eine Alkylengruppe mit mindestens 3 C-Atomen, die durch einen, auch halogenierten, KW-stoffrest substituiert sein kann, u. A einen aromat., hydroaromat. oder aliphat. Rest, der unter den genannten Bedingungen kein Cl oder Br aufnimmt. Das Halogen kann durch ein inertes Gas verd. sein. — Aus N-Benzoylcaprolactam *N-Benzoyl-α-chlorcaprolactam*, F. 123—124°. — N-Benzoylpyrrolidon → *N-Benzoyl-α-chlorpyrrolidon* bzw. *-brompyrrolidon*. — Zwischenprodd. bei der Herst. von Textilhilfsmitteln, Faser- u. Kunststoffen. (**D. B. P. 855 260** Kl. 12p vom 5/1. 1944, ausg. 10/11. 1952.) H. DONLE. H 3370

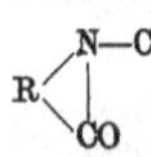

Phillips Petroleum Co., übert. von: **Rufus V. Jones**, Bartlesville, Okla., V. St. A., *Alkalisalze von sulfoniertem Polyvinylalkohol* (I). Beispiel: 44 (g) I werden mit 138,5 Na-Chlorsulfonat in 250 Bzl. nach Zufügen von 500 Pyridin 8 Std. bei 90° umgesetzt. Das Reaktionsprod. wird in W. dispergiert u. mit CH_3OH ausgefällt. Die Umsetzung kann auch mittels SO_3 u. NaCl in Dioxan oder Dimethylanilin vorgenommen werden. Das Salz ist wasserlöslich. (**A. P. 2 623 037** vom 25/8. 1949, ausg. 23/12. 1952.) G. SALZMANN. H 4010

X. Färberei. Organische Farbstoffe.

T. Vickerstaff, *Untersuchungen über das Färben hydrophober Fasern. 1. Mitt. Einfluß der Moleküldimension und der Färbetemperatur.* (Vgl. C. **1955**. 1379.) Temperatureinfl. auf die Wechselwirkungen zwischen Faser- u. Farbstoffmoll. u. die relative Färbegeschwindigkeit. Einfl. des p_H-Wertes u. des Oberflächenpotentials der Faser auf ihr Absorptionsvermögen. Färbeverss. in Ggw. starker Elektrolyte. Prakt. Färbemeth. mit Azofarbstoffen für Terylene. (Rev. Textile — Tiba — Rusta-Rayonne [N. S.] **54**. 93—97. Febr. 1955.) I. SCHOENMANN. 7002

—, *Farbstoffe und Hilfsmittel.* Prod. der J. R. GEIGY AG., Basel: *Cuprophenylbraun 6 GL* zum Färben von Baumwolle u. Viscose in blumigen Orangebraun-Nuancen. In

Kombination mit *Cuprophenylbraun GL*, *Cuprophenylrot BL* u. *Cuprophenylgrau GRL* erzielt man Rost- u. Rotbrauntöne. Das Prod. weist sehr gute Licht-, Wasser- u. Waschechtheiten auf, sowie Säure- u. Schweißechtheiten. Der Farbstoff eignet sich zum Färben von Kleider-, Sportblusen-, Regenmantel- u. Dekorationsstoffen, Trikotagen, Nähgarnen, echt Halbwollfärbungen sowie Waschartikeln aller Art, die nicht über 70° gewaschen u. nicht gechlort werden. (Reyon, Zellwolle andere Chemiefasern **1955. 346.** Mai.)
P. Eckert. 7018

H. Rath, *Die Entwicklung der Farbenchemie und ihre Beziehungen zur Färberei- und Druckereitechnik.* Kurzer Überblick. (Melliand Textilber. **36.** 462—65. Mai 1955. Reutlingen-Stuttgart, Dtsch. Forschungsinst. für Textilindustrie.) P. Eckert. 7020

Kurt Dellian, *Über die Entwicklung der Anthrasolfarbstoffe.* Formelschema über die Entw. wasserlösl. Leukoküpenfarbstoffe u. die Bindung derselben an die Wollfaser. Schemat. u. tabellar. Übersicht der wesentlichsten Merkmale u. Zusammenstellung der Patente über Anthrasolfarbstoffe sowie eine Zusammenfassung über die Einsatzmöglichkeiten dieser Farbstoffe beim Druck. (Z. ges. Textilind. **57.** 646—55. 5/6. 1955.)
I. Schoenmann. 7020

F. Fordemwalt und **R. E. Kourtz**, *Eine vorläufige Mitteilung über das Färben von cyanoäthylierter Baumwolle.* Ausführliche Darst. über das färber. Verh. von cyanoäthylierter Baumwolle. In diesem Zusammenhang werden das Färben mit Küpenfarbstoffen, Indigosolen, Schwefel-, Dispersions-, Direkt- u. Naphtholfarbstoffen, sowie sauren u. bas. Farbstoffen eingehend besprochen. Gleichzeitig wird auch der Einfl. der Färbebedingungen auf die Stabilität der cyanoäthylierten Baumwolle studiert. Die zahlreichen Ergebnisse sind in 17 Figuren u. 16 Tabellen zusammengefaßt u. werden ausführlich diskutiert. (Textile Res. J. **25.** 84—99. Jan. 1955. Bound Brook, N. J., Amer. Cyanamid Comp. Res. Div.) H. G. Fröhlich. 7070

A. F. Tesi, *Farbbeständigkeit von lösungsgefärbter Acetatseide.* Aus Lsg. gefärbte Acetatseide hat hervorragende Echtheitseigenschaften. Es werden die einzelnen Prüfungsergebnisse angegeben, unter Beschreibung der Prüfungsverfahren. Als Farbstoffe werden Celaperm-Farben verwendet. (Amer. Dyestuff Reporter **44.** P 199—P 201. 14/4. 1955. Sumnit, N. J., Celanese Corp.) J. Miller. 7020

H. Luttringhaus, *Das Färben von neueren Mischgeweben aus Wolle und synthetischen Fasern.* (Vgl. C. **1955. 693.**) Es werden neue Färbeverff. beschrieben für Mischgewebe aus *Wolle* (**I**) mit *Seide* (**II**), *Nylon* (**III**), *Vicara* (*Zeinfaser*; **IV**), *Dacronpolyesterfaser* (**V**), *Orlon* (*Acrylfaser*; **VI**), *Acrilan* (*Acrylfaser*, welche einige Copolymere enthält; **VII**), *Dynel* (*Copolymerfaser*; **VIII**). Auch für **III–IV**-Gewebe werden Verff. angegeben. **I–II**-Gewebe: **II** wird in einem Bad mit 30% NaCl tiefer angefärbt als **I**, wenn man speziell Seide anfärbende Farbstoffe verwendet (23 Farbstoffe). **I–III**-Gewebe: Hier ist es schwierig, beide gleich tief anzufärben. Geeignet sind *Palatin-Echtsalz N*, *Prästabitöl V* oder *Nylon Resist GDC*. Farbstoffe: Supralane. — **I–IV**-Gewebe: Von der neuen *Vicara code 500 High crimp* liegen zuwenig Erfahrungen vor. — **III–IV**-Gewebe: Es werden 28 Farbstoffansätze angegeben, die meist in Ggw. von 10% *Natriumsulfat* u. 3% *Ameisensäure* 85%ig oder bei *Palatinecht*-Farbstoffen (10 u. 5%) verwendet werden. — **I–V**-Gewebe (85/15) werden mit 20% *Monochlorbenzol* (**IX**), 0,5% Monopolöl 48 als Emulgator u. Dispersionsfarbstoffen (**X**) gefärbt. Küpenfarbstoffe (**XI**) geben mit **IX** als Träger auf **V** Fluorescenz. **IX** kann bei höherer Temp. durch Dampfdest. leicht entfernt werden. Unter Druck kann nicht gefärbt werden, weil die Wolle zerstört wird. Ein gut haltbares Rot wird auf **V** durch *Helindonrot BB* erzielt. Als Emulgatoren werden bes. *Diammoniumphosphat* u. *Dowicid A* empfohlen, wenn *o-Phenylphenol* als Träger verwendet wird. — **I–VI**-Gewebe werden im Einbadverf. gefärbt, wobei Chromfarbstoffe für **I**, Genacrylfarbstoffe für **VI** verwendet werden. Als Zusätze kommen Essigsäure, Ammonsulfat u. Peregal TW zur Anwendung. — **I–VII**-Gewebe werden mit Palatinechtfarbstoffen, kationenakt. Hilfsmitteln u. *Emulphor ON* als Zusätze oder mit Cellitonechtfarbstoffen gefärbt. — **I–VIII**-Gewebe (75% **VIII**) wird zuerst oberflächenbehandelt, dann unter Zusatz von 60% Natriumsulfat, 1% Peregal TW mit **X** oder neutralen Metallkomplexfarbstoffen gefärbt. (Amer. Dyestuff Reporter **44.** P 194—P 199. 14/4. 1955. New York, N. Y., Progressiv Color & Chemical Co.) J. Miller. 7020

H. J. Palmer, *Das Färben von Polyamidfasern.* Der mol. Aufbau von Nylon 66 u. 6. Verss. zur Klärung des Bindungsmechanismus Faserfarbstoff: Sorptionsisotherme für verschied. Dispersionsfarbstoffe, Einfl. von Suspensionsmitteln u. Aminoendgruppengeh. auf das Aufnahmevermögen für dispergierte Farbstoffe; die Aufnahme anion. Farbstoffe u. die Diffusionsgeschwindigkeit in Abhängigkeit vom p_H-Wert sowie eine Gleichung zur Berechnung der Affinität anionakt. Farbstoffe für Nylon u. Wolle. Einfl. der Molekülorientierung (Verstreckung) auf die Diffusion von Farbstoffen. Hinweise zum

Färben in der Praxis mit Dispersions-, anion., Küpen- u. Azofarbstoffen für Polyamide u. Mischungen mit Acetatreyon, Cellulosefasern u. Wolle. (Z. ges. Textilind. **57.** 603—15. 5/6. 1955. Pontypool, Nylon Spinners Ltd.) I. SCHOENMANN. 7020

Herbert Schulzen, *Weiterentwicklung auf dem Gebiet der Oxydationsfarbstoffe.* Neben Anilinschwarz u. Diphenylschwarz, beides Farbstoffe, bei deren Oxydationsvorgang häufig Faserschädigungen verursacht werden, wurde ein Oxydationsfarbstoff entwickelt, der diese Nebenwrkg. nicht zeigt. Dieser Farbstoff, ein wasserlösl. Diphenylaminderiv., als Solanilschwarz bezeichnet, hat sich im Handfilm- u. Rouleaudruck bewährt, kann für Flächen- u Konturendruck verwendet werden u. erlaubt eine Anwendung auf alle Faserarten; er ergibt als Direkt- u. Klotzfärbung ohne Bichromatnachbehandlung ein tiefes, unvergrünliches Schwarz mit sehr guten Echtheiten u. ist mit den Leukoesterverbb. der Küpenfarbstoffe in jedem Verhältnis mischbar. Um den Eigg. des Druckgutes u. den verschied. Bedingungen der Begleitfarben gerecht zu werden, wurden 3 Druckverff. ausgearbeitet: die Rhodanammonium-, Ammoniumoxalat- u. Ammoniumchloratmeth. (werden angegeben) sowie entsprechende Entwicklungsmethoden; des weiteren werden kolorist. Kombinationsmöglichkeiten aufgezeigt u. Rezepte für die Klotzfärbung u. für Buntreserven unter Solanilschwarz gegeben. (Z. ges. Textilind. **57.** 620—25. 5/6. 1955.) I. SCHOENMANN. 7022

Farbwerke Hoechst Akt.-Ges., vormals Meister Lucius & Brüning, Frankfurt/M., *Diazoniumverbindungen* erhält man durch Diazotieren von 2-Aminoazoverbb. der allg. Formel I (X, Y, Z = Alkyl; der Kern A kann substituiert sein) in üblicher Weise. Als Verbb. I werden z. B. 2-Amino-5-methyl-4′-nitro-2′-chlorazobenzol-4-oxyessigsäurediäthylamid oder 2-Amino-5-methyl-2′.4′-dinitroazobenzol-4-oxyessigsäurediäthylamid genannt. — Die Prodd. zeichnen sich durch erhöhte Löslichkeit aus. (**E. P. 699 761** vom 21/3. 1951, ausg. 18/11. 1953. D. Prior. 27/3. 1950.) U. SIEVERS. 7053

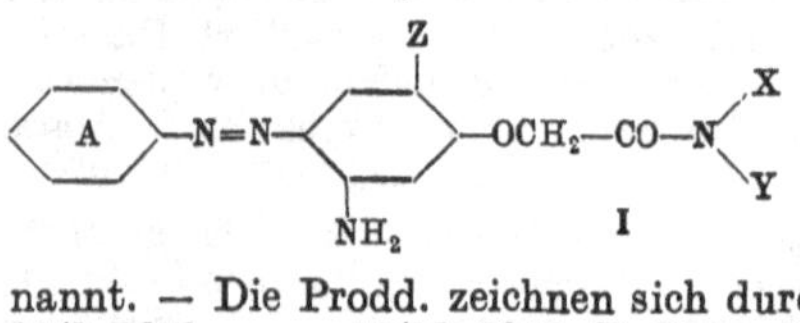

Durand & Huguenin Akt.-Ges., Basel, Schweiz, *Herstellung einer Acetoacetylverbindung des Carbazols* (I), F. 118—120°. Man setzt I bei 40—80° in 90- bis 100%ig. CH_3COOH mit Diketen um. — Zwischenprod. für die Herst. von *Azofarbstoffen.* (**Schwz. P. 302 373** vom 21/8. 1951, ausg. 16/12. 1954. **Zusatz zu Schwz. P. 299 706; C. 1955. 7791.**) K. FABEL. 7053

Sandoz Akt.-Ges., Basel, Schweiz, *Herstellung eines eisenhaltigen Disazofarbstoffes.* Man diazotiert 6-Nitro-2-amino-1-oxybenzol-4-sulfonsäure, kuppelt mit 1-Amino-8-oxynaphthalin-3.6-disulfonsäure, diazotiert den erhaltenen Aminoazofarbstoff nochmals, kuppelt mit 2-Oxynaphthalin u. behandelt den nun vorliegenden Disazofarbstoff mit Fe-abgebenden Mitteln. Der neue Farbstoff färbt Leder in braunstichigem grauem Ton. (**Schwz. P. 278 471** vom 3/1. 1950, ausg. 16/2. 1952. **Zusatz zu Schwz. P. 274 242; C. 1952. 5981.**) A. BRÖSAMLE. 7055

Sandoz Akt.-Ges., Basel, Schweiz, *Metallhaltiger Polyazofarbstoff.* 2-Aminobenzol-1-carbonsäure → 4-Acetoacetylamino-4′-nitrostilben-2.2′-disulfonsäure. Die erhaltene Monoazoverb. wird an der NO_2-Gruppe mit Natriumsulfid reduziert. Man diazotiert u. kuppelt mit (Amino-2-methoxynaphthalin-6-sulfonsäure → 1-Oxynaphthalin-4-sulfonsäure). Der Trisazofarbstoff wird anschließend gekupfert; Fasern aus Cellulose werden oliv gefärbt. (**Schwz. P. 301 444** vom 18/12. 1951, ausg. 16/11. 1954.) U. SIEVERS. 7055

Sandoz Akt.-Ges., Basel, Schweiz, *Kupferhaltiger Disazofarbstoff* 2-Amino-1-oxy-6-chlorbenzol-4-sulfonsäure → Fumarsäuredi-[5-oxy-7-sulfonaphthyl-(2)]-amid → 2-Aminobenzol-1-carbonsäure. Der erhaltene Disazofarbstoff wird mit $CuSO_4$ gekupfert; er färbt Baumwolle u. Kunstseide bordeauxrot. (**Schwz. P. 301 446** vom 17/1. 1952, ausg. 16/11. 1954.) U. SIEVERS. 7055

Ciba Akt.-Ges., Basel, Schweiz, *Küpenfarbstoffe,* die Baumwolle aus bordeauxfarbiger Hydrosulfitküpe in naß- u. lichtechten gelben Tönen färben, erhält man dadurch, daß man 2 (Mol) 1.5-Diaminoanthrachinon (I) mit mindestens einem Mol, jedoch weniger als 2 Isophthalsäuredichlorid (II) kondensiert u. das erhaltene Prod. an den NH_2-Gruppen benzoyliert oder mit einem funktionellen Deriv. der p-Chlor- oder -Fluorbenzoesäure acyliert. — In eine Mischung von 9,5 (Teilen) I, 110 Trichlorbenzol (**a**) u. 20 Na_2CO_3 läßt man unter Rühren in 4 Std. bei 180—190° eine Lsg. von 4,1 II in 30 **a** eintropfen, verd. nach einer Std. mit 75 **a**, filtriert, wäscht mit A. u. W., trocknet u. erhitzt das rote Zwischenprod. 2 Std. mit 13 p-Chlorbenzoylchlorid u. 210 **a** zum Sieden. (**Schwz. PP. 304 617, 304 618** u. **304 619** vom 10/8. 1951, ausg. 16/3. 1955. **Zusätze zu Schwz. P. 301 819; C. 1955. 8504.**) O. ROICK. 7059

Ciba Akt.-Ges., Basel, Schweiz, *Küpenfarbstoff.* Kondensiert man 2 (Mol) 1.5-Diaminoanthrachinon mit mindestens einem, jedoch weniger als 2 Fluoranthen-4.11-dicarbonsäuredichlorid u. benzoyliert das erhaltene Prod. an den NH_2-Gruppen, so erhält man den Farbstoff in Form eines gelben Pulvers, das Baumwolle aus bordeauxfarbiger Hydrosulfitküpe in echten rotstichig gelben Tönen färbt. (**Schwz. P. 304 620** vom 10/8. 1951, ausg. 16/3. 1955. **Zusatz zu Schwz. P. 301 819; C. 1955. 8504.**) O. ROICK. 7059

Ciba Akt.-Ges., Basel, Schweiz, *Herstellung von 4.6-Dimethyl-5.7-dichlor-3-oxythionaphthen.* Man behandelt 3.5-Dimethyl-6-chlorbenzol-1-thioglykolsäure in $CHCl_2$—$CHCl_2$ mit SO_2Cl_2 als chlorierendem Mittel u. schließt durch Zugabe von $ClSO_3H$ zum Ring. — *Zwischenprod. für die Herst. indigoider Küpenfarbstoffe.* (**Schwz. P. 304 273** vom 24/3. 1950, ausg. 1/3. 1955. **Zusatz zu Schwz. P. 300 945; C. 1955. 4459.**) K. FABEL. 7069

Imperial Chemical Industries Ltd., London, England (Erfinder: **Clifford Wood**), *Phthalocyaninderivate.* Co-Phthalocyanine, die mindestens einen Chlor- oder Brommethylrest enthalten, Zwischenprodd., die, sehr reaktionsfähig, mit tert. Aminen quaternäre Ammoniumsalze, mit Mercaptanen Sulfide u. mit Thioharnstoffen Isothiuroniumsalze ergeben, erhält man durch Rk. von substituierten oder unsubstituierten Co-Phthalocyaninen in Ggw. von $AlCl_3$ u. gegebenenfalls tert. Aminen mit einem chlor- oder brommethylierenden Mittel, z. B. symm.-Dichlordimethyläther (I), symm.-Dibromdimethyläther oder Substanzen, die in Ggw. von $AlCl_3$ in gleicher Weise wie I wirken, z. B. Paraformaldehyd. — Ein bei 120—150° verflüssigtes Gemisch von 12 (Gewichtsteilen) Pyridin (mit dem Kp. 115—140°) u. 48 $AlCl_3$ versetzt man bei 60—70° mit 5,2 I, trägt dann unter 50° 8 Co-Phthalocyanin (II) ein, erhitzt 30 Min. bei 50—55° u. gießt in 500 kaltes Wasser. Das nach dem Filtrieren, Waschen u. Trocknen erhaltene blaue Pulver ist ein Gemisch von Mono- u. Di-(chlormethyl)-II. — Vgl. E. P. 691 918. C. **1955.** 10 387. (**E. P. 681 917** vom 2/2. 1950, ausg. 29/10. 1952.) O. ROICK. 7073

XIa. Farben. Anstriche. Lacke. Naturharze.

B. Cyriax, *Kunststoffentwicklung und Lackindustrie. Die Lackindustrie und die Entwicklung der Kunststoffe.* Übersicht über die Entw. der Kunststoff- u. Lackindustrie, die trotz manchmal verschied. Zielsetzung ähnlichen Problemen gegenüberstehen u. sich gegenseitig dadurch vielfach beeinflußt haben. (Farbe u. Lack **60.** 245—49. Juni 1954.) A. SANDER. 7090

Karl Hamann, *Kunststoffentwicklung und Lackindustrie. Die Entwicklungstendenzen der Lackindustrie.* (Vgl. vorst. Ref.) Überblick über Zielsetzung u. Entw. der Lackindustrie hinsichtlich der Rohstoffe u. Verarbeitungsmethoden. Besondere Bedeutung der hochmol. Stoffe für den heutigen Stand der Lackindustrie. (Farbe u. Lack **60.** 250—54. Juni 1954.) A. SANDER. 7090

J. G. Rigg und **E. W. Skerrey**, *Grundanstriche für Leichtmetallegierungen.* (Metal Ind. [London] **83.** 259—61. 25/9. 1953. — C. **1954.** 2716.) F. VIER. 7106

W. E. Hoare, *Prüfverfahren für Lacküberzüge auf Weißblech.* Überblick mit 9 Schrifttumstellen. (Sheet Metal Ind. **28.** 231—33. 244. März 1951.) F. VIER. 7158

Georg Schulz, *Ein mykologisches Verfahren zur Bewertung vorbeugender Schutzmittel gegen das Verblauen von Kiefernholz.* (Angew. Bot. **26.** 42—54. Sept. 1951. — C. **1954.** 5182.) M. WINIKER. 7158

XIb. Plaste (Kunstharze. Plastische Massen).

John B. Campbell, *Neue Phenolharz-Glasfaser-Schichtstoffe für höhere Temperaturen.* Durch Verwendung von Phenolharzen statt Polyesterharzen für die Herst. von Glasfaserschichtstoffen wird eine höhere Temperaturbeständigkeit von 150—260° erreicht. Die Verarbeitung solcher Prodd., ihre Eigg. u. Anwendungen werden besprochen. (Materials and Methods **38.** 87—91. Nov. 1953.) R. SCHÄFF. 7204

Charles B. Jordan, *Schnellbestimmung von Glykolen in Alkydharzen.* Niedermol. vicinale Glykole bilden tern. azeotrope Gemische mit W. u. Xylol u. können so von Sorbit, Pentaerythrit usw. getrennt werden. Die Probe (Glyptalharze bzw. Alkydharze) wird in Bzl. gelöst, mit NaOH-Lsg. verseift, Dinatriumphthalat abfiltriert u. das Lösungsm. nach Wasserzusatz abgetrieben. Nach dem Ansäuern wird die wss. Lsg. mit Ae. extrahiert. Der wss. Schicht wird Xylol zugesetzt u. in einer App. nach DEAN u. STARK der Rückflußdest. unterworfen. Man kocht, bis man 100 cm^3 wss. Phase abziehen kann, u. bestimmt mit Perjodat. 5% Glykol im Harz ließen sich so nachweisen. (Analytic. Chem. **26.** 1657—58. Okt. 1954. Aberdeen, Md., Proving Ground, Paint and Chem. Labor.) K.-H. KÜSSNER. 7210

Alexander H. Kerr & Co., Inc., Los Angeles, übert. von: **Carrol C. Sachs,** North Hollywood, und **John Bond,** Los Angeles, Calif., V. St. A., *Katalysatoren für Photopolymerisationen* monomerer ungesätt. Verbb. sind „*Ketaldonyle*" der Formel R—(X)C(X')—C(O)—R' (R = Halogen oder einwertiger KW-stoffrest, X = Halogen, X' = H oder Halogen u. R' = H oder einwertiger KW-stoffrest). Zugesetzt werden 0,1—5% β-Dichlorpropionaldehyd, α.β-Dibrompropionaldehyd, Chloral, Bromal oder *Desylchlorid* bzw. *-bromid* der Formel $C_6H_5COCHBrC_6H_5$. (**A. P. 2 641 576** vom 6/11. 1948, ausg. 9/6. 1953.) H. MÖLLERING. 7173

United States Rubber Co., V. St. A., übert. von: **Hendrick Romeyn jr.** und **John Francis Petras,** *Vinylharzmischung.* Man mischt ein hartes Thermoplast (Polyvinylchlorid, Mischpolymerisat von Vinylchlorid mit geringen Vinylacetatmengen oder von 50—90 Gew.-% Styrol mit 50—10 Gew.-% Acrylnitril) mit kautschukartigem Butadien-Acrylnitril-Mischpolymerisat (Buna N, Butapren, Perbunan, Paracril u. a.) u. geringen Mengen eines Polymeren des Butadiens, dessen Halogenderivv. oder Homologen oder des Mischpolymerisats aus Butadien mit geringeren Mengen Styrol, Methylmethacrylat oder Monovinylpyridinen oder von Kautschuk. Man nimmt 50—90% Thermoplast u. 50—10% der beiden anderen Bestandteile. Die physikal. Eigg. der Thermoplaste bei tiefen Tempp. werden verbessert. — Man mischt z. B. 75 (Gewichtsteile) Styrol-Acrylnitril-Mischpolymerisat, 23 Nitrilkautschuk, 2 Kautschuk, 1 Alterungsschutzmittel u. 15 TiO_2; die Schlagfestigkeit wird beim Senken der Temp. auf 0° wenig verringert. — Vgl. auch E. P. 698 385; C. **1955.** 3503. (**F. P. 1 049 589** vom 30/11. 1951, ausg. 30/12. 1953. A. Prior. 8/2. 1951.) M. PANKOW. 7173

Dewey & Almy Chemical Co., Cambridge, Mass., V. St. A., *Auskleiden von Behälterverschlußorganen* mit einem Abdichtungsmittel (I) in Gestalt einer bei Zimmertemp. gelierten Kunstmasse (**II**), in der sämtliche Bestandteile gleichmäßig verteilt sind. Man verwendet als **II** eine pastenbildende Mischung, die einen Weichmacher (**III**) u. ein Harz enthält, welches im **III** bei 20° prakt. unlösl., aber bei erhöhter Temp. vollständig lösl. ist, ferner einen Füllstoff u. ein Geliermittel (**IV**), welches in einer Menge von maximal 25% des Gesamtgewichtes der **II** vorhanden ist, um diese bei Zimmertemp. zu gelieren u. der geschmolzenen **II** eine niedrigere Viscosität zu verleihen, verglichen mit der der verwendeten Harz-Weichmacher-Mischung ohne Zusatz des **IV** bei derselben Temperatur. — Beispiel für **I**: ein Polyvinylchloridharz, für **IV**: festes Paraffin. (**Schwz. P. 281 423** vom 7/8. 1948, ausg. 1/7. 1952. A. Prior. 9/8. 1947.) J. KETTNER. 7173

Monsanto Chemical Co., übert. von: **Harry R. Gamrath,** St. Louis, und **William E. Weesner,** Webster Groves, Mo., V. St. A., *Herstellung von Tetrachlorphthalsäurebenzylalkylestern* (Alkyl C_1—C_9) erfolgt durch Rk. der Alkalisalze von Tetrachlorphthalsäureestern mit Benzylhalogeniden bei 50—175, bes. 125—150°. — Beispiel: 318 (g) absol. CH_3OH u. 143 Tetrachlorphthalsäureanhydrid werden bis zur Bldg. des Halbesters im Glycerinbad auf 60—65° erhitzt, etwas abgekühlt, innerhalb 1 Std. 36,1 trockenes K_2CO_3, 63,3 $C_6H_5CH_2Cl$ u. 2 cm^3 Dimethylcyclohexylamin zugegeben, 217 CH_3OH abdest. u. 16 Std. auf 70—72° erhitzt, bis 135° Lösungsm. abdest.; abgekühlt, mit W. KCl herausgelöst, mit Na_2CO_3 phenolphthaleinalkal. gemacht, vom W. getrennt, organ. Schicht bis 103—105° mit Wasserdampf behandelt, bis 500 cm^3 Destillat übergegangen sind, Rückstand mit wss. Alkali u. W. gewaschen, im Vakuum getrocknet u. 120,4 *Tetrachlorphthalsäure* (I)-*Methylbenzylester*, F. 40° F; $D.^{25}_{25}$ 1,4678; n_D^{25} 1,5880. — I-*3.5.5-Trimethylhexylbenzylester*, F. 15° F; $D.^{25}_{25}$ 1,2308; n_D^{25} 1,5408. — I-*n-Butylbenzylester*, F. 20° F; $D.^{25}$ 1,3849; n_D^{15} 1,5728. — I-*2-Äthylhexylbenzylester*, F. 10° F; D. 1,2771; n_D^{25} 1,5500. — I-*6-Methylheptylbenzylester*, F. 15° F; D. 1,2808; n_D^{25} 1,5507. — *Weichmacher für PVC.* (**A. P. 2 617 820** vom 13/5. 1950, ausg. 11/11. 1952.

O. MÜLLER-MEININGEN. 7173

Badische Anilin- & Soda-Fabrik, Ludwigshafen/Rh., *Organische, Sauerstoff und Schwefel enthaltende Verbindungen.* Die nach D. R. PP. 715 846, 723 116; C. **1942.** II. 2970, u. D. B. P. 866 486; C. **1954.** 431 durch gleichzeitige Einw. von Halogen u. SO_2 auf gesätt., aliphat. KW-stoffe oder Halogen-KW-stoffe erhaltenen Prodd. werden nach der Rk. mit Alkoholen oder Phenolen mit wss. Lsgg. von Erdalkalihalogeniden solcher Konz. (z. B. 0,05 bis ca. 0,1%) behandelt, daß sich die Salze der als Nebenprodd. gebildeten Verseifungsprodd. als besondere Schicht abscheiden. — Ein zwischen 210 u. 370° sd., durch Hydrierung von CO bei n. Druck gewonnenes, öliges KW-stoffgemisch wird mit $SO_2 + Cl_2$ unter Bestrahlung mit kurzwelligem Licht behandelt u. das entstandene Prod. [10 (%) S, 12,6 hydrolisierbares u. 3,4 nichthydrolisierbares Cl] mit einem techn. Phenolgemisch [40 Phenol, 40 Kresole, 10 Xylenole] in Ggw. von NaOH bei 40° umgesetzt. Die entstandene, ölige Schicht bildet nach dem Verrühren mit 0,075%ig., wss. $CaCl_2$ 3 Schichten; die unterste besteht aus einer wss. Salzlsg., die oberste enthält den von den Verseifungsprodd. freien Rohester, der durch Behandeln mit Wasserdampf im Vakuum von KW-stoff befreit wird, die mittlere Schicht die nebenbei entstandenen Verseifungsprodukte. Verwendung der *Sulfonsäureester* als *Weichmacher*, z. B. für Polyvinylchlorid. (**D. B. P. 877 142** Kl. 12o vom 16/2. 1945, ausg. 21/5. 1953. **Zusatz zu D. R. P. 715 846; C. 1942. I. 2201.**) G. KRAUSS. 7173

Shell Development Co., San Francisco, übert. von: **Rupert C. Morris**, Berkeley, **John L. Van Winkle**, San Lorenzo, und **De Loss E. Winkler**, Orinda, Calif., V. St. A., *Herstellung von Estern tert.-alkylsubstituierter aromatischer Carbonsäuren* (I) mit 2—3 wertigen aliphat. Alkoholen C_2—C_{18}, die gegebenenfalls mindestens 1 S-Brücke enthalten können, während die I-Seitenketten 4—9 C-Atome enthalten. — 125 Teile p-tert.-Butylbenzoesäure, 24 Diäthylenglykol (II), 105 Toluol u. 0,2 H_2SO_4 werden nach ½ std. Spülen der Reaktionsapp. mit CO_2 unter weiterem Durchleiten dieses Gases solange unter Rückfluß erhitzt, bis kein W. mehr abdest., dann wird mit 2000 Bzl. verd., mit akt. Kohle entfärbt, mit W. u. verd. Sodalsg. gewaschen, das Bzl. bei 2—3 mm abdest. u. *Bis-(p-tert.-butylbenzoesäure)-diäthylenglykolester* als viscoses Öl erhalten; n_D^{20} 1,5288; $D.^{20}_4$ 1,0686. — Ferner werden die entsprechenden Ester folgender Alkohole hergestellt: *3.3'-Thiodipropanol*; n_D^{20} 1,5370; $D.^{20}_4$ 1,0397; Viscosität bei 100° F 38,15 cps., bei 210° F 20,63 cps. — *1.5-Pentandiol*, n_D^{20} 1,5270; $D.^{20}_4$ 1,0397; Viscosität bei 100° F 43,92 cps., bei 210° F 15,71 cps. — *Dipropylenglykol*, n_D^{20} 1,5167; D. 1,0443. — *1.3-Butylenglykol*, n_D^{20} 1,5180, $D.^{20}_4$ 1,0268. — Außerdem: *Bis-(p-tert.-amylbenzoesäure)-diäthylenglykolester* u. *Bis-(p-tert.-hexylbenzoesäure)-1.4-butandiolester*. — *Weichmacher* für *Polyvinylharze*. (**A. P. 2 624 752** vom 12/9. 1949, ausg. 6/1. 1953.) O. MÜLLER-MEININGEN. 7173

Standard Oil Development Co., übert. von: **Fred W. Banes** und **Erving Arundale**, Westfield, N. Y., V. St. A., *Zweistufige Emulsionspolymerisation*. Eine Emulsion von 100 (Teilen) *Butadien-(1.3)*, 0,5—5 Emulgator, 150—400 eines bei Polymerisationstemp. nicht gefrierenden wss. Mediums, bis 5 Acrylsäurenitril, 0,05—0,3 Cumolhydroperoxyd u. 0,2—0,6 Mercaptan mit 6—18 C-Atomen wird auf eine Polymerisationstemp. von +20 bis —20° gebracht, mit einer Aktivatorlsg. versetzt, die 0,2—0,35 Fe(II)-Pyrophosphat, 0,5—1,5 Na-Pyrophosphat · 10 H_2O u. 1—3 reduzierenden Zucker enthält, bei dieser Temp. gehalten, bis ca. 15—30% des Butadiens polymerisiert sind (MOONEY-Viscosität von 1—50), mit 15—50 Acrylsäurenitril versetzt u. bis zu einem Polymerisationsgrad von 65—99% weiterpolymerisiert, worauf das Polymerisat abgetrennt wird. (**A. P. 2 623 032** vom 29/12. 1948, ausg. 23/12. 1952.) W. OVERBECK. 7173

Dow Chemical Co., übert. von: **Louis C. Rubens** und **Raymond F. Boyer**, Midland, Mich., V. St. A., *Kunstharz für elektrische Isolierungen*, bestehend im wesentlichen aus Styrol (I), 1—5% (bezogen auf I) eines ungesätt. Alkydharzes mit Mol.-Gew. >500 (II), 10—50% (bezogen auf I + II) Polyisobutylen (III), 2—7% (bezogen auf I + II + III) Divinylbenzol u. 10—50% (bezogen auf I) chloriertes Diphenylharz. — Geeignet ist z. B. ein Ansatz aus 47,2 (Teilen) I, 0,8 II, 23 III, 6 rohem Divinylbenzol u. 0,005 p-tert.-Butylbrenzcatechin. Unmittelbar vor der Verarbeitung mischt man 1 Lauroylperoxyd zu. Der Ansatz erhärtet bei 50° in der Form in 2 Std. zu einem Gel u. in 24 Std. zu einem Hartwachs. (**A. P. 2 636 018** vom 10/7. 1946, ausg. 21/4. 1953.) H. MÖLLERING. 7173

Standard Oil Development Co., Del., übert. von: **Bruce R. Tegge**, Chatham, N. J., V. St. A., *Mischpolymerisation von Styrol und Isobutylen* erfolgt bei —73 bis —100° in Ggw. von $AlCl_3$ u. dem 1- bis 5fachen Vol. CH_3Cl in 3 Stufen, wobei in der 1. Stufe 30—70 (%) des Monomerengemisches, in der 2. Stufe 60—90 u. in der 3. Stufe der Rest durch zunehmende Katalysatorzusätze polymerisiert wird. — 3 Abbildungen. (**A. P. 2 643 993** vom 13/9. 1949, ausg. 30/6. 1953.) H. MÖLLERING. 7173

Standard Oil Development Co., Del., übert. von: **William J. Sparks**, Westfield, und **David W. Young**, Roselle, N. J., V. St. A., *Kautschukähnliche Mischpolymerisate* mit Mol.-Gew. >30000 werden durch Polymerisation von 0,5—4,5 (%) Styrol u. 95,5 bis 99,5 Isobutylen in Ggw. der 2—3 fachen Menge CH_3Cl u. in CH_3Cl gelöstem $AlCl_3$ als Katalysator bei —50 bis —150° erhalten. Die Prodd. sind in Bzl. von 20° löslich. (**A. P. 2 656 340** vom 27/7. 1950, ausg. 20/10. 1953.) H. MÖLLERING. 7173

Plastic & Diecast Products Corp., übert. von: **Bernard J. Cagan**, Los Angeles, und **Robert Silverstein**, Beverly Hills, Calif., V. St. A., *Abziehbilder für Polystyrolgegenstände*. Das Bild wird mit einer Farbe, die z. B. aus 255 (Gewichtsteilen) Polystyrol mit niedrigem Mol.-Gew., 45 Butylphthalylbutylglykolat als Weichmacher, einem Pigment, 300 Isophoron u. 150 Diäthylenglykolmonobutylätheracetat als Lösungsm. besteht, mit Hilfe des Siebdruckverf. auf Papier ohne Aufbringung einer Haftschicht gedruckt. Die Übertragung geschieht durch Anwendung einer Temp. von ca. 90—120°. (**A. P. 2 603 618** vom 1/5. 1947, ausg. 15/7. 1952.) F. LAASS. 7173

Imperial Chemical Industries Ltd., London, England, übert. von: **Henryk Zenftman**, Salcoats, und **Andrew McLean**, West Kilbridge, Schottland, *Herstellung* *von Nitropolystyrol* (I) mit einem N-Geh. von 9,4—14,4%. Man trägt Polystyrol in ein kaltes Nitriergemisch von 90—60 (%) HNO_3, 10—40 H_2SO_4 u. 8—3 W. ein u. rührt unter Kühlen, bis Auflösung zu einer viscosen Lsg. erfolgt ist. Je nach dem gewünschten Nitrierungsgrad wird weitergerührt, gegebenenfalls unter Erwärmen auf 60°. I wird durch Ausfällen in W. gewonnen. (**A. P. 2 572 420** vom 8/7. 1947, ausg. 23/10. 1951. E. Prior. 4/9. 1946.) H. DERSIN. 7173

Standard Oil Development Co., übert. von: **William J. Sparks**, Cranford, und **David W. Young**, Roselle, N. J., V. St. A., *Mischpolymerisate* erhält man durch Polymerisation von 5—80 (%) eines substituierten Styrols (α-, p-Methylstyrol, α-Methyl-p-methylstyrol, p-Brom-, -chlor-, -fluorstyrol, m-Chlor-, -fluorstyrol, o-Fluorstyrol, 3.4- bzw. 2.5-Dichlorstyrol) mit 20—95 eines Polyolefins mit 4—10 C-Atomen [Butadien, Isopren, Piperylen, Heptadien-(1.3); 2.3-Dimethylbutadien-(1.3), Cyclopentadien, Cyclohexadien, Myrcen, 2-Methylpentadien-(1.5); 2-Methyl-3-butylbutadien-(1.3); Alloocimen, Heptadien-(2.4)] bei 0 bis —150° in Ggw. eines anorgan. Halogenids [$AlCl_3$, $AlBr_3$, $AlBr_2Cl$, $AlCl_2Br$, Al_2Br_5Cl, BF_3, BF_3-Ätherkomplexe, BF_3-Isopropanol, $TiCl_4$, $TiCl_4 \cdot AlO(OC_2H_5)$, $AlCl_3 \cdot Al(OC_2H_5)_3$]. — α-Methylstyrol gibt mit 2-Methylpentadien in Methylchlorid unter Zusatz von fester CO_2 u. $AlCl_3$ bei —78° nach dem Ausfällen mit Isopropanol ein in einem niedrigviscosen Mineralöl unlösl. Mischpolymerisat, das in vulkanisiertem oder unvulkanisiertem Zustand mit Füllstoffen, Weichmachern oder modifizierenden Mitteln weiterverarbeitet werden kann. Das Mol.-Gew. beträgt wenigstens 2000, bes. $>$30000. (**A. P. 2 560 492** vom 8/2. 1945, ausg. 10/7. 1951.) G. KRAUSS. 7173

Marc Alfred Chavannes, New York, N. Y., V. St. A., *Herstellung eines selbsttragenden ein- oder beidseitig gekräuselten Films* aus einem Vinylchloridacetat-Mischpolymerisat, einem Weichmacher (1 : 0,25), einem Verdünnungsmittel (eine unter 165° sd. Mineralölfraktion) u. Xylol. — Man gießt eine 0,125 mm dicke Schicht auf mit Polyvinylalkohol oder Casein präpariertes Papier, Cellulosederivv., Asbest-, Glasfaser- oder Metallband, u. bringt nach 3 Min. Erwärmung ein gegebenenfalls fluoreszierende oder phosphoreszierende Mittel oder Metallflitter enthaltendes Quellmittel (gewünschtenfalls unter Streifen- u. Musterbldg.) zur Einw.; Aceton liefert eine poröse Oberfläche. (**Schwz. P. 281 140** vom 14/1. 1948, ausg. 3/6. 1952. A. Prior. 19/12. 1945.) G. SALZMANN. 7177

Badische Anilin- & Soda-Fabrik (Erfinder: **Eugen Müller**), Ludwigshafen/Rh., *Mischpolymerisate* mit niedrigen Plastifizierungstempp. erhält man durch Polymerisation von Gemischen von Vinyläthern hydroaromat. Alkohole u. von Olefinen mit 4 C-Atomen u. 1 Isopropylidengruppe im Mol. in Ggw. von fl. Propan (I) oder Propylen bei —45 bis —70° u. in Ggw. von FRIEDEL-CRAFTS-Katalysatoren. — 75 (Teile) Dekahydronaphthylvinyläther u. 25 Diisobutylen werden in 350 I bei —60° durch Einleiten von BF_3 zu einem festen, pulverisierbaren Harz polymerisiert. — Analog verfährt man mit einem Gemisch aus 80 Vinylcyclohexyläther u. 20 Olefingemisch [70% 2.4-Dimethylpenten-(3) enthaltend], wobei man eine bei 60° plast., bei 70° gummiartige M. erhält. (**D. B. P. 876 766** Kl. 39c vom 21/1. 1951, ausg. 18/5. 1953.) H. MÖLLERING 7177

I. G. Farbenindustrie Akt.-Ges., Frankfurt/M. (Erfinder: **Adolf Burgard, Hans Fikentscher, Friedrich Hölscher** und **Hans Krzikalla**, Ludwigshafen/Rh.), *Herstellung von Polyvinyläthern* für wasserdichte Imprägnierungen, z. B. von Papier, Holz, oder zur Fixierung von Pigmenten. *Dekahydronaphthylvinyläther* (I), der durch Rk. von Dekahydronaphthol in Ggw. starker Alkalien mit Acetylen erhalten wird, wird allein oder in Gemisch mit anderen Vinylverbb., zweckmäßig in wss. Emulsion u. in Ggw. von Perverbb. als Katalysatoren, polymerisiert. — Ein aus 34 (Teilen)Kresyloxyäthylvinyläther u. 66 I erhaltenes Mischpolymerisat dient in Benzinlsg. zur Imprägnierung von Holz. (**D. R. P. 751 603** Kl. 39c vom 17/7. 1940, ausg. 11/5. 1953.) H. MÖLLERING. 7177

Pharma-Chemical Corp., New York, N. Y., V. St. A., *Herstellung eines Alkydharzes.* 1 Mol Maleinsäure wird mit 1—1,2 Mol Cyclohexenoxyd polykondensiert. Transparentes hartes Kunstharz, lösl. in organ. Lösungsmitteln, *Lackharz.* Das während der Rk. gebildete W. wird laufend entfernt. (**Schwz. P. 287 570** vom 17/7. 1950, ausg. 1/4. 1953.) R. HERBST. 7177

Rohm & Haas Co., übert. von: **Joseph E. Koroly**, Philadelphia, Pa., V. St. A., *Poröse Kunstharze aus Polyepoxyden und Aconitsäure* (I). Eine lösungsmittelfreie Mischung von I u. einem Polyepoxyd, bestehend aus Vinylcyclohexendioxyd, dem Polyglycidyläther eines mehrwertigen Phenols oder dem Diepoxyd des Glykol-bis-exo-dihydrodicyclopentadienyläthers, gegebenenfalls gemeinsam mit Pentaerythrityltetraacidtrimaleatmonophthalat wird in einer Form auf 150—250° erhitzt; D. 0,150 g/cm³. Als Beschleuniger können Butyl- bzw. Kresyldiacidphosphate u. neben den üblichen Zusätzen auch epoxydierte pflanzliche Öle mit verwendet werden. (**A. P. 2 623 023** vom 28/7. 1951, ausg. 23/12. 1952.) G. SALZMANN. 7177

United States Rubber Co., New York, N. Y., V. St. A., *Aushärtbare Zwischenpolymerisate* erhält man durch Erhitzen einer Mischung aus 1 (Mol) Ricinusölmaleinsäureester (I), SZ. 30—100, u. 0,5—20 einer monoolefin. Verb. in Ggw. von 10—65 CCl_4 (II) u. von 0,1—10% eines organ. Peroxydkatalysators auf 25—125°. — 108 (Teile) I (SZ. 71), 31 Styrol, 308 II u. 2,23 Benzoylperoxyd werden $1^1/_2$ Std. auf 81° erwärmt. Das erhaltene lösl. Zwischenpolymerisat kann durch Erhitzen auf 120—200° zu einem unlösl., biegsamen Film auspolymerisiert werden. (**E. P. 668 480** vom 29/12. 1949, ausg. 19/3. 1952. A. Prior. 18/3. 1949.) H. Möllering. 7177

Dynamit Akt.-Ges. vorm. Alfred Nobel & Co. (Erfinder: **Hans Orth**), Troisdorf, *Polyätheracetalurethane* erhält man durch Rk. von aliphat., aromat. oder aromat.-aliphat., cycloaliphat. oder hydroaromat. Polyisocyanaten mit (vorzugsweise ringförmigen) Polyätheracetalen mit endständigen OH-Gruppen, in denen die 3-wertige alkoh. Komponente durch Dialkanolamine ersetzt sein kann. Auch können in die Kette der Acetale neben 2- noch 3-wertige Alkohole als vernetzende Komponenten eingebaut sein. Man erhält hochelast. Prodd., die sich wie *Kautschuk* verarbeiten lassen. — 53 (g) Diallylidenpentaerythritacetal werden mit 25 1.4-Butandiol u. 0,25 p-Toluolsulfonsäure (gelöst in 1 Butylacetat) 11 Std. bei 90° polymerisiert. Die erhaltenen 73 gelbliches Harz werden mit 10,7 Hexamethylen-1.6-diisocyanat (15% Überschuß) verrührt, in Formen gegossen u. bei 80° in 8—10 Std. gehärtet. (**D. B. P. 838 827** Kl. 39c vom 21/7. 1950, ausg. 12/5. 1952.) H. Möllering. 7181

Phillips Petroleum Co., übert. von: **Willie W. Crouch** und **John F. Howe**, Bartlesville, Okla., V. St. A., *Heteropolymerisation.* SO_2 wird mit organ., ungesätt. Verbb. der Formel R_1—$C(R_2)$=$C(R_3)$—R_4 (R_1 u. R_2 = H, Halogen oder Alkyl, R_3 u. R_4 = H, Alkyl, Alkenyl, Aryl, Aralkyl, die durch Halogen, NO_2, OH, COOH u. CN substituiert sein können) in wss. Dispersion in Ggw. eines Fe(III)-Polyphosphats (I) polymerisiert. — Eine Mischung aus 46,7 (Teilen) 1-Buten, 88,3 SO_2, 5 Na-Di-sek.-butylnaphthalinsulfonat, 180 W. u. 0,5 Fe(III)-Pyrophosphat wird $1^1/_2$ Std. auf 77°F erwärmt. Aus der entstandenen Emulsion wird das Polymere mit Methanol in 90,7%ig. Ausbeute (bezogen auf Buten) ausgefällt. Als I sind geeignet: Tetra-Na-pyrophosphat·10 H_2O, bes. in Mischung mit Fe(III)-Sulfat·6 H_2O, $Fe(NO_3)_3$·9 H_2O, Fe(III)-NH_4-Sulfat; Na-Hexametaphosphat. Ferner werden polymerisiert: 2-Buten, 1-Octen, Cyclohexen, Butadien, Styrol, Vinylacetylen. (**A. P. 2 556 799** vom 28/4. 1949, ausg. 12/6. 1951.) G. Krauss. 7185

Nicholas D. Cheronis, Chicago, Ill., V. St. A., *Stabile Lösungen partiell polymerisierter organischer Si-Verbindungen.* Man gibt ein Gemisch von 70—98 (%) Trihalogenorganosilan (z. B. $C_2H_5SiCl_3$) u. 30—2 Dihalogendiorganosilan [z. B. $(C_2H_5)_2SiCl_2$] gelöst in einem inerten Lösungsm., z. B. Ae., in ein Eis–W.-Gemisch von höchstens 10° u. rührt. Dann wird die gebildete Salzsäure neutralisiert, die Ae.-Schicht abgetrennt, ihr p_H-Wert auf 6,5—7,0 eingestellt, der Ae. größtenteils abdest., Hexan, Octan, Toluol oder Xylol zugegeben u. der Ae. vollends entfernt. Die KW-stofflsg. enthält dann z. B. 50—55 (%) eines Gemisches, das aus 90 *Äthylsiliciumtriol* u. 10 *Diäthylsiliciumdiol* in teilweise polymerisierter Form besteht. — Herst. von elast. Filmen, die bei $<100°$ erhärten. (**A. P. 2 568 384** vom 13/11. 1947, ausg. 18/9. 1951.) A. Brösamle. 7189

British Cellophane Ltd., Bridgwater, England, *In organischen Lösungsmitteln lösliche Mischpolymerisate*, die zur wasserdichten *Ausrüstung von Cellulosefilmen* für Verpackungszwecke geeignet sind, erhält man durch Emulsionspolymerisation von 90 (Teilen) Vinylidenchlorid u. 10 Acrylnitril in z. B. 400 W., dem 1,6 K_2SiO_8 als Katalysator u. 8 sulfoniertes Methyloleat als Emulgiermittel zugesetzt sind. (**E. P. 651 155** vom 27/5. 1948, ausg. 14/3. 1951. A. Prior. 4/11. 1947.) H. Möllering. 7199

XIII. Ätherische Öle. Parfümerie. Kosmetik.

Wilhelm Treibs, *Zur Biochemie und Biogenese der Inhaltsstoffe ätherischer Öle.* In äther. Ölen wurden bisher als Inhaltsstoffe nachgewiesen: Mono-, Sesqui- u. Diterpene u. ihre Derivv., Aromaten (bes. Phenole u. Ester), N- u. S-haltige Verbb., Kettenparaffine, Olefine u. Acetylene u. ihre Derivv. u. Tropolone. Ein kurzer Überblick, der durch einige bes. eindrucksvolle Beispiele erläutert wird, zeigt, daß äther. Öle zwar als Schlackenstoffe des Pflanzenstoffwechsels aufgefaßt werden können, daß aber trotzdem die Synth. der verschied. Inhaltstoffe nicht zufällig, sondern gerichtet erfolgt u. von biochem. Kräften, die für die betreffende Species oder ihre Varietät charakterist. sind, bestimmt werden. Darüber hinaus kommt den Umweltfaktoren eine mitbestimmende Rolle zu. (S.-B. dtsch. Akad. Wiss. Berlin, Kl. Math. allg. Naturwiss. **1953.** Nr. 6. 1—18.) H. P. Fiedler. 7262

Yves-René Naves, *Chemiker und Parfümeure. Beitrag zur Anwendung der isomeren Irone in der Parfümerie.* Engl. bzw. deutsche Übersetzung der C. **1954.** 5190 referierten

Arbeit. (Perfum. essent. Oil Rec. **45.** 13—18. Jan. 1954; Fette, Seifen einschl. Anstrichmittel **56.** 614—18. Aug. 1954. Vernier-Genf, L. Givaudan & Cie. S. A.) H. MÜHLMEISTER. 7276

T. Ruemele, *Kölnischwasser.* Anregungen zur Abwandlung der herkömmlichen Kölnischwasser-Note durch Zusatz neuer, mit den üblichen verträglicher Bestandteile, Auswechslung von einer oder mehreren Komponenten u. geruchliches Vorherrschen solcher unter Verwendung äther. Öle, wobei der erfrischende Charakter erhalten bleiben u. schwere Nachgerüche vermieden werden müssen. Güte des A. u. genügendes Ablagern von 3 Monaten sind wesentlich; vielleicht kann Ultraschall es verkürzen. Von Isopropanol als Lösungsm. wird abgeraten. (Perfum. essent. Oil Rec. **45.** 53—54. Febr. 1954.) H. MÜHLMEISTER. 7276

Victor DiCiacomo, *Parfümierung von Aerosolen.* An in Aerosolen zu verwendende Duftstoffe werden ganz neuartige Anforderungen gestellt. Sie dürfen versprüht die Nasenschleimhäute nicht reizen u. müssen auf ihr Verh. gegen das Treibmittel, ihre Verträglichkeit mit den anderen Bestandteilen u. etwaige Änderung des Geruchs beim Versprühen geprüft werden. Prüfung der einzelnen Komponenten sowie Schnellprüfung bei 53° u. 6 Monate langer Lagervers. des fertigen Aerosols sind hierfür unerläßlich. (Amer. Perfumer essent. Oil Rev. **65.** Nr. 4. 29—31. April 1955. Givaudan-Delawanna, Inc.) H. MÜHLMEISTER. 7276

Maurice Déribéré, *Farbe und Licht in der Kunst der Parfümerie und Kosmetik.* Die Wrkg. des von Glühfaden- u. verschied. Leuchtstofflampen ausgestrahlten Lichtes bei der Reflexion von farbigen Stoffen, bes. des Haars, wird besprochen u. graph. in seiner Zus. nach Wellenlängen gezeigt. An 4 Tabellen werden Versuchsergebnisse an Farbmustern nach MUNSELL, Livre des Couleurs, aufgezeigt über das Verh. von über 1000 weiblichen u. männlichen Versuchspersonen gegenüber verschied. Farben, deren Leuchtkraft u. Sättigung. Blau wurde 2 : 1 von beiden Geschlechtern vorgezogen, zu 70% bevorzugten die Frauen helle Töne, die Männer dunklere; beide wählten in der Mehrzahl gesätt. Farbtöne. Die Abhängigkeit solcher Ergebnisse von phys., physiol. u. psycholog. Bedingungen (Umgebung, Lichtstärke, Anordnung der Lichtquellen, Temp., Feuchtigkeit, Jahreszeit, Befinden der Versuchsperson, Adaptation des Auges) wird mit 6 Tabellen u. 25 Diagrammen eingehend erläutert u. Erkenntnisse für die prakt. Anwendung bei der Wahl der Beleuchtung aufgezeigt. (Ind. Parfumerie **9.** 302—07. Sept. 347—50. Okt. 406—10. Nov. 1954. Cie. des Lampes.) H. MÜHLMEISTER. 7284

E. Benk, *Aminosäuren, ihre Bedeutung und Verwendung.* Übersicht über Vork., Gewinnung, Eigg., Verwendung u. physiol. Wrkg. der Aminosäuren u. ihrer Gemische, bes. auch in der Kosmetik. (Seifen-Oele-Fette-Wachse **79.** 630—31. 25/11. 1953.) H. MÜHLMEISTER. 7284

V. Vasic, *Herstellung von Tageskrem. Einige Mängel und ihre Abstellung.* Die Anforderungen an die die Grundlage von Tageskrem bildende Stearinsäure, sonstige Roh- u. Riechstoffe, ihre Wrkg. u. eine genaue Vorschrift für die Herst. werden angegeben. Dabei vorkommende Fehler (körnig, klumpig, perlartig, glanzlos, zu weich oder nicht geschmeidig genug, Absondern von W., Eintrocknen, Verflüssigen, Entfärben, Zers. der Duftstoffe) werden besprochen u. Mittel zu ihrer Vermeidung genannt. (Perfum. essent. Oil Rec. **45.** 55—57. Febr. 1954.) H. MÜHLMEISTER. 7284

F. V. Wells, *Hormon- und Vitamincremes.* 1. Mitt. *Zeugnisse britischer und amerikanischer Fachleute über Hormoncremes.* Cremes mit bes. weiblichen Geschlechtshormonen bis zu 350 I.E. je g, angewendet entsprechend ca. 700 I.E. je Monat, können als kosmet. Cremes angesprcohen werden, darüber hinaus sind sie medizinische. Vf. zitiert eine Anzahl Wissenschaftler, nach denen sie ohne schädliche Nebenwirkungen gute Wrkg. auf die Haut usw. haben, u. gibt prakt. Hinweise u. Rezepte für ihre Herst. u. die dazu verwendeten natürlichen u. synthet. Hormone. (Amer. Perfumer essent. Oil Rev. **61.** 19. 21—24. Jan. 1953.) H. MÜHLMEISTER. 7284

F. V. Wells, *Hormon- und Vitamincremes.* 2. Mitt. *Überblick über Merkmale und Wirksamkeit von Vitaminen in Cremes.* (1. vgl. vorst. Ref.) Eigg. u. Wrkg. von Vitamin A, B_1, B_2, B_6, C, D, E, F, K u. P u. verwandter Körper werden bzgl. ihrer kosmet. Eignung u. Anwendung besprochen, Anregungen für die Herst. kosmet. Cremes mit ihnen gegeben u. auf zu vermeidende unverträgliche Komponenten hingewiesen. (Amer. Perfumer essent. Oil Rev. **61.** 117—21. Febr. 1953.) H. MÜHLMEISTER. 7284

Paul W. Jewel, *Bericht über Mascaras-Creme, Augenbrauen-Pinsel, Augenschatten.* Beschreibung von 2 Untersuchungsmethoden, je nachdem ob Triäthanolamin zugegen ist oder nicht. (Amer. Perfumer essent. Oil Rev. **63.** 107—08. Febr. 1954. Max Factor & Co.) H. MÜHLMEISTER. 7284

XIV. Zucker. Kohlenhydrate. Stärke.

György Oplatka, *Untersuchung über den Beginn der Zuckerkampagne.* Vf. teilt eine Meth. zur exakten Best. des Beginns der Zuckerkampagne mit. (Acta chim. Acad. Sci. hung. **2.** 65–93. 1952. Budapest, Inst. scient. de l'ind. sucr. hongroise.) M. WINIKER. 7406

Michael Freeman, *Ein neuer Prozeß für die Zuckergewinnung aus Zuckerrüben.* Einige Bemerkungen zum von anderer Seite vorgeschlagenen sogenannten „Explosionsprozeß" u. Hinweise auf noch vorliegende Schwierigkeiten der Anwendung. (Int. Sugar J. **56.** 161–62. Juni 1954. Thures, Irish Sugar Co. Ltd.) M. ULMANN. 7412

Pál Wertán, *Der Kestner-Apparat.* Als Vorkocher ist der Langrohr- oder KESTNER-App. geeignet, da in diesem gute Wärmeübertragung, rasche Saftströmung, geringe Aufnahmefähigkeit u. kurze Durchströmungszeit gesichert sind. Infolge der raschen Zirkulation schäumt der Saft stark, doch ist dem durch Ausbldg. eines großen Dampfraumes abgeholfen. Beschreibung des Apparates. (Cukoripar **7.** 232–35. Dez. 1954.) J. PLANK. 7412

E. Moebes und **L. Wieninger,** *Über die Auswirkung des Austausches der Alkaliionen gegen Calcium auf die Verarbeitung und Ausbeute von Zuckersäften.* Durch Anwendung eines neuen im Ammoniakcyclus arbeitenden Kationenaustauschers auf Aktivkohlebasis werden in Zuckersäften 50–60% der Alkaliionen durch Ca ersetzt. Dieses führt weder zur Erhöhung der Viscosität der Säfte noch zur Verringerung der Kristallisationsgeschwindigkeit. So behandelte Säfte hinterlassen keinerlei Inkrustation in der Verdampfstation. Es ergeben sich Endmelassen mit einem Quotienten bis zu 45. (Zucker **8.** 129–34. 1/4. 1955. Leopoldsdorf i. Marchfeld, Zuckerfabrik.) MANFRED SCHULZ. 7412

Eugenio Mariani, *Chromatographie der in ausgelaugten Schnitzeln vorhandenen Aminosäuren.* Durch papierchromatograph. Unters. (zweidimensionale absteigende Meth., Lösungsm.: Phenol u. Kollidin + Lutidin, Reagens: Ninhydrin in Butylalkohol) ausgelaugter Zuckerrübenschnitzel, die mittels Salzsäure hydrolysiert worden waren, wurden folgende Aminosäuren nachgewiesen: *Asparaginsäure, Glutaminsäure, Serin, Glycin, Alanin, α-Aminobuttersäure, γ-Aminobuttersäure* (**I**), *Valin, Leucin, Tyrosin, Threonin* (**II**), *Prolin* (**III**), *Oxyprolin* (**IV**), *Phenylalanin* (**V**), *Lysin* (**VI**), *Arginin* (**VII**). Im Gegensatz zu den mit Melassen erzielten Ergebnissen war in diesem Fall die Rk. auf **II, III, V, VI** u. **VII** wesentlich stärker. Außerdem konnte im Unterschied zu den Melassen **IV** nachgewiesen werden. Die bei den Melassen ausgesprochen starke Rk. auf **I** fiel bei den Schnitzeln sehr schwach aus. (Sucrerie belge **71.** 373–76. 1/15/4. 1952. Rom, Univ., Inst. de Chim. appl. et ind.) M. WINIKER. 7412

L. D. Baver, *Radioisotope: Vielseitige Verwendbarkeit zur Untersuchung des Zuckerrohrs.* Vf. berichtet über die Verwendung von Radioisotopen zur Erforschung der Stoffwechselprozesse im Zuckerrohr. Durch Einw. von $^{14}CO_2$ auf die Pflanzen wurde festgestellt, daß nach 30 Sek. Bestrahlung in den Blättern zunächst radioaktive *Glucose* (**I**) (70%) u. *Fructose* (**II**) (25%) neben nur 5% *Saccharose* (**III**) erscheinen. Mit der Bestrahlungsdauer nehmen die Konzz. an **I** u. **II** ab u. die an **III** zu, so daß nach 5 Min. Lichteinw. ca. 80% **III** vorliegen. Ferner läßt sich durch $^{14}CO_2$ ein Nahrungstransport innerhalb der Pflanze nachweisen. u. dessen Geschwindigkeit messen; sie beträgt ca. $^1/_4$ in. pro Minute. ^{32}P verteilt sich innerhalb 30 Min. in der Pflanze. Aus Superphosphat wird doppelt soviel P aufgenommen als aus Ammoniumphosphat. Das zur Unkrautbekämpfung verwendete Mittel *2.4-D* wird von jungen Zuckerrohrpflanzen nur in den Blättern festgehalten, während es sich in älteren Pflanzen in allen ihren Teilen verteilt. Mit Hilfe von ^{60}Co läßt sich die Bodenfeuchtigkeit u. mit ^{86}Rb die Wasserverteilung in der Pflanze feststellen. Die Klärung des Saftes wird mit ^{32}P verfolgt, u. es wird beobachtet, daß P bei p_H 8,5 zu 99% vom Nd. festgehalten wird. Auch koll. Bodenbestandteile, die im Saft vorkommen, adsorbieren P u. lassen sich durch ihn entfernen. (Int. Sugar J. **57.** 127–30. Mai 1955. Hawaiian Sugar Planters' Assoc., Exp. Stat.) P. FAHRNLAENDER. 7440

Ss. F. Mochort, *Universalsaccharimeter SU-1.* Durch Verwendung einer neuen Optik können selbst dunkelgefärbte Futtermelassen polarisiert werden. (Сахарная Промышленность [Zucker-Ind.] **27.** Nr. 11. 16–17. 1953. Kiew, Kontroll- u. Meßgerätefabrik.) J. KAMSKI. 7470

XVI. Nahrungs-, Genuß- und Futtermittel.

Gowri Sur, Saranyakumari Reddy, M. Swaminathan und **V. Subrahmanyan,** *Ergänzungswert von Futterhefeeiweiß bei Getreideeiweiß.* Es wird der Ergänzungswert von Futterhefe (Torula utilis) (**I**) in Verb. mit Mohrenhirse (**II**), Ragi (**III**), Reis (**IV**) u. Weizen (**V**) untersucht bei einem Eiweißgeh. der einzelnen Diäten von 5%. Es ergab sich, daß das Eiweiß von **I** das von **III** in beträchtlichem Maße, das von **IV** dagegen nur in geringerem Maße ergänzt. Bei **V** u. **II** kam es zu keinen eindeutigen Ergebnissen, da die Verss. mit 5% Getreideeiweiß in mehreren Fällen negativ ausfielen. (Bull. centr. Food Technol. Res. Inst., Mysore **4**. 35—36. Nov. 1954. Mysore, Centr. Food Techn. Res. Inst.) H. HESS. 7646

W. O. Kalinitschenko, *Eine Methode zur Bestimmung der Backeigenschaften von Weizen in den ersten Phasen des Selektionsprozesses.* Die Güte eines Mehls hängt von der Art u. dem Verhältnis des Eiweißes zu den Kohlenhydraten ab, indem die Gasentw. beim Gären mit Hefe von letzteren, die Absorptionskraft für das Gas von ersteren beeinflußt wird. Zur Beurteilung eines Mehls werden deshalb folgende Daten herangezogen: Das Gesamtvol. des nach 150 Min. entwickelten Gases bzw. die durchschnittlich in 10 Min. entwickelte Gasmenge; die vom Teig absorbierte Gasmenge, gemessen an der Volumenzunahme des Teiges bzw. an der Abnahme von D.; die bis zum Erreichen des größten Teigvol. nötige Zeit. Je stärker die Gasentw. u. die Volumenzunahme des Teiges bzw. je niedriger seine D. ist, desto besser wird die Backeig. des Mehles. (Селекция и Семеноводство [Selekt. u. Samenzucht] **18**. Nr. 3. 43—48. März 1951. Tschernowitz, Wiss. Forsch.-Stat. für Ackerbau.) W. SCHMELZ. 7670

W. Irion und **O. Fischnich**, *Über stoffliche Umwandlungen in „Rindite" behandelten Kartoffelknollen in den einzelnen Phasen der Keimung.* In der Zeit von Dezember bis März wurde auf Kartoffelknollen, die sich im dunklen, verschlossenen Gefäß befanden, bei 25° der Dampf von 0,0125—12,8 cm³/kg *Rindite* (**I**; Gemisch aus 7 Volumenteilen Äthylenchlorhydrin, 3 Volumenteilen Äthylendichlorid u. 1 Volumenteil CCl_4) 6—96 Std. lang zur Einw. gebracht. Anschließend wurden die Knollen in einen Dunkelraum bei 25—28° mit der Krone nach oben gesetzt, nach 4—29 Tagen bei Knollenproben das Keimgewicht bestimmt u. die 48 Std. lang **I** ausgesetzten Knollen chem. analysiert. — Ergebnisse: Die das Auskeimen der Knollen verhindernden Hemmstoffe werden durch Behandlung mit **I** unwirksam, wobei stoffliche Veränderungen in den Knollen vorgehen. Hierbei werden Bau- u. Wuchsstoffe angereichert, die das Austreiben u. die Keimentwicklung fördern. Wenige Tage nach der Behandlung mit **I** ist der Rohrzuckergeh. in den Knollen auf Kosten der Stärke stark erhöht. Auch der Geh. an Vitamin C (einschl. Glutathion), Aminosäuren u. Melamin nimmt bei gleichzeitigem Anstieg des p_H-Wertes zu. Die Stoffanreicherung läuft der Keimentwicklung voraus, so daß die Keime aus diesem Depot ernährt werden. — Die zur Best. der angeführten Stoffe angewandten Methoden werden beschrieben u. diskutiert. — 30 Literaturangaben. (Z. Pflanzenernähr., Düng., Bodenkunde **59** (**104**). 248—66. 1952. Braunschweig-Völkenrode, Forschungsanst. für Landw., Untersuchungslabor. u. Inst. für Pflanzenbau u. Saatguterzeugung.) F. RANG. 7678

W. A. Gesin, *Pigmente von Samen und ihren Hüllen als Ursache der Verfärbung der Nahrung.* Beim Kochen von farblosem Reis unter Zusatz von etwas Soda wurden Brühe u. Reis rosa gefärbt. Durch Extraktion von Buchweizengrieß mit heißem W. erhielt man eine braunrosa Brühe. (Гигиена и Санитария [Hyg. u. Sanitätswes.] **1953**. Nr. 2. 47—48. Febr.) E. RENTZ. 7686

M. Vitagliano, *Über den Reifungsvorgang der Früchte von Diospyros Kaki L., Vorläufiger Bericht. Im Nocerinogebiete kultivierte Arten.* Generell wurde festgestellt, daß die in Italien geernteten Kakipflaumen kernärmer sind als die amerikanischen. Sie sind zuckerreicher u. gerbstoffärmer. — 13 Literaturhinweise. (Ann. Fac. Agrar. Portici Univ. Napoli [3] **18**. 140—51. 1949/50. Portici, Univ., Ist. di Ind. agrar.) C. GRIMME. 7688

Cesarina Poma Treccani, *Physiologie der Reifung in Beziehung zur Kältekonservierung. Einfluß der Erntezeit auf die Konservierung und die Handelseigenschaften der „Stayman Winesap"-Äpfel.* 1. Mitt. Die Äpfel wurden in 3 verschied. Reifestadien geerntet (in der Zeit vom 25/9.—22/10.) u. direkt im Kühlhaus bei +1 bis +3° gelagert. Nach einer Lagerzeit von 1—3 Monaten wurden sie 8—10 Tage bei 16° aufbewahrt. Die Früchte wurden gleich nach der Ernte u. nach dem Auftauen organolept. u. chem. untersucht. Bestimmt wurden hierbei Gesamtsäure, Zucker, Saccharose u. Stärke sowie Härte des Fruchtfleischs. Die Resultate sind in 10 Tabellen niedergelegt. — 20 Literaturhinweise. (Ann. Sperimentaz. agrar. [N. S.] **8**. 291—330. 1954. Mailand, Staz. sperim. di Ortofrutticultura.) C. GRIMME. 7688

Morris B. Jacobs, *Gepulverte Fruchtsäfte.* Beschreibung von Verff. zur Herst. von Trauben- u. Apfelsinenfruchtsaftpulvern durch Eindicken im Vakuum. Die sich dabei verflüchtigenden Aromastoffe werden bei ersteren durch Zusatz von Saccharose festgehalten, bei letzterem durch Zufügen von äther. Öl direkt oder mit Sorbit verschmolzen ersetzt. (Amer. Perfumer essent. Oil Rev. **63**. 293—94. April 1954.) H. MÜHLMEISTER. 7706

D. J. Gerritsen, *Das Salzgewinnungsverfahren bei der Königlich Niederländischen Salzindustrie.* Übersicht über die Verff. zur Ausbeutung eines im Osten der Niederlande gelegenen, 400 m tiefen u. 50 m mächtigen Salzvorkommens. Jeder einzelne Vorgang wird unter dem Gesichtswinkel der Wahl zwischen kontinuierlichem, halbkontinuierlichem u. diskontinuierlichem Betrieb betrachtet. (Chem. Weekbl. **50.** 159—66. 27/2. 1954.) W. WESLY. 7714

J. J. Willaman, *Alkaloide des Tabaks. Identifizierung und Bestimmung.* Übersicht über die Tabakalkaloide (Nicotin, Myosmin, 3-Pyridyl-ω-aminopropylketon, Pseudooxynicotin, 3.2'-Nicotyrin, Dihydronicotyrin, Nicotinoxyd, 2-Methyl-6-(3-pyridyl)-tetrahydro-1.2-oxazin, Nornicotin u. Anabasin). Diskussion neuerer analyt. Methoden (UV- u. infratote Spektrophotometrie, Papierchromatographie, Gegenstromverteilung nach CRAIG, reziproke Pfropfungen mit Nicotiana, radioakt. tracer Technik mit ^{32}P u. ^{14}C u. statist. Analyse). — 54 Literaturangaben. (Ind. Engng. Chem. **44.** 270—73. Febr. 1952. Philadelphia, Pa., Eastern Reg. Res. Labor.) F. RANG. 7734

F. R. Darkis und **E. J. Hackney,** *Zigarettentabake. Chemische Veränderungen während der Verarbeitung.* Diskussion der chem. Zus. u. der sie beeinflussenden Faktoren bei den 3 wichtigsten Tabaktypen: 1. durch künstliche Hitze getrockneter Virginia: Zucker-, niedriger bis mittlerer N- u. Säure (I)- u. mittlerer Nicotin (II)-Geh.; 2. luftgetrockneter Kentucky (a) u. Maryland (b): a) niedriger Kohlenhydrat (III)-, hoher N-, nichtflüchtiger I- u. II-Geh.; b) niedriger III- u. II-, mittlerer N- u. nichtflüchtiger I-Geh.; 3. sonnengetrockneter türk. u. Orient: niedriger II-Geh. u. p_H-Wert, niedriger bis mittlerer N- u. III-, mittlerer bis hoher nichtflüchtiger I-Gehalt. — Besprechung der während der Verarbeitung des geernteten Tabaks bis zur fertigen Zigarette auftretenden chem. Veränderungen. Tabellar. Wiedergabe der Ergebnisse. — 36 Literaturangaben (Ind. Engng. Chem. **44.** 284—91. Febr. 1952. Durham, N. C., Liggett and Myers Res. Labor.) F. RANG. 7734

C. O. Jensen, *Zigarrentabake. Chemische Veränderungen während der Trocknung.* Übersicht. — Abnahme des Blattrockengewichtes um 10—30%. Während der Trocknung ganzer Tabakstauden Abwanderung von K u. P aus den Blättern, von Ca u. Mg jedoch nicht. Starke Abnahme des Geh. an Stärke u. Zucker. Keine Rohfaserverluste. Beträchtliche Abnahme an Äpfelsäure bei starker Zunahme an Citronensäure. Schnelle Chlorophyllzers., Abnahme der gelben u. Bldg. brauner Pigmente. Verringerung der Proteinfraktion um mindestens 30% bei starker Zunahme des Geh. an wasserlösl. N-Verbb. (Amide, NH_3, Thiamin u. Pantothensäuren). Geringe Abnahme des Nicotingehaltes. Enzyme spielen während des Trocknungsvorganges eine wesentliche Rolle. — 48 Literaturangaben. (Ind. Engng. Chem. **44.** 306—09. Febr. 1952. Pennsylvania State Coll.) F. RANG. 7734

V. Subrahmanyan, G. Rama Rao, H. B. N. Murthy und **M. Swaminathan,** *Wirkung der Lagerung auf chemische Zusammensetzung und Nährwert von Erdnußmehl, Tapiokamehl und deren Mischungen.* Tapiokamehl (I), Erdnußmehl (II) sowie Mischungen im Verhältnis 4 : 1 (III) wurden 5 Monate lang in Jutesäcken bei 72—91°F u. bei 98,6°F gelagert u. die Wrkg. auf chem. Zus. u. Nährwert untersucht. Bei allen Proben wurde ein Thiaminverlust von 12—25% beobachtet, ferner im Fett der Proben II u. III ein Ansteigen des Geh. an freier Fettsäure u. der Peroxydzahl. II wurde schwach ranzig, III blieb jedoch in gutem Zustande u. war geschmacklich einwandfrei. Zwischen den bei Zimmertemp. u. 37° gelagerten Proben war kein bemerkenswerter Unterschied feststellbar. Gesamtnährwert von III, sowie biol. Wert des Eiweißes bei II (Rattenwachstumstest) erlitten nach 5monatiger Lagerung keine Wertminderung. (Bull. centr. Food technol. Res. Inst., Mysore **4.** 31—33. Nov. 1954. Mysore, Centr. Food Technol. Res. Inst.) H. HESS. 7742

Olavi E. Nikkilä und **Reino R. Linko,** *Denaturierung von Myosin beim Auftauen von Gefrierfisch.* Beim Auftauen von Gefrierfisch eintretende Veränderungen sind teilweise auf Denaturierung der Proteine zurückzuführen. Das Ausmaß hängt weitgehend davon ab, in welchem Zustand sich der Fisch beim Einfrieren befindet. Die Myosinfraktion ist die instabilste der Proteinkomponenten des Fischmuskelfleisches. Ungünstig wirkt sich vor allem wiederholtes Einfrieren aus. (Food Res. **19.** 200—05. März/April 1954. Turku, Finnland, Centr. Labor. of Tukkukauppojen Oy.) R. WOLLER. 7752

A. F. M. G. Luijpen, *Veränderungen an Fischen und Verderb während der Lagerung.* (Vgl. C. **1955.** 3510.) Frischer Fisch verdirbt unter den im einzelnen beschriebenen Einfll. von chem. Rkk., eigenen Enzymen u. Bakterien. Verss., die bei diesen Vorgängen entstehenden Verbb. zur Prüfung der Beschaffenheit des Fisches heranzuziehen, haben bis jetzt wenig Erfolg gehabt. Verderberscheinungen zeigen gefrorene Fische (sie werden zähe, weil das Fischeiweiß unlösl. wird) u. fette Fische (sie werden ranzig, weil die Fette oxydiert werden). Durch Salzen der Fische wird die Wrkg. der Bakterien vielfach gehemmt. (Conserva **3.** 164—67. 1954/55. Sep. Utrecht, Centr. Inst. voor Voedingsonderz., T.N.O., Afd. Visserijprodd.) W. WESLY. 7752

Myron W. Cucci, *Die Benutzung von radioaktivem Phosphor zur Messung der Menge Milchsteinablage an Gummi, Pyrexglas und Tygonröhren.* Mit einer Lsg. aus 255 ml homogenisierter Vollmilch, 45 ml 10%ig. $Na_3PO_4 \cdot 12\,H_2O$ u. 0,1 ml radioakt. P (^{32}P) in Form von Phosphat, prüfte Vf. die Bldg. von Milchstein an der Innenseite von senkrechten Gummiröhren (**A**), Pyrexglasröhren (**B**) u. Tygonröhren (**C**) u. fand mit Hilfe eines GEIGER-Zählers, daß sich innerhalb von 24 Std. an **A** doppelt soviel Milchstein in Form von Calciumphosphat festsetzt als an **B**, während an **C** nicht einmal Spuren festgestellt werden konnten. (J. Milk Food Technol. **17.** 332—33. Nov. 1954. Rochester, N. Y., Milk Plant Specialties Corp.) F. HOPPE. 7756

Jacques Archambault, *Der Gehalt an coliformen Bakterien in pasteurisierten Milchprodukten.* Vf. bespricht die Technik der Best. von coliformen Bakterien mit Hilfe des Platten- u. Röhrchentestes u. beurteilt das unterschiedliche Wuchsvermögen dieser Bakterien auf den verschied. Nährböden. Er benutzte Difco-Violettrot-Galleagar, Difco-Brillantgrün-Gallefleischbrühe u. BBL-Desoxycholatagar. Zur genauen Auswertung der Ergebnisse sollen die Kulturen nicht mehr als 100 Kolonien aufweisen. (J. Milk Food Technol. **17.** 342—46. Nov. 1954. Montreal, Que., Quebec Min. of Health, Div. of Labors.) H. HOPPE. 7756

Daniel L. Jones, *Fadenziehende Milch.* 1. Mitt. *Die Biologie der Fadenbildung.* Aus 3500 untersuchten Milchproben wurden an 440 Kulturen folgende fadenziehenden Bakterienarten isoliert: *Alcaligenes viscosus* (ADAMETZ), *Aerobacter aerogenes* (**I**) u. *Staphylococcus cremoris-viscosus* (HAMMER). Von **I** sind auch Stämme bekannt, die keine Fäden ziehen. (Food Res. **19.** 246—49. März/April 1954. Pittsburgh, Pa., Duquesne Univ., Dep. of Biol. Sci.) R. WOLLER. 7756

Daniel L. Jones, *Fadenziehende Milch.* 2. Mitt. *Physikalisch-chemische Einflüsse auf die Bildung der Fadensubstanz.* (1. vgl. vorst. Ref.) *Alcaligenes viscosus* (**I**) vermehrt sich bei Tempp. über 30° nur schwach, während die anderen Fadenbildner bei 37° am aktivsten sind. Niedrige Oberflächenspannung, hoher osmot. Druck u. stark saure bzw. alkal. Rk., sowie Luftausschluß verhindern die Fadenbldg. in infizierten Milchproben nicht, dagegen wird sie durch Zusatz von über 1% des tox. wirkenden LiCl geschwächt. Während *Aerobacter aerogenes* in jedem Milieu, in dem sein Wachstum möglich ist, Fadenziehen zu erzeugen vermag, ist diese bei **I** u. *Staphylococcus cremoris* durch spezif. exoenzymat. Einw. auf das Milchalbumin zu erklären. (Food Res. **19.** 250—53. März/April 1954.) R. WOLLER. 7756

Daniel L. Jones, *Fadenziehende Milch.* 3. Mitt. *Chemische Untersuchung der Schleimsubstanz.* (2. vgl. vorst. Ref.) *Alcaligenes viscosus* u. *Staphylococcus cremoris-viscosus* bewirken Fadenbldg. in Milch dadurch, daß sie das Milchalbumin angreifen; Polysaccharide scheinen hierbei keine Rolle zu spielen. Bei *Aerobacter aerogenes* steht die Fadenbldg. dagegen in irgeneiner Beziehung zur Synth. eines Nucleoproteins; möglicherweise hängt der Reaktionsmechanismus darüber hinaus mit einer von STARK u. STARK (J. Bact. **23.** [1932.] 59) beschriebenen Bacteriophagie zusammen. (Food Res. **19.** 254—56. März/April 1954.) R. WOLLER. 7756

L. Hedin, J. M. Lefebvre und **M. Philippart,** *Untersuchungen über die Futterkoppelwirtschaft und die wiesenwirtschaftliche Erzeugung in der Normandie.* Für die rationelle Milchkuhwirtschaft wird in 31 Tabellen der ermittelte Geh. verschied. Kulturpflanzen an den wichtigsten Inhaltsstoffen (mit Verdaulichkeitswerten) angegeben, die auch den Zeitpunkt der Ernte begründen. Das Protein/Cellulose-Verhältnis des Futters muß größer als 0,66 sein bzw. gemacht werden. Bilanzen der Futtersilage befürworten dieses Verhältnis. (Ann. Inst. nat. Rech. agronom., Sér. B **4.** Nr. 2. 247—306. April/Mai/Juni 1954. Rouen, Labor. des Plantes Fourragères.) H. GUDE. 7782

I. M. Pigur, *Neues zur Erhöhung des Nährwertes von Rauhfutter.* Zur Erhöhung des Nährwerts von Strohfutter empfiehlt Vf. 2 Verfahren. Nach dem alkal.-sauren Verf. wird das geschnittene Stroh in einem Holzbottich mit 1,5—2%ig. NaOH-Lsg. angefeuchtet, in eine ausgemauerte u. zementierte Grube übergeführt, festgestampft u. 6—12 Std. gelagert, dann portionsweise in einen Bottich mit 3%ig. HCl-Lsg. gegeben, die Säure abgelassen u. das Stroh zur direkten Verfütterung entnommen. Der Nährwert des Strohfutters wird dadurch auf 250% erhöht. Nach dem Soda-Kochsalz-Verf. wird das geschnittene Stroh in einem Holzbottich mit 0,3—0,4%ig. Sodalsg. angefeuchtet u. wie oben in der Grube 24 Std. gelagert, dann portionsweise in einen Bottich mit 0,3—0,5% NaCl-Lsg. gebracht u. daraus zur direkten Verfütterung in Körben entnommen. Der Nährwert steigt um 20—30%. Die Ergiebigkeit von Milch u. Fleisch ist dadurch angestiegen. (Животноводство [Tierzucht] **1954.** Nr. 10. 67—73. Okt. Charzis, Maschinen-Traktorenstation.) B. KRAFT. 7786

B. Maymone und **M. Teberio,** *Untersuchungen über die Verdaulichkeit und den Nährwert von entfetteten Puppen von Bombyx Mori.* Die entfetteten Seidenraupenpuppen sind ausgesprochen proteinreich (70—75% Rohprotein, 65—70% Reinprotein), dagegen arm an N-freien Extraktstoffen (9—10%). Der Aschegeh. beträgt 4—6,5%. Die Asche ist reich an P (16,3%) u. S (14,1%) u. zeigt starke saure Reaktion. Durch Verss. wurden folgende Verdaulichkeitswerte festgestellt (in %): Organ. Substanz 81,5; Rohprotein 87,7; Reineiweiß 87,0; Rohfett 94,6; Rohfaser 73,5; N-freie Extraktstoffe 36,2. Der Nährwert von entfettetem Puppenmehl entspricht 82 Stärkeeinheiten/100 kg. Der biol. Wert der Proteine ist sehr hoch, an essentiellen Aminosäuren sind vor allem Cystin, Tyrosin, Tryptophan, Lysin u. Glutaminsäure vorhanden. — 11 Literaturhinweise. (Ann. Sperimentaz. agrar. [N. S.] **8.** 203—28. 1954. Rom, Ist. sperim. Zootechn.) C. GRIMME. 7786

M. Lenglen, *Über die Verwendung von Harnstoff zur Viehernährung.* (C. R. hebd. Séances Acad. Agric. France **38.** 494—95. 3—10/6. 1953.) C. GRIMME. 7786

William T. Yamazaki, *Verfahren zur Bestimmung der Wasseraufnahmefähigkeit in alkalischer Lösung als Maß für die Backkraft von Mehlen aus weichem Winterweizen.* Vf. vereinigt die Viscositätsbest. in alkal. Suspension (alcaline viscosity test) nach FINNEY u. YAMAZAKI (C. **1953.** 9020) mit dem Wasseraufnahmetest im milchsauren Medium (acid water retention capacity test) nach FINNEY u. YAMAZAKI (Cereal Chem. **23.** [1946.] 416) u. erhält durch Schütteln in 0,1 n$NaHCO_3$ mit nachfolgendem Zentrifugieren Gewichtszunahmen, die — ohne Korrektur für den Proteingeh. — der Backkraft der Mehle proportional sind. (Cereal Chem. **30.** 242—46. Mai 1953. Wooster, O., Soft Wheat Quality Labor.) F. HEINRICH. 7798

A. M. Ssimskaja, *Eine Phosphatasemethode zur Kontrolle der Wärmebehandlung von Fleischprodukten.* Die Phosphatase ist nach der Na-Phenolphosphatmeth. in dem nach ALBERS (Hoppe-Seyler's Z. physiol. Chem. **232.** [1935.] 165) hergestellten Autolysat, im W.-Chlf.-Auszug oder im Nd. aus dem Autolysat u. der doppelten Menge A. + Ae. (1 + 2) nicht mehr nachweisbar, wenn die Temp. von 70° im Inneren der dünnen Würste 5 Min. erhalten blieb oder überschritten wurde. Bei Unterss. dicker Würste konnte die Phosphatase nicht nachgewiesen werden. (Вопросы Питания [Fragen d. Ernähr.] **12.** Nr. 3. 61—64. Mai/Juni 1953. Moskau, Zentralinst. für Ärztefortbldg., Lehrstuhl für Ernährungshygiene.) H. SCHMEISS. 7850

W. Th. G. M. Smeets und **L. Seekles,** *Bestimmung des Calciumgehaltes im Milchultrafiltrat.* Es wurde die Extinktion des Ca-Purpurats bei p_H 6,4 u. 480 mμ gemessen. In 40 Milchproben wurde ein Ca-Geh. von 2,0—3,6 mMol/Liter gefunden. (Nature [London] **169.** 802—03. 10/5. 1952. Utrecht, State Univ., Labor. of Veterin. Biochem.) H. G. SCHWEIGER. 7856

XVIIIb. Textilfasern.

Luis Mauri, *Die Carboxymethylcellulose in der Textilchemie.* Überblick über Eigg., Lsgg. u. Anwendungen. — 15 Literaturhinweise. (Ion [Madrid] **14.** 406—13. Juli 1954.) R. K. MÜLLER. 8028

W. Graeser, *Einwirkung von Chlor abspaltenden Waschmitteln auf knitterfest ausgerüstete Gewebe.* Mit Aminoplasten knitterfest ausgerüstete Gewebe nehmen aus Cl abspaltenden Flotten Cl auf. Es wird um so mehr Harzsubstanz herausgelöst, je milder die Härtung durchgeführt wurde. Dementsprechend steigt mit dem Anteil des nach der Hydrolyse verbleibenden Harzes auch der Cl-Geh. mit steigenden Kondensationsbedingungen an. Die Cl-Aufnahme kann als Test für die Beständigkeit der Harze im Gewebe gewertet werden. Bei Belichtung der mit Harz ausgerüsteten Gewebe mit dem Fadometer wird das Harz abgebaut. Nach einer n. Behandlung mit Soda–Seifenlsg. geht die Cl-Aufnahme entsprechend der Verringerung des Harzgeh. durch den Waschprozeß zurück. Beim Härten von Knitterfestimprägnierungen mit gesätt. Wasserdampf wird die Endstufe der Kondensation wahrscheinlich nicht erreicht, weil das Gleichgewicht nach den Ausgangskomponenten zu verschoben ist. Es wird eine „Eigenhärtung" durch Ausbldg. von Protonbrücken zwischen NH_2-Gruppen (nach vorausgegangener Abspaltung von CH_2O) u. Methylolgruppen angenommen, wenn der Katalysator nicht mehr anwesend ist. — 11 Literaturnachweise. (Melliand Textilber. **36.** 459—62. Mai 1955. Badenweiler, Staatl. Inst. für Textilchemie.) P. ECKERT. 8032

N. I. Klenkova und **N. I. Nikitin,** *Das Verhalten von Cellulose beim Einfrieren in Wasser und wässerigen Alkalien.* Gekürzte Wiedergabe der C. **1955.** 3996 referierten Arbeit. (Faserforsch. u. Textiltechn. **5.** 443—46. Okt. 1954.) M. ULMANN. 8040

S. P. Hersh und **D. J. Montgomery,** *Die elektrische Aufladung von Fäden: Prüftechnik und Ergebnisse.* Die hier aufgeführten Unterss. an Garnen aus Viscosereyon, Baumwolle, Acetatreyon, Wolle, Nylon, Orlon, Dacron, Polyäthylen, Polyvinylchlorid, Dynel, Velon, Teflon u. Metallfäden aus Stahl, Pt, Al u. Mg über den Einfl. der Reibung auf die elektrostat. Aufladung u. deren Abhängigkeit von der Materialart wurden an einem extra hierfür entwickelten App. ausgeführt. Der App. selbst wird beschrieben u. die erhaltenen Ergebnisse sind in 27 Figuren u. 8 Tabellen zusammengestellt. (Textile Res. J. **25.** 279—95. April 1955. Princeton, N. J., Princeton Univ., Textile Res. Inst.) H. G. FRÖHLICH. 8040

H. Dolmetch, *Zur Existenz individueller Fibrillen in nativen Fasercellulosen.* Durch Behandlung mit heißer Hydrazinhydratlsg. gelang es, die Verklebung der Bauelemente nativer Cellulosefasern (Baumwolle u. Fichtenholzzellstoff) ohne Celluloseabbau zu lockern. Die nun möglich Zerlegung der fibrillaren Struktur bei Quellungsgraden, welche die orientierten Bereiche noch nicht angreifen, beweist die Existenz individueller Fibrillen von einer lichtmkr. abbildbaren Größenordnung u. gestattet ihre Beobachtung u. Ausmessung unter Vermeidung bisheriger Fehlerquellen. — 11 Literaturnachweise. (Melliand Textilber. **36.** 419—25. Mai 1955.) P. ECKERT. 8044

Wilson, A. Reeves, George L. Drake jr., Oscar J. McMillan jr. und **John D. Guthrie,** *Die Löslichkeit in Kupferoxydammoniak als Möglichkeit zur Ermittlung von Brückenbildung in chemisch modifizierter Baumwolle.* Die Ergebnisse der vorliegenden Unterss. zeigen, daß Baumwolle, die mit monofunktionellen Verbb. (bzgl. ihrer Rk. gegenüber Baumwolle) umgesetzt wurde, in Kupferoxydammoniak lösl. bleibt. Verwendet man aber polyfunktionelle Verbb., so daß zumindest theoret. die Möglichkeit einer Brückenbldg. gegeben ist, so erhält man durchweg in Kupferoxydammoniak unlösl. Produkte. Hieraus geht hervor, daß tatsächlich Brückenbldg. erfolgt ist. Die Prüfung chem. modifizierter Baumwolle gegenüber Kupferoxydammoniak stellt also ein wertvolles Reagens dar, um auf erfolgte Brückenbldg. zu prüfen. (Textile Res. J. **25.** 41—46. Jan. 1955. New Orleans, La., Southern Reg. Res. Labor.) H. G. FRÖHLICH. 8044

George C. Daul, Robert M. Reinhardt und **J. David Reid,** *Die Reaktion der Baumwolle mit β-Propiolactam in Gegenwart von Alkali.* Es wird der Einfl. der Reaktionsbedingungen, wie Zeit, Temp. u. Konz. der angewandten Reagentien, auf die Rk. zwischen Baumwolle u. β-Propiolactam eingehend untersucht. Als Katalysatoren haben sich verd. NaOH u. KOH sowie organ. Basen, wie Monoäthanolamin u. Trimethylammoniumhydroxyd, bewährt. Bei der Umsetzung selbst tritt zunächst Veresterung u. Verätherung ein, während daran anschließend das β-Propiolactam mit den zuvor eingeführten Gruppen reagiert. Bei Zimmertemp. ist die Rk. bereits nach ca. 5 Min. beendet. Durch Abkühlen wird dieselbe sogar noch beschleunigt. Die während der Rk. gebildeten Ätherbrücken widerstehen im Gegensatz zu den Esterbindungen einer alkal. Hydrolyse. Die gebildeten Nebenverbb. sind in W. lösl. u. daher leicht entfernbar. Die Verss. selbst sowie die Zus. der Reaktionsprodd. werden beschrieben. (Textile Res. J. **25.** 330—33. April 1955. New Orleans, La., Southern Reg. Res. Labor.) H. G. FRÖHLICH. 8044

J. G. Frick jr., J. W. Weaver und **J. David Reid,** *Flammfest ausgerüstete Baumwolle: Eine Emulsionsbehandlung unter Verwendung eines polymeren Phosphor–Brom-Produktes.* Es wird ein Verf. beschrieben, nach welchem Baumwollware durch Behandlung mit einer wss. Emulsion einer polymeren Verb. aus Bromoform u. Triallylphosphat flammfest ausgerüstet werden kann. Die Aufnahme des polymeren Prod. durch ein 275—290 g schweres Gewebe soll ca. 18—22% betragen. Zusätze an Weichmacher (Flexol TWS) in Höhe von 2—4% sind vorteilhaft, da hierdurch ein Abfallen der Reißfestigkeit der behandelten Ware vermieden werden kann. Weiterhin wird die Geschmeidigkeit der Ware erhöht. So ausgerüstete Gewebe halten 12 Waschbehandlungen aus (Army mobile laundry procedure 5556) u. lassen sich auf den üblichen Apparaten ausführen. (Textile Res. J. **25.** 100—05. Jan. 1955. New Orleans, La., Southern Reg. Res. Labor.) H. G. FRÖHLICH. 8044

Luigi Rinoldi, *Die Bedeutung des p_H-Wertes in der Textilindustrie.* Kurze Erläuterung über das Wesen u. die Messung des p_H-Wertes bes. in Verbindung mit dem Waschen der Wolle. (Laniera **65.** 641—43. Aug. 1951.) G. SALZMANN. 8060

Werner Bandel, *Über den Viscositätsverlauf von Viscosen. Eine kritische Betrachtung zu der „Untersuchung an Viscosezellwolle" von H. Brandenburger.* (Vgl. C. **1954.** 2528.) Es werden einige auf den Viscositätsverlauf techn. Viscosen während des Xanthogenatabbaues der Nachreife wirksame Faktoren aufgezeigt. Bei gleicher Viscosezus. erweist sich die Ausgangsviscosität als entscheidender Faktor für den vorübergehenden Viscositätsabfall im Verlauf der Nachreife sowie für die prozentuale Größe des absinkenden

u. aufsteigenden Astes der Viscositätskurve. Mischviscosen verhalten sich bei gleicher Viscosezus. ebenfalls entsprechend ihrer Ausgangsviscosität. Bei gleichem Verhältnis von Cellulose : NaOH : CS_2 lassen sich bei den verschiedenartigsten Viscosen durch geeignete Veränderung des Cellulose-DP u. Einstellung der gleichen Ausgangsviscosität ident. Nachreifeviscositätsverläufe erhalten. Von entscheidender Bedeutung für die Lage u. Größe des Viscositätsminimums sowie des Nachreifeviscositätsverlaufes erweist sich dagegen der NaOH-Geh. der Viscosen. Es konnte kein Einfl. der Nachreifetemp. auf den Viscositätsverlauf gefunden werden. Es wird gezeigt, wie sich die Viscosität von Mischviscosen aus den Mischkomponenten analog dem Gesetz von HESS u. PHILIPPOFF errechnen läßt. (Melliand Textilber. **36.** 427—31. Mai 1955. Kassel, Spinnfaser AG., Labor.) P. ECKERT. 8074

—, *Arnel, eine neue Faser der Celanese.* (Vgl. C. **1955.** 7812.) *Arnel* ist eine Cellulosetriacetatfaser, die während ihres Entwicklungszustandes unter der Bezeichnung X–10 bekanntgeworden ist. Sie wird von der CELANESE CORP. OF AMERICA hergestellt. Die chem., physikal. u. technolog. Eigg. der neuen Faser sind in Tabellenform zusammengefaßt. (Textile Wld. **105.** Nr. 1. 82—83. Jan. 1955.) P. ECKERT. 8076

Wolfgang Bobeth, *Synthetische Faserstoffe — Eigenschaften und mikroskopische Erkennungsreaktionen.* Tabellen über die synthet. Faserstoffe, ihre technolog. Eigg., ihre Verwendung u. ihre mkr.-chem. Rkk. mit verschied. Einbettungsmitteln auf dem Objektträger, sowie eine ganze Reihe Bildtafeln werden aufgeführt. — Die Festigkeit steigt mit dem Verstreckungsgrad, während die Dehnung abnimmt. *Polyamidfasern* sind extrem geschmeidig; sie u. *Polyesterfasern* zeigen bes. gute Scheuerfestigkeit; *Polyacrylnitril* ist auch in Faserform hochverrottungsbeständig. *PeCe-Fasern* lösen sich in Toluol sofort auf, *PCU-* u. *Rhovylfasern* quellen an den Enden fächerförmig auf. Zusatz von A. verzögert die Erscheinung. *PeCe* kann auch in Chlf., Aceton, Bromoform, Methylenchlorid, Dimethylformamid gelöst werden. Bei *Rhovyl* in Methylenchlorid oder Dimethylformamid sofortige Auflösung, in Chlf., Aceton, Bromoform Spitzen- u. Scheinlumenbildung. Die Mischpolymerisatfaser *Dynel* quillt nicht in Toluol, Chlf., Methylenchlorid u. Bromoform. In Aceton u. Dimethylformamid werden die Faserenden anfangs zackig u. die Faserkörper schwammartig porös, um schließlich die Form dünner gekerbter Stäbchen anzunehmen. *Dynel* löst sich in konz. H_2SO_4, in heißer Chlorzinkjodlsg. tritt scheibenähnlicher Zerfall ein. *Saran* löst sich in heißem Bromoform unter Bldg. nietkopfartiger Faserenden u. Einbuchtungen, in heißem Dioxan unter Fältelung u. scheibenförmigem Zerfall. *Polyacrylnitrilfasern* bräunen sich bei Erhitzung mit Chlorzinkjodlsg. an den Schnittenden u. lösen sich schließlich nach Bldg. von Spitzen u. Fibrillen auf. In Dimethylformamid die gleichen Erscheinungen o h n e Bräunung. In konz. H_2SO_4 bilden sich gekerbte Stäbchen vor der Auflösung. Konz. HNO_3 löst glatt. Scheinlumen bildet sich im Gemisch H_2SO_4/Amylacetat 1 : 1. Die mischpolymerisierte Faser *Acrilan* zeigt mit Chlorzinkjod Aufblähung an den Enden u. den braungefärbten Stellen. Zwecks besserer Anfärbung vorbehandelte *Polyacrylnitrilfasern* können verändertes Verh. zeigen. In 20%ig. Phenollsg. löst sich *Perlon L* schnell, *Nylon* langsamer, *Perlon U* am langsamsten. *Perlon L* löst sich in kalter, *Nylon* nur in heißer 4,2nHCl. In konz. H_2SO_4 u. HCl löst sich *Perlon* schnell, in HNO_3 werden die Fasern frotteartig blasig aufgetrieben. *Polyesterfasern* sind widerstandsfähiger als Polyamidfasern. In konz. handwarmer Phenollsg. Faserausweitungen mit Spitzen- u. Scheinlumenbildung. (Kelchartige Faserendenerweiterung ist wahrscheinlich charakterist. für unfixierte Fasern.) In konz. H_2SO_4 sehr schnelle Auflösung mit leichten Kerbungen. Im Grenzgebiet zwischen H_2SO_4 u. H_2O Zurückweichen der Spitzen, Sichtbarwerden von feinen Häutchen vom Fasermantel. (Faserforsch. u. Textiltechn. **5.** 115—30. März. 168—74. April 1954. Dresden, TH, Inst. für Textiltechn.) S. NEUE. 8116

Wolfgang Bobeth, *Mikroskopische Untersuchungen sowie spezielle Erkennungsreaktionen an synthetischen Faserstoffen.* Enthält tabellar. Übersichten über Faserstoffgruppen, synthet. Faserstoffe, deren mkr. Verh. in verschied. Einbettungsmitteln sowie Bestimmungstafeln u. 25 mkr. Bilder. Inhaltlich weitgehende Übereinstimmung mit der vorst. referierten Arbeit; zusätzlich wird der Einfl. der Fixierung behandelt. — 7 Literaturangaben. (Textil- u. Faserstofftechn. **4.** 468—78. Aug. 1954.) S. NEUE. 8116

XIX. Brennstoffe. Erdöl. Mineralöle.

A. Benning, *Die Bedeutung der Oxydation mit Salpetersäure für die Konstitutionsaufklärung der Steinkohle.* Durch Oxydation der Steinkohle mit HNO_3 erhält man einen Einblick in den strukturellen Aufbau der Kohle. Art u. Menge der gefundenen Säuren lassen auf die Konst. der Kohle schließen. Die Oxydation mit verd. HNO_3 führt die in der Kohle vorhandenen Systeme mit CH_2-Gruppen in aliphat. u. Benzolcarbonsäuren über, während die aromat. Ringsysteme nur schwer angegriffen werden u. höhermol. Säuren, z. B. Huminsäuren, liefern, die nur mit stärker wirkenden Oxydationsmitteln zu Benzolcarbonsäuren abgebaut werden können. (Brennstoff-Chem. **36.** 38—43. 9/2. 1955. Dortmund-Eving, Ges. für Kohlentechnik mbH.) K. O. MÜLLER. 8126

Alexander Vollmaier, *Das Verhalten von Braunkohlenbriketts bei ruhender Schwelung.* Braunkohlenbriketts werden einer stehenden Schwelung unterworfen, der entstehende Koks läßt sich in seiner Güte variieren. Die Güte ist abhängig 1. von der langsamen Temperatursteigerung bei der Schwelung (dabei größter Entwässerungseffekt), Entwässerungsphase bis 340°; 2. von der Schwelhöchsttemp., wobei bei 520° das Gütemaximum liegt, bei 850—900° u. raschem Temperaturanstieg besondere Druckfestigkeitseigg. erreicht werden; 3. vom Ausgangswassergeh. der Briketts; 4. vom angewandten Preßdruck; 5. von der Ausgangskorngröße, die auf die Entwässerung großen Einfl. hat. Es wird an verschied. Kohlearten das Problem erörtert. (Freiberger Forschungsh., Reihe A **1954.** Nr. 29. 1—232. Dez.) J. MILLER. 8140

W. I. Ineson, *Gaskoks — der rauchlose Brennstoff.* Übersicht über Gewinnung, Eigg. u. Anwendung von Gaskoks. (Gas Wld. **141.** 314—16. 29/1. 1955.) W. WESLY. 8144

D. Hebden, R. F. Edge und **K. W. Foley,** *Die Druckvergasung.* Verss. über die die Druckvergasung von Steinkohle beeinflussenden Faktoren zeigen: Eine Vergrößerung des Brennstoffbettes führt zu erhöhter CH_4-Bldg. u. Dampfzersetzung. Flüchtige Bestandteile eines Brennstoffes liefern zusätzlich CH_4 u. vermindern insofern, als sie den Geh. an festem C herabsetzen, den Dampf- u. O_2-Bedarf der Vergasung. Reaktionsträge Brennstoffe mischt man zweckmäßigerweise mit reaktionsfähigen Stoffen, die vornehmlich in den oberen Schichten des Brennstoffbettes vergast werden. Das Dampf/O_2-Verhältnis, also der Dampfüberschuß, kann verkleinert werden, wenn die Schlackenbldg. verhindert wird, bes. wenn es sich um Brennstoffe mit geringer Reaktionsfähigkeit u. (oder) mit niedrigschm. Asche handelt. (Gas J. **280** (**106**). 793—96. 22/12. 1954. Birmingham, Gas Council, Res. Stat.) W. WESLY. 8148

L. G. W. Palethorpe, *Gasaufkohlung unter Verwendung organischer Flüssigkeiten.* Es wird ein neues Aufkohlungsverf. beschrieben, bei dem ein Gemisch organ. Fll. unmittelbar in den Aufkohlungsraum eingespritzt wird. Durch einen Ventilator wird für eine gleichmäßige Verteilung gesorgt. Die Zus. der Gasphase entspricht prakt. derjenigen bei Verwendung von Leuchtgas, das von CO_2, O_2 u. H_2O befreit wurde. Es können also die gleichen Aufkohlungszeiten usw. wie beim Leuchtgas verwendet werden. Genauere Angaben über die Zus. des verwendeten Flüssigkeitsgemisches werden nicht gemacht. (Machinery Lloyd (europ. Edit.) **27.** Nr. 5A. 49—55. 5/3. 1955. Watford, Hertfordshire, Wild-Barfield, Electric Furnace Ltd., Elecfurn Works.) H. SPÄHN. 8156

J. N. Dew, R. R. White und **C. M. Sliepcevich,** *Hydrierung von Kohlendioxyd über einem Nickel–Kieselgur-Katalysator.* Die Bldg. von CH_4 u. CO aus H_2 u. CO_2 wurde bei 540—750° F u. einem Druckbereich von 2—30 at bei einer Zus. des Ausgangsgases von 5—90% CO_2 untersucht. Es wird eine Gleichung aufgestellt, mit deren Hilfe die besten Reaktionsbedingungen zur Herst. von Gasen mit höherem Wärmeinhalt berechnet werden können. Die Bildungsgeschwindigkeit von CH_4 fällt u. diejenige von CO steigt bei hohen Katalysatortemperaturen. (Ind. Engng. Chem. **47.** 140—46. Jan. 1955. Ann Arbor, Mich., Univ. of Michigan, Dep. of Chem. and Metall. Engng.) K. O. MÜLLER. 8162

P. A. Toynbee, *Die Ausführung des Thylox-Verfahrens mit Blausäure enthaltendem Steinkohlengas.* Das auf der Absorption von H_2S aus Steinkohlengas ($Na_4As_2S_5O_2$ + H_2S = $Na_4As_2S_6O$ + H_2O) u. der Rückgewinnung des Thioarsenats ($Na_4As_2S_6O$ + O = $Na_4As_2S_5O_2$ + S) beruhende Verf. erleidet keine Störung, wenn im Gas etwa anwesende Cyanide vorher größtenteils durch NH_4-Polysulfidlsg. ausgewaschen worden sind. NH_3 + $(NH_4)_2S_n$ + HCN = NH_4CNS + $(NH_4)_2S_{n-1}$. Der HCN-Geh. des Gases muß, damit das THYLOX-Verf. nicht gestört wird, unter 230 mg/m³ liegen. In diesem Falle läßt sich der H_2S-Geh. des Gases auf 23 mg/m³ vermindern. Die Ausbeute des aus dem Gas gewonnenen S beträgt 85%. (J. appl. Chem. **5.** 19—27. Jan. 1955. Wellington, New Zealand, Dominion Labor.) W. WESLY. 8172

—, *Fortschritte in der Herstellung von Petrochemikalien.* Es wird eine kurze Schilderung über die verschied. Möglichkeiten zur Gewinnung von organ. Stoffen ausgehend vom Erdgas gegeben. (Mines Mag. **44.** Nr. 11. 152—55. 175. Nov. 1954.)
F. ROSENDAHL. 8186

C. B. Kincannon und **Earl Manning jr.,** *Reinigung von n-Paraffinen.* Eine Trennung von n-Paraffinen aus KW-stoffgemischen erfolgt unter Verwendung von H_2SO_4, die entweder P_2O_5 oder SO_3 in solchem Überschuß enthält, um eine wasserstabile Säure zu bilden. Das optimale Säure : Öl-Verhältnis liegt zwischen 0,8 u. 2. Kurze Kontaktzeit u. relativ hohe Temp. ergeben die besten Ausbeuten. n-Paraffine mit 6—12 C-Atomen wurden auf diese Weise erzeugt. Bessere Ausbeuten an n-Undecan wurden aber mehr durch Erhöhung der Temp. als durch Verlängerung der Reaktionszeit erreicht. Verss. zeigten, daß keine Schlußfraktionierung erforderlich ist, wenn der Ausgangs-KW-stoff nur 1 n-Paraffin enthält. Das Verf. umschließt nur die folgenden Schritte: Herst. des Konzentrates, Säurebehandlung, Alkaliwäsche u. Trocknung. (Ind. Engng. Chem. **47.** 149—51. Jan. 1955. Houston, Tex., Houston Mfg. Res. Labor. Shell Oil Co.) K. O. MÜLLER. 8194

Jerome I. Morgan, *Vergasung von Kohlenwasserstoffen zur Gewinnung eines Gases, das dem Naturgas der Stadtgasversorgung zugesetzt werden soll.* 9. Mitt. 3. Teil. *Katalytische Crackverfahren.* (1. und 2. Teil vgl. C. **1953.** 9033.) Es werden verschied. Verff., zum Teil mit Fließbildern, ausführlich geschildert. (Gas Age **110.** Nr. 13. 38—45. Dez. 1952.) F. ROSENDAHL. 8196

Joseph L. Jackson, Richard S. Brokaw, Robert C. Weast und **Melvin Gerstein,** *Strömungsapparatur zur Bestimmung des spontanen Zündverzuges.* Bericht über Arbeitsweise eines App. zur Best. des spontanen Zündverzuges im strömenden Medium. Kraftstoff u. Luft werden getrennt vorerhitzt, schnell gemischt u. bei konstanter Temp. u. konstantem Druck in einem Rohr zur Rk. gebracht. Verss. mit Propan–Luft-Gemischen bei Atmosphärendruck zeigen, daß der Zündverzug abhängig ist von der volumetr. Durchflußmenge. Unter vergleichbaren Temperaturbedingungen, Gaszus. u. volumetr. Durchflußmenge ist die Rk. im Versuchsrohr mit 25 u. 50 mm Durchmesser die gleiche. Bei dem Propan–Luft-Syst. wird der Zündverzug verkürzt durch Erhöhung der Anfangstemp. u. durch Steigerung der Propankonz. grade bei sehr reichen Gemischen. — Versuchsbeschreibung mit Tabellen u. Diagrammen. Literaturübersicht. (Ind. Engng. Chem. **46.** 2547—50. Dez. 1954. Cleveland, O., Nat. Advisory Comm. for Aeronautics, Lewis Flight Propulsion Labor.) K. O. MÜLLER. 8204

W. Presting und **G. Keil,** *Mineralöle und -fette im temporären Rostschutz.* Vortrag. Entsprechend der Entw. auf dem Schmierstoffgebiet konnte die Rostschutzwrkg. von Fetten durch Einbau von antikorrosiven Zusatzstoffen gesteigert werden. Die eingebauten Inhibitoren haben die Eig., die Metalloberfläche passivierend zu schützen u. verhindern dadurch die Korrosion. Trägersubstanzen, die reich an polaren Verbb. sind u. eine gute Adhäsion zeigen, tragen bedeutend zur Erhöhung des Gebrauchswertes bei. (Technik **10.** 232—36. April 1955. Leipzig, Inst. für organ.-chem. Ind.) F. ROSENDAHL. 8222

Donald Hicks, *Probeentnahme und Analyse von Handelskohlen. Verfahren und Methoden, die bei der nationalen Kohlenbehörde angewandt werden.* Besprochen werden die Wichtigkeit der Art der Probeentnahme, Vorschläge zur Probeentnahme, Natur u. Häufigkeit der Entnahme, benötigte Menge, Größe u. Anzahl der Fremdbestandteile u. die Meth. ihrer Erfassung, Verwertung zur Analyse u. Analyse selbst. (Fuel Econ. Rev. **33.** 38—46. 1955.) E. BOYE. 8246

Harpener Bergbau Akt.-Ges. (Erfinder: **Erich Engel**), Dortmund, *Reinigen der Kokerei- und ähnlichen Gase von Schwefelwasserstoff mit indirekter Ammoniakgewinnung* durch Berieseln des Rohgases mit einer Wasch-Fl. im Gegenstrom, nachfolgendem Abtreiben der Wasch-Fl. u. Behandeln der Abtreiberdämpfe in einem Sättiger mit H_2SO_4, dad. gek., daß durch fraktionierte Kondensation einer regelbaren Teilmenge der Abtreiberdämpfe bei ca. 65—75° u. gegebenenfalls nachfolgende Verdichtung ein weitgehend entsäuertes Ammoniakstarkwasser mit einem Ammoniakgeh. von 7—20% gewonnen wird, welches zusammen mit dem Ablauf der Ammoniakwäsche als Wasch-Fl. für die vorgeschaltete Schwefelwäsche dient, deren Ablauf seinerseits dem Abtreiber zugeführt wird; es kann auch nur ein Teilstrom des Ablaufes der NH_3-Wäsche in die Wasch-Fl. der Schwefelwäsche eingeleitet werden, während der andere Teilstrom unmittelbar dem Abtreiber zugeführt wird. — Zeichnung. (**D. B. P. 927 649** Kl. 26d vom 18/11. 1950, ausg. 12/5. 1955. Anmeldung bekanntgemacht 31/5. 1951.) K. DEMMLER. 8173

Standard Oil Development Co., Elizabeth., N. J., übert. von: **Richard A. Salathiel,** Houston, Tex., V. St. A., *Wässerige Suspension für Bohrlöcher.* Die Bohrspül-Fl. enthält zwecks Verringerung der Wasserverluste durch Filtration ein nicht kationselektives, wasserlösl. Salz eines Kondensationsprod. aus einem sulfonierten Phenol u. Formaldehyd. Dieses Salz stellt man durch Kondensation annähernd äquimol. Mengen eines monosulfonierten bifunktionellen Phenols + Formaldehyd in Ggw. eines Kondensationskatalysators bei 60—100° her. Dabei wird die Zeit so gewählt, daß kein unlösl. Prod. entsteht. Das Prod. wird dann mit einer Lsg. neutralisiert, die ein für die Rk. mit dem Kondensationsprod. geeignetes Kation zwecks Bldg. eines wasserlösl. Salzes enthält. Die Viscosität des Prod. nach der Neutralisation soll weniger als 6 cps bei 20° betragen, wenn 7,15 Gew.-% des neutralisierten Prod. (berechnet auf das umgesetzte Phenol) in W. gelöst sind. Der Zusatz des Prod. zur Bohr-Fl. beträgt 0,1—3,0 Gew.-% der Suspension. — 9 Tabellen. (**A. P. 2 681 312** vom 4/12. 1951, ausg. 15/6. 1954.) W. HAUSWALD. 8191

Standard Oil Development Co., übert. von: **Leo J. Blatz** und **Richard C. Brandon**, Elizabeth, V. St. A., *Regenerierung selektiver Hydrierungskatalysatoren.* Gebrauchte, geformte, auf einem Hydroxyd, z. B. Tonerde, aufgebrachte, Pt oder Pd in Mengen von 0,1—10% enthaltende Katalysatoren, wie sie z. B. bei der Hydrierung S-haltiger Erdölprodd. benutzt werden, werden vom abgelagerten C durch Überleiten eines 2—6% O_2 enthaltenden inerten Gases bei 700—1000° F durch Abbrennen befreit. (**A. P. 2 664 404** vom 18/8. 1949, ausg. 29/12. 1953.) W. MATTHAES. 8195

Union Carbide & Carbon Corp., New York, N. Y., übert. von: **Richard Gorman**, **Radcliffe Guest Edmonds** und **Edward William Doughty**, Charleston, W. Va., V. St. A., *Behandeln von Kohle* für ein Erhitzen auf Tempp. zwischen 200 u. 500°, ohne daß die chem. u. physikal. Eigg. leiden, bes. ohne wesentliche Entfernung flüchtiger Bestandteile, Zusammenbacken oder Verkoken. Ein derartiges Vorerhitzen ist für viele chem. Rkk., bes. für die *Kohlenhydrierung*, erwünscht. Zu dem Zweck wird die gemahlene Kohle (bes. $< 10\% < 5\,\mu$ u. $< 10\% > 2{,}0$ mm) ca. 0,1—10 Sek. lang in einem Inertgasstrom von 400—1200° (bes. 600—800°) unter Beachtung, daß alle Teilchen gleichmäßig erhitzt werden, aufgeheizt. Die zweckmäßig getrockneten u. auf 100° vorerhitzten Teilchen werden am besten in einen Gasstrom eingebracht, der so rasch fließt, daß er die Teilchen mitreißt. — Abbildungen. (**E. P. 706 967** vom 10/10. 1952, ausg. 7/4. 1954. A. Prior. 14/11. 1951.) W. HEROLD. 8199

Universal Oil Products Co., Chicago, übert. von: **Vladimir Haensel**, Hinsdale, und **Clarence G. Gerhold**, Riverside, Ill., V. St. A., *Zweistufige Kohlenwasserstoffreformierung mit Platin–Aluminiumoxyd–Halogen-Katalysatoren.* Der unterhalb 425° F sd. KW-stoffschnitt wird in eine höher (I) u. eine niedriger sd. (II) Fraktion zerlegt, die in getrennten Stufen an Pt/Al_2O_3-Kontakten reformiert werden, u. zwar II unter drastischeren Bedingungen, bes. an mehr Halogen (z. B. F) als Aktivator enthaltenden Kontakten, als I. Man erhält so bessere Octanzahlen u. längere Lebensdauer der Katalysatoren. — Abbildung. (**A. P. 2 659 692** vom 26/2. 1949, ausg. 17/11. 1953.) W. HEROLD. 8201

Standard Oil Development Co., übert. von: **Edward A. Hunter** und **Charles N. Kimberlin jr.**, Baton Rouge, La., V. St. A., *Herstellung von Magnesiumhydrosolen und -gelen.* Eine Lsg. von Mg-Methylat in Methanol wird mit W. im Überschuß unter starkem Rühren 20 Min. hydrolysiert zu einem Sol, das ca. 3 (%) Magnesia enthält. Durch Abdest. des Methanols kann der MgO-Geh. auf 4 erhöht u. durch Zusatz von NH_3 das Sol in ein Gel übergeführt werden. Durch Zusatz von NH_4-Molybdat zum Hydrosol kann z. B. ein 90 MgO u. 10 Mo-Oxyd enthaltender Katalysator für die *Hydroformierung von Erdöl* hergestellt werden. — Zeichnung. (**A. P. 2 692 239** vom 18/6. 1949, ausg. 19/10. 1954.) W. MATTHAES. 8201

Houdry Process Corp., Philadelphia, Pa., V. St. A., *Edelmetallkatalysator zum Reformieren und Isomerisieren* von C_5-Ringnaphthenen (Alkylcyclopentanen einer Erdölfraktion) zur Erhöhung des Aromatengeh., bes. bei 750—1050° F u. 200—1000 lbs./sq.in., gek. durch einen geringen Geh. (bes. 0,1—2%) Metall der Pt-Gruppe auf einem prakt. halogenfreien Träger aus Al_2O_3, der mit einer Säurelsg., z. B. 5—15%ig. Essigsäure, behandelt wurde. Paraffinbas. Öle werden mit solchen Katalysatoren in Isoparaffine umgewandelt. (**E. P. 713 374** vom 12/5. 1952, ausg. 11/8. 1954. A. Prior. 16/5. 1951.) W. HEROLD. 8201

Herausgeber u. verantwortlich für den Inhalt: Prof. Dr. Maximilian Pflücke, Berlin NW 7, Schiffbauerdamm 19. Fernsprecher: 42 55 71. Redaktion: Chefredakteure Dr. Eugen Klever und Prof. Dr. Maximilian Pflücke. Verlag: Akademie-Verlag GmbH, Berlin W 8, Mohrenstraße 39 (Fernsprecher 20 03 86, Postscheckkonto Berlin 350 21), u. Verlag Chemie, GmbH, Weinheim/Bergstraße (Postscheckkonto Frankfurt/M. 145314 u. Berlin [West] 7430, Fernsprecher: Weinheim 2017). Bestell- u. Verlags-Nr. dieses Heftes: 1007/126/49. Das Chemische Zentralblatt erscheint wöchentlich. Satz u. Druck: VEB Leipziger Druckhaus, Leipzig, III/18/203. XII. 55.
Veröffentlicht unter der Lizenznummer 1212 des Amtes für Literatur und Verlagswesen der Deutschen Demokratischen Republik.
Printed in Germany DDR.

Die Aufgabe von Anzeigen kann sowohl beim Akademie-Verlag, Berlin, als auch beim Verlag Chemie, GmbH, Weinheim/Bergstraße, erfolgen

Sofort lieferbar!

Beilstein

Handbuch der organischen Chemie

2. Ergänzungswerk, Band 3 bis 8

Fresenius-Jander

Handbuch der analytischen Chemie

Teil II, Band 1a und 3

Teil III, Band 2a, 3 und 4b

MAX KRAUSE

Buch- und Kunsthandlung, Wolfen

Herbert Grunze
und Prof. Dr. Erich Thilo, Berlin

Die Papierchromatographie der kondensierten Phosphate

(II., verbesserte und durch einen Beitrag von W. Wieker ergänzte Auflage)

(Sitzungsbericht d. Deutsch. Akad. d. Wissenschaften zu Berlin, Klasse f. Math. u. allgem. Naturwissenschaften, Jahrgang 1953, Heft 5)

29 Seiten · 7 Abb. · 3 Tab. · 8° · 1955 · 2,— DM

Bestellungen durch eine Buchhandlung erbeten

AKADEMIE-VERLAG · BERLIN

VEB GLASWERKE STÜTZERBACH

Verwaltung Glas

STÜTZERBACH (THUR.)

Telefon 137

Unser Produktionsprogramm

Chemisch-technisches Hohlglas

Laborglas, Meßgeräte

Normalkegel- und Kugelschliffe

Milchwirtschaftliche Untersuchungsgeräte

Geräte für die Gasuntersuchung

GLASBLÄSEREI, MECHANIK

und

AUSLIEFERUNGSLAGER

in LEIPZIG C 1

Shakespearestraße 62 - Telefon 30594

Prof. A. N. SAWARIZKI

Einführung in die Petrochemie der Eruptivgesteine

(Übersetzung aus dem Russischen)

Von dem Autor wird die Petrochemie als der Teil der beschreibenden Petrographie angesprochen, der sich auf die Wechselbeziehungen zwischen den chemischen Zusammensetzungen der im einzelnen zu vergleichenden Gesteine und insbesondere das vergleichende Studium der natürlichen Komplexe von Gesteinen hinsichtlich ihres Chemismus bezieht. Das vorliegende Werk ist in Form eines Lehrbuches geschrieben. Die vom Autor angewandte Methode arbeitet mit einem neuen Diagrammtyp, nämlich dem der Darstellung durch Vektoren im dreidimensionalen Raum. Hierdurch wird es möglich, durch einen Vektor Zusammensetzungen aus 7 Komponenten wiederzugeben, die durch 6 unabhängige Veränderliche ausgedrückt werden.

XIV und 445 Seiten · 108 Abbildungen · Gr. 8° · 1954

Ganzleinen 26,— DM

Bestellungen durch eine Buchhandlung erbeten

A K A D E M I E - V E R L A G · B E R L I N

VEB SCHERING ADLERSHOF
Schering
BERLIN-ADLERSHOF
VEB BERLIN-CHEMIE
ARZNEIMITTEL • LABOR-UND FEINCHEMIKALIEN • PFLANZENSCHUTZMITTEL
ab 1. Januar 1956
Neuer Name ...
Alte Qualität
PRÄPARATE
FÜR LABORATORIUM
UND WISSENSCHAFT
•
SPEZIALREAGENZIEN
•
FEINCHEMIKALIEN

FSC
www.fsc.org
MIX
Papier | Fördert
gute Waldnutzung
FSC® C083411

Zeitfracht Medien GmbH
Ferdinand-Jühlke-Straße 7
99095 Erfurt, Deutschland
produktsicherheit@kolibri360.de